国家级线上一流本科课程配套用书
"十二五"普通高等教育本科国家级规划教材配套用书

材料力学导教与导学

王安强　苟文选　主编

国防工业出版社

·北京·

内容简介

本书为国家级线上一流本科课程"材料力学"和国家级规划教材《材料力学》的配套用书。全书包括16章及附录，每章包含4个模块：教学目标及章节理论概要、习题分类及典型例题辅导与精析、考点及考研真题辅导与精析、课后习题解答。

本书可以作为"材料力学"课程的教学参考书，也可作为高等学校力学、机械、土建、材料等专业的考研复习用书，以及工程技术人员从事设计工作的参考用书。

图书在版编目（CIP）数据

材料力学导教与导学 / 王安强，苟文选主编. —北京：国防工业出版社，2023.9
ISBN 978-7-118-13054-6

Ⅰ. ①材… Ⅱ. ①王… ②苟… Ⅲ. ①材料力学-高等学校-教学参考资料 Ⅳ. ①TB301

中国国家版本馆 CIP 数据核字（2023）第 168944 号

※

国防工业出版社出版发行
（北京市海淀区紫竹院南路23号 邮政编码 100048）
三河市天利华印刷装订有限公司印刷
新华书店经售

*

开本 787×1092 1/16 印张 29¾ 字数 687 千字
2023年9月第1版第1次印刷 印数 1—3000 册 定价 69.00 元

（本书如有印装错误，我社负责调换）

国防书店：(010)88540777　　书店传真：(010)88540776
发行业务：(010)88540717　　发行传真：(010)88540762

前　　言

材料力学是变形体力学的重要分支之一，是高等工科院校的一门专业基础课，是机械、材料、航空、航天、航海等相关专业学生的一门必修主干课。作为一门理论性、实践性和应用性很强的课程，材料力学所提出的理论与方法不仅可为后续课程的学习打下基础，而且能够直接应用于生产实践，因而在培养工程应用型人才的教学过程中起着重要的作用。

本书是首批国家级线上一流本科课程"材料力学"和国家级规划教材《材料力学》的配套用书。结合国家级力学教学基地、国家级力学实验教学示范中心和国家级基础力学教学团队建设，编写团队经过30余年不懈锤炼，从苟文选教授等编写的《材料力学习题解答》《材料力学典型题解析及自测试题》《材料力学导教导学导考》《材料力学教与学》等到《材料力学重点、难点、考点辅导与精析》，历经多次修订、出版，凝聚了课程团队在教学实践中的诸多体会与心得。

本书结合力学教学指导委员会力学基础课程教学指导分委员会编写的《理工科非力学专业力学基础课程教学基本要求》，首先根据课程教学大纲要求，对每一章节的教学目标和重点知识点进行了梳理，从"理解、熟悉、掌握"等不同层次明确了不同知识点的教学和学习要求。然后通过典型例题，对重要知识点的应用和解题思路进行了解析和讲注，并结合大连理工大学、南京理工大学、南京航空航天大学、湖南大学、中南大学、西南交通大学、吉林大学、长安大学、北京科技大学、浙江大学、西北工业大学等国内众多高校的研究生考试试题，对章节的考点、难点和要点进行了重点讲解。最后，通过对《材料力学（Ⅰ）（第4版）》[1]（对应本书第1章至第12章及附录A）和《材料力学（Ⅱ）（第4版）》[2]（对应本书第13章至第16章）中课后习题的详细解答，进一步强化了对章节知识点的理解和应用，注重对学习者解题思路和解题技巧的训练。由于篇幅限制，略去了教材中一些比较简单习题的解答。

本书由王安强、苟文选主编，高宗战等参与了部分编写工作。由于编者水平有限，课程的理解也不尽透彻，疏漏和不足之处在所难免，请广大读者批评指正，使本书更加完善。

在本书编写过程中，参阅了大量相关教材、教学参考书，并选用了10余所高等院校的考研资料，在此谨向各位作者和试题命题人员表示衷心的感谢！

王安强　苟文选
2023年仲夏于西安

目 录

第1章 绪论 ·· 1
  1.1 教学目标及章节理论概要 ·· 1
    1.1.1 教学目标 ··· 1
    1.1.2 章节理论概要 ·· 1
    1.1.3 重点知识思维导图 ··· 3
  1.2 习题分类及典型例题辅导与精析 ··· 4
    1.2.1 习题分类 ··· 4
    1.2.2 解题要求 ··· 4
    1.2.3 典型例题辅导与精析 ·· 4
  1.3 考点及考研真题辅导与精析 ·· 6
  1.4 课后习题解答 ·· 7

第2章 拉伸与压缩 ··· 11
  2.1 教学目标及章节理论概要 ··· 11
    2.1.1 教学目标 ·· 11
    2.1.2 章节理论概要 ·· 11
    2.1.3 重点知识思维导图 ··· 14
  2.2 习题分类及典型例题辅导与精析 ·· 14
    2.2.1 习题分类 ·· 14
    2.2.2 解题要求 ·· 14
    2.2.3 典型例题辅导与精析 ·· 15
  2.3 考点及考研真题辅导与精析 ·· 19
  2.4 课后习题解答 ·· 24

第3章 剪切 ·· 50
  3.1 教学目标及章节理论概要 ··· 50
    3.1.1 教学目标 ·· 50
    3.1.2 章节理论概要 ·· 50
    3.1.3 重点知识思维导图 ··· 51
  3.2 习题分类及典型例题辅导与精析 ·· 52
    3.2.1 习题分类 ·· 52
    3.2.2 解题要求 ·· 52

      3.2.3 典型例题辅导与精析 ·················· 52
  3.3 考点及考研真题辅导与精析 ·················· 55
  3.4 课后习题解答 ·················· 59

第 4 章 扭转 ·················· 67

  4.1 教学目标及章节理论概要 ·················· 67
      4.1.1 教学目标 ·················· 67
      4.1.2 章节理论概要 ·················· 67
      4.1.3 重点知识思维导图 ·················· 69
  4.2 习题分类及典型例题辅导与精析 ·················· 70
      4.2.1 习题分类 ·················· 70
      4.2.2 解题要求 ·················· 70
      4.2.3 典型例题辅导与精析 ·················· 70
  4.3 考点及考研真题辅导与精析 ·················· 74
  4.4 课后习题解答 ·················· 80

第 5 章 弯曲内力 ·················· 97

  5.1 教学目标及章节理论概要 ·················· 97
      5.1.1 教学目标 ·················· 97
      5.1.2 章节理论概要 ·················· 97
      5.1.3 重点知识思维导图 ·················· 99
  5.2 习题分类及典型例题辅导与精析 ·················· 99
      5.2.1 习题分类 ·················· 99
      5.2.2 解题要求 ·················· 99
      5.2.3 典型例题辅导与精析 ·················· 100
  5.3 考点及考研真题辅导与精析 ·················· 105
  5.4 课后习题解答 ·················· 109

第 6 章 弯曲应力 ·················· 129

  6.1 教学目标及章节理论概要 ·················· 129
      6.1.1 教学目标 ·················· 129
      6.1.2 章节理论概要 ·················· 129
      6.1.3 重点知识思维导图 ·················· 131
  6.2 习题分类及典型例题辅导与精析 ·················· 132
      6.2.1 习题分类 ·················· 132
      6.2.2 解题要求 ·················· 132
      6.2.3 典型例题辅导与精析 ·················· 132
  6.3 考点及考研真题辅导与精析 ·················· 141
  6.4 课后习题解答 ·················· 147

第 7 章 弯曲变形 ·················· 163

- 7.1 教学目标及章节理论概要 ... 163
  - 7.1.1 教学目标 ... 163
  - 7.1.2 章节理论概要 ... 163
  - 7.1.3 重点知识思维导图 ... 166
- 7.2 习题分类及典型例题辅导与精析 ... 166
  - 7.2.1 习题分类 ... 166
  - 7.2.2 解题要求 ... 167
  - 7.2.3 典型例题辅导与精析 ... 167
- 7.3 考点及考研真题辅导与精析 ... 172
- 7.4 课后习题解答 ... 181

第8章 应力状态及应变状态分析 ... 199
- 8.1 教学目标及章节理论概要 ... 199
  - 8.1.1 教学目标 ... 199
  - 8.1.2 章节理论概要 ... 199
  - 8.1.3 重点知识思维导图 ... 203
- 8.2 习题分类及典型例题辅导与精析 ... 203
  - 8.2.1 习题分类 ... 203
  - 8.2.2 解题要求 ... 204
  - 8.2.3 典型例题辅导与精析 ... 204
- 8.3 考点及考研真题辅导与精析 ... 208
- 8.4 课后习题解答 ... 213

第9章 强度理论 ... 231
- 9.1 教学目标及章节理论概要 ... 231
  - 9.1.1 教学目标 ... 231
  - 9.1.2 章节理论概要 ... 231
  - 9.1.3 重点知识思维导图 ... 234
- 9.2 习题分类及典型例题辅导与精析 ... 234
  - 9.2.1 习题分类 ... 234
  - 9.2.2 解题要求 ... 234
  - 9.2.3 典型例题辅导与精析 ... 234
- 9.3 考点及考研真题辅导与精析 ... 240
- 9.4 课后习题解答 ... 246

第10章 组合变形时的强度计算 ... 254
- 10.1 教学目标及章节理论概要 ... 254
  - 10.1.1 教学目标 ... 254
  - 10.1.2 章节理论概要 ... 254
  - 10.1.3 重点知识思维导图 ... 256

10.2　习题分类及典型例题辅导与精析 ··· 257
　　10.2.1　习题分类 ·· 257
　　10.2.2　解题要求 ·· 257
　　10.2.3　典型例题辅导与精析 ·· 257
10.3　考点及考研真题辅导与精析 ·· 260
10.4　课后习题解答 ··· 268

第 11 章　压杆稳定 ··· 282
11.1　教学目标及章节理论概要 ··· 282
　　11.1.1　教学目标 ·· 282
　　11.1.2　章节理论概要 ·· 282
　　11.1.3　重点知识思维导图 ·· 284
11.2　习题分类及典型例题辅导与精析 ··· 284
　　11.2.1　习题分类 ·· 284
　　11.2.2　解题要求 ·· 284
　　11.2.3　典型例题辅导与精析 ·· 285
11.3　考点及考研真题辅导与精析 ·· 289
11.4　课后习题解答 ··· 297

第 12 章　动载荷 ·· 311
12.1　教学目标及章节理论概要 ··· 311
　　12.1.1　教学目标 ·· 311
　　12.1.2　章节理论概要 ·· 311
　　12.1.3　重点知识思维导图 ·· 313
12.2　习题分类及典型例题辅导与精析 ··· 313
　　12.2.1　习题分类 ·· 313
　　12.2.2　解题要求 ·· 314
　　12.2.3　典型例题辅导与精析 ·· 314
12.3　考点及考研真题辅导与精析 ·· 318
12.4　课后习题解答 ··· 326

第 13 章　能量原理在杆件位移分析中的应用 ··· 342
13.1　教学目标及章节理论概要 ··· 342
　　13.1.1　教学目标 ·· 342
　　13.1.2　章节理论概要 ·· 342
　　13.1.3　重点知识思维导图 ·· 345
13.2　习题分类及典型例题辅导与精析 ··· 346
　　13.2.1　习题分类 ·· 346
　　13.2.2　解题要求 ·· 346
　　13.2.3　典型例题辅导与精析 ·· 346

  13.3 考点及考研真题辅导与精析 ·················· 351

  13.4 课后习题解答 ·················· 356

第14章 能量原理在求解超静定结构中的应用 ·················· 370

  14.1 教学目标及章节理论概要 ·················· 370

    14.1.1 教学目标 ·················· 370

    14.1.2 章节理论概要 ·················· 370

    14.1.3 重点知识思维导图 ·················· 372

  14.2 习题分类及典型例题辅导与精析 ·················· 373

    14.2.1 习题分类 ·················· 373

    14.2.2 解题要求 ·················· 373

    14.2.3 典型例题辅导与精析 ·················· 373

  14.3 考点及考研真题辅导与精析 ·················· 379

  14.4 课后习题解答 ·················· 387

第15章 疲劳强度 ·················· 409

  15.1 教学目标及章节理论概要 ·················· 409

    15.1.1 教学目标 ·················· 409

    15.1.2 章节理论概要 ·················· 409

    15.1.3 重点知识思维导图 ·················· 412

  15.2 习题分类及典型例题辅导与精析 ·················· 412

    15.2.1 习题分类 ·················· 412

    15.2.2 解题要求 ·················· 413

    15.2.3 典型例题辅导与精析 ·················· 413

  15.3 考点及考研真题辅导与精析 ·················· 417

  15.4 课后习题解答 ·················· 419

第16章 扭转及弯曲问题的进一步研究 ·················· 428

  16.1 教学目标及章节理论概要 ·················· 428

    16.1.1 教学目标 ·················· 428

    16.1.2 章节理论概要 ·················· 428

    16.1.3 重点知识思维导图 ·················· 430

  16.2 习题分类及典型例题辅导与精析 ·················· 430

    16.2.1 习题分类 ·················· 430

    16.2.2 解题要求 ·················· 430

    16.2.3 典型例题辅导与精析 ·················· 430

  16.3 考点及考研真题辅导与精析 ·················· 431

  16.4 课后习题解答 ·················· 433

附录A 平面图形的几何性质 ·················· 447

  A.1 教学目标及章节理论概要 ·················· 447

  A.1.1 教学目标 ·· 447
  A.1.2 章节理论概要 ·· 447
  A.1.3 重点知识思维导图 ·· 451
 A.2 习题分类及典型例题辅导与精析 ··· 451
  A.2.1 习题分类 ·· 451
  A.2.2 解题要求 ·· 451
  A.2.3 典型例题辅导与精析 ·· 452
 A.3 考点及考研真题辅导与精析 ··· 454
 A.4 课后习题解答 ·· 456
参考文献 ·· 465

第1章 绪　　论

1.1 教学目标及章节理论概要

1.1.1 教学目标

(1) 了解中国在世界材料力学发展过程中的主要贡献。
(2) 理解构件强度、刚度和稳定性的概念，明确材料力学课程的主要任务。
(3) 理解变形固体的基本假设、条件及其意义。
(4) 熟悉内力的概念，掌握用截面法计算内力的方法。
(5) 建立正应力、切应力、线应变、角应变及单元体的基本概念。
(6) 了解杆件基本变形的受力和变形特点。
(7) 熟悉小变形条件在解决材料力学问题时的应用。
(8) 了解材料力学同理论力学的主要区别。

1.1.2 章节理论概要

1. 材料力学的发展简史

此部分内容可以结合中国大学慕课网站上的本课程视频进行学习，免费学习网址为 https://www.icourse163.org/learn/NWPU-1003250016。

2. 材料力学的主要任务

(1) 构件：组成机械与结构的零、部件。
(2) 构件安全工作的基本要求：构件应具备足够的强度、刚度、稳定性，以保证在规定的使用条件下，要求构件不发生断裂或产生永久变形（不破坏）、弹性变形应在工程上允许的范围内（不过分变形），维持原有的平衡形式（不失稳）。
(3) 材料力学的任务：在满足强度、刚度及稳定性的要求下，为设计既经济又安全的构件，提供必要的理论基础和计算方法。

3. 变形固体的基本假设

构件一般由固体材料制成，固体因外力作用而变形。
变形固体的3个基本假设：连续性、均匀性和各向同性假设。
课程学习的两个限制：线弹性和小变形。

4. 外力、内力和内力的计算方法

(1) 外力与内力：外力包括外部载荷和约束反力；内力指在外力作用下，构件内各质点间相互作用力的改变量，即"附加内力"。集中载荷的单位通常为kN或kN·m，分布载荷单位通常为kN/m或kN·m/m。
(2) 材料力学研究内力的基本方法是截面法，它归纳为以下4个步骤：①截（沿所求截面将杆件截开）；②留（选取截开后的任一部分为研究对象）；③代（用内力代替弃掉部分对所留部分的作用）；④平（列静力平衡方程求解内力）。

5. 应力和应变

（1）应力：截面上某点内力的集度，是一个既不与截面平行又不垂直的矢量，通常用全应力 p 表示。应力是一个矢量，可以分解为与截面垂直的分量，称为正应力 σ；与截面平行的分量，称为切应力 τ。应力的常用单位为 MPa($1\text{MPa}=10^6\text{Pa}=10^6\text{N/m}^2$，$1\text{GPa}=10^3\text{MPa}$)。

应力与压强的区别如下：

应力与压强虽然量纲相同，但两者的物理意义不同：①应力存在于受力物体内部的任意一点，而压强一般作用于物体的表面；②应力是与内力分布有关的微面元上平均集度的极限，而压强则是单位面积上的外力；③应力一般不垂直于截面（可分解为垂直分量 σ 和平行分量 τ），而压强一般垂直于作用面；④应力分布一般极其复杂，而压强常呈均匀分布或线性分布。

（2）变形与应变：变形指受力构件形状和大小的变化。一点的变形程度一般用线应变 ε 和切应变 γ 来度量。ε 表示某点沿某一方向单位长度的改变量，γ 表示某点在某平面内直角的改变量。其量纲均为 1。

应变和给定点及所定义的坐标轴有关。在小变形问题中，切应变近似地表示为 $\gamma \approx \tan\gamma$。通常规定，线应变 ε 伸长为正，缩短为负；切应变 γ 以直角减小时为正，增大时为负。需要强调的是：①线应变 ε 和切应变 γ 是度量构件变形程度的两个基本量，不同方向的线应变是不同的，不同平面的切应变也是不同的，它们都是坐标的函数。因此，在描述物体的应变时，应明确发生在哪一点，沿哪一个方向或在哪一个平面；②两种应变虽与点及方向有关，但都不是矢量，都是量纲为 1 的量，切应变一般用弧度（rad）表示；③在线弹性小变形范围内，线应变 ε 只与正应力 σ 有关，与切应力 τ 无关；切应变 γ 只与切应力 τ 有关，与正应力 σ 无关。

6. 杆件的基本变形

杆件是一个方向尺寸远大于其他两个相互垂直方向尺寸的构件。材料力学主要讨论杆件的 4 种基本变形，即拉伸（或压缩）、剪切、扭转、弯曲变形。

（1）拉伸（压缩）：一对大小相等，方向相反，作用线沿杆件轴线的外力，使杆件轴向尺寸伸长（缩短），横向尺寸减小（增大）。

（2）剪切：一对大小相等，方向相反，作用线垂直于轴线且相距很近的力，使受力处杆的横截面沿横向力方向发生相对错动。

（3）扭转：一对大小相等，方向相反，作用面垂直于杆的轴线的力偶矩，使杆件的任意两个横截面将发生绕轴线的相对转动。

（4）弯曲：一对大小相等，方向相反，作用于杆纵截面内的力偶矩或垂直于杆件轴线的横向力，使杆的轴线在力（偶）作用下发生弯曲，直杆变成曲杆，横截面发生相对转动。

7. 小变形限制

由于大多数工程材料在受力后变形和原始尺寸相比很小，即变形的数值远小于构件的原始尺寸，构件的应变几乎是无穷小量（构件的应变 $\varepsilon \ll 1$）。所以，在课程学习中，引入小变形限制，可使问题简化。

（1）研究构件的平衡和运动时，往往忽略变形的影响，采用受力前的原始尺寸进行分析。

（2）计算构件的变形或位移时，可以采用"以切代弧"等简化分析思路。

（3）研究弹性变形时，可以采用小变形或小应变分析，当物理量出现幂次大于 1 的高次项时，可以略去高次项，使问题简化，如 $\sin\Delta\theta \approx \tan\Delta\theta \approx \Delta\theta$，$\cos\Delta\theta \approx 1$，$(1+\Delta)^n \approx 1+n\Delta$ 等。

8. 材料力学同理论力学的区别

初学材料力学者极易把理论力学中的概念和解题方法简单移植过来，从而造成错误，两者的主要区别包括以下内容：

（1）理论力学中，把物体抽象为质点或刚体，研究它们的平衡、运动规律等。材料力学则把研究构件看作变形固体，在 3 个基本假设、两个限制下研究构件受力后的变形及破坏规律。

（2）材料力学中，力的等效平移应包含受力等效和变形等效两个方面，在此前提下方可平移，否则，将改变构件的受力效果。因此，理论力学中力的可传递原理不能随意使用。

（3）讨论问题的基本方法，理论力学以节点法为基础，而材料力学则用截面法，直接把所研究杆件的内力暴露出来。

1.1.3 重点知识思维导图

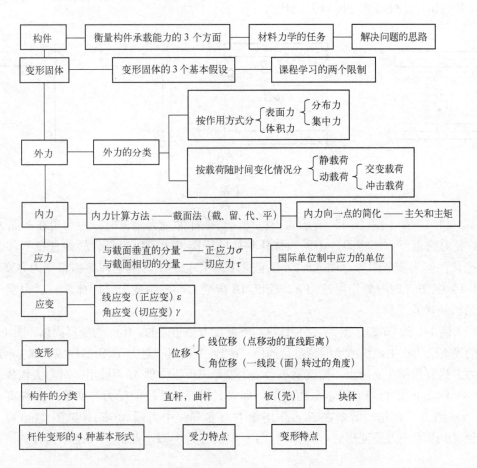

1.2 习题分类及典型例题辅导与精析

1.2.1 习题分类

（1）根据不同力系的静力平衡方程，采用截面法求任意截面的内力。
（2）计算构件变形程度的两个基本量——线应变 ε 和切应变 γ。

1.2.2 解题要求

（1）熟悉基本概念，明确各种量的定义。
（2）截面法求内力，用假想截面截开后直接暴露出截面的内力，再通过静力平衡方程求解。

1.2.3 典型例题辅导与精析

本章重点是理解课程的基本概念、分析问题的思路、解决问题的方法。其中截面法的应用、应力和应变的计算等是学习的重点。

例 1-1 例 1-1 图（a-1）、（a-2）、（a-3）所示 3 种构件受力情况，可否平移至对应的例 1-1 图（b-1）、（b-2）、（b-3）？为什么？

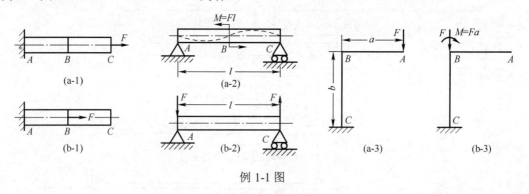

例 1-1 图

解：（1）例 1-1 图（a-1）所示为一拉杆，当把杆件视为刚体时，力作用在截面 B 和 C，A 处的约束反力都相同，不影响杆件整体的平衡，力可以沿杆件轴线任意平移。但如果把杆件作为变形固体，图（a-1）中截面 C 作用拉力 F，整个杆件都将受力并变形；图（b-1）中在 B 截面处作用拉力 F，仅仅 AB 段受力，发生变形。因此，材料力学中力不可沿轴线任意平移。

（2）例 1-1 图（a-2）、（b-2）两种情况，支座反力是相同的。但作为变形固体，图（a-2）所示的简支梁将产生虚线所示的变形，而图（b-2）中虽然一对力 F 仍然构成力偶 $M=Fl$，但因力 F 恰好作用在支座上，简支梁不会发生变形。所以力偶 M 不能用一对力去代替。

（3）例 1-1 图（a-3）所示平面刚架，如果只研究 BC 段的受力与变形，允许将力 F 从 A 点移到 B 点，这时等效在 B 点作用集中力 F 和集中力偶 $M=Fa$（见图（b-3））；但当讨论 AB 段的应力及变形时，与本例（1）中的分析类似，此种平移是不允许的。

【评注】在变形固体的分析中，力的平移要同时满足受力等效和变形等效，在此前提下，力才可平移。

例 1-2 结构与受力如例 1-2 图（a）所示，用截面法求钢制 T 字形构件中杆 DE 的中面 H 上的内力分量。

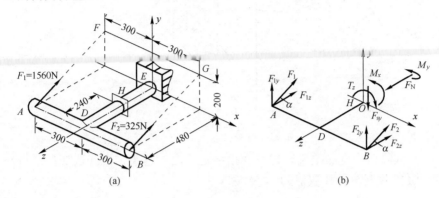

例 1-2 图

解：例 1-2 图（a）所示结构受空间力系作用，H 截面上内力分布相对复杂，假想用平面从 H 处截开，留下例 1-2 图（b）部分。在截面形心建立坐标系，并将 F_1、F_2 向 y、z 方向分解。依题意得 $AF = BG = 520 \text{mm}$，则

$$F_{1z} = F_1 \cos\alpha = 1440(\text{N}), \quad F_{1y} = F_1 \sin\alpha = 600(\text{N})$$
$$F_{2z} = F_2 \cos\alpha = 300(\text{N}), \quad F_{2y} = F_2 \sin\alpha = 125(\text{N})$$

由平衡条件，得

$$\sum F_z = 0, F_N = F_{1z} + F_{2z} = 1740(\text{N})$$
$$\sum F_y = 0, F_{sy} = F_{1y} + F_{2y} = 725(\text{N})$$
$$\sum F_x = 0, F_{sx} = 0$$
$$\sum M_z = 0, T_z = (F_{1y} - F_{2y}) \times 0.3 = 142.5(\text{N}\cdot\text{m})$$
$$\sum M_y = 0, M_y = (F_{1z} - F_{2z}) \times 0.3 = 342(\text{N}\cdot\text{m})$$
$$\sum M_x = 0, M_x = (F_{1y} + F_{2y}) \times 0.24 = 174(\text{N}\cdot\text{m})$$

【评注】①注意截面法的应用，截开后的取、留，以留下受力较简单一侧为原则。本例中也可先求出支座反力，然后留下后半部分讨论，但相对繁琐。②以所留部分截面形心为坐标原点，建立坐标系，列出静力平衡方程。空间力系中，要注意各个分量与截面内力分量的平衡。

例 1-3 例 1-3 图所示三角形平板沿左边固定，受力后顶点 A 的水平位移为 5mm。试求：（1）顶点 A 的切应变 γ_{xy}；（2）沿 x 轴的平均线应变 ε_x；（3）沿 x' 轴的平均线应变 $\varepsilon_{x'}$。

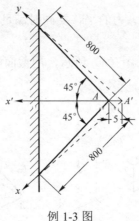

例 1-3 图

解：（1）依照切应变的定义，切应变指给定平面内两条正交线段变形后直角的改变量，γ_{xy} 即 $\angle A$ 的改变量，其数值为

$$\gamma_{xy} = 2\left[\frac{\pi}{4} - \arccos\frac{400\sqrt{2}+5}{\sqrt{(400\sqrt{2}+5)^2+(400\sqrt{2})^2}}\right] = 8.80\times10^{-3}(\text{rad})$$

（2）线应变是指某点沿某一方向单位长度的伸缩量，平板沿 x 轴边长为 $l_0 = 800\text{mm}$，变形后伸长为 $l_1 = \sqrt{(400\sqrt{2}+5)^2+(400\sqrt{2})^2}$ (mm)。根据线应变的定义，有

$$\varepsilon_x = \frac{l_1-l_0}{l_0} = \frac{\sqrt{(400\sqrt{2}+5)^2+(400\sqrt{2})^2}-800}{800} = 4.43\times10^{-3}$$

（3）沿 x' 轴，变形前长为 $l_0 = 400\sqrt{2}$，变形后长 $l_1 = 400\sqrt{2}+5$，则

$$\varepsilon_{x'} = \frac{l_1-l_0}{l_0} = \frac{5}{400\sqrt{2}} = 8.84\times10^{-3}$$

【评注】本题主要巩固对两种应变定义的理解，需要特别强调，切应变一定是直角的改变量，如果一个平面角为 60°，变形后角度缩小为 59°，则切应变不等于 1°。线应变一定要注意是给定点沿给定方向的单位长度变化量。

1.3　考点及考研真题辅导与精析

本章主要考查基本概念，如材料力学的任务、构件安全性的 3 个方面、材料力学的基本假设、应力和应变的计算等。

1. 在材料力学课程中为什么要对可变形固体进行假设？有哪些基本假设？（长安大学；5 分）

答：变形固体多种多样，其性质是多方面的，比较复杂。为了简化强度、刚度和稳定性的研究，通常略去对研究影响较小的因素，故要进行假设。材料力学的基本假设有 3 个：连续性假设、均匀性假设和各向同性假设。

2. 原始尺寸原理的作用是_____。（浙江大学；5 分）
A．保证计算精度　　　　　　　　B．将变形体转化为刚体
C．将非线弹性结构转化为弹性结构　D．简化计算
答：根据小变形假设，可知选 D。

3. 为保证构件安全工作，需要满足_____ 3 个方面要求。（西北工业大学；3 分）

答：构件的安全性包括：强度、刚度和稳定性。

1.4　课后习题解答

1-1　求题 1-1 图所示梁指定截面上的内力。

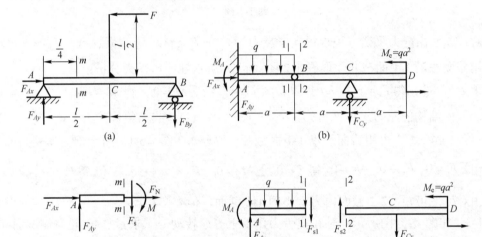

题 1-1 图

解：（a）由静力平衡求得支座反力为
$$F_{Ay}=F/2(\uparrow);\quad F_{Ax}=F(\rightarrow);\quad F_{By}=F/2(\downarrow)$$

用截面法沿 *m-m* 面截开，取题 1-1 图（a-1）所示部分作受力分析，列静力平衡方程：
$$\sum F_x=0,\ F_N=-F;\quad \sum F_y=0,\ F_s=\frac{F}{2};\quad \sum M=0,\ M=-\frac{1}{8}Fl$$

（b）将梁从中间铰处截开，分别对两部分列静力平衡方程，可得支反力为
$$F_{Ay}=2qa(\uparrow),\quad F_{Ax}=0,\quad M_A=3qa^2/2(\curvearrowleft),\quad F_{Cy}=qa(\downarrow)$$

用截面法沿 1-1、2-2 面截开，分别取题 1-1 图（b-1）所示两部分作受力分析，由于 1-1、2-2 截面无限靠近中间铰，截面上内力偶矩一定为零，只有竖直方向内力。由静力平衡方程可得

1-1 截面：$\sum F_y=0,\ F_{Ay}-qa-F_{s1}=0$，得 $F_{s1}=qa(\downarrow)$。

2-2 截面：$\sum F_y=0,\ F_{Cy}-F_{s2}=0$，得 $F_{s2}=qa\ (\uparrow)$。

1-2 求题 1-2 图所示刚架指定截面上的内力。

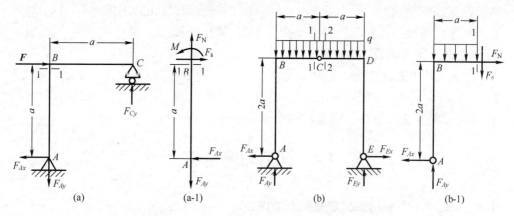

题 1-2 图

解：（a） 由静力平衡方程求得支座反力为 $F_{Cy}=F$ （↑），$F_{Ax}=F$ （←），$F_{Ay}=F$ （↓）。用截面法沿 1-1 面截开，取题 1-2 图（a-1）所示部分作受力分析：

由 $\sum F_x=0$，得 $F_s=F$；$\sum F_y=0$，得 $F_N=F$；$\sum M=0$，得 $M=Fa$。

（b） 由结构的左右对称性可知，$F_{Ay}=F_{Ey}=qa$ （↑），或由整体静力平衡方程可求得 $F_{Ay}=F_{Ey}=qa$ （↑）。再用截面法沿 1-1 面截开，取题 1-2 图（b-1）所示部分作受力分析：

由 $\sum F_y=0$，$F_{Ay}-qa-F_s=0$，得 $F_s=0$；$\sum M_A=0$，$F_N\times 2a+\frac{1}{2}qa^2=0$，得 $F_N=-\frac{1}{4}qa$ （←）。

由对称性可知，2-2 截面内力大小同 1-1 截面，但方向相反。

1-3 如题 1-3 图所示圆轴在皮带力作用下等速转动，试求紧靠 B 轮左侧截面和右侧截面上圆轴的内力分量。

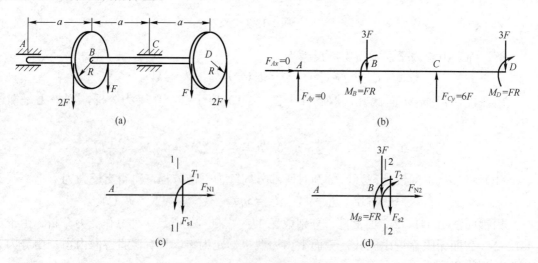

题 1-3 图

解： 简化圆轴受力图如题 1-3 图（b）所示。由轴 AD 的整体平衡方程可以求得支反力如题 1-3 图（b）所示。沿 B 轮左侧 1-1 截面截开，设该截面上的内力如题 1-3 图（c）所示。列静力平衡方程，可得

$$\sum F_x = 0, \quad F_{N1} = 0; \quad \sum F_y = 0, \quad F_{s1} = 0; \quad \sum M_x = 0, \quad T_1 = 0$$

沿 B 轮右侧 2-2 截面截开，设该截面上的内力如题 1-3 图（d）所示。列静力平衡方程，可得

$$\sum F_x = 0, \quad F_{N2} = 0; \quad \sum F_y = 0, \quad F_{s2} = -3F; \quad \sum M_x = 0, \quad T_2 = M_R = FR$$

1-4 题 1-4 图（a）为一高压线塔架，受 540kN 的水平力作用，试求 BD 杆的内力。

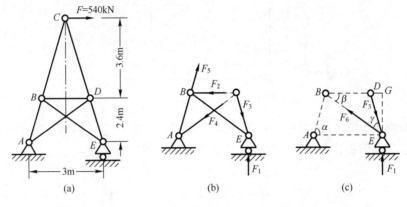

题 1-4 图

解：由塔架静力平衡方程 $\sum M_A = 0$，即 $F_1 \cdot 3 - F(3.6 + 2.4) = 0$，解得

$$F_1 = 2F = 1080\text{(kN)}$$

取分离体如题 1-4 图（b）所示。由 $\sum M_A = 0$，得

$$F_1 \times 3 - F_3 \times 3\sin\alpha + F_2 \times 2.4 = 0 \quad (\text{由} \tan\alpha = \frac{2.4+3.6}{3/2} = 4, \text{得} \alpha = 75.96°) \quad (1)$$

再取分离体如题 1-4 图（c）所示，其中 $BD = \frac{3.6}{2.4+3.6} \times 3 = 1.8\text{(m)}$，故

$$\tan\beta = \frac{GE}{BG} = \frac{GE}{BD + DG} = \frac{2.4}{1.8 + \frac{1}{2}(3-1.8)} = 1$$

则

$$\beta = 45°, \quad \gamma = \alpha - \beta = 75.96° - 45° = 30.96°$$

以与 F_6 垂直过 E 点为 y' 轴，由 $\sum F_{y'} = 0$，得 $F_1\cos\beta = F_3\sin\gamma$，即

$$F_3 = F_1 \frac{\cos\beta}{\sin\gamma} = 1080 \times \frac{\cos 45°}{\sin 30.96°} = 1484.5\text{(kN)}$$

代入式（1）解得

$$F_2 = \frac{1}{2.4}(-3F_1 + 3F_3\sin\alpha) = \frac{1}{2.4}(-3 \times 1080 + 3 \times 1484.5\sin 75.96°) = 450\text{(kN)}$$

1-5 四边形平板变形后成题 1-5 图所示平行四边形，水平轴线在四边形 AC 边保持不变。试求：（1）沿 AB 边的平均线应变；（2）平板 A 点的切应变。

解：（1）AB 边变形后为 AB'，其长度 $AB' = \sqrt{(250-2)^2 + 3^2}$，则平均线应变为

$$\varepsilon_{AB} = \frac{\sqrt{(250-2)^2 + 3^2} - 250}{250} = -7.93 \times 10^{-3}$$

（2）平板 A 点的切应变为

$$\gamma_{xy} = \arctan\frac{3}{248} = 0.0121(\text{rad})$$

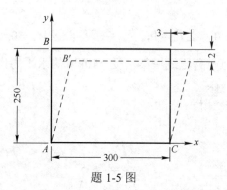

题 1-5 图

1-6 如题 1-6 图（a）所示刚性梁在 A 点铰接，B 和 C 点由钢索吊挂，作用在 H 点的力 F 引起 C 点的铅垂位移为 10mm，求钢索 CE 和 BD 的应变。

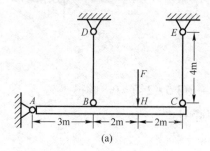   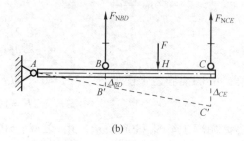

题 1-6 图

解：受载后刚性梁 AC 的位置如题 1-6 图（b）所示。

根据比例关系知 $\dfrac{AB}{AC} = \dfrac{\Delta_{BD}}{\Delta_{CE}}$，即 $\Delta_{BD} = \dfrac{30}{7}$(mm)。

则钢索的线应变分别为

$$\varepsilon_{BD} = \frac{30}{7 \times 4 \times 10^3} = 1.071 \times 10^{-3}, \quad \varepsilon_{CE} = \frac{10}{4 \times 10^3} = 2.50 \times 10^{-3}$$

1-7 如题 1-7 图所示结构，当力作用在把手上时，引起臂 AB 顺时针转过 $\theta = 0.002\text{rad}$，求绳 BC 中的平均线应变。

解：由 $\theta = 0.002\text{rad}$ 可求得

$$\Delta l_{CB} = L \tan\theta$$

则绳 BC 中的平均线应变为

$$\varepsilon_{CB} = \frac{\Delta l_{CB}}{l_{CB}} = \frac{L \tan\theta}{2L} = 0.001 \text{（小变形时 } \tan\theta \approx \theta\text{）}$$

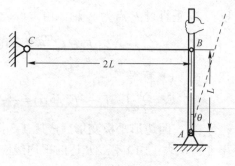

题 1-7 图

第 2 章 拉伸与压缩

2.1 教学目标及章节理论概要

2.1.1 教学目标

（1）熟悉轴力的概念，掌握轴力计算和轴力图绘制的方法，综合判断危险截面。
（2）理解拉伸正应力公式的推导过程，了解应力随所在截面方位的变化规律。
（3）明确低碳钢和铸铁在拉伸与压缩变形中的力学行为，掌握 $\sigma_s(\sigma_{r0.2}), \sigma_b, A, Z$ 等指标的力学意义和测试方法。
（4）明确许用应力$[\sigma]$的概念，熟练掌握拉压杆的强度条件和 3 种强度问题的计算方法。
（5）明确弹性模量 E，泊松比 μ 和截面抗拉刚度的概念，熟练掌握用胡克定律计算拉压杆变形的方法。
（6）掌握"用切线代替圆弧"求简单桁架节点位移的方法。
（7）熟练掌握一次超静定杆系（包括温度应力和装配应力）的解法。
（8）建立应变能和应变能密度的概念，并能用能量原理求简单结构位移。
（9）了解应力集中现象和理论应力集中因数。

2.1.2 章节理论概要

1. 轴力和轴力图

（1）轴向拉伸（压缩）：①受力特点为外力合力的作用线与杆件轴线重合；②变形特点为杆件沿轴线伸长或缩短。
（2）轴力 F_N：与杆件的轴线重合的内力的合力。用截面法求轴力，截面上轴力采用设正法，且规定"拉正压负"。
（3）轴力图：表示杆件沿轴线轴力变化的图线。注意集中力作用面的"突变关系"。

2. 拉伸（或压缩）时的应力

（1）横截面上的应力：求横截面上应力是一个超静定问题，必须从变形几何关系、物理关系、静力平衡关系 3 个方面讨论。根据平面假设，可得

$$\sigma = \frac{F_N}{A} \tag{2-1}$$

（2）斜截面上的应力：确定斜截面的方位角 α，即从横截面法线转到斜截面外法线的夹角，规定"逆正顺负"。根据与横截面上应力推导相同的思路，可知

$$\sigma_\alpha = \frac{\sigma}{2}(1+\cos 2\alpha) = \sigma\cos^2\alpha \tag{2-2}$$

$$\tau_\alpha = \frac{\sigma}{2}\sin 2\alpha \tag{2-3}$$

（3）圣维南原理：只要轴力大小相等，杆端加力方式的不同，一般只对杆端附近区域的应力分布有影响，影响区域长度一般不超出杆的横向尺寸。

3．材料拉伸和压缩的力学性质

（1）低碳钢拉伸时的力学性质：包括 4 个阶段（弹性阶段、屈服阶段、强化阶段、局部变形阶段），4 个极限应力（比例极限 σ_p、弹性极限 σ_e、（下）屈服极限 σ_s、强度极限 σ_b），2 个塑性指标（断后伸长率 A（$A>5\%$ 为塑性材料、$A<5\%$ 为脆性材料），断面收缩率 Z），1 个材料常数（弹性模量 E）。

（2）卸载定律：在卸载过程中，应力和应变按直线规律变化。

（3）冷作硬化：当加载使材料进入弹塑性变形后卸载，在二次加载时，比例极限提高而塑性变形和伸长率均降低的现象。

（4）$\sigma_{r0.2}$ 的定义：对没有明显屈服阶段的塑性材料，将产生 0.2%塑性应变时的应力作为屈服极限，通常用 $\sigma_{r0.2}$ 来表示。

（5）注意脆性材料拉伸和压缩力学性能的区别。

4．拉（压）杆的强度条件

拉（压）杆的强度条件：

$$\sigma = \frac{F_N}{A} \leqslant [\sigma] \tag{2-4}$$

应用强度条件可以进行强度校核、截面设计、载荷估计等三方面的计算。

5．拉（压）杆的变形

（1）横向变形系数（泊松比）μ：当应力不超过比例极限时，材料的横向应变 ε' 与纵向应变 ε 之比的绝对值为一个常数，即

$$\mu = \left|\frac{\varepsilon'}{\varepsilon}\right| \tag{2-5}$$

材料的泊松比 μ 是量纲为一的量；ε' 与 ε 符号始终相反；μ 一般为 0.1～0.5。

（2）轴向拉压时杆件变形计算的胡克定律：

$$\Delta l = \frac{F_N l}{EA} \tag{2-6}$$

当截面面积和轴力不是常量时，有

$$\Delta l = \int_l \frac{F_N(x)\mathrm{d}x}{EA(x)} \tag{2-7}$$

若杆件为阶梯杆时，有

$$\Delta l = \sum_{i=1}^{n} \frac{F_{Ni} l_i}{E A_i} \tag{2-8}$$

6. "以切代弧"求简单桁架节点位移

求解桁架节点位移时，一般先求出（静定结构）或设出（超静定结构）某杆的变形 Δl；其次从各杆伸长（或缩短）后的延线点作垂线（圆弧的切线），交点即为该节点变形后的位置；再根据几何关系，确定节点位移与各杆变形量间的关系，这种方法称为位移图解法或威里沃特（Williot）图解法。同时，也可设出变形后该节点的位置，再由变形前节点向各杆变形后轴线作垂线，最后由几何关系确定节点位移与各杆变形量间的关系。由于这种方法的核心是以切线代替弧线，故简称为"以切代弧"法。

7. 拉压超静定问题（包括温度应力和装配应力）

（1）拉压超静定问题：未知力（约束反力或（和）轴力）的数目大于独立平衡方程数目的问题，多余未知力的数目称为超静定的次（度）数。

力法求解超静定问题要综合考虑：①静力平衡方程；②变形协调（几何）方程；③物理方程三方面的关系。

（2）装配应力和温度应力：在超静定结构中，由于加工误差在装配过程中产生的应力，称为装配应力；在超静定结构中，因温度变化而引起的应力，称为温度应力。装配应力和温度应力的求解同超静定问题，同样要综合三方面的关系求解。

8. 拉伸（或压缩）时的应变能和应变能密度

（1）应变能 V_s：是由于外力做功而储存于弹性体内的能量。对轴向拉压杆，有

$$V_s = W = \frac{1}{2} F \Delta l = \frac{F_N^2 l}{2EA} \tag{2-9}$$

（2）单位体积内储存的应变能称为应变能密度 v_s，有

$$v_s = \frac{V_s}{V} = \frac{1}{2} \sigma \varepsilon \tag{2-10}$$

用功能原理可以求解结构在单一载荷作用下，载荷作用点沿载荷作用线方向的位移。

9. 应力集中现象

因杆件外形突然变化而引起局部应力急剧增加的现象称为应力集中。发生应力集中截面上的最大应力 σ_{max} 与同一个截面上的平均应力 σ 之比，称为理论应力集中因数，有

$$K_t = \frac{\sigma_{max}}{\sigma} \tag{2-11}$$

K_t 为一个大于 1 的因数，反映了应力集中的程度。截面尺寸变化越急剧，角越尖，孔越小，应力集中程度越严重，零部件设计中应尽量避免或降低这些不利因素的影响。

2.1.3 重点知识思维导图

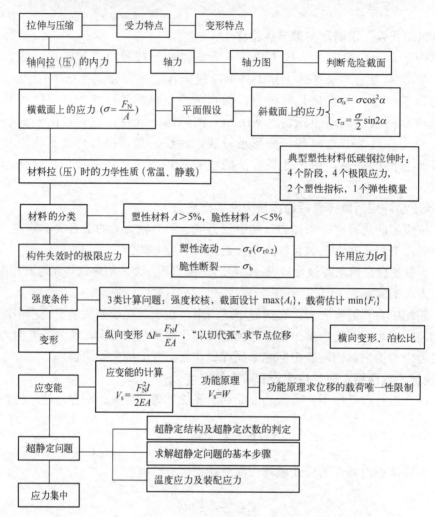

2.2 习题分类及典型例题辅导与精析

2.2.1 习题分类

（1）轴力计算和轴力图的绘制，确定危险截面。
（2）应用强度条件对杆件进行强度校核、截面设计和载荷估计。
（3）计算杆件的变形量，求结构上某点的位移。
（4）求解超静定问题，包括装配应力和温度应力。

2.2.2 解题要求

（1）求任意截面内力或作内力图，除根据控制面正确对杆件分段外，还应注意力的等效平移，及力的合成与简化应在所求截面选定后进行。

（2）熟练掌握拉压杆的强度条件并运用其进行强度校核、截面设计和载荷估计。

（3）注意拉压杆变形计算公式的适用条件，掌握"以切代弧"求简单桁架节点的位移的基本方法。熟悉根据功能原理求节点位移的方法及其限制。

（4）熟悉超静定结构的判定，熟练掌握求解一次超静定问题，重点是根据不同杆件的变形关系确定变形协调方程。对于装配应力和温度应力求解，方法相同。确定了超静定构件的内力之后，则强度校核、位移计算与静定结构完全相同。

2.2.3 典型例题辅导与精析

例 2-1 直杆受力如例 2-1 图（a）所示，A、B、C、D 面上分别作用有力 $2F,4F,3F,F$，试作直杆的轴力图。

解：（1）确定控制面。该杆上作用有 4 个集中力，即有 4 个控制面，两两控制面间内力规律相同，故需要分 3 段计算轴力。

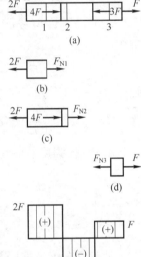

例 2-1 图

（2）截面法求轴力。用假想截面分别沿 1-1，2-2，3-3 将杆件截开，用轴力（通常假设为正方向）代替舍去部分对研究杆段的作用，根据静力平衡方程 $\sum F_x = 0$，可得

1-1 截面轴力如例 2-1 图（b）所示，则
$$F_{N1} = 2F$$

2-2 截面的轴力如例 2-1 图（c）所示，则
$$F_{N2} + 4F = 2F, F_{N2} = -2F$$

3-3 截面上轴力如例 2-1 图（d）所示，则
$$F_{N3} = F$$

（3）作轴力图。按照一定的比例，且与杆轴线对应，作出轴力图如例 2-1 图（e）所示。

（4）检验。在外力作用面，轴力图必然发生突变，突变值（绝对值）的大小等于作用在该面的集中力大小，可检验轴力图的正确性。

【评注】①轴力的表征，一般在两两控制面间任选一个截面；②截开后，通常选取受力简单的一侧作为研究对象；③进行轴力计算时，通常采用设正法，以简化轴力正负的判断；④选择合适的比例，使坐标与杆件轴线一一对应，直观反映不同截面的轴力；⑤在外力作用面，轴力将发生突变。

例 2-2 例 2-2 图（a）所示简易吊车中，BC 为钢杆，AB 为木杆。木杆的横截面面积 $A_w = 100 \text{ cm}^2$，许用应力 $[\sigma_w] = 7\text{MPa}$；钢杆的横截面面积 $A_{st} = 6\text{cm}^2$，许用应力 $[\sigma_{st}] = 160\text{MPa}$，试求许可吊重 F。

解：（1）截面法求内力。两杆均为二力杆件，截面法截出如例 2-2 图（b）所示部分作受力分析。由平衡方程可得

$$\sum F_x = 0, \quad F_{N1} - F_{N2} \cos 30° = 0$$
$$\sum F_y = 0, \quad F_{N2} \sin 30° - F = 0$$

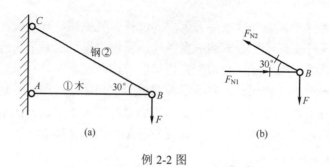

例 2-2 图

则
$$F_{N2} = \frac{F}{\sin 30°} = 2F, \quad F_{N1} = F_{N2}\cos 30° = 1.73F$$

（2）确定许可载荷。设由两杆确定的许可载荷分别为 F_1、F_2，由 AB 杆强度条件可得

$$A_w[\sigma_w] \geqslant F_{N1} = 1.73F_1$$

则
$$F_1 \leqslant \frac{1}{1.73}A_w[\sigma]_w = \frac{1}{1.73} \times 100 \times 10^{-4} \times 7 \times 10^6 = 40.5 \times 10^3(\text{N}) = 40.5(\text{kN})$$

由 BC 杆强度条件可得

$$A_{st}[\sigma_{st}] \geqslant F_{N2} = 2F_2$$

则
$$F_2 \leqslant \frac{1}{2}A_{st}[\sigma_{st}] = \frac{1}{2} \times 6 \times 10^{-4} \times 160 \times 10^6 = 48 \times 10^3(\text{N}) = 48(\text{kN})$$

吊车的许可吊重 $[F] = \min\{F_i\} = F_1 = 40.5\text{kN}$。

【评注】①许可载荷的确定是强度计算问题之一。通常先由平衡方程确定各杆轴力与外载的关系；然后根据强度条件求出各杆的许用轴力，再由各杆轴力与外载的关系确定不同的许可载荷；最后选取 $[F] = \min\{F_i\}$。②本例中，也可用木杆强度条件进行载荷估计，用估计载荷对钢杆进行强度校核，若也满足强度条件，则该载荷即为许可载荷；若不满足，则利用钢杆的强度条件重新进行载荷估计，所得即为结构的许可载荷。

例 2-3 例 2-3 图所示为一简单托架。BC 杆为圆钢，横截面直径 $d = 20\text{mm}$，BD 杆为 8 号槽钢。两杆的弹性模量 $E = 200\text{GPa}$，试求当 $F = 50\text{kN}$ 时托架 B 点的位移。

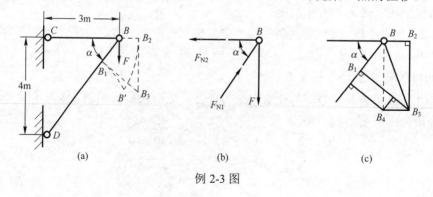

例 2-3 图

解：力 F 作用后，两杆均有轴力产生，将产生伸长或缩短。变形后的结构 C、D 点不动，B 点将绕 C 点和 D 点转动到新的位置 B'。假想将节点 B 拆开，变形后 BC 为 CB_2，BD 为 DB_1，分别以 C、D 为圆心，以 CB_2、DB_1 为半径画弧，两弧线的交点即为 B' 的位置。在小变形假设下，一般采用以切线代替弧线的方法，即分别过 B_2、B_1 点作 BC 和 BD 杆垂线，两垂线交点 B_3 近似看为变形后 B 点的位置。这样就可以简化问题的求解。

（1）求各杆内力。截面法取分离体如例 2-3 图（b）所示，由静力平衡方程得

$$F_{N1}\cos\alpha = F_{N2}, \quad F_{N1}\sin\alpha = F$$

解得

$$F_{N1} = \frac{5}{4}F = 62.5(\text{kN}), \quad F_{N2} = \frac{3}{4}F = 37.5(\text{kN})$$

（2）求各杆的变形。BD 杆面积查表得

$$A_1 = 10.248\text{cm}^2 = 10.248 \times 10^{-4}\text{m}^2$$

BC 杆面积为

$$A_2 = \frac{\pi}{4}d^2 = \frac{\pi}{4} \times 20^2 \times 10^{-6} = 314 \times 10^{-6}(\text{m}^2)$$

由胡克定律求得两杆的变形分别为

$$BB_1 = \Delta l_1 = \frac{F_{N1}l_1}{EA_1} = \frac{62.5 \times 10^3 \times 5}{200 \times 10^9 \times 10.248 \times 10^{-4}} = 1.525 \times 10^{-3}(\text{m})（缩短）$$

$$BB_2 = \Delta l_2 = \frac{F_{N2}l_2}{EA_2} = \frac{37.5 \times 10^3 \times 3}{200 \times 10^9 \times 314 \times 10^{-6}} = 1.791 \times 10^{-3}(\text{m})（伸长）$$

（3）计算 B 点位移。由例 2-3 图（c）可看出，B 点两个位移分量在每个杆上投影的代数和即为每个杆的变形，即

$$\Delta l_2 = BB_2 = \Delta_{Bx}, \quad \Delta l_1 = BB_1 = \Delta_{By}\sin\alpha - \Delta_{Bx}\cos\alpha$$

所以

$$\Delta_{Bx} = BB_2 = \Delta l_2 = 1.791 \times 10^{-3}(\text{m}) = 1.791(\text{mm})$$

$$\Delta_{By} = BB_4 = \frac{\Delta l_1}{\sin\alpha} + \frac{\Delta l_2}{\tan\alpha} = \frac{1.525 \times 10^{-3}}{4/5} + \frac{1.791 \times 10^{-3}}{4/3} = 3.25 \times 10^{-3}(\text{m}) = 3.25(\text{mm})$$

B 点总位移为

$$BB_3 = \sqrt{BB_2^2 + BB_4^2} = \sqrt{\Delta_{Bx}^2 + \Delta_{By}^2} = \sqrt{1.791^2 + 3.25^2} = 3.71(\text{mm})$$

【评注】①这种位移图解法中，节点两个位移分量在每个杆上的投影之和等于该杆的变形，它是计算桁架位移的重要辅助手段。同时，作图时采用"以切代弧"进行了简化。如果分别以 C、D 为圆心，用变形后的 CB_2、DB_1 为半径作弧，交点则不在 B_3 而在点 B'（例 2-3 图（a））。分别以 C、D 为圆心，列出两个圆的方程，联立解得水平和垂直精确位移分别是 $\Delta_{Bx} = 1.793$mm 和 $\Delta_{By} = 3.25$mm，与切线代替弧线的结果比较，其最大误差为 0.112%。可见在小变形条件下，采用"以切代弧"的方法计算节点位移是足够精确的。②杆件的变形与结构的节点位移是两个不同的概念，例题中两杆的变形分别是 Δl_1、Δl_2，而 B 点的位移是 BB_3。③对于求唯一外载且沿载荷作用线方向的位移，最简单的办法是

能量法，即根据功能原理列出 $\frac{1}{2}F\Delta_y = \sum_{i=1}^{2}\frac{F_{Ni}^2 l_i}{2EA_i}$，就可以很方便地求出 B 点的垂直位移。

例 2-4 例 2-4 图（a）所示桁架，已知 3 根杆的抗拉压刚度相同，求各杆的内力，并求 A 点的水平位移和垂直位移。

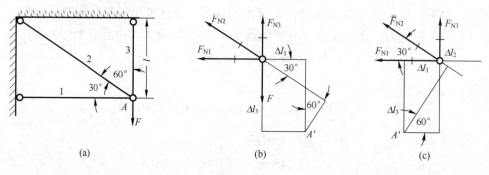

例 2-4 图

解：用截面法沿 A 节点附近截开，假设 3 根杆内力均为正，因平面共点力系有两个独立的静力平衡方程，故桁架属一次超静定问题。

（1）静力平衡方程。由平衡条件可知

$$\sum F_x = 0, \quad F_{N2}\cos 30° + F_{N1} = 0 \tag{1}$$

$$\sum F_y = 0, \quad F_{N3} + F_{N2}\sin 30° = F \tag{2}$$

（2）变形几何关系。假设内力为正，故各杆变形均为伸长，设变形后 A 点位移至 A' 点，从 A' 点分别作 1，2，3 杆延长线的垂线，确定各杆的伸长量 Δl_i，由例 2-4 图（b）可知

$$\Delta l_2 = \Delta l_1/\cos 30° + (\Delta l_3 - \Delta l_1\tan 30°)\sin 30°$$

即

$$2\Delta l_2 = \sqrt{3}\Delta l_1 + \Delta l_3$$

（3）物理关系。由胡克定律知各杆的变形为

$$\Delta l_1 = \frac{F_{N1}l_1}{EA}, \quad \Delta l_2 = \frac{F_{N2}l_2}{EA}, \quad \Delta l_3 = \frac{F_{N3}l_3}{EA}$$

且由例 2-4 图（a）可知

$$l_1 = \sqrt{3}l, \quad l_2 = 2l, \quad l_3 = l$$

（4）补充方程。将 l_i 代入物理关系，再代入变形几何关系，得补充方程

$$3F_{N1} - 4F_{N2} + F_{N3} = 0 \tag{3}$$

（5）联立求解。联立式（1）～（3），解得

$$F_{N1} = -\frac{\sqrt{3}F}{3(3+\sqrt{3})}, \quad F_{N2} = \frac{2F}{3(3+\sqrt{3})}, \quad F_{N3} = \frac{(7+3\sqrt{3})}{3(3+\sqrt{3})}F$$

由计算结果可知，1 杆轴力为负，即与假设方向相反，发生压缩变形。

（6）求位移。A 点的水平位移和垂直位移分别等于 1 杆和 3 杆的变形量，即

$$\Delta_{Ax} = \Delta l_1 = \frac{F_{N1}l_1}{EA} = \frac{-Fl}{(3+\sqrt{3})EA}(\leftarrow)$$

$$\Delta_{Ay} = \Delta l_3 = \frac{(7+3\sqrt{3})Fl}{3(3+\sqrt{3})EA}(\downarrow)$$

注意：关于变形几何关系的求出，也可设点 A 在变形后位于例 2-4 图（c）中 A' 位置，为了讨论方便，现在仍设各杆轴力为正，且平衡方程式不变，而变形几何关系为

$$\Delta l_3 = \Delta l_2 / \cos 60° + \tan 60° \Delta l_1 = 2\Delta l_2 + \sqrt{3}\Delta l_1 \tag{4}$$

代入物理关系，并注意力与变形的一致性，必须在 F_{N1} 前冠以"-"号，有

$$\Delta l_1 = \frac{-\sqrt{3}F_{N1}l}{EA}, \quad \Delta l_2 = \frac{F_{N2}l}{EA}, \quad \Delta l_3 = \frac{F_{N3}l}{EA}$$

代入式（4）得补充方程为

$$3F_{N1} - 4F_{N2} + F_{N3} = 0 \tag{5}$$

式（5）同式（3），计算结果同前。

【评注】如果以 A 点为坐标原点建立平面坐标系，前述两种方法分别设变形后 A' 点在第三象限和第四象限，同样可以设变形后 A' 点在第一象限或第二象限，具体由读者自己完成，但要注意除保持力与变形的一致性外，还要注意任设的一点 A' 不要在某些特定点上，如设在 3 杆的延长线上，由该点作 1 杆的垂线，恰好在 A 点，即已设 $\Delta l_1 = 0$。这样，会导致错误结果。

2.3 考点及考研真题辅导与精析

本章考点包括：

（1）杆件的强度计算问题。包括强度校核、载荷估计及截面设计问题。

（2）结构某点（或节点）的位移计算。本章中较多地采用"以切代弧"的方法，仅是一种寻求变形几何关系的方法，能量法的学习将使问题大大简化。

（3）拉（压）超静定问题（包括温度应力和装配应力），在不包括能量法的考卷中，有可能将此类问题作为一套试卷中的难题，但一般仅考查一次超静定问题。

（4）一般测试包括一些基本概念题或四选一题，如屈服极限的确定、典型材料低碳钢及铸铁拉压过程中破坏现象的解释、超静定次数的判定常被涉及。

1. 长度和横截面面积均相同的钢杆和铝杆，在杆件两端作用相同的轴向拉力，两杆的应力_____，变形_____。（填写相同或不同）（西北工业大学；3 分）

答：根据拉杆的应力和变形计算公式可知，应力与材料无关，变形与材料弹性模量有关。所以应力相同，变形不同。

2. 如题 2 图所示桁架，从强度和经济性考虑杆件 1 和 2 的材料分别选用哪种比较合理？（浙江大学；5 分）

A．杆 1 用钢材，杆 2 用铸铁　　　　B．杆 1 用铸铁，杆 2 用钢材

C．都用钢材 D．都用铸铁

答：选 A。从结构受力分析可知，杆 1 受拉，杆 2 受压；而钢材有较好的抗拉性能，铸铁有较好的抗压性能，故综合强度和经济性考虑选 A。

3．受拉杆如题 3 图所示．其中在 BC 段内（　　）。(北京科技大学；4 分)

A．有位移，无变形 B．有变形，无位移
C．既有位移，又有变形 D．既无位移，又无变形

答：选 A。BC 段内无内力，故无变形；但 AB 段有变形，BC 段有和 B 截面相同的位移。

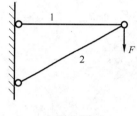

题 2 图

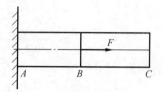

题 3 图

4．题 4 图所示简单桁架，杆 1 和杆 2 的横截面面积均为 A，许用应力均为 $[\sigma]$，设 F_{N1}、F_{N2} 分别表示杆 1 和杆 2 的轴向拉力。下面 4 个选项中，错误的是（　　）。（西南交通大学；3 分）

A．$F = F_{N1}\cos\alpha + F_{N2}\cos\beta$ B．$F_{N1}\sin\alpha = F_{N2}\sin\beta$
C．许可载荷 $[F] = [\sigma]A(\cos\alpha + \cos\beta)$ D．许可载荷 $[F] \leq [\sigma]A(\cos\alpha + \cos\beta)$

答：选 C。杆 1 和杆 2 通常不会同时达到许用应力。

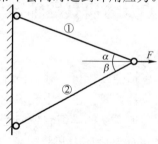

题 4 图

5．题 5 图所示为用铸铁材料做成的铰接正方形桁架，杆 AB、BC、CD、DA 的长度均为 $a = 200\text{mm}$，承受荷载 $F = 60\text{kN}$。已知铸铁材料的许用拉应力 $[\sigma_t] = 40\text{MPa}$，许用压应力 $[\sigma_c] = 80\text{MPa}$。试计算各杆的横截面面积（不考虑稳定性）。（长安大学；20 分）

解：根据结构的对称性可知

$$F_{N1} = F_{N2}，F_{N3} = F_{N4}$$

由 A、B 点的平衡得

$$F_{N1} = F_{N2} = \frac{F}{\sqrt{2}}，F_{N3} = F_{N4} = -\frac{F}{\sqrt{2}}，F_{N5} = -F$$

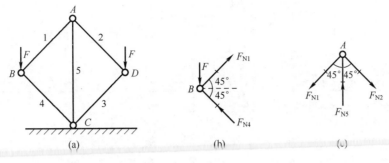

题 5 图

由拉伸强度条件 $\sigma = \dfrac{F_N}{A} \leqslant [\sigma_t]$，得

$$A_1 = A_2 \geqslant \dfrac{F}{\sqrt{2}[\sigma_t]} = 10.6 \times 10^{-4}(\text{m}^2)$$

由压缩强度条件 $\sigma = \dfrac{F_N}{A} \leqslant [\sigma_c]$，得

$$A_3 = A_4 \geqslant \dfrac{F}{\sqrt{2}[\sigma_c]} = 5.3 \times 10^{-4}(\text{m}^2)，\quad A_5 \geqslant \dfrac{F}{[\sigma_c]} = 7.5 \times 10^{-4}(\text{m}^2)$$

6. 如题 6 图所示拉杆受集中力 F 作用发生变形，已知拉杆伸长量为 Δl，截面高度变化量为 Δh，求杆件材料的泊松比和弹性模量。（大连理工大学；8 分）

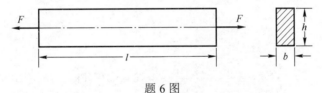

题 6 图

解：杆件发生轴向拉伸变形，轴力 $F_N = F$，代入轴向变形计算公式，得

$$\Delta l = \dfrac{F_N l}{EA} = \dfrac{F l}{Ebh}$$

所以材料的弹性模量为

$$E = \dfrac{F l}{bh\Delta l}$$

根据泊松比的定义，有

$$\mu = \left|\dfrac{\varepsilon'}{\varepsilon}\right| = \dfrac{\Delta h / h}{F / Ebh} = \dfrac{Eb\Delta h}{F}$$

7. 如题 7 图所示结构，BAC 整体为刚性杆。杆 GB 直径 $d_1 = 40\text{mm}$，弹性模量 $E_1 = 210\text{GPa}$，杆 DC 为阶梯形圆杆，其中 DH 段 $d_2 = 20\text{mm}$，CH 段 $D_2 = 40\text{mm}$，弹性模量 $E_2 = 180\text{GPa}$。已知 $F = 118\text{kN}$，$l = a = 500\text{mm}$。求杆 GB、杆 DC 的轴力和杆 DC 的最大应力。（南京航空航天大学；15 分）

解：（1）列静力平衡方程。结构为一次超静定，由题 7 图（b）可得

$$\sum M_A = 0, \quad F_{N1} \times a + F_{N2} \times 2a = Fa \tag{1}$$

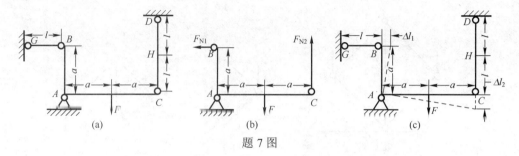

题 7 图

（2）列变形几何关系。BAC 整体为刚性杆，由题 7 图（c）可得

$$\frac{\Delta l_1}{a} = \frac{\Delta l_2}{2a}, \quad 即 \quad \Delta l_2 = 2\Delta l_1 \tag{2}$$

（3）物理关系：

$$\Delta l_1 = \frac{F_{N1}l_1}{E_1 A_1} = \frac{4F_{N1} \times 0.5}{210 \times 10^9 \times \pi \times (40 \times 10^{-3})^2}$$

$$\Delta l_2 = \frac{F_{N2}l_2}{E_2 A_2} = \frac{4F_{N2} \times 0.5}{180 \times 10^9 \times \pi \times (20 \times 10^{-3})^2} + \frac{4F_{N2} \times 0.5}{180 \times 10^9 \times \pi \times (40 \times 10^{-3})^2}$$

代入变形几何关系，得补充方程：

$$F_{N1} = \frac{35}{12} F_{N2} \tag{3}$$

联立式（1）（3）求解，得

$$F_{N2} = \frac{12}{59} F = \frac{12}{59} \times 118 = 24(\text{kN}), \quad F_{N1} = \frac{35}{12} F_{N2} = \frac{35}{12} \times 24 = 70(\text{kN})$$

（4）求杆 DC 的最大应力：

$$\sigma_{2\max} = \frac{F_{N2}}{A_{2\min}} = \frac{4 \times 24 \times 10^3}{\pi \times (20 \times 10^{-3})^2} = 76.4 \times 10^6 (\text{Pa}) = 76.4 (\text{MPa})$$

8．如题 8 图所示组合柱由内轴和外筒组成，两者侧面之间没有粘结在一起，但下端面固定于同一个平面，上端面粘结于刚性块体，柱体长度为 l，外筒和内轴的弹性模量、线膨胀系数、截面积分别为 E_1、α_1、A_1 和 E_2、α_2、A_2（$\alpha_1 > \alpha_2 > 0$），不计该刚性块体和柱体的自重，若温度升高 ΔT，求内柱和外筒横截面上的应力及柱体的伸长量。（浙江大学；30 分）

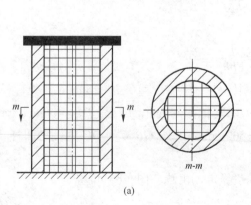
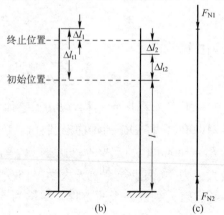

题 8 图

解：设外筒、内轴在没有上端刚体粘结条件下由升温引起的变形分别为 Δl_{t1}、Δl_{t2}；上端刚体粘结后，外筒受压且轴力为 F_{N1}，内轴受拉且轴力为 F_{N2}，对应的变形分别为 Δl_1、Δl_2。

根据变形几何关系得

$$\Delta l_{t1} - \Delta l_1 = \Delta l_{t2} + \Delta l_2$$

由静力平衡条件得

$$F_{N1} = F_{N2}$$

由物理关系知

$$\Delta l_1 = \frac{F_{N1} l}{E_1 A_1}, \quad \Delta l_2 = \frac{F_{N2} l}{E_2 A_2}, \quad \Delta l_{t1} = \alpha_1 \Delta T l, \quad \Delta l_{t2} = \alpha_2 \Delta T l$$

代入变形几何关系，得

$$F_{N1} = F_{N2} = \frac{\Delta T (\alpha_1 - \alpha_2) E_1 A_1 E_2 A_2}{E_1 A_1 + E_2 A_2}$$

外筒、内轴的横截面上的应力分别为

$$\sigma_1 = \frac{F_{N1}}{A_1} = \frac{\Delta T (\alpha_1 - \alpha_2) E_1 E_2 A_2}{E_1 A_1 + E_2 A_2}, \quad \sigma_2 = \frac{F_{N2}}{A_2} = \frac{\Delta T (\alpha_1 - \alpha_2) E_1 E_2 A_1}{E_1 A_1 + E_2 A_2}$$

柱体的伸长量为

$$\Delta l = \Delta l_{t1} - \Delta l_1 = \alpha_1 \Delta T l - \frac{\Delta T (\alpha_1 - \alpha_2) l\, E_2 A_2}{E_1 A_1 + E_2 A_2}$$

9. 如题 9 图所示结构，假设 AC 梁为刚体。杆 1、2、3 的横截面面积均为 A，材料弹性模量均为 E。试求：（1）3 根杆的轴力；（2）2 杆横截面上的应力及轴向变形量。（南京理工大学；20 分）

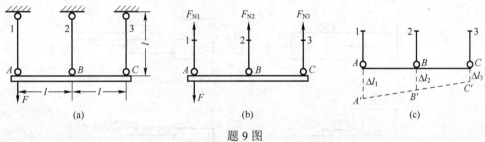

题 9 图

解：（1）列静力平衡方程。结构为一次超静定，由题 9 图（b）得

$$\sum F_y = 0, \quad F_{N1} + F_{N2} + F_{N3} = F \tag{1}$$

$$\sum M_A = 0, \quad F_{N2} \times l + F_{N3} \times 2l = 0 \tag{2}$$

（2）列变形几何关系。AC 梁为刚性杆，由题 9 图（c）可得

$$\frac{\Delta l_2 - \Delta l_3}{\Delta l_1 - \Delta l_3} = \frac{1}{2} \tag{3}$$

（3）物理关系：

$$\Delta l_1 = \frac{F_{N1} l}{EA}, \quad \Delta l_2 = \frac{F_{N2} l}{EA}, \quad \Delta l_3 = \frac{F_{N3} l}{EA}$$

代入变形几何关系得补充方程：
$$F_{N1}+F_{N3}=2F_{N2} \qquad (4)$$
联立式（1）、（2）、（4）求解，得
$$F_{N1}=\frac{5}{6}F, \quad F_{N2}=\frac{1}{3}F, \quad F_{N3}=-\frac{1}{6}F \text{（与假设方向相反）}$$
（4）2杆的应力和变形：
$$\sigma_2=\frac{F_{N2}}{A}=\frac{F}{3A}, \qquad \Delta l_2=\frac{F_{N2}l}{EA}=\frac{Fl}{3EA}$$

2.4 课后习题解答

2-1 试画出题 2-1 图所示各杆的轴力图。

解：用截面法作各杆的轴力图如下。注意内力图中与杆件控制面上下对应，并注意突变关系。

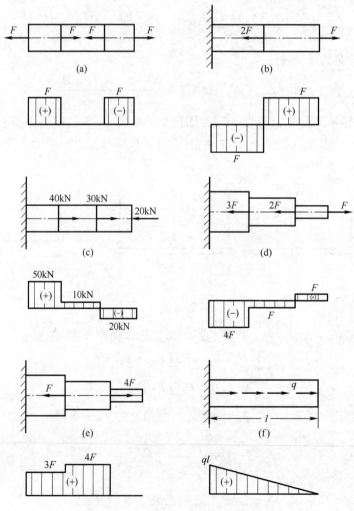

题 2-1 图

2-2 试求题 2-2 图所示结构中，1、2、3 各杆的轴力。

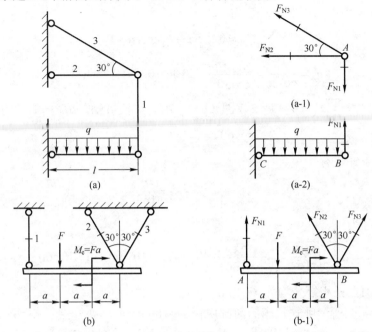

题 2-2 图

解：(a) 取分离体如图（a-2）所示。

由 $\sum M_C = 0$，$F_{N1}l - \dfrac{1}{2}ql^2 = 0$，得 $F_{N1} = \dfrac{1}{2}ql$。

取分离体如图（a-1）所示。

由 $\sum F_y = 0$，$F_{N3}\sin 30° = F_{N1} = \dfrac{1}{2}ql$，得 $F_{N3} = ql$。

由 $\sum F_x = 0$，$F_{N3}\cos 30° + F_{N2} = 0$，得 $F_{N2} = -\dfrac{\sqrt{3}}{2}ql$。

(b) 取分离体如图（b-1）所示。

由 $\sum M_B = 0$，$F_{N1} \times 3a - 2Fa + Fa = 0$，得 $F_{N1} = \dfrac{1}{3}F$。

由 $\sum F_x = 0$，知 $F_{N2} = F_{N3}$。

由 $\sum F_y = 0$，$2F_{N2}\cos 30° + \dfrac{F}{3} - F = 0$，得 $F_{N2} = F_{N3} = \dfrac{2\sqrt{3}}{9}F$。

2-3 如题 2-3 图所示双杠杆夹紧机构，须产生一对 20kN 的夹紧力，已知 3 个杆的材料相同，$[\sigma]$=100MPa，$\alpha = 30°$。试求水平杆 AB 及两斜杆 BC 和 BD 的横截面直径。

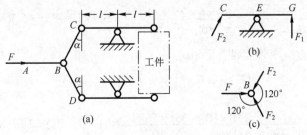

题 2-3 图

解：BC 与 BD 杆为二力杆件。取结构一部分为分离体，如题 2-3 图（b）所示。夹紧力 $F_1 = 20\text{kN}$。由静力平衡方程可得

$$\sum M_E = 0, \quad F_1 l - F_2 \cos\alpha l = 0$$

$$F_2 = \frac{F_1}{\cos\alpha} = \frac{20 \times 10^3}{\cos 30°} = 23.1 \times 10^3 (\text{N}) = 23.1(\text{kN})$$

取 B 节点，求 $\sum F_x = 0$（题 2-3 图（c）），由对称性可知，BD 杆的轴力也为 F_2，则

$$2F_2 \cos 60° = F_2 = F = 23.1\text{kN}$$

根据强度条件，有

$$A = \frac{\pi}{4}d^2 = \frac{F_N}{[\sigma]} = \frac{F}{[\sigma]}$$

故杆的直径为

$$d = \sqrt{\frac{4F}{\pi[\sigma]}} = \sqrt{\frac{4 \times 23.1 \times 10^3}{\pi \times 100 \times 10^6}} = 17.1 \times 10^{-3}(\text{m}) = 17.1(\text{mm})$$

则 3 根杆横截面直径相等，均为 17.1mm。

2-4 题 2-4 图所示卧式拉床的油缸内径 $D=186$mm，活塞杆直径 $d_1=65$mm，材料为 20Cr 并经过热处理，$[\sigma_{cr}]=130$MPa。缸盖由 6 个 M20 的螺栓与缸体连接，M20 螺栓的内径 $d=17.3$mm，材料为 35 钢，经热处理后 $[\sigma_{st}]=110$MPa。试按活塞杆和螺栓强度确定最大油压 p。

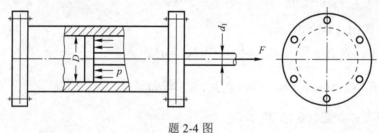

题 2-4 图

解：（1）由螺栓强度确定油压。每个螺栓所承受最大力为

$$F_1 = [\sigma_{st}]A = \frac{\pi}{4}d^2[\sigma] = \frac{\pi}{4} \times 17.3^2 \times 10^{-6} \times 110 \times 10^6 = 25.9 \times 10^3(\text{N}) = 25.9(\text{kN})$$

由静力平衡方程得

$$\left(\frac{\pi}{4}D^2 - \frac{\pi}{4}d_1^2\right)p_1 \leqslant 6F_1$$

$$p_1 \leqslant \frac{4 \times 6F_1}{\pi(D^2 - d_1^2)} = \frac{4 \times 6 \times 25.9 \times 10^3}{\pi(186^2 - 65^2) \times 10^{-6}} = 6.5 \times 10^6(\text{Pa}) = 6.5(\text{MPa})$$

（2）由活塞杆的强度确定油压。由静力平衡方程可知

$$\left(\frac{\pi}{4}D^2 - \frac{\pi}{4}d_1^2\right)p_2 \leqslant F = [\sigma_{cr}]\frac{\pi}{4}d_1^2$$

$$p_2 \leqslant \frac{[\sigma_{cr}] d_1^2}{D^2 - d_1^2} = \frac{130 \times 10^6 \times 65^2 \times 10^{-6}}{(186^2 - 65^2) \times 10^{-6}} = 18.1 \times 10^6(\text{Pa}) = 18.1(\text{MPa})$$

因此，油缸内最大油压为 $p = \min\{p_i\} = 6.5\text{MPa}$。

2-5 某拉伸试验机的结构示意图如题 2-5 图所示。设试验机的 CD 杆与试件 AB 的材料同为低碳钢，其中 σ_p=200MPa，σ_s=240MPa，σ_b=400MPa。若试验机最大拉力为 100kN。

（1）用这一试验机做拉断试验时，试件直径最大可达多少？

（2）若设计时取实验机的安全系数 n=2，则杆 CD 的横截面面积为多少？

（3）若试件直径 d=10mm，今欲测弹性模量 E，则所加载荷最大不能超过多少？

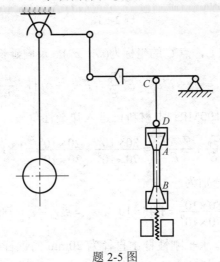

题 2-5 图

解：（1）确定试件直径。由强度条件知

$$\sigma_{\max} = \frac{F_{N\max}}{A} = \frac{4F_{N\max}}{\pi d^2}，当做拉断试验时，\sigma_{\max} = \sigma_b，则$$

$$d \leqslant \sqrt{\frac{4F_{N\max}}{\pi \sigma_b}} = \sqrt{\frac{4 \times 100 \times 10^3}{\pi \times 400 \times 10^6}} = 17.84 \times 10^{-3}(\text{m}) = 17.84(\text{mm})$$

（2）当安全系数取 n=2 时，则

$$[\sigma] = \frac{\sigma_s}{2} = 120(\text{MPa})$$

由强度条件 $\sigma = \frac{F_N}{A} \leqslant [\sigma]$ 知

$$A_{CD,\min} = \frac{F_N}{[\sigma]} = \frac{100 \times 10^3}{120 \times 10^6} = 833 \times 10^{-6}(\text{m}^2) = 833(\text{mm}^2)$$

（3）由题意知材料比例极限为 $\sigma_p = 200\text{MPa}$，根据强度条件，则加载最大值为

$$F_{\max} = F_{N\max} = A\sigma_p = \frac{\pi}{4} \times 10^2 \times 10^{-6} \times 200 \times 10^6 = 15.71 \times 10^3(\text{N}) = 15.71(\text{kN})$$

2-6 某材料的应力-应变曲线可近似地用题 2-6 图所示折线表示。图中直线 OA 的斜率即弹性模量 E=70GPa；直线 AB 的斜率为 $E' = 30\text{GPa}$，比例极限 σ_p=80MPa。

（1）试建立强化阶段 AB 的应力-应变关系；

（2）当应力增加到 σ=100MPa 时，试计算相应的总应变 ε、弹性应变 ε_e 及塑性应变 ε_p 之值。

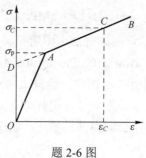

题 2-6 图

解：(1) 选 AB 段一点 C，点 C 的坐标为 $(\varepsilon_C, \sigma_C)$，反向延长 AB 与 σ 轴交于 D 点，则

$$\sigma_C = \sigma_p + E'\varepsilon_C - E'\frac{\sigma_p}{E} = E'\varepsilon_C + \sigma_p\left(1 - \frac{E'}{E}\right)$$

(2) 当应力增加到 σ=100MPa 时，材料已进入弹塑性阶段，对应的总应变为

$$\varepsilon_{\text{total}} = \frac{\sigma_p}{E} + \frac{\sigma - \sigma_p}{E'} = \frac{80 \times 10^6}{70 \times 10^9} + \frac{20 \times 10^6}{30 \times 10^9} = 1.81 \times 10^{-3}$$

其中弹性和塑性应变分别为

$$\varepsilon_e = \frac{\sigma}{E} = \frac{80 \times 10^6}{70 \times 10^9} = 1.43 \times 10^{-3}, \quad \varepsilon_p = \varepsilon_{\text{total}} - \varepsilon_e = 0.38 \times 10^{-3}$$

2-7　如题 2-7 图所示，水平刚性杆由直径为 20mm 的钢杆牵拉，在端点 B 处作用有载荷 F，钢的许用应力 $[\sigma_{st}]$=160MPa，弹性模量 E_{st}=210GPa，试求：(1) 结构的许可载荷；(2) 端点 B 的位移；(3) 若端点 B 的许用下沉量 $[\Delta]$=3mm，则结构的许可载荷为多少？

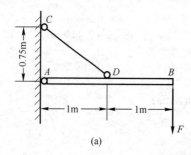　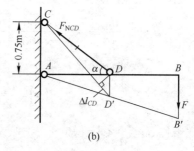

题 2-7 图

解：(1) 设钢杆中拉力为 F_{NCD}，题 2-7 图（b）中，由平衡条件 $\Sigma M_A = 0$，得

$$F_{NCD} \times \sin\alpha \times 1 = 2F, \quad \sin\alpha = \frac{3}{5}$$

解得

$$F_{NCD} = \frac{2F}{\sin\alpha} = \frac{10F}{3}$$

由强度条件得

$$F_{NCD} \leqslant [\sigma_{st}]A = 160 \times 10^6 \times \frac{\pi}{4} \times 20^2 \times 10^{-6} = 50.3 \times 10^3 \text{N} = 50.3 \text{(kN)}$$

则结构的许可载荷为

$$F \leqslant \frac{3}{10} F_{NCD} = 15.1(kN)$$

（2）解法 1：根据胡克定律知 CD 杆的伸长为（ $l_{CD} = \sqrt{0.75^2 + 1^2} = 1.25\text{m}$ ）

$$\Delta l_{CD} = \frac{F_{NCD} l_{CD}}{EA} = \frac{50.3 \times 10^3 \times 1.25}{210 \times 10^9 \times \frac{\pi}{4} \times 20^2 \times 10^{-6}} = 0.953 \times 10^{-3}(m)$$

而

$$\Delta_D = \frac{\Delta l_{CD}}{\sin \alpha} = \frac{0.953 \times 10^{-3}}{0.6} = 1.588 \times 10^{-3}(m)$$

端点 B 的位移为

$$\Delta_B = 2\Delta_D = 3.176 \times 10^{-3}(m) = 3.176(mm)$$

解法 2：根据能量法，有 $\frac{1}{2} F \Delta_B = \frac{F_{NCD}^2 l_{CD}}{2EA}$ ，则

$$\Delta_B = \frac{F_{NCD}^2 l_{CD}}{FEA} = \frac{50.3 \times 10^6 \times 1.25}{15.1 \times 10^3 \times 210 \times 10^9 \times \frac{\pi}{4} \times 20^2 \times 10^{-6}} = 3.175 \times 10^{-3}(m) = 3.175(mm)$$

（3）若端点 B 的许用下沉量 $[\Delta]_B = [\Delta] = 3\text{mm}$ ，则

$$[\Delta]_D = \frac{1}{2}[\Delta]_B = 1.5(mm)$$

由 $\Delta_D = \frac{\Delta l_{CD}}{\sin \alpha}$ ，得

$$[\Delta l_{CD}] = [\Delta]_D \cdot \sin \alpha = 0.9(mm)$$

由胡克定律 $\Delta l_{CD} = \frac{F_{NCD} l_{CD}}{EA} \leqslant [\Delta l_{CD}]$ ，得

$$F_{NCD} \leqslant \frac{0.9 \times 10^3 \times 210 \times 10^9 \times \frac{\pi}{4} \times 20^2 \times 10^{-6}}{1.25} = 47.5 \times 10^3(N)$$

所以

$$F \leqslant \frac{3}{10} F_{NCD} = 14.25(kN)$$

2-8 如题 2-8 图所示发电机的部件由圆环和沿环均匀分布的 6 根拉杆组成。拉杆的悬挂点 A 在圆环中心的正上方 1.25m 处。已知圆环的平均半径为 0.5m，圆环每米长度的重力为 2kN。各拉杆的截面积均为 25mm²，试确定圆环由于自重引起的铅直位移。

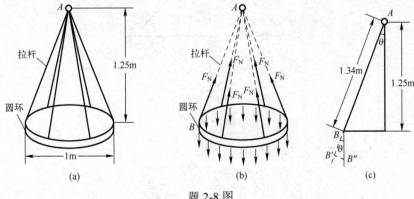

题 2-8 图

解：（1）求各杆的轴力。圆环的分离体如题 2-8 图（b）所示。
由平衡条件 $\Sigma F_y=0$，得

$$6F_N \times \frac{1.25}{1.34} - 2000 \times 2\pi \times 0.5 = 0$$

解得

$$F_N = 1120\text{N}$$

（2）求各杆的伸长。取一个典型杆（如 AB 杆）的变形，题 2-8 图（c）说明杆 AB 的伸长 BB'。由胡克定律给出，即

$$\Delta = BB' = \frac{F_N l}{EA} = \frac{1120 \times 1.34}{200 \times 10^9 \times 25 \times 10^{-6}} = 0.0003(\text{m}) = 0.3(\text{mm})$$

（3）圆环的铅直位移。因为 B 点在圆环上，它必然沿铅直方向移动至 B''，由题 2-8 图（c）知

$$BB'' = \frac{0.3}{\cos\theta} = \frac{0.3}{1.25/1.34} = 0.32(\text{mm})$$

2-9　边长为 50mm 的正方形截面钢棒，长度 $l=1$m，承受轴向拉力 $F=250$kN。弹性模量 $E=200$GPa，泊松比 $\mu=0.3$，试确定侧向尺寸的减少。

解：（1）求钢棒的纵向应变。由胡克定律知 $\Delta l = \frac{F_N l}{EA}$，则

$$\varepsilon = \frac{\Delta l}{l} = \frac{F_N}{EA} = \frac{250 \times 10^3}{200 \times 10^9 \times 25 \times 10^{-4}} = 0.5 \times 10^{-3}$$

（2）求钢棒的横向应变。由泊松比的定义知

$$\varepsilon' = -\mu\varepsilon = -0.3 \times 0.5 \times 10^{-3} = -0.15 \times 10^{-3}$$

（3）求钢棒侧向尺寸的减少

$$\Delta = a\varepsilon' = 50 \times 0.15 \times 10^{-3} = 7.5 \times 10^{-3}(\text{mm})$$

2-10　如题 2-10 图所示结构中 5 根杆的抗拉刚度均为 EA，若各杆均为小变形，试求 AB 两点的相对位移。

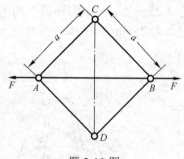

题 2-10 图

解：根据受力分析可知，四斜杆的内力 $F_N \equiv 0$，$F_{NAB} = F$，而 $l_{AB} = \sqrt{2}a$，则

$$\Delta_{A/B} = \frac{F_{NAB} l_{AB}}{EA} = \frac{\sqrt{2}Fa}{EA}$$

2-11 如题 2-11 图所示，发动机汽缸内的气体压强 p=3MPa，壁厚 δ=3mm，内径 D=150mm，弹性模量 E=210GPa，试求汽缸的周向应力及周长的改变。

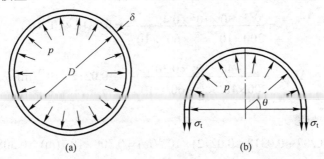

题 2-11 图

解：汽缸纵向取单位长度，其周向应力为 σ_t。取分离体如题 2-11 图（b）所示。取 y 向平衡 $\sum F_y = 0$，得

$$\int_0^\pi p \sin\theta \frac{D}{2} \mathrm{d}\theta = pD = 2\delta\sigma_t$$

则

$$\sigma_t = \frac{pD}{2\delta} = \frac{3\times 10^6 \times 0.15}{2\times 3\times 10^{-3}} = 75\times 10^6 (\mathrm{Pa}) = 75(\mathrm{MPa})$$

汽缸周长的改变为

$$\Delta l = l\varepsilon = \pi D \frac{\sigma_t}{E} = \pi \times 0.15 \times \frac{75\times 10^6}{210\times 10^9} = 0.168\times 10^{-3}(\mathrm{m}) = 0.168(\mathrm{mm})$$

2-12 变截面钢杆如题 2-12 图所示，AB 段直径 d_1=30mm，BD 段直径 d_2=60mm。弹性模量为 E_{st}=200GPa，试求杆 A 端的位移及截面 B 相对于截面 C 的位移。

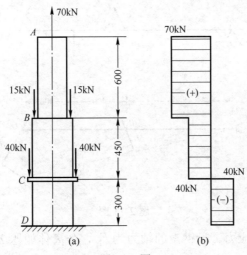

题 2-12 图

解：（1）作内力图如题 2-12 图（b）所示。

（2）A 端的位移，即 AD 杆的总变形。根据胡克定律 $\Delta l = \frac{F_N l}{EA}$，知

$$\Delta l_{AB} = \frac{70 \times 10^3 \times 0.6}{200 \times 10^9 \times \frac{\pi}{4} \times 30^2 \times 10^{-6}} = 0.297 \times 10^{-3} (\text{m})$$

$$\Delta l_{BC} = \frac{40 \times 10^3 \times 0.45}{200 \times 10^9 \times \frac{\pi}{4} \times 60^2 \times 10^{-6}} = 0.0318 \times 10^{-3} (\text{m})$$

$$\Delta l_{CD} = \frac{-40 \times 10^3 \times 0.30}{200 \times 10^9 \times \frac{\pi}{4} \times 60^2 \times 10^{-6}} = -0.0212 \times 10^{-3} (\text{m})$$

所以，A 端的位移为

$$\Delta_A = (0.297 + 0.0318 - 0.0212) \times 10^{-3} (\text{m}) = 0.308 \times 10^{-3} (\text{m}) = 0.308 (\text{mm})$$

（3）B 相对于 C 截面的位移即 BC 段的伸长量，即

$$\Delta_{B/C} = \Delta l_{BC} = 0.0318 \times 10^{-3} (\text{m}) = 0.0318 (\text{mm})$$

2-13 如题 2-13 图所示横梁 $ABCD$ 为刚体。横截面面积为 80mm^2 的钢索绕过无摩擦的滑轮。设集中力 $F=20\text{kN}$，钢索的弹性模量 $E=177\text{GPa}$，试求钢索内的应力和 C 点的垂直位移。

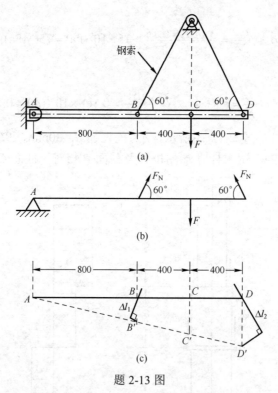

题 2-13 图

解：（1）钢索内的应力。设钢索的轴力为 F_N，分离体如题 2-13 图（b）所示。由平衡方程 $\sum M_A = 0$，得

$$F_N \times \sin 60° \times 0.8 + F_N \times \sin 60° \times 1.6 - F \times 1.2 = 0$$

整理得 $\frac{\sqrt{3}}{2} F_N \times 2.4 = 1.2 \times F$，解得

$$F_N = \frac{F}{\sqrt{3}} = \frac{20}{\sqrt{3}} = 11.55(\text{kN})$$

则钢索内的应力为

$$\sigma = \frac{F_N}{A} = \frac{11.55 \times 10^3}{80 \times 10^{-6}} = 144.3 \times 10^6 (\text{Pa}) = 144.3(\text{MPa})$$

（2）C 点的垂直位移。

(2-1) 几何法。由题 2-13 图（c），知 $\frac{\Delta_B}{\Delta_D} = \frac{\overline{AD}}{AD} = \frac{1}{2}$，且

$$\Delta l_{BD} = \Delta l_1 + \Delta l_2 = \Delta_B \cos 30° + \Delta_D \cos 30°$$

即钢索的总伸长为

$$\frac{\sqrt{3}}{2}\Delta_B + \frac{\sqrt{3}}{2}\Delta_D = \frac{\sqrt{3}}{2}\Delta_B + \frac{\sqrt{3}}{2} \times 2\Delta_B = \Delta l_{BD} \quad (1)$$

由胡克定律知

$$\Delta l_{BD} = \frac{F_N l_{BD}}{EA} = \frac{11.5 \times 10^3 \times 1.6}{177 \times 10^9 \times 80 \times 10^{-6}} = 1.299 \times 10^{-3}(\text{m}) = 1.299(\text{mm})$$

将上式代入式（1）解得 $\Delta_B = \frac{\Delta l_{BD}}{\frac{3\sqrt{3}}{2}} = 0.50(\text{mm})$，C 点的垂直位移为 $\delta_C = 1.5\Delta_B = 0.75(\text{mm})$

(2-2) 能量法。根据功能原理，有 $\frac{1}{2}F\delta_C = \frac{F_N^2 l_{BD}}{2EA}$，则

$$\delta_C = \frac{F_N^2 l_{BD}}{FEA} = \frac{11.55^2 \times 10^6 \times 1.6}{20 \times 10^3 \times 177 \times 10^9 \times 80 \times 10^{-6}} = 0.754 \times 10^{-3}(\text{m}) = 0.754(\text{mm})$$

2-14 题 2-14 图所示 AC 杆和 BC 杆两端均为铰支，在 C 处承受 F=200kN 铅直力作用。两杆的材料均为结构钢，屈服极限 σ_s=200MPa，拉伸和压缩时的安全系数分别是 2 和 3.5，弹性模量 E=200GPa。若忽略杆 BC 失稳的可能性，试确定两杆横截面积以及 C 点的水平和铅垂位移。

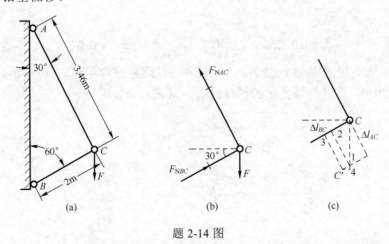

题 2-14 图

解：（1）求各杆内力。取分离体如题 2-14 图（b）所示，由平衡方程知

$$\sum F_x = 0, \quad F_{NAC}\cos 60° = F_{NBC}\cos 30°$$
$$\sum F_y = 0, \quad F_{NAC}\sin 60° + F_{NBC}\sin 30° = F$$

联立上式可解得

$$F_{NAC} = \frac{\sqrt{3}}{2}F, \quad F_{NBC} = \frac{1}{2}F$$

(2) 确定各杆的最小横截面积。由强度条件知 $\sigma_{max} = \frac{F_N}{A} \leqslant [\sigma] = \frac{\sigma_s}{n}$，则

$$A_{AC} = \frac{nF_{NAC}}{\sigma_s} = \frac{2 \times \frac{\sqrt{3}}{2} \times 200 \times 10^3}{200 \times 10^6} = 1.732 \times 10^{-3}(m^2) = 1732(mm^2)$$

$$A_{BC} = \frac{nF_{NBC}}{\sigma_s} = \frac{3.5 \times \frac{1}{2} \times 200 \times 10^3}{200 \times 10^6} = 1.75 \times 10^{-3}(m^2) = 1750(mm^2)$$

(3) 求 C 点的铅垂位移和水平位移，由题 2-14 图（c）知：
铅垂位移为

$$\Delta_y = \overline{C1} + \overline{14} = \frac{\Delta l_{AC}}{\cos 30°} + \overline{23}\sin 30°$$

水平位移为

$$\Delta_x = \overline{23}\cos 30°$$

而

$$\overline{23} = \Delta l_{BC} - \frac{1}{2}\overline{C1} = \Delta l_{BC} - \frac{1}{2}\frac{\Delta l_{AC}}{\cos 30°} = \Delta l_{BC} - \frac{\Delta l_{AC}}{\sqrt{3}}$$

由胡克定律知

$$\Delta l_{AC} = \frac{F_{NAC}l_{AC}}{EA_{AC}} = \frac{\sqrt{3} \times 200 \times 10^3 \times 3.462}{2 \times 200 \times 10^9 \times 1.732 \times 10^{-3}} = 1.732 \times 10^{-3}(m) = 1.732(mm)$$

$$\Delta l_{BC} = \frac{F_{NBC}l_{BC}}{EA_{BC}} = \frac{200 \times 10^3 \times 2}{2 \times 200 \times 10^9 \times 1.75 \times 10^{-3}} = 0.571 \times 10^{-3}(m) = 0.571(mm)$$

代入上式解得

$$\Delta_x = 0.372mm \text{（向右）}, \quad \Delta_y = 1.78mm \text{（向下）}$$

2-15 如题 2-15 图所示杆系中，若 AB 和 AC 两杆材料相同，且抗拉和抗压许用应力相等，同为$[\sigma]$，为使杆系使用的材料最省，试求夹角 θ 的值。

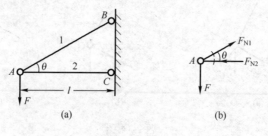

题 2-15 图

解：（1）确定各杆轴力。列平衡方程
$$\sum F_y = 0, \quad F_{N1}\sin\theta = F$$
$$\sum F_x = 0, \quad F_{N1}\cos\theta = F_{N2}$$

解得
$$F_{N1} = \frac{F}{\sin\theta}, \quad F_{N2} = \frac{F}{\tan\theta}$$

（2）计算总体积。根据强度条件
$$\sigma_1 = \frac{F_{N1}}{A_1} = \frac{F}{A_1\sin\theta} \leq [\sigma] \Rightarrow [A_1] = \frac{F}{[\sigma]}\frac{1}{\sin\theta}$$
$$\sigma_2 = \frac{F_{N2}}{A_2} = \frac{F}{A_2\tan\theta} \leq [\sigma] \Rightarrow [A_2] = \frac{F\cos\theta}{[\sigma]\sin\theta}$$

则总体积为
$$V = A_2 l + A_1\frac{l}{\cos\theta} = \frac{Fl}{[\sigma]}\left[\frac{1}{\cos\theta\sin\theta} + \frac{\cos\theta}{\sin\theta}\right] = \frac{Fl}{[\sigma]}\frac{1+\cos^2\theta}{\sin\theta\cos\theta}$$

（3）求使杆系使用材料最省的夹角 θ 值。对总体积求导数：
$$V' = -2\cos\theta\sin\theta - (1+\cos^2\theta)[\cos^2\theta - \sin^2\theta]/\sin^2\theta\cos^2\theta = 0$$
即
$$\sin^2\theta - 2\cos^2\theta = 0, \quad \tan^2\theta = 2$$
$$\theta = 54.74° = 54°44'$$

2-16 如题 2-16 图所示，在定点 A 和 B 之间水平地悬挂一直径 $d=1\text{mm}$ 的钢丝，在其中点 C 作用有载荷 F。设在断裂前钢丝只有弹性变形，$E=200\text{GPa}$。当钢丝的相对伸长达到 0.5% 时，即被拉断。试求：（1）断裂时钢丝内的正应力；（2）C 点下降的距离；（3）此瞬时力 F 的大小。

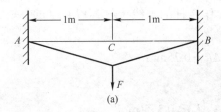
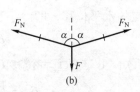

题 2-16 图

解：（1）断裂时钢丝的正应力。由题知应变 $\varepsilon = 0.5\%$，根据胡克定律，有
$$\sigma = E\varepsilon = 200\times 10^9 \times 0.005 = 1000\times 10^6(\text{Pa}) = 1000(\text{MPa})$$

（2）C 点下降的距离为 Δ，根据勾股定理，有
$$(1+0.005)^2 - 1^2 = \Delta^2 \Rightarrow \Delta = 0.100\text{m} = 100\text{mm}$$

（3）瞬时力 F 的大小。
因为 $F_N = \sigma A = 1000\times 10^6 \times \frac{\pi}{4}\times 1^2 \times 10^{-6} = 785(\text{N})$，则

$$F = 2F_N \cos\alpha = 2 \times 785 \times \frac{0.1}{1.005} = 156.3(\text{N})$$

2-17 如题 2-17 图所示结构，AB 为刚性杆，杆 1、2 和 3 的材料相同，在杆 AB 的中点 C 受铅垂载荷 F 作用。已知：$F=20\text{kN}$，$A_1=2A_2=2A_3=200\text{mm}^2$，$l=1\text{m}$，$E=200\text{GPa}$。试计算 C 点的水平和垂直位移。

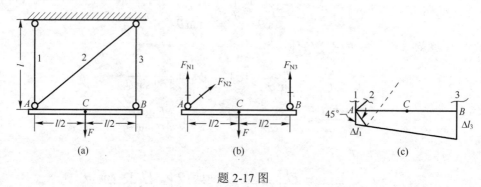

题 2-17 图

解：截面法取分离体如题 2-17 图（b）所示，求各杆的内力。

$$\sum F_x = 0, \quad F_{N2}\cos 45° = 0 \quad \Rightarrow \quad F_{N2} = 0$$

$$\sum M_A = 0, \quad F\frac{l}{2} = F_{N3}l \quad \Rightarrow \quad F_{N3} = 10\text{kN}$$

$$\sum F_y = 0 \quad F_{N1} + F_{N3} + F_{N2}\sin 45° = F \quad \Rightarrow \quad F_{N1} = 10\text{kN}$$

根据胡克定律，有

$$\Delta l_1 = \frac{F_{N1}l}{EA_1} = \frac{10^4 \times 1}{200 \times 10^9 \times 200 \times 10^{-6}} = 0.25 \times 10^{-3}(\text{m})$$

$$\Delta l_3 = \frac{F_{N3}l}{EA_3} = \frac{10^4 \times 1}{200 \times 10^9 \times 100 \times 10^{-6}} = 0.50 \times 10^{-3}(\text{m})$$

求 C 点的位移，2 杆为零力杆，过 A 作 2 杆的垂线（题 2-17 图（c））知 A 点的水平位移即为 C 点的水平位移，即

$$\delta_{Cx} = \Delta l_1 = 0.25\text{mm}$$

根据几何关系知，C 点的垂直位移为

$$\delta_{Cy} = \frac{1}{2}(\Delta l_1 + \Delta l_3) = 0.375(\text{mm})$$

2-18 如题 2-18 图所示，木制短柱用 4 个 40mm×40mm×4mm 的等边角钢加固，已知角钢的许用应力 $[\sigma_{st}]=160\text{MPa}$，$E_{st}=200\text{GPa}$；木材的许用应力 $[\sigma_w]=12\text{MPa}$，$E_w=10\text{GPa}$，求许可载荷 F。

解：方法 1：设木柱内力为 F_{N1}，每个角钢内力为 F_{N2}，由平衡方程 $\sum F_y = 0$，得

$$F_{N1} + 4F_{N2} = F \tag{1}$$

变形协调关系为

$$\Delta l_1 = \Delta l_2$$

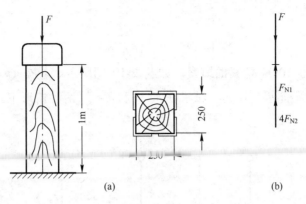

题 2-18 图

代入胡克定律得

$$\frac{F_{N1}l}{E_w A_w} = \frac{F_{N2}l}{E_{st} A_{st}}$$

即

$$F_{N1} = \frac{E_w A_w}{E_{st} A_{st}} F_{N2} = \frac{10 \times 250^2 \times 10^{-6}}{200 \times 3.086 \times 10^{-4}} F_{N2} = 10.13 F_{N2} \quad (2)$$

解得

$$F_{N2} = 0.071F, \quad F_{N1} = 0.716F \quad (3)$$

由木柱强度条件，并代入式（3），则

$$\sigma_w = \frac{F_{N1}}{A_w} = \frac{0.716 F_1}{250^2 \times 10^{-6}} \leqslant [\sigma_w]$$

$$F_1 \leqslant \frac{250^2 \times 10^{-6} \times 12 \times 10^6}{0.716} = 1047 \times 10^3 (\text{N}) = 1047 (\text{kN})$$

由角钢强度条件，并代入式（3），则

$$\sigma_{st} = \frac{F_{N2}}{A_{st}} = \frac{0.071 F_2}{A_{st}} \leqslant [\sigma_{st}]$$

$$F_2 \leqslant \frac{3.086 \times 10^{-4} \times 160 \times 10^6}{0.071} = 698 \times 10^3 (\text{N}) = 698 (\text{kN})$$

许可载荷为

$$F = F_2 = 698 \text{kN}$$

方法 2：将式（2）代入式（1）可得

$$F = 10.13 F_{N2} + 4 F_{N2} = 14.13 F_{N2}$$

根据许用应力，确定许用应变值为

$$[\varepsilon_w] = \frac{[\sigma_w]}{E_w} = \frac{12 \times 10^6}{10 \times 10^9} = 1.2 \times 10^{-3}, \quad [\varepsilon_{st}] = \frac{[\sigma_{st}]}{E_{st}} = \frac{160 \times 10^6}{200 \times 10^9} = 0.8 \times 10^{-3}$$

根据变形协调关系，应选许用应变小者即角钢达到许用应变时对应的应力，则

$$[F_{N2}] = [\sigma_{st}] A_{st} = 160 \times 10^6 \times 3.056 \times 10^{-4} = 49.4 \times 10^3 (\text{N})$$

所以
$$[F] = 14.13[F_{N2}] = 698(\text{kN})$$

2-19 受预拉力 10kN 拉紧的缆索，如题 2-19 图所示。若在 C 点再作用向下载荷 F=15kN，并设缆索不能承受压力，试求在 $h = \dfrac{l}{5}$ 和 $h = \dfrac{4}{5}l$ 两种情形下，AC 和 BC 两段的内力。

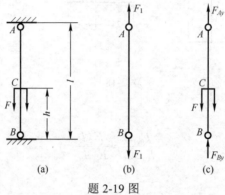

题 2-19 图

解：预拉力和加载可分解成题 2-19 图（b）和图（c）所示情形，可知
$$F_1 = 10\text{kN}, \quad F = 15\text{kN}$$

对题 2-19 图（c），有
$$\sum F_y = 0, \quad F_{By} + F_{Ay} = F$$

变形几何关系为
$$\Delta l = \Delta l_{AC} - \Delta l_{BC} = 0$$

当 $h = \dfrac{l}{5}$ 时，由题 2-19 图（c）得物理关系为
$$\Delta l_{AC} = \frac{4F_{Ay}l}{5EA}, \quad \Delta l_{BC} = \frac{F_{By}l}{5EA}$$

代入变形几何关系，得
$$4F_{Ay} = F_{By}$$

代入平衡方程，得
$$F_{Ay} = 3\text{kN}(+), \quad F_{By} = 12\text{kN}(-)$$

同预拉力叠加，有
$$F_{NAC} = 10 + 3 = 13(\text{kN}), \quad F_{NBC} = 10 - 12 = -2(\text{kN})$$

由于缆索不可受压，此时载荷 F 全部由 AC 段承担，则
$$F_{NAC} = 15\text{kN}, \quad F_{NBC} = 0$$

当 $h = \dfrac{4}{5}l$ 时，物理关系为 $\Delta l_{AC} = \dfrac{F_{Ay}\dfrac{1}{5}l}{EA}, \quad \Delta l_{BC} = \dfrac{F_{By}\dfrac{4l}{5}}{EA}$。

代入变形几何关系，得
$$F_{Ay} = 4F_{By}$$

代入平衡方程，解得
$$F_{By} = 3\text{kN}(-), \quad F_{Ay} = 12\text{kN}(+)$$

与预拉力叠加，可得
$$F_{NAC} = 10+12 = 22\text{kN}, \quad F_{NBC} = 10-3 = 7(\text{kN})$$

2-20 材料、横截面面积、长度均相同的 3 根杆铰接于 A 点，结构受力如题 2-20 图所示，求各杆的内力。

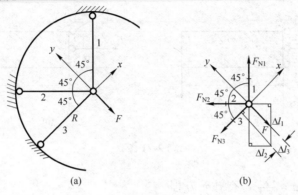

题 2-20 图

解法 1：问题属平面汇交力系，故为一次超静定问题。但在小变形条件下，由于力 F 与 3 杆垂直，故 $F_{N3} = 0$。

由 $\Sigma F_x = 0$，得 $F_{N1} = F_{N2}$。

由 $\Sigma F_y = 0$，$2F_{N1}\cos 45° = F$，得 $F_{N1} = \dfrac{F}{\sqrt{2}} = F_{N2}$。

解法 2：依超静定问题步骤解。列平衡方程为

$$\Sigma F_x = 0, \quad F_{N1}\cos 45° = F_{N2}\cos 45° + F_{N3} \tag{1}$$

$$\Sigma F_y = 0, \quad F_{N1}\cos 45° + F_{N2}\cos 45° = F \tag{2}$$

变形几何关系为
$$\Delta l_1 = \Delta l_2 + \sqrt{2}\Delta l_3$$

代入物理关系，得
$$F_{N1} = F_{N2} - \sqrt{2}F_{N3} \tag{3}$$

将式（3）代入式（1），得
$$F_{N2}\cos 45° - F_{N3} = F_{N2}\cos 45° + F_{N3}$$

则
$$F_{N3} = 0$$

解得
$$F_{N1} = F_{N2} = \dfrac{F}{\sqrt{2}}$$

2-21 如题 2-21 图所示结构，$ABCD$ 为刚性块，在 A 处为铰链固定，同时与钢杆 1、2 相连接。已知许用应力 $[\sigma]=160\text{MPa}$，$F=160\text{kN}$。杆 1、2 的横截面面积相等，求各杆所

需面积。

解：取出分离体如题 2-21 图（b）所示。由平衡方程 $\sum M_A = 0$ 可得

$$F_{N1} \times \cos 30° \times 2 + F_{N2} \times 1 = 4F \tag{1}$$

问题属一次超静定，变形几何关系为

$$\Delta l_2 = \frac{1}{2}\frac{\Delta l_1}{\cos 30°} = \frac{\Delta l_1}{\sqrt{3}}$$

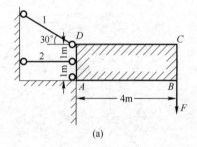 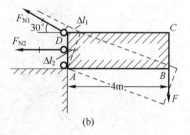

题 2-21 图

代入物理关系 $\Delta l = \dfrac{F_N l}{EA}$，得补充方程

$$3F_{N2} = 2F_{N1} \tag{2}$$

将式（2）代入式（1），得

$$\sqrt{3}F_{N1} + \frac{2}{3}F_{N1} = 4F$$

解得

$$F_{N1} = \frac{4F}{\frac{2}{3}+\sqrt{3}} = 266.8(\text{kN}), \quad F_{N2} = \frac{2}{3}F_{N1} = 177.9(\text{kN})$$

则杆件所需最小面积为

$$A \geqslant \frac{F_{N1}}{[\sigma]} = \frac{266.8 \times 10^3}{160 \times 10^6} = 16.68 \times 10^{-4}(\text{m}^2) = 1668(\text{mm}^2)$$

2-22 如题 2-22 图所示钢质薄壁圆筒加热至 60℃，然后密合地套在温度为 15℃ 的紫铜套衬套上，试求当此结构件冷却至 15℃ 时，圆筒作用于衬套上的压力 p 及衬套、圆筒横截面上的应力。已知钢筒壁厚为 1mm，紫铜套壁厚为 4mm，套合时钢筒的内径与铜套的外径均为 100mm。钢的 $\alpha_{st}=12.5\times10^{-6}/℃$，$E_{st}=210\text{GPa}$，铜的 $E_{cu}=105\text{GPa}$。

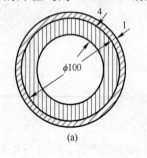 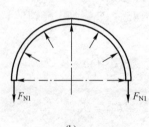 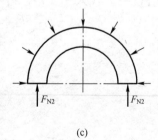

题 2-22 图

解：当把钢筒加热到60℃后，再冷却至15℃，钢筒将收缩，周向变形为
$$\Delta l_{st} = \alpha_{st}\Delta t\pi D = 12.5\times 10^{-6}\times(60-15)\times\pi\times 0.101 = 0.1785\times 10^{-3}\text{(m)}$$
设杆件垂直纸面长度为 L，如题 2-22 图（b）所示，对钢筒取 $\sum F_y = 0$，得
$$2F_{N1} = pDL, \quad F_{N1} = \frac{pDL}{2}$$
对紫铜衬套，如题 2-22 图（c）所示，同理可得
$$F_{N2} = \frac{pD'L}{2}$$
变形协调条件为
$$\Delta l_1 + \Delta l_2 = \Delta l_{st}$$
代入物理关系 $\Delta l = \dfrac{F_N l}{EA}$，得
$$\frac{pDL\pi D}{2E_{st}\delta_{st}L} + \frac{pD'L\pi D'}{2E_{cu}\delta_{cu}L} = \Delta l_{st}$$
$$p\left(\frac{\pi\times 0.101^2}{2\times 210\times 10^9\times 1\times 10^{-3}} + \frac{\pi\times 0.096^2}{2\times 105\times 10^9\times 4\times 10^{-3}}\right) = 0.1785\times 10^{-3}$$
则
$$p = 1.60\text{MPa}$$
$$\sigma_{st} = \frac{F_{N1}}{A_{st}} = \frac{pDL}{2\delta_{st}L} = \frac{1.60\times 10^6\times 0.101}{2\times 1\times 10^{-3}} = 80.8\times 10^6\text{(Pa)} = 80.8\text{(MPa)}(+)$$
$$\sigma_{cu} = \frac{F_{N2}}{A_{cu}} = \frac{pD'L}{2\delta_{cu}L} = \frac{1.60\times 10^6\times 0.096}{2\times 4\times 10^{-3}} = 19.2\times 10^6\text{(Pa)} = 19.2\text{(MPa)}(-)$$

2-23 如题 2-23 图所示杆 1 为钢杆，E_{st}=210GPa，α_{st}=12.5×10^{-6}/℃，A_{st}=30cm^2。杆 2 为铜杆，E_{cu}=105GPa，α_{cu}=16.5×10^{-6}/℃，A_{cu}=30cm^2。载荷 F=50kN，若 AB 为刚体，且始终保持水平，试问温度是升高还是降低？并求温度的改变量 Δt。

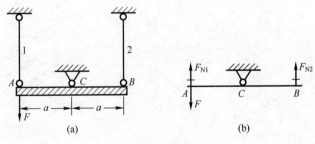

题 2-23 图

解：由平衡方程 $\sum M_C = 0$，得 $F_{N2} = F_{N1} - F$。
由题意知，刚体 AB 始终保持水平，即 $\Delta l_1 = \Delta l_2 = 0$。
设温度为降低，由物理关系，则各杆的变形为
$$\Delta l_1 = \frac{F_{N1}l}{E_{st}A_{st}} - \alpha_{st}\Delta t l = 0, \quad \Delta l_2 = \frac{F_{N2}l}{E_{cu}A_{cu}} - \alpha_{cu}\Delta t l = 0$$

代入数据得
$$F_{N1} = 7875\Delta t, \quad F_{N2} = 5197.5\Delta t$$

代入平衡方程解得 $\Delta t = 18.67℃$，即温度应下降 18.67℃。

2-24 如题 2-24 图所示为一套有铜套的钢螺栓，螺距为 3mm，长度 l 为 750mm。已知钢螺栓的横截面面积 $A_{st}=6cm^2$，$E_{st}=210GPa$；铜套管的横截面面积 $A_{cu}=12cm^2$，$E_{cu}=105GPa$。试求下述 3 种情形下螺栓和套管截面上的内力：（1）螺母拧紧 $\frac{1}{4}$ 转；（2）螺母拧紧 $\frac{1}{4}$ 转后，再在两端加拉力 $F=80kN$；（3）设开始时，钢螺栓和铜套管两者刚好接触不受力，然后温度上升 $\Delta t=50℃$。已知钢的 $\alpha_{st}=12.5\times10^{-6}/℃$，铜的 $\alpha_{cu}=16.5\times10^{-6}/℃$。

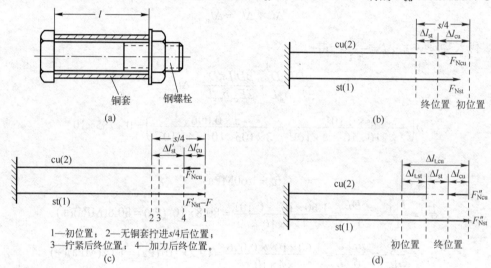

题 2-24 图

解：（1）设钢螺栓和铜套的轴力分别为 F_{Nst} 和 F_{Ncu}。变形示意图如题 2-24 图（b）所示，螺距设为 s，由于为圆对称，属共线力系。

静力平衡方程为
$$\sum F_x = 0, \quad F_{Nst} = F_{Ncu}$$

变形几何关系为
$$\Delta l_{st} + \Delta l_{cu} = \frac{s}{4}$$

代入物理关系即为 $\dfrac{F_{Nst}l}{E_{st}A_{st}} + \dfrac{F_{Ncu}l}{E_{cu}A_{cu}} = \dfrac{s}{4}$，即

$$F_{Nst} = F_{Ncu} = \frac{s}{4l} \bigg/ \left(\frac{1}{E_{st}A_{st}} + \frac{1}{E_{cu}A_{cu}}\right)$$

$$= \frac{3\times10^{-3}}{4\times750\times10^{-3}} \bigg/ \left(\frac{1}{210\times10^9\times6\times10^{-4}} + \frac{1}{105\times10^9\times12\times10^{-4}}\right)$$

$$= 63\times10^3(N) = 63(kN)$$

（2）设此时钢螺栓及铜套的轴力分别为 F'_{Nst} 和 F'_{Ncu}，且拉力未使两者产生间隙而脱开，示意图如题 2-24（c）图所示。

列出平衡方程
$$F'_{Nst} - F = F'_{Ncu}$$

变形几何关系为
$$\Delta l'_{st} + \Delta l'_{cu} = \frac{s}{4}$$

代入物理关系并考虑平衡条件，得
$$\frac{F'_{Nst}l}{E_{st}A_{st}} + \frac{F'_{Nst}l}{E_{cu}A_{cu}} - \frac{Fl}{E_{cu}A_{cu}} = \frac{s}{4}$$

代入数值，解得
$$F'_{Nst} = \frac{(0.75 + 0.476) \times 10^{-3}}{0.75 \times 10^{-3}} \bigg/ \frac{2}{210 \times 6 \times 10^{5}} = 103 \times 10^{3}(\text{N}) = 103(\text{kN})$$
$$F'_{Ncu} = F'_{Nst} - F = 23(\text{kN}) \quad (-)$$

（3）示意图如题 2-24（d）图所示，如无螺帽，两者可自由伸长，热胀后分别伸长 $\Delta l_{t,cu}$，$\Delta l_{t,st}$。平衡方程为
$$F''_{Ncu} = F''_{Nst}$$

变形几何关系为
$$\Delta l_{cu} + \Delta l_{st} = \Delta l_{t,cu} - \Delta l_{t,st}$$

代入物理关系，得
$$\frac{F''_{Ncu}l}{E_{cu}A_{cu}} + \frac{F''_{Nst}l}{E_{st}A_{st}} = \alpha_{cu}\Delta tl - \alpha_{st}\Delta tl$$

即
$$F''_{Ncu} = F''_{Nst} = (\alpha_{cu}\Delta t - \alpha_{st}\Delta t) \bigg/ \left(\frac{1}{E_{cu}A_{cu}} + \frac{1}{E_{st}A_{st}}\right) = 12.6 \times 10^{3}(\text{N}) = 12.6(\text{kN})$$

2-25 如题 2-25 图所示刚性杆由 3 根钢杆支承，钢杆的横截面面积均为 2cm^2，其中长度误差 $\Delta = 5 \times 10^{-4}l$。已知 $E_{st} = 210\text{GPa}$，试求各杆横截面上的应力。

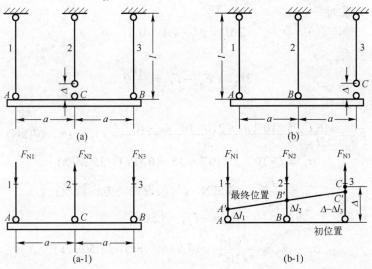

题 2-25 图

解：(a) 取分离体如题 2-25 图 (a-1) 所示，由结构及材料的对称性知，装配后刚性杆仍保持水平。列平衡方程：

$$\sum M_C = 0 \Rightarrow F_{N1} = F_{N3}$$
$$\sum F_y = 0 \Rightarrow F_{N2} = 2F_{N1}$$

由结构的对称性得

$$\Delta l_1 = \Delta l_3$$

变形几何关系为

$$\Delta l_1 + \Delta l_2 = \Delta$$

代入物理关系，即

$$\frac{F_{N1}l}{EA} + \frac{F_{N2}l}{EA} = \Delta$$

整理得

$$F_{N1} + F_{N2} = \frac{\Delta EA}{l}$$

故

$$F_{N1} = \frac{\Delta EA}{3l} = \frac{5 \times 10^{-4} \times l \times 210 \times 10^9 \times 2 \times 10^{-4}}{3l} = 7 \times 10^3 (\text{N}) = 7(\text{kN})$$

$$\sigma_1 = \sigma_3 = \frac{F_{N1}}{A} = \frac{7 \times 10^3}{2 \times 10^{-4}} = 35 \times 10^6 (\text{Pa}) = 35(\text{MPa}) \quad (-)$$

$$F_{N2} = 2F_{N1} = 14\text{kN}$$

$$\sigma_2 = \frac{F_{N2}}{A} = \frac{14 \times 10^3}{2 \times 10^{-4}} = 70 \times 10^6 (\text{Pa}) = 70(\text{MPa}) \quad (+)$$

(b) 取分离体如题 2-25 图 (b-1) 所示，装配后位置为 $A'B'C'$，列出静力平衡方程：

$$\sum M_B = 0, \quad F_{N1} + F_{N3} = 0 \tag{1}$$

$$\sum F_y = 0, \quad F_{N3} = F_{N2} + F_{N1} \tag{2}$$

变形几何关系为

$$2\Delta l_2 = \Delta l_1 + (\Delta - \Delta l_3)$$

代入物理关系，得

$$2F_{N2} + F_{N3} - F_{N1} = \frac{\Delta EA}{l} \tag{3}$$

联立求解，得

$$F_{N2} = \frac{\Delta EA}{3l} = \frac{5 \times 10^{-4} \times l \times 210 \times 10^9 \times 2 \times 10^{-4}}{3l} = 7 \times 10^3 (\text{N}) = 7(\text{kN})$$

$$\sigma_{2c} = 7 \times 10^3 / 2 \times 10^{-4} = 35 \times 10^6 (\text{Pa}) = 35(\text{MPa})$$

$$F_{N1} = -\frac{F_{N2}}{2} = -3.5\text{kN} \quad (与假设内力方向相反)$$

$$F_{N3} = -F_{N1} = 3.5\text{kN}$$

$$\sigma_{1t} = \sigma_{3t} = \frac{3.5 \times 10^3}{2 \times 10^{-4}} = 17.5 \times 10^6 (\text{Pa}) = 17.5(\text{MPa})$$

2-26 如题 2-26 图所示为由两个共轴薄壁圆筒组成的复合压力容器，组装前两薄壁圆筒有稍许过盈,因此须进行热装配。已知两个柱壳均由钢材制成,组件的直径 $D=100\text{mm}$,初始直径的过盈量 $\Delta=0.25\text{mm}$,内壳的厚度 $t_1=2.5\text{mm}$,外壳的厚度 $t_2=2\text{mm}$,材料的弹性模量 $E=200\text{GPa}$,求由于热装配在每个壳中引起的环向应力。

解:组合壳体装配后,在互相接合的面上存在界面压力 p。因而使外壳直径增大,内壳直径减小,从而使得内壳得以装配在外壳之内。

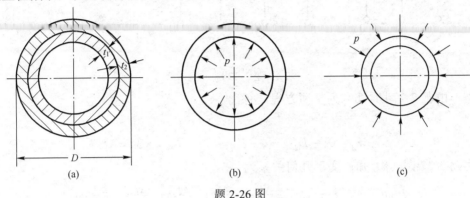

题 2-26 图

对薄壁压力容器,其周向应力 $\sigma_c = \dfrac{pD}{2\delta}$,对应周向应变 $\varepsilon_c = \dfrac{\sigma_c}{E} = \dfrac{pD}{2E\delta}$,则整个圆周的总伸长为

$$\Delta l = \varepsilon_c \pi D = \frac{\pi p D^2}{2E\delta}$$

周长的最终长度为

$$l' = \pi D' = \pi D + \frac{\pi p D^2}{2E\delta}$$

变形后直径的增量为

$$\Delta D = D' - D = \frac{l'}{\pi} - D = \frac{pD^2}{2E\delta}$$

因为无轴向荷载作用,外壳的直径增大与内壳的直径减小之和应等于初始直径的过盈量 Δ,所以

$$\frac{p \times 0.1^2}{2 \times 200 \times 10^9 \times 0.0025} + \frac{p \times 0.1^2}{2 \times 200 \times 10^9 \times 0.002} = 0.25 \times 10^{-3}$$

解得

$$p = 11.1 \times 10^6 \text{Pa} = 11.1\text{MPa}$$

内壳由于压力引起的周向应力为

$$\sigma_c = \frac{pD}{2t_1} = -\frac{11.1 \times 10^6 \times 0.1}{2 \times 0.0025} = -222 \times 10^6 (\text{Pa}) = -222(\text{MPa})$$

外壳由于压力引起的周向应力为

$$\sigma_c = \frac{pD}{2t_2} = \frac{11.1 \times 10^6 \times 0.1}{2 \times 0.002} = 278 \times 10^6 (\text{Pa}) = 278(\text{MPa})$$

2-27 如题 2-27 图所示,刚性杆由面积 A 和长度 L 相等的 4 根杆对称地连接在一起。杆 AB 和杆 CD 的弹性模量为 E_1,杆 EF 和杆 GH 的弹性模量为 E_2,若力偶矩 M_e 作用于

刚性杆上，求各杆的应力。

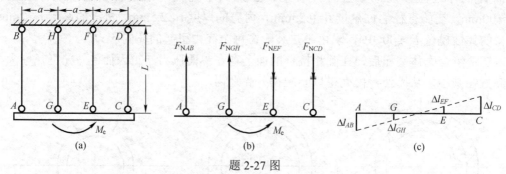

题 2-27 图

解：由题 2-27 图（b）列平衡方程，有

$$\sum F_y = 0, \quad F_{NCD} + F_{NEF} = F_{NAB} + F_{NGH}$$

$$\sum M_A = 0, \quad -F_{NGH} \times a + F_{NEF} \times 2a + F_{NCD} \times 3a = M_e$$

(1)

由题 2-27 图（c）知，变形几何关系为

$$\Delta l_{GH} = \Delta l_{EF}, \quad \Delta l_{GH} = \frac{1}{3}\Delta l_{AB}, \quad \Delta l_{CD} = \Delta l_{AB}, \quad \Delta l_{EF} = \frac{1}{3}\Delta l_{CD}$$

代入物理关系 $\Delta l = \dfrac{F_N l}{EA}$，化简得

$$F_{NGH} = F_{NEF}, \quad F_{NCD} = F_{NAB}, \quad F_{NGH} = \frac{E_2}{3E_1}F_{NAB}, \quad F_{NEF} = \frac{E_2}{3E_1}F_{NCD}$$

代入式（1）解得轴力，除以面积 A 得

$$\sigma_{AB} = \sigma_{CD} = \frac{F_{NAB}^{(+)}}{A} = \frac{F_{NCD}^{(-)}}{A} = \frac{3E_1 M_e}{Aa(9E_1 + E_2)}$$

$$\sigma_{EF} = \sigma_{GH} = \frac{F_{NEF}^{(-)}}{A} = \frac{F_{NGH}^{(+)}}{A} = \frac{E_2 M_e}{Aa(9E_1 + E_2)}$$

2-28 如题 2-28 图所示托架用 3 根螺栓 B、C 和 D 固定在墙体上，每个螺栓的直径 d=15mm，未变形前长度 L=100mm，当 F=3kN 的力作用在托架上 E 点时，求各螺栓的内力。假设螺栓不承受剪力，垂直外载 F 完全由柱脚 A 承担，且托架是刚性的。螺栓的弹性模量 E_{st}=200GPa。

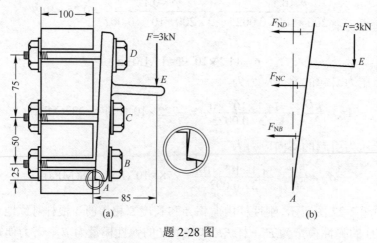

题 2-28 图

解：由题 2-28 图（b）列平衡方程得
$$\sum M_A = 0, \quad 0.15F_{ND} + 0.075F_{NC} + 0.025F_{NB} = 0.085 \times 3$$

变形几何关系为
$$\frac{\Delta l_C}{\Delta l_B} = 3, \quad \frac{\Delta l_D}{\Delta l_C} = 2$$

代入物理关系得
$$F_{NC} = 3F_{NB}, \quad F_{ND} = 2F_{NC}$$

则
$$0.15 \times 6F_{NB} + 0.075 \times 3F_{NB} + 0.025F_{NB} = 0.085 \times 3$$

解得
$$F_{NB} = \frac{0.085}{1.15} \times 3 = 222 \times 10^{-3}(\text{kN}) = 222(\text{N}), \quad F_{NC} = 665\text{N}, \quad F_{ND} = 1330\text{N}$$

2-29 如题 2-29 图所示刚性梁 AB 在 A 端铰支并由 CD 和 EF 两根铝杆吊挂，两杆的直径均为 d_{al}=25mm，弹性模量 E_{al}=70GPa，受载前梁 AB 为水平，当在 B 端加载 12kN 时，求 B 端的位移。

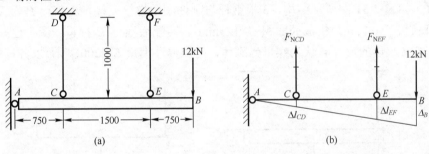

题 2-29 图

解：由题 2-29 图（b）列平衡方程：
$$\sum M_A = 0, \quad 即 \quad 0.75F_{NCD} + 2.25F_{NEF} = 12 \times 3.0$$

变形几何关系为
$$\Delta l_{EF} = 3\Delta l_{CD}$$

代入物理关系得
$$F_{NEF} = 3F_{NCD}$$

代入平衡方程，解得
$$F_{NCD} = 4.8\text{kN}, \quad F_{NEF} = 14.4\text{kN}$$

由胡克定律知
$$\Delta l_{CD} = \frac{4.8 \times 10^3 \times 1}{70 \times 10^9 \times \frac{\pi}{4} \times 25^2 \times 10^{-6}} = 0.1397 \times 10^{-3}(\text{m})$$

$$\Delta_B = 4\Delta l_{CD} = 0.559 \times 10^{-3}(\text{m}) = 0.559(\text{mm})$$

2-30 如题 2-30 图所示钢杆的直径为 5mm，左端固定在墙 A，右端 B 与墙 B′ 有间隙 δ=1mm，截面 C 上作用有外载荷 F=20kN（忽略 C 处套环的影响），已知弹性模量

E_{st}=200GPa，求 A 及 B' 处的支反力。

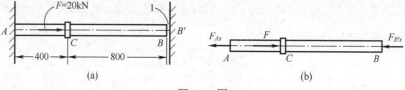

题 2-30 图

解：在 F 作用下，BB' 密合，设两端的支反力分别为 F_{Ax} 和 $F_{B'x}$，问题属一次超静定。
由题 2-30 图（b）列平衡方程：$\sum F_x = 0$，$F_{B'x} + F_{Ax} = F$
变形几何关系为

$$\Delta l_{CB} = \Delta l_{AC} - 1 \times 10^{-3}$$

代入物理关系得

$$\frac{0.8 F_{B'x}}{EA} = \frac{0.4(20 \times 10^3 - F_{B'x})}{EA} - 1 \times 10^{-3}$$

解得

$$F_{B'x} = 3.394 \text{kN}，F_{Ax} = 16.606 \text{kN}$$

2-31 如题 2-31 图所示结构，3 根钢杆与刚性梁用螺栓连接，B、D、F 为铰接，装配时各杆长度 l=0.75m，横截面面积 A=125mm²。装配后螺母 E 拧紧一圈，已知螺距为 1.5mm，忽略螺母的尺寸且认为螺母为刚体，已知弹性模量 E =200GPa，求各杆的内力。

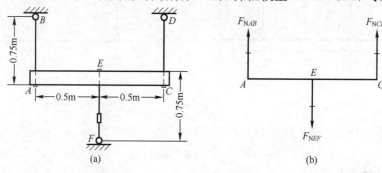

题 2-31 图

解：平面平行力系，有 3 个未知力，故为一次超静定问题。
由题 2-31 图（b）列平衡方程，有

$$\sum M_E = 0, \quad F_{NAB} = F_{NCD}$$
$$\sum F_y = 0, \quad 2F_{NAB} = F_{NEF}$$

由对称性知

$$\Delta l_{AB} = \Delta l_{CD}$$

变形几何条件为

$$\Delta l_{AB} + \Delta l_{EF} = 1.5 \times 10^{-3} (\text{m})$$

代入物理关系，有

$$\frac{F_{NAB} l}{EA} + \frac{F_{NEF} l}{EA} = 1.5 \times 10^{-3}$$

$$F_{NAB} = \frac{1.5 \times 10^{-3}}{3} \frac{EA}{l} = 0.5 \times 10^{-3} \times \frac{200 \times 10^9 \times 125 \times 10^{-6}}{0.75}$$
$$= 16.67 \times 10^3 (\text{N}) = 16.67 (\text{kN}) = F_{NCD}$$
$$F_{NEF} = 2F_{NAB} = 33.3 (\text{kN})$$

2-32 如题 2-32 图所示，长 12m 的钢轨置于路基上，每两根钢轨间留有间隙 Δ 允许由于温度引起的膨胀。如果温度从 $t_1 = -30℃$ 升高到 $t_2 = 20℃$ 时两钢轨恰好接触，求两根钢轨间需要留有的间隙 Δ。如果温度升高到 $t_3 = 40℃$，在所留间隙下钢轨的压应力是多少？已知钢轨的横截面积 $A=28\text{cm}^2$，弹性模量 $E=200\text{GPa}$，线膨胀系数 $\alpha=12\times10^{-6}/℃$。

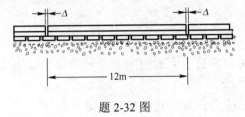

题 2-32 图

解：从 $t_1 = -30℃$ 升温到 $t_2 = 20℃$，两钢轨间应留间隙
$$\Delta = \alpha \Delta t_1 l = 12 \times 10^{-6} \times (20+30) \times 12 = 7.2 \times 10^{-3} (\text{m}) = 7.2 (\text{mm})$$

以 $t_2 = 20℃$ 为参考，再升温到 $t_3 = 40℃$，引起压力为 F_N。
代入变形几何关系，有
$$\frac{F_N l}{EA} = \alpha \Delta t_2 l$$

故
$$F_N = \alpha \Delta t_2 EA = 12 \times 10^{-6} \times (40-20) \times 200 \times 10^9 \times 28 \times 10^{-4} = 139.2 \times 10^3 (\text{N})$$
$$\sigma = \frac{F_N}{A} = \frac{139.2 \times 10^3}{28 \times 10^{-4}} = 48.0 \times 10^6 (\text{Pa}) = 48.0 (\text{MPa})$$

2-33 横截面直径 $d=2\text{cm}$ 的均质钢杆如题 2-33 图所示。杆长 $l=1\text{m}$，材料的弹性模量 $E=200\text{GPa}$，用万倍变形测量仪测得杆在自重作用下的变形仪读数为 1.95mm，试求该杆的自重 W。

解：设材料重度为 γ，由平衡条件知 $F_N(x) = \gamma A x$
由胡克定律知
$$\Delta l = \int_0^l \frac{F_N \text{d}x}{EA} = \int_0^l \frac{\gamma A x \text{d}x}{EA} = \frac{\gamma l^2}{2E}$$

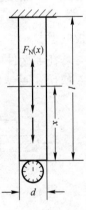

题 2-33 图

由变形仪测量可知
$$\Delta l = \frac{1.95 \times 10^{-3}}{10000} (\text{m})$$
$$\gamma = 2E\Delta l / l^2 = 2 \times 200 \times 10^9 \times 1.95 \times 10^{-7} / 1^2 = 78 \times 10^3 (\text{N/m}^3) = 78 \text{kN/m}^3$$

该杆的自重为
$$W = \gamma A l = 78 \times 10^3 \times \frac{\pi}{4} \times 2^2 \times 10^{-4} \times 1 = 24.5 (\text{N})$$

第3章 剪 切

3.1 教学目标及章节理论概要

3.1.1 教学目标

（1）掌握连接件剪切面和挤压面的判定方法，能综合运用拉压、剪切和挤压强度条件对连接件进行强度计算。
（2）熟悉薄壁圆筒切应力计算公式的推导思路。
（3）明确纯剪切应力状态的概念，深刻理解切应力互等定理和剪切胡克定律。
（4）掌握剪切应变比能的计算方法。

3.1.2 章节理论概要

1. 连接件的强度计算

（1）剪切。①受力特点：一对大小相等，方向相反、作用线垂直于轴线且相距很近的力。②变形特点：杆两侧的横截面沿横向力方向发生相对错动。
（2）挤压。①受力特点：连接结构中两构件在接触面上作用的相互压紧力。②变形特点：挤压发生在构件相互接触的局部面积上。
（3）单剪切和双剪切。剪切面和挤压面面积判定，包括对接、搭接、单盖板、双盖板问题。

在连接件中，仅有一个剪切面的称为单剪切（图 3-1（a））；具有两个剪切面的称为双剪切（图 3-1（b））。

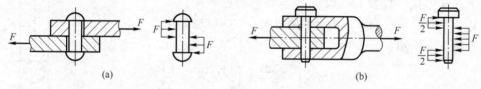

图 3-1

（4）剪切实用计算强度条件：

$$\tau = \frac{F_s}{A} \leqslant [\tau] \tag{3-1}$$

（5）挤压实用计算强度条件：

$$\sigma_{bs} = \frac{F_{bs}}{A_{bs}} \leqslant [\sigma_{bs}] \tag{3-2}$$

2. 薄壁圆筒扭转切应力

薄壁圆筒扭转时，横截面上切应力公式为

$$\tau = \frac{M_e}{2\pi r^2 \delta} \tag{3-3}$$

式中：r 为圆筒平均半径；δ 为壁厚；M_e 为外力偶矩。

3. 纯剪切、切应力互等定理和剪切胡克定律

（1）纯剪切应力状态：从变形体中截取的单元体上，只有 4 个侧面作用有切应力，各面上再无其他应力作用的应力状态。纯剪切应力状态是一个典型的二向应力状态，且 $\sigma_1 = \tau, \sigma_2 = 0, \sigma_3 = -\tau$。

（2）切应力互等定理　在相互垂直的两个平面上，切应力必然成对存在，且大小相等；方向垂直于两个平面的交线，共同指向或背离这一交线。

（3）剪切胡克定律　切应力不超过剪切比例极限时，切应力 τ 和剪应变 γ 呈线性相关，即

$$\tau = G\gamma \tag{3-4}$$

（4）材料 3 个弹性常数的关系　材料的弹性模量 E、切变模量 G、泊松比 μ 存在如下关系，即三弹性常数中仅有 2 个是独立的，切变模量为

$$G = \frac{E}{2(1+\mu)} \tag{3-5}$$

4. 剪切应变比能

剪切应变能 V_s 和应变比能 v_s：扭转中外力偶 M_e 所做功全部转变为储存在物体内的剪切应变能，即

$$V_s = W = \frac{1}{2} M_e \varphi \tag{3-6}$$

单位体积中储存的应变能称为应变比能或应变能密度，即

$$v_s = \frac{1}{2}\tau\gamma = \frac{1}{2}G\gamma^2 \tag{3-7}$$

3.1.3 重点知识思维导图

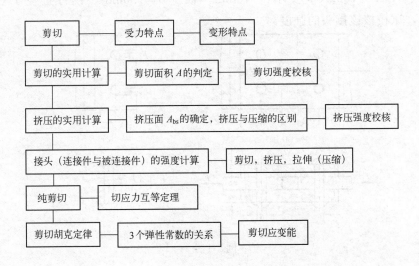

3.2 习题分类及典型例题辅导与精析

3.2.1 习题分类

（1）剪切的实用计算，包括销轴、螺栓、平键、榫头及冲压构件等的剪切强度计算。

（2）挤压的实用计算，包括销轴、螺栓、平键、榫头等的挤压强度计算。

（3）接头（连接件和被连接件）的强度计算。各部件的剪切、挤压和拉伸强度的综合考虑。

（4）切应力互等定理的应用。应用切应力互等定理判断棱角、键槽等处的切应力是否存在。

3.2.2 解题要求

（1）正确进行受力分析。根据连接结构的受力和组成特点，准确判断每个铆钉、螺栓、平键等连接件的受力情况，确定其剪力和挤压力。如采用多个铆钉连接，每个铆钉承受载荷相同。

（2）受力面的确定。剪切面积 A 和挤压面积 A_{bs} 及拉伸的承载净面积 A 的确定，亦至关重要。销轴（钉）、螺栓等圆柱形连接件，剪切面即为横截面，而挤压面积为实际受压面积在垂直作用力平面的投影。平键、联轴器、榫头的剪切面和挤压面面积确定要视具体情况分析。

（3）对于连接接头，要根据已知条件，全面考虑剪切、挤压和拉伸强度问题，不论是强度校核、截面设计，还是载荷估计，计算时都要对连接件和被连接件进行综合分析，避免遗漏。

3.2.3 典型例题辅导与精析

例 3-1 例 3-1 图所示对接头，每边由两个铆钉铆接，钢板及铆钉材料均为 Q235 钢，已知材料的拉压许用应力 $[\sigma]=160\mathrm{MPa}$，挤压许用应力 $[\sigma_{bs}]=320\mathrm{MPa}$，剪切许用应力 $[\tau]=120\mathrm{MPa}$，$F=100\mathrm{kN}$，板厚 $\delta=10\mathrm{mm}$，板宽 $b=150\mathrm{mm}$，铆钉直径 $d=17\mathrm{mm}$，$a=80\mathrm{mm}$，试校核该接头的强度。

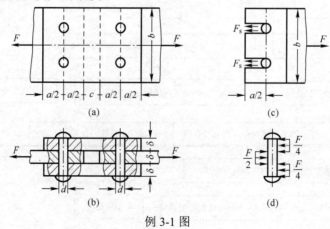

例 3-1 图

解：接头的强度包括连接件和被连接件，因此，要分别对铆钉和钢板进行强度校核。

（1）铆钉的强度校核。此接头属对接中的双盖板，每个铆钉都有两个剪切面（双剪切）。设每个铆钉受力相等，所以单个铆钉受力如例 3-1 图（d）所示。

① 剪切强度校核。铆钉属双剪切，可知每个剪切面上的剪力为 $F_s = \dfrac{F}{4}$，故

$$\tau = \dfrac{F_s}{A} = \dfrac{F}{\pi d^2} = \dfrac{100 \times 10^3}{\pi \times 17^2 \times 10^{-6}} = 110 \times 16^6 (\text{Pa}) = 110 (\text{MPa}) < [\tau]$$

② 挤压强度校核。铆钉连接 3 块板厚度相等，中间部分受到 $F/2$ 的挤压力，为危险部分。实际挤压面为曲面，计算时要采用其在垂直作用力平面的投影面积，则

$$\sigma_{bs} = \dfrac{F_{bs}}{A_{bs}} = \dfrac{F}{2d\delta} = \dfrac{100 \times 10^3}{2 \times 17 \times 10 \times 10^{-6}} = 294 \times 10^6 (\text{Pa}) = 294 (\text{MPa}) < [\sigma_{bs}]$$

所以，铆钉的剪切和挤压强度均满足要求。

（2）钢板的强度校核。钢板受力后，存在拉伸、剪切和挤压破坏可能，需要分别讨论。

① 拉伸强度校核。由于三层板厚度、宽度相同，而中间板拉力为最大，故只考虑中间板即可。由例 3-1 图（a）可知，在通过铆钉孔中心处板的横截面积最小，为危险截面，且 $A_{min} = (b - 2d)\delta = (150 - 2 \times 17) \times 10 = 1160 \text{mm}^2$，则

$$\sigma = \dfrac{F}{A_{min}} = \dfrac{100 \times 10^3}{1160 \times 10^{-6}} = 86.2 \times 10^6 (\text{Pa}) = 86.2 (\text{MPa}) < [\sigma]$$

② 挤压强度校核。此接头中连接件和被连接件材料相同，两者的受力是一对作用与反作用力，且有效挤压面积相同。故钢板也满足挤压强度条件。

③ 剪切强度条件。当铆钉孔离钢板边缘较近时，钢板有可能被剪断，形成从铆接处抽出的情况（例 3-1 图（c）），图中可以看出，钢板共有 4 个剪切面，每个剪切面上的剪力 $F_s = F/4$，剪切面积 $A = a\delta/2$，则

$$\tau = \dfrac{F_s}{A} = \dfrac{F}{2a\delta} = \dfrac{100 \times 10^3}{2 \times 80 \times 10 \times 10^{-6}} = 62.5 \times 10^6 (\text{Pa}) = 62.5 (\text{MPa}) < [\tau]$$

所以钢板的拉伸、挤压、剪切强度均满足要求，该接头的强度是足够的。

【评注】①接头包括连接件和被连接件，连接件为铆钉（或螺栓、键等），实用计算中近似认为每个铆钉（或其他）承受的力均相等；②正确计算连接件上的铆钉个数（搭接中为铆钉的总个数，对接中为被连接件一边的铆钉个数）；③分清铆钉是单剪切还是双剪切；④连接件（铆钉）的强度计算包括剪切和挤压强度（其拉伸及弯曲一般不考虑）；⑤被连接件（钢板）的强度计算包括拉伸（要正确画出轴力图，确定危险截面）、挤压（连接件和被连接件为同一材料时，仅须考虑其中之一）、剪切（每个被剪处应包含两个面）强度计算。因此，一定要细心分析，全面考虑，正确对接头进行强度校核。

例 3-2 如例 3-2 图所示，柴油机的活塞销材料为 20Cr，$[\tau] = 70 \text{MPa}$，$[\sigma_{bs}] = 100 \text{MPa}$。活塞销外径 $d_1 = 48\text{mm}$，内径 $d_2 = 26\text{mm}$，长度 $l = 130\text{mm}$，$a = 50\text{mm}$。活塞直径 $D = 135\text{mm}$。气体爆发压力 $p = 7.5 \text{MPa}$，试对活塞销进行剪切和挤压强度校核。

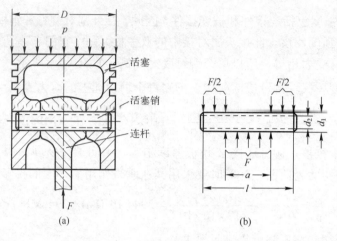

例 3-2 图

解：活塞所承受总压力为 $F = \dfrac{\pi}{4}D^2 p$，故单个剪切面上的剪力为 $F_s = \dfrac{F}{2} = \dfrac{\pi}{8}D^2 p$，则

$$\tau = \frac{F_s}{A} = \frac{\dfrac{\pi}{8}D^2 p}{\dfrac{\pi}{4}(d_1^2 - d_2^2)} = \frac{D^2 p}{2(d_1^2 - d_2^2)} = \frac{0.135^2 \times 7.5 \times 10^6}{2(0.048^2 - 0.026^2)}$$

$$= 42.0 \times 10^6 (\text{Pa}) = 42.0 (\text{MPa}) < [\tau] = 70 \text{MPa}$$

活塞销两端长度 $l - a = 130 - 50 = 80 (\text{mm}) > a$，因此挤压强度只需考虑中间部分，则

$$\sigma_{bs} = \frac{F}{A_{bs}} = \frac{\pi D^2 p}{4 d_1 a} = \frac{\pi \times 0.135^2 \times 7.5 \times 10^6}{4 \times 0.048 \times 0.05} = 44.7 \times 10^6 (\text{Pa}) = 44.7 (\text{MPa})$$

活塞销的剪切和挤压强度均满足。

【评注】注意挤压面积的判定。活塞销两端的长度大于中间部分，故中间部分挤压面积小。

例 3-3 花键轴的截面尺寸如例 3-3 图所示，轴与轮毂的配合长度 $l = 60 \text{mm}$，靠花键侧面传递的力偶矩 $M_e = 1.8 \text{kN} \cdot \text{m}$，若花键材料的许用挤压应力为 $[\sigma_{bs}] = 140 \text{MPa}$，许用切应力 $[\tau] = 120 \text{MPa}$，试校核花键的强度。

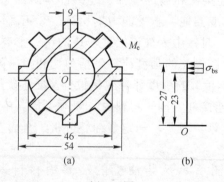

例 3-3 图

解：(1) 花键挤压强度校核。每个键的挤压面积为 $A_{bs} = lh = 60 \times (54 - 46)/2 = 240 (\text{mm}^2)$，

挤压力的合力 $F_{bs} = \sigma_{bs} A_{bs}$，距轴心的平均距离为 $r = \frac{1}{4}(46+54) = 25(mm)$。花键共有 8 个键，根据扭矩平衡有 $F_{bs} r \times 8 = M_e$，即

$$\sigma_{bs} = \frac{M_e}{8rA_{bs}} = \frac{1.8 \times 10^3}{8 \times 25 \times 240 \times 10^{-9}} = 37.5 \times 10^6 (Pa) = 37.5(MPa) < [\sigma_{bs}]$$

（2）花键的剪切强度校核。每个键的剪切面积 $A = lb = 60 \times 9 = 540(mm^2)$，剪力为

$$F_s = F_{bs} = \sigma_{bs} A_{bs} = 37.5 \times 10^6 \times 240 \times 10^{-6} = 9 \times 10^3 (N) = 9(kN)$$

故剪切强度条件为

$$\tau = \frac{F_s}{A} = \frac{9 \times 10^3}{540 \times 10^{-6}} = 16.67 \times 10^6 (Pa) = 16.67(MPa) < [\tau]$$

【评注】花键轴中，轴和齿轮连接时，这时挤压面积即为实际受挤压的平面，如本例中的 $A_{bs} = lh$，当键有一半嵌入轴中时，则 $A_{bs} = lh/2$。而对圆柱形铆钉或螺栓挤压面积则以投影面积计算 $A_{bs} = d\delta$，即受挤压的高度 δ 与铆钉或螺栓的直径乘积。有时会仅知传递的功率或力矩值，则要从力矩的平衡求出挤压力的大小。

例 3-4 试证明横截面为多边形的棱柱杆件扭转时，任意外角处的切应力为零。

解：假定杆件横截面任一角点处有切应力 τ，如例 3-4 图所示。按平行四边形法则将 τ 分解为 τ_1 和 τ_2，τ_1 和 τ_2 的方向分别与此角点处多边形的两个边垂直。

根据切应力互等定理知，若横截面在角点处有切应力 τ_1 和 τ_2，则杆件侧面上在该点处也应分别有相应的切应力 τ_1 和 τ_2。

但杆件侧面是自由表面，没有切应力作用，即 $\tau_1 = \tau_2 = 0$，则横截面外角点处的切应力为零。

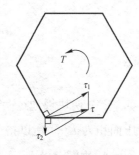

例 3-4 图

【评注】切应力互等定理在应力分析中有重要作用。利用切应力互等定理可以证明：杆件扭转时，横截面周边处的切应力一定和周边相切；在杆件弯曲变形时，矩形和工字形截面梁其横截面上下边缘处切应力一定为零；等等。

3.3 考点及考研真题辅导与精析

本章考点一般为基本概念的考察，如切应力互等定理的应用；剪切和挤压的实用计算，以确定剪切面和挤压面为主；较少涉及整个接头剪切、挤压、拉伸的全面强度计算。薄壁圆筒的扭转则常常和扭转一章结合。

1. 简述切应力互等定理。（长安大学；5 分）

答：在相互垂直的两个平面上，切应力必然成对存在，且大小相等；方向垂直于两个平面的交线，共同指向或背离这一交线。

2. 题 2 图所示两板用圆锥销钉连接，关于圆锥销钉的剪切面面积中正确的答案是（　）（西南交通大学；3 分）

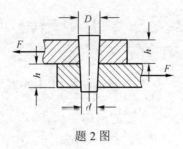

题 2 图

A. $\dfrac{\pi}{4}\left(\dfrac{D+d}{2}\right)^2$　　B. $\dfrac{h}{4}(D+3d)$　　C. $\dfrac{\pi}{4}D^2$　　D. $\dfrac{\pi}{4}d^2$

答：销钉的剪切面为两块板交界处的横截面，故正确的答案为 A。

3. 题 3 图所示铆钉连接，铆钉的挤压应力为_____。（西北工业大学；3 分）

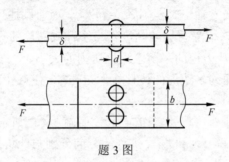

题 3 图

答：两块板通过两个铆钉连接，所以单个铆钉的挤压力为 $F_{bs}=F/2$，铆钉的计算挤压面积为 $d\delta$，所以挤压应力为 $\sigma_{bs}=\dfrac{F}{2d\delta}$。

4. 如题 4 图所示接头，$F=50\text{kN}$，$b=250\text{mm}$，许用挤压应力 $[\sigma_{bs}]=10\text{MPa}$，许用切应力 $[\tau]=1\text{MPa}$，许用拉伸应力 $[\sigma_t]=6\text{MPa}$，试求接头尺寸 a 和 c。（湖南大学；15 分）

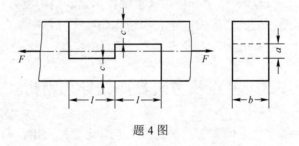

题 4 图

解：（1）接头的剪切强度。代入强度条件 $\tau=\dfrac{F_s}{A}=\dfrac{F}{lb}\leqslant[\tau]$，得

$$l\geqslant\dfrac{F}{b[\tau]}=\dfrac{50\times10^3}{250\times10^{-3}\times1\times10^6}=200\times10^{-3}(\text{m})=200(\text{mm})$$

（2）接头的挤压强度。代入强度条件 $\sigma_{bs}=\dfrac{F_{bs}}{A_{bs}}=\dfrac{F}{ab}\leqslant[\sigma_{bs}]$，得

$$a\geqslant\dfrac{F}{b[\sigma_{bs}]}=\dfrac{50\times10^3}{250\times10^{-3}\times10\times10^6}=20\times10^{-3}(\text{m})=20(\text{mm})$$

（3）接头的拉伸正应力强度。由于木杆接头的两部分为变截面杆，所以在 l 长区间发生拉弯组合变形，最大正应力为

$$\sigma_{\text{tmax}} = \frac{F}{A} + \frac{M}{W} = \frac{50 \times 10^3}{250 \times 10^{-3} \times c} + \frac{50 \times 10^3 \times (a+c)/2}{250 \times 10^{-3} \times c^2 / 6} \leqslant [\sigma_{\text{t}}] = 6 \times 10^6$$

解得 $c \geqslant 147 \times 10^{-3}\,\text{m} = 147\,\text{mm}$。

5．试校核题 5 图所示连接接头的强度。已知钢板和铆钉的材料相同，许用正应力 $[\sigma]=170\text{MPa}$，许用切应力 $[\tau]=140\text{MPa}$，许用挤压应力 $[\sigma_{\text{bs}}]=200\text{MPa}$。板厚 $\delta=10\text{mm}$，宽度 $b=100\text{mm}$，铆钉直径 $d=16\text{mm}$，拉力 $F=100\text{kN}$。（中南大学；20 分）

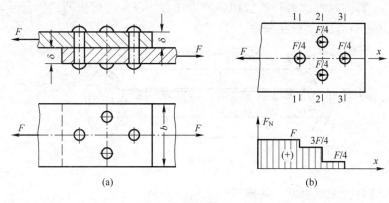

题 5 图

解：连接接头的计算，包括连接件（铆钉）和被连接件（钢板）的挤压、剪切、拉伸等问题，要逐一仔细考虑。

（1）按铆钉的剪切强度估计。对于对称受载的铆钉群（铆钉材料相同，排列对称，载荷作用在接头对称轴线上），假定铆钉所受剪力相等。题中已知接头为搭接，故铆钉为单剪切，每个铆钉所承受剪力为外载 F 的 $\dfrac{1}{n}$（n 为铆钉个数），即 $F_{\text{s}} = \dfrac{F}{4}$。代入剪切强度条件，有

$$\tau = \frac{F_{\text{s}}}{A} = \frac{F}{\pi d^2} = \frac{100 \times 10^3}{\pi \times (16 \times 10^{-3})^2} = 124.3 \times 10^6 (\text{Pa}) \leqslant [\tau] = 140(\text{MPa})$$

（2）按挤压强度估计。铆钉与钢板材料相同，挤压面积同为 $A_{\text{bs}} = d\delta$，挤压力与剪力相同。代入挤压强度条件，有

$$\sigma_{\text{bs}} = \frac{F_{\text{bs}}}{A_{\text{bs}}} = \frac{F}{4d\delta} = \frac{100 \times 10^3}{4 \times 16 \times 10^{-3} \times 10 \times 10^{-3}} = 156.3 \times 10^6 (\text{Pa}) \leqslant [\sigma_{\text{bs}}] = 200(\text{MPa})$$

（3）按板的拉伸强度估计。板的受力情况及轴力图如题 5 图（b）所示，截面 1-1 轴力最大，截面 2-2 削弱最严重，所以应对这两个截面进行强度校核。

1-1 截面应力为

$$\sigma_{1\text{-}1} = \frac{F}{(b-d)\delta} = \frac{100 \times 10^3}{(100-16) \times 10^{-3} \times 10 \times 10^{-3}} = 119.0 \times 10^6 (\text{Pa}) \leqslant [\sigma] = 170\text{MPa}$$

2-2 截面应力为

$$\sigma_{2-2} = \frac{3F}{4(b-2d)\delta} = \frac{3\times 100\times 10^3}{4\times(100-2\times 16)\times 10^{-3}\times 10\times 10^{-3}} = 110.3\times 10^6 (\text{Pa}) \leqslant [\sigma] = 170\text{MPa}$$

综上可知，连接接头的强度足够。

6. 题 6 图所示由厚度 δ=8mm 的钢板卷制成的圆筒，平均直径 D =200mm。圆筒接缝处用铆钉铆接，垫板、铆钉及筒的材料相同，且垫板的厚度与筒的板材相同。铆钉直径 d =20mm，许用切应力$[\tau]$=60MPa，许用挤压应力$[\sigma_{\text{bs}}]$=160MPa。筒的两端受扭转力偶矩 $M_e = 30\text{kN}\cdot\text{m}$ 作用。(1) 若只考虑铆钉的剪切强度，试求铆钉的间距 s_1；(2) 若只考虑铆钉的挤压强度，试求铆钉的间距 s_2；(3) 若只考虑圆筒板的挤压强度，试求铆钉的间距 s_3；(4) 若同时考虑铆钉的剪切和挤压强度，以及圆筒板的挤压强度，试求铆钉的间距 s_4。(南京理工大学；20 分)

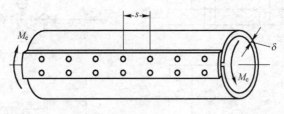

题 6 图

解：设圆筒为一无缝管材，其横截面上切应力为

$$\tau_1 = \frac{M_e}{\pi D \delta \frac{D}{2}} = \frac{2M_e}{\pi D^2 \delta}$$

根据切应力互等定理，纵截面上切应力也为 τ_1。在 s 长一段上切应力的合力均由铆钉承受，故铆钉承受剪力为

$$F_s = \tau_1 s \delta = \frac{2M_e}{\pi D^2 \delta} s \delta = \frac{2M_e s}{\pi D^2}$$

(1) 若只考虑铆钉的剪切强度，设铆钉的间距 s_1。由铆钉剪切强度条件

$$\tau = \frac{F_s}{A} = \frac{4F_s}{\pi d^2} = \frac{8M_e s}{\pi^2 D^2 d^2} \leqslant [\tau]$$

求得

$$s_1 \leqslant \frac{[\tau]\pi^2 D^2 d^2}{8M_e} = \frac{60\times 10^6 \times \pi^2 \times 0.2^2 \times 0.02^2}{8\times 30\times 10^3} = 3.95\times 10^{-2}(\text{m}) = 39.5(\text{mm})$$

(2) 若只考虑铆钉的挤压强度，设铆钉的间距 s_2。由铆钉挤压强度条件

$$\sigma_{\text{bs}} = \frac{F_s}{d\delta} = \frac{2M_e s}{\pi D^2 d \delta} \leqslant [\sigma_{\text{bs}}]$$

求得

$$s_2 \leqslant \frac{[\sigma_{\text{bs}}]\pi D^2 d \delta}{2M_e} = \frac{160\times 10^6 \times \pi \times 0.2^2 \times 0.02 \times 0.008}{2\times 30\times 10^3} = 5.36\times 10^{-2}(\text{m}) = 53.6(\text{mm})$$

(3) 若只考虑圆筒板的挤压强度，设铆钉的间距为 s_3，由于垫板、铆钉及筒的材料相同，且垫板的厚度与筒的板材相同，故考虑圆筒板的挤压强度与考虑铆钉的挤压强度

所得铆钉间距相等，即 $s_2 = s_3$。

（4）同时考虑铆钉的剪切和挤压强度，以及圆筒板的挤压强度，铆钉的间距 s_4 即为 s_1、s_2、s_3 中最小间距。故铆钉间距 $s_4 = 39.5$mm。

3.4 课后习题解答

3-1 如题 3-1 图所示，放置于水平面上的钢板厚度 $\delta = 10$mm，垂直于钢板的钢柱直径 $d = 20$mm，钢板的长度和宽度远大于钢柱的直径。沿钢柱轴线方向向下加力 $F = 100$kN，求钢板的名义切应力和钢柱及钢板的名义挤压应力。

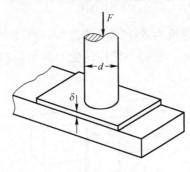

题 3-1 图

解：由剪切强度条件知钢板的名义切应力为

$$\tau = \frac{F_s}{A} = \frac{F}{\pi d \delta} = \frac{100 \times 10^3}{\pi \times 0.020 \times 0.010} = 159 \times 10^6 (\text{Pa}) = 159(\text{MPa})$$

由挤压强度条件知钢柱及钢板的名义挤压应力为

$$\sigma_{bs} = \frac{F_{bs}}{A_{bs}} = \frac{F}{\dfrac{\pi d^2}{4}} = \frac{4F}{\pi d^2} = \frac{4 \times 100 \times 10^3}{\pi \times 0.020^2} = 318 \times 10^6 (\text{Pa}) = 318(\text{MPa})$$

3-2 在题 3-2 图所示摇臂机构中，销轴直径 $d = 16$mm。求销轴的最大名义切应力及最大名义挤压应力。

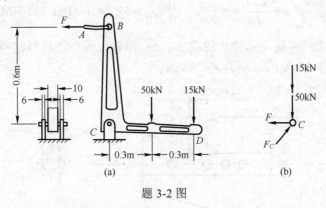

题 3-2 图

解：根据静力平衡方程 $\Sigma M_C = 0$，即

$$0.3 \times 50 + 0.6 \times 15 - 0.6F = 0 \Rightarrow F = 40\text{kN}$$

设摇臂作用于销轴的合力为 F_C，则

$$F_C = \sqrt{(50+15)^2 + 40^2} = 76.3(\text{kN})$$

销轴的受力情况为双剪切，故最大名义切应力为

$$\tau_{\max} = \frac{F_s}{A} = \frac{F_C}{2 \times \frac{\pi d^2}{4}} = \frac{2 \times 76.3 \times 10^3}{\pi \times 0.016^2} = 190 \times 10^6 (\text{Pa}) = 190(\text{MPa})$$

最大名义挤压应力则要确定最小挤压面，即

$$\sigma_{\text{bs}} = \frac{F_{\text{bs}}}{A_{\text{bs min}}} = \frac{F_c}{d\delta_{\min}} = \frac{76.3 \times 10^3}{0.016 \times 0.010} = 477 \times 10^6 (\text{Pa}) = 477(\text{MPa})$$

3-3 如题 3-3 图所示，厚度为 δ=10mm 的吊挂，通过 4 个螺栓连接在横梁上。已知 F=30kN，螺栓的直径 d=21mm，且每个螺栓的受力情形均相同，求螺栓的名义切应力及名义挤压应力。

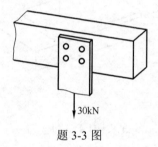

题 3-3 图

解：螺栓的受力情况为单剪切，依题意每个螺栓所受力为 $\frac{F}{4} = \frac{30 \times 10^3}{4} = 7.5 \times 10^3 (\text{N})$，螺栓的名义切应力为

$$\tau = \frac{F_s}{A} = \frac{7.5 \times 10^3}{\frac{\pi d^2}{4}} = \frac{4 \times 7.5 \times 10^3}{\pi \times 0.021^2} = 21.7 \times 10^6 (\text{Pa}) = 21.7(\text{MPa})$$

螺栓的名义挤压应力为

$$\sigma_{\text{bs}} = \frac{F_{\text{bs}}}{A_{\text{bs}}} = \frac{7.5 \times 10^3}{d\delta} = \frac{7.5 \times 10^3}{0.021 \times 0.010} = 35.7 \times 10^6 (\text{Pa}) = 35.7(\text{MPa})$$

3-4 试校核题 3-4 图所示接头的强度。已知铆钉和板件的材料相同，且 $[\sigma]$=160MPa，$[\tau]$=120MPa，$[\sigma_{\text{bs}}]$=340MPa，轴力 F=230kN。

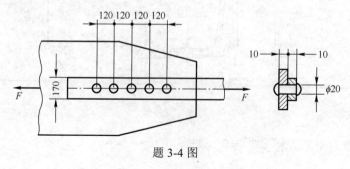

题 3-4 图

解：（1）板的拉伸强度校核。由拉伸强度条件知
$$\sigma = \frac{F_N}{A} = \frac{F}{(b-d)\delta} = \frac{230 \times 10^3}{(0.170-0.020) \times 0.010} = 153 \times 10^6 (\text{Pa}) = 153(\text{MPa}) < [\sigma]$$

（2）铆钉的剪切强度校核。由剪切强度条件知
$$\tau = \frac{F_s}{A} = \frac{\dfrac{F}{5}}{\dfrac{\pi d^2}{4}} = \frac{4F}{5\pi d^2} = \frac{4 \times 230 \times 10^3}{5\pi \times 0.020^2} = 146 \times 10^6 (\text{Pa}) = 146(\text{MPa}) > [\tau]$$

（3）铆钉和板的挤压强度校核。由挤压强度条件知
$$\sigma_{bs} = \frac{F_{bs}}{A_{bs}} = \frac{\dfrac{F}{5}}{d\delta} = \frac{F}{5d\delta} = \frac{230 \times 10^3}{5 \times 0.020 \times 0.010} = 230 \times 10^6 (\text{Pa}) = 230(\text{MPa}) < [\sigma_{bs}]$$

因此接头的剪切强度不足。

3-5 为了使压力机在最大压力 $F=160\text{kN}$ 时重要机件不发生破坏，在压力机冲头内装有保险器——压塌块，如题 3-5 图所示，保险器材料采用 HT20-40 灰口铸铁，其极限切应力 $\tau_u=360\text{MPa}$。试设计保险器尺寸 δ。（HT20-40 指灰口铸铁抗拉强度 $\sigma_b \geq 200\text{MPa}$，抗弯强度 $\sigma_b \geq 400\text{MPa}$）

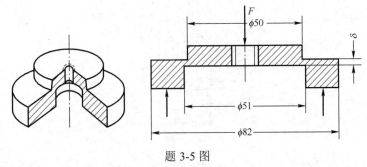

题 3-5 图

解：按剪切强度条件设计。由剪切强度条件知
$$\tau = \frac{F_s}{A} = \frac{F}{\pi d \delta} \geq \tau_u$$

解得保险器尺寸 δ 为
$$\delta \leq \frac{F}{\pi d \tau_u} = \frac{160 \times 10^3}{\pi \times 0.050 \times 360 \times 10^6} = 2.83 \times 10^{-3}(\text{m}) = 2.83(\text{mm})$$

3-6 如题 3-6 图所示，齿轮与轴通过平键连接。已知键受外力 $F=12\text{kN}$，所用平键的尺寸为：$b=16\text{mm}$，$h=10\text{mm}$，$l=45\text{mm}$。平键的剪切、挤压许用应力分别为 $[\tau]=80\text{MPa}$，$[\sigma_{bs}]=100\text{MPa}$，试校核平键的强度。

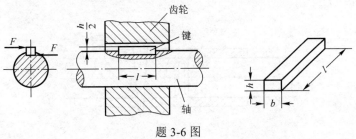

题 3-6 图

解：（1）剪切强度校核。由剪切强度条件知
$$\tau = \frac{F_s}{A} = \frac{F}{bl} = \frac{12\times 10^3}{0.016\times 0.045} = 16.7\times 10^6 (\text{Pa}) = 16.7(\text{MPa}) < [\tau]$$

（2）挤压强度校核。由挤压强度条件知
$$\sigma_{bs} = \frac{F_{bs}}{A_{bs}} = \frac{F}{\frac{hl}{2}} = \frac{2F}{hl} = \frac{2\times 12\times 10^3}{0.010\times 0.045} = 53.3\times 10^6 (\text{Pa}) = 53.3(\text{MPa}) < [\sigma_{bs}]$$

则构件剪切、挤压强度均满足。

3-7 一高压泵的安全销如题 3-7 图所示。要求在活塞下面的高压液体压强达 p=3.4MPa 时，安全销被剪断，从而使高压液体流出，以保证泵的安全。已知活塞直径 D=52mm，安全销的剪切强度极限 τ_u=320MPa，试确定安全销的直径 d。

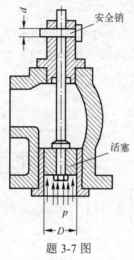

题 3-7 图

解：按剪切强度条件设计。在安全销中有
$$\tau = \frac{F_s}{A} = \frac{p\times \frac{\pi D^2}{4}}{2\times \frac{\pi d^2}{4}} = \frac{pD^2}{2d^2} = \tau_u$$

故安全销的直径为
$$d = \sqrt{\frac{pD^2}{2\tau_u}} = \sqrt{\frac{3.4\times 10^6\times 0.052^2}{2\times 320\times 10^6}} = 3.79\times 10^{-3}(\text{m}) = 3.79(\text{mm})$$

3-8 如题 3-8 图所示车床的传动光杆装有安全联轴器，当超过一定载荷时，安全销即被剪断。已知安全销的平均直径为 5mm，剪切极限应力 τ_u=370MPa，求安全联轴器所能传递的力偶矩 M_e。

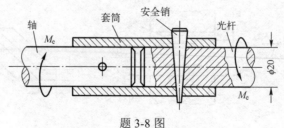

题 3-8 图

解：根据强度条件及安全销的剪切强度极限知

$$\tau = \frac{F_s}{A} = \frac{\dfrac{T}{d_1}}{\dfrac{\pi d^2}{4}} = \frac{\dfrac{M_e}{d_1}}{\dfrac{\pi d^2}{4}} = \tau_u$$

解得安全联轴器所能传递的力偶矩为

$$M_e = T = \frac{\pi d_1 d^2 \tau_u}{4} = \frac{\pi \times 0.020 \times 0.005^2 \times 370 \times 10^6}{4} = 145(\text{N} \cdot \text{m})$$

3-9 试计算如题 3-9 图所示焊接头的承载能力。已知焊缝的许用切应力$[\tau]$=100MPa，钢板的许用拉应力$[\sigma]$=160MPa，焊缝高度δ=1cm。

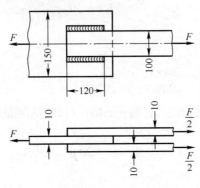

题 3-9 图

解：（1）按钢板的拉伸强度条件估计。由拉压强度条件

$$\sigma = \frac{F_N}{A} = \frac{F}{b\delta} = \frac{F}{0.150 \times 0.010} = 160 \times 10^6(\text{Pa}) \leqslant [\sigma]$$

解得

$$[F]_1 = 240 \times 10^3(\text{N}) = 240\text{kN}$$

（2）按焊缝的剪切强度条件。由剪切强度条件

$$\tau = \frac{F_s}{A} = \frac{\dfrac{F}{2}}{2(l-2h)\delta\cos 45°} = \frac{F}{4(0.120 - 2 \times 0.010) \times 0.010 \cos 45°} = 100(\text{MPa}) \leqslant [\tau]$$

解得

$$[F]_2 = 283 \times 10^3(\text{N}) = 283(\text{kN})$$

所以焊接头的承载能力$[F] = [F]_1 = 240(\text{kN})$。

3-10 在木桁架的支座部位，斜杆以宽度 b=60mm 的榫舌和下弦杆连接在一起，如题 3-10 图所示。已知木材顺纹许用挤压应力$[\sigma_{bs}]$=5MPa，顺纹许用切应力$[\tau]$=0.8MPa，作用在桁架斜杆上的压力 F=20kN。试按强度条件确定榫舌的高度δ（榫接的深度）和下弦杆末端的长度 l。

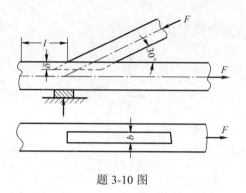

题 3-10 图

解：（1）按挤压强度条件为

$$\sigma_{bs} = \frac{F_{bs}}{A_{bs}} = \frac{F\cos 30°}{\delta b} \leqslant [\sigma_{bs}]$$

解得榫舌的高度为

$$\delta \geqslant \frac{F\cos 30°}{b[\sigma_{bs}]} = \frac{20\times 10^3 \cos 30°}{0.060\times 5\times 10^6} = 57.7\times 10^{-3}(m) = 57.7(mm)$$

（2）按剪切强度条件。剪切面为宽为 b 的槽在 l 段的两侧面和底面，即 $A=(b+2\delta)l$，则

$$\tau = \frac{F_s}{A} = \frac{F\cos 30°}{(b+2\delta)l} \leqslant [\tau]$$

解得下弦杆末端的长度为

$$l \geqslant \frac{F\cos 30°}{(b+2\delta)[\tau]} = \frac{20\times 10^3 \cos 30°}{(0.060+2\times 0.0575)\times 0.8\times 10^6} = 123\times 10^{-3}(m) = 123(mm)$$

3-11 如题 3-11 图所示直径为 $D=100cm$ 的筒式锅炉，工作压力 $p=1MPa$，锅炉的纵向接缝是用铆钉搭接而成，锅炉壁厚 $\delta=8mm$，铆钉直径 $d=16mm$，已知锅炉和铆钉材料的许用切应力 $[\tau]=100MPa$，试求铆钉的间距 e。（提示：取钉距为 e 的一段锅炉研究）

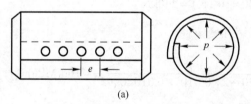 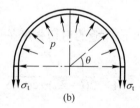

题 3-11 图

解：对于图示的薄壁锅炉，周向应力 $\sigma_t = \frac{pD}{2\delta}$，钉距为 e 的一段锅炉受到拉力为

$$F = F_s = \sigma_t e\delta = \frac{pDe}{2}$$

单行排列时，根据铆钉的剪切强度条件 $\tau = \frac{F_s}{A} = \frac{2pDe}{\pi d^2} \leqslant [\tau]$

解得

$$e \leqslant \frac{\pi d^2 [\tau]}{2pD} = \frac{\pi \times 16^2 \times 10^{-6} \times 100 \times 10^6}{2 \times 1 \times 10^6 \times 1} = 40.2 \times 10^{-3} \text{(m)} = 40.2 \text{(mm)}$$

3-12 在题 3-12 图所示钢结构中，C 点用 $d_1 = 6\text{mm}$ 的螺栓，B，D 点用 $d_2 = 10\text{mm}$ 的螺栓固定，剪切极限应力 $\tau_b = 150\text{MPa}$，杆 BD 的拉伸极限应力 $\sigma_b = 400\text{MPa}$，安全系数均选取 $n=3$，求作用于 A 点的允许载荷 F。

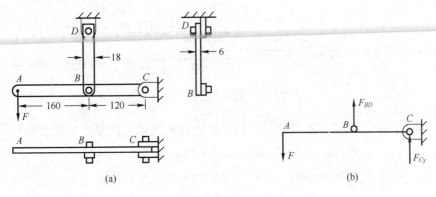

题 3-12 图

解：（1）由 BD 杆的拉伸强度估计载荷。

由题 3-12 图（b）列平衡方程 $\sum M_C = 0$，得 $F_{BD} = \frac{7F}{3}$。

根据拉伸强度条件 $\sigma = \frac{F_N}{A} = \frac{F_{BD}}{A} \leqslant \frac{\sigma_b}{n}$，得

$$[F]_1 = \frac{3}{7} \frac{\sigma_b}{n} A = \frac{3}{7} \times \frac{400 \times 10^6}{3} \times 18 \times 6 \times 10^{-6} = 6171 \text{(N)}$$

（2）由 B、D 点的螺栓剪切强度估计载荷。

在 B、D 点，$F_s = F_N = F_{BD}$。

根据剪切强度条件 $\tau = \frac{F_s}{A} = \frac{F_{BD}}{A} \leqslant \frac{\tau_b}{n}$，得

$$[F]_2 = \frac{3}{7} \frac{\tau_b}{n} A = \frac{3}{7} \times \frac{50 \times 10^6}{3} \times \frac{\pi}{4} \times 10^2 \times 10^{-6} = 1682 \text{(N)}$$

（3）由 C 点螺栓的剪切强度估计载荷。

由题 3-12 图（b）列平衡方程 $\sum F_y = 0$，得 $F_{Cy} = -\frac{4F}{3}$。

根据剪切强度条件 $\tau = \frac{F_s}{A} = \frac{F_{Cy}}{2A} \leqslant \frac{\tau_b}{n}$，得

$$[F]_3 = \frac{3}{2} \frac{\tau_b}{n} A = \frac{3}{2} \times \frac{50 \times 10^6}{3} \times \frac{\pi}{4} \times 6^2 \times 10^{-6} = 2120 \text{(N)}$$

因此作用于 A 点的允许载荷 $[F] = \min\{[F]_1, [F]_2, [F]_3\} = 1682 \text{(N)}$

3-13 在飞机以及汽车加工中，两块薄金属板经常用单搭黏结，如题 3-13 图所示。若金属板厚 $\delta = 2.2\text{mm}$，环氧树脂黏结金属时的剪切强度极限 $\tau_u = 25.7\text{MPa}$，环氧树脂的切变模量 $G = 2.8\text{GPa}$，环氧树脂厚度为 0.127mm，黏结在搭接面积 $A = 12.7\text{mm} \times 25.4\text{mm}$ 内

都是有效的，试求此种连接所能承担的最大轴向力。（略去由于两块板不在同一平面内产生少许弯曲影响）

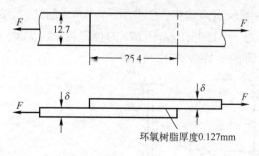

题 3-13 图

解：假设切应力在黏结面内均匀分布，则连接所能承担的最大轴向力为

$$F \leqslant \tau_u A = 25.7 \times 10^6 \times 12.7 \times 25.4 \times 10^{-6} = 8290(\text{N})$$

若已知金属板的许用正应力，还应考虑正应力强度条件，其最大正应力为

$$\sigma_{\max} = \frac{F}{A} + \frac{F\delta}{W}$$

3-14 如题 3-14 图所示凸缘联轴节传递的力偶矩为 $M_e = 200\text{N}\cdot\text{m}$，凸缘之间用 4 只螺栓连接，螺栓内径 $d = 10\text{mm}$，对称分布在 $D = 80\text{mm}$ 的圆周上。如螺栓的剪切许用应力 $[\tau] = 60\text{MPa}$，试校核螺栓的剪切强度。

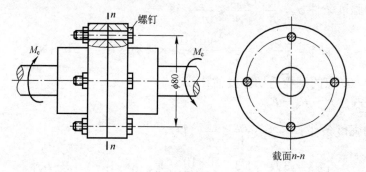

题 3-14 图

解：（1）求螺栓所受剪切力。由 $M_e = F_s \times \dfrac{D}{2} \times 4$，得

$$F_s = \frac{M_e}{2D} = \frac{200}{2 \times 80 \times 10^{-3}} = 1250\text{N}$$

（2）螺栓强度校核。

$$\tau_{\max} = \frac{F_s}{A} = \frac{1250 \times 4}{\pi \times 10^2 \times 10^{-6}} = 15.9 \times 10^6(\text{Pa}) = 15.9(\text{MPa}) < [\tau]$$

所以螺栓的强度条件满足。

第4章 扭 转

4.1 教学目标及章节理论概要

4.1.1 教学目标

(1) 能够根据轴的传递功率和转速计算外力偶矩。
(2) 熟悉扭转变形的特点,掌握扭矩的计算和扭矩图的绘制方法。
(3) 理解圆轴扭转时切应力和扭转角公式的推导过程,明确平面假设的意义和作用。
(4) 熟练掌握受扭圆轴强度和刚度的计算方法。
(5) 了解圆柱形密圈螺旋弹簧应力和变形的计算方法。
(6) 了解矩形截面杆扭转时横截面上切应力分布规律的主要结论及其计算方法。
(7) 掌握简单扭转超静定问题的求解方法。

4.1.2 章节理论概要

1. 外力偶矩的计算

外力偶矩的计算公式为

$$M_e = 9549 \frac{P_k}{n} \tag{4-1}$$

式中:P_k 为输入功率(kW),n 为轴转速(r/min),M_e 为外力偶矩(N·m)。

2. 扭矩和扭矩图

(1) 扭转:①受力特点:一对大小相等,方向相反,作用面垂直于杆的轴线的力偶矩。②变形特点:杆件的任意两个横截面将发生绕轴线的相对转动。

(2) 扭矩:矢量方向垂直于横截面的内力偶矩,其符号以右手螺旋法则确定,主矩方向与截面外法线一致的力偶矩为正。

(3) 扭矩图:选取和轴线对应的坐标系,截面法确定各控制面内力,连接所成的封闭折线或曲线。

注意,用突变关系对扭矩图进行校核,即在集中力偶作用面,扭矩必发生突变,突变的大小(绝对值之和)等于作用在该面的集中力偶值。

3. 圆轴扭转的切应力和扭转角

(1) 扭转切应力公式推导中的平面假设及其作用。圆轴扭转变形前的横截面,变形后大小不变,仍保持平面,且相邻两截面间距离保持不变,仅刚性地转过了一个角度。横截面大小和距离不变,可以推断截面无径向应力和轴向应力,从而判定切应力与半径垂直。

(2) 圆轴扭转时的应力,在距圆心为 ρ 的点,其切应力为

$$\tau_\rho = \frac{T}{I_p} \rho \tag{4-2}$$

式中:T 为该面上的内力(扭矩);I_p 为截面极惯性矩。

当 $\rho = R$ 时,切应力最大,有

$$\tau_{\max} = \frac{T}{I_p}R = \frac{T}{W_p} \qquad (4\text{-}3)$$

式中：W_p 为圆轴抗扭截面模量或抗扭截面因数。

（3）扭转圆轴斜截面上的应力为

$$\begin{cases} \sigma_\alpha = -\tau\sin 2\alpha \\ \tau_\alpha = \tau\cos 2\alpha \end{cases} \qquad (4\text{-}4)$$

斜截面方位 α 从 x 轴正向逆时针方向转到截面 α 的外法线方向为正。可以用最大正应力、最大切应力所在方位解释低碳钢和铸铁扭转破坏现象。

（4）圆轴扭转时的变形。一般情况下，当截面内力偶矩为 $T(x)$ 时，相距 l 长的圆轴两横截面间的相对转角为

$$\varphi = \int_l \frac{T(x)\mathrm{d}x}{GI_p} \qquad (4\text{-}5)$$

对于等截面直圆轴，且 $T(x) =$ 常数时，有

$$\varphi = \frac{Tl}{GI_p} \qquad (4\text{-}6)$$

阶梯轴，或等直圆轴各段扭矩不同时，有

$$\varphi = \sum_{i=1}^{n} \frac{T_i l_i}{GI_{pi}}$$

4. 扭转圆轴的强度条件和刚度条件

（1）圆轴扭转时的强度条件为

$$\tau_{\max} = \frac{T_{\max}}{W_p} \leqslant [\tau] \qquad (4\text{-}7)$$

（2）圆轴扭转时的刚度条件为

$$\varphi' = \frac{T}{GI_p} \times \frac{180}{\pi} \leqslant [\varphi'] \qquad (4\text{-}8)$$

5. 圆柱形密圈螺旋弹簧的应力和变形

在拉伸或压缩载荷作用下，圆柱形密圈螺旋弹簧钢丝横截面上的最大切应力为

$$\tau_{\max} = k\frac{8FD}{\pi d^3} \qquad (4\text{-}9)$$

式中：F 为沿弹簧轴线作用的载荷，D 为弹簧圈平均直径，d 为弹簧丝直径，k 为修正系数，是考虑钢丝曲率影响而加的一个曲度系数，且

$$k = \frac{4C_1 - 1}{4C_1 - 4} + \frac{0.615}{C_1} \qquad C_1 = \frac{D}{d} \qquad (4\text{-}10)$$

弹簧在轴向载荷作用下，沿轴线方向的总变形量为

$$\lambda = \frac{8FD^3 n}{Gd^4} = \frac{64FR^3 n}{Gd^4} \qquad (4\text{-}11)$$

式中：n 为弹簧的圈数。

6. 矩形截面杆自由扭转时的主要结论

矩形截面杆扭转时，横截面将发生翘曲，由原来的平面变为曲面，横截面上最大切应力发生于矩形长边的中点，其大小为

$$\tau_{\max} = \frac{T}{W_t} = \frac{T}{\alpha b^3 h} \tag{4-12}$$

短边中点的切应力为

$$\tau' = \gamma \tau_{\max} \tag{4-13}$$

杆件两端相对扭转角 φ 为

$$\varphi = \frac{Tl}{G\beta b^3 h} \tag{4-14}$$

式（4-12）～式（4-14）中，α、β、γ 均为一个与比值 h/b 有关的系数，可从教材或有关手册中查得。

7. 扭转超静定问题

扭转超静定问题与拉压超静定问题相似，都必须综合考虑静力平衡条件、变形几何（协调）关系及物理关系 3 个方面。在判定结构为超静定结构及其超静定次数后：①写出独立的静力平衡方程；②找出变形几何关系；③列出物理关系；④将物理关系代入变形几何关系，得出补充方程；⑤平衡方程与补充方程联立，解出未知量。

4.1.3 重点知识思维导图

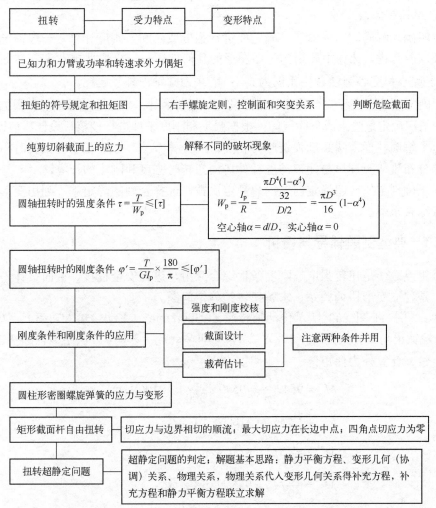

4.2 习题分类及典型例题辅导与精析

4.2.1 习题分类

（1）圆轴扭矩图的绘制，确定危险截面，合理布置主从动轮等。
（2）圆轴扭转切应力和扭转变形计算。
（3）扭转强度条件与刚度条件的综合应用，包括安全校核、截面设计、载荷估计等。
（4）圆轴扭转中的超静定问题，包括弹性支承（弹簧）的超静定问题。
（5）圆柱形密圈螺旋弹簧的应力和变形的计算。

4.2.2 解题要求

（1）计算受扭杆件的外力偶矩。已知外力和力臂时直接相乘计算外力偶矩；已知圆轴传递的功率和转速时，采用式（4-1）计算外力偶矩。

（2）确定危险截面。明确扭矩正负号规定，两两控制面间采用截面法，截面上以设正为原则直接计算，并确定扭矩的正负；画出扭矩图，确定可能的危险截面（等截面圆轴即 $|T_{\max}|$ 所在截面）。

（3）明确求解问题。依题意，确定要进行强度或（和）刚度计算，一般情况下，两种条件要同时考虑。计算中要用到平面图形的几何性质——极惯性矩 I_p 和扭转截面系数 W_p，对于实心和空心圆轴，相差仅为 $1-\alpha^4$，α 为圆轴内外径之比。

（4）确定危险点进行安全校核、截面设计、载荷估计。确定危险截面后，根据应力分布、变形情况确定危险点或危险区间；根据强度和刚度条件进行校核、设计或估计计算。

（5）了解圆柱形密圈螺旋弹簧应力和变形的计算方法、矩形截面杆扭转时横截面上切应力的分布规律及开口与闭口薄壁杆件自由扭转时强度和刚度的计算。

（6）正确判定扭转超静定问题的超静定次数，选择合理的静定基，列出变形协调关系，进行综合求解。

4.2.3 典型例题辅导与精析

本章难点之一是扭转强度、刚度条件综合应用，进行安全校核、截面设计、载荷估计；之二是建立变形协调关系，求解扭转超静定问题。

例 4-1 例 4-1 图（a）所示传动轴转速 $n=300\mathrm{r/min}$，主动轮输入功率 $P_A=60\mathrm{kW}$，3 个从动轮输出功率分别为 $P_B=10\mathrm{kW}$、$P_C=20\mathrm{kW}$、$P_D=30\mathrm{kW}$。试绘该轴的扭矩图。

解：（1）计算外力偶矩：

$$M_A = 9549\frac{P_A}{n} = 9549 \times \frac{60}{300} = 1910(\mathrm{N \cdot m})$$

$$M_B = \frac{10}{60}M_A = 318(\mathrm{N \cdot m})$$

$$M_C = \frac{20}{60}M_A = 637(\mathrm{N \cdot m})$$

$$M_D = \frac{30}{60}M_A = 955(\mathrm{N \cdot m})$$

或
$$M_D = M_A - M_B - M_C = 955(\text{N} \cdot \text{m})$$

（2）作扭矩图。利用截面法，分别以 1-1、2-2 截面假想把轴截开，保留截面左边部分，采用设正法，在截面上分别用扭矩 T_1，T_2 代替弃去部分的作用，由平衡条件可得
$$T_1 = M_B = 318(\text{N} \cdot \text{m})$$
$$T_2 = M_B + M_C = 318 + 637 = 955(\text{N} \cdot \text{m})$$

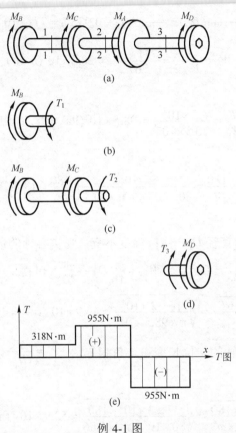

例 4-1 图

再以 3-3 截面假想将轴截开，保留右半部分，用扭矩 T_3（假设为正）代替弃去部分的作用，如例 4-1 图（d）所示。由平衡条件得
$$T_3 = -M_D = -955(\text{N} \cdot \text{m})$$
式中：负号表示扭矩 T_3 的实际方向与图中假设方向相反。

由所得数据可绘轴的扭矩图如例 4-1 图（e）所示。

【评注】①扭矩图同轴力图绘制方法一样，先确定控制面，在两两控制面间任意选取一截面，由截面法确定其内力。②同一截面取左右两侧分别计算的扭矩大小相等，方向相反，互为作用与反作用力关系。在应用截面法时，可以选取任意侧为研究对象。③在集中力偶作用面，扭矩发生变突，其突变数值等于作用在该面的集中力偶值的大小。④若圆轴存在约束，为了避免计算约束反力，求解时可取外力偶矩已知的一侧作研究对象。

例 4-2 已知空心圆轴的外径 $D=76\text{mm}$，壁厚 $\delta=2.5\text{mm}$，承受扭矩 $M_e=2\text{kN}\cdot\text{m}$ 作用，材料的许用切应力 $[\tau]=100\text{MPa}$，切变模量 $G=80\text{GPa}$，许可单位长度扭转角 $[\varphi']=2(°)/\text{m}$。试校核轴的强度和刚度；如改用实心圆轴，且使强度和刚度保持不变，试设计轴的直径。

解.（1）校核强度和刚度。由题意知，圆轴承受扭矩 $T=M_e=2\text{kN}\cdot\text{m}$

$$\alpha=\frac{d}{D}=\frac{D-2\delta}{D}=\frac{76-2\times2.5}{76}=0.935$$

$$I_p=\frac{\pi D^4}{32}(1-\alpha^4)=\frac{\pi\times76^4}{32}(1-0.935^4)=771\times10^3(\text{mm}^4)$$

$$W_p=\frac{I_p}{D/2}=\frac{771\times10^3}{76/2}=20.3\times10^3(\text{mm}^3)$$

强度校核：

$$\tau_{\max}=\frac{T}{W_p}=\frac{2\times10^3}{20.3\times10^{-6}}=98.5\times10^6(\text{Pa})=98.5(\text{MPa})<[\tau]$$

刚度校核：

$$\varphi'=\frac{T}{GI_p}\times\frac{180}{\pi}=\frac{2\times10^3}{80\times10^9\times771\times10^{-9}}\times\frac{180}{\pi}=1.86(°)/\text{m}<[\varphi']$$

所以满足强度和刚度要求。

（2）设计实心圆轴的直径 D_1。保持强度不变，则实心轴的最大切应力等于空心轴的最大切应力，即 $\tau_{\max 1}=\dfrac{T}{W_{p1}}=\tau_{\max}$，将 $W_{p1}=\dfrac{\pi}{16}D_{11}^3$，代入可得

$$D_{11}=\sqrt[3]{\frac{16T}{\pi\tau_{\max}}}=\sqrt[3]{\frac{16\times2\times10^3}{\pi\times98.5\times10^6}}=46.9\times10^{-3}(\text{m})=46.9(\text{mm})$$

保持刚度不变，则两轴的单位长度扭转角相等，即 $\varphi_1'=\dfrac{T}{GI_{p1}}\times\dfrac{180}{\pi}=\varphi'$，将 $I_{p1}=\dfrac{\pi}{32}D_{12}^4$ 代入可得

$$D_{12}=\sqrt[4]{\frac{32\times T\times180}{G\times\pi^2\times\varphi'}}=\sqrt[4]{\frac{32\times2\times10^3\times180}{80\times10^9\times\pi^2\times1.86}}=52.9\times10^{-3}(\text{m})=52.9(\text{mm})$$

即在保持强度和刚度不变的条件下，实心轴直径 $D_1=\max\{D_{1i}\}=52.9(\text{mm})$。

（3）讨论。在保持强度和刚度不变的条件下，比较空心轴和实心轴的重量。

由工程实际确定轴长 l 一定，选用同一材料时，其重度 γ 一定，空心和实心轴横截面面积分别为 A 和 A_1，两种轴的重量分别为

$$W=Al\gamma,\quad W_1=A_1l\gamma$$

则两轴的重量比为

$$\alpha=\frac{W}{W_1}=\frac{A}{A_1}$$

式中：$A=\dfrac{\pi}{4}(D^2-d^2)=\dfrac{\pi}{4}(76^2-71^2)=578(\text{mm}^2)$。

保持强度和刚度不变时，实心轴的横截面面积 A_1，有

$$A_1 = \frac{\pi}{4}D_1^2 = \frac{\pi}{4} \times 52.9^2 = 2198(\text{mm}^2)$$

则

$$\frac{W}{W_1} = \frac{A}{A_1} = \frac{578}{2198} = 0.263$$

即空心轴的重量仅为实心轴重量的 26.3%。

【评注】 由计算可知，在安全性相同时，采用空心轴可有效地减轻轴的重量，节约材料。因此，空心轴在工程中，特别在航空航天工业中得到广泛的应用。这是因为：①从应力分布规律可以看出 $\tau_\rho \propto \rho$，所以轴心附近的应力很小，材料没有充分发挥其作用。②反之，若保持重量不变，即轴的横截面面积相同。从截面的几何性质分析，空心轴材料分布远离轴心，其极惯性矩 I_p 必大于实心轴，扭转截面系数 W_p 也比较大，强度和刚度均可提高。③通常所讲保持强度不变，即指最大切应力值不变；保持刚度不变，即指单位长度扭转角相等。④不论考虑轴的强度或刚度，采用空心轴比实心轴都较为合理。但空心轴体积较大，轴壁薄，扭转的稳定性和不便加工等因素应综合考虑。

例 4-3 例 4-3 图所示结构，AB 轴的抗扭刚度为 GI_p，杆 CD 和杆 FG 的抗拉刚度为 EA。已知尺寸 a 及外力偶 M_e，圆轴 AB 与刚性梁 DF 固接且垂直相交，两杆与横梁铰接且垂直相交，试求两杆的轴力及圆轴所受的扭矩。

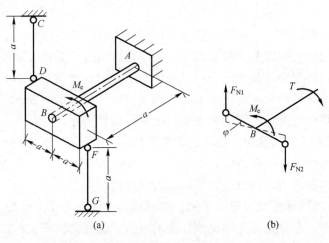

例 4-3 图

解：（1）列出静力平衡方程　设两杆的轴力分别为 F_{N1} 和 F_{N2}，圆轴的内力为 T。

由 $\sum F_y = 0$，得 $F_{N1} = F_{N2} = F$。

由 $\sum M = 0$，得 $T + 2Fa = M_e$。

所以问题属一次超静定问题。

（2）变形几何关系。由例 4-3 图（b）可知，对轴 AB，A 端固定，B 端扭转角为 φ，即为刚性梁 DF 的转角。设杆 CD、FG 的伸长为 Δl，则有 $\varphi a = \Delta l$。

（3）物理关系。分别代入圆轴扭转时变形公式及胡克定律，有

$$\varphi = \frac{Ta}{GI_p}, \quad \Delta l = \frac{Fa}{EA}$$

（4）将物理关系代入几何关系，得补充方程为

$$\frac{Ta^2}{GI_p} = \frac{Fa}{EA}$$

（5）联立求解，得

$$F = \frac{EAa}{2a^2EA + GI_p}M_e, \quad T = \frac{GI_p}{2a^2EA + GI_p}M_e$$

【评注】①扭转超静定问题同拉压超静定问题的求解方法完全相同。此时仅由静力平衡方程不能确定所有的未知约束反力，还须同时考虑变形几何关系和物理关系，再将物理关系代入变形几何关系，从而得出补充方程。最后将静力平衡方程与补充方程联立求解。②本例中圆轴通过刚性梁与两杆相接，由其对称性知，两杆内力相等，故为一次超静定结构。题目中确定杆的伸长与轴的转角间变形协调的关系，是解决问题的关键。

4.3 考点及考研真题辅导与精析

扭转作为基本变形之一，特别是圆轴的扭转，常常作为基本内容的掌握情况而被考察。考察的内容包括：①以基本概念为主的填空题或四选一题目，如圆轴扭转时切应力分布规律，扭转破坏现象及其原因分析，矩形截面杆扭转时应力分布规律等；②圆轴扭转时的强度和刚度条件的应用是本章的重点和考点，要能够准确地判断危险截面或危险区间；③难点是扭转超静定问题，关键是找出变形协调关系。

1. 简述圆截面铸铁试件扭转破坏的现象及原因。（长安大学；5分）

答：圆截面铸铁试件扭转破坏是沿与轴线成 45°方向断开。产生的原因是由于在该方向面上存在最大拉应力，其值达到极限值时试件破坏。

2. 分别画出铸铁试件在拉伸、压缩、扭转实验中试件的受力简图；破坏件的草图；危险点的应力状态；在单元体上标出破坏面的方位；在受力简图上标出对应的破坏点；分析引起破坏的原因；根据破坏的现象对铸铁抗压、抗拉、抗扭的能力给出结论。（吉林大学；15分）

答：铸铁试件在拉伸、压缩、扭转实验中试件引起破坏的原因分别是横截面上最大拉应力拉断、45°斜截面最大切应力剪切滑移破坏、45°斜截面最大拉应力拉断，具体破坏面的方位如题2图所示。根据破坏的现象得知铸铁抗压能力大于抗扭能力、抗扭能力大于抗拉能力。

3. 等截面圆轴受力如题3图所示，已知轴直径 $d = 40$ mm，$a = 400$ mm，材料切变模量 $G = 80$ GPa，相对扭转角 $\varphi_{BD} = 1°$。试求：（1）轴的最大切应力；（2）截面 A 相对于截面 D 的扭转角 φ_{DA}。（大连理工大学；8分）

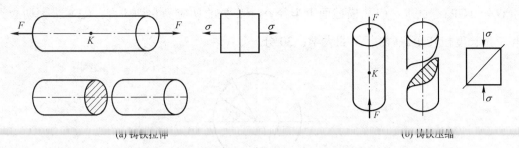

(a) 铸铁拉伸　　　　　　　　　　(b) 铸铁压缩

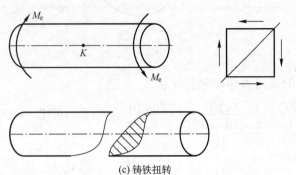

(c) 铸铁扭转

题 2 图

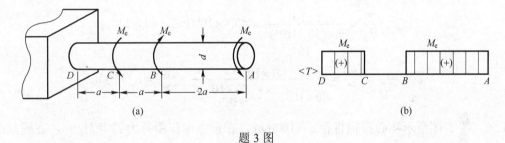

题 3 图

解：(1) 作轴的扭矩图如图 (b) 所示，可知

$$\varphi_{BD} = \varphi_{CD} = \frac{M_e a}{GI_p} \times \frac{180}{\pi} = \frac{32 M_e \times 0.4}{80 \times 10^9 \times \pi \times 0.04^4} \times \frac{180}{\pi} = 1°$$

解得

$$M_e = \frac{80 \times 10^9 \times \pi^2 \times 0.04^4 \times 1}{32 \times 0.4 \times 180} = 877.3 (\text{N} \cdot \text{m})$$

所以轴的最大切应力为

$$\tau_{max} = \frac{T_{max}}{W_p} = \frac{16 \times 877.3}{\pi \times 0.04^3} = 69.8 \times 10^6 (\text{Pa}) = 69.8 (\text{MPa})$$

(2) 截面 A 相对于截面 D 的扭转角为

$$\varphi_{DA} = \varphi_{CD} + \varphi_{AB} = \left(\frac{M_e a}{GI_p} + \frac{M_e \times 2a}{GI_p} \right) \times \frac{180°}{\pi} = 3 \times \frac{32 \times 877.3 \times 0.4}{80 \times 10^9 \times \pi \times 0.04^4} \times \frac{180°}{\pi} = 3°$$

4. 直径 $d = 50$ mm 的圆轴，两端受 $M_e = 1$ kN·m 的外力偶作用，材料的剪切弹性模

量 $G = 80\,\text{GPa}$，试求：(1) 横截面上半径 $\rho_A = \dfrac{d}{3}$ 处的切应力和切应变；(2) 最大切应力和单位长度扭转角。（西北工业大学；30 分）

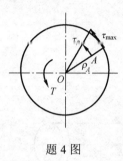

题 4 图

解：(1) A 处的切应力和切应变分别为

$$\tau_A = \frac{T\rho}{I_p} = \frac{1\times 10^3}{\dfrac{\pi \times (50\times 10^{-3})^4}{32}} \times \frac{50\times 10^{-3}}{3} = 27.2\times 10^6\,(\text{Pa}) = 27.2\,(\text{MPa})$$

$$\gamma_A = \frac{\tau_A}{G} = \frac{27.2\times 10^6}{80\times 10^9} = 3.4\times 10^{-4}$$

(2) 最大切应力和单位长度扭转角分别为

$$\tau_{\max} = \frac{T}{W_p} = \frac{1\times 10^3}{\dfrac{\pi \times (50\times 10^{-3})^3}{16}} = 40.8\times 10^6\,(\text{Pa}) = 40.8\,(\text{MPa})$$

$$\varphi' = \frac{T}{GI_p}\times \frac{180}{\pi} = \frac{1\times 10^3}{80\times 10^9 \times \dfrac{\pi \times (50\times 10^{-3})^4}{32}}\times \frac{180}{\pi} = 1.17\,(°)/\text{m}$$

5. 题 5 图所示实心圆轴直径 $d = 100\,\text{mm}$，在自由端作用外力偶矩 M_e 时，右端截面上的点 a 转过弧长为 $1\,\text{mm}$。材料的切变模量 $G = 80\,\text{GPa}$，试求：(1) 轴两端截面间的相对扭转角和外力偶矩；(2) 图示截面上 A、B、C 三点的切应力大小和方向。（中南大学；15 分）

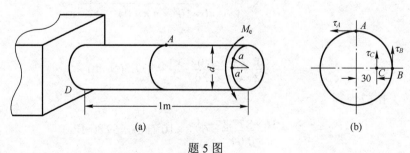

题 5 图

解：(1) 轴两端截面间的相对扭转角为

$$\varphi = \frac{\Delta a}{R} = \frac{1}{50} = 0.02\,\text{rad} = 1.146°$$

代入相对扭转角公式 $\varphi = \dfrac{Tl}{GI_p}$，可得

$$M_e = T = \frac{GI_p\varphi}{l} = \frac{80\times10^9 \times \frac{\pi}{32}\times 0.1^4 \times 0.02}{1} = 15.7\times 10^3 (\text{N}\cdot\text{m}) = 15.7(\text{kN}\cdot\text{m})$$

（2）A、B、C 三点的切应力大小和方向分别为

$$\tau_A = \tau_B = \frac{T}{W_p} = \frac{16T}{\pi D^3} = \frac{16\times 15.7\times 10^3}{\pi \times 0.1^3} = 79.96\times 10^6 (\text{Pa}) = 79.96(\text{MPa})$$

$$\tau_C = \frac{T\rho}{I_p} = \frac{32T\rho}{\pi D^4} = \frac{32\times 15.7\times 10^3 \times 30\times 10^{-3}}{\pi \times 0.1^4} = 47.98\times 10^6(\text{Pa}) = 47.98(\text{MPa})$$

切应力的方向如图（b）所示。

6. 题 6 图所示轴 AB 的两端分别与 DE 和 BC 两杆刚性连接，力 F 作用前，轴及两杆皆在水平面内。设 BC 和 DE 为刚体，D 点和 E 点的两根弹簧刚度皆为 c。AB 轴的两端轴承仅允许轴 AB 绕其自身轴线转动。已知轴 AB 材料的剪切弹性模量为 G，直径为 d，长度为 l，弹簧的变形量很微小，试求：（1）AB 轴的截面 A 的转角 φ_A；（2）AB 轴的截面 B 与截面 A 间的相对扭转角 φ_{AB}；（3）AB 轴的截面 B 的转角 φ_B；（4）力 F 作用点 C 点的垂直位移 Δ_C。(南京理工大学； 20 分)

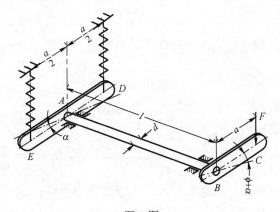

题 6 图

解：杆 DE 因弹簧的变形而倾斜,挂于 E 点和 D 点的弹簧分别受到压缩和拉伸，但两者变形相同，两根弹簧刚度相同，所以所受压力和拉力也相等，设同为 F_s。利用对圆轴轴线取矩等于零的平衡方程，容易求得 $F_s = F$。

弹簧的变形为

$$\lambda = \frac{F_s}{c} = \frac{F}{c}$$

（1）AB 轴的 A 截面的转角 φ_A：由于弹簧变形而引起的杆 DE 和轴的转角即截面 A 的转角为

$$\varphi_A = \frac{\lambda}{a/2} = \frac{2F}{ca}$$

（2）轴 AB 的截面 B 与截面 A 间的相对扭转角 φ_{AB} 为

$$\varphi_{AB} = \frac{Tl}{GI_p} = \frac{Fal}{GI_p}$$

（3）求轴 AB 的截面 B 的转角 φ_B：叠加 φ_A 和 φ_{AB}，求得杆 BC 的转角为

$$\varphi_B = Fa\left(\frac{2}{ca^2} + \frac{l}{GI_p}\right)$$

（4）F 作用点 C 点的垂直位移 Δ_C 为

$$\Delta_C = \varphi_B a = Fa^2\left(\frac{2}{ca^2} + \frac{l}{GI_p}\right)$$

7. 外径 D、内径 d、长 l 的空心圆轴，承受分布集度为 m_0 的均匀分布外力偶作用。若材料的切变模量为 G，试求：（1）圆轴的最大切应力；（2）整个圆轴的扭转角；（3）整个圆轴的变形能。（北京科技大学；15 分）

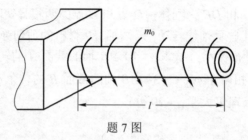

题 7 图

解：设轴线为坐标轴 x，坐标原点在圆轴自由端，从自由端向固定端的指向为正，则 x 截面上的扭矩为

$$T(x) = m_0 x$$

在固定端 x 达到最大，扭矩也为最大，且 $T_{max} = m_0 l$。

（1）圆轴的最大切应力。代入圆轴扭转时切应力公式，得

$$\tau_{max} = \frac{T_{max}}{W_p} = \frac{16 m_0 l}{\pi D^3 (1-\alpha^4)} \quad (\alpha = \frac{d}{D})$$

（2）整个圆轴的扭转角。从题意看，应为求圆轴自由端转角，从轴中取出 dx 微段

$$d\varphi = \frac{T(x) dx}{GI_p} = \frac{m_0 x}{GI_p} dx$$

则自由端的转角为

$$\varphi_B = \varphi = \int_0^l d\varphi = \int_0^l \frac{m_0 x}{GI_p} dx = \frac{m_0 l^2}{2GI_p} = \frac{32 m_0 l^2}{2G \times \pi D^4 (1-\alpha^4)} = \frac{16 m_0 l^2}{G\pi D^4 (1-\alpha^4)}$$

（3）整个圆轴的应变能。代入变扭矩、等截面圆轴扭转时应变能计算公式，得

$$V_\varepsilon = \int_l \frac{T^2(x)}{2GI_p} dx = \int_0^l \frac{m_0^2 x^2}{2GI_p} dx = \frac{16 m_0^2 l^3}{3 G\pi D^4 (1-\alpha^4)}$$

8. 一根在 A 端固定的等直圆截面杆 AB 如题 8 图所示，图中的 a、b 及此杆的抗扭刚度 GI_p 均为已知，杆在 B 端有一不计自重的刚性臂，在截面 C 处有一固定指针。当杆未受载荷时，刚性臂及指针均处于水平位置。若在刚性臂端部加一铅垂向下的力 F，同时在 D、E 点作用有如图示的扭转力偶矩 T_D 和 T_E，忽略弯曲的影响，当刚性臂与指针仍保持水平时，试确定此时的 T_D 和 T_E。（西南交通大学；12 分）

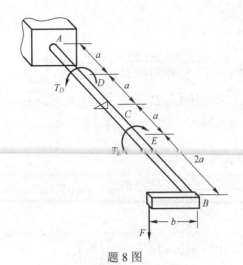

题 8 图

解：根据题意可知，刚性臂与指针的相对转角为 0°。

（1）刚性臂保持水平时，AB 杆 B 端转角为 0°（排除 360° 转角），即

$$\varphi_B = \varphi_{AD} + \varphi_{DE} + \varphi_{EB} = \frac{Fb \times 5a + T_D \times a - T_E \times 3a}{GI_p} = 0°$$

（2）指针仍保持水平时，C 截面转角为 0°，即

$$\varphi_C = \varphi_{BE} + \varphi_{EC} = \frac{Fb \times 3a - T_E \times a}{GI_p} = 0°$$

解得

$$T_D = 4Fb,\quad T_E = 3Fb$$

9. 题 9 图所示齿轮传动系统，电动机的输入功率 P_1=36kW，经轴 CD 输出。已知实心轴 AB 的直径 $d_1=40$mm，转速 $n_1=300$r/min，齿轮 B 与齿轮 C 的齿数比 $z_1:z_2=1:2$，空心圆轴 CD 外径 $D_2=50$mm，内径 $d_2=40$mm。两根轴材料相同，切变模量 $G=80$GPa，试求：（1）所有轴中的最大切应力；（2）所有轴中的最大单位长度扭转角。（南京航空航天大学；15 分）

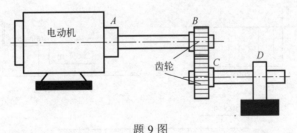

题 9 图

解：（1）所有轴中的最大切应力。将题中数据代入外力偶矩计算公式，得

$$T_{AB} = M_{AB} = 9549 \frac{P_1}{n_1} = 9549 \times \frac{36}{300} = 1145.88(\text{N} \cdot \text{m})$$

$$T_{CD} = \frac{z_2}{z_1} T_{AB} = 2 \times 1145.88 = 2291.76(\text{N} \cdot \text{m})$$

代入扭转切应力计算公式，得

$$\tau_{AB\max} = \frac{T_{AB}}{W_{pAB}} = \frac{16 \times 1145.88}{\pi \times (40 \times 10^{-3})^3} = 91.2 \times 10^6 (\text{Pa}) = 91.2(\text{MPa})$$

$$\tau_{CD\max} = \frac{T_{CD}}{W_{pCD}} = \frac{16 \times 2291.76}{\pi \times (50 \times 10^{-3})^3 \left[1 - \left(\frac{40}{50}\right)^4\right]} = 158.2 \times 10^6 (\text{Pa}) = 158.2(\text{MPa})$$

（2）轴中的最大单位长度扭转角为

$$\varphi'_{AB} = \frac{T_{AB}}{GI_{pAB}} = \frac{32 \times 1145.88}{80 \times 10^9 \times \pi \times (40 \times 10^{-3})^4} = 0.057(\text{rad/m}) = 3.27(°)/\text{m}$$

$$\varphi'_{CD} = \frac{T_{CD}}{GI_{pCD}} = \frac{32 \times 2291.76}{80 \times 10^9 \times \pi \times (50 \times 10^{-3})^4 \left[1 - \left(\frac{40}{50}\right)^4\right]} = 0.079(\text{rad/m}) = 4.53(°)/\text{m}$$

4.4 课后习题解答

4-1 作题 4-1 图示各轴的扭矩图。

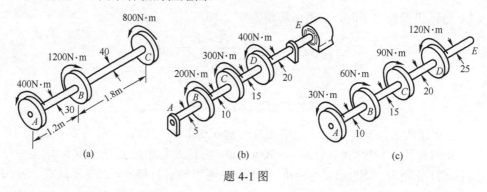

题 4-1 图

解：截面法求出各控制面的内力，然后分别作各轴的扭矩图如题 4-1 图解所示。

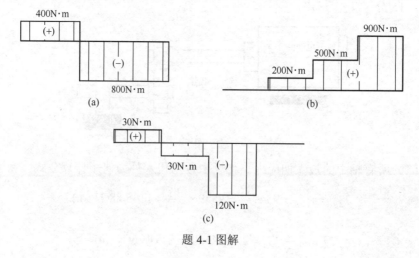

题 4-1 图解

注意：①正确掌握扭矩符号的规定是关键；②利用突变关系校核扭矩图。

4-2 如题 4-2 图所示一传动轴，转速 n=300r/min，轮 1 为主动轮，轮 2 和轮 3 为从动轮，输出功率分别为 P_2=10kW、P_3=20kW。（1）绘出轴的扭矩图；（2）若将轮 1 和轮 3 位置对调，分析对轴的受力有何影响。

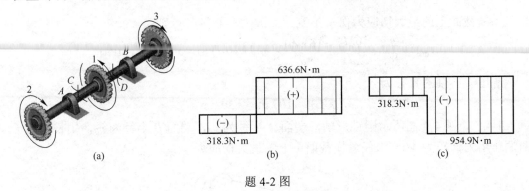

题 4-2 图

解：（1）确定传动轴各轮承受的扭矩。由外力偶矩计算公式可得

$$M_{e2} = 9549\frac{P_k}{n} = 9549\frac{P_2}{n} = 9549\frac{10}{300} = 318.3(\text{N}\cdot\text{m})$$

$$M_{e3} = 2M_{e2} = 2\times 318.3 = 636.6(\text{N}\cdot\text{m})$$

$$M_{e1} = M_{e2} + M_{e3} = 954.9(\text{N}\cdot\text{m})$$

（2）利用截面法求出每段轴的扭矩，绘出轴的扭矩图如题 4-2 图（b）所示。

（3）轮 1 和轮 3 位置对调后，扭矩图如题 4-2 图（c）所示。可以看出，轴左半段的受力不受影响，而右半段的受力会增加 50%。

4-3 操纵杆受力如题 4-3 图所示，轴 AB 外径为 10mm，内径为 8mm，试求轴 AB 横截面上的最大切应力和最小切应力。若将该轴改为实心轴，且要求横截面的最大切应力保持不变，则实心轴的直径应为多少？

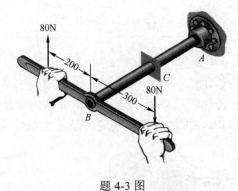

题 4-3 图

解：作用在 AB 轴上的外力偶矩为

$$M_e = 80\times(0.200+0.300) = 40(\text{N}\cdot\text{m})$$

题知空心轴的内外径比为 $\alpha = \dfrac{d_1}{D} = \dfrac{8}{10} = 0.8$，则

81

$$\tau_{\max} = \frac{T}{W_p} = \frac{16 M_e}{\pi D^3 (1-\alpha^4)} = \frac{16 \times 40}{\pi \times 0.010^3 \times (1-0.8^4)} = 345 \times 10^6 (\text{Pa}) = 345(\text{MPa})$$

而最小切应力为

$$\tau_{\min} = \frac{d_1}{D} \tau_{\max} = \frac{8}{10} \times 345 = 276(\text{MPa})$$

当横截面上的最大切应力保持不变，而改为实心轴时，则

$$\tau_{\max} = \frac{T}{W_p} = \frac{16 M_e}{\pi d^3} = \frac{16 \times 40}{\pi d^3} = 345 \times 10^6 (\text{Pa}) = 345 \times 10^6 (\text{MPa})$$

解出实心轴的直径为

$$d \geq 8.39 \times 10^{-3} \text{m} = 8.39 \text{mm}。$$

4-4 如题 4-4 图所示圆锥形轴，端面 A 半径为 r_A，端面 B 半径为 r_B，轴长度为 L。两端作用力偶矩为 M_e，求任意横截面 x 上的最大切应力。

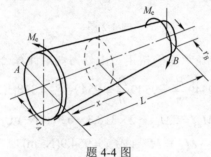

题 4-4 图

解：依题意知，圆锥形轴任一横截面 x 处的半径为

$$r_x = r_B + (r_A - r_B)\frac{L-x}{L} = r_B + (r_A - r_B)\left(1 - \frac{x}{L}\right) = r_B + r_A - r_B - (r_A - r_B)\frac{x}{L}$$

则抗扭截面模量为

$$W_p = \frac{\pi}{2} r_x^3 = \frac{\pi}{2}\left[r_A - (r_A - r_B)\frac{x}{L}\right]^3$$

任意横截面 x 处的最大切应力为

$$\tau_{\max} = \frac{T}{W_p} = \frac{M_e}{\frac{\pi}{2}\left[r_A - (r_A - r_B)\frac{x}{L}\right]^3} = \frac{2 M_e}{\pi\left[r_A - (r_A - r_B)\frac{x}{L}\right]^3}$$

4-5 如题 4-5 图所示传动轴，直径 $d=25$mm，以功率为 3kW 的电动机为动力，带动齿轮 A 和 B 做功。齿轮 A 传递的功率为 1kW，齿轮 B 传递的功率为 2kW。轴的转速为 500r/min，切变模量 $G=80$GPa，求轴内最大切应力及最大单位长度转角 φ'。

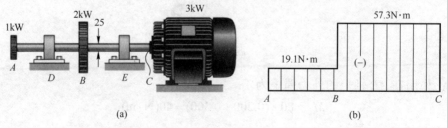

题 4-5 图

解：（1）各齿轮传递的扭矩分别为

$$M_{eA} = 9549\frac{P_A}{n} = 9549 \times \frac{1}{500} = 19.1(\text{N} \cdot \text{m})$$

$$M_{eC} = 9549\frac{P_C}{n} = 9549 \times \frac{3}{500} = 57.3(\text{N} \cdot \text{m})$$

轴的扭矩图如题 4-5 图（b）所示，最大扭矩为

$$T_{\max} = 57.3 \text{N} \cdot \text{m}$$

（2）轴内最大切应力及最大单位长度转角 φ' 分别为

$$\tau_{\max} = \frac{T_{\max}}{W_p} = \frac{16 T_{\max}}{\pi d^3} = \frac{16 \times 57.3}{\pi \times 0.025^3} = 18.7 \times 10^6 (\text{Pa}) = 18.7(\text{MPa})$$

$$\varphi'_{\max} = \frac{T_{\max}}{GI_p} = \frac{32 T_{\max}}{G \pi d^4} = \frac{32 \times 57.3}{80 \times 10^9 \times \pi \times 0.025^4} = 0.0187(\text{rad/m}) = 1.07(°)/\text{m}$$

4-6 如题 4-6 图所示齿轮传动轴，E 端可视为固定。轴的直径 $d=14\text{mm}$，材料的切变模量 $G=80\text{GPa}$，求齿轮 A 上 P 点在轴的传递过程中所转动的弧线长度。

解：（1）轴的扭矩图如题 4-6 图（b）所示。

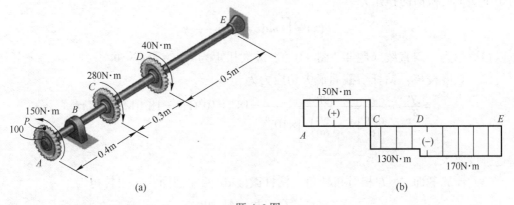

题 4-6 图

（2）齿轮 A 截面圆轴的扭转角为

$$\varphi_{AE} = \varphi_{AC} + \varphi_{CD} + \varphi_{DE} = \frac{T_{AC}l_{AC}}{GI_p} + \frac{T_{CD}l_{CD}}{GI_p} + \frac{T_{DE}l_{DE}}{GI_p}$$

$$= \frac{32}{80 \times 10^9 \times \pi \times 0.014^4}(150 \times 0.4 - 130 \times 0.3 - 170 \times 0.5) = -0.212(\text{rad})$$

则 P 点在轴的传递过程中所转动的弧线长度为

$$L = r\varphi_{AE} = 100 \times 0.212 = 21.2(\text{mm})$$

4-7 如题 4-7 图所示一钻机功率 $P = 7.5\text{kW}$，钻杆外径 $D = 60\text{mm}$，内径 $d = 50\text{mm}$，转速 $n = 180 \text{r}/\min$，材料许用切应力 $[\tau] = 40\text{MPa}$，切变模量 $G = 80\text{GPa}$。若钻杆钻入土层深度 $l = 40\text{m}$，并假定土壤对钻杆的阻力是均匀分布的力偶，试绘出钻杆扭矩图并校核钻杆强度；计算 A、B 截面相对扭转角 φ_{AB}。

解：问题是分布载荷作用下的强度和刚度问题，注意内力、变形均为 x 的函数。

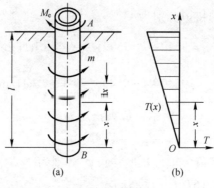

题 4-7 图

（1）绘扭矩图。钻杆所受外力偶矩为
$$M_e = 9549\frac{P}{n} = 9549 \times \frac{7.5}{180} = 398(\text{N}\cdot\text{m})$$

假定阻力矩均匀分布，所以单位长度的阻力矩为
$$m = \frac{M_e}{l}$$

则距下端 x 处截面的扭矩为
$$T(x) = \int_0^x m\,dx = mx = \frac{M_e}{l}x$$

所以扭矩图为一斜直线（题 4-7 图 (b)）。最大扭矩为 $T_{\max} = 398\text{N}\cdot\text{m}$

（2）强度校核。钻杆横截面最大切应力为
$$\tau = \frac{T}{W_p} = \frac{398}{\dfrac{\pi 60^3}{16}\left[1-\left(\dfrac{50}{60}\right)^4\right]\times 10^{-9}} = 18.1\times 10^6(\text{Pa}) = 18.1(\text{MPa}) < [\tau]$$

满足强度要求。

（3）计算截面 A、B 相对扭转角。钻杆微段 dx 两端截面相对扭转角为
$$d\varphi = \frac{T(x)dx}{GI_p} = \frac{M_e x dx}{lGI_p}$$

故截面 A、B 相对扭转角为
$$\varphi_{AB} = \int_0^l d\varphi = \int_0^l \frac{M_e x dx}{lGI_p} = \frac{M_e l}{2GI_p} = \frac{32\times 398\times 40}{2\times 80\times 10^9 \times \pi(60^4-50^4)\times 10^{-12}} = 0.151(\text{rad}) = 8.65°$$

4-8 如题 4-8 图所示小锥度圆锥形轴 AB，A 端面半径为 r，B 端半径为 $2r$，且为固定端。材料的切变模量为 G，求 A 端面的转角 φ_A。

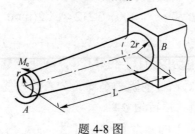

题 4-8 图

解：设轴线为 x 轴，坐标原点为 A，从 A 向 B 的指向为正，则 x 截面上的半径为

$$r(x) = r + \frac{r}{L}x$$

从轴中取出 $\mathrm{d}x$ 微段，其相对扭转角为

$$\mathrm{d}\varphi = \frac{T\mathrm{d}x}{GI_\mathrm{p}} = \frac{M_\mathrm{e}\mathrm{d}x}{G\frac{\pi}{2}r^4(x)} = \frac{2M_\mathrm{e}}{G\pi\left(r+\frac{r}{L}x\right)^4}\mathrm{d}x$$

则

$$\varphi_A = \varphi = \int_0^L \mathrm{d}\varphi = \int_0^L \frac{2M_\mathrm{e}}{G\pi\left(r+\frac{r}{L}x\right)^4}\mathrm{d}x = \frac{2M_\mathrm{e}}{G\pi}\int_0^L \frac{\frac{L}{r}}{\left(r+\frac{r}{L}x\right)^4}\mathrm{d}\left(r+\frac{r}{L}x\right)$$

$$= \frac{2M_\mathrm{e}L}{G\pi r}\left[-\frac{1}{3}\left(r+\frac{r}{L}x\right)^{-3}\right]_0^L = \frac{7M_\mathrm{e}L}{12G\pi r^4}$$

4-9 如题 4-9 图所示阶梯形圆轴受扭转作用，已知外力偶矩 $T_1 = 2.4\mathrm{kN}\cdot\mathrm{m}$，$T_2 = 1.2\mathrm{kN}\cdot\mathrm{m}$，材料的许用切应力 $[\tau] = 100\mathrm{MPa}$，切变模量 $G = 80\mathrm{GPa}$，许可单位长度扭转角 $[\varphi'] = 1.5(°)/\mathrm{m}$，试校核圆轴的强度和刚度。

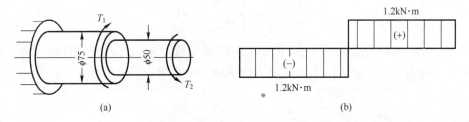

题 4-9 图

解：（1）内力分析可知，阶梯轴两段的内力相等，均为 $1.2\mathrm{kN}\cdot\mathrm{m}$。材料相同，故仅对右段进行校核即可。

（2）圆轴的强度校核。将已知条件代入强度条件，即

$$\tau_\mathrm{max} = \frac{T}{W_\mathrm{p}} = \frac{16\times 1.2\times 10^3}{\pi\times 50^3\times 10^{-9}} = 48.9\times 10^6(\mathrm{Pa}) = 48.9(\mathrm{MPa}) < [\tau]$$

（3）圆轴的刚度校核。将已知条件代入刚度条件，即

$$\varphi' = \frac{T}{GI_\mathrm{p}} = \frac{32\times 1.2\times 10^3}{80\times 10^9\times \pi\times 50^4\times 10^{-12}} = 24.45\times 10^{-3}(\mathrm{rad/m}) = 1.4(°)/\mathrm{m} \leqslant [\varphi']$$

4-10 如题 4-10 图所示传动轴长 $l = 510\mathrm{mm}$，直径 $D = 50\mathrm{mm}$，现将轴的一段钻空为内径 $d_1 = 38\mathrm{mm}$ 的内孔，另一段钻空为内径 $d_2 = 25\mathrm{mm}$ 的内孔。材料许用切应力 $[\tau] = 80\mathrm{MPa}$，试求：（1）轴所能承受的最大扭矩；（2）如要求两段轴长度内的扭转角相等，l_1 和 l_2 应满足什么关系

解：（1）轴承受的最大扭矩。由扭转强度条件 $\tau_\mathrm{max} = \frac{T}{W_\mathrm{p}} \leqslant [\tau]$，得 $[T] \leqslant [\tau]W_\mathrm{p}$。

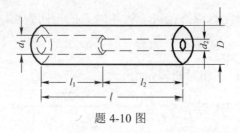

题 4-10 图

因为
$$W_{p1} = \frac{\pi D^3}{16}(1-\alpha_1^4) = \frac{\pi \times 50^3 \times 10^{-9}}{16}\left[1-\left(\frac{38}{50}\right)^4\right] = 16.36 \times 10^{-6}(\mathrm{m}^4)$$

$$W_{p2} = \frac{\pi D^3}{16}(1-\alpha_2^4) = \frac{\pi \times 50^3 \times 10^{-9}}{16}\left[1-\left(\frac{25}{50}\right)^4\right] = 23.01 \times 10^{-6}(\mathrm{m}^4)$$

所以
$$M_\mathrm{e} = [T] = [\tau]W_{p1} = 80 \times 10^6 \times 16.36 \times 10^{-6} = 1308.8(\mathrm{N\cdot m})$$

（2）扭转角相等时 l_1 和 l_2 的关系。由扭转变形公式知 $\varphi_1 = \dfrac{M_\mathrm{e} l_1}{GI_{p1}} = \dfrac{M_\mathrm{e} l_2}{GI_{p2}} = \varphi_2$，则

$$\frac{l_1}{l_2} = \frac{I_{p1}}{I_{p2}} = \frac{1-\alpha_1^4}{1-\alpha_2^4} = 0.711$$

4-11 如题 4-11 图所示齿轮传动机构，A、B 端视为固定，两轴的直径均为 25mm，材料的切变模量 $G=80$GPa，求该传动机构中轴的最大单位长度转角。

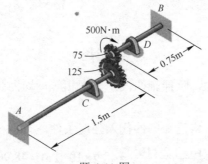

题 4-11 图

解：在外力偶 M_e 作用下，轴 AC、BD 都将发生变形，两端所承受的扭矩即为固定端 A、B 处的支反力偶矩 T_A、T_B。问题属一次超静定。

（1）静力平衡条件。在啮合处两齿轮间的啮合力相等，即

$$F_1 = F_2 = F \tag{a}$$

（2）变形几何关系。在啮合处两齿轮的线位移相等，即

$$s_1 = s_2 = l \tag{b}$$

而轴 BD 的相对转角为

$$\varphi_{BD} = \frac{l}{R_1} = \frac{l}{75}$$

轴 AC 的相对转角为
$$\varphi_{AC} = \frac{l}{R_2} = \frac{l}{125}$$
即
$$75\varphi_{BD} = 125\varphi_{AC} \tag{c}$$

（3）物理关系。已设 BD 轴和 AC 轴承受的扭矩分别为 T_B、T_A，则
$$\varphi_{BD} = \frac{T_B l_1}{GI_p}, \quad \varphi_{AC} = \frac{T_A l_2}{GI_p} \tag{d}$$

（4）补充方程。将物理关系式(d)代入变形几何关系式（c），得
$$75 \times \frac{T_B \times 0.75}{GI_p} = 125 \times \frac{T_A \times 1.5}{GI_p}$$
整理得
$$T_A = 0.3 T_B$$

（5）求出啮合力。对轴 BD、AC，分别列平衡方程，得
$$M_e - FR_1 = T_B, \quad FR_2 = T_A \tag{e}$$
将补充方程代入得
$$T_B = FR_2 / 0.3$$
代入数值得
$$500 - F \times 75 \times 10^{-3} = F \times 125 \times 10^{-3} / 0.3$$
解得
$$F = 1.017 \times 10^3 \text{N} = 1.017 \text{kN}$$

（6）求出固定端 A、B 处支座反力偶。将 F 代入式（e），得
$$T_B = M_e - FR_1 = 500 - 1.017 \times 10^3 \times 75 \times 10^{-3} = 424 \text{N} \cdot \text{m}$$
$$T_A = FR_2 = 1.017 \times 10^3 \times 125 \times 10^{-3} = 127.1 \text{N} \cdot \text{m}$$

（7）轴中最大单位长度扭转角。两轴材料相同、直径相同，即抗扭刚度相同，故 T_{max} 处产生最大单位长度扭转角，有
$$\varphi'_{max} = \frac{T_B}{GI_p} \times \frac{180}{\pi} = \frac{32 \times 424}{80 \times 10^9 \times \pi \times 25^4 \times 10^{-12}} \times \frac{180}{\pi} = 7.92(°)/\text{m}$$

4-12 如题 4-12 图所示，AB 和 CD 两杆尺寸相同，AB 为钢杆，CD 为铝杆，$G_{st} : G_{al} = 3:1$。若 BE 和 DE 两杆为刚性杆，求力 F 在 AB 和 CD 两杆的分配比例。

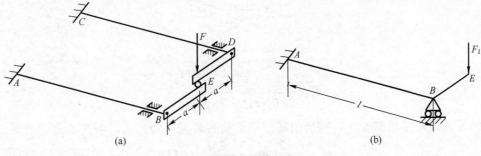

题 4-12 图

解：杆 AB 受力简图如题 4-12 图（b）所示。设杆 AB 所受扭矩为 T_1，则 E 点向下位移为

$$\Delta = a\varphi_{AB} = a\frac{T_1 l}{G_{st}I_p} = \frac{F_1 a^2 l}{G_{st}I_p}$$

同理，考虑杆 CD 时，设杆 CD 所受扭矩为 T_2，则 E 点向下位移为

$$\Delta = a\varphi_{CD} = a\frac{T_2 l}{G_{al}I_p} = \frac{(F-F_1)a^2 l}{G_{al}I_p}$$

变形协调条件为两根杆在 E 点的位移 Δ 相等，即

$$\frac{F_1 a^2 l}{G_{st}I_p} = \frac{(F-F_1)a^2 l}{G_{al}I_p}$$

解得

$$F_1 = \frac{G_{st}}{G_{al}}(F-F_1) = 3(F-F_1)$$

F 力在 AB 和 CD 两杆中的分配为

$$F_1 = \frac{3}{4}F,\quad F_2 = F - F_1 = \frac{1}{4}F$$

4-13 如题 4-13 图所示，轴总长 l，由两段平均半径为 R_0 的薄壁圆筒焊接而成，在轴的自由端 A 作用有集中力偶 M_e，沿轴全长作用有集度 $m = M_e/l$ 的均布力偶，设 M_e、l、R_0 和 $[\tau]$ 均为已知，为了使轴的重量最轻，试确定各段圆管的长度和壁厚。

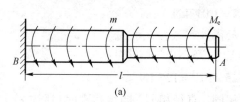
(a)
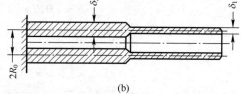
(b)

题 4-13 图

解：(1) 设轴的右段长度为 l_1，左段长度为 l_2，则 $l_1 + l_2 = l$，由轴的受力图可知，右段 $T_{1\max} = M_e + ml_1 = \left(1 + \frac{l_1}{l}\right)M_e$；左段 $T_{2\max} = 2M_e$。

（2）确定右段的壁厚 δ_1。将薄壁圆筒扭转切应力公式代入强度条件，可得

$$\tau_{1\max} = \frac{T_{1\max}}{2\pi R_0^2 \delta_1} \leqslant [\tau]$$

则

$$\delta_1 \geqslant \frac{T_{1\max}}{2\pi R_0^2 [\tau]} = \frac{\left(1 + \frac{l_1}{l}\right)M_e}{2\pi R_0^2 [\tau]}$$

（3）确定左段的壁厚 δ_2。同理由薄壁圆筒扭转时切应力公式，可得

$$\tau_{2\max} = \frac{T_{2\max}}{2\pi R_0^2 \delta_2} = \frac{2M_e}{2\pi R_0^2 \delta_2} \leqslant [\tau]$$

则

$$\delta_2 \geqslant \frac{2M_e}{2\pi R_0^2 [\tau]} = \frac{M_e}{\pi R_0^2 [\tau]}$$

（4）确定长度。设右段的体积为 V_1，则

$$V_1 = l_1 \times 2\pi R_0 \delta_1 = l_1 \times 2\pi R_0 \frac{\left(1+\dfrac{l_1}{l}\right)M_e}{2\pi R_0^2 [\tau]} = l_1 \frac{\left(1+\dfrac{l_1}{l}\right)}{R_0 [\tau]} M_e$$

设左段的体积为 V_2，则

$$V_2 = (l-l_1) 2\pi R_0 \delta_2 = (l-l_1) \frac{2M_e}{R_0 [\tau]}$$

设整轴的体积为 V，则

$$V = V_1 + V_2 = l_1 \frac{\left(1+\dfrac{l_1}{l}\right)}{R_0 [\tau]} M_e + (l-l_1) \frac{2M_e}{R_0 [\tau]} = \frac{M_e}{R_0 [\tau]} \left(l_1 + \frac{l_1^2}{l} + 2l - 2l_1\right) = \frac{M_e}{R_0 [\tau]} \left(\frac{l_1^2}{l} + 2l - l_1\right)$$

令 $\dfrac{dV}{dl_1} = 0$，得 $\dfrac{2l_1}{l} - 1 = 0$，由此可知，为了使轴的重量最轻，则要求 $l_1 = \dfrac{l}{2}$。

4-14 用实验方法求钢的切变模量 G 时，其装置示意图如题 4-14 图所示。杆 AB 长为 $l=100$mm，直径 $d=10$mm 的圆截面钢试件，其 A 端固定，B 端有长 $s=80$mm 的杆 BC 与截面连成整体。当在 B 点加扭转力偶矩 $M_e=15$N·m 时，测得杆 BC 的顶点 C 的位移 $\Delta=1.5$mm，试求：（1）切变模量 G；（2）杆内最大切应力 τ_{max}；（3）杆表面的切应变 γ。

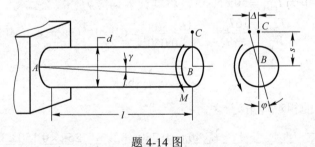

题 4-14 图

解：（1）求切变模量 G。由位移关系式知

$$\varphi = \frac{\Delta}{s} = \frac{1.5}{80} = \frac{Tl}{GI_p} = \frac{M_e l}{G \times \dfrac{\pi d^4}{32}} = \frac{32 \times 15 \times 0.1}{G \times \pi \times 0.010^4}$$

解得

$$G = \frac{32 \times 15 \times 0.1 \times 80}{1.5 \times \pi \times 0.010^4} = 81.5 \times 10^9 (\text{Pa}) = 81.5 (\text{GPa})$$

（2）求杆内的最大切应力 τ_{max}。代入圆轴扭转切应力公式得

$$\tau_{max} = \frac{T}{W_p} = \frac{16 M_e}{\pi d^3} = \frac{16 \times 15}{\pi \times 0.010^3} = 76.4 \times 10^6 (\text{Pa}) = 76.4 (\text{MPa})$$

(3) 求杆表面的切应变 γ。由剪切胡克定律知

$$\gamma = \frac{\tau}{G} = \frac{76.4 \times 10^6}{81.5 \times 10^9} = 0.0937 \times 10^{-3}(\text{rad}) = 0.0537°$$

4-15 确定题4-15图所示圆轴的最大切应力,并求轴两端面的相对转角(以度表示)。已知材料的切变模量 G=84GPa。

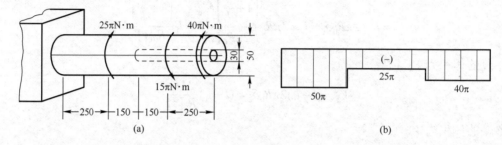

题4-15图

解:(1)作圆轴扭矩图如题4-15图(b)所示。

(2)求最大切应力。空心轴最大扭矩为 $T_{max} = 40\pi \text{ N} \cdot \text{m}$,将其代入切应力计算公式得

$$\tau_{max} = \frac{T_{max}}{W_p} = \frac{T_{max}}{\frac{\pi D^3}{16}(1-\alpha^4)} = \frac{16 \times 40\pi}{\pi \times 0.050^3 \left[1-\left(\frac{30}{50}\right)^4\right]} = 5.88 \times 10^6(\text{Pa}) = 5.88(\text{MPa})$$

实心轴最大扭矩为 $T_{max} = 50\pi \text{ N} \cdot \text{m}$,将其代入切应力计算公式得

$$\tau_{max} = \frac{T_{max}}{W_p} = \frac{16 T_{max}}{\pi d^3} = \frac{16 \times 50\pi}{\pi \times 0.050^3} = 6.4 \times 10^6(\text{Pa}) = 6.4(\text{MPa})$$

则轴内最大切应力为

$$\tau_{max} = 6.4 \text{MPa}$$

(3)轴两端面的相对转角为

$$\varphi = \sum \frac{T_i l_i}{G I_{pi}} = \frac{1}{84 \times 10^9}\left[\frac{40\pi \times 0.250 \times 32}{\pi \times 0.050^4(1-0.6^4)} + \frac{25\pi \times 0.150 \times 32}{\pi \times 0.050^4(1-0.6^4)}\right.$$

$$\left. + \frac{25\pi \times 0.150 \times 32}{\pi \times 0.050^4} + \frac{50\pi \times 0.25 \times 32}{\pi \times 0.050^4}\right] = 1.95 \times 10^{-3}(\text{rad}) = 0.112°$$

4-16 空心钢轴的外径 D=100mm,内径 d=50mm,已知材料的切变模量 G=80GPa。若要求轴在长度2m内的最大转角不超过1.5°,试求它所承受的最大扭矩,并求此时轴内的最大切应力。

解:(1)求圆轴能承受的最大扭矩。由扭转刚度条件知

$$\varphi' = \frac{\varphi}{l} = \frac{1.5}{2} = \frac{T_{max}}{G \frac{\pi D^4}{32}(1-\alpha^4)} \times \frac{180}{\pi} = \frac{32 T_{max} \times 180}{80 \times 10^9 \times \pi^2 \times 0.100^4 \left[1-\left(\frac{50}{100}\right)^4\right]}$$

解得

$$T_{\max} = \frac{80 \times 10^9 \times 1.5\pi^2 \times 0.100^4 \left[1 - \left(\frac{50}{100}\right)^4\right]}{2 \times 32 \times 180} = 9.64 \times 10^3 (\text{N} \cdot \text{m}) = 9.64(\text{kN} \cdot \text{m})$$

（2）求轴内的最大切应力。代入圆轴扭转最大切应力计算公式，得

$$\tau_{\max} = \frac{T_{\max}}{W_p} = \frac{T_{\max}}{\frac{\pi D^3}{16}(1-\alpha^4)} = \frac{16 \times 9.64 \times 10^3}{\pi \times 0.010^3 \left[1 - \left(\frac{50}{100}\right)^4\right]} = 52.4 \times 10^6 (\text{Pa}) = 52.4(\text{MPa})$$

4-17 如题 4-17 图所示圆截面杆 AC 的直径 d_1=100mm，A 端固定，在截面 B 处受外力偶矩 M_e=7kN·m 作用，截面 C 的上、下两点处与直径均为 d_2=20mm 的两根圆杆 EF，GH 铰接。已知各杆材料相同，弹性常数间有如下关系：G=0.4E。试求杆 AC 中的最大切应力和杆 AC 的最大单位长度转角。G=80GPa。

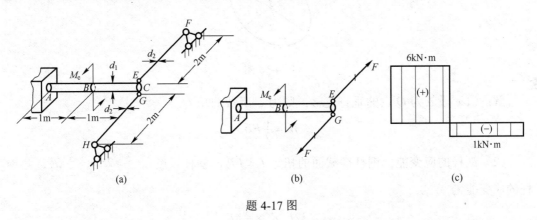

题 4-17 图

解：题中 HG 和 EF 两杆对称，结构属一次扭转超静定。
（1）截开两杆，作轴 ABC 的受力简图如题 4-17 图（b）所示，图中 F 为杆的拉力。
（2）变形条件为

$$\varphi_{CA} \times \frac{d_1}{2} = \Delta l$$

或

$$\left(\frac{M_e \times 1}{GI_p} - \frac{Fd_1 \times 2}{GI_p}\right) \times \frac{d_1}{2} = \frac{7 \times 10^3 - F \times 0.1 \times 2}{GI_p} \times \frac{0.1}{2} = \frac{F \times 2}{EA}$$

代入题中数值可得

$$\frac{32 \times (7 \times 10^3 - F \times 0.1 \times 2) \times 0.1}{0.4E \times \pi \times 0.100^4 \times 2} = \frac{F \times 2 \times 4}{E \times \pi \times 0.02^2}$$

解得

$$F = 10 \times 10^3 (\text{N}) = 10(\text{kN})$$

作扭矩图如题 4-17 图（c）所示。
（3）求 AC 杆中的最大切应力。代入扭转切应力公式得

$$\tau_{\max} = \frac{T_{\max}}{W_p} = \frac{16 \times T_{\max}}{\pi d^3} = \frac{16 \times 6 \times 10^3}{\pi \times 0.100^3} = 30.6 \times 10^6 (\text{Pa}) = 30.6 (\text{MPa})$$

（4）求 AC 杆的最大单位长度转角。代入单位长度扭转角公式得

$$\varphi'_{\max} = \frac{T_{\max}}{GI_p} = \frac{T_{\max}}{G\frac{\pi d^4}{32}} = \frac{32 \times 6 \times 10^3}{80 \times 10^9 \times \pi \times 0.100^4} = 7.64 \times 10^{-3} (\text{rad/m}) = 0.44(°)/\text{m}$$

4-18 如题 4-18 图所示，直径 d=10mm 的圆截面钢杆弯成图示的平面圆弧，R=100mm，在 O 点处受到垂直于圆弧平面的力 F=100N 的作用。若 OA 为刚体，材料的切变模量 G=80GPa，试求 O 点的铅垂位移。

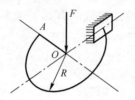

题 4-18 图

解：（1）设 δ 为 O 点的垂直位移，则力 F 所做的功为

$$W = \frac{1}{2} F\delta$$

（2）钢杆的应变能。钢杆横截面的扭矩 $T = FR$，钢杆长度 $l = \frac{3}{4} \times 2\pi R = \frac{3}{2}\pi R$，故钢杆的应变能为

$$U = \frac{T^2 l}{2GI_p} = \frac{32 F^2 R^2 \times \frac{3}{2}\pi R}{2G\pi d^4} = \frac{48 F^2 R^3}{2G d^4}$$

（3）由功能原理 $U = W$ 得 O 点的铅垂位移为

$$\delta = \frac{48 F R^3}{G d^4} = \frac{48 \times 100 \times 0.100^3}{80 \times 10^9 \times 0.010^4} = 6 \times 10^{-3} (\text{m}) = 6 (\text{mm})$$

对于小曲率杆件，用等直圆轴扭转公式计算，结果相同。

4-19 某密圈螺旋弹簧的平均直径 D=125mm，弹簧丝直径 d=18mm，受轴向载荷 F=500N 作用，如切变模量 G=80GPa，试求弹簧丝内的最大切应力，并计算使弹簧产生 λ=8mm 轴向变形的弹簧圈数。

解：（1）采用近似算法计算最大切应力，得

$$\tau_{\max} = \frac{16 F R}{\pi d^3} = \frac{16 \times 500 \times 125 \times 10^{-3}}{2\pi \times 0.018^3} = 27.3 \times 10^6 (\text{Pa}) = 27.3 (\text{MPa})$$

（2）采用精确值算法计算最大切应力。由题意知 $C = \frac{D}{d} = \frac{125}{18} = 6.94$，则

$$k = \frac{4C-1}{4C-4} + \frac{0.615}{C} = \frac{4 \times 6.94 - 1}{4 \times 6.94 - 4} + \frac{0.615}{6.94} = 1.21$$

代入得最大切应力为

$$\tau_{\max} = 1.21 \times 27.3 = 33.0 (\text{MPa})$$

（3）求弹簧圈数 n。由弹簧的变形公式 $\dfrac{64FR^3n}{Gd^4}=8\times10^{-3}$，得

$$n=\dfrac{8\times10^{-3}\times80\times10^9\times0.018^4}{64\times500\times\left(\dfrac{125}{2}\times10^{-3}\right)^3}=8.6(圈)$$

4-20 在题 4-20 图所示机构中，除了 1、2 两根弹簧外，其余构件都可假设为刚体，若两根弹簧完全相同，簧圈半径 $R=100$mm，许用切应力 $[\tau]=300$MPa。试确定每一个弹簧所受的力，并求出弹簧丝横截面直径。

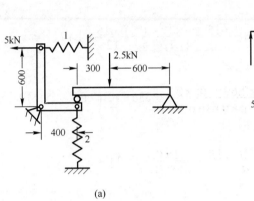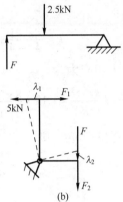

题 4-20 图

解：由题 4-20 图（b），根据右段梁平衡求得

$$F=\dfrac{2.5\times600}{900}=1.67(\text{kN})$$

从左段受力分析可知，结构为一次超静定问题。

（1）静力平衡。由左段部分平衡得

$$5\times10^3\times0.6=F_1\times0.6+F_2\times0.4+F\times0.4$$

即

$$6F_1+4F_2=5\times10^3\times6-1.67\times10^3\times4=23.3\times10^3 \qquad (\text{a})$$

（2）几何关系。对于弹簧变形，有

$$\dfrac{\lambda_1}{600}=\dfrac{\lambda_2}{400}$$

（3）补充方程。由弹簧变形公式可知 λ 与 F 成正比且弹簧柔度相同，得

$$F_1=1.5F_2 \qquad (\text{b})$$

（4）求解弹簧内力。将式（b）代入左段平衡方程式（a），解得

$$F_2=\dfrac{23.3}{13}\times10^3=1.79\times10^3(\text{N})=1.79(\text{kN})$$

$$F_1=1.5F_2=2.69\text{kN}$$

（5）求弹簧丝横截面直径。弹簧 1 比弹簧 2 危险，设 $k=1$，由剪切强度条件知

$$\tau_{\max} = \frac{16FR}{\pi d^3} \leqslant [\tau]$$

解得

$$d \geqslant \sqrt[3]{\frac{16F_1R}{\pi[\tau]}} = \sqrt[3]{\frac{16 \times 2.69 \times 10^3 \times 0.1}{\pi \times 300 \times 10^6}} = 1.66 \times 10^{-2} (\text{m}) = 16.6 (\text{mm})$$

代入弹簧半径，得

$$c = \frac{D}{d} = \frac{2R}{d} = \frac{2 \times 0.1}{1.66 \times 10^{-2}} = 12$$

故修正系数为

$$k = \frac{4c-1}{4c-4} + \frac{0.615}{c} = \frac{4 \times 12 - 1}{4 \times 12 - 4} + \frac{0.615}{12} = 1.12$$

弹簧中最大切应力为

$$\tau_{\max} = k \frac{8F_1 D}{\pi d^3} = 1.12 \times \frac{8 \times 2.69 \times 10^3 \times 0.2}{\pi \times 0.0166^3} = 335 \times 10^6 (\text{Pa}) = 335 (\text{MPa}) > [\tau]$$

试改取 $d = 17.5$ mm，则

$$c = \frac{D}{d} = \frac{2R}{d} = \frac{2 \times 0.1}{1.75 \times 10^{-2}} = 11.4$$

故修正系数

$$k = \frac{4c-1}{4c-4} + \frac{0.615}{c} = \frac{4 \times 11.4 - 1}{4 \times 11.4 - 4} + \frac{0.615}{11.4} = 1.13$$

弹簧中最大切应力为

$$\tau_{\max} = k \frac{8F_1 D}{\pi d^3} = 1.13 \times \frac{8 \times 2.69 \times 10^3 \times 0.2}{\pi \times 0.0175^3} = 289 \times 10^6 (\text{Pa}) = 289 (\text{MPa}) < [\tau]$$

所以，弹簧直径应取 $d = 17.5$ mm。

4-21 设有如题 4-21 图所示截面为圆形、正方形和矩形的 3 根杆。若承受相同的扭矩 $M_e = 2.5$ kN·m，试求 3 根杆内的最大切应力，并比较其结果。

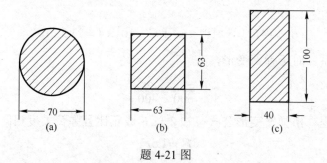

题 4-21 图

解：（a）圆形截面。代入圆轴切应力计算公式，得

$$\tau_{\max} = \frac{T}{W_p} = \frac{M_e}{\frac{\pi d^3}{16}} = \frac{16 \times 2.5 \times 10^3}{\pi \times 0.07^3} = 37.1 \times 10^6 (\text{Pa}) = 37.1 (\text{MPa})$$

（b）正方形截面。其高宽比 $\dfrac{h}{b}=\dfrac{63}{63}=1$，查表得 $\alpha=0.208$，则

$$\tau_{\max}=\dfrac{T}{\alpha b^2 h}=\dfrac{2.5\times 10^3}{0.208\times 0.063^3}=48.1\times 10^6 (\text{Pa})=48.1(\text{MPa})$$

（c）矩形截面。其高宽比 $\dfrac{h}{b}=\dfrac{100}{40}=2.5$，查表得 $\alpha=0.258$，则

$$\tau_{\max}=\dfrac{T}{\alpha b^2 h}=\dfrac{2.5\times 10^3}{0.258\times 0.04^2\times 0.1}=60.6\times 10^6 (\text{Pa})=60.6(\text{MPa})$$

4-22 有一根矩形截面钢杆，其横截面尺寸为 100mm×50mm，在杆的两端作用一对扭矩，若材料[τ]=100MPa，G=80GPa，杆的单位长度许可转角[φ']=2(°)/m，试求作用于杆件两端力偶矩的许可值。

解：由题意知 $\dfrac{h}{b}=\dfrac{100}{50}=2$，查表得 $\alpha=0.246$，$\beta=0.229$。

按强度条件 $\tau_{\max}=\dfrac{T}{\alpha b^2 h}=\dfrac{T}{0.246\times 0.05^2\times 0.1}\leqslant [\tau]=100\times 10^6$，解得

$$T\leqslant 6.15\times 10^3 (\text{N}\cdot\text{m})=6.15(\text{kN}\cdot\text{m})$$

按刚度条件 $\varphi'=\dfrac{T}{G\beta b^3 h}\dfrac{180}{\pi}\leqslant [\varphi']$，解得

$$T\leqslant \dfrac{G\beta b^3 h\pi[\varphi']}{180}=\dfrac{80\times 10^9\times 0.229\times 0.05^3\times 0.1\times 2\pi}{180}=7.99\times 10^3(\text{N}\cdot\text{m})=7.99(\text{kN}\cdot\text{m})$$

取力偶矩的许可值 $M_e=T=6.15\text{kN}\cdot\text{m}$。

4-23 如题 4-23 图所示芯轴与套管，两端用刚性平板连接在一起。设作用在刚性平板上的扭矩为 M_e，芯轴与套管的抗扭刚度分别为 $G_1 I_{p1}$ 与 $G_2 I_{p2}$，试计算芯轴与套管的扭矩。

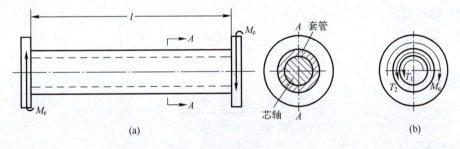

题 4-23 图

解：设轴长为 l，套管与芯轴的扭矩分别为 T_1 和 T_2，受力简图如题 4-23 图（b）所示。

（1）静力平衡方程：$T_1+T_2-M_e=0$。

两个未知扭矩，一个平衡方程，故为一次超静定轴。

（2）变形协调条件。套管与芯轴的两端由刚性平板连接，因此套管的转角 φ_1 与芯轴的转角 φ_2 应相等，即

$$\varphi_1=\varphi_2$$

（3）物理关系：$\varphi_1 = \dfrac{T_1 l}{G_1 I_{p1}}$，$\varphi_2 = \dfrac{T_2 l}{G_2 I_{p2}}$

代入变形几何关系，得

$$\frac{T_1 l}{G_1 I_{p1}} = \frac{T_2 l}{G_2 I_{p2}}$$

（4）联立求解，可得

$$T_1 = \frac{G_1 I_{p1}}{G_1 I_{p1} + G_2 I_{p2}} M_e，\quad T_2 = \frac{G_2 I_{p2}}{G_1 I_{p1} + G_2 I_{p2}} M_e$$

4-24 如题 4-24 图所示组合圆形实心轴，在 A、C 两端固定，B 端面处作用外力偶矩 $M_e = 900\,\text{N}\cdot\text{m}$，已知 $l_1 = 1.2\,\text{m}$，$l_2 = 1.8\,\text{m}$，直径 $d_1 = 25\,\text{mm}$，$d_2 = 37.5\,\text{mm}$。且剪切弹性模量 $G_1 = 80\,\text{GPa}$，$G_2 = 40\,\text{GPa}$，求两种材料轴中的最大切应力。

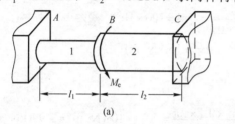
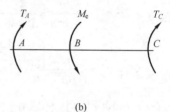

题 4-24 图

解：（1）阶梯轴两端固定，为一次超静定问题。由题 4-24 图（b）得

$$T_A + T_C = M_e$$

（2）变形协调关系。阶梯轴两端固定，故 $\varphi_{AC} = 0°$，即

$$\varphi_{AB} = \varphi_{BC}$$

（3）物理关系：

$$\varphi_{AB} = \frac{T_A l_1}{G_1 I_{p1}}，\quad \varphi_{BC} = \frac{T_C l_2}{G_2 I_{p2}} = \frac{(M_e - T_A) l_2}{G_2 I_{p2}}$$

代入变形几何关系，得

$$\frac{T_A l_1}{G_1 I_{p1}} = \frac{(M_e - T_A) l_2}{G_2 I_{p2}}$$

故 $T_C = 1.688 T_A$。

（4）联立求解，可得

$$T_A = 0.372 M_e，\quad T_C = 0.628 M_e$$

（5）两种材料轴中最大切应力：

AB 段：

$$\tau_{\max 1} = \frac{T_A}{W_{p1}} = \frac{16 \times 0.372 \times 900}{\pi \times 25^3 \times 10^{-9}} = 109.2 \times 10^6 (\text{Pa}) = 109.2 (\text{MPa})$$

BC 段：

$$\tau_{\max 2} = \frac{T_C}{W_{p2}} = \frac{16 \times 0.628 \times 900}{\pi \times 37.5^3 \times 10^{-9}} = 54.6 \times 10^6 (\text{Pa}) = 54.6 (\text{MPa})$$

第 5 章 弯曲内力

5.1 教学目标及章节理论概要

5.1.1 教学目标

（1）掌握平面弯曲的概念，理解将实际受弯构件简化为力学模型的方法。
（2）熟练掌握建立剪力、弯矩方程和绘制剪力图、弯矩图的方法。
（3）深刻理解弯矩、剪力与载荷集度间的微分关系，掌握用该关系绘制或检验梁的剪力图、弯矩图的方法。
（4）熟悉用叠加原理作弯矩图的基本方法。
（5）掌握平面刚架的内力计算和内力图的绘制方法。
（6）掌握简单平面曲杆的内力计算和内力图绘制方法。

5.1.2 章节理论概要

1. 弯曲的基本概念

（1）弯曲：当作用在直杆上的外力或外力偶的矢量与杆轴线垂直时，直杆的轴线将由直线变成曲线。以弯曲为主要变形的杆件通常称为梁。
（2）平面弯曲：对有一对称截面的梁，外力作用在对称截面内，则梁的轴线变形前后均在此对称截面内，这种弯曲称为平面弯曲。
（3）静定梁的基本形式。简支梁：一端是固定铰支座，另一端是活动铰支座的梁称为简支梁；外伸梁：简支梁中一端或两端伸出支座之外的梁称为外伸梁；悬臂梁：一端为固定端，另一端为自由端的梁称为悬臂梁。

2. 剪力方程、弯矩方程和剪力图、弯矩图

（1）弯曲内力及符号规定。弯曲内力一般指梁的剪力 F_s 和弯矩 M，通常采用截面法确定。内力的正负规定根据变形确定。使研究微段有顺时针转动趋势的剪力规定为正，反之为负，即"顺正逆负"；使微段产生上凹变形的弯矩规定为正，反之为负，即"凹正凸负"。

（2）内力方程及内力图。两两控制面间的内力可用外载荷和截面的位置坐标来描述，二者之间的关系称为剪力或弯矩方程。表征内力方程的图线称为内力图，对应称为剪力图，弯矩图。

注意：本书按照机械类规定，不论直杆、曲杆、刚架等，均把弯矩画在受"压"一侧。但土建类恰好相反。

3. 载荷集度、剪力与弯矩间的微分关系

（1）分布载荷集度 $q(x)$、剪力 $F_s(x)$ 和弯矩 $M(x)$ 间的微分关系分别为

$$\frac{dF_s(x)}{dx} = q(x), \quad \frac{dM(x)}{dx} = F_s(x), \quad \frac{d^2M(x)}{dx^2} = q(x) \tag{5-1}$$

（2）用积分关系来绘制和校核内力图的正确性。当 x_1, x_2 分别为梁上的两个截面时，利用式（5-1）经过积分得

$$F_s(x_2) - F_s(x_1) = \int_{x_1}^{x_2} q(x) dx \tag{5-2}$$

$$M(x_2) - M(x_1) = \int_{x_1}^{x_2} F_s(x) dx \tag{5-3}$$

式（5-2）、式（5-3）称为载荷集度 $q(x)$、剪力 $F_s(x)$ 和弯矩 $M(x)$ 间的积分关系。即 $x = x_2$ 和 $x = x_1$ 两截面上剪力之差，等于两截面间分布载荷图的面积；两截面上弯矩之差，等于两截面间剪力图的面积。

4. 叠加法作弯矩图

（1）在小变形条件下，剪力方程和弯矩方程与外载荷都成线性齐次关系，满足叠加原理的条件，因此可以用叠加法画内力图。

（2）在进行强度计算时，很少利用叠加法画内力图。因为用叠加法画内力图有时会使剪力和弯矩的最大值湮没，反而造成错误。但在进行刚度计算和能量法中的图形互乘时，利用弯矩图叠加，会使所求的问题简化。

5. 平面刚架的内力和内力图

（1）刚性接头或刚接点：受力后，结构中两部分在连接处的夹角保持不变（没有相对转动），这种连接称为刚性接头或刚节点，刚节点可传递力和力偶；②刚架：主要通过刚性接头连接杆件的框架；③平面刚架：组成刚架的杆件，轴线位于同一平面。

（2）当平面刚架仅受到面内载荷作用，发生平面弯曲变形，任意截面上的内力一般包括轴力、剪力和弯矩。轴力和剪力的正负号规定同前述各章，弯矩没有正负号规定，要求弯矩图始终画在杆件受压一侧。

（3）由于刚架的轴线是折线，故可视为若干直梁用刚性接头连接而成。初学者可采用先拆后合的方法，把刚架问题转化为直梁。具体步骤是：①求出刚架的约束反力；②从刚节点处把刚架截成几段直杆，并根据平衡方程求出截开处的内力分量；③把各段看成水平梁，按所学方法作各段的轴力、剪力和弯矩图；④把同类内力分量的各段合起来，即为刚架的内力图。当然，在熟练掌握了此方法之后，就不必拆开，可以直接作图。

6. 平面曲杆的内力和内力图

（1）平面曲杆：轴线为一条平面曲线的工程构件。

（2）当外力作用在平面曲杆面内时，发生平面弯曲变形，任意截面上的内力一般包括轴力、剪力和弯矩。轴力和剪力的正负号规定仍然遵循"拉正压负""顺正逆负"，弯矩规定使曲杆的曲率增加（曲率半径减小）的为正，弯矩图约定画在杆件受压一侧。

由于曲杆的轴线为平面曲线，作曲杆的内力图只能通过截面法，写出内力方程完成。

5.1.3 重点知识思维导图

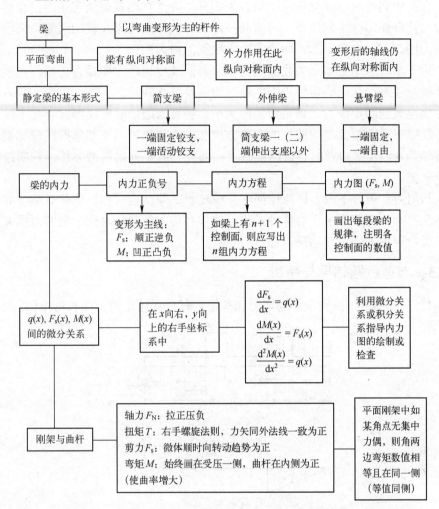

5.2 习题分类及典型例题辅导与精析

5.2.1 习题分类

（1）根据梁的内力方程或弯矩、剪力与载荷集度间的微分关系，作梁的内力图。
（2）由剪力图或弯矩图反推梁的载荷或另一内力图，内力图改错。
（3）叠加法作内力图。
（4）作刚架和曲杆的内力图。

5.2.2 解题要求

（1）熟练掌握建立剪力、弯矩方程和绘制剪力、弯矩图的方法。
（2）深刻理解弯矩、剪力与载荷集度间的微分关系及积分关系，并掌握用该关系绘制或检验梁的剪力图、弯矩图的方法。

（3）含有中间铰的连续梁可从中间铰处截开，并注意该截面无弯矩而仅存剪力，如果有集中力恰好作用在中间铰处，可将其按任意比例分别作用在截面两侧，分别作出两部分的内力图，再对接在一起，即为整个连续梁的内力图。

（4）由一个内力图推知梁的载荷及另一内力图或校核内力图是否正确，则要熟知突变关系及微分关系，从而确定集中力、集中力偶及分布载荷的大小（集度）和方向；同时，仅可确定截面的集中力、集中力偶的大小，题目未限定时支座形式存在不确定性。

（5）掌握平面刚架及平面曲杆的内力方程和内力图绘制。刚架掌握顺时针旋转分段取各段杆轴为 x 轴及刚结点的等值同侧特点；曲杆一般要列出内力方程，判断控制面两侧内力及极值。

（6）利用对称条件下内力图规律简化作图过程。即结构对称、载荷对称，剪力图关于对称轴反对称、弯矩图关于对称轴对称；结构对称、载荷反对称，则剪力图关于对称轴对称，而弯矩图关于对称轴反对称。

5.2.3 典型例题辅导与精析

例 5-1 写出例 5-1 图所示梁的剪力和弯矩方程，并绘出剪力图和弯矩图。

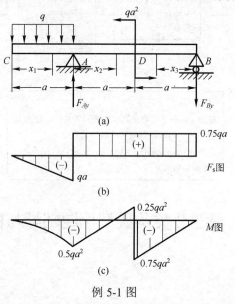

例 5-1 图

解：由平衡条件，$\sum M_B = 0$，得 $F_{Ay} = \dfrac{7}{4}qa$。

由 $\sum M_A = 0$，得 $F_{By} = \dfrac{3}{4}qa$。

支反力方向如例 5-1 图所示。

对 CA 段取图示坐标 x_1，可得

$$\begin{cases} F_s(x_1) = -qx_1 & (0 < x_1 < a) \\ M(x_1) = -\dfrac{1}{2}qx^2 & (0 < x_1 \leqslant a) \end{cases}$$

对 AD 段取图示坐标 x_2，可得

$$\begin{cases} F_s(x_2) = -qa + \dfrac{7}{4}qa = \dfrac{3}{4}qa & (0 < x_2 \leqslant a) \\ M(x_2) = -qa\left(\dfrac{a}{2} + x_2\right) + \dfrac{7}{4}qax_2 = -\dfrac{1}{2}qa^2 + \dfrac{3}{4}qax_2 & (0 \leqslant x_2 < a) \end{cases}$$

对 DB 段取图示坐标 x_3，即 x 正向向左，可得

$$\begin{cases} F_s(x_3) = \dfrac{3}{4}qa & (0 < x_3 \leqslant a) \\ M(x_3) = -\dfrac{3}{4}qax_3 & (0 < x_3 < a) \end{cases}$$

根据内力方程作剪力图和弯矩图如例 5-1 图（b）、（c）所示。

【评注】①在写剪力和弯矩方程时，首先要求支座反力，但对于悬臂梁，由于可取不带支座的一侧作为分离体来研究，因此可以免去求支座反力这一步。但也可以求出插入端的支反力，用来检验内力图的正确性。②注意利用各种外力对应内力图的特征及突变关系对内力图检查。③用微分关系检查时，DB 段 x 反向后应冠以负号。

例 5-2 已知简支梁的剪力图和弯矩图（例 5-2 图（a）），试求梁的载荷图。

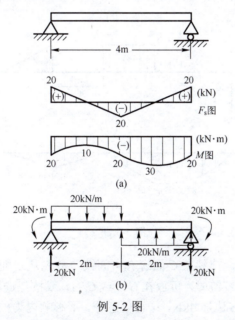

例 5-2 图

解：由剪力图可知，在梁的两端剪力有突变，故有集中力作用，其大小为 20kN，左端集中力向上，右端集中力向下。在梁的其余部分无集中力作用。

由弯矩图可见，在梁的两端有集中力偶作用，其大小为 20kN·m，左端力偶逆钟向旋转，右端力偶顺钟向旋转。在梁的其余部分无集中力偶作用。

左段梁上剪力图为一条负斜率直线，弯矩图为上凸曲线。由此可知，左段梁上作用有向下的均布载荷 q，其大小为 $(-20-20)/2 = -20(\text{kN·m})$。类似地，右段梁上剪力图为一条正斜率直线，弯矩图为上凹曲线。右段梁上作用有向上的均布载荷 q，其大小为 $[20-(-20)]/2 = 20(\text{kN·m})$。

其外载荷如例 5-2 图（b）所示。

【评注】 由内力图反推梁的载荷图，主要是判断不同载荷的作用位置。本题首先从剪力图、弯矩图的突变值确定集中力（包含支座反力）、集中力偶。由剪力图线性对称判断结构上作用反对称均布载荷。因此，简支梁可看作对称结构上作用有对称载荷（集中力偶）和反对称载荷（均布载荷）的叠加。内力图部分需要反复练习，熟练掌握，才会在以后（弯曲应力、组合变形、能量法等）应用中不出错误。

例 5-3　作例 5-3 图（a）所示梁的剪力图和弯矩图。

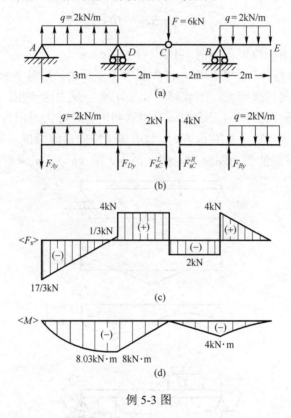

例 5-3 图

解：(1) 求支座反力。连续梁 C 面含有中间铰，故先从 C 面截开，而 C 面恰有一集中力 F，该集中力在截开铰链时，可放在 C 左或 C 右，或按任选比例两边分开，如选 1:2 分，即 C 左边加 2kN，C 右边加 4kN，这种任意分，不影响内力的结果，只改变 F_{sC}^L 和 F_{sC}^R 的值。

在例 5-3 图(b)中，由 $\sum M_B = 0$，即 $4 \times 1 + 2F_{sC}^R = 4 \times 2$，解得 $F_{sC}^R = 2$kN；由 $\sum F_y = 0$，得 $F_{By} = 6$kN。故 C^R 截面的剪力为 2kN。

如果把整个 F 完全作用在 C^R，则解出 $F_{sC}^R = 4$kN，C^R 截面上的剪力仍为 2kN。

由于 F_{sC}^L 与 F_{sC}^R 为作用力与反作用力，故 $F_{sC}^L = 2$kN，由 $\sum M_D = 0$，得 $F_{Ay} = \dfrac{17}{3}$kN，由 $\sum F_y = 0$，得 $F_{Dy} = \dfrac{11}{3}$kN。

约束反力求出后，可以将 AC 和 CE 两段梁合在一起，则 F_{sC}^L 与 F_{sC}^R 自然抵消，即可按照一段梁来画内力图。

（2）画剪力图。由于 $F_{Ay} = \frac{17}{3}$ kN 且向下，故 A^R 突变至 $-\frac{17}{3}$ kN；在 D^L 面上，由于向上均布载荷图面积共 $2 \times 3 = 6$ kN，故 D^L 面上 $F_s = -\frac{17}{3} + 6 = \frac{1}{3}$ kN，直线连接两点，斜率为正，满足微分关系。支座反力 $F_{Dy} = \frac{11}{3}$ kN，且向上，故向上突变，D^R 的 $F_s = 4$ kN；DC 段无分布载荷，即 $q=0$，剪力图应为水平线，直至 C^L 面上。由于 C 截面有 $F = 6$ kN，故突变至 C^R 上 $F_s = -2$ kN。CB 段 $q = 0$，剪力图为水平线，B 支座反力 $F_{By} = 6$ kN，故突变至 B^R 面 $F_s = 4$ kN，BE 段 q 向下为负，故 D^L 面上 $F_s = 4 - 2 \times 2 = 0$，连接得斜率为负的斜直线，符合微分关系。

（3）画弯矩图。由于 AD 段剪力先负后正，且 $x = 2\frac{5}{6}$ m 时，$F_s = 0$，由微分关系知，此段内弯矩图斜率由负到正，且在 $F_s = 0$ 处，弯矩有极值。q 向上为正，即 $\frac{d^2M}{dx^2} > 0$，弯矩有极小值，图形为上凹曲线，代入 $x = 2\frac{5}{6}$ m，有 $M_{\min} = \frac{1}{2} \times 2 \times (\frac{17}{6})^2 - \frac{17}{3} \times \frac{17}{6} = -8.03$ (kN·m)。D 面弯矩 $M_D = \frac{1}{2} \times 2 \times 3^2 - \frac{17}{3} \times 3 = -8$ (kN·m)。DC 段剪力为正，弯矩图为斜向上的直线段，$M_C = -8 + 2 \times 4 = 0$。$CB$ 段剪力为负，弯矩图为斜向下的直线段，$M_B = 0 - 2 \times 2 = -4$ (kN·m)。BE 段 q 向下为负，即 $\frac{d^2M}{dx^2} < 0$，弯矩图为开口向下的抛物线，且 $M_E = -4 + \frac{1}{2} \cdot 4 \times 2 = 0$。这样即可画出梁的弯矩图。

【评注】①对于包含中间铰的梁，画内力图时，先将梁从铰接处拆开，分别求出约束反力后，再将各段梁合在一起，即可利用弯矩、剪力与载荷集度间的微分关系画出梁的内力图。②注意中间铰处 $M_C \equiv 0$；4 个集中力作用处，弯矩图斜率不连续形成尖点；$F_s = 0$ 处，M 有极值。③本例也可以在求出约束反力后，分别绘制各段内力图，最后将其组合即可。

例 5-4 作例 5-4 图（a）所示刚架的内力图。

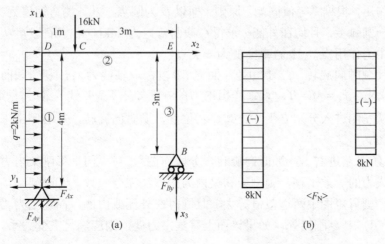

(a)   (b)

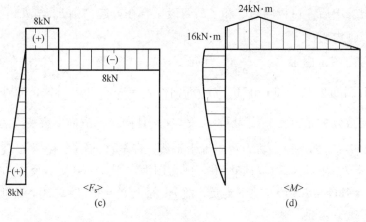

例 5-4 图

解：（1）求支座反力。

$\sum M_A = 0, \sum F_y = 0$ 和 $\sum F_x = 0$ 可分别求得 $F_{By} = 8\text{kN} = F_{Ay} = F_{Ax}$。

（2）作内力图。此刚架系平面刚架受面内载荷作用，故内力应为 F_N、F_s、M。在求出支座反力后，设想先从左侧进入刚架，立于位置①，面对左侧部分，取 $x_1 A y_1$ 坐标系，取任意截面 x_1，可用直梁分析的方法作出该段的内力图。在截面 x_1 上，$F_N(x_1) = -8\text{kN}$，$F_s(x_1) = F_{Ax} - q x_1$，$M(x_1) = F_{Ax} x_1 - \frac{1}{2} q x_1^2$，所以轴力图为一直线，压力画在梁的下侧，即刚架内侧；当 $x_1 = 0$ 时，F_s 由突变关系知为 $+8\text{kN}$，当 $x_1 = 4\text{m}$ 时，$F_s = 0$。且 q 与 y_1 方向相反，剪力图斜率为负，在刚节点处，$F_s = 0$ 点也为弯矩 M 的极值点；M 图由方程知为二次曲线，F_s 处处为正，即 M 图斜率应处处为正，故 M 图为一上凸曲线，且在 $x_1 = 4\text{m}$ 时，取得极值 $M = 16\text{kN} \cdot \text{m}$。

然后取水平段（轴线为 x_2）；立于位置②面对 DE 段梁，将力向截面 DE 平移；$F_{Dy} = F_{Ay} = 8\text{kN}(\uparrow), F_{Dx} = 0, M_D = 16\text{kN} \cdot \text{m}(\curvearrowright); F_{Ey} = F_{By} = 8\text{kN}(\uparrow)$，$F_{Ex} = M_E = 0$，该段轴力 $F_N(x_2) = 0$；$F_{Dy} = 8\text{kN}$，D 右取微段，判断此剪力为正，突变为 8kN，而该段无均布载荷 q，故为水平线，在截面 C 突变 16kN 或从右端分析是相同的；M 图在 D 节点，无集中力偶作用，根据"等值同侧"原则，即以 D 为圆点，以一侧弯矩值为半径作圆弧，两段均在同一圆弧上，且均在外侧。求得 C 截面弯矩为 $24\text{kN} \cdot \text{m}$，$EC$ 段可从 E 面分析作起。C 面集中力作用点，M 斜率突变为一尖点。

最后继续顺时向旋转，立于③处，面对 EB 段，取轴线为 x_3，利用截面法，知任一截面 $F_N = -8\text{kN}$，$F_s = M = 0$。最终作出内力图分别如题 5.2.4（b）、（c）、（d）图所示。假想"人"从左侧进入分别立于①、②、③位置，顺时向旋转，从右侧出来，恰好作完刚架的内力图。

【评注】①"左进右出，顺时向旋转，分段作图"，对"门"形刚架内力图，初学者只要正确完成力的等效平移，则刚架和梁内力图作法完全一致。②刚架中，若刚接点处无集中力偶，则弯矩图中两边数值等大，且同时在外侧或内侧，简述之为"等值同侧"，如例 5-4 图（d）中 D 刚接处。如果该面上有集中力偶，则应满足突变关系。

5.3 考点及考研真题辅导与精析

弯曲内力分析是解决梁的强度及刚度问题的基础，也是4种基本变形中最复杂、最重要的一种，通常每套试题中涉及到该部分内容较多，主要考点如下：

（1）画内力图，判断 $F_{s\max}$、$M_{\max}$ 所在面，从而确定梁的危险截面，少学时以简单静定梁为主，多学时考试题中还包括含有中间铰的静定梁、平面刚架乃至平面曲杆等。

（2）检验外载、剪力、弯矩间的微分关系和突变关系掌握情况，由剪力图（或弯矩图）推作弯矩图（或剪力图）和结构受力图，判断内力图的正误。

重点是在熟悉内力方程的基础上，掌握载荷集度 $q(x)$、剪力 F_s 和弯矩 M 间的微分关系及其对应曲线特征，利用微分关系（积分关系），突变关系快速准确地绘制内力图。

1．画题1图所示梁的剪力图和弯矩图。（长安大学；15分）

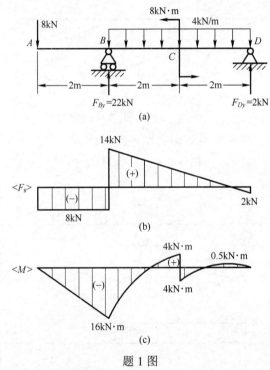

题1图

解：首先根据静力平衡方程，求出支座反力如题1图（a）所示；然后根据载荷集度、剪力和弯矩的微分关系和集中载荷作用处的突变关系，画出剪力图 $<F_s>$、弯矩图 $<M>$ 如题1图（b）、（c）所示。

2．已知外伸梁受力如题2图所示，请作出梁的剪力图和弯矩图。（大连理工大学；15分）

解：首先根据静力平衡方程，求出支座反力 $F_{Ay} = F_{By} = 2.5\text{kN}$，方向如题2图（a）所示。

然后写出梁的内力方程，画出剪力图 $<F_s>$、弯矩图 $<M>$ 如题2图（b）、（c）所示。在距C端面1.5m处，剪力有零值，故弯矩存在极值，需要单独标注。

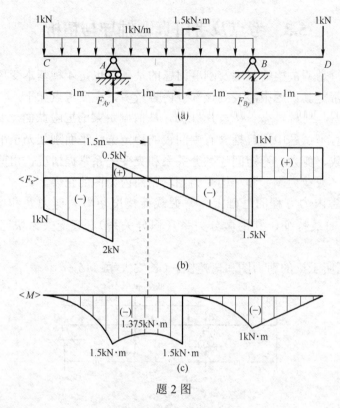

题 2 图

最后利用微分关系、突变关系对内力图进行校核。

3．试画出题 3 图梁的剪力图和弯矩图。（吉林大学；15 分）

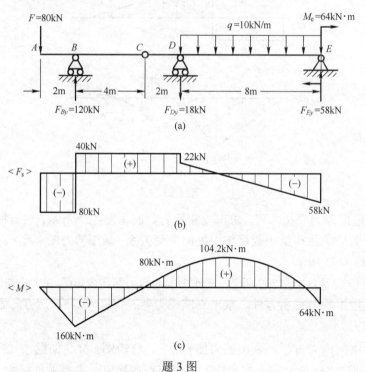

题 3 图

解：将梁从中间铰 C 处解开，取左侧分析，对中间铰 C 求矩，确定支座 B 的反力。再由整体静力平衡方程确定支座 D 和 E 的反力，具体如题 3 图（a）所示。

画梁的剪力图和弯矩图如题 3 图（b）、（c）所示。注意，中间铰处 $M≡0$；在距 D 支座 2.2m 处 $F_s=0$，截面上弯矩有极值 $M=104.2 \text{kN·m}$，但该极值不是梁中弯矩的最大值。

4．外伸梁受力、尺寸如题 4 图，试画其剪力图和弯矩图，求 $|F_s|_{max}$、$|M|_{max}$。（北京科技大学；15 分）

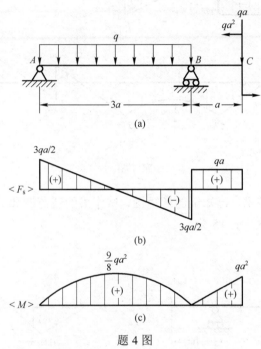

题 4 图

解：（1）根据静力平衡方程求得支座反力 $F_{Ay}=1.5qa(↑)$，$F_{By}=2.5qa(↑)$。

（2）求得各控制面两侧的剪力，并注意突变关系。AB 段中面剪力为零，作剪力图如题 4 图（b）所示。

（3）梁 AB 段剪力图反对称，则弯矩图对称，其中 $x=1.5a$ 面上 $|M|_{max}=9qa^2/8$。运用微分关系、突变关系作弯矩图如题 4 图（c）所示。

（4）图中可以看出 $|F_s|_{max}=1.5qa$，$|M|_{max}=9qa^2/8$。

5．绘制题 5 图梁的剪力图和弯矩图，并求 $|F_s|_{max}$ 和 $|M|_{max}$。（西北工业大学；25 分）

解：连续梁中包含两个中间铰，首先从 D、E 处截开，取 DE 段分析。根据静力平衡方程知 $F_{sD}=F_{sE}=qa$。因为 $ABCD$ 段结构对称，载荷对称，故 $F_{By}=F_{Cy}=2qa(↑)$，且剪力图反对称，弯矩图对称。在 AB 中面有极值 $M=-qa^2/2$。

DE 段结构对称，载荷反对称，则剪力图对称，弯矩图反对称。注意 D、E 铰处 $M≡0$，中面弯矩有突变。EG 段相当于悬臂梁作用向上的载荷 qa，其 F_s 为正，且为常数。而 M 为 F_{sE} 的线性函数。画内力图如题 5 图（b）、（c）所示。其 $|F_s|_{max}=qa$；$|M|_{max}=qa^2$。

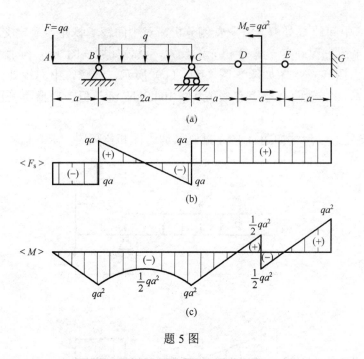

题 5 图

6. 题 6 图所示外伸梁，已知梁的弯矩图，试作梁的载荷图和剪力图，并画出梁变形后的大致形状。（中南大学；15 分）

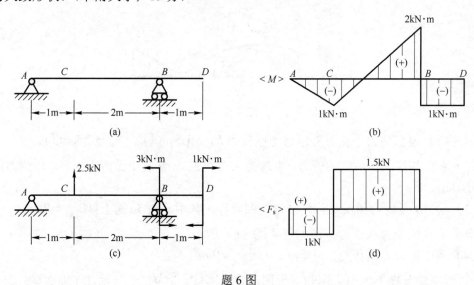

题 6 图

解：由弯矩图的突变关系可知，在梁的截面 B 有逆钟向集中力偶 $3\text{kN}\cdot\text{m}$，截面 D 有顺钟向集中力偶 $1\text{kN}\cdot\text{m}$。在梁的 AC、CB 和 BD 段，弯矩图的斜率即为对应梁段上剪力的数值，所以可画出梁的剪力图如题 6 图（d）所示，对应的载荷图如题 6 图（c）所示。

7. 已知梁的弯矩图如题 7 图所示，画梁的载荷图和剪力图。（湖南大学；15 分）

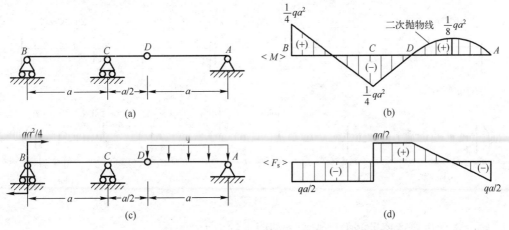

题 7 图

解：由弯矩图的突变关系可知，在梁的 B 截面有顺钟向集中力偶 $qa^2/4$，在梁的 BC 和 CD 段，弯矩图的斜率即为对应梁段上剪力的数值，梁的 DA 段弯矩图为向下开口二次抛物线，所以梁段上有向下的均布载荷 q，剪力图为向下的斜直线。据此可画出梁的剪力图如题 7 图（d）所示，对应的载荷图如题 7 图（c）所示。

5.4 课后习题解答

5-1 试求题 5-1 图所示各梁中指定截面上的剪力和弯矩。其中截面 1-1、2-2 无限接近截面 C，截面 3-3、4-4 无限接近截面 B。

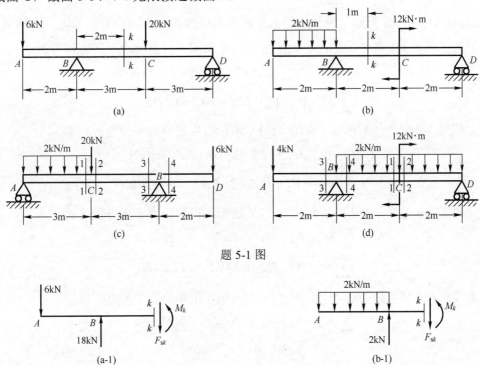

题 5-1 图

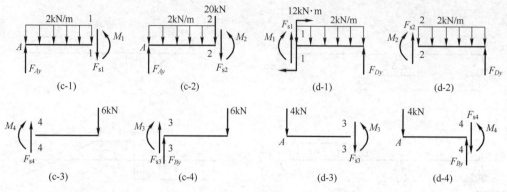

题 5-1 解图

解：本题主要考察用截面法求指定截面上的内力。

(a) 求支座反力。根据梁整体的静力平衡方程可得 $F_{By}=18\text{kN}(\uparrow)$，$F_{Dy}=8\text{kN}(\uparrow)$

沿指定截面 k-k 截开，如题 5-1 解图（a-1）所示，根据静力平衡方程可得

$$\sum M_k=0,\quad M_k=18\times2-6\times4=12(\text{kN}\cdot\text{m})$$

$$\sum F_y=0,\quad F_{sk}=18-6=12(\text{kN})$$

(b) 求支座反力。根据梁整体的静力平衡方程可得 $F_{By}=2\text{kN}(\uparrow)$，$F_{Dy}=2\text{kN}(\uparrow)$。

沿指定截面 k-k 截开，如题 5-1 解图（b-1）所示，根据静力平衡方程可得

$$\sum M_k=0,\quad M_k=2\times1-4\times2=-6(\text{kN}\cdot\text{m})$$

$$\sum F_y=0,\quad F_{sk}=2-2\times2=-2(\text{kN})$$

(c) 求支座反力。根据梁整体的静力平衡方程可得 $F_{Ay}=12.5\text{kN}(\uparrow)$，$F_{By}=19.5\text{kN}(\uparrow)$。

沿指定截面 1-1 截开，如题 5-1 解图（c-1）所示，根据静力平衡方程可得

$$\sum M_1=0,\quad M_1=12.5\times3-6\times1.5=28.5(\text{kN}\cdot\text{m})$$

$$\sum F_y=0,\quad F_{s1}=12.5-2\times3=6.5(\text{kN})$$

沿指定截面 2-2 截开，如题 5-1 解图（c-2）所示，根据静力平衡方程可得

$$\sum M_2=0,\quad M_2=12.5\times3-6\times1.5=28.5(\text{kN}\cdot\text{m})$$

$$\sum F_y=0,\quad F_{s2}=12.5-2\times3-20=-13.5(\text{kN})$$

沿指定截面 3-3 截开，如题 5-1 解图（c-3）所示，根据静力平衡方程可得

$$\sum M_3=0,\quad M_3=-6\times2=-12(\text{kN}\cdot\text{m})$$

$$\sum F_y=0,\quad F_{s3}=6-19.5=-13.5(\text{kN})$$

沿指定截面 4-4 截开，如题 5-1 解图（c-4）所示，根据静力平衡方程可得

$$\sum M_4=0,\quad M_4=-6\times2=-12(\text{kN}\cdot\text{m})$$

$$\sum F_y=0,\quad F_{s4}=6\text{kN}$$

（d）求支座反力。根据梁整体的静力平衡方程可得 $F_{By} = 7\text{kN}(\uparrow)$，$F_{Dy} = 5\text{kN}(\uparrow)$。

沿指定截面 1-1 截开，如题 5-1 解图（d-1）所示，根据静力平衡方程可得

$$\sum M_1 = 0, \quad M_1 = 5 \times 2 - 12 - 2 \times 2 \times 1 = -6(\text{kN} \cdot \text{m})$$

$$\sum F_y = 0, \quad F_{s1} = 2 \times 2 - 5 = -1(\text{kN})$$

沿指定截面 2-2 截开，如题 5-1 解图（d-2）所示，根据静力平衡方程可得

$$\sum M_2 = 0, \quad M_2 = 5 \times 2 - 2 \times 2 \times 1 = 6(\text{kN} \cdot \text{m})$$

$$\sum F_y = 0, \quad F_{s2} = 2 \times 2 - 5 = -1(\text{kN})$$

沿指定截面 3-3 截开，如题 5-1 解图（d-3）所示，根据静力平衡方程可得

$$\sum M_3 = 0, \quad M_3 = -4 \times 2 = -8(\text{kN} \cdot \text{m})$$

$$\sum F_y = 0, \quad F_{s3} = -4(\text{kN})$$

沿指定截面 4-4 截开，如题 5-1 解图（d-4）所示，根据静力平衡方程可得

$$\sum M_4 = 0, \quad M_4 = -4 \times 2 = -8(\text{kN} \cdot \text{m})$$

$$\sum F_y = 0, \quad F_{s4} = 7 - 4 = 3(\text{kN})$$

注意：截面有集中载荷和集中力偶作用时，内力图有突变关系。

5-2 利用内力方程作题 5-2 图所示各梁的剪力图和弯矩图。

解：为节省篇幅，仅以题 5-2 图（a）为例给出列方程作内力图的步骤。

（1）求支座反力。根据静力平衡方程可得

$$F_{By} = F(\uparrow), \quad M_B = 3Fa(\downarrow)$$

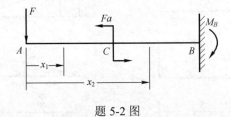

题 5-2 图

注意，有时支座反力可以不用求出（如本题），即可直接写出内力方程，但若求出支座反力，可以用来校核内力图的正确性。

（2）写出剪力方程和弯矩方程。

注意控制面个数为 n，则需写出 $n-1$ 组内力方程。

本例中有 A、B、C 三个控制面，则需写出两组内力方程：

$$F_s(x_1) = -F, \quad M(x_1) = -Fx_1 \quad (0 < x_1 < a)$$

$$F_s(x_2) = -F, \quad M(x_2) = -Fx_2 - Fa \quad (a < x_2 < 2a)$$

（3）依照内力方程，画出内力图。注意，利用微分关系和突变关系校核内力图的正确性。

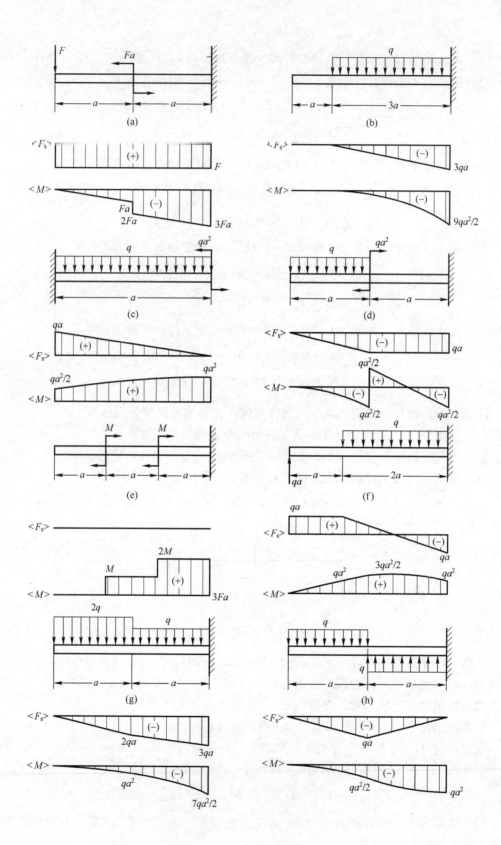

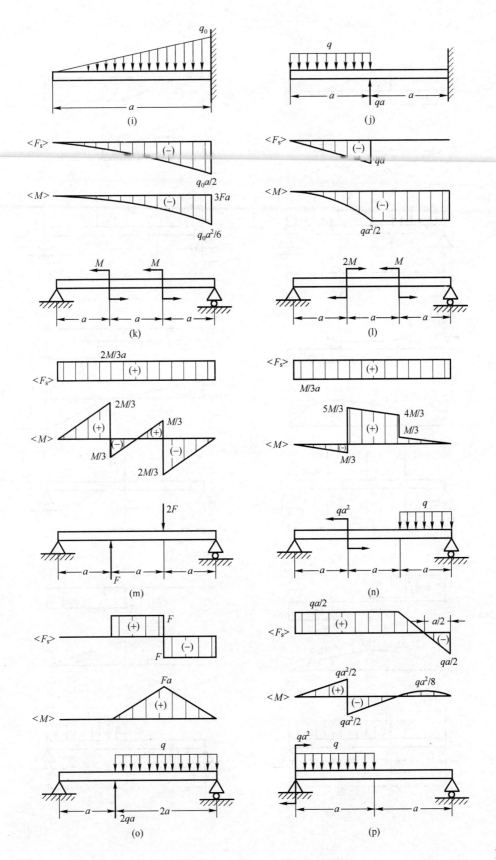

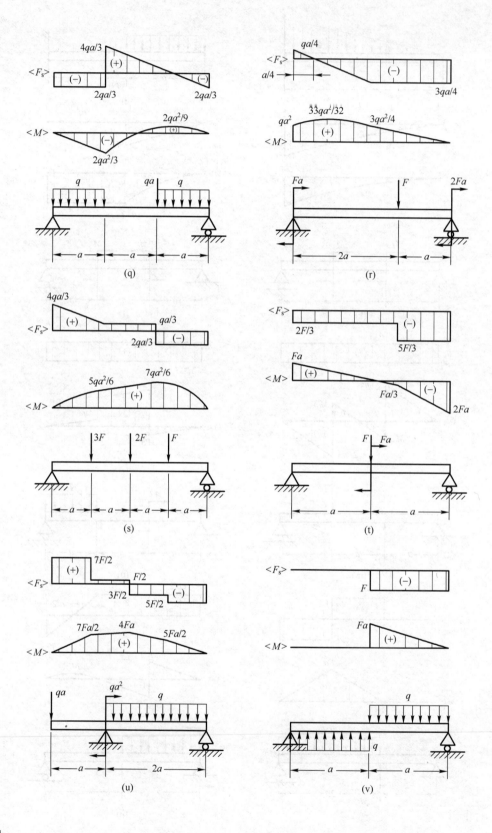

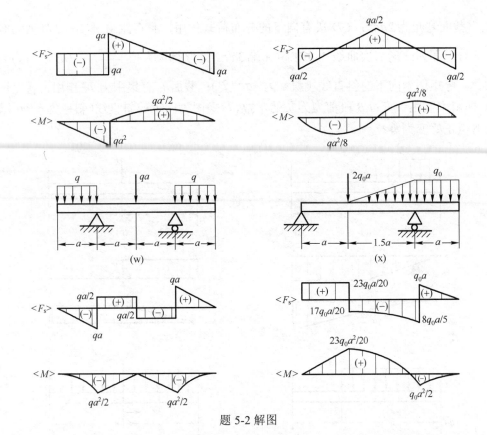

题 5-2 解图

注：题 5-2 解图（k）显示，当结构对称，载荷反对称时，剪力图对称，弯矩图反对称。

题 5-2 解图（w）显示，当结构对称，载荷对称时，剪力图反对称，弯矩图对称。利用以上关系可以使得作图简化，如画题 5-2 解图（v）的内力图。

5-3 试用载荷集度、剪力和弯矩之间的微分关系，绘出题 5-3 图所示各梁的剪力图和弯矩图。

解：以题 5-3 图（f）为例，叙述利用载荷集度、剪力和弯矩之间的微分关系绘制梁内力图的步骤。其余各题可同样绘出对应内力图。

（1）利用静力平衡方程求出梁的支反力 $F_{Ay} = F_{By} = 3qa/2(\uparrow)$。

（2）利用微分关系画剪力图。从 A 端开始，有集中力 F_{Ay}，则向上突变 $3qa/2$；截面 C 集中力偶对剪力图无影响，故直到截面 D 均为向下的斜直线（斜率为 $-q$），且截面 D 剪力为 $F_s = \dfrac{3qa}{2} - q \times 2a = -\dfrac{qa}{2}$；$DE$ 段无分布荷载作用，故剪力图为水平直线；截面 E 有集中力 qa，则向下突变 qa；EB 段无分布荷载作用，故剪力图为水平直线；截面 B 有集中力 F_{By}，则向上突变 $3qa/2$，最终剪力正好变为零。

（3）利用微分关系作弯矩图。从 A 端开始，无集中力偶作用，故弯矩为零；AC 段受分布荷载作用，且剪力为正，则弯矩图为凸形二次曲线，且 C 左截面弯矩为 $M = \dfrac{3qa}{2} \times a - qa \times \dfrac{1}{2}a = qa^2$；截面 C 有顺钟向集中力偶 qa^2 作用，弯矩图向正向突变 qa^2，

则 C 右截面弯矩为 $2qa^2$；CD 段有向下的分布荷载作用，且在距 A 端 $3a/2$ 处剪力等于零，故弯矩图为凸形二次曲线，并在距 A 端 $3a/2$ 处取得极大值 $\dfrac{17qa^2}{8}$；DE 段剪力为负的常数，弯矩图为向下的斜直线（斜率为 $-qa/2$）；截面 E 有集中力 qa 作用，弯矩图为尖点，即斜率发生突变；EB 段剪力为负的常数，弯矩图为向下的斜直线（斜率为 $-3qa/2$），最终弯矩正好变为零。

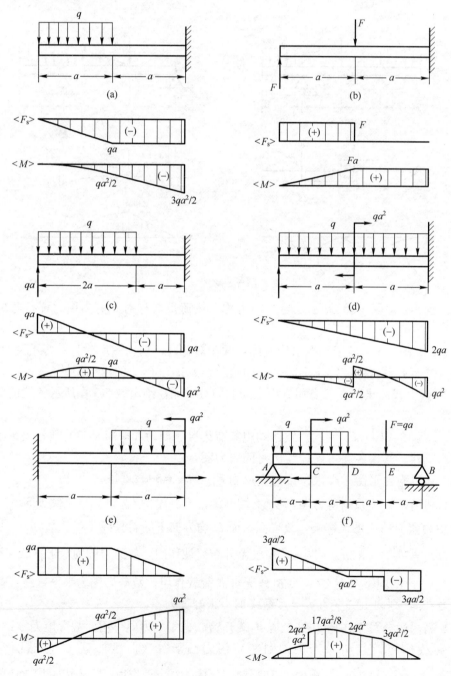

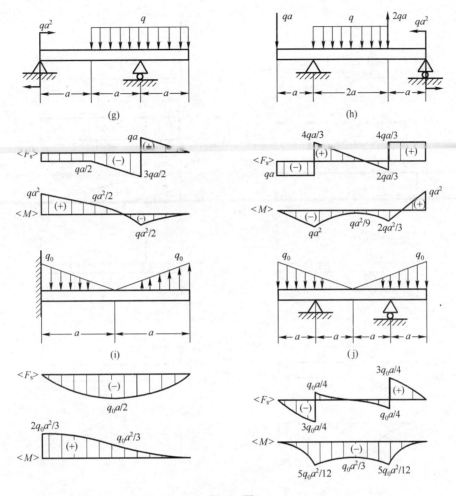

题 5-3 图

题 5-3 图（i）、(j) 中 F_s 图为二次曲线，M 图为三次曲线。(i) 图中 M 图左段为凸形、右端为凹形曲线。(j) 图中 F_s 图左边两段为凹形曲线，右端两段为凸形曲线；M 图均为凸形曲线。

5-4 试画出题 5-4 图所示各梁的剪力图和弯矩图。

解：以题 5-4 图（c）为例，叙述利用载荷集度、剪力和弯矩之间的微分关系绘制梁内力图的步骤。其余各题可同样绘出对应内力图。

（1）将梁从中间铰处截开，对两部分分别列静力平衡方程，可求出梁的支反力 $F_{Ay} = 3qa/2(\uparrow)$，$F_{By} = qa/2(\uparrow)$，$M_B = qa^2/2(\frown)$。

对于中间铰上作用的集中力可以左右任意分割；但中间铰处附近作用的集中力偶，非左即右，不可以左右任意分割。本例中假设集中力全部作用在截面 C 左侧。

（2）求出支反力后，将利用微分关系分别画出左、右两端的剪力图和弯矩图，再拼在一起即为整个梁的内力图。

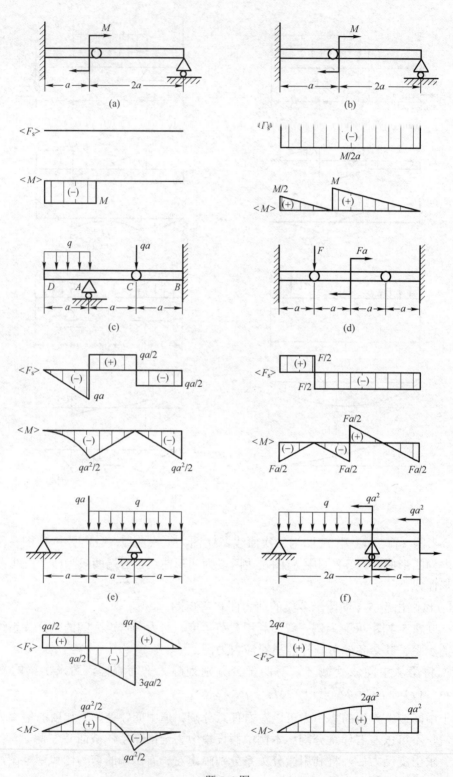

题 5-4 图

5-5 试画出题 5-5 图所示各刚架的内力图。

解：题 5-5 图（g）的内力图已在例 5-4 中画出并详细说明了作图方法，此处仅画其余各题内力图。

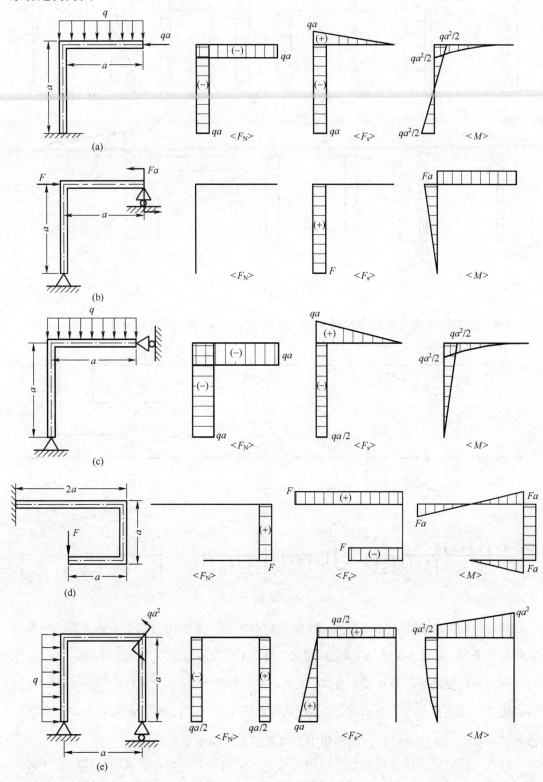

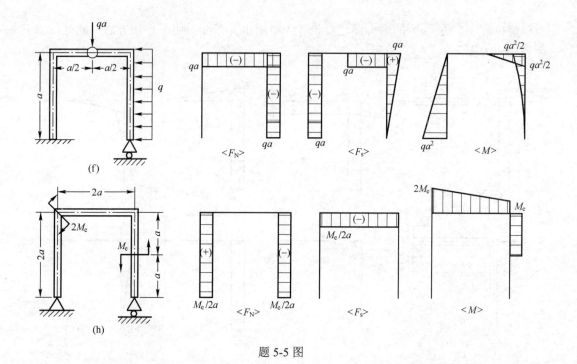

题 5-5 图

5-6 已知梁的剪力图和弯矩图如题 5-6 图所示，试绘制梁的载荷图。

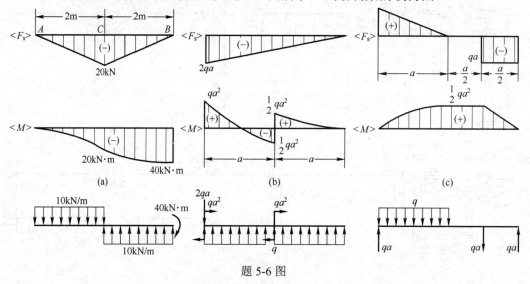

题 5-6 图

解： 已知梁的剪力图和弯矩图，绘制梁的载荷图，是对内力图中微分关系、突变关系的综合考察。以题 5-6 图（a）为例，梁 AC 段和 CB 段剪力图均为斜直线，由 $\dfrac{\mathrm{d}F_\mathrm{s}}{\mathrm{d}x}=q(x)$ 可知两段梁均受均布荷载作用，且 AC 段 $q(x)=-10\mathrm{kN/m}$，CB 段 $q(x)=10\mathrm{kN/m}$（同样也可以由弯矩图根据 $\dfrac{\mathrm{d}^2M}{\mathrm{d}x^2}=q(x)$ 得出）。再从弯矩图可以看出，截面 B 弯矩有向上突变，故作用有 $40\mathrm{kN\cdot m}$ 的顺时针方向的集中力偶。据此可画出梁的载荷图。

注意：依照剪力图和弯矩图可以确定梁上承受的外加荷载，但梁的具体形式（简支梁、悬臂梁等）不能唯一确定。

题 5-6 图（b）、（c）对应载荷图可以同样画出。

5-7 已知梁的弯矩图如题 5-7 图所示，试绘制梁的载荷图和剪力图。

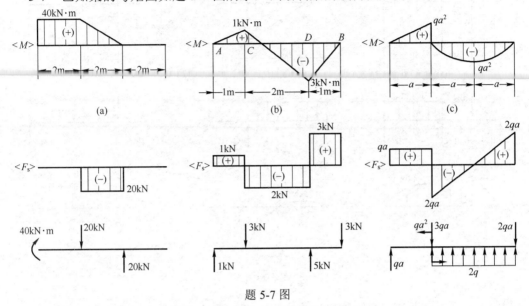

题 5-7 图

解：以题 5-7 图（b）为例详细说明，题 5-7 图（a）、（c）可以同样绘出。

（1）因为梁的弯矩图均为斜直线，并且没有突变，可知梁上只有集中力，没有集中力偶和分布荷载作用。根据弯矩的尖点可以确定存在 4 个集中力。

（2）由 $\dfrac{\mathrm{d}M}{\mathrm{d}x}=F_\mathrm{s}(x)$ 可知，AC 段剪力为 1kN，CD 段剪力为 –2kN，DB 段剪力为 3kN，可以画出梁的剪力图。

（3）再根据剪力图的突变值，可得 A、C、D、B 截面分别作用有集中力 1kN($\uparrow$)、3kN($\downarrow$)、5kN($\uparrow$) 和 3kN($\downarrow$)。

与题 5-6 类似，依照弯矩图可以确定梁上承受的外加荷载，但梁的具体形式（简支梁、悬臂梁等）不能唯一确定。

5-8 已知梁的剪力图如题 5-8 图所示，试绘制梁的载荷图和弯矩图（假定梁上无集中力偶作用）。

解：由梁的剪力图绘制梁的载荷图和弯矩图，同样是为了巩固对内力图中微分关系、突变关系的理解。由于集中力偶作用处，梁的剪力图无变化，即剪力图中无法体现出集中力偶的作用，故题目中增加了限制条件。

以题 5-8 图（a）为例详细说明，题 5-8 图（b）、（c）可以同样绘出。

（1）由剪力图看到，在 A、C、D、B 截面均有突变发生，可以确定在此 4 个截面处依次存在 3kN($\uparrow$)、4kN($\downarrow$)、2kN($\uparrow$) 和 3kN($\uparrow$) 的集中力；在梁的 DB 段剪力图为向下的斜直线（斜率为 –1kN/m），可知在 DB 段作用有向下的均布荷载 $q=1$kN/m。据此可作出梁的载荷图。

（2）根据梁的载荷图可以绘出梁的弯矩图。注意，在 E 截面处剪力为零，弯矩存在极值，计算可知此极值为 4.5kN·m。检查尖点、斜率、极值点进行校核。

121

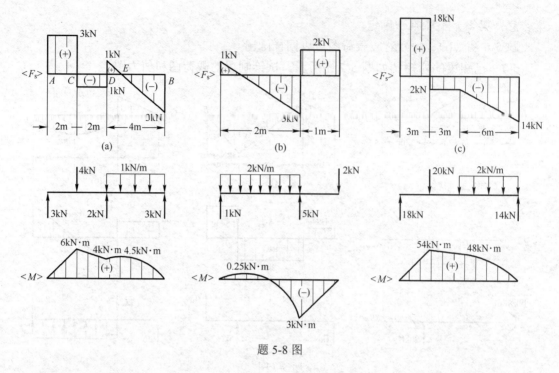

题 5-8 图

与题 5-7 类似，依照剪力图可以确定梁上承受的外加荷载，但梁的具体形式（简支梁、悬臂梁等）不能唯一确定。

5-9 已知梁的剪力图（或弯矩图）如题 5-9 图所示，画出或补全梁的载荷，并画弯矩图（或剪力图）。

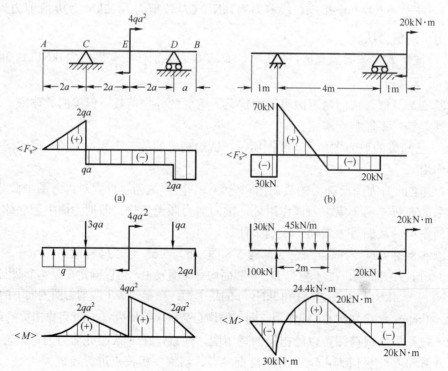

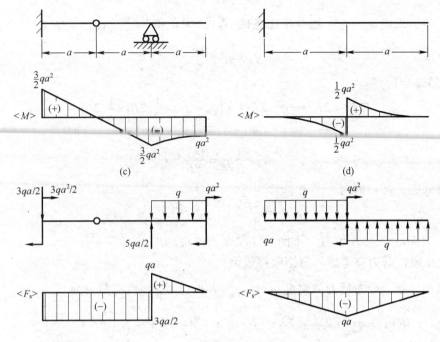

题 5-9 图

解：以题 5-9 图（a）为例详细说明，其他题可以同样绘出。

（1）由 AC 段的剪力图可知，该段作用有向上的集度为 q 的均布载荷；在截面 C、D、B 处剪力图均有突变发生，可以确定在此 3 个截面处依次存在 $3qa(\downarrow)$、$qa(\downarrow)$ 和 $2qa(\uparrow)$ 的集中力；截面 E 处有集中力偶作用，但对剪力图无影响；CD 段和 DB 段剪力图为水平直线，故没有分布荷载作用。据此可画出梁的载荷图。

（2）根据梁的载荷图可以画出梁的弯矩图。在 AC 段作用有向上的均布荷载，弯矩图为凹形二次曲线，且 $M_C = 2qa^2$；CE 段无分布载荷作用，弯矩图为斜直线，且 $M_E^{左} = 0$；截面 E 处有顺钟向的集中力偶作用，弯矩图发生突变，$M_E^{右} = 4qa^2$；ED 段和 DB 段无分布载荷作用，弯矩图为斜直线，且在 D 截面有集中力作用，弯矩图有尖点。据此可画出梁的弯矩图。

5-10 如题 5-10 图所示，有一长度为 $2L$ 的梁 AB，在其所示的位置处承受载荷 F 和 $2F$ 作用，该梁置于基础上，基础产生的连续分布反力作用于梁上。假设分布反力自 A 至 B 按直线变化，试求 A 端和 B 端处分布支反力的强度 q_A 和 q_B，并确定梁中最大弯矩的大小和位置。

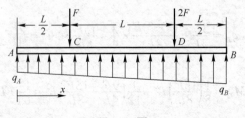

题 5-10 图

解：（1）求出 q_A，q_B　根据平衡条件 $\sum F_y = 0$，得 $\dfrac{q_A + q_B}{2}(2L) = 3F$，则

$$q_A + q_B = \frac{3F}{L} \qquad ①$$

由 $\sum M_B = 0$，得

$$F\frac{3L}{2} + 2F\frac{L}{2} = q_A \cdot 2L \cdot L + (q_B - q_A) \times \frac{1}{2}(2L) \times \frac{1}{3}(2L)$$

化简得

$$q_A + \frac{1}{2}q_B = \frac{15F}{8L} \qquad ②$$

联立式①、②，解得

$$q_A = \frac{3F}{4L}, \qquad q_B = \frac{9F}{4L}$$

（2）求 $M_{\max}$ 及作用位置。下面分 3 段梁来讨论。

在 CD 段，剪力有零值，弯矩取得极值。

在截面 x 处，分布反力的集度 $q(x) = q_A + \dfrac{(q_B - q_A)}{2L}x$，对应剪力为

$$F_s(x) = q_A x + \frac{q(x) - q_A}{2} x - F = q_A x + \frac{q_B - q_A}{4L} x^2 - F \quad \left(\frac{L}{2} < x < \frac{3L}{2}\right)$$

令 $F_s(x) = 0$，化简得

$$3x^2 + 6Lx - 8L^2 = 0$$

解得

$$x = \frac{-6L \pm \sqrt{(6L)^2 + 4 \times 3 \times 8L^2}}{6} = -1 \pm 1.915L$$

显然取负值不合理，故 $x = 0.915L$ 时弯矩有极值，且极值为

$$\begin{aligned}
M &= \frac{1}{2}q_A x^2 + \frac{q_B - q_A}{12L}x^3 - F\left(x - \frac{L}{2}\right) \\
&= \frac{1}{2}\left(\frac{3F}{4L}\right)(0.915L)^2 + \frac{1}{12}\left(\frac{9F}{4L} - \frac{3F}{4L}\right)(0.915L)^3 - (0.915 - 0.5)FL \\
&= -0.005FL
\end{aligned}$$

在 AC 和 DB 段，弯矩的极值将分别出现在截面 C、D。

因为 $AC = DB = \dfrac{L}{2}$，而 $q_{AC} < q_{DB}$，故 $M_C < M_D$。

计算截面 D 上的弯矩：

$$M_D = \frac{1}{2}q_D\left(\frac{L}{2}\right)^2 + \frac{1}{2}(q_B - q_D)\left(\frac{L}{2} \times \frac{2}{3} \times \frac{L}{2}\right) = \frac{1}{8}q_D \times L^2 + \frac{1}{12}(q_B - q_D)L^2$$

而

$$q_D = \frac{3F}{4L} + \frac{(9-3)F}{4L} \times \frac{3}{4} = \frac{15F}{8L}; \quad q_B = \frac{9F}{4L}$$

则

$$M_D = \frac{1}{8}\left(\frac{15F}{8L}\right)L^2 + \frac{1}{12}\left(\frac{9F}{4L} - \frac{15F}{8L}\right)L^2 = \frac{17}{64}FL$$

因此梁上最大弯矩为 $M_{\max} = M_D = \dfrac{17}{64}FL$，作用位置为 $x = \dfrac{3}{2}L$。

5-11 如题 5-11 图所示，简支梁有 n 个相同间距的集中力作用其上，其总载荷为 F，所以每个载荷为 F/n。梁的长度为 L，载荷的间距为 $L/(n+1)$。

（1）试导出梁中最大弯矩的一般公式。
（2）根据其公式，对连续几个 n 值（$n=1,2,3,4,\cdots$）确定最大弯矩。
（3）将这些结果与由于均布载荷 q（$qL=F$）作用所产生的最大弯矩作比较。

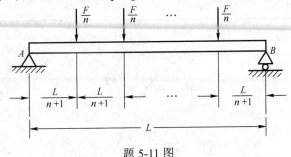

题 5-11 图

解：根据对称性可知，AB 两端的支反力为 $F_{Ay}=F_{By}=\dfrac{F}{2}(\uparrow)$。

（1）确定梁上最大弯矩的一般表达式。因为 n 个集中力大小相同，梁左右对称，故最大弯矩一定发生在梁的中面上。

当 n 为奇数时，有

$$M_{\max}=\frac{F}{2}\times\frac{L}{2}-\left[\frac{F}{n}\times\frac{L}{n+1}+\frac{F}{n}\times\frac{2L}{n+1}+\frac{F}{n}\times\frac{3L}{n+1}+\cdots+\frac{F}{n}\times\frac{\frac{n-1}{2}L}{n+1}\right]$$

$$=\frac{FL}{4}-\frac{FL}{n(n+1)}\left(1+2+3+\cdots+\frac{n-1}{2}\right)$$

$$=\frac{FL}{4}-\frac{FL}{n(n+1)}\left[\frac{1}{2}\left(1+\frac{n-1}{2}\right)\left(\frac{n-1}{2}\right)\right]=\frac{FL}{4}-\frac{FL(n-1)}{8n}$$

所以

$$M_{\max}=\frac{FL(n+1)}{8n} \qquad ①$$

当 n 为偶数时，有

$$M_{\max}=\frac{F}{2}\times\frac{L}{2}-\left\{\frac{F}{n}\frac{L}{2(n+1)}+\frac{F}{n}\left[\frac{L}{2(n+1)}+\frac{L}{n+1}\right]+\frac{F}{n}\left[\frac{L}{2(n+1)}+\frac{2L}{n+1}\right]+\cdots\right.$$

$$\left.+\frac{F}{n}\left[\frac{L}{2(n+1)}+\frac{n-2}{2}\frac{L}{n+1}\right]\right\}$$

$$=\frac{FL}{4}-\frac{F}{n}\left\{\frac{n}{2}\frac{L}{2(n+1)}+\frac{L}{n+1}\times\left[1+2+\cdots+\frac{n-2}{2}\right]\right\}$$

$$=\frac{FL}{4}-\frac{FL}{n}\left\{\frac{n}{4(n+1)}+\frac{1}{n+1}\times\left[1+\frac{n-2}{2}\right]\times\frac{1}{2}\times\frac{n-2}{2}\right\}=\frac{FL}{4}-\frac{FLn}{8(n+1)}$$

所以

$$M_{\max}=\frac{FL(n+2)}{8(n+1)} \qquad ②$$

125

（2）根据公式①②对几个连续的 n 计算最大弯矩列入题 5-11 表。

题 5-11 表

$M_{\max}$ \ n	1	2	3	4	5	6	7	8	9	10	11	12
$M_{\max}(FL)$（n 为奇数）	$\frac{1}{4}$		$\frac{1}{6}$		$\frac{3}{20}$		$\frac{1}{7}$		$\frac{5}{36}$		$\frac{3}{22}$	
$M_{\max}(FL)$（n 为偶数）		$\frac{1}{6}$		$\frac{3}{20}$		$\frac{1}{7}$		$\frac{5}{36}$		$\frac{3}{22}$		$\frac{7}{52}$

（3）与均布载荷的比较。当同一个简支梁上作用有集度 $q(qL=F)$ 的均布载荷时，所产生的最大弯矩为

$$M_{\max}=\frac{qL^2}{8}=\frac{FL}{8}$$

当 $n\to\infty$ 时，有

$$M_{\max}=\lim_{n\to\infty}\frac{FL(n+1)}{8n}=\frac{FL}{8} \quad (n \text{ 为奇数})$$

$$M_{\max}=\lim_{n\to\infty}\frac{FL(n+2)}{8(n+1)}=\frac{FL}{8} \quad (n \text{ 为偶数})$$

所以，不论 n 为奇数还是偶数，当 $n\to\infty$ 时，最大弯矩值与均布载荷时相同。

5-12 列出题 5-12 图所示各曲杆的内力方程，并画出内力图。

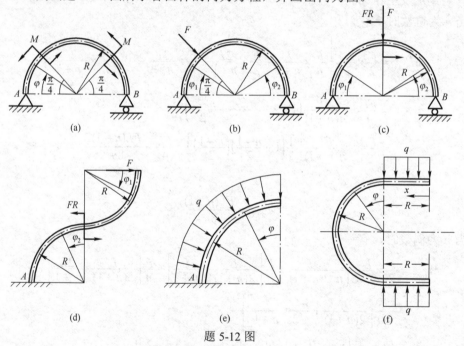

题 5-12 图

解：为节省篇幅，仅以题 5-12 图（b）为例给出列方程画内力图的步骤。其余直接画出内力图。

对于题 5-12 图（b）：

（1）求出支反力。根据静力平衡方程可得

$$F_{Ay}=\frac{\sqrt{2}}{4}F(\uparrow), \quad F_{By}=\frac{\sqrt{2}}{4}F(\uparrow), \quad F_{Ax}=\frac{\sqrt{2}}{2}F(\leftarrow)$$

(2) 写出两段的内力方程如下:

$$F_N(\varphi_1) = \frac{\sqrt{2}}{2} F\left(\sin\varphi_1 - \frac{1}{2}\cos\varphi_1\right) \quad \left(0 < \varphi_1 < \frac{\pi}{4}\right)$$

$$F_s(\varphi_1) = \frac{\sqrt{2}}{2} F\left(\cos\varphi_1 + \frac{1}{2}\sin\varphi_1\right) \quad \left(0 < \varphi_1 < \frac{\pi}{4}\right)$$

$$M(\varphi_1) = -\frac{\sqrt{2}}{4} FR(2\sin\varphi_1 + 1 - \cos\varphi_1) \quad \left(0 < \varphi_1 < \frac{\pi}{4}\right)$$

$$F_N(\varphi_2) = -\frac{\sqrt{2}}{4} F\cos\varphi_2 \quad \left(0 < \varphi_2 < \frac{3\pi}{4}\right)$$

$$F_s(\varphi_2) = -\frac{\sqrt{2}}{4} F\sin\varphi_2 \quad \left(0 < \varphi_2 < \frac{3\pi}{4}\right)$$

$$M(\varphi_2) = -\frac{\sqrt{2}}{4} FR(1 - \cos\varphi_2) \quad \left(0 < \varphi_2 < \frac{3\pi}{4}\right)$$

(3) 根据内力方程画内力图,如题图5-12(b-1)、(b-2)、(b-3)所示。

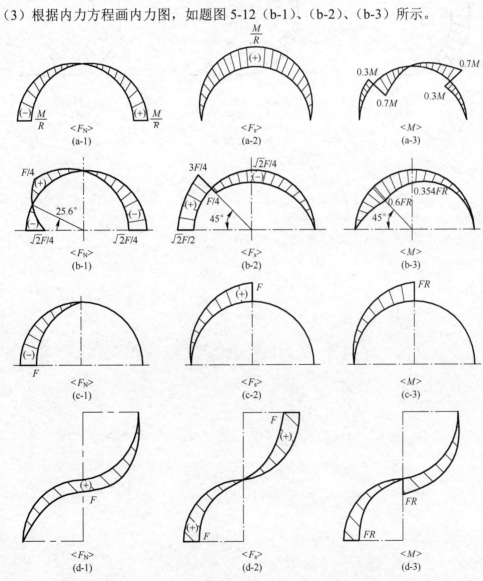

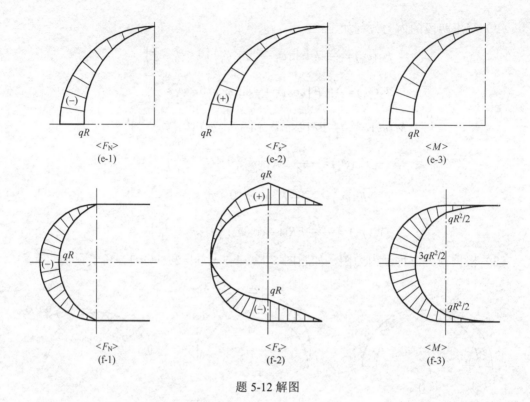

题 5-12 解图

第6章 弯曲应力

6.1 教学目标及章节理论概要

6.1.1 教学目标

（1）理解纯弯曲和横力弯曲的概念，掌握推导梁弯曲正应力公式的方法。
（2）熟练掌握弯曲正应力的计算、弯曲正应力强度条件及其应用。
（3）理解矩形截面梁弯曲切应力公式的推导过程，掌握相应的切应力分布规律。
（4）掌握常见截面梁横截面上最大切应力的计算和弯曲切应力强度的校核方法。
（5）熟悉等强度梁的设计方法。
（6）掌握提高梁强度的主要措施。

6.1.2 章节理论概要

1．纯弯曲时梁的正应力

（1）平面弯曲：若梁的横截面具有一个或两个对称轴，由各截面对称轴组成的面称为对称面。若外载荷作用在该对称面内，则梁的轴线受力弯曲后仍在该对称面内。

（2）纯弯曲和横力弯曲：梁的横截面上仅有弯矩而无剪力的受力状态称为纯弯曲；梁的横截面上既有弯矩，又有剪力的受力状态称为横力弯曲。纯弯曲梁中 $\dfrac{dM}{dx} = F_s = 0$，弯矩为常数。

（3）弯曲正应力：同拉压及扭转问题一样，已知内力求应力属于超静定问题，在弯曲平面假设条件下（比较拉（压）、扭转、弯曲由内力推导应力表达式时3种平面假设的异同），且认为各层间互不挤压，得到以下条件。

几何条件：

$$\varepsilon = \frac{y}{\rho} \tag{6-1}$$

物理条件：

$$\sigma = E\varepsilon = E\frac{y}{\rho} \tag{6-2}$$

静力平衡条件：

$$\sigma = \frac{M}{I_z}y \tag{6-3}$$

给定截面最大正应力为

$$\sigma_{\max} = \frac{M}{W} \tag{6-4}$$

式中：$W = \dfrac{I_z}{y_{\max}}$ 为横截面对 z 轴的抗弯截面系数。

应当熟记圆形、环形、矩形截面的形心主惯性矩、抗弯截面系数等。

矩形：$I_y = \dfrac{bh^3}{12}, I_z = \dfrac{hb^3}{12}, W_y = \dfrac{bh^2}{6}, W_z = \dfrac{hb^2}{6}$。

圆形：$I_y = I_z = \dfrac{\pi D^4}{64}(1-\alpha^4), W_y = W_z = \dfrac{\pi D^3}{32}(1-\alpha^4)$（实心时，$\alpha = 0$）。

弯曲正应力式（6-3）是在弯曲平面假设、各层间互不挤压的条件下、材料在线弹性范围（胡克定律适用）、拉压弹性模量相等（$E_t = E_c$）、纯弯曲等条件下推导而得。

当梁的跨度（支座间距离或外伸部分长度）与梁截面高度之比 $\dfrac{l}{h} \geqslant 5$ 时，纯弯曲时的正应力公式可以推广到横力弯曲。

2. 弯曲正应力强度条件

弯曲正应力强度条件为

$$\sigma_{\max} = \dfrac{|M|_{\max} y_{\max}}{I_z} \leqslant [\sigma] \text{ 或 } \sigma_{\max} = \dfrac{|M|_{\max}}{W_z} \leqslant [\sigma] \tag{6-5}$$

注意：① 对塑性材料而言，由于材料的抗拉和抗压的性能相同，即拉伸的屈服极限和压缩的屈服极限相等，因此对等截面直梁来说，危险截面仅一个，即 $|M|_{\max}$ 所在截面，危险截面上的危险点在 $|y|_{\max}$ 所在的点。

② 对脆性材料而言，由于材料的拉伸强度极限和压缩强度极限不相等。因此，对等截面直梁来说，危险截面可能有两个，即正弯矩最大的截面和负弯矩最大的截面。而每个危险截面上可能的危险点也有两个，即 $y_{\max}$ 和 $y_{\min}$ 所在点。因此要通过比较，确定 $\sigma_{t\max}$ 和 $\sigma_{c\max}$，再应用强度条件判定。

③ 对于变截面梁，要综合考虑弯矩和截面惯性矩的变化情况。

3. 梁弯曲切应力和切应力强度条件

（1）弯曲切应力：在横截面上各点的切应力方向都平行于剪力 F_s 且沿截面宽度均匀分布的假设条件下，弯曲切应力为

$$\tau = \dfrac{F_s S_z^*}{I_z b} \tag{6-6}$$

式中：F_s 为横截面上沿 y 轴方向的剪力；S_z^* 为过该点平行 z 轴的横线以外部分面积对中性轴 z 的静矩；I_z 为横截面对中性轴 z 的惯性矩；b 为横截面在该点处的宽度。

（2）弯曲切应力强度条件为

$$\tau_{\max} = \dfrac{|F_s|_{\max} S_{z\max}^*}{I_z b} \leqslant [\tau] \tag{6-7}$$

4. 常见截面梁横截面上最大切应力

几种常见截面梁的最大切应力如下：

矩形（长边中点）：

$$\tau_{\max} = \dfrac{3}{2} \dfrac{F_s}{A} \tag{6-8}$$

圆形（垂直 F_s 的直径上）：

$$\tau_{max} = \frac{4}{3}\frac{F_s}{A} \qquad (6-9)$$

薄壁圆环（垂直 F_s 的直径上）：

$$\tau_{max} \approx 2\frac{F_s}{A} \qquad (6-10)$$

工字形截面（腹板上）：

$$\tau_{max} \approx \frac{F_s}{A_w} \quad (A_w \text{为腹板面积}) \qquad (6-11)$$

5. 等强度梁

截面沿轴线变化的梁称为变截面梁，其正应力近似用等截面梁公式计算。变截面梁各横截面上的最大正应力都相等且等于许用应力，称为等强度梁。

由弯曲正应力公式可知，等强度梁需要满足

$$W(x) = \frac{M(x)}{[\sigma]} \qquad (6-12)$$

注意：在靠近梁的两端截面处，需要采用切应力强度条件对设计结果进行修正。

6. 提高梁强度的主要措施

通常情况下，弯曲正应力是控制弯曲强度的主要因素。因此，根据式（6-5）可得具体措施包括：①合理安排梁的受力或支座位置，降低 M；②选用合理的截面形状，提高 W。

6.1.3 重点知识思维导图

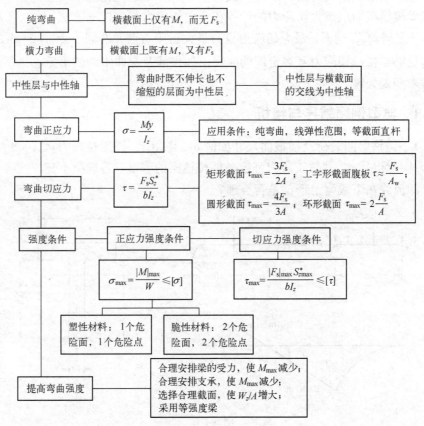

6.2 习题分类及典型例题辅导与精析

6.2.1 习题分类

（1）弯曲正应力、切应力强度条件及两种强度条件综合应用。
（2）提高梁的弯曲强度措施，包括支座的选择，载荷的安排，最佳尺寸的选择，等强度梁的设计等。

6.2.2 解题要求

（1）明确纯弯曲和横力弯曲的概念，掌握推导梁弯曲正应力公式的方法及公式中各量的物理意义；特别注意变形几何关系 $\varepsilon = y/\rho$ 的直接应用。

（2）熟练掌握弯曲正应力的计算、弯曲正应力强度条件及其应用。准确确定危险截面危险点；"I" "T" 等单对称截面时形心主惯性矩、$y_{t\max}$、$y_{c\max}$ 的确定；$E_t \neq E_c$ 时中性轴的确定及 $y_{t\max}$、$y_{c\max}$ 的确定。

（3）明确变截面梁，特别是等强度梁的定义，从而正确选择截面尺寸；而组合梁仍以单一材料的平面假设为前提，应力分布公式可直接推得或用等效截面法计算之。需要注意的是：两材料交界处，应变相同，但相邻处应力不同。

（4）理解矩形截面梁弯曲切应力公式的推导过程，掌握相应的切应力分布规律；掌握常见截面梁横截面上最大切应力的计算和弯曲切应力强度校核方法。最大剪力 $F_{s\max}$ 的确定（不一定同 $M_{\max}$ 同面，最大切应力点与最大正应力点并非同一点），S_z^* 或 $S_{z\max}^*$ 的计算应引起足够重视；切应力互等定理的应用；如果涉及弯曲中心的确定，则切应力分布规律及其求和是关键。

6.2.3 典型例题辅导与精析

例 6-1 铸铁梁的载荷及横截面尺寸如例 6-1 图所示。许用拉应力 $[\sigma_t] = 40\text{MPa}$，许用压应力 $[\sigma_c] = 160\text{MPa}$。试按正应力强度条件校核梁的强度。若载荷不变，但将 T 形横截面倒置，即翼缘在下成为 ⊥ 形，是否合理？

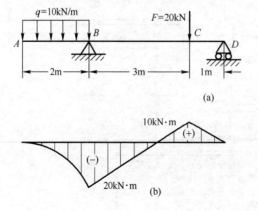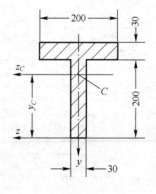

例 6-1 图

解：梁的材料为铸铁，$[\sigma_t] \neq [\sigma_c]$，横截面关于中性轴也不对称，危险截面将有两个，各面上的可能危险点也有两个，因此要全面计算，以免遗漏真正的最值。

（1）首先确定形心。图形左右对称 $z_C = 0$，选择参考坐标 z，则

$$y_C = \frac{30 \times 200 \times 100 + 30 \times 200 \times 215}{30 \times 200 \times 2} = 157.5(\text{mm})$$

形心主惯性矩为

$$I_{zC} = \frac{200 \times 30^3}{12} + 200 \times 30 \times (157.5 - 100)^2 +$$
$$\frac{30 \times 200^3}{12} + 200 \times 30(215 - 157.5)^2 = 60.1 \times 10^6 (\text{mm}^4)$$

（2）画弯矩图。根据梁的平衡方程，求出支反力 $F_{By} = 30\text{kN}(\uparrow)$，$F_{Dy} = 10\text{kN}(\uparrow)$。画弯矩图如例 6-1 图（b）所示。最大正弯矩在截面 C 处，最大负弯矩在截面 B 处。

（3）强度校核。分别对截面 C、B 进行校核。

校核截面 B：

上边缘

$$\sigma_{\text{tmax}} = \frac{M_B y}{I_z} = \frac{20 \times 10^3 \times 72.5 \times 10^{-3}}{60.1 \times 10^{-6}} = 24.1 \times 10^6 (\text{Pa}) = 24.1(\text{MPa}) < [\sigma_t]$$

下边缘

$$\sigma_{\text{cmax}} = \frac{M_B y_C}{I_z} = \frac{20 \times 10^3 \times 157.5 \times 10^{-3}}{60.1 \times 10^{-6}} = 52.8 \times 10^6 (\text{Pa}) = 52.8(\text{MPa}) < [\sigma_c]$$

校核截面 C：

因为 $|M_B| = 2M_C$，而 $y_C / [(200 + 30) - 157.5] = 2.17$，所以仅对截面 C 拉应力校核。

下边缘

$$\sigma_{\text{tmax}} = \frac{M_C y_C}{I_z} = \frac{10 \times 10^3 \times 157.5 \times 10^{-3}}{60.1 \times 10^{-6}} = 26.2 \times 10^6 (\text{Pa}) = 26.2(\text{MPa}) < [\sigma_t]$$

故该梁满足强度要求。

（4）若将横截面倒置为⊥形，弯矩图不变，但在截面 B 上边缘，有

$$\sigma_{\text{tmax}} = \frac{M_B y_C}{I_z} = \frac{20 \times 10^3 \times 157.5 \times 10^{-3}}{60.1 \times 10^{-6}} = 52.8 \times 10^6 (\text{Pa}) = 52.8(\text{MPa}) > [\sigma_t]$$

因而不合理。

【评注】无论进行强度校核，还是设计截面或许可载荷估计，应首先画出内力图，才能从内力图上正确确定危险截面；本题梁的材料属脆性材料，所以危险截面应为两个，危险截面上可能的危险点也应是两个；可采用将两个危险截面上 σ_{tmax} 和 σ_{cmax} 分别计算，找出全梁的 σ_{tmax} 和 σ_{cmax}；也可将 y_C 与 $h - y_C$ 之比与正弯矩与负弯矩最大值之比比较，找出梁上 σ_{tmax} 和 σ_{cmax} 的点，再计算数值。

例 6-2 由 3 根木条胶合而成的悬臂梁截面尺寸如例 6-2 图所示，跨度 $l = 1\text{m}$。若胶合面上的许用切应力 $[\tau_g] = 0.34\text{MPa}$，木材的许用正应力 $[\sigma_w] = 10\text{MPa}$，许用切应力为

$[\tau_w]$=1MPa,试求许可载荷 F。

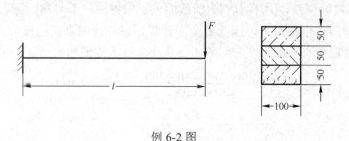

例 6-2 图

解:该梁最大剪力为 $F_s = F$,最大弯矩为 $M=Fl$。

(1)梁的正应力强度条件为

$$\sigma_{\max} = \frac{M_{\max}}{W} = \frac{F_2 l}{W} = \frac{6F_2}{100 \times 150^2 \times 10^{-9}} = \frac{6F_2}{2250 \times 10^{-6}} \leqslant [\sigma_w]$$

得

$$F_2 \leqslant \frac{[\sigma_w] \times 2250 \times 10^{-6}}{6} = \frac{10 \times 2250}{6} = 3750(\text{N}) = 3.75(\text{kN})$$

(2)梁的剪应力强度条件为

$$\tau_{\max} = \frac{3F_s}{2A} = \frac{3F_3}{2 \times 100 \times 150 \times 10^{-6}} \leqslant [\tau_w]$$

得

$$F_3 \leqslant \frac{[\tau_w] \times 2 \times 15000 \times 10^{-6}}{3} = \frac{2 \times 15000}{3} = 10000(\text{N}) = 10(\text{kN})$$

(3)胶合面的剪切强度条件为

$$\tau_g = \frac{F_s S_z^*}{b I_z} = \frac{F_1 \times 100 \times 50 \times 50 \times 10^{-9}}{\frac{100}{12} \times 150^3 \times 100 \times 10^{-15}} = \frac{2F_1}{150^2 \times 10^{-6}} \leqslant [\tau_g]$$

得

$$F_1 \leqslant \frac{[\tau_g] \times 150^2 \times 10^{-6}}{2} = \frac{0.34 \times 150^2}{2} = 3.83 \times 10^3 (\text{N}) = 3.83(\text{kN})$$

因而 F 应小于 3.75kN。

【评注】①本例为弯曲正应力强度条件和切应力强度条件的综合运用,同时还考虑了梁胶合面上的强度计算;②对于梁的弯曲强度,正应力是起主导作用的,所以本例也可以采用正应力强度条件进行载荷估计,再采用切应力强度条件进行强度校核。③在有连接的部位,需要考虑连接层(题中的胶合面)强度问题,这时常常要用到切应力互等定理。

例 6-3 如例 6-3 图所示,在 No.22a 的工字截面简支主梁 AB 上,有一矩形截面的简支副梁,副梁可沿主梁轴线方向移动。已知主梁跨长 $L=4$m,副梁跨长 $l=1$m,副梁的矩形截面宽度 $b=4$cm,高度 $h=12$cm。两梁的许用应力均为 $[\sigma]=160$MPa,$[\tau]=100$MPa,试问当副梁跨中施加集中力 F 达到允许载荷时,主梁是否安全?

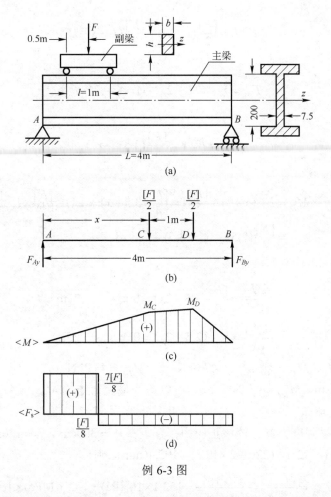

例 6-3 图

解：题目要求以副梁估计载荷，在此允许载荷作用下校核主梁的强度。载荷估计需要正应力及切应力条件并用；主梁校核关键是危险截面的确定，副梁的移动，使得支反力、内力均为 x 的函数，则用求极值的方法确定。

（1）求副梁允许载荷 $[F]$。首先按正应力强度条件进行载荷估计。

由强度条件 $\sigma_{\max} = \dfrac{M_{\max}}{W_{z1}} = \dfrac{Fl/4}{bh^2/6} \leqslant [\sigma]$，得

$$[F] = \frac{2}{3}[\sigma]\frac{bh^2}{l} = \frac{2}{3} \times 160 \times 10^6 \times 4 \times 12^2 \times 10^{-6} = 61.4 \times 10^3 (\text{N}) = 61.4 (\text{kN})$$

用切应力强度条件校核。集中载荷在跨中，因此副梁中最大剪力 $F_s = \dfrac{[F]}{2}$，则

$$\tau_{\max} = \frac{3F_s}{2bh} = \frac{3}{2} \times \frac{1}{2} \times \frac{61.4 \times 10^3}{4 \times 12 \times 10^{-4}} = 9.59 \times 10^6 (\text{Pa}) = 9.59 (\text{MPa}) < [\tau]$$

（2）求主梁的最大弯矩。由于副梁两支座作用于主梁上的力均为 $\dfrac{1}{2}[F]$，则主梁最大弯矩也一定在其中一个集中力之下。设最大弯矩在靠 A 支座的集中力下，且到 A 点的距离为 x，根据例 6-3 图（b）求 x。由平衡方程 $\sum M_B = 0$，即

$$F_{Ay}L = \frac{[F]}{2}(L-x) + \frac{[F]}{2}(L-x-l)$$

整理得

$$F_{Ay} = \frac{[F]}{2L}(2L-2x-l) = \frac{3.5-x}{4}[F]$$

C 截面的弯矩为

$$M_C = F_{Ay}x = \frac{[F]}{4}(3.5x - x^2)$$

D 截面的弯矩为

$$M_D = F_{Ay}(x+l) - \frac{[F]}{2}l = \frac{[F]}{4}(3.5-x)(x+1) - \frac{[F]}{2} \times 1$$
$$= \frac{[F]}{4}(2.5x - x^2 + 3.5) - \frac{[F]}{2} \times 1$$

根据极值条件

$$\frac{dM_C}{dx} = \frac{[F]}{4}(3.5 - 2x) = 0 \Rightarrow x_1 = 1.75\text{m}$$

$$\frac{dM_D}{dx} = \frac{[F]}{4}(2.5 - 2x) = 0 \Rightarrow x_2 = 1.25\text{m}$$

将 x_1 代入 M_C、M_D，得 $M_{C1} = 47.0\text{kN·m}$、$M_{D1} = 43.2\text{kN·m}$；将 x_2 代入 M_C、M_D，得 $M_{C2} = 43.2\text{kN·m}$、$M_{D2} = 47.0\text{kN·m}$。所以梁中最大弯矩为 $M_{\max} = 47.0\text{kN·m}$。弯矩图如例 6-3 图（c）所示。

（3）校核主梁强度。首先校核正应力，查表得 $W = 309\text{cm}^3$，$h = 220\text{mm}$，$b_1 = 7.5\text{mm}$，$t = 12.3\text{mm}$，$h_1 = (h - 2t) = (220 - 2 \times 12.3) = 195.4(\text{mm})$，则

$$\sigma_{\max} = \frac{M_{\max}}{W} = \frac{47 \times 10^3}{309 \times 10^{-6}} = 152.1 \times 10^6(\text{Pa}) = 152.1(\text{MPa}) < [\sigma]$$

因此主梁满足正应力强度条件。

其次校核切应力。当副梁运动至无穷接近 A 端（或 B 端）时，主梁最大剪力均为 $|F_s|_{\max} = \frac{7}{8}[F]$，如题例 6-3 图（d）所示，用切应力的近似计算公式，有

$$\tau_{\max} \approx \frac{F_s}{b_1 h_1} = \frac{7}{8}\frac{F}{b_1 h_1} = \frac{7 \times 61.4 \times 10^3}{8 \times 195.4 \times 7.5 \times 10^{-6}} = 36.7 \times 10^6(\text{Pa}) = 36.7(\text{MPa}) < [\tau]$$

主梁同样满足切应力强度条件。

【评注】 本题在由副梁确定出许可载荷后，再对主梁进行强度校核。对主梁的强度校核，由于副梁的可移动性，故要分析确定 M 及 F_s 的极值，其余计算则相对简单；在 $M_{\max}$ 及 $F_{s\max}$ 确定中，由于载荷的可移动性，应全面分析可能的极值情况。

例 6-4 简支梁如例 6-4 图(a)所示。已知木材与钢材的弹性模量分别为 $E_w = 10\text{GPa}$，$E_{st} = 200\text{GPa}$。截面尺寸如例 6-4 图（c）、（e）、（g）、（i）所示。

（1）该梁是由两根宽度相等的小梁叠合而成（假设两根梁间相互密合但没有摩擦，各自变形，曲率半径近似相等）。试分别绘出 C 截面上的正应力分布图；

（2）当两种材料固定在一起，形成例 6-4 图（i）形式的组合梁时，试计算木材和钢

材中的最大正应力。

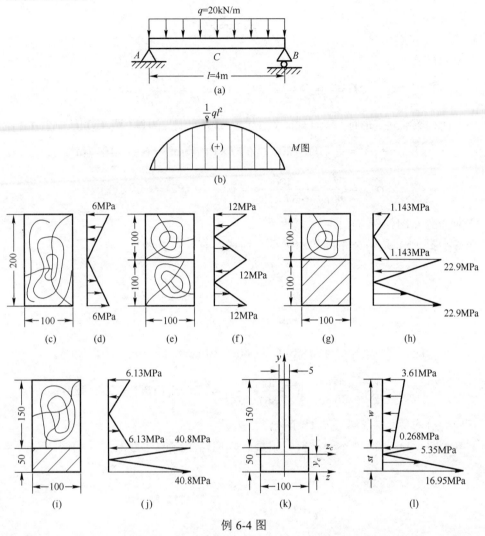

例 6-4 图

解：梁的正应力分布实验中有关叠梁以不同形式相叠的实验，此题拟给出相同材料、相同截面，不同材料、相同截面，不同材料、不同截面等无摩擦叠合和固定黏合时应力的分析及计算结果，以便读者自主做好验证实验。应当注意分析中叠梁相接处，变形相等，即曲率相同。固接组成组合梁，平面假设仍然成立，即两种材料变形符合同一线性分布，而应力分布虽为线性，但因弹性模量不同，而斜率不同。

（1）画弯矩图。弯矩图如例 6-4 图（b）所示，中面 C 弯矩最大，且

$$M_C = \frac{1}{8}ql^2 = \frac{1}{8} \times 2 \times 10^3 \times 4^2 = 4000(\text{N} \cdot \text{m})$$

（2）截面 C 内力分析。设木梁承受弯矩 M_1，钢梁承受弯矩 M_2，则 $M_1 + M_2 = M_C$。梁变形时满足

$$\frac{1}{\rho_1} = \frac{M_1}{E_w I_1}, \quad \frac{1}{\rho_2} = \frac{M_2}{E_{st} I_2}, \quad \rho_1 = \rho_2$$

所以
$$\frac{M_1}{E_w I_1} = \frac{M_2}{E_{st} I_2}$$

联立求解得
$$M_1 = \frac{E_w I_1}{E_w I_1 + E_{st} I_2} M, \quad M_2 = \frac{E_{st} I_2}{E_w I_1 + E_{st} I_2} M$$

（3）两根梁独立变形时，绘制截面 C 上正应力分布图。例 6-4 图（c）是一个整体梁，则
$$W_{z1} = \frac{1}{6} bh^2 = \frac{1}{6} \times 100 \times 200^2 = 6.67 \times 10^5 (\text{mm}^3) = 6.67 \times 10^{-4} (\text{m}^3)$$

$$\sigma_{\max} = \frac{M_C}{W_{z1}} = \frac{4000}{6.67 \times 10^{-4}} = 6.0 \times 10^6 (\text{Pa}) = 6.0 (\text{MPa})$$

正应力分布图如例 6-4 图（d）所示。

例 6-4 图（e）是两个相同的木梁叠合而成，有
$$E_w I_1 = E_w I_2$$

则
$$M_1 = M_2 = \frac{1}{2} M_C$$

$$W_{z2} = \frac{1}{6} bh_1^2 = \frac{1}{6} \times 100 \times 100^2 = 1.667 \times 10^5 (\text{mm}^3) = 1.667 \times 10^{-4} (\text{m}^3)$$

$$\sigma_{\max} = \frac{M_1}{W_{z2}} = \frac{M_C}{2W_{z2}} = \frac{4000}{2 \times 1.667 \times 10^{-4}} = 12.0 \times 10^6 (\text{Pa}) = 12.0 (\text{MPa})$$

正应力分布图如例 6-4 图（f）所示。

例 6-4 图（g）是两种不同材料的梁叠合，但两个梁的横截面尺寸相同，即 $I_1 = I_2$，则
$$M_1 = \frac{E_w}{E_w + E_{st}} M_C = \frac{1}{21} M_C = 190.5 (\text{N} \cdot \text{m})$$

$$M_2 = \frac{E_{st}}{E_w + E_{st}} M_C = \frac{20}{21} M_C = 3810 (\text{N} \cdot \text{m})$$

木梁的最大正应力为
$$\sigma_{w\max} = \frac{M_1}{W_{z3}} = \frac{6M_1}{bh_1^2} = \frac{6 \times 190.5}{100 \times 100^2 \times 10^{-9}} = 1.143 \times 10^6 (\text{Pa}) = 1.143 (\text{MPa})$$

钢梁内的最大正应力为
$$\sigma_{st\max} = \frac{M_2}{W_{z3}} = \frac{6M_2}{bh_2^2} = \frac{6 \times 3810}{100 \times 100^2 \times 10^{-9}} = 22.9 \times 10^6 (\text{Pa}) = 22.9 (\text{MPa})$$

正应力分布图如例 6-4 图（h）所示。

例 6-4 图（i）是两种不同材料的梁叠合，则
$$E_w I_1 = 10 \times 10^9 \times \frac{1}{12} \times 100 \times 150^3 \times 10^{-12} = 2.81 \times 10^5 (\text{N} \cdot \text{m}^2)$$

$$E_{st}I_2 = 200 \times 10^9 \times \frac{1}{12} \times 100 \times 50^3 \times 10^{-12} = 2.08 \times 10^5 (\text{N} \cdot \text{m}^2)$$

$$M_1 = \frac{E_w I_1}{E_w I_1 + E_{st} I_2} M_C = \frac{2.81 \times 10^5}{2.81 \times 10^5 + 2.08 \times 10^5} \times 4000 = 2300(\text{N} \cdot \text{m})$$

$$M_2 = \frac{E_{st} I_2}{E_w I_1 + E_{st} I_2} M_C = \frac{2.08 \times 10^5}{2.81 \times 10^5 + 2.08 \times 10^5} \times 4000 = 1700(\text{N} \cdot \text{m})$$

木梁的最大正应力为

$$\sigma_{w\max} = \frac{M_1}{W_1} = \frac{6M_1}{bh_3^2} = \frac{6 \times 2300}{100 \times 150^2 \times 10^{-9}} = 6.13 \times 10^6 (\text{Pa}) = 6.13(\text{MPa})$$

钢梁的最大正应力为

$$\sigma_{st\max} = \frac{M_2}{W_2} = \frac{6M_2}{bh_4^2} = \frac{6 \times 1700}{100 \times 50^2 \times 10^{-9}} = 40.8 \times 10^6 (\text{Pa}) = 40.8(\text{MPa})$$

正应力分布图如例 6-4 图（j）所示。

（4）当两种材料固定在一起，形成一个整体梁，计算木材和钢材中的最大正应力。

例 6-4 图（e）如不考虑胶合面上的剪切强度时，正应力的分布和最大正应力完全同于例 6-4 图（c）截面，而例 6-4 图（g）、（i）是两部分材料不同的组合梁，以例 6-4 图（i）为例，用等效截面法来求木材和钢材的最大正应力。

依题意可知

$$n = \frac{E_w}{E_{st}} = \frac{1}{20}$$

等效缩小后的宽度为

$$b_{st} = nb_w = \frac{100}{20} = 5(\text{mm})$$

$$y_C = \frac{50 \times 100 \times 25 + 5 \times 150 \times (75 + 50)}{100 \times 50 + 150 \times 5} = 38(\text{mm})$$

等效截面对形心主惯性轴 z_C 的截面惯性矩为

$$I_{z_C} = \frac{100 \times 50^3}{12} + 50 \times 100 \times (38-25)^2 + \frac{5 \times 150^3}{12} + 5 \times 150 \times (125-38)^2$$
$$= 8.97 \times 10^6 (\text{mm}^4) = 8.97 \times 10^{-6} (\text{m}^4)$$

则等效截面中的最大正应力分别为

$$\sigma_{st\max} = \frac{4 \times 10^3 \times 38 \times 10^{-3}}{8.97 \times 10^{-6}} = 16.95 \times 10^6 (\text{Pa}) = 16.95(\text{MPa})$$

$$\sigma_{w\max} = \frac{4 \times 10^3 \times (200-38) \times 10^{-3}}{20 \times 8.97 \times 10^{-6}} = 3.61 \times 10^6 (\text{Pa}) = 3.61(\text{MPa})$$

接合面处正应力为

$$\sigma_{st} = \frac{4 \times 10^3 \times (50-38) \times 10^{-3}}{8.97 \times 10^{-6}} = 5.35 \times 10^6 (\text{Pa}) = 5.35(\text{MPa})$$

$$\sigma_w = n\sigma_{st} = 0.268(\text{MPa})$$

分布图如例 6-4 图（l）所示，显然，接合面处应力不连续。

【评注】①如果两个梁（或更多）叠合在一起，受力后各自变形，但接触面相互贴合，这种梁称为叠梁。在纯弯曲情况下，认为中间层无约束，贴合面总相接，不可分开，但无摩擦力，在小变形条件下，且梁各部分截面高度 $h_i \ll \rho$（曲率半径），近似认为 $\rho_1 = \rho_2$（该梁的变形几何关系），而各梁承受的弯矩之和 $\sum M_i = M$，从而求出梁各部分的应力。

②如梁由两种（或更多）不同材料粘合而成，当连接很紧密（不脱开）时，梁也像整体梁一样发生变形，这种梁称为组合梁。研究同材料整体梁的应力和变形时，所用各种假设，同样适用于组合梁。等效面积法是解决该类问题的方法之一。

例 6-5 简支梁如例 6-5 图所示，已知外力 F，尺寸 a 和 b，许用应力 $[\sigma]$ 和 $[\tau]$，试设计等强度梁直径 d。

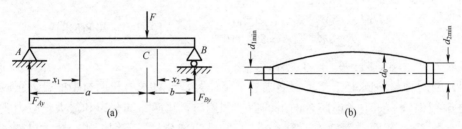

例 6-5 图

解：(1) 确定内力分布。由梁的平衡条件得支座反力 $F_{Ay} = \dfrac{b}{a+b}F$, $F_{By} = \dfrac{a}{a+b}F$，方向如例 6-5 图(a)所示。

AC 段弯矩方程为 $M(x_1) = F_{Ay}x_1 = \dfrac{b}{a+b}Fx_1$，$CB$ 段弯矩方程为 $M(x_2) = F_{By}x_2 = \dfrac{a}{a+b}Fx_2$。最大弯矩在截面 C 处，$M_C = \dfrac{abF}{a+b}$。

(2) 由强度条件确定两段梁直径沿 x 的变化规律。由正应力强度条件：

$$\sigma_{\max} = \frac{M(x_1)}{W(x_1)} = \frac{32M(x_1)}{\pi d^3(x_1)} \leqslant [\sigma]$$

AC 段直径为

$$d(x_1) \geqslant \sqrt[3]{\frac{32M(x_1)}{\pi[\sigma]}} = \sqrt[3]{\frac{32bFx_1}{\pi[\sigma](a+b)}} = d_0\sqrt[3]{\frac{x_1}{a}}$$

其中 $d_0 = \sqrt[3]{\dfrac{32abF}{\pi[\sigma](a+b)}}$，为梁的最大直径，即截面 C 直径。

AC 段最小直径 $d_{1\min}$，按切应力强度条件，有

$$\tau_{\max} = \frac{4}{3}\frac{F_{s1}}{A_1} = \frac{4}{3}\frac{4F_{Ay}}{\pi d_{1\min}^2} \leqslant [\tau]$$

则

$$d_{1\min} \geqslant \sqrt{\frac{16F_{Ay}}{3\pi[\tau]}} = \sqrt{\frac{16bF}{3\pi[\tau](a+b)}}$$

同理，CB 段直径为

$$d(x_2) \geqslant \sqrt[3]{\frac{32M(x_2)}{\pi[\sigma]}} = \sqrt[3]{\frac{32aFx_2}{\pi[\sigma](a+b)}} = d_0\sqrt[3]{\frac{x_2}{b}}$$

CB 段最小直径为

$$d_{2\min} \geqslant \sqrt[3]{\frac{16F_{By}}{3\pi[\tau]}} = \sqrt[3]{\frac{16aF}{3\pi[\tau](a+b)}}$$

变截面梁形状如例 6-5 图（h）所示。

【评注】①为充分利用材料，选用截面沿杆的长度变化，恰使每个横截面上的最大正应力都等于材料的许用应力$[\sigma]$，称这样的变截面梁为等强度梁。等强度梁可根据需要截面采用各种形状。②在弯矩最小截面处，须用切应力强度条件设计最小截面尺寸。

6.3 考点及考研真题辅导与精析

弯曲强度是弯曲部分的重点，无论是课程考试或考研试题，一般本章内容必不可少，尤其是横截面几何形状上下不对称的铸铁梁最为多见。要求能够正确画出内力图，确定危险截面（最大正、负弯矩所在面）及危险截面上的应力分布情况，计算最大拉、压应力进行强度校核、截面设计或载荷估计。应当注意，此时的强度条件一般包含正应力和切应力两部分，应全面考虑，因此也要掌握最大切应力的计算及切应力的分布规律，并熟知$F_{s\max}$面不一定与$M_{\max}$面同面。对于 T 形截面等，这时形心位置的确定，形心主惯性矩的计算，都比较重要。

1. 梁的弯曲问题中，中性轴是指（　　）。（浙江大学；5 分）

A．梁的横截面的形心连线，其上正应力为 0

B．梁的横截面的形心连线，其上切应力为 0

C．梁的横截面与中性层的交线，其上正应力为 0

D．梁的横截面与中性层的交线，其上切应力为 0

答：由中性轴的概念可知选 C。

2. 矩形截面悬臂梁，载荷 F 和 M 均作用在梁的纵向对称平面内。σ 和 τ 分别表示正应力和切应力，关于它们在 A、B、C、D 四点处的值，有以下(1)～(4) 的论述：（西南交通大学；3 分）

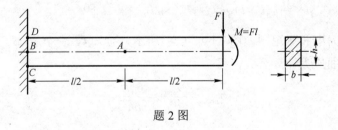

题 2 图

(1) 在点 A 处，$\sigma = 0$，$\tau = \dfrac{3F}{4bh}$；

(2) 在点 B 处，$\sigma = 0$，$\tau = \dfrac{3F}{2bh}$；

(3) 在点 C 处，$\sigma=0$，$\tau=0$；

(4) 在点 D 处，$\sigma=0$，$\tau=0$。

以上 4 个论述中，论述正确的个数有（   ）项。

A. 1   B. 2   C. 3   D. 4

答：选 C。A、B 两点均在中性轴上，$\sigma=0$，矩形截面中性轴上的切应力 $\tau=\dfrac{3F}{2A}$。C、D 两点切应力均为零，因为 $M=Fl$，固定端面上弯矩 $M_A=0$，则正应力 $\sigma=0$，此时应选 C。

3. 题 3 图所示等截面外伸梁，截面为 $b\times h$ 的矩形，试求：(1) 绘制梁的剪力图和弯矩图；(2) 横截面上最大正应力和最大切应力。（南京理工大学；20 分）

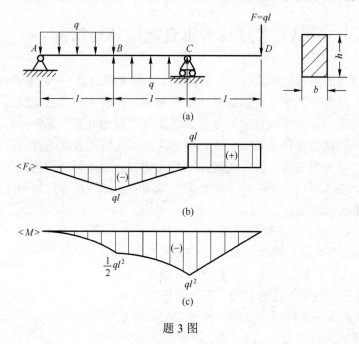

题 3 图

解：(1) 绘制梁的内力图。根据梁的静力平衡方程求支反力：

由 $\sum M_A=0$，$ql\times\dfrac{l}{2}+F\times 3l=ql\times\dfrac{3l}{2}-F_{Cy}\times 2l$，得 $F_{Cy}=ql$。

由 $\sum M_B=0$，$ql\times\dfrac{3l}{2}=F\times l+ql\times\dfrac{l}{2}+F_{Ay}\times 2l$，得 $F_{Ay}=0$。

作出梁的剪力图和弯矩图如图 (b)、(c) 所示，可知 $F_{s\max}=ql$，$M_{\max}=ql^2$。

(2) 代入弯曲应力计算公式，得

$$\sigma_{\max}=\dfrac{M_{\max}}{W_z}=\dfrac{6ql^2}{bh^2}$$

$$\tau_{\max}=\dfrac{3}{2}\dfrac{F_{s\max}}{A}=\dfrac{3ql}{2bh}$$

4. 题 4 图所示梁 AB 为 No14 工字钢，抗弯截面系数 $W_z=102\text{cm}^3$，杆 CD 为圆截面杆，直径 $d=20\text{mm}$，梁及杆的材料相同，许用应力 $[\sigma]=160\text{MPa}$，试求许可均布载荷 $[q]$。

（西北工业大学；25分）

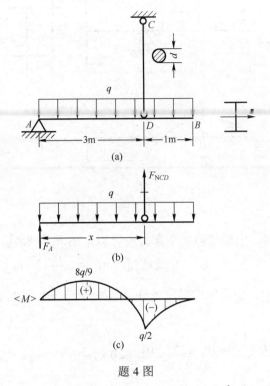

题4图

解：（1）由题4图（b）列静力平衡方程，求得约束反力 $F_{NCD}=\dfrac{8}{3}q$，$F_A=\dfrac{4}{3}q$。

（2）作出梁 AB 的弯矩图如题4图（c）所示。

（3）按梁 AB 弯曲正应力强度条件估计。因为

$$\sigma_{AB\,\max}=\dfrac{M_{\max}}{W_Z}=\dfrac{\tfrac{8}{9}q}{W_Z}\leqslant[\sigma]$$

所以

$$q\leqslant\dfrac{9}{8}W_Z[\sigma]=\dfrac{9}{8}\times102\times160=18.36(\text{kN/m})$$

（4）按杆 CD 拉伸强度条件估计。

将轴力 $F_{NCD}=\dfrac{8}{3}q$ 代入拉伸强度条件 $\sigma_{CD\,\max}=\dfrac{F_{NCD}}{A}=\dfrac{\tfrac{8}{3}q}{\tfrac{\pi}{4}d^2}\leqslant[\sigma]$，得

$$q\leqslant\dfrac{3}{32}\pi d^2[\sigma]=\dfrac{3}{32}\times\pi\times20^2\times160=18.85(\text{kN/m})$$

所以，该结构的许可载荷为 $[q]=18.36\text{kN/m}$。

5. 上、下翼缘宽度不等的工字形截面铸铁梁的尺寸及荷载如题5图所示。已知截面对形心轴 z 的惯性矩 $I_z=235\times10^6\text{mm}^4$，$y_1=119\text{mm}$，$y_2=181\text{mm}$，材料的许用拉应力 $[\sigma_t]=40\text{MPa}$，许用压应力 $[\sigma_c]=120\text{MPa}$，求该梁的许可荷载 q。（长安大学；20分）

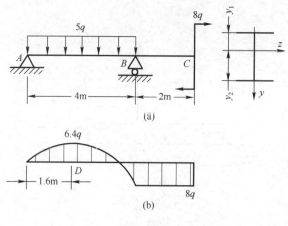

题 5 图

解：（1）作弯矩图。由梁的静力平衡方程可以求出 $F_{Ay}=8q(\uparrow)$，$F_{By}=12q(\uparrow)$。作出梁的弯矩图，可知 B、D 为危险截面：$M_D=6.4q\,\text{kN}\cdot\text{m}$　$M_B=-8q\,\text{kN}\cdot\text{m}$

（2）求许可载荷 $[q]$。由正应力强度条件 $\sigma_{\max}=\dfrac{M_{\max}y_{\max}}{I_z}\leqslant[\sigma]$，可得

B 截面：

$$[q]_1=\dfrac{[\sigma_t]I_z}{8y_1}=\dfrac{40\times10^6\times235\times10^{-6}}{8\times0.119}=9.87\times10^3(\text{N/m})=9.87(\text{kN/m})$$

$$[q]_2=\dfrac{[\sigma_c]I_z}{8y_2}=\dfrac{120\times10^6\times235\times10^{-6}}{8\times0.181}=19.5\times10^3(\text{N/m})=19.5(\text{kN/m})$$

D 截面：

$$[q]_3=\dfrac{[\sigma_t]I_z}{6.4y_2}=\dfrac{40\times10^6\times235\times10^{-6}}{6.4\times0.181}=8.11\times10^3(\text{N/m})=8.11(\text{kN/m})$$

$$[q]_4=\dfrac{[\sigma_c]I_z}{6.4y_1}=\dfrac{120\times10^6\times235\times10^{-6}}{6.4\times0.119}=37.0\times10^3(\text{N/m})=37.0(\text{kN/m})$$

（3）确定许可载荷。由上述计算可得

$$[q]=\min[q]_i=[q]_3=8.11(\text{kN/m})$$

6．有一长 $L=10\text{m}$，直径 $D=40\text{cm}$ 的原木，$[\sigma]=6\text{MPa}$，欲加工成矩形截面梁，且梁上作用有可移动荷载 F，试问：（1）当 h、b 和 x 为何值时，梁的承载能力最大？（2）求相应的许用荷载 $[F]$。（吉林大学；15 分）

解：（1）求当 h、b 和 x 为何值时，梁的承载能力最大。

① 弯曲正应力 $\sigma=\dfrac{M}{W}$，当 M 一定时，则 $W\to W_{\max}$ 时，$\sigma\to\sigma_{\min}$，故问题转化为该截面抗弯截面系数最大。设圆木直径为 d，则

$$h=d\cos\alpha,\quad b=d\sin\alpha\quad(\tan\alpha=h/b)$$

矩形截面抗弯截面模量为

$$W=\dfrac{bh^2}{6}=\dfrac{d^3}{6}\sin\alpha\cos^2\alpha=\dfrac{d^3}{6}(\sin\alpha-\sin^3\alpha)$$

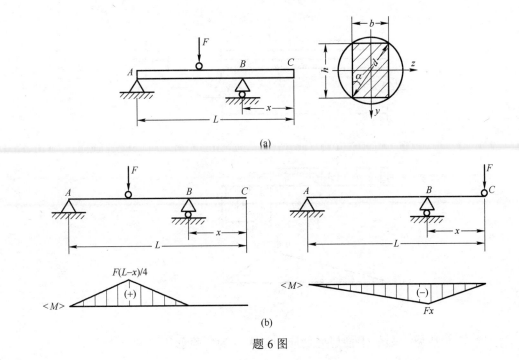

题 6 图

令

$$\frac{dW}{d\alpha} = \frac{d^3}{6}(\cos\alpha - 3\cos\alpha\sin^2\alpha) = \frac{d^3}{6}\cos\alpha(1 - 3\sin^2\alpha) = 0$$

若 $\cos\alpha = 0$，即 $\alpha = \frac{\pi}{2}$，舍去；所以，当 $\sin\alpha = \frac{1}{\sqrt{3}}$，$\cos\alpha = \sqrt{\frac{2}{3}}$ 时，W 最大，故 $\alpha = 35.3°$。此时

$$h : b = \cos\alpha : \sin\alpha = \sqrt{2} : 1 \approx 3 : 2$$

② 在截面抗弯截面系数最大条件下，当梁上最大弯矩最小时，梁的承载能力最大。

从题 6 图（b）可以看出，当 F 移动到 AB 中面时的最大弯矩 $M_{1\max} = F(L-x)/4$；当 F 移动到 C 点时，$M_{2\max} = Fx$。要求梁的承载能力最大，则 $M_{1\max} = M_{2\max}$，故 $x = 0.2L$。所以 $h = 32.6 \text{cm}$，$b = 23.1 \text{cm}$，$x = 2 \text{m}$。

（2）求相应的许用荷载 [F]。由弯曲强度条件 $\sigma_{\max} = \frac{M_{\max}}{W_z} = \frac{0.2FL}{bh^2/6} \leqslant [\sigma]$，可得

$$[F] \leqslant \frac{bh^2[\sigma]}{1.2L} = \frac{23.1 \times 32.6^2 \times 10^{-6} \times 6 \times 10^6}{1.2 \times 10} = 12.3 \times 10^3 (\text{N}) = 12.3(\text{kN})$$

7. 题 7 图所示简支梁，由 4 块尺寸相同的木板胶结而成。已知 $F = 6\text{kN}$，$l = 300\text{mm}$，截面宽度 $b = 60\text{mm}$，高度 $h = 80\text{mm}$ 的原木，木板的许用正应力 $[\sigma_w] = 8\text{MPa}$，胶缝的许用切应力 $[\tau_g] = 4\text{MPa}$，试校核其强度。（中南大学；15 分）

解：（1）作梁的内力图。由梁的静力平衡方程可以求出 $F_{Ay} = F/3(\uparrow)$，$F_{By} = 2F/3(\uparrow)$。作出梁的剪力图和弯矩图，可知 C 为危险截面：$F_{s\max} = 4\text{kN}$，$M_{\max} = 0.4\text{kN}\cdot\text{m}$。

（2）代入正应力强度条件，得

$$\sigma_{\max} = \frac{M_{\max}}{W_z} = \frac{6 \times 0.4 \times 10^3}{0.06 \times 0.08^2} = 6.25 \times 10^6 (\text{Pa}) = 6.25(\text{MPa}) < [\sigma_w]$$

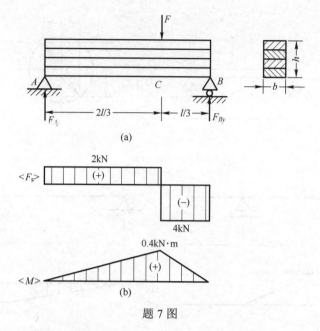

题 7 图

梁共有 3 处胶缝，显然中性层处切应力最大，为危险部位，则

$$\tau_{\max} = \frac{3}{2}\frac{F_{s\max}}{A} = \frac{3 \times 4 \times 10^3}{2 \times 0.06 \times 0.08} = 1.25 \times 10^6 (\text{Pa}) = 1.25(\text{MPa}) < [\tau_g]$$

所以，梁的强度足够。

8. 结构受力和截面尺寸如题 8 图所示，材料的屈服应力 $\sigma_s = 30\text{MPa}$，试求结构达到极限状态时 F 的值。（大连理工大学；20 分）

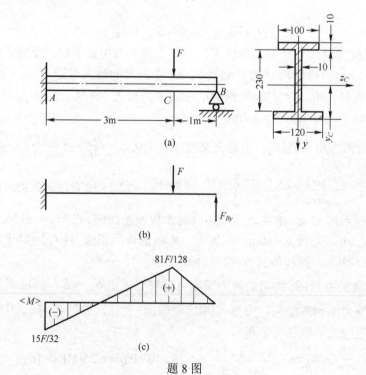

题 8 图

解：（1）首先确定形心。图形左右对称 $z_C = 0$ ，而

$$y_C = \frac{10 \times 120 \times 5 + 230 \times 10 \times 125 + 10 \times 100 \times 245}{10 \times 120 + 230 \times 10 + 10 \times 100} = 119.7(\text{mm})$$

$$y_1 = 250 - y_C = 250 - 119.7 = 130.3(\text{mm})$$

形心主惯性矩为

$$I_{z_C} = \frac{120 \times 10^3}{12} + 120 \times 10 \times (119.7 - 5)^2 + \frac{10 \times 230^3}{12} + 10 \times 230(125 - 119.7)^2$$

$$+ \frac{100 \times 10^3}{12} + 100 \times 10(245 - 119.7)^2 = 41.7 \times 10^6 (\text{mm}^4)$$

（2）画弯矩图。根据结构的平衡分析可知，结构为一次超静定梁。解除 B 处多余约束，建立题 8 图（b）所示相当系统，则变形协调方程为 $y_B = y_{BF} + y_{BF_{By}} = 0$ 。

由物理关系 $y_{BF} = \frac{F \cdot 3^3}{3EI_{z_C}} + \frac{F \cdot 3^2}{2EI_{z_C}} \cdot 1 = \frac{27F}{2EI_{z_C}}(\downarrow)$ ， $y_{BF_{By}} = \frac{F_{By} \cdot 4^3}{3EI_{z_C}} = \frac{64F_{By}}{3EI_{z_C}}(\uparrow)$ ，代入变形协调方程，解得

$$F_{By} = \frac{81}{128}F$$

作弯矩图如图（c）所示，最大弯矩值在 C 截面处， $M_{\max} = \frac{81}{128}F$ 。

（3）强度计算。由弯曲正应力强度条件 $\sigma_{\max} = \frac{M_{\max} \cdot y_{\max}}{I_{z_C}} \leq \sigma_s$ ，可得

$$F \leq \frac{128}{81} \frac{\sigma_s I_{z_C}}{y_1} = \frac{128 \times 30 \times 10^6 \times 41.7 \times 10^{-6}}{81 \times 130.3 \times 10^{-3}} = 15.17 \times 10^3 (\text{N}) = 15.17(\text{kN})$$

故结构达到极限状态时 $F = 15.17\text{kN}$ 。

6.4 课后习题解答

6-1 如题 6-1 图所示，长 30m 直径为 6mm 的直圆钢被盘绕成内径为 1.25m 的圆筒，材料的弹性模量为 $E = 200\text{GPa}$ ，假定应力未超过比例极限。求盘绕后圆钢内最大应力及所对应的弯矩。

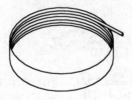

题 6-1 图

解：（1）根据曲率与弯矩的关系式 $\frac{1}{\rho} = \frac{M}{EI}$ ，得

$$M = \frac{EI}{\rho} = \frac{200 \times 10^9 \times \frac{\pi}{64} \times 6^4 \times 10^{-12}}{\frac{1.25}{2} + \frac{0.006}{2}} = 20.26(\text{N} \cdot \text{m})$$

（2）代入弯曲正应力公式，得

$$\sigma = \frac{M}{W} = \frac{20.26}{\frac{\pi \times 6^3}{32} \times 10^{-9}} = 955.41 \times 10^6 (\text{Pa}) = 955.41(\text{MPa})$$

故梁内最大应力为 955.41MPa，相应弯矩为 20.26N·m。

6-2 如题 6-2 图所示一外伸梁，梁为 No.14b 槽钢制成，试求梁的最大拉应力和最大压应力，并指出其所作用的截面和位置。

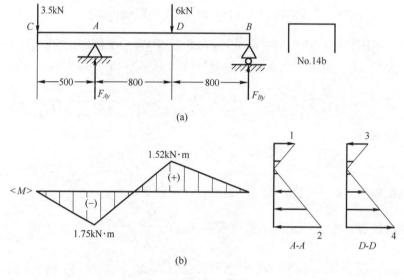

题 6-2 图

解：（1）求出支反力分别为

$$F_{Ay} = 7.594\text{kN}, \quad F_{By} = 1.906\text{kN}$$

（2）作弯矩图如题 6-2 图（b）所示。

（3）查表知 No.14b 槽钢的相关参数为

$$I_z = 61.1\text{cm}^4, \quad y_1 = 16.7\text{mm}, \quad y_2 = 43.3\text{mm}$$

（4）最大应力计算。在截面 A 和 D 的应力分布如题 6-2 图（b）所示。

拉应力为 1、4 点，代入数值，得

$$\sigma_{1t} = \frac{M_A y_1}{I_z} = \frac{1.75 \times 16.7}{61.1 \times 10^{-8}} = 47.8 \times 10^6 (\text{Pa}) = 47.8(\text{MPa})$$

$$\sigma_{4t} = \frac{M_D y_2}{I_z} = \frac{1.525 \times 43.3}{61.1 \times 10^{-8}} = 108 \times 10^6 (\text{Pa}) = 108(\text{MPa})$$

压应力为 2、3 点，由应力分布规律，显然最大压应力在 2 点，代入数值，得

$$\sigma_{cmax} = \sigma_{2c} = \frac{M_A y_2}{I_z} = \frac{1.75 \times 43.3}{61.1 \times 10^{-8}} = 124 \times 10^6 (\text{Pa}) = 124(\text{MPa})$$

因而最大拉应力为 108MPa，位于截面 D 下方。最大压应力为 124MPa，位于 A 截面下方。

6-3 某吊钩横轴，受到载荷 F=130kN 作用，尺寸如题 6-3 图所示。已知 l=300mm，h=110mm，b=160mm，d_0=75mm，材料的 $[\sigma]$=100MPa，试校核该轴的强度。

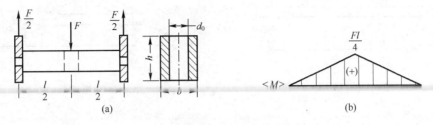

题 6-3 图

解：（1）弯矩图如题 6-3 图（b）所示，中间截面为危险截面。

（2）危险截面的抗弯截面系数为

$$W = \frac{b'h^2}{6} = \frac{(b-d_0)h^2}{6} = \frac{1}{6}(160-75)\times 110^2 \times 10^{-9} = 171.4\times 10^{-6}(\text{m}^3)$$

（3）最大弯曲正应力为

$$\sigma_{\max} = \frac{M_{\max}}{W} = \frac{Fl}{4W} = \frac{130\times 10^3 \times 300\times 10^{-3}}{4\times 171.4\times 10^{-6}} = 56.9(\text{MPa}) < [\sigma] = 100(\text{MPa})$$

故梁的强度条件满足。

6-4 如题 6-4 图所示，炸弹悬挂在炸弹架上，若 F=40kN，试在正应力不超过 200MPa 的条件下，为横梁 AB 选择槽钢型号（横梁由两个槽钢组成）。

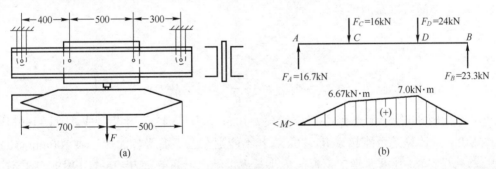

题 6-4 图

解：（1）分析受力并作弯矩图如题 6-4 图（b）所示，由内力图知 $M_{\max}=7\text{kN}\cdot\text{m}$。

（2）根据弯曲正应力强度条件 $\sigma_{\max} = \dfrac{M_{\max}}{2W_z} \leqslant [\sigma]$（注意横梁由两个槽钢组成），得

$$W_z \geqslant \frac{M_{\max}}{2[\sigma]} = \frac{7\times 10^3}{2\times 200\times 10^6} = 17.5\times 10^{-6}(\text{m}^3) = 17.5(\text{cm}^3)$$

因此选取 No.8 号槽钢，其 $W_z=25.3\text{cm}^3 > 17.5\text{cm}^3$。

6-5 如题 6-5 图所示结构中，梁 AB 和梁 CD 的矩形截面宽度均为 b。如已知梁 AB 高为 h_1，梁 CD 高为 h_2。欲使梁 AB 和梁 CD 的最大弯曲正应力相等，则两个梁的跨度 l_1 和 l_2 之间应满足什么样的关系？若材料的许用应力为 $[\sigma]$，此时许可载荷 F 为多大？

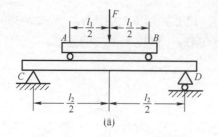
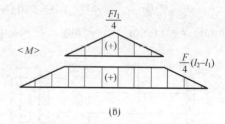

题 6-5 图

解：(1) 作主辅梁弯矩图如题 6-5 图（b）所示。
(2) 计算主辅梁的最大正应力。代入弯曲正应力公式，得
辅梁中最大弯曲正应力为

$$\sigma_{1\max} = \frac{M_1}{W_1} = \frac{\dfrac{Fl_1}{4}}{\dfrac{bh_1^2}{6}} = \frac{3Fl_1}{2bh_1^2}$$

主梁中最大弯曲正应力为

$$\sigma_{2\max} = \frac{M_2}{W_2} = \frac{\dfrac{F}{4}(l_2-l_1)}{\dfrac{bh_2^2}{6}} = \frac{3F(l_2-l_1)}{2bh_2^2}$$

(3) 依题意，要使主辅梁中最大弯曲正应力相等，即 $\sigma_{1\max}=\sigma_{2\max}$，将其代入上式得跨度 l_1 和 l_2 之间应满足的关系为

$$\frac{l_1}{l_2} = \frac{h_1^2}{h_1^2+h_2^2}$$

(4) 梁的许可载荷为 $\sigma_{1\max}=\sigma_{2\max}=\dfrac{3Fl_1}{2bh_1^2}\leqslant[\sigma]$，故 $F\leqslant\dfrac{2bh_1^2[\sigma]}{3l_1}$。

6-6 如题 6-6 图所示一单梁吊车，跨度 l=10.5m，由 No.45a 工字钢制成，$[\sigma]$=140MPa，$[\tau]$=75MPa，试计算是否能起重 W_1=70kN。若不能则在上下翼缘各加焊一块 100mm×10mm 的钢板，试校核其强度并确定钢板的最小长度。已知电葫芦重 W=15kN（梁的自重不计，工字钢的 I_z=3.224×10^4 cm^4，W_z=1430cm^3，I_z/S_z^*=38.6cm，腹板宽度 b=1.15cm）。

解：由题意知，是否能起吊 W_1，是载荷估计问题；否则应加固，是梁的截面设计问题，加固板材已定，几何性质确定，此时除中面最大正应力应满足强度条件外，加固的起始及终止点还应该满足强度条件，从而确定加固长度。题中给出了 $[\tau]$，故对 $\tau_{\max}$ 也应给予考虑。

(1) 计算原梁最大起重量。由于梁是细长梁，按弯曲正应力计算。当小车走到梁的中点时梁内弯矩最大，且危险截面在梁的中间截面，题 6-6 图（b）的弯矩为

$$M_{\max} = \frac{W_1+W}{4}l$$

根据弯曲正应力强度条件，得

$$M_{\max} = \frac{W_1+W}{4}l \leqslant [\sigma]W_z = 140\times 10^6 \times 1430\times 10^{-6} = 200\times 10^3 (\text{N}\cdot\text{m})$$

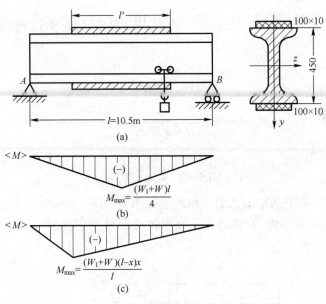

题 6-6 图

则最大许可吊重为

$$W_1 \leqslant \frac{4M_{\max}}{l} - W = \frac{4\times 200\times 10^3}{10.5} - 15\times 10^3 = 61.2\times 10^3 (\text{N}) = 61.2(\text{kN}) < 70\text{kN}$$

所以，不能直接起重 70kN 重量，梁需要加固。

（2）加焊钢板后再进行校核　加焊后截面惯性矩等参数为

$$I_z = 32240 + 2\times (\frac{10\times 1^3}{12} + 23^2\times 10\times 1) = 4.28\times 10^4 (\text{cm}^4)$$

$$y_{\max} = 22.5 + 1 = 23.5(\text{cm})$$

$$W_z = \frac{I_z}{y_{\max}} = 1.822\times 10^3 (\text{cm}^3) = 1822\times 10^{-6} (\text{m}^3)$$

当 $W_1 = 70$kN 时，最大应力分别为

$$\sigma_{\max} = \frac{M_{\max}}{W_z} = \frac{(70+15)\times 10^3 \times 10.5}{4\times 1822\times 10^{-6}} = 122.4\times 10^6 (\text{Pa}) = 122.4(\text{MPa}) < [\sigma] = 140(\text{MPa})$$

所以梁是安全的。

当小车运行到支座附近时，梁内弯矩减小，剪力为 $F_{s\max} = 70+15 = 85(\text{kN})$。但在支座附近，梁未加固，须考虑最大弯曲切应力，其危险点在中性轴处，则

$$\tau_{\max} = \frac{F_{s\max}}{bI_z/S_z^*} = \frac{85\times 10^3}{1.15\times 38.6\times 10^{-4}} = 19.15\times 10^6 (\text{Pa}) = 19.15(\text{MPa}) < [\tau] = 75(\text{MPa})$$

由此可见弯曲切应力远小于许可切应力。

（3）确定钢板最小长度。（1）中计算可知 No.45a 工字钢能承受的弯矩为 200kN·m，设钢板加至距支座 x 处，当小车运行到此处时，此截面的弯矩虽小于小车在中间截面时

的最大弯矩，但大于小车在中间截面时该处的弯矩，又因此截面未加强，所以它也应满足强度条件（题 6-6 图（c））。

$$M_{\max} = \frac{(W_1+W)(l-x)}{l}x = \frac{(70+15)\times 10^3 \times (l-x)}{l}x = 200\times 10^3 (\text{N}\cdot\text{m})$$

整理得

$$x^2 - 10.5x + 24.7 = 0$$

解得

$$x \leqslant 3.56\text{m}$$

所以钢板最小长度为

$$l' = 10.5 - 2\times 3.56 = 3.38(\text{m})$$

6-7 如题 6-7 图所示矩形木梁，材料的许用应力[σ]=10MPa，试确定截面尺寸 b。若在截面 A 处钻一直径为 d 的圆孔，在保证该梁强度的条件下，圆孔的最大直径 d 为多大？

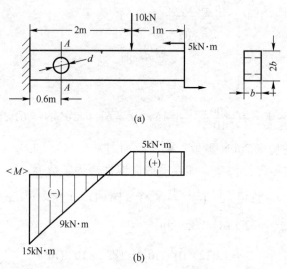

题 6-7 图

解：（1）作弯矩图如题 6-7 图（b）所示。图中可知 $M_{\max}=15\text{kN}\cdot\text{m}$。

（2）根据弯曲正应力的强度条件

$$\sigma_{\max} = \frac{M_{\max}}{W} = \frac{3M_{\max}}{2b^3} \leqslant [\sigma] \quad \text{其中} \quad W = \frac{I}{b} = \frac{\frac{1}{12}b(2b)^3}{b} = \frac{2}{3}b^3$$

得

$$b \geqslant \left[\frac{3M_{\max}}{2[\sigma]}\right]^{\frac{1}{3}} = \left[\frac{3\times 15\times 10^3}{2\times 10\times 10^6}\right]^{\frac{1}{3}} = 0.131(\text{m}) = 131(\text{mm})$$

（3）截面 A 弯矩 $M_A = 9\text{kN}\cdot\text{m}$，截面 A 抗弯截面系数为

$$W_A = \frac{\frac{1}{12}b[(2b)^3 - d^3]}{b} = \frac{1}{12}(8b^3 - d^3)$$

则 A 截面弯曲正应力为

$$\sigma_A = \frac{M_A}{W_A} = \frac{12M}{8b^3 - d^3} \leqslant [\sigma]$$

得 $d^3 \leqslant 8b^3 - \dfrac{12M}{[\sigma]} = 8 \times 0.131^3 - \dfrac{12 \times 9 \times 10^3}{10 \times 10^6}$，则 $d \leqslant 0.193\text{m} = 193\text{mm}$。

因此，截面尺寸 b 为 131mm，圆孔直径 $d \leqslant 193\text{mm}$。

6-8 如题 6-8 图所示铸铁梁，已知 $a = 0.6\text{m}$。材料的许用拉应力 $[\sigma_t] = 35\text{MPa}$，许用压应力 $[\sigma_c] = 140\text{MPa}$。求 q 的最大允许值。

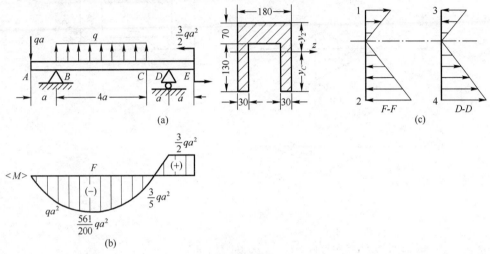

题 6-8 图

解：（1）确定形心与主惯性矩。由对称性知 $z_C = 0$，而

$$y_C = \frac{180 \times 200 \times 100 - 120 \times 130 \times 65}{180 \times 200 - 120 \times 130} = 126.8(\text{mm}), \quad y_2 = 200 - 126.8 = 73.2(\text{mm})$$

形心主惯性矩为

$$I_z = \frac{18 \times 2^3}{12} + 18 \times 20 \times 2.68^2 - \frac{12 \times 13^2}{12} - 12 \times 13 \times 6.18^2 = 6431(\text{cm}^4)$$

（2）作弯矩图如题 6-8（b）图所示，危险面为 F 和 D 截面。图中可以看出，最大正弯矩 $M_1 = \dfrac{3}{2}qa^2$，最大负弯矩 $M_2 = \dfrac{561}{200}qa^2$。

（3）应力分析。由题 6-8 图（c）正应力分布图可知，拉应力为 1、4 点，分别为

$$\sigma_{1t} = \frac{M_2 y_2}{I_z} = \frac{561 \times 0.6^2 \times 0.0732 q_1}{200 \times 6431 \times 10^{-8}} \leqslant [\sigma_t] = 35 \times 10^6 \Rightarrow q_1 \leqslant 30.45\text{kN/m}$$

$$\sigma_{4t} = \frac{M_1 y_C}{I_z} = \frac{3 \times 0.6^2 \times 0.1268 q_2}{2 \times 6431 \times 10^{-8}} \leqslant [\sigma_t] = 35 \times 10^6 \Rightarrow q_2 \leqslant 33.08\text{kN/m}$$

最大压应力为 2、3 点，比较可知 2 点压应力最大，其值为

$$\sigma_{2c} = \frac{M_2 y_C}{I_z} = \frac{561 \times 0.6^2 \times 0.1268 q_3}{200 \times 6431 \times 10^{-8}} \leqslant [\sigma_c] = 140 \times 10^6 \Rightarrow q_3 \leqslant 70.35\text{kN/m}$$

因此 q 的最大许可值为 30.45kN/m。

6-9 一外伸梁,在 2m 段受均布载荷 $q=6$kN/m,在 1m 段受三角形分布载荷,两段交界处载荷集度连续。梁的横截面为一"日"字型,尺寸如题 6-9 图所示,求梁横截面上的最大正应力和最大切应力,并指出它们发生的位置。

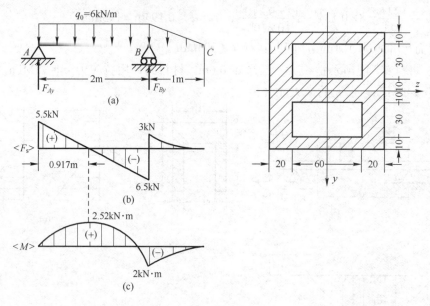

题 6-9 图

解:(1)绘梁的剪力图和弯矩图,确定危险截面。

根据平衡方程 $\sum M_A = 0$,得 $F_{By} = 9.5$kN(↑);由 $\sum F_y = 0$,得 $F_{Ay} = 5.5$kN,绘制内力图如题 6-9 图(b)、(c)所示。可以看出 $M_{max} = 2.52$kN·m,$F_{smax} = 6.5$kN。其中最大弯矩距 A 支座 0.917m,最大剪力在 B 支座左侧截面。

(2)求梁横截面上的最大正应力和最大切应力。横截面对中性轴的惯性矩为

$$I_z = \frac{bh^2}{12} - 2\left(\frac{b_1 h_1^3}{12} + a^2 A\right) = \frac{10 \times 10^3}{12} - 2 \times \left(\frac{6 \times 3^3}{12} + (1+1.5)^2 \times 3 \times 6\right) = 581(\text{cm}^4)$$

最大正应力为

$$\sigma_{max} = \frac{M_{max} y_{max}}{I_z} = \frac{2.52 \times 10^3 \times 50 \times 10^{-3}}{581 \times 10^{-8}} = 21.7 \times 10^6 (\text{Pa}) = 21.7(\text{MPa})$$

发生在距左端支座 0.917m 的截面上、下边缘处。

最大切应力 $\tau_{max} = \frac{F_s S_z^*}{b I_z}$,在 B 支座左侧截面距中性轴上下各 10mm 处,S_z^* 未达到最大值,但宽度 b 较小,则

$$\tau_{max1} = \frac{6.5 \times 10^3 \times (10 \times 4 \times 3 - 6 \times 3 \times 2.5) \times 10^{-6}}{4 \times 581 \times 10^{-10}} = 2.10 \times 10^6 (\text{Pa}) = 2.10(\text{MPa})$$

而在中性轴上,S_z^* 达到最大值,但宽度 b 较大,则

$$\tau_{max2} = \frac{F_s S_z^*}{b I_z} = \frac{6.5 \times 10^3 \times (5 \times 10 \times 2.5 - 3 \times 6 \times 2.5) \times 10^{-6}}{10 \times 581 \times 10^{-10}} = 0.895 \times 10^6 (\text{Pa}) = 0.895(\text{MPa})$$

所以最大切应力发生在 B 支座左侧截面距中性轴上下各 10mm（镂空边界）处。

6-10 如题 6-10 图所示托架，由铸铁制成，集中力 $F=150$kN。若许用拉应力 $[\sigma_t]=35$MPa，许用压应力 $[\sigma_c]=140$MPa，许用切应力 $[\tau]=30$MPa，试校核截面 A—A 的强度。

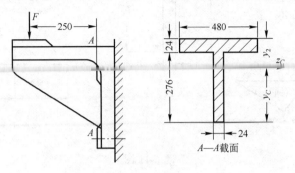

题 6-10 图

解：（1）确定形心与形心主惯性矩。图形对称，故 $z_C=0$，而

$$y_C = \frac{480\times 24\times 288 + 276\times 24\times 138}{480\times 24 + 276\times 24} = 233.2\text{(mm)}, \quad y_2 = 66.8\text{mm}$$

形心主惯性矩为

$$I_{zC} = \frac{48\times 2.4^3}{12} + 48\times 2.4\times 5.48^2 + \frac{2.4\times 27.6^3}{12} + 27.6\times 2.4\times 9.52^2 = 13718\text{(cm}^4\text{)}$$

（2）代入弯曲正应力公式，得最大拉应力为

$$\sigma_{t\max} = \frac{My_2}{I_{zC}} = \frac{150\times 250\times 66.76\times 10^{-3}}{13718\times 10^{-8}} = 18.3\times 10^6\text{(Pa)} = 18.3\text{(MPa)} < [\sigma_t]$$

最大压应力为

$$\sigma_{c\max} = \frac{My_C}{I_{zC}} = \frac{150\times 250\times 233.2\times 10^{-6}}{13718\times 10^{-8}} = 63.8\times 10^6\text{(Pa)} = 63.8\text{(MPa)} < [\sigma_c]$$

（3）最大切应力为

$$\tau_{\max} = \frac{F_s S_z^*}{I_{zC} b} = \frac{150\times 10^3\times 24\times 233.2\times 116.6\times 10^{-9}}{13718\times 2.4\times 10^{-10}} = 29.7\times 10^6\text{(Pa)} = 29.7\text{(MPa)} < [\tau]$$

因而截面 A—A 的强度条件满足。

6-11 已知 T 形截面梁由相同材料的三部分胶合而成，梁的剪力图、弯矩图和截面尺寸如题 6-11 图所示，试求：（1）截面对形心轴的惯性矩；（2）画出梁的载荷图；（3）最大拉应力和最大压应力；（4）梁截面及胶合面上的最大切应力。

解：（1）截面对形心轴的惯性矩为

$$I_z = \frac{20\times 120^3}{12} + 20\times 120\times (88-60)^2 + \frac{80\times 20^3}{12} + 80\times 20\times (52-10)^2 = 7637.3\times 10^3\text{(mm}^4\text{)}$$

（2）作梁的载荷图如题 6-11 图（b）所示。

（3）最大拉应力和最大压应力。比较可知，最大拉应力在截面 C 下边缘，最大压应力在截面 D 下边缘，即

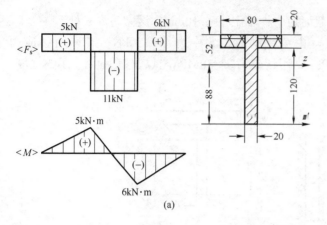
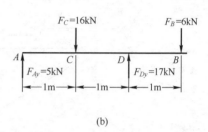

(a) (b)

题 6-11 图

$$\sigma_{tmax} = \frac{M_C y_1}{I_z} = \frac{5 \times 10^3 \times 88 \times 10^{-3}}{7637.3 \times 10^{-9}} = 57.6 \times 10^6 (Pa) = 57.6(MPa)$$

$$\sigma_{cmax} = \frac{M_D y_1}{I_z} = \frac{6 \times 10^3 \times 88 \times 10^{-3}}{7637.3 \times 10^{-9}} = 69.1 \times 10^6 (Pa) = 69.1(MPa)$$

（4）梁截面及胶合面上的最大切应力。

胶合面对中性轴的静矩 $S_z^* = 20 \times 30 \times (52-10) = 25.2 \times 10^3 (mm^3)$，则

$$\tau_{gmax} = \frac{F_{smax} S_z^*}{I_z b} = \frac{11 \times 10^3 \times 25.2 \times 10^{-6}}{7637.3 \times 10^{-9} \times 20 \times 10^{-3}} = 1.81 \times 10^6 (Pa) = 1.81(MPa)$$

梁截面最大切应力 $S_{z\max}^* = 20 \times 88 \times 88/2 = 77.44 \times 10^3 (mm^3)$，则

$$\tau_{max} = \frac{F_{smax} S_{z\max}^*}{I_z b} = \frac{11 \times 10^3 \times 77.44 \times 10^{-6}}{7637.3 \times 10^{-9} \times 20 \times 10^{-3}} = 5.58 \times 10^6 (Pa) = 5.58(MPa)$$

6-12 如题 6-12 图所示梁由两根 No.36a 工字钢铆接而成。铆钉的间距为 s=150mm，直径 d=20mm，$[\tau]$=90MPa，梁横截面上的剪力 F_s=40kN，试校核铆钉的剪切强度。

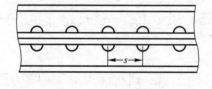 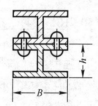

题 6-12 图

解：（1）查表得 No.36a 工字钢截面参数为

$$A = 76.48 cm^2, h = 36 cm, I_z = 15800 cm^4, b = 13.6 cm$$

（2）视为固定连接的两个工字钢中面上的最大切应力为

$$\tau_{max} = \frac{F_s S_z^*}{b I_z} = \frac{F_s A h/2}{2b[I_{z_C} + A(h/2)^2]} = \frac{40 \times 10^3 \times 76.48 \times 18 \times 10^{-6}}{2 \times 13.6 \times (15800 + 76.48 \times 18^2) \times 10^{-10}}$$

$$= 0.5 \times 10^6 (Pa) = 0.5(MPa)$$

（3）根据切应力互等定理，s 长度上的剪力由 2 个铆钉承担，则

$$\tau_{铆} = \frac{\tau_{\max} sb}{2A_{铆}} = \frac{0.5 \times 0.15 \times 0.136 \times 4 \times 10^6}{2\pi \times 0.02^2} = 16.2 \times 10^6 (\text{Pa}) = 16.2(\text{MPa}) < [\tau] = 90(\text{MPa})$$

故铆钉剪切强度满足。

6-13 如题 6-13 图所示用钢板加固的悬臂木梁，梁的跨度 $l=300$mm，自由端受集中力 $F=500$N 作用。若木梁和钢板之间不能互相滑动，木料的弹性模量 $E_w=10$GPa，钢材的弹性模量 $E_{st}=210$GPa。试求木材及钢板中的最大正应力。

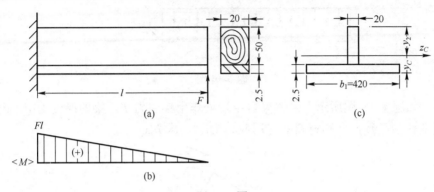

题 6-13 图

解：（1）将钢板扩大成木材的等效宽度（题 6-13 图（c））

因为 $\alpha = \dfrac{E_{st}}{E_w} = \dfrac{210}{10} = 21$，则 $b_1 = 21 \times 20 = 420$mm。

（2）确定形心和对中性轴的惯性矩：

$$y_C = \frac{2.5 \times 420 \times 1.25 + 20 \times 50 \times 27.5}{20 \times 2.5 + 20 \times 50} = 14(\text{mm}), \quad y_2 = 38.5\text{mm}.$$

$$I_z = \frac{420 \times 2.5^3}{12} + 420 \times 2.5 \times 12.75^2 + \frac{20 \times 50^3}{12} + 20 \times 50 \times 13.5^2$$
$$= 56.2 \times 10^4 (\text{mm}^4) = 56.2(\text{cm}^4)$$

（3）木材和钢材的最大正应力为

$$\sigma_w = \frac{M_{\max} y_2}{I_z} = \frac{500 \times 0.3 \times 38.5 \times 10^{-3}}{56.2 \times 10^{-8}} = 10.3 \times 10^6 (\text{Pa}) = 10.3(\text{MPa})$$

$$\sigma_{st} = \frac{\alpha M_{\max} y_C}{I_z} = \frac{21 \times 500 \times 0.3 \times 14 \times 10^{-3}}{56.2 \times 10^{-8}} = 78.5 \times 10^6 (\text{Pa}) = 78.5(\text{MPa})$$

因而木材及钢板中的最大正应力分别为 10.3MPa、78.5MPa。

6-14 如题 6-14 图所示某钢筋放置在地面上，以力 F 将钢筋提起。若钢筋单位长度的重量为 q。当 $b=3a$ 时，试求所需的力 F。

解：依题意，问题转化为题 6-14 图（b）所示梁的弯曲问题。在 A 截面处，钢筋与地面密合。根据曲率与弯矩间的关系式 $\dfrac{1}{\rho} = \dfrac{M}{EI}$。在 A 点 ρ 为无穷，所以该点的弯矩 M 为零。即 $Fb = \dfrac{q(a+b)^2}{2}$，解得 $F = \dfrac{8}{3}qa$，则所需力 F 为 $\dfrac{8}{3}qa$。

157

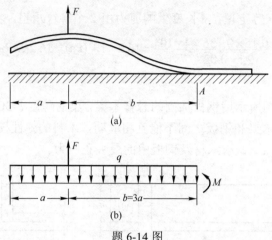

题 6-14 图

6-15 如题 6-15 图所示，悬臂梁自由端处作用集中力 F，梁的厚度为 δ，但宽度 b 是随 x 而变化的函数，已知材料的许用应力为 $[\sigma]$，求 $b(x)$。

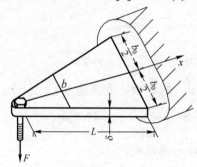

题 6-15 图

解：（1）列出悬臂梁的弯矩方程 $M = Fx$，且 $M_{max} = FL$。
（2）根据等强度梁的定义，梁的任意截面应力应满足
$$\sigma(x) = \frac{M}{W(x)} = \frac{6Fx}{b(x)\delta^2} = [\sigma]$$

则
$$b(x) = \frac{6Fx}{\delta^2[\sigma]} = \frac{b_0 x}{L} \quad \left(b_0 = \frac{6FL}{\delta^2[\sigma]}\right)$$

6-16 如题 6-16 图所示，自由端作用集中力 F 的悬臂梁，其截面宽度为 b_0，求设计为等强度梁时的高度 $d(x)$。

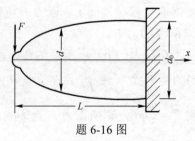

题 6-16 图

解：（1）列出悬臂梁的弯矩方程 $M=Fx$，且 $M_{\max}=FL$。

（2）根据等强度梁的定义，梁的任意截面应力应满足

$$\sigma(x)=\frac{M}{W(x)}=\frac{6Fx}{b_0 d^2(x)}=[\sigma]$$

则

$$d(x)=\sqrt{\frac{6Fx}{b_0[\sigma]}}=d_0\sqrt{\frac{x}{L}} \quad \left(d_0=\sqrt{\frac{6FL}{b_0[\sigma]}}\right)$$

6-17 如题 6-17 图所示自由端作用集中力 $F=70\text{N}$ 的悬臂梁，求梁中绝对值最大弯曲正应力以及作用面的位置 x。

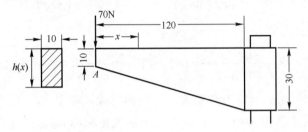

题 6-17 图

解：（1）x 截面高度及弯矩分别为 $h(x)=10+\dfrac{30-10}{120}x=10+\dfrac{x}{6}$，$M(x)=70x$。

（2）x 截面的最大正应力为

$$\sigma(x)=\frac{M(x)}{W(x)}=\frac{6\times 70x}{10\times\left(10+\dfrac{x}{6}\right)^2}=\frac{42x}{\left(10+\dfrac{x}{6}\right)^2}$$

（3）对 x 截面的正应力求极值。

令 $\sigma'(x)=42\left(10+\dfrac{x}{6}\right)^{-2}-2\left(10+\dfrac{x}{6}\right)^{-3}\dfrac{1}{6}\times 42x=0$，解得 $x=60\text{mm}$。

即 $x=60\text{mm}$ 时，$\sigma(x)$ 有极值，且 $\sigma(60)=6.3\text{MPa}$，而在固定端 $\sigma(120)=5.3\text{MPa}$。故梁中最大正应力在 $x=60\text{mm}$ 的截面上，值为 6.3MPa。

6-18 如题 6-18 图所示变截面梁直径 d 随 x 而变化，当梁上分别作用集中力和均布载荷时，求使梁成为等强度梁时的 $d(x)$。

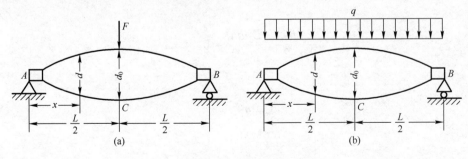

题 6-18 图

解：(a) 当作用集中力 F 时，梁内弯矩方程为 $M = \dfrac{F}{2}x$，则 $M_{\max} = \dfrac{FL}{4}$。

在梁的中面上，其应力为 $\sigma_{\max} = \dfrac{M_{\max}}{W_{\max}} = \dfrac{8FL}{\pi d_0^3} = [\sigma]$，解得 $d_0 = \sqrt[3]{\dfrac{8FL}{\pi[\sigma]}}$。

在任意 x 截面，根据等强度梁的定义 $\sigma(x) = \dfrac{16Fx}{\pi d^3(x)} = [\sigma]$，解得 $d(x) = \sqrt[3]{\dfrac{2x}{L}}d_0$。

(b) 当均布载荷时，梁内弯矩方程为 $M = \dfrac{qL}{2}x - \dfrac{qx^2}{2}$，则 $M_{\max} = \dfrac{qL^2}{8}$。

在梁的中面上，其应力为

$$\sigma_{\max} = \dfrac{M_{\max}}{W_{\max}} = \dfrac{4qL^2}{\pi d_0^3} = [\sigma]，解得 d_0 = \sqrt[3]{\dfrac{4qL^2}{\pi[\sigma]}}。$$

根据等强度梁的定义

$$\sigma(x) = \dfrac{(qLx - qx^2) \times 32}{2 \times \pi d^3(x)} = [\sigma]，解得 d(x) = \sqrt[3]{\left(4\dfrac{x}{L} - 4\dfrac{x^2}{L^2}\right)}d_0。$$

6-19 如题 6-19 图所示矩形截面梁，其拉伸时弹性模量 E_t 为压缩时弹性模量 E_c 的 0.5 倍，当截面作用正弯矩 M=1.5kN·m 时，求最大拉应力 $\sigma_{t\max}$ 和最大压应力 $\sigma_{c\max}$。

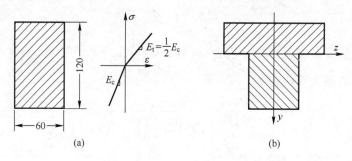

题 6-19 图

解：(1) 确定中性轴位置。在纯弯曲条件下，截面上的正应力之和应为零。

因为 $\varepsilon = \dfrac{y}{\rho}$，$\sigma = E\varepsilon$，$E_t = 0.5E_c$，则

$$\int_A \sigma dA = \int_{A_1} \sigma_t dA_1 + \int_{A_2} \sigma_c dA_2 = \dfrac{E_c}{2\rho}\int_0^{h_1} by_1 dy_1 + \dfrac{E_c}{\rho}\int_{-h_2}^0 by_2 dy_2 = 0$$

即

$$\dfrac{E_c}{2\rho}\dfrac{bh_1^2}{2} - \dfrac{E_c}{\rho}\dfrac{bh_2^2}{2} = 0$$

得

$$\dfrac{h_1^2}{2} = h_2^2 \tag{a}$$

而

$$h_1 + h_2 = 120 \tag{b}$$

则

$$h_1 = 70.3\text{mm}, \qquad h_2 = 49.7\text{mm}。$$

（2）用等效截面法计算惯性矩。压应力区宽度扩大到 2 倍，如题 6-19 图（b）所示，则

$$I_z = \frac{6 \times 7.033^3}{12} + 6 \times 7.033 \times \left(\frac{7.03}{2}\right)^2 + \frac{12 \times 4.97^3}{12} + 120 \times 4.97 \times \left(\frac{4.97}{2}\right)^2$$
$$= 11.86 \times 10^2 \text{cm}^4 = 11.86 \times 10^{-6} (\text{m}^4)$$

（3）最大拉应力 σ_{tmax} 和最大压应力 σ_{cmax} 分别为

$$\sigma_{\text{tmax}} = \frac{Mh_1}{I_z} = \frac{1.5 \times 70.3}{11.86 \times 10^{-6}} = 8.89 \times 10^6 (\text{Pa}) = 8.89(\text{MPa})$$

$$\sigma_{\text{cmax}} = \frac{2Mh_2}{I_z} = \frac{2 \times 1.5 \times 49.7}{11.86 \times 10^{-6}} = 12.57 \times 10^6 (\text{Pa}) = 12.57(\text{MPa})$$

所以最大拉应力与压应力分别为 8.89MPa 和 12.57 MPa。

6-20 木质叠梁如题 6-20 图所示，AB 段粘在一起，BC 段光滑。已知许用正应力 $[\sigma_W] = 10\text{MPa}$，许用剪应力 $[\tau_W] = 1\text{MPa}$，黏合面的许用剪应力 $[\tau_g] = 0.35\text{MPa}$，$b = 0.1\text{m}$，求梁的许用载荷 q。

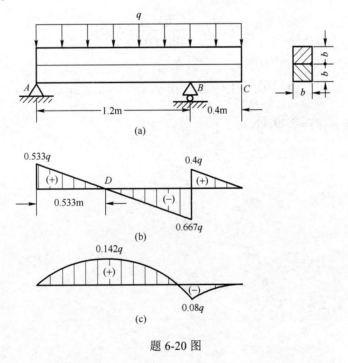

题 6-20 图

解：（1）作内力图如题 6-20 图（b）、（c）所示。$|F_{\text{smax}}| = 0.667q$，$M_B = 0.08q$，$M_{\text{max}} = 0.142q$。

（2）BC 段为叠梁，危险截面在 B 截面，$F_{\text{smax}} = 0.4q$，$M_{\text{max}} = \frac{1}{2}q \times 0.4^2$。

叠梁相当于两个 $0.1\text{m} \times 0.1\text{m}$ 的梁相叠，各自受力，则

$$\tau_{\max} = \frac{3}{2}\frac{F_s}{A} = \frac{3}{4}\frac{F_{s\max}}{A} = \frac{3}{4}\frac{0.4q}{0.1^2} \leqslant 1(\text{MPa}) = [\tau_W]$$

所以

$$[q]_1 = \frac{1 \times 10^6 \times 4 \times 0.1^2}{3 \times 0.4} = 33.3 \times 10^3 (\text{N/m}) = 33.3(\text{kN/m})$$

$$\sigma_{\max} = \frac{M}{W} = \frac{\frac{1}{2}M_{\max}}{\frac{0.1^3}{6}} = 3 \times \frac{q}{4} \times 0.4^2 \times 10^3 \leqslant [\sigma] = 10(\text{MPa})$$

所以

$$[q]_2 = \frac{10 \times 10^6 \times 4}{3 \times 0.4^2 \times 10^3} = 83.3 \times 10^3 (\text{N/m}) = 83.3(\text{kN/m})$$

（3）AB 段为组合梁，$F_{s\max} = 0.667q$，$M_{\max} = \frac{1}{2} \times 0.533^2 q$，则

$$\tau_{\max} = \frac{3}{2}\frac{F_{s\max}}{A} \leqslant [\tau_g] = 0.35(\text{MPa})$$

所以

$$[q]_3 = \frac{2[\tau_g]A}{3 \times 0.667} = \frac{2 \times 0.35 \times 10^6 \times 0.1 \times 0.2}{3 \times 0.667} = 6.997 \times 10^3 (\text{N/m}) = 6.997(\text{kN/m})$$

$$\sigma_{\max} = \frac{M_{\max}}{W} = \frac{6M_{\max}}{0.1 \times 0.2^2} \leqslant [\sigma_W]$$

则

$$[q]_4 = \frac{10 \times 10^6 \times 0.1 \times 0.2^2}{3 \times 0.533^2} = 46.9 \times 10^3 (\text{N/m}) = 46.9(\text{kN/m})$$

因而梁的许可载荷 $[q] = 6.997 \text{kN/m}$。

第7章 弯曲变形

7.1 教学目标及章节理论概要

7.1.1 教学目标

(1) 理解挠曲线、挠度和转角的概念,掌握梁挠曲线近似微分方程的建立过程。
(2) 掌握计算梁变形的积分法。
(3) 熟练掌握计算梁指定截面变形的叠加法。
(4) 熟悉梁的刚度条件和提高梁刚度的主要措施。
(5) 掌握运用变形比较法解简单超静定问题。

7.1.2 章节理论概要

1. 梁的挠曲线近似微分方程

(1) 梁的变形用加载后的位置与其未加载时位置的相对位移来描述。这里所指位移是从梁原始中性层到变形后的中性层量取的。而梁的轴线处于中性层中,一般习惯用变形前后轴线的位置来度量位移,而梁在弯曲变形后轴线在坐标平面内的函数表达式称为梁的挠曲线方程(或弹性曲线方程)(图 7-1),用 $y = f(x)$ 描述。

(2) 弯曲变形时的位移包括两个基本量,一是 x 横截面形心在垂直轴线方向的位移称为挠度 $y(x)$;二是横截面绕中性轴转过的角度称为该横截面的转角 $\theta(x)$。

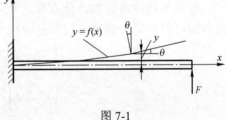

图 7-1

挠度和转角间存在如下微分关系:

$$\theta \approx \tan\theta = \frac{\mathrm{d}y(x)}{\mathrm{d}x} \tag{7-1}$$

(3) 在图 7-1 所示右手坐标系中,沿 y 轴正向的挠度为正,反之为负;逆钟向转过的角度 θ 为正,反之为负。图 7-1 中所示 $y(x), \theta(x)$ 均为正。转角 θ 同样可用从 x 轴的正向旋转到挠曲线切线方向的转角来确定。上述符号的规定可简述为"上正下负,逆正顺负"。

(4) 挠曲线近似微分方程。在研究纯弯曲梁的正应力公式时,曾得出梁弯曲后轴线的曲率公式为

$$\frac{1}{\rho(x)} = \frac{M(x)}{EI} \tag{7-2}$$

式（7-2）是在平面弯曲，且应力小于比例极限的纯弯曲条件下推导出来的，在横力弯曲时，当 $l/h \geq 5$ 时，可忽略剪力对弯曲变形的影响。式（7-2）仍作为横力弯曲变形的基本方程。

由高等数学知曲率公式为

$$\frac{1}{\rho(x)} = \pm \frac{y''(x)}{[1+(y')^2]^{\frac{3}{2}}} \tag{7-3}$$

在图 7-1 所示坐标系中，$y''(x)$ 与 $M(x)$ 符号保持一致，则

$$\frac{d^2 y(x)}{dx^2} = \frac{M(x)}{EI}[1+(y')^2]^{\frac{3}{2}} \tag{7-4a}$$

式（7-4a）为挠曲线的微分方程，该方程是非线性的，适用于弯曲变形的任何情况。在小变形条件下 $(y')^2$ 与 1 相比可以忽略不计，即式（7-4a）中括号内一项近似为 1，得

$$\frac{d^2 y(x)}{dx^2} \approx \frac{M(x)}{EI} \tag{7-4b}$$

式（7-4b）称为梁的挠曲线近似微分方程。为纪念其共同发现者，又称为欧拉-伯努利弯曲方程。

应当指出，应用上述近似微分方程时，坐标系只能选取 y 轴向上，x 轴向右为正。如选取其他坐标系，公式需重新推导；式（7-4b）仅在弹性范围、小挠度条件下适用，故又称为小挠度下弹性曲线的近似微分方程。

2. 积分法计算梁的变形

对梁的挠曲线近似微分方程式（7-4b）分别进行一次和二次不定积分，再确定积分常数即可得到梁的转角方程和挠曲线方程，即

$$\begin{cases} \theta(x) = \dfrac{dy(x)}{dx} = \displaystyle\int \dfrac{M(x)dx}{EI} + C \\ y(x) = \displaystyle\int \left[\int \dfrac{M(x)dx}{EI}\right]dx + Cx + D \end{cases} \tag{7-5}$$

积分常数 C、D，可用边界条件和光滑连续条件确定。常见位移条件如表 7-1 所列。

表 7-1 常见位移条件

横截面位置					
位移条件	$y_A = 0$	$\theta_A = 0$ $y_A = 0$	$y_A = \Delta$ Δ—弹簧变形	$\theta_A^L = \theta_A^R$ $y_A^L = y_A^R$	$y_A^L = y_A^R$

需要强调：①这种积分遍及全梁，必须分段列出挠曲线微分方程。分段原则是：弯

矩方程 $M(x)$ 需分段列出处；抗弯刚度 EI 突变处；有中间铰的梁在中间铰处。②积分常数由边界条件和梁段间挠曲线光滑连续条件来确定。特别强调指出：在中间铰支座处，既存在约束条件，又存在光滑连续条件，在中间铰处，仅存在连续条件，不存在光滑条件。③积分法是求弯曲变形的基本方法，适用于求各种载荷情况下梁的转角和挠曲线方程，但在求指定截面的挠度或转角时，计算冗繁。④求梁的转角和挠度另一种方法称为奇异函数法（初参数法），该方法的显著特点是用一个方程就可以描述全梁的挠曲线，与二重积分法中分段写出各载荷之间的方程式大不相同，因此该方法又称为梁变形的普遍方程。⑤在工程计算中，往往只需要计算梁上某一指定截面的转角或挠度。这时，采用共轭梁法或力矩—面积法则比较方便。

3. 叠加法计算梁指定截面的变形

（1）力的独立作用原理。当梁的变形微小且材料服从胡克定律时，转角和挠度方程都与载荷呈线性齐次关系。因此，梁上某一载荷引起的变形，不受作用其他载荷的影响，每一个载荷对弯曲变形的影响是各自独立的，即力的独立作用原理成立。

（2）计算弯曲变形的叠加原理。当梁上同时作用若干个载荷时，可分别计算每一个载荷单独作用时所引起的变形，然后将所得的变形求代数和，即为这些载荷共同作用时梁的变形。

（3）应用叠加法时应注意：①等效梁与原梁的受力、约束条件一致，保证静力变形均等效，使等效梁不失真；②等效梁应分解为简单载荷和约束形式，便于查表；③分析变形曲线，明确各个载荷引起的变形和位移的关系，特别注意刚体位移对其他部分的影响；④由变形曲线判断挠度及转角的正负号，或在各部分变形处标明，以便最终求代数和。

4. 梁的刚度条件和提高梁刚度的主要措施

（1）对于受弯杆件，除了强度要求外，还必须满足刚度条件。如许可挠度用 $[y]$ 表示，许可转角用 $[\theta]$ 表示，则刚度条件为

$$\begin{cases} |y|_{max} \leqslant [y] \\ |\theta|_{max} \leqslant [\theta] \end{cases} \tag{7-6}$$

具体许可数值可查有关手册。

（2）根据梁的挠曲线近似微分方程，可知提高梁刚度的主要措施有：①选择合理的截面形状，获取大的 I_z/A；②改善结构形式，减小弯矩数值；③采用超静定结构；④增大材料的弹性模量 E，但各种钢材的弹性模量 E 值差别不大，对刚度的提升效果有限。

5. 变形比较法解简单超静定梁

（1）超静定梁：梁的支座反力数目超过了有效平衡方程的数目，未知力使用静力平衡方程不能确定，这类梁称为静不定梁或超静定梁。

（2）多余约束：凡是多于维持平衡所必须的约束称为多余约束；与其相应的支反力称为多余支反力，超静定次数等于多余约束或多余支反力的数目。

（3）力法解超静定问题的一般步骤：①选择静定基。静定基即去掉载荷及多余约束后形成的静定基本系统。静定基的选择有其多样性，但要求是几何不可变的结构且以简

单为原则。②建立相当系统。在静定基上施加原超静定梁的载荷与多余支反力的系统称为相当系统。相当系统无论是载荷或变形均要与原系统相当。③进行变形比较，列出变形协调条件。相当系统的变形应与原超静定梁相同，多余支反力处位移必须符合原超静定梁在该处的约束条件，即满足变形协调条件。④求解约束反力。利用物理关系建立补充方程，并与静力平衡方程联立，求出所有约束反力。其后进行的强（刚）度校核，截面设计及载荷估计同前所述。

7.1.3 重点知识思维导图

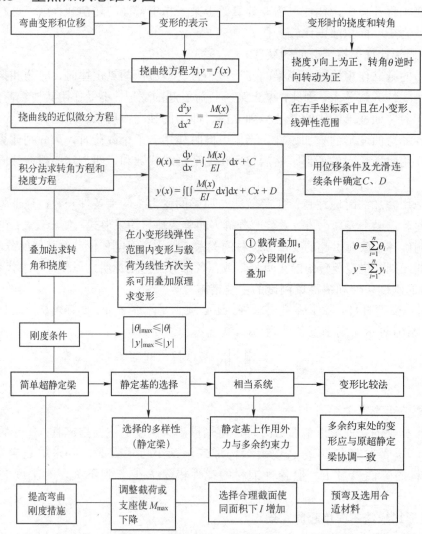

7.2 习题分类及典型例题辅导与精析

7.2.1 习题分类

（1）确定梁挠曲线的大致形状。
（2）积分法求梁的转角方程和挠曲线方程及最大变形。

(3) 叠加法求给定截面的变形。
(4) 变形比较法解简单超静定问题。

7.2.2 解题要求

(1) 明确挠曲线、挠度和转角的概念，深刻理解梁挠曲线近似微分方程的建立过程。在熟练写出梁的弯矩方程 $M(x)$ 基础上，应用梁的挠曲线近似微分方程求得梁的转角方程 $\theta(x)$ 和挠曲线方程 $y(x)$，进而确定指定面的转角和挠度以及梁中最大转角和挠度，进行梁的刚度校核。

求解过程中，积分常数的正确确定，主要是边界条件（包括固定支承和弹性支承）及光滑连续条件的应用，对于多控制面，诸多积分常数，通常是比较冗繁，需要细心和耐心。

(2) 熟练运用叠加法的另一形式——分段刚化法，确定给定截面的转角和挠度。叠加法中"分"与"叠"的技巧，"分"要受载和变形等效，分后变形已知或易查表。"叠"要将矢量标量化，求其代数和。叠加时要全面，注意正负号，特别是刚体牵连位移部分，不可漏掉。

(3) 用变形比较法解简单超静定问题，这对于不学习能量法的专业尤为重要，问题的关键：一是正确确定变形协调条件；二是准确定出指定面的位移，从而解出多余约束反力或多余内力。简单超静定问题的关键是相当系统和原结构比较，得出变形协调条件。一旦正确确定了变形协调条件，问题转化为求指定截面的位移。建议熟记简单静定梁在简单载荷作用下的最大挠度与转角，以方便叠加法的熟练运用。

7.2.3 典型例题辅导与精析

例 7-1 外伸梁承受均布载荷如例 7-1 图 (a) 所示，试用积分法求 $\theta_A, y_C, \theta_B, \theta_D, y_D$，并绘出梁的挠曲线。

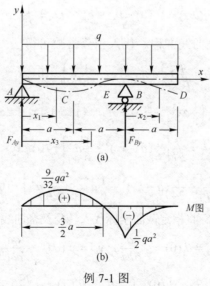

例 7-1 图

解：（1）确定支反力。由梁的平衡条件得支座反力 $F_{Ay}=\dfrac{3}{4}qa(\uparrow),F_{By}=\dfrac{9}{4}qa(\uparrow)$。

（2）写出弯矩方程。外伸梁其均布载荷的始终点与两支座不完全重合，有3个控制面，需分两段写出弯矩方程：

$$M_1(x)=F_{Ay}x_1-\dfrac{1}{2}qx_1^2=\dfrac{3}{4}qax_1-\dfrac{1}{2}qx_1^2 \quad (0<x_1\leqslant 2a)$$

$$M_2(x)=-\dfrac{1}{2}q(a-x_2)^2 \quad (0\leqslant x_2<a)$$

于是

$$EI\dfrac{\mathrm{d}^2 y_1}{\mathrm{d}x_1^2}=M_1(x)=\dfrac{3}{4}qax_1-\dfrac{1}{2}qx_1^2$$

$$EI\dfrac{\mathrm{d}y_1}{\mathrm{d}x_1}=\dfrac{3}{8}qax_1^2-\dfrac{1}{6}qx_1^3+C_1$$

$$EIy_1=\dfrac{1}{8}qax_1^3-\dfrac{1}{24}qx_1^4+C_1x_1+D_1$$

$$EI\dfrac{\mathrm{d}^2 y_2}{\mathrm{d}x_2^2}=M_2(x)=-\dfrac{1}{2}q(a-x_2)^2$$

$$EI\dfrac{\mathrm{d}y_2}{\mathrm{d}x_2}=-\dfrac{1}{6}q(a-x_2)^3+C_2$$

$$EIy_2=-\dfrac{1}{24}q(a-x_2)^4+C_2x_2+D_2$$

（3）确定积分常数。代入边界条件　当 $x=0$ 时，$y_1(0)=0$，得 $D_1=0$；当 $x=2a$ 时，$y_1(2a)=0$，得 $C_1=-\dfrac{1}{6}qa^3$。

由 B 点的连续条件：

$$\theta_1(2a)=\theta_2(0), \quad 得 \quad C_2=-\dfrac{1}{6}qa^3$$

$$y_1(2a)=y_2(0)=0, \quad 得 \quad D_2=\dfrac{1}{24}qa^4$$

（4）确定转角方程和挠曲线方程。代入积分常数可得

$$\theta_1(x_1)=\dfrac{\mathrm{d}y_1}{\mathrm{d}x_1}=\dfrac{q}{EI}\left(\dfrac{3}{8}ax_1^2-\dfrac{1}{6}x_1^3-\dfrac{1}{6}a^3\right) \quad (0<x_1\leqslant 2a)$$

$$y_1(x_1)=\dfrac{q}{EI}\left(\dfrac{1}{8}ax_1^3-\dfrac{1}{24}x_1^4-\dfrac{1}{6}a^3x_1\right) \quad (0<x_1\leqslant 2a)$$

$$\theta_2(x_2)=\dfrac{\mathrm{d}y_2}{\mathrm{d}x_2}=\dfrac{q}{EI}\left[\dfrac{1}{6}(a-x_2)^3-\dfrac{1}{6}a^3\right] \quad (0\leqslant x_2<a)$$

$$y_2(x_2)=\dfrac{q}{EI}\left[-\dfrac{1}{24}(a-x_2)^4-\dfrac{1}{6}a^3x_2+\dfrac{1}{24}a^4\right] \quad (0\leqslant x_2<a)$$

（5）确定给定截面变形。将指定截面坐标代入转角及挠曲线方程，确定给定截面位移为

$$\theta_A=\theta_1(0)=-\dfrac{qa^3}{6EI}, \quad y_C=y_1(a)=-\dfrac{qa^4}{12EI}$$

$$\theta_B=\theta_2(0)=0, \quad \theta_D=\theta_2(a)=-\dfrac{qa^3}{6EI}$$

$$y_D = y_2(a) = -\frac{qa^4}{8EI}$$

（6）描绘挠曲线大致形状。在支座 A 和 B 处挠度为零，此外还需知道挠曲线的凹向。挠曲线的凹向是由曲线的二阶导数决定的，当 $y'' < 0$，为凸曲线；$y'' > 0$，为凹曲线。挠曲线的二阶导数为 $\frac{M}{EI}$，所以挠曲线的凹向取决于弯矩的正负。此梁的弯矩图如例 7-1 图（b）所示。从图中可见，离左支座 $\frac{3}{2}a$ 的 E 点处 $M = 0$，在 AE 段为正弯矩，即挠曲线是凹的，而在 ED 段弯矩为负值，即挠曲线是凸的。挠曲线大致形状如例 7-1 图（a）中点画线所示。

【评注】①在用积分法求转角和挠度的方程时，只要是取 x 轴向右，y 轴向上的坐标系其微分关系均是正确的。本例就选取二个不同坐标原点的坐标系，使问题稍有简化。当然，在 BD 段内，仍取 A 为坐标原点，则 $M_3(x_3) = F_{Ay}x_3 + F_{By}(x_3 - 2a) - \frac{1}{2}qx_3^2 \ (2a \leqslant x_3 \leqslant 3a)$。②若取右端 D 为原点，y 依然向上，而 x_4 向左，则梁的连续条件为在 $x_1 = 2a$，$x_4 = a$ 处，$y_1(2a) = y_4(a)$，$\frac{dy_1}{dx_1} = -\frac{dy_4}{dx_4}$，即在建立连续条件时，由于坐标轴 x_1 与 x_4 反向，则在转角方程的等式右边应加一个负号。

例 7-2 试用叠加法求例 7-2 图（a）所示梁 C 截面的挠度。

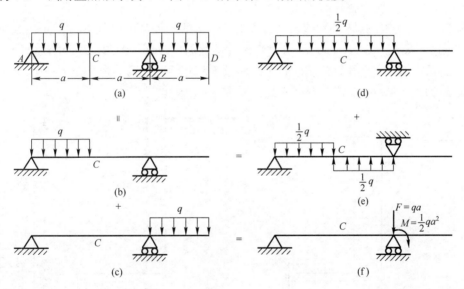

例 7-2 图

解：叠加法求梁的变形，其关键有两方面：一是梁上载荷的分割，以所得梁的变形为已知或易于查表为原则；二是变换后载荷与变形应与原结构等效。根据以上原则，可将例 7-2 图（a）梁的受力情况看成例 7-2 图（b）与例 7-2 图（c）两种受力情况的叠加，而例 7-2 图（b）又可看成例 7-2 图（d）与例 7-2 图（e）两个梁的叠加。对求 C 点的挠度来讲，例 7-2 图（c）和例 7-2 图（f）是等效的，因此例 7-2 图（a）中 C 截面的挠度等于例 7-2 图（d）、（e）、（f）中 C 截面挠度之和。查表得例 7-2 图（d）中 C 截面挠度为

$$y_{C1} = -\frac{5\left(\dfrac{q}{2}\right)(2a)^4}{384EI} = -\frac{5qa^4}{48EI}(\downarrow)$$

例 7-2 图（e）中 C 截面挠度为零，即 $y_{C2}=0$。

例 7-2 图（f）中集中力 F 对中面 C 变形无影响，而弯矩 M 引起 C 截面挠度为

$$y_{C3} = \frac{M(2a)^2}{16EI} = \frac{\left(\dfrac{qa^2}{2}\right)(2a)^2}{16EI} = \frac{qa^4}{8EI}(\uparrow)$$

C 截面挠度为

$$y_C = y_{C1} + y_{C2} + y_{C3} = -\frac{5qa^4}{48EI} + 0 + \frac{qa^4}{8EI} = \frac{qa^4}{48EI}(\uparrow)$$

【评注】①求梁 AB 段的转角和挠度时，例 7-2 图（c）与例 7-2 图（f）是等效的。但求 BD 段的转角和挠度时，则两者不是等效的。其前提是用等效力系代替，不能对所求部位的变形有影响。②应用叠加法求梁的变形时，等效梁与原梁的受力、约束条件要一致，保证静力等效、变形等效，使等效梁不失真。③等效梁要易分解为简单载荷和约束形式，便于查表；分析变形曲线，明确变形和位移的关系，特别是刚体位移对其他部分的影响；挠度和转角的符号，由变形曲线判断，有时仅标明上、下或左、右及顺、逆时针方向即可，以便于叠加时不出错。

例 7-3 两根钢制悬臂梁 AB 和 CD 与长为 4m 的一绷紧的钢丝 BC，在无初载荷的情况下相连接，如例 7-3 图（a）所示。连接后钢丝温度下降 50℃，试求钢丝内所产生的应力。已知梁 AB、CD 和钢丝 BC 的弹性模量 E =200GPa；梁的惯性矩 $I = 10 \times 10^6 \text{mm}^4$，钢丝横截面面积 $A = 60\text{mm}^2$；钢丝线膨胀系数 $\alpha = 12 \times 10^{-6}/℃$。

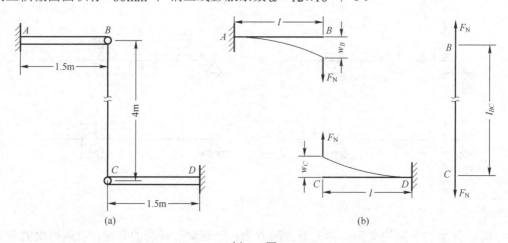

例 7-3 图

解： 题目要求钢丝的应力，似乎与变形无关，但该结构若无此钢丝，是两个独立的悬臂梁，各自静定，由于钢丝的牵连，降温使 BC 缩短时，梁 AB、CD 阻止其任意收缩，而钢丝 BC 仅能承受轴向拉力，解超静定问题必然用到变形的几何关系。设钢丝所受拉力为 F_N，AB 与 CD 梁均为受 F_N 力作用的悬臂梁，如例 7-3 图（b）所示，问题属于一次

超静定，则

$$w_B = w_C = \frac{F_N l^3}{3EI}$$

物理关系。对钢丝 BC，有

$$\Delta l = \frac{F_N l_{BC}}{EA}, \qquad \Delta l_T = \alpha \Delta T l_{BC}$$

钢丝与梁的变形协调条件为 $\Delta l_T - \Delta l = w_B + w_C$，则

$$\alpha \Delta T l_{BC} - \frac{F_N l_{BC}}{EA} = \frac{2F_N l^3}{3EI}$$

代入有关数据，有

$$12 \times 10^{-6} \times 50 \times 4 - \frac{4F_N}{200 \times 10^9 \times 60 \times 10^{-6}} = \frac{2F_N \times 1.5^3}{3 \times 200 \times 10^9 \times 10^7 \times 10^{-12}}$$

解得

$$F_N = 1.646 \text{kN}$$

则钢丝内所产生的拉应力为

$$\sigma = \frac{F_N}{A} = \frac{1.646 \times 10^3}{60 \times 10^{-6}} = 27.4 \times 10^6 (\text{Pa}) = 27.4(\text{MPa})$$

【评注】①变形比较法解超静定问题时，需要将相当系统和原超静定梁的变形进行比较，在题中视钢丝为多余约束，在多余约束力 F_N 作用下。两梁端位移之和应等于钢丝的总伸长量，即钢丝降温的自由缩短量和 F_N 作用下的变形量；②建议熟记静定梁在简单载荷作用下的最大挠度与转角，以便叠加时若无特别要求可直接运用。

例 7-4 例 7-4 图所示悬臂梁在插入端 A 点和一刚性圆筒表面相接触，试求在载荷 F 作用下，端点 B 的挠度。

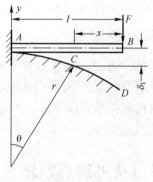

例 7-4 图

解：悬臂梁在 F 力作用下发生弯曲，梁上任意截面 x 处的曲率为 $\dfrac{1}{\rho(x)} = \dfrac{M(x)}{EI}$。

（1）如果梁在 A 点的曲率小于或等于圆筒的曲率，则梁就仅在 A 点和圆筒表面接触，其挠度和仅有悬臂梁时情形相同，即 $y_B = \dfrac{-Fl^3}{3EI}$，梁在 A 点的曲率为 $\dfrac{1}{R} = \dfrac{M}{EI} = \dfrac{Fl}{EI}$。该曲

率必须小于或等于圆筒表面的曲率 $\frac{1}{r}$。

（2）若 $\frac{1}{r} < \frac{Fl}{EI}$，则梁与 A 点右边的圆筒表面相接触，以 $F^* = \frac{EI}{rl}$ 表示所给载荷的极限值。当 $F > F^*$ 时，AC 段梁就和圆筒表面接触，且在 C 点刚性面的曲率等于梁的曲率，即

$$\frac{1}{r} = \frac{Fx}{EI}$$

则

$$x = \frac{EI}{Fr}$$

B 点的挠度 y_B 包括 C 点的挠度 δ_1，由例 7-4 图中可知

$$(r - \delta_1)^2 = r^2 - (l - x)^2$$

近似解出

$$\delta_1 = -\frac{(l-x)^2}{2r}$$

长 x 段梁，其挠度可按一个简单悬臂梁求出，即

$$\delta_2 = \frac{-Fx^3}{3EI} = \frac{-E^2I^2}{3F^2r^3}$$

由 C 截面的转角产生的挠度为

$$\delta_3 = \frac{-x(l-x)}{r} = \frac{-EI}{Fr^2}(l - \frac{EI}{Fr})$$

则 B 端的挠度为

$$y_B = \delta_1 + \delta_2 + \delta_3 = \frac{-l^2}{2r} + \frac{(EI)^2}{6F^2r^3}$$

（3）若求 AC 段中某一个截面的挠度，则该点的挠度仅有（2）中第一项，即 $y = \delta_1 = -\frac{(l-x)^2}{2r}$；若 B 端与圆筒表面相接触，则 $y_B = -\frac{l^2}{2r}$。

【评注】①梁的曲率与弯矩的关系式，是在小变形情况下得出的，故刚性圆筒面的半径 r 须足够大，上述讨论方能成立；②该关系式 $(1/\rho(x) = M(x)/EI)$ 是弯曲变形的一个基本公式，连同弯曲变形时的几何关系式 $(\varepsilon = y/\rho)$，对于已知曲率的变形杆件，计算其变形和应力都是很有用的，须引起重视。

7.3 考点及考研真题辅导与精析

本章的重点内容是挠曲线的近似微分方程及梁的刚度条件。①应熟悉二重积分法的应用，确定简单梁的转角及挠曲线方程。②给出一些较复杂的梁，经过变换运用已知结果进行叠加，有时可给出某几种相关结果，要求测试者会转换。③用变形比较法解简单超静定结构，则要求考生掌握变形比较法。对于一些特定截面的位移会用叠加法求解，考生应熟记简单静定梁在简单载荷作用下的最大挠度与转角，以方便叠加法的运用。当

然，求变形的方法比较多，如能量法相对比较简单，在没有指定方法时可采用。④确定最大转角和挠度，进行刚度校核。

1．等截面直梁的弯曲刚度 EI 为常量，长度为 l，挠曲线方程为 $w=\dfrac{Fx^2}{6EI}(3l-x)$，梁的坐标系如题 1 图所示，试求：（1）梁端截面的约束条件；（2）梁的载荷图。（长安大学；10 分）

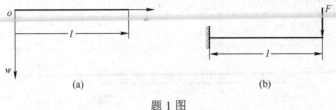

题 1 图

解：(1) 对梁的挠曲线方程 $w=\dfrac{Fx^2}{6EI}(3l-x)$ 进行求导，得

$$w'=\theta=\dfrac{Fx}{2EI}(2l-x), \quad w''=\dfrac{F}{EI}(l-x)$$

(2) 代入边界条件，确定梁的支承形式和外载荷为

$x=0$ 时，有

$$w|_{x=0}=0, \quad \theta_{x=0}=0$$

$x=l$ 时，有

$$w|_{x=l}=\dfrac{Fl^3}{3EI}, \quad \theta_{x=l}=\dfrac{Fl^2}{2EI}$$

由此可见，梁的左端为固定端，右端为自由端。

因为 $w''=-\dfrac{M(x)}{EI}$，故梁的弯矩方程为

$$M(x)=-EIw''=-F(l-x)$$

由载荷、剪力和弯矩间的微分关系可知

$$F_s(x)=M'=F, \quad q(x)=M''=0$$

所以梁上分布载荷为零，只有向下的集中力 F。由此得荷载图如题 1 图（b）所示。

2．题 2 图（a）、(b) 为材料、尺寸分别相同的线弹性等直简支梁。梁 (a) 在 A、B 两端的分布载荷集度均为 $2q$，且沿 AB 连线呈一个周期的正弦曲线分布；梁 (b) 则受集度为 q 的均布载荷。梁 (a) 和梁 (b) 在跨中 C 处的挠度分别为 $w(a)$ 和 $w(b)$，则两者的数量关系为 $w(a)=($ $)$。（西南交通大学；3 分）

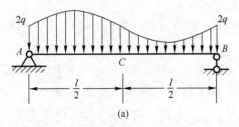 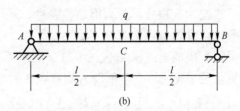

题 2 图

答：$w(a)=2w(b)$。可将梁（a）视为在 A、B 间作用集度为 $2q$ 均布载荷和在 A、B 间作用连线呈一个周期的正弦曲线分布载荷，且 AC 段半正弦载荷方向向下，CB 段半正弦载荷方向向上。在正弦曲线分布载荷作用时，梁是一个结构对称，载荷反对称梁，则中面位移为零。因此梁（a）中面挠度为 $10ql^4/384EI$。梁（b）受集度为 q 的均布载荷作用，中面挠度为 $5ql^4/384EI$。

3．一简支梁如题 3 图所示，若 F、l、b、h 及 E 均已知，试求梁上 D 点的铅垂位移。（西南交通大学；12 分）

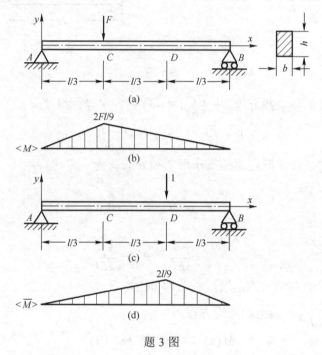

题 3 图

解：（1）用积分法求变形。AC、CB 段的弯矩方程分别为

$$M(x_1) = \frac{2}{3}Fx_1 \qquad \left(0 < x_1 < \frac{l}{3}\right)$$
$$M(x_2) = \frac{2}{3}Fx_2 - F\left(x_2 - \frac{l}{3}\right) \quad \left(\frac{l}{3} < x_2 < l\right)$$

挠曲线近似微分方程为

$$EIy_1'' = \frac{2}{3}Fx_1, \quad EIy_2'' = \frac{2}{3}Fx_2 - F\left(x_2 - \frac{l}{3}\right)$$

通过二次积分，并利用边界条件、连续条件确定积分常数，再将 $x=2l/3$ 代入挠度方程即可。具体可以参考例 7-1。

（2）用能量法求变形。作题 3 图所示梁弯矩图如题 3 图（b）所示，再在梁 D 截面单独作用单位力 1，作单位力的弯矩图如题 3 图（d）所示。根据图乘法可得

$$y_D = \frac{1}{EI}\left(\frac{1}{2}\times\frac{l}{3}\times\frac{2Fl}{9}\times\frac{2}{3}\times\frac{2l}{9} + \frac{1}{2}\times\frac{l}{3}\times\frac{Fl}{9}\times\frac{2}{3}\times\frac{2l}{9} + \frac{1}{2}\times\frac{l}{3}\times\frac{Fl}{9}\times\frac{4l}{27} + \frac{l}{3}\times\frac{Fl}{9}\times\frac{l}{6}\right) = \frac{7Fl^3}{486EI}$$

4．题 4 图所示 T 形截面悬臂梁，受到均布载荷作用，材料的弹性模量 $E=200\text{GPa}$，

则 C 点的挠度为多少？（大连理工大学；15 分）

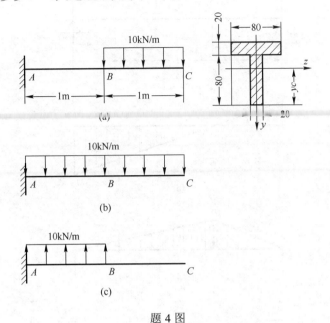

题 4 图

解：（1）计算图形对中性轴 z 的惯性矩。图形左右对称，故 $z_C = 0$，则

$$y_C = \frac{20 \times 80 \times 90 + 80 \times 20 \times 40}{20 \times 80 + 80 \times 20} = 65(\text{mm})$$

$$I_z = \frac{80 \times 20^3}{12} + 80 \times 20 \times (90-65)^2 + \frac{20 \times 80^3}{12} + 20 \times 80 \times (65-40)^2 = 2.907 \times 10^6 (\text{mm}^4)$$

（2）叠加法求 C 点的挠度。

题 4 图（a）可以看作为图（b）和图（c）两种受力形式的叠加，所以 C 点的挠度为

$$w_C = w_{C1} + w_{C2} = -\frac{ql_{AC}^4}{8EI} + \left(\frac{ql_{AB}^4}{8EI} + \frac{ql_{AB}^3}{6EI} \cdot l_{BC}\right) = -\frac{41ql_{AB}^4}{24EI}$$

$$= -\frac{41 \times 10 \times 10^3 \times 1^4}{24 \times 200 \times 10^9 \times 2.907 \times 10^{-6}} = -29.38 \times 10^{-3} (\text{m})$$

5. 如题 5 图所示，已知梁 EI 为常数。今欲使梁的挠曲线在 $x = L/3$ 处出现一个拐点，求 M_{e1}/M_{e2} 的比值，并求此时该点的挠度。（吉林大学；15 分）

解：（1）由题 5 图（b）弯矩图可知，梁在弯矩 $M = 0$ 处挠曲线出现拐点，即凹凸曲线的反弯点。将 $x = L/3$ 代入，可得 $\dfrac{M_{e1}}{M_{e2}} = \dfrac{x}{L-x} = \dfrac{1}{2}$。

（2-1）解法一：用积分法求挠度。由题 5 图（d），在 x 截面上 $M(x) = M_{e1} - \dfrac{3M_{e1}}{L}x$，则

$$EI\frac{d^2y}{dx^2} = M(x) = M_{e1} - \frac{3M_{e1}}{L}x$$

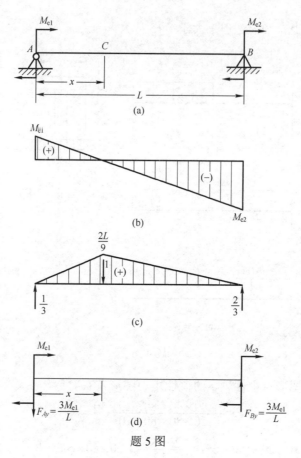

题 5 图

对上式积分，得

$$EI\frac{dy}{dx} = \theta(x) = M_{e1}x - \frac{3M_{e1}}{2L}x^2 + C$$

$$EIy = y(x) = \frac{M_{e1}x^2}{2} - \frac{M_{e1}}{2L}x^3 + Cx + D$$

代入边界条件：$x=0$ 时，$y=0$，得 $D=0$；$x=l$ 时，$y=0$，得 $C=0$。

故挠曲线方程为

$$y(x) = \frac{1}{EI}\left(\frac{M_{e1}x^2}{2} - \frac{M_{e1}}{2L}x^3\right)$$

将 $x=L/3$ 代入上式，得

$$y\left(\frac{L}{3}\right) = \frac{M_{e1}L^2}{27EI}(\uparrow)$$

(2-2) 解法二：用能量法求挠度。在 C 截面加单位力，并作弯矩图如题 5 图（c）所示，题 5 图（b）与题 5 图（c）相关项相乘，得

$$y_C = \left(\frac{1}{81}M_{e1}L^2 - \frac{2}{81}M_{e2}L^2\right)/EI = -\frac{M_{e1}L^2}{27EI} \quad \text{（位移与单位力方向相反，向上）}$$

6. 题 6 图所示等截面梁，抗弯刚度 EI 已知，试求：（1）绘制梁的挠曲线大致形状；（2）分段写出梁的挠曲线近似微分方程；（3）写出梁的边界条件和连续性条件。（南京理

工大学；20 分）

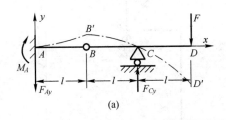

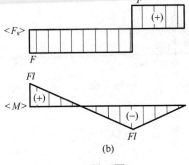

题 6 图

解：（1）将梁从 B 处打开，分左、右两段作平衡分析，可得支座反力为 $F_{Cy} = 2F$，$F_{Ay} = F$，$M_A = Fl$，方向如题 6 图（a）所示。

作梁的弯矩图（题 6 图（b）），据此可以画出梁的挠曲线大致形状如题 6 图（a）所示。

（2）根据题 6 图（a）的坐标系，写出梁的弯矩方程，代入挠曲线近似微分方程，得

AB 段：

$$EI\frac{d^2 y}{dx_1^2} = M(x_1) = Fl - Fx_1 \quad (0 < x_1 \leqslant l)$$

BC 段：

$$EI\frac{d^2 y}{dx_2^2} = M(x_2) = Fl - Fx_2 \quad (l \leqslant x_2 \leqslant 2l)$$

CD 段：

$$EI\frac{d^2 y}{dx_3^2} = M(x_3) = Fl - Fx_3 + 2F(x_3 - 2l) \quad (2l \leqslant x_3 \leqslant 3l)$$

（3）梁的边界条件和连续性条件如下：

在 A 截面，即 $x_1 = 0$ 时，$y_A = 0$，$\theta_A = y'_A = 0$；

在 B 截面，即 $x_1 = x_2 = l$ 时，$y_B(x_1) = y_B(x_2)$；

在 C 截面，即 $x_2 = x_3 = 2l$ 时，$y_C(x_2) = y_C(x_3) = 0$，$\theta_C(x_2) = \theta_C(x_3)$。

7．结构受力如题 7 图所示，已知 M_e、a，钢架各杆 EI 为常数，试求 B 截面的转角（不计剪力和轴力的影响），并画出挠曲线的大致形状。（吉林大学；10 分）

解：（1）选用二次积分法。分段写出弯矩方程：

BC 段：

$$M(x_1) = -\frac{M_e}{a} x_1$$

177

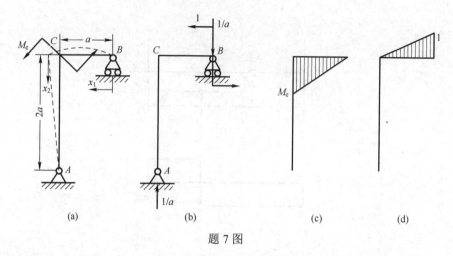

题 7 图

CA 段：
$$M(x_2) = 0$$

则
$$EIy''(x_1) = -\frac{M_e}{a}x_1, \quad EIy''(x_2) = 0$$

积分，得
$$EIy'(x_1) = -\frac{M_e}{2a}x_1^2 + C_1, \quad EIy'(x_2) = C_2$$

$$EIy(x_1) = -\frac{M_e}{6a}x_1^3 + C_1x_1 + D_1, \quad EIy(x_2) = C_2x_2 + D_2$$

代入边界条件
$$x_1 = 0, y(x_1) = 0, \quad 得 D_1 = 0$$
$$x_2 = 2a, y(x_2) = 0, \quad 得 D_2 = 0$$

$$x_1 = a, x_2 = 0, y_1 = y_2 = -\frac{M_e}{6a}a^3 + C_1a = 0, \quad 得 C_1 = \frac{M_e}{6}a$$

则
$$EIy'(x_1) = -\frac{M_e}{2a}x_1^2 + \frac{M_e}{6}a$$

将 $x_1 = 0$ 代入，得截面 B 的转角为
$$y'(0) = \theta_B = \frac{M_e}{6EI}a(\downarrow)$$

（2）选用能量法。作结构弯矩图如题 7 图（c）所示。在 B 截面施加单位力偶，其引起结构弯矩图如题 7 图（d）所示。题 7 图（c）、（d）相关项相乘，得 B 截面的转角为
$$\theta_B = -\left(\frac{1}{2}a \times M_e \times \frac{1}{3}\right)/EI = -\frac{M_e a}{6EI} \quad (与单位力偶方向相反，转角为顺时向)$$

（3）画出结构挠曲线的大概形状如题 7 图（a）中虚线所示。

8. 刚架 ABC 受力如题 8 图所示，EI=常量。拉杆 BD 的横截面面积为 A，弹性模量为 E。试求 C 点的位移。（西北工业大学；20分）

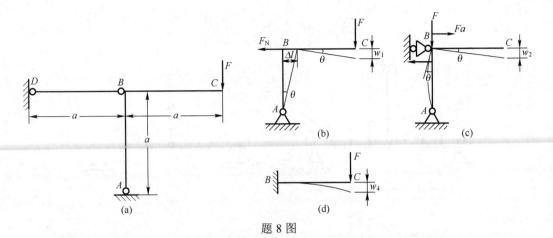

题 8 图

解：本例为刚架的位移计算，采用局部刚化法比较方便。C 点位移可以看作三部分的叠加。

（1）刚化 ABC，只考虑杆 DB 变形引起 C 点位移。

由题 8 图（b），根据静力平衡方程 $\sum M_A = 0$，得 $F_N = F$，则

$$\Delta l = \frac{F_N l}{EA} = \frac{Fa}{EA}, \quad w_1 = -\theta a = -\frac{\Delta l}{a} \times a = -\Delta l = -\frac{Fa}{EA}(\downarrow)$$

（2）刚化 DB 和 BC，考虑 AB 杆变形引起 C 点位移。

由题 8 图（c），将 C 点力向 B 点等效平移，AB 杆可看作简支梁受集中力 $M_B = Fa$ 作用，则

$$\theta_B = -\frac{Ma}{3EI} = -\frac{Fa^2}{3EI}, \quad w_2 = \theta_B a = -\frac{Fa^3}{3EI}(\downarrow)$$

同时，力平移后，F 引起 AB 杆压缩 $w_3 = \Delta l_{AB} = -\frac{Fa}{EA}(\downarrow)$。

（3）刚化 DB 和 AB，考虑杆 BC 变形引起 C 点位移。

由题 8 图（d），悬臂梁 BC 自由端的位移为

$$w_4 = -\frac{Fa^3}{3EI}(\downarrow)$$

则 C 端的垂直位移为

$$w = w_1 + w_2 + w_3 + w_4 = -\left(\frac{2Fa}{EA} + \frac{2Fa^3}{3EI}\right) = -\frac{2Fa}{E}\left(\frac{1}{A} + \frac{a^2}{3I}\right)(\downarrow)$$

9. 题 9 图所示水平简支梁 AB 与竖杆 CD 铰结在一起，两杆材料相同，梁 AB 的抗弯刚度为 EI，杆 CD 的抗拉刚度为 EA。已知 $Al^3 = 12Ia$，求杆 CD 的轴力。（湖南大学，15 分）

解：结构为一次超静定结构。其变形协调方程为 $\Delta l_{CD} = y_C$。

设 CD 杆的轴力为 F_N，则 CD 杆的伸长 $\Delta l_{CD} = F_N a / EA$。

梁 C 处的挠度可以看作为图（b）、（c）、（d）3 种载荷分别作用的叠加，其中图（d）中 C 处的挠度相当于图（c）中 C 处的挠度的 1/2，则

$$y_C = y_{C1} + y_{C2} + y_{C3} = -\frac{F_N l^3}{48EI} + \frac{5(2q)l^4}{384EI} + \frac{1}{2} \times \frac{5(2q)l^4}{384EI} = \frac{5ql^4}{128EI} - \frac{F_N l^3}{48EI}$$

将上式代入变形协调方程，且注意 $Al^3 = 12Ia$，得

$$\frac{F_N a}{EA} \times \frac{Al^3}{12Ia} = \frac{5ql^4}{128EI} - \frac{F_N l^3}{48EI}$$

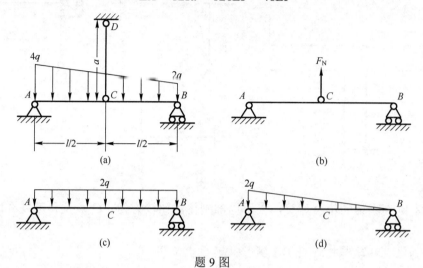

题 9 图

解得杆 CD 的轴力为

$$F_N = \frac{3}{8}ql \quad (CD \text{ 杆受拉})$$

10. 题 10 图所示结构中 CD 为刚性杆，梁 AB 和 DE 的抗弯刚度相同，求 C 点的垂直位移。（中南大学，15 分）

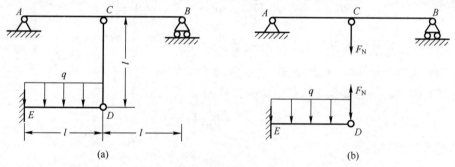

题 10 图

解：结构为一次超静定结构，变形协调方程为 $y_C = y_D$。

设杆 CD 的轴力为 F_N，则梁 AB 在 C 处的挠度为

$$y_C = -\frac{F_N (2l)^3}{48EI} = -\frac{F_N l^3}{6EI}$$

梁 ED 在 D 处的挠度可以通过叠加法计算，即

$$y_D = y_{Dq} + y_{DF_N} = -\frac{ql^4}{8EI} + \frac{F_N l^3}{3EI}$$

代入变形协调方程，得

$$-\frac{F_N l^3}{6EI} = -\frac{ql^4}{8EI} + \frac{F_N l^3}{3EI}$$

180

解得杆 CD 的轴力为 $F_N = \dfrac{1}{4}ql$。

所以 C 处的挠度为 $y_C = -\dfrac{F_N l^3}{6EI} = -\dfrac{ql^4}{24EI}$（负号表示挠度向下）。

7.4 课后习题解答

7-1 试画出题 7-1 图所示各梁挠曲线的大致形状。

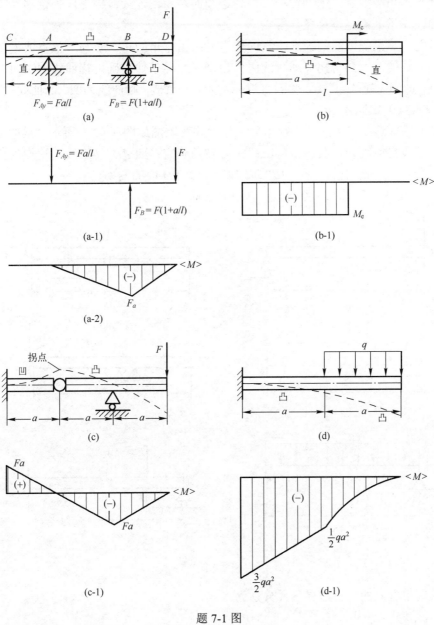

题 7-1 图

解：以题 7-1 图（a）为例，阐述画梁挠曲线大致形状的原则。其他题目直接画出挠曲线大致形状。

（1）确定梁挠曲线的基本原则：依据挠曲线的曲率与弯矩成正比，且二者具有相同的正负符号。在弯矩 $M(x)>0$ 的梁段，挠曲线为凹曲线；在弯矩 $M(x)<0$ 的梁段，挠曲线为凸曲线，而且弯矩越大，曲率也越大。而在弯矩 $M=0$ 的梁段，挠曲线则为直线。

（2）确定梁挠曲线的另一基本依据是：在梁的被约束处，应满足位移边界条件；在分段处，则应满足位移连续条件，除中间铰处外，挠曲线还应满足光滑条件。如固定端处，挠度和转角应为零；中间铰处，位移连续而转角不连续；铰支座处位移为零，转角连续；弹性支承处满足位移条件等。

简言之，画梁挠曲线的大致形状的要点为：由弯矩的正、负与零值点或零值区，分别确定挠曲线的凹、凸与拐点或直线区；由位移边界条件，确定挠曲线的空间位置。

拐点，即当弯矩 $M=0$ 面，两侧弯矩分别为正、负值，则曲线为凹、凸曲线的反弯点。如题 7-1 图（c）中间铰处。

题 7-1 图（a），在求出支座反力后，作梁的弯矩图如图（a-2）所示，梁的 AC 段弯矩为零，该段挠曲线为直线，转角由截面 A 转角确定；而 AB、BD 段弯矩均为负，则是一段凸曲线，在 $l>a$ 的条件下，AB 段的曲率小于 BD 段的曲率。

7-2 写出题 7-2 图所示各梁的位移边界条件。

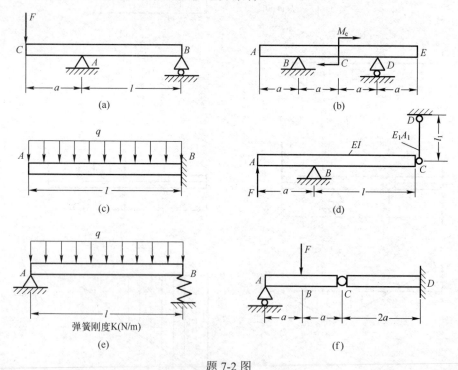

题 7-2 图

解：写出各梁的位移边界条件分别为：

（a）$y_A = 0, y_B = 0$；

（b）$y_B = 0, y_D = 0$；

(c) $\theta_B = y_B = 0$;

(d) $y_B = 0, y_C = \Delta l_1 = -\dfrac{Fal_1}{lE_1A_1}$;

(e) $y_A = 0, y_B = -\dfrac{ql}{2K}$;

(f) $y_A = 0, y_D = \theta_D = 0, y_C^L = y_C^R$。

7-3 试用积分法求题 7-3 图所示各梁的转角方程和挠曲线方程。已知各梁的抗弯刚度 EI 为常量。

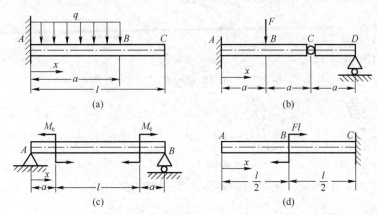

题 7-3 图

解：以题 7-3（a）为例，阐述积分法的基本作法。其他题目直接给出结果。

（1）求支反力并写出弯矩方程 由平衡方程求得固定端反力为

$$F_{Ay} = qa(\uparrow), \quad M_A = \dfrac{qa^2}{2}(\frown)$$

取坐标系如题 7-3 图（a）所示，分别列出 AB、BC 段弯矩方程为

$$M_1(x) = qax - \dfrac{qa^2}{2} - \dfrac{qx^2}{2} \quad (0 \leqslant x \leqslant a), \quad M_2(x) = 0 \quad (a \leqslant x \leqslant l)$$

（2）写出挠曲线近似微分方程并进行二次积分可得

$$EIy_1''(x) = qax - \dfrac{qa^2}{2} - \dfrac{qx^2}{2}, \quad EIy_2''(x) = 0$$

$$EI\theta_1(x) = \dfrac{qax^2}{2} - \dfrac{qa^2 x}{2} - \dfrac{qx^3}{6} + C_1 \quad (0 \leqslant x \leqslant a), \quad EI\theta_2(x) = C_2 \quad (a \leqslant x \leqslant l)$$

$$EIy_2(x) = \dfrac{qax^3}{6} - \dfrac{qa^2 x^2}{4} - \dfrac{qx^4}{24} + C_1 x + D_1, \quad EIy_2(x) = C_2 x + D_2$$

（3）确定积分常数并确定转角方程和挠曲线方程。

由 $x = 0$ 时，$\theta_1 = 0$ $y_1 = 0$，得 $C_1 = D_1 = 0$。

由 $x = a$ 时，$\theta_1 = \theta_2$ $y_1 = y_2$，得 $C_2 = -\dfrac{qa^3}{6}$ $D_2 = \dfrac{qa^4}{24}$。

代入积分常数，得转角方程和挠曲线方程分别为

$$\theta_1(x) = \frac{1}{EI}\left(\frac{qax^2}{2} - \frac{qa^2x}{2} - \frac{qx^3}{6}\right) \qquad \theta_2(x) = -\frac{qa^3}{6EI}$$

$$y_1(x) = \frac{1}{EI}\left(\frac{qax^3}{6} - \frac{qa^2x^2}{4} - \frac{qx^4}{24}\right) \qquad y_2(x) = \frac{1}{EI}\left(\frac{qa^4}{24} - \frac{qa^3x}{6}\right)$$

$$(0 \leqslant x \leqslant a) \qquad\qquad (a \leqslant x \leqslant l)$$

（b）仿照（a）中作法，可得梁的转角方程和挠曲线方程分别为

$$\theta_1 = \frac{1}{EI}\left(\frac{Fx^2}{2} - Fax\right) \qquad \theta_2 = -\frac{Fa^2}{2EI} \qquad \theta_3 = \frac{5Fa^2}{6EI}$$

$$y_1 = \frac{1}{EI}\left(\frac{Fx^3}{6} - \frac{Fa}{2}x^2\right) \qquad y_2 = \frac{1}{EI}\left(-\frac{Fa^2}{2}x + \frac{Fa^3}{6}\right) \qquad y_3 = \frac{1}{EI}\left(\frac{5}{6}Fa^2x - \frac{5}{2}Fa^3\right)$$

$$(0 \leqslant x \leqslant a) \qquad\qquad (a \leqslant x \leqslant 2a) \qquad\qquad (2a \leqslant x \leqslant 3a)$$

（c）仿照（a）中作法，可得梁的转角方程和挠曲线方程分别为

$$\theta_1 = \frac{Ml}{2EI} \qquad \theta_2 = \frac{M}{2EI}(l + 2a - 2x) \qquad \theta_3 = -\frac{Ml}{2EI}$$

$$y_1 = \frac{Mlx}{2EI} \qquad y_2 = \frac{M}{2EI}[lx - (x-a)^2] \qquad EIy_3 = \frac{M}{2EI}(2la + l^2 - lx)$$

$$(0 \leqslant x \leqslant a) \qquad\qquad (a \leqslant x \leqslant l+a) \qquad\qquad (l+a \leqslant x \leqslant l+2a)$$

（d）仿照（a）中作法，可得梁的转角方程和挠曲线方程分别为

$$\theta_1(x) = -\frac{Fx^2}{2EI} \qquad \theta_2(x) = \frac{1}{EI}\left[-\frac{F}{2}x^2 + Fl\left(x - \frac{l}{2}\right)\right]$$

$$y_1(x) = \frac{F}{24EI}(l^3 - 4x^3) \qquad y_2(x) = \frac{1}{EI}\left[-\frac{F}{6}x^3 + \frac{Fl}{2}\left(x - \frac{l}{2}\right)^2 + \frac{1}{24}Fl^3\right]$$

$$(0 \leqslant x \leqslant l/2) \qquad\qquad (l/2 \leqslant x \leqslant l)$$

7-4 用叠加法求题 7-4 图所示各梁 C 截面的挠度和转角。已知各梁的抗弯刚度 EI 为常量。

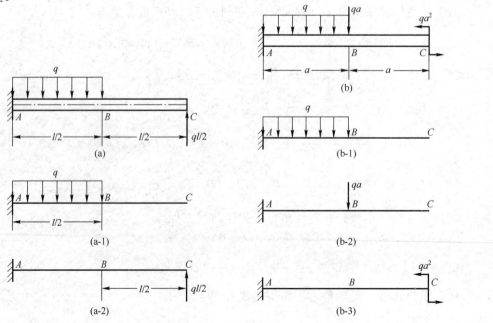

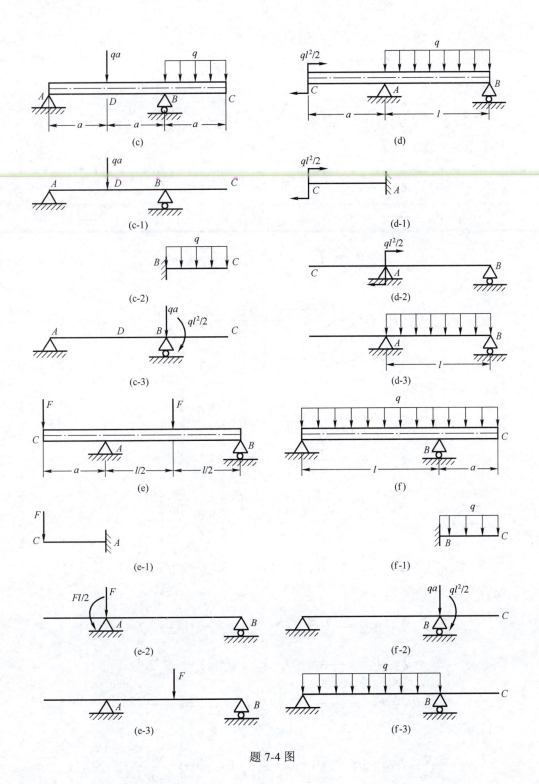

题 7-4 图

解：（a）由各分解图可得

$$\theta_{C1} = \theta_B = \frac{ql^2}{48EI} \ (\curvearrowright), \quad y_{C1} = y_B + \theta_B \times \frac{l}{2} = \frac{ql^4}{128EI} + \frac{ql^3}{48EI} \times \frac{l}{2} = \frac{7ql^4}{384EI}(\downarrow)$$

$$\theta_{C2}=\frac{ql^3}{4EI}\ (\frown),\quad y_{C2}=\frac{ql^4}{6EI}(\uparrow)$$

叠加可得

$$\theta_C=\frac{ql^3}{4EI}-\frac{ql^3}{48EI}=\frac{11ql^2}{48EI}\ (\frown),\quad y_C=\frac{ql^4}{6EI}-\frac{7ql^4}{389EI}=\frac{19ql^4}{128EI}(\uparrow)$$

（b）由各分解图可得

$$\theta_{C1}=\theta_{B1}=\frac{-ql^3}{6EI}\ (\frown),\quad y_{C1}=y_{B1}+\theta_{B1}\times a=-(\frac{qa^4}{8EI}+\frac{qa^4}{6EI})=-\frac{7qa^4}{24EI}(\downarrow)$$

$$\theta_{C2}=\theta_{B2}=\frac{-Fa^2}{2EI}\ (\frown),\quad y_{C2}=y_{B2}+\theta_{B2}\times a=-(\frac{qa^4}{3EI}+\frac{qa^4}{2EI})=-\frac{5qa^4}{6EI}(\downarrow)$$

$$\theta_{C3}=\frac{2qa^3}{EI}\ (\frown),\quad y_{C3}=\frac{2qa^4}{EI}(\uparrow)$$

故叠加可得

$$\theta_C=\theta_{C1}+\theta_{C2}+\theta_{C3}=-\frac{qa^3}{6EI}-\frac{qa^3}{2EI}+\frac{2qa^3}{EI}=\frac{4qa^3}{3EI}\ (\frown)$$

$$y_C=\frac{qa^4}{EI}(-\frac{7}{24}-\frac{5}{6}+2)=\frac{7qa^4}{8EI}(\uparrow)$$

（c）由各分解图可得

$$\theta_{C1}=\theta_{B1}=\frac{qa(2a)^2}{16EI}=\frac{qa\times a^2}{4EI}\ (\frown),\quad y_{C1}=\theta_{B1}\times a=\frac{qa^4}{4EI}(\uparrow)$$

$$\theta_{C2}=\frac{-qa^3}{6EI}\ (\frown),\quad y_{C2}=-\frac{qa^4}{8EI}(\downarrow)$$

$$\theta_{C3}=\theta_{B2}=-\frac{qa^3}{3EI},\quad y_{C3}=\theta_{B2}\times a=-\frac{qa^4}{3EI}(\downarrow)$$

叠加可得

$$\theta_C=\frac{qa^3}{4EI}-6\frac{qa^3}{2EI}-\frac{qa^3}{3EI}=-\frac{qa^3}{4EI}\ (\frown),\quad y_C=\frac{qa^4}{4EI}-\frac{qa^4}{8EI}-\frac{qa^4}{3EI}=-\frac{5qa^4}{24EI}(\downarrow)$$

（d）由各分解图可得

$$\theta_{C1}=-\frac{ql^2a}{2EI}\ (\frown),\quad y_{C1}=\frac{ql^2a^2}{4EI}(\uparrow)$$

$$\theta_{C2}=\theta_{A2}=\frac{-ql^3}{6EI}\ (\frown),\quad y_{C2}=\theta_{A2}\times a=-\frac{ql^3a}{6EI}(\uparrow)$$

$$\theta_{C3}=\theta_{A3}=-\frac{ql^3}{24EI}\ (\frown),\quad y_{C3}=\theta_{A3}\times a=-\frac{ql^3a}{24EI}(\uparrow)$$

叠加得

$$\theta_C=-\frac{ql^2}{24EI}(12a+5l)\ (\frown),\quad y_C=\frac{ql^2}{24EI}(6a^2+5al)=\frac{ql^2a}{24EI}(6a+5l)(\uparrow)$$

（e）由各分解图可得

$$\theta_{C1}=\frac{Fa^2}{3EI}\ (\frown),\quad y_{C1}=\frac{-Fa^3}{3EI}(\downarrow)$$

$$\theta_{C2} = \theta_{A2} = \frac{Fal}{3EI} \;(\frown), \quad y_{C2} = \theta_{A2}a = -\frac{Fa^2l}{3EI}(\downarrow)$$

$$\theta_{C3} = \theta_{A3} = \frac{-Fl^2}{16EI} \;(\frown), \quad y_{C3} = \theta_{A3}a = \frac{Fal^2}{16EI}(\uparrow)$$

叠加可得

$$y_C = -\frac{Fa^3}{3EI} - \frac{Fal}{3EI}a + \frac{Fl^2}{16EI}a = -\frac{Fa}{48EI}(16a^2 + 16al - 3l^2)$$

$$\theta_C = \frac{Fa^2}{2EI} + \frac{Fal}{3EI} - \frac{Fl^2}{16EI} = \frac{F}{48EI}(24a^2 + 16al - 3l^2)$$

（f）由各分解图可得

$$\theta_{C1} = \frac{qa^3}{6EI} \;(\frown), \quad y_{C1} = \frac{qa^4}{8EI}(\downarrow)$$

$$\theta_{C2} = \theta_{B2} = \frac{qa^2l}{6EI} \;(\frown), \quad y_{C2} = \theta_{B2}a = \frac{qa^3l}{6EI}(\downarrow)$$

$$\theta_{C3} = \theta_{B3} = \frac{ql^3}{24EI} \;(\frown), \quad y_{C3} = \theta_{B3}a = \frac{ql^3a}{24EI}(\uparrow)$$

叠加可得

$$y_C = -\frac{qa^4}{8EI} - \frac{\frac{qa^2}{2}l}{3EI}a + \frac{ql^3}{24EI}a = -\frac{qa}{24EI}(3a^3 + 4a^2l - l^3)$$

$$\theta_C = -\frac{qa^3}{6EI} - \frac{qa^2l}{6EI} + \frac{ql^3}{24EI} = \frac{q}{24EI}(l^3 - 4a^3 - 4a^2l)$$

7-5 如题 7-5 图所示弯曲形状的钢梁 AB，当所加载荷 F 为一定值时恰与刚性平面 MN 贴合，并在贴合处产生均匀分布的压力，试确定 F 的大小、梁 AB 的初始弯曲形状及贴合后的最大弯曲正应力。已知梁长 l=500mm，梁端初始高度 Δ=2mm，梁截面为正方形，边长 a=25mm，弹性模量 E=200GPa。

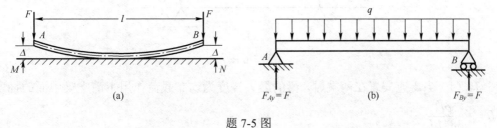

题 7-5 图

解：（1）依题意知，钢梁可看作两端铰支的简支梁受均布载荷作用，如题 7-5 图（b）所示。该简支梁中面挠度为 $\Delta = \frac{5ql^4}{384EI} = 2\times 10^{-3}$。故均布载荷集度为

$$q = \frac{384EI}{5l^4}\Delta = \frac{384\times 200\times 10^9 \times 25^4 \times 10^{-12} \times 2\times 10^{-3}}{5\times 0.5^4 \times 12} = 16\times 10^3 \text{N/m}$$

所以，简支梁两端的支座反力为

$$F_{Ay} = F_{By} = F = \frac{ql}{2} = \frac{16\times 10^3 \times 0.5}{2} = 4000(\text{N}) = 4(\text{kN})$$

（2）该简支梁内最大弯矩为 $ql^2/8$，梁内最大弯曲正应力为

$$\sigma_{\max} = \frac{M_{\max}}{W_z} = \frac{ql^2 \times 6}{8 \times 25^3 \times 10^{-9}} = \frac{2 \times 4000 \times 6 \times 0.5}{8 \times 25^3 \times 10^{-9}} = 192 \times 10^6 (\text{Pa}) = 192(\text{MPa})$$

则 F 的大小为 4kN，最大弯曲正应力为 192MPa。

7-6 题 7-6 图所示梁的抗弯刚度 EI 为常数，总长为 l，试问：

（1）当支座安置在两端时（$a=0$），梁的最大挠度 f_1 为多少？

（2）当支座安置在 $a = \dfrac{l}{4}$ 处，梁的最大挠度 f_2 又为多少？并计算 f_1 和 f_2 的比值。

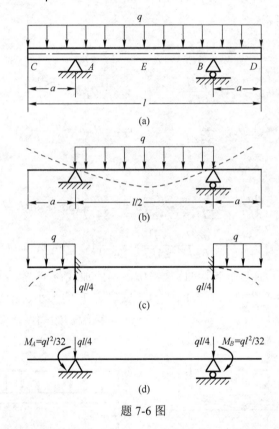

题 7-6 图

解：（1）当支座安置在两端时，梁的最大挠度为均布载荷作用下简支梁中面的挠度，即 $f_1 = -\dfrac{5ql^4}{384EI}$。

（2）当支座安置在 $a = \dfrac{l}{4}$ 处时，将载荷分解为如题 7-6 图（b）梁简支段受均布载荷、题 7-6 图（c）刚化 AB，梁在外伸段受均布载荷和题 7-6 图（d）刚化 AC 和 BD，梁在支座处受载 3 种情况的叠加。

① 计算梁中面 E 的位移：

题 7-6 图（b）均布载荷作用下，中面 E 的挠度为

$$f_{21}^1 = \frac{5q\left(\dfrac{l}{2}\right)^4}{384EI} = \frac{5ql^4}{6144EI} (\downarrow)$$

题 7-6 图（c）两外伸段均布载荷作用下，中面 E 的挠度为
$$f_{21}^2 = 0$$
题 7-6 图（d）支座处作用载荷时，中面 E 的挠度为
$$f_{21}^3 = \frac{M_B l'^2}{16EI} \times 2 = \frac{6ql^4}{6144EI}(\uparrow)$$
故梁中面 E 的总挠度为
$$f_{21} = f_{21}^1 + f_{21}^2 + f_{21}^3 = \frac{ql^4}{6144EI}(\uparrow)$$

② 梁外伸端的挠度（由于对称性，取 C 截面分析）。

题 7-6 图（b）均布载荷作用下，外伸端 C 的挠度为
$$f_{22}^1 = \theta_A a = \frac{q\left(\dfrac{l}{2}\right)^3}{24EI} \dfrac{l}{4} = \frac{ql^4}{768EI}(\uparrow)$$
题 7-6 图（c）两外伸段均布载荷作用下，外伸端 C 的挠度为
$$f_{22}^2 = \frac{q(\dfrac{l}{4})^4}{8EI} = \frac{ql^4}{2048EI}(\downarrow)$$
题 7-6 图（d）支座处作用载荷时，外伸端 C 的挠度为
$$f_{22}^3 = \left(\frac{M_A}{3EI}\frac{l}{2} + \frac{M_B}{6EI}\frac{l}{2}\right)\frac{l}{4} = \frac{ql^4}{512EI}(\downarrow)$$
故外伸端 C 的总挠度为
$$f_{22} = f_{22}^1 + f_{22}^2 + f_{22}^3 = \frac{7ql^4}{6144EI}(\downarrow)$$
比较梁中面和外伸端挠度，知梁的最大挠度为
$$f_2 = f_{\max} = f_{22} = \frac{7l^4}{6144EI}$$
所以，两种支承下梁最大挠度比值为
$$\frac{f_1}{f_2} = \frac{5}{384} \times \frac{6144}{7} = \frac{80}{7} = 11.43$$

7-7 如题 7-7 图所示圆截面轴，两端用轴承支持，受载荷 F=10kN 作用。若轴承处的允许转角 $[\theta]$=0.05rad，材料的弹性模量 E=200GPa，试根据刚度条件确定轴的直径 d。

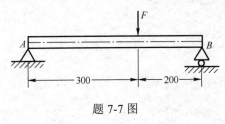

题 7-7 图

解：取 a=300mm，b=200mm，$l=a+b$=500mm，则 B 点转角最大。
由刚度条件

$$\theta_{\max} = \frac{Fab(l+a)}{6EIl} = \frac{10 \times 10^3 \times 0.3 \times 0.2 \times (0.5+0.3) \times 64}{6 \times 200 \times 10^9 \times \pi d^4 \times 0.5} \leqslant 0.05 = [\theta]$$

解得

$$d^4 \geqslant \frac{10 \times 3 \times 2 \times 8 \times 64}{6 \times 2 \times \pi \times 0.5 \times 5 \times 10^9} = 32.59 \times 10^{-8}$$

则

$$d \geqslant 23.9 \text{mm}，即轴径 d 应大于 23.9mm。$$

7-8 悬臂梁的横截面尺寸为 75mm×150mm 的矩形，在截面 B 处固定一个指针，如题 7-8 图所示。在集中力 3kN 作用下，试求指针端点的位移。设材料弹性模量 E=200GPa。

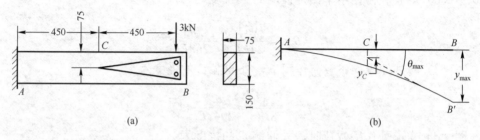

题 7-8 图

解：悬臂梁 B 端的位移、转角分别为 $y_{\max}$、$\theta_{\max}$，取 l=900mm，则指针尖点挠度为

$$y_C = y_{\max} - \theta_{\max} \frac{l}{2} = \frac{Fl^3}{3EI} - \frac{Fl^2}{2EI}\frac{l}{2} = \frac{Fl^3}{12EI} = \frac{3 \times 10^3 \times 0.9^3}{12 \times 200 \times 10^9 \times \frac{7.5 \times 15^3}{12} \times 10^{-8}}$$

$$= 43.2 \times 10^{-6} (\text{m}) = 0.0432 (\text{mm})$$

则指针尖点的位移为 0.0432mm。

7-9 如题 7-9 图所示，两根宽 20mm、厚 5mm 的木条，其中点处被一直径为 50mm 的光滑刚性圆柱分开，求使木条两端恰好接触时，作用在两端的力 F。已知木材的弹性模量 E_w=11GPa。

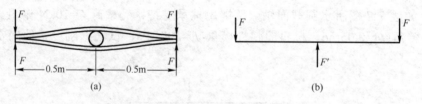

题 7-9 图

解：依题意单边木条可作为简支梁考虑，如题 7-9 图（b）所示，中点挠度为 $\frac{d}{2}$。设中面作用集中力 F'，该简支梁中面的挠度为 $y_{\max} = \frac{F'l^3}{48EI}$，从而解得

$$F' = \frac{48EI \times \frac{d}{2}}{l^3} = \frac{48 \times 11 \times 10^9 \times \frac{20 \times 5^3}{12} \times 10^{-12} \times 0.025}{1^3} = 2.75 (\text{N})$$

作用在两端的力为
$$F = \frac{F'}{2} = 1.375\text{N}$$

7-10 T 形截面梁，受力如题 7-10 图所示，梁的抗弯刚度 EI 为常数，求梁的转角方程和挠曲线方程。

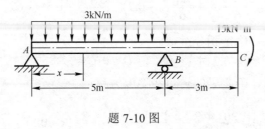

题 7-10 图

解：（1）用平衡方程求得支反力分别为
$$F_{Ay} = 4.5\text{kN}, \quad F_{By} = 10.5\text{kN}$$

（2）用奇异函数法写出梁的弯矩方程并写出梁变形普遍方程：
$$EIy'' = M = 4.5x - \frac{3}{2}x^2 + \frac{3}{2}\langle x-5\rangle^2 + 10.5\langle x-5\rangle$$

将上式二次积分可得
$$EI\theta = \frac{4.5}{2}x^2 - \frac{3}{6}x^3 + \frac{3}{6}\langle x-5\rangle^3 + \frac{10.5}{2}\langle x-5\rangle^2 + C$$
$$EIy = \frac{4.5}{6}x^3 - \frac{3}{24}x^4 + \frac{3}{24}\langle x-5\rangle^4 + \frac{10.5}{6}\langle x-5\rangle^3 + Cx + D$$

（3）利用边界条件，确定积分常数。

当 $x = 0$ 时 $y = 0$，当 $x = 5$ 时 $y = 0$，得 $D = 0, C = -\frac{25}{8}$。

（4）代入积分常数，梁的转角和挠度方程分别为
$$\theta(x) = \frac{1}{EI}\left[2.25x^2 - 0.5x^3 + 5.25\langle x-5\rangle^2 + 0.5\langle x-5\rangle^3 - 3.125\right]$$
$$y(x) = \frac{1}{EI}\left[0.75x^3 - 0.125x^4 + 1.75\langle x-5\rangle^3 + 0.125\langle x-5\rangle^4 - 3.125x\right]$$

在 AB 段，$x - 5 < 0$，方括号的各项去掉。

7-11 如题 7-11 图所示，钢制圆轴 AB 上装有两个皮带轮，轴的两端用轴承简支，求轴的最大挠度。材料弹性模量 E=200GPa。

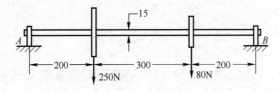

题 7-11 图

解：（1）用平衡方程求得支反力 $F_{Ay} = 201.4\text{N}, F_{By} = 128.6\text{N}$。

(2) 用奇异函数法写出梁的变形普遍方程，然后进行二次积分，可得

$$EIy'' = M = 201.4x - 250\langle x-0.2\rangle - 80\langle x-0.5\rangle$$

$$EI\theta = \frac{201.4}{2}x^2 - \frac{250}{2}\langle x-0.2\rangle^2 - \frac{80}{2}\langle x-0.5\rangle^2 + C$$

$$EIy = \frac{201.4}{6}x^3 - \frac{250}{6}\langle x-0.2\rangle^3 - \frac{80}{6}\langle x-0.5\rangle^3 + Cx + D$$

(3) 利用边界条件，确定积分常数。

当 $x=0$ 时 $y=0$；当 $x=0.7$ 时 $y=0$；得 $D=0$, $C=-8.85$。

(4) 代入积分常数，确定梁的转角和挠度方程：

$$EI\theta(x) = \frac{201.4}{2}x^2 - \frac{250\langle x-0.2\rangle^2}{2} - \frac{80}{2}\langle x-0.5\rangle^2 - 8.85$$

$$EIy(x) = \frac{201.4}{6}x^3 - \frac{250}{6}\langle x-0.2\rangle^3 - \frac{80}{6}\langle x-0.5\rangle^3 - 8.85x$$

(5) 求轴的最大挠度。

令 $\theta=0$（设在中间段，即 $x<0.5$），解得 $x=0.33$，即在该截面挠度最大。代入挠度方程得

$$y_{\max} = \frac{\frac{201.4}{6}\times 0.33^3 - \frac{250}{6}\times(0.33-0.2)^3 - 8.85\times 0.33}{200\times 10^9 \times \frac{\pi\times 15^4}{64}\times 10^{-12}} = -3.64\times 10^{-3}(\text{m}) = -3.64(\text{mm})$$

则轴的最大挠度为 3.64mm。

7-12 梁受到载荷 F_1 作用，如题 7-12 图所示。为使自由端 C 的挠度为零，在 C 处施加外力 F，求力 F 的大小。梁的抗弯刚度 EI 为常量。

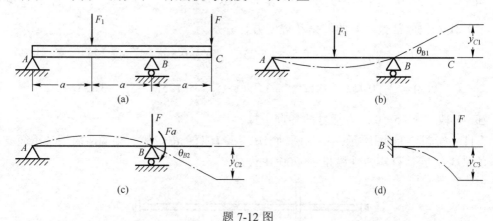

题 7-12 图

解：用叠加法知，自由端挠度应为 F_1 作用时，截面 B 转角引起挠度与 F 作用时引起挠度的叠加。其中 F_1 引起截面 B 转角可直接由附表查出；F 引起截面 C 的挠度采用分段刚化法，由题 7-12 图（c）、（d）叠加可得。查表代入，得

$$y_C = \frac{F_1(2a)^2}{16EI}a - \frac{Fa(2a)}{3EI}a - \frac{Fa^3}{3EI} = 0$$

解得
$$F = \frac{F_1}{4}(\downarrow)$$

7-13 使用在飞机上的工字形横梁受载如题 7-13 图所示，横梁由铝材制成，且截面二次矩为 $I=13320\text{cm}^4$。求支座 A，B 处的约束反力。

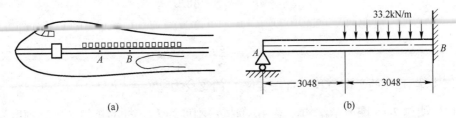

题 7-13 图

解：从简化所得力学模型题 7-13 图（b）可以看出，简化结构为悬臂梁 AB 并在自由端 A 活动铰支，因此结构为一次超静定。

（1）将 A 端支座视为多余约束，用支反力 F_{Ay} 代替，其变形协调条件为悬臂梁在 q 和 F_{Ay} 共同作用下 A 端挠度 $y_A = 0$。

由叠加法
$$y_A = y_q + y_{F_{Ay}} = -\frac{qa^3 \cdot a}{6EI} - \frac{qa^4}{8EI} + \frac{F_{Ay}(2a)^3}{3EI} = 0$$

解得
$$F_{Ay} = \frac{7qa}{64} = \frac{7 \times 33.2 \times 3.048}{64} = 11.06(\text{kN})(\uparrow)$$

（2）由梁 AB 的静力平衡方程可得
$$F_{By} = 90.1\text{kN}(\uparrow), \quad M_B = 86.8\text{kN}\cdot\text{m}(\curvearrowleft)$$

7-14 如题 7-14 图所示，两梁抗弯刚度均为 EI，求支座 C 的反力。

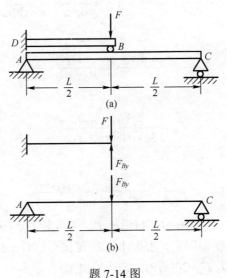

题 7-14 图

解：将上、下两梁分开如题 7-14 图（b）所示，则悬臂梁 DB 和简支梁 ABC 在 B 点挠度相同，即变形协调方程为 $y_{B1} = y_{B2}$。

将两根梁截面 B 挠度代入，得

$$\frac{(F - F_{By})\left(\frac{L}{2}\right)^3}{3EI} = \frac{F_{By}L^3}{48EI}$$

解得

$$F_{By} = \frac{2}{3}F$$

由简支梁 ABC 的平衡方程，可知支座 C 的支反力 $F_{Cy} = \frac{1}{3}F$

7-15 如题 7-15 图所示结构，梁 AB 的抗弯刚度为 EI，杆的抗拉（压）刚度为 EA，试求在力 F 作用下，杆 AC 的应力（不计梁的轴向力）。

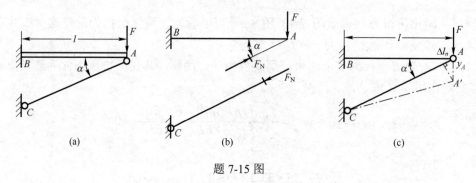

题 7-15 图

解：将结构视为悬臂梁下多余一个二力杆支撑，故结构为 1 次超静定结构。截开二力杆，其受力如题 7-15 图（b）所示。其变形协调条件为悬臂梁 A 端的挠度与 AC 杆变形在 y 向的投影相等，即 $y_{A1} = y_{A2}$，则

$$y_{A1} = \frac{(F - F_N \sin\alpha)l^3}{3EI}, \quad y_{A2} = \frac{\Delta l_{AC}}{\sin\alpha} = \frac{F_N l}{EA \sin\alpha \cos\alpha}$$

即

$$\frac{(F - F_N \sin\alpha)l^3}{3EI} = \frac{F_N l}{EA \sin\alpha \cos\alpha}$$

解得杆 AC 的轴力为

$$F_N = \frac{Fl^2 A \sin\alpha \cos\alpha}{3I + Al^2 \sin^2\alpha \cos\alpha}$$

杆 AC 的应力为

$$\sigma = \frac{F_N}{A} = \frac{Fl^2 \sin\alpha \cos\alpha}{3I + Al^2 \sin^2\alpha \cos\alpha}$$

7-16 如题 7-16 图所示，钢杆 AC 和铝杆 BD 组成杆系，CD 为刚性短连杆，杆 AC、BD 的厚度均为 25mm，宽度如图示，求当水平载荷加至连杆 CD 后 A、B 端产生的弯矩。已知材料的弹性模量分别为 E_{st}=200GPa，E_{al}=70GPa。

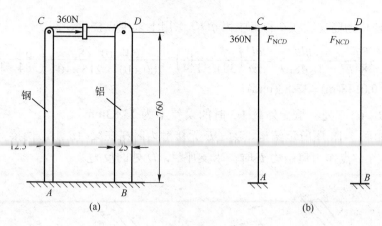

题 7-16 图

解：(1) 将杆 AC 和杆 BD 分开如题 7-16 图 (b) 所示，由于杆 CD 为刚性短连杆，故两杆自由端挠度相等，即 $x_C = x_D$。分别将 2 个悬臂梁自由端挠度代入 $\dfrac{(F-F_{NCD})l^3}{3E_{st}I_1} = \dfrac{F_{NCD}l^3}{3E_{al}I_2}$，解得

$$F_{NCD} = \dfrac{14}{19}F = 265.3(\text{N})$$

杆 AC 最大弯矩为

$$M_A = (F - F_{NCD})l = (360 - 265.3) \times 0.76 = 72(\text{N}\cdot\text{m})$$

杆 BD 最大弯矩为

$$M_B = F_{NCD}l = 265.3 \times 0.76 = 201.6(\text{N}\cdot\text{m})$$

(2) 两杆的最大弯曲正应力分别为

$$\sigma_{AC\max} = \dfrac{M_A}{W_A} = \dfrac{6 \times 72}{25 \times 12.5^2 \times 10^{-9}} = 110.6 \times 10^6(\text{Pa}) = 110.6(\text{MPa})$$

$$\sigma_{BD\max} = \dfrac{M_B}{W_B} = \dfrac{6 \times 201.6}{25^3 \times 10^{-9}} = 77.4 \times 10^6(\text{Pa}) = 77.4(\text{MPa})$$

7-17 如题 7-17 图所示结构，未加载前中间铰支处存在误差 Δ_0，梁为工字钢截面，已知 $I_z = 216 \times 10^6 \text{mm}^4$，材料的弹性模量 $E = 200\text{GPa}$，求要使 A、B、C 三处各承受外载 1/3 时的误差 Δ_0。

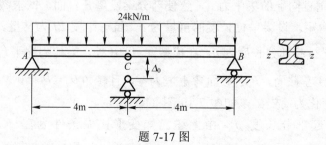

题 7-17 图

解：依题意，梁承载后中间支座将承载 1/3，将中间铰视为多余约束，并用 $F_{Cy} = ql/3$

取代，问题转化为简支梁在 q 和集中力 $ql/3$ 作用下求中点挠度，即

$$\Delta_0 = \frac{5ql^4}{384EI} - \frac{qll^3}{3 \times 48EI} = \frac{ql^4}{EI}\left(\frac{5}{384} - \frac{1}{144}\right) = \frac{24 \times 10^3 \times 8^4}{200 \times 10^9 \times 216 \times 10^{-6}}\left(\frac{5}{384} - \frac{1}{144}\right)$$
$$= 0.0138(\text{m}) = 13.83(\text{mm})$$

故要使 A，B，C 三处各承受外载 1/3 时的误差 Δ_0 为 13.83mm。

7-18 如题 7-18 图所示结构，梁 DE 无接触力时搭在梁 AB 上，两梁具有相同的抗弯刚度 EI，当 C 点作用集中力 F 时，求支座 A，D 处的反力。

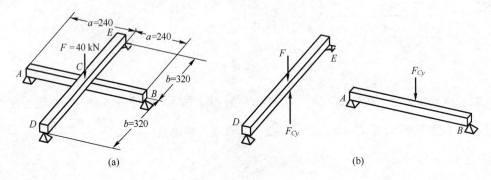

题 7-18 图

解：将梁 AB，DE 分开考虑如题 7-18 图（b）所示，其变形协调条件为梁 DE 在 F 和 F_{Cy} 作用下中点挠度等于梁 AB 在 F_{Cy} 作用下中点的挠度，即

$$\frac{(F - F_{Cy})L_{CD}^3}{48EI} = \frac{F_{Cy}L_{AB}^3}{48EI}$$

解得

$$F_{Cy} = \frac{FL_{CD}^3}{L_{AB}^3 + L_{CD}^3} = \frac{40 \times 64^3}{64^3 + 48^3} = 28.13(\text{kN})$$

所以

$$F_{Ay} = \frac{F_{Cy}}{2} = 14.07(\text{kN}), \quad F_{Dy} = \frac{F - F_{Cy}}{2} = 5.93(\text{kN})$$

7-19 如题 7-19 图所示，一等截面细长梁，放置在水平刚性平台上。若在梁中点横截面 C 处施加一垂直向上的集中力 F，致使部分梁段离开台面，试求截面 C 的挠度、梁内的最大剪力和弯矩。设梁单位长度的重量为 q，抗弯刚度 EI 为常量。

解：（1）设梁拱起部分长度为 a，在横截面 A、B 处，梁与刚性平台密合，故 $\frac{1}{\rho} = 0$，即 $M=0$，就是在 A 左截面，B 右截面弯矩恒为零，且转角 $\theta_A = \theta_B = 0$，挠度 $y_A = y_B = 0$。因此，梁 AB 段简化为简支梁，如题 7-19 图（b）所示。

（2）确定拱起部分长度 a。由上述已知变形协调条件为在 F，q 共同作用下 $\theta_A = \theta_B = 0$，叠加法可知 A 截面的转角为 $\theta_A = \theta_{AF} + \theta_{Aq} = \frac{Fa^2}{16EI} - \frac{qa^3}{24EI} = 0$，解得 $a = \frac{3F}{2q}$。

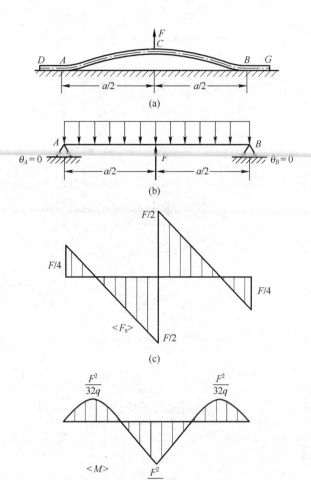

题 7-19 图

(3) 叠加法求得 C 截面的挠度为 $y_C = y_{CF} + y_{Cq} = \dfrac{Fa^3}{48EI} - \dfrac{5qa^4}{384EI} = \dfrac{9F^4}{2048q^3EI}(\uparrow)$。

(4) 由梁的平衡方程可得，支座反力为 $F_{Ay} = F_{By} = \dfrac{1}{2}(qa - F) = \dfrac{F}{4}$。

作出梁的剪力图、弯矩图如题 7-19 图（c）、（d）所示，可得 $F_{s\max} = \dfrac{F}{2}$，$M_{\max} = \dfrac{F^2}{16q}$。

7-20 单位重度为 q，长度为 l，抗弯刚度为 EI 的均匀长杆放在刚性水平面上，长为 a 的一段杆 CD 伸出水平面如题 7-20 图所示，试求该杆从水平面隆起部分的长度 b。

解：（1）由于 B 截面杆和刚性平面密合，该截面转角为 $0°$，取力学模型如题 7-20 图（b）所示，其变形协调条件 $y_C = 0$，查表悬臂梁的挠度为

$$y_{Cq} = \dfrac{qx^2}{24EI}(x^2 + 6l^2 - 4lx)\bigg|_{\substack{l=a+b\\x=b}} = \dfrac{qb^2}{24EI}(3b^2 + 6a^2 + 8ab)(\downarrow), \quad y_{CF_{Cy}} = \dfrac{F_{Cy}b^3}{3EI}(\uparrow)$$

代入变形协调条件，得

$$\dfrac{qb^2}{24EI}(3b^2 + 6a^2 + 8ab) = \dfrac{F_{Cy}b^3}{3EI}$$

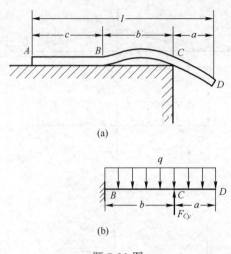

题 7-20 图

解得

$$F_{Cy} = \frac{q}{8b}(3b^2 + 6a^2 + 8ab)$$

（2）在杆与平面密合处，$\frac{1}{\rho} = \frac{M}{EI} = 0$，即 B 截面弯矩 $M_B = 0$。由弯矩方程 $M_B = \frac{1}{2}q(a+b)^2 - F_{Cy}b = 0$，解得水平面隆起部分的长度 $b = \sqrt{2}a$。

第8章 应力状态及应变状态分析

8.1 教学目标及章节理论概要

8.1.1 教学目标

（1）理解一点应力状态、主平面和主应力等基本概念，熟练掌握从构件中截取单元体的方法。

（2）掌握用解析法和图解法分析、计算平面应力状态下任意截面上的应力、主应力和主平面方位。

（3）熟悉三向应力圆的画法，熟练掌握最大切应力计算方法及方位判定。

（4）熟练掌握薄壁圆筒容器中横截面与纵向截面上的应力计算方法。

（5）了解平面应变状态的分析方法和有关结论。

（6）掌握广义胡克定律及其应用，能够应用应力应变关系求解构件的应力和变形。

（7）了解复杂应力状态下应变比能、形状改变比能和体积改变比能的一些主要结论。

8.1.2 章节理论概要

1. 一点的应力状态及其描述

（1）一点应力状态的概念。

① 点：围绕要讨论应力状态的结构中指定位置所取出的微小正六面体，即单元体代表该点。

② 一点的应力状态：在外力作用下，任意一点在不同截面上的应力集合，称为该点的应力状态。构件受力时，不同的点应力是不同的；同一点，不同方位面上的应力也是不同的。

（2）主应力和主平面。

① 主平面：从受力构件中某点截取的单元体，一般而言各面上既有正应力，又有切应力。将单元体中仅有正应力而无切应力的面称为主平面。

② 主应力：主平面上的正应力称为主应力。主应力用 $\sigma_1, \sigma_2, \sigma_3$ 表示，且按代数值排序，即 $\sigma_1 \geqslant \sigma_2 \geqslant \sigma_3$。通过受力构件的任意点都可找到3个相互垂直的主平面，对应有3个主应力。

③ 主单元体 若单元体的各面上均无切应力，则该单元体称为主单元体。

（3）应力状态分类。

① 单向应力状态：3个主应力中仅有1个不为零，也称为简单应力状态。

② 二向应力状态：3个主应力中有2个不为零，也称为平面应力状态。

③ 三向应力状态：3个主应力均不为零的应力状态，也称为空间应力状态。

二向和三向应力状态也称为复杂应力状态。

2. 二向应力状态分析

（1）解析法分析二向应力状态。

已知应力分量 $\sigma_x, \sigma_y, \tau_{xy} = -\tau_{yx} = \tau$，且规定从 x 轴正向逆时向旋转至斜截面外法线方向的角度 α 为正。通过 $\sum F_n = 0, \sum F_t = 0$，可以求得任意斜截面上的应力为

$$\begin{cases} \sigma_\alpha = \dfrac{\sigma_x + \sigma_y}{2} + \dfrac{\sigma_x - \sigma_y}{2}\cos 2\alpha - \tau_{xy}\sin 2\alpha \\ \tau_\alpha = \dfrac{\sigma_x - \sigma_y}{2}\sin 2\alpha + \tau_{xy}\cos 2\alpha \end{cases} \tag{8-1}$$

最大、最小正应力及所在平面的方位。这里所指的最大、最小正应力是与已知主平面垂直的所有面中的最大或最小正应力，并不一定是一点的最大或最小正应力，则

$$\begin{cases} \sigma_{\max} \\ \sigma_{\min} \end{cases} = \dfrac{\sigma_x + \sigma_y}{2} \pm \sqrt{\left(\dfrac{\sigma_x - \sigma_y}{2}\right)^2 + \tau_{xy}^2} \\ \tan 2\alpha_0 = -\dfrac{2\tau_{xy}}{\sigma_x - \sigma_y} \tag{8-2}$$

最大、最小切应力及所在平面的方位。这里所指最大、最小切应力，是与已知主平面垂直的所有面中的最大、最小切应力，并不一定是一点的最大或最小切应力。最大、最小切应力及其方位对称为主切应力和主切平面，则

$$\begin{cases} \tau_{\max} \\ \tau_{\min} \end{cases} = \pm\sqrt{\left(\dfrac{\sigma_x - \sigma_y}{2}\right)^2 \pm \tau_{xy}^2} \\ \tan 2\alpha_1 = -\dfrac{\sigma_x - \sigma_y}{2\tau_{xy}} = -\dfrac{1}{\tan 2\alpha_0} \tag{8-3}$$

由于 $\tan 2\alpha_0 \cdot \tan 2\alpha_1 = -1$，表明最大或最小切应力所在平面与主平面的夹角为45°。

（2）图解法分析二向应力状态。

将式（8-1）稍作变换，消去 $\sin 2\alpha$ 和 $\cos 2\alpha$，可得

$$\left(\sigma_\alpha - \dfrac{\sigma_x + \sigma_y}{2}\right)^2 + \tau_\alpha^2 = \left(\dfrac{\sigma_x - \sigma_y}{2}\right)^2 + \tau_{xy}^2 \tag{8-4}$$

式（8-4）为以 $\sigma_\alpha, \tau_\alpha$ 为相应横、纵坐标的圆方程，称为应力圆或莫尔圆。该圆以 $\left(\dfrac{\sigma_x + \sigma_y}{2}, 0\right)$ 为圆心，以 $\sqrt{\left(\dfrac{\sigma_x - \sigma_y}{2}\right)^2 + \tau_{xy}^2}$ 为半径。

图解法中应力圆与单元体的3种关系如下。

① 点面对应：应力圆圆周上任一点的纵、横坐标分别代表单元体上某一截面上的切应力和正应力。

② 二倍转角：应力圆上两点对应半径所夹角度等于单元体两截面法线所夹角度的2倍。

③ 转向一致：当单元体上从 A 截面外法线逆时向转至 B 截面外法线时，则应力圆上也从 A 点逆时向转到 B 点，反之亦然。

图解法比解析法更易确定主平面、主切平面。

3. 三向应力状态分析

三向应力状态中该点的最大正应力和最小正应力分别为

$$\sigma_{\max} = \sigma_1, \sigma_{\min} = \sigma_3$$

3 个主切应力分别为

$$\tau_{12} = \frac{\sigma_1 - \sigma_2}{2}, \tau_{23} = \frac{\sigma_2 - \sigma_3}{2}, \tau_{13} = \frac{\sigma_1 - \sigma_3}{2}$$

最大切应力为

$$\tau_{\max} = \tau_{13} = \frac{\sigma_1 - \sigma_3}{2} \tag{8-5}$$

式（8-3）中表述的最大切应力是平面应力状态下与主平面垂直的平面上的最大切应力，该值为主切应力中的一个，但不一定是一点的最大切应力。

最大切应力作用在平行于 σ_2 方向，且与 σ_1, σ_3 作用面成 $45°$ 的平面上。

4. 薄壁圆筒压力容器的应力计算

利用静力平衡关系可以对薄壁圆筒容器在内压作用时的应力进行计算，得到容器表面危险点的 3 个主应力为

$$\sigma_1 = \frac{pD}{2\delta}, \quad \sigma_2 = \frac{pD}{4\delta}, \quad \sigma_3 = 0 \tag{8-6}$$

5. 平面应变状态分析

当已知 $\varepsilon_x, \varepsilon_y, \gamma_{xy}$ 时，则在 α 面上线应变与切应变及主应变的方位分别为

$$\begin{cases} \varepsilon_\alpha = \frac{\varepsilon_x + \varepsilon_y}{2} + \frac{\varepsilon_x - \varepsilon_y}{2}\cos 2\alpha - \frac{\gamma_{xy}}{2}\sin 2\alpha \\ \frac{\gamma_\alpha}{2} = \frac{\varepsilon_x - \varepsilon_y}{2}\sin 2\alpha + \frac{\gamma_{xy}}{2}\cos 2\alpha \\ \tan 2\alpha_0 = -\frac{\gamma_{xy}}{\varepsilon_x - \varepsilon_y} \end{cases} \tag{8-7}$$

应变圆。将式（8-7）中前两式稍作变换，并消去 $\cos 2\alpha, \sin 2\alpha$，得

$$\left(\varepsilon_\alpha - \frac{\varepsilon_x + \varepsilon_y}{2}\right)^2 + \left(\frac{\gamma_\alpha}{2}\right)^2 = \left(\frac{\varepsilon_x - \varepsilon_y}{2}\right)^2 + \left(\frac{\gamma_{xy}}{2}\right)^2$$

上式为以 ε 为横坐标，$\frac{\gamma}{2}$ 为纵坐标，圆心坐标 $\left(\frac{\varepsilon_x + \varepsilon_y}{2}, 0\right)$，半径 $\sqrt{\left(\frac{\varepsilon_x - \varepsilon_y}{2}\right)^2 + \left(\frac{\gamma_{xy}}{2}\right)^2}$

的圆方程，即应变莫尔圆。

最大、最小主应变公式为

$$\begin{matrix}\varepsilon_{\max}\\ \varepsilon_{\min}\end{matrix} = \frac{\varepsilon_x + \varepsilon_y}{2} \pm \sqrt{\left(\frac{\varepsilon_x - \varepsilon_y}{2}\right)^2 + \left(\frac{\gamma_{xy}}{2}\right)^2} \tag{8-8}$$

式（8-7）和式（8-8）的记忆类似式（8-1）和式（8-2）。

6．广义胡克定律

广义胡克定律：对各向同性材料，当变形很小且应力不超过比例极限时，线应变仅与正应力有关，切应变仅与切应力有关。

当已知一点的应力状态，即 σ_x，σ_y，σ_z，$\tau_{xy},\tau_{yz},\tau_{xz}$ 六个应力分量已知时，则

$$\begin{cases} \varepsilon_x = \frac{1}{E}[\sigma_x - \mu(\sigma_y + \sigma_z)], & \gamma_{xy} = \frac{\tau_{xy}}{G} \\ \varepsilon_y = \frac{1}{E}[\sigma_y - \mu(\sigma_x + \sigma_z)], & \gamma_{yz} = \frac{\tau_{yz}}{G} \\ \varepsilon_z = \frac{1}{E}[\sigma_z - \mu(\sigma_x + \sigma_y)], & \gamma_{xz} = \frac{\tau_{xz}}{G} \end{cases} \tag{8-9}$$

当 x'，y'，z' 为外法线的面为主平面时，且对应的主应力 $\sigma_{x'} = \sigma_1, \sigma_{y'} = \sigma_2, \sigma_{z'} = \sigma_3$ 时，仅需将式（8-9）中左侧 3 式中 x、y、z 更换 1、2、3 即为主应力表示的主应变表达式。

7．三向应力状态下应变能的计算

（1）三向应力状态下的体积应变为

$$\theta = \frac{1-2\mu}{E}(\sigma_1 + \sigma_2 + \sigma_3) = \frac{\sigma_m}{K} \tag{8-10}$$

式中：$K = \frac{E}{3(1-2\mu)}$ 为体积模量；$\sigma_m = \frac{1}{3}(\sigma_1 + \sigma_2 + \sigma_3)$ 为 3 个主应力的均值。

（2）三向应力状态下的应变比能为

$$v_s = \frac{1}{2}\sigma_1\varepsilon_1 + \frac{1}{2}\sigma_2\varepsilon_2 + \frac{1}{2}\sigma_3\varepsilon_3 = \frac{1}{2E}[\sigma_1^2 + \sigma_2^2 + \sigma_3^2 - 2\mu(\sigma_1\sigma_2 + \sigma_2\sigma_3 + \sigma_3\sigma_1)] \tag{8-11}$$

应变能与加载次序无关，仅取决于外载的最终值。

（3）体积改变比能和形状改变比能。

体积改变比能为

$$v_{sv} = \frac{3}{2}\sigma_m\varepsilon_m = \frac{1-2\mu}{6E}(\sigma_1 + \sigma_2 + \sigma_3)^2 \tag{8-12}$$

形状改变比能（畸变能，歪形能）为

$$v_{sf} = v_s - v_{sv} = \frac{1+\mu}{6E}[(\sigma_1 - \sigma_2)^2 + (\sigma_2 - \sigma_3)^2 + (\sigma_3 - \sigma_1)^2] \tag{8-13}$$

掌握式（8-13）是为了更易了解第四强度理论（形状改变比能理论）。

8.1.3 重点知识思维导图

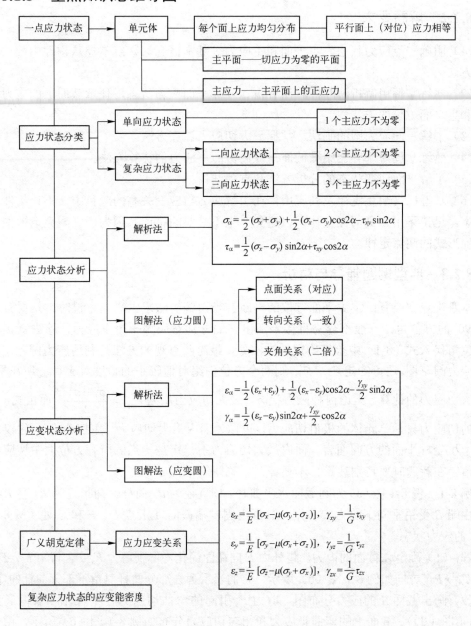

8.2 习题分类及典型例题辅导与精析

8.2.1 习题分类

（1）从构件中截取单元体，确定一点的应力状态。
（2）复杂应力状态分析。
（3）复杂应变状态分析。

(4) 广义胡克定律的应用。

8.2.2 解题要求

(1) 明确一点应力状态、主平面和主应力等基本概念，熟练掌握从构件中截取单元体的方法。

(2) 熟练掌握用解析法和图解法分析、计算平面应力状态下任意截面上的应力、主应力和主平面方位的方法。

(3) 了解三向应力圆的画法，掌握最大切应力计算方法。

(4) 熟练掌握薄壁容器中横截面与纵向截面上应力的计算方法。

(5) 了解平面应变状态的分析方法和有关结论。

(6) 掌握广义胡克定律及其应用，在求解应力与应变关系的题目中，不论构件的受力状态，尽量采用广义胡克定律，以避免产生不必要的错误，因为广义胡克定律中包含了其他形式的胡克定律。

8.2.3 典型例题辅导与精析

本章难点主要有：①主平面方位的判断。当由解析法求主平面方位时，结果有两个相差90°的方位角，一般不容易直接判断出它们分别对应哪一个主应力，除去直接将两个方位角代入式（8-1）中验算确定的方法外，最简明直观的方法是利用应力圆判定，即使用应力圆草图。还可约定 $\sigma_x \geqslant \sigma_y$，则两个方位中绝对值较小的角度对应 σ_{max} 所在平面。②最大切应力的计算。无论何种应力状态，最大切应力均为 $\tau_{max} = \dfrac{\sigma_1 - \sigma_3}{2}$，而由式（8-3）得到的切应力只是单元体的极值切应力，也称为面内最大切应力（主切应力），它仅对垂直于 xOy 坐标平面的方向而言。面内最大切应力不一定是一点的所有方位面中切应力的最大值。在解题时要特别注意，不要掉入"陷阱"中。

例 8-1 例 8-1 图（a）为圆截面水平曲杆。杆直径为 d，曲杆弯曲半径为 R，且 $R \gg d$。在自由端 B 受铅垂向下的力 F 作用，试画出固定端截面 A 上点 D、E 和 C 处（例 8-1 图（b））的应力状态。

解：(1) 确定 A 截面的内力。将外力 F 向截面简化，得到剪力 $F_s = F$，弯矩 $M_A = FR$ 和扭矩 $T_A = FR$，方向如例 8-1 图（b）所示，它们表示舍去部分曲杆对留下部分曲杆的作用。

(2) 画出截面 A 的应力分布图。剪力 F_s 引起的弯曲切应力在中性轴 z 取得最大值（例 8-1 图（d））。截面上的弯曲正应力和扭转切应力分布如例 8-1 图（c）所示，由弯矩 $M_z = M_A$ 知，D 点有最大拉应力，C 点有最大压应力；由扭矩 T_A 知，D 点有最大切应力且与 z 轴反向。其中

$$\sigma_{max} = \frac{M_A}{W} = \frac{32FR}{\pi d^3}, \quad \tau_{max} = \frac{T_A}{W_p} = \frac{16FR}{\pi d^3}, \quad \tau'_{max} = \frac{4}{3}\frac{F_s}{A} = \frac{16F}{3\pi d^2}$$

(3) 用单元体表示各点的应力状态。在 D 点处截取单元体如例 8-1 图（e）所示。左右侧面（x 向）为一对横截面，作用有弯曲正应力 σ_{max} 和扭转切应力 τ_{max}。由例 8-1 图（c）可知，正应力为拉应力，切应力方向沿 D 点的切线方向，且与 z 轴反向。前后侧面（z

向）为一对径向纵截面，由切应力互等定理可确定此对侧面上作用的切应力大小和方向。上下侧面（y向）为一对与自由表面平行的圆柱面，应力为零。

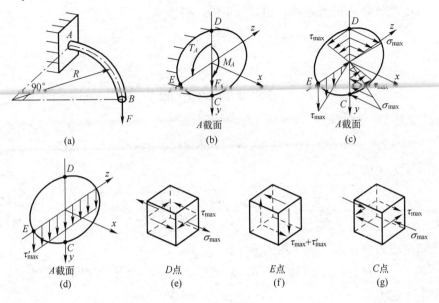

例 8-1 图

在 E 点处截出的单元体如例 8-1 图（f）所示，左右侧面为横截面，由于 E 点位于中性轴上，所以正应力为零。切应力大小为 $\tau_{max}+\tau'_{max}$，由扭矩方向判断出前侧面的切应力方向向下。上下侧面切应力大小与方向由切应力互等定理决定。前后侧面上无任何应力。C 点处应力状态如例 8-1 图（g）所示，与 D 点处的应力大小相同，但方向相反。

【评注】①一点处的应力状态，可用围绕该点截出的正六面体上的应力来表示，例 8-1 中一对截面是相距 dx 的两个横截面，另两对截面分别是相距 $d\varphi$ 和 $d\rho$，且靠近圆轴表面的两对纵向截面；②要弄清单元体的每一个侧面代表构件上的哪一个截面，每个侧面上有哪些应力及它们的大小和方向；③单元体可以是无限小的，因此每对相互平行的截面上，应力数值相等。对于某一个截面，由于面积无限小，在整个面上的应力看作均匀分布（对位应力数值相等，面内均匀分布）。

例 8-2 在通过一点的二个平面上，应力如例 8-2 图（a）所示，单位为 MPa，试求主应力的数值和主平面的位置，并用单元体表示。

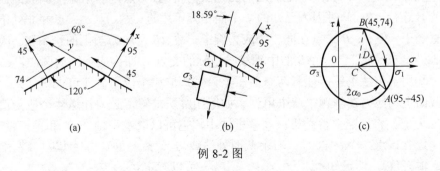

例 8-2 图

解：选 x，y 轴如例 8-2 图（a）所示，于是有 $\sigma_x = 95\text{MPa}$，$\tau_{xy} = -45\text{MPa}$，$\alpha = 60°$，$\sigma_\alpha = 45\text{MPa}$，$\tau_\alpha = 74\text{MPa}$。

（1）解析法计算。根据题意，由式（8-1），得

$$\sigma_{60°} = \frac{1}{2}(\sigma_x + \sigma_y) + \frac{1}{2}(\sigma_x - \sigma_y)\cos 2\alpha - \tau_{xy}\sin 2\alpha$$

即

$$45 = \frac{1}{2} \times (95 + \sigma_y) + \frac{1}{2} \times (95 - \sigma_y) \times \cos(2\times 60°) - (-45)\times \sin(2\times 60°)$$

解得

$$\sigma_y = -23.6\text{MPa}$$

最大（小）主应力为

$$\begin{matrix}\sigma_{\max}\\ \sigma_{\min}\end{matrix} = \frac{\sigma_x + \sigma_y}{2} \pm \sqrt{\left(\frac{\sigma_x - \sigma_y}{2}\right)^2 + \tau_{xy}^2} = \frac{95-23.6}{2} \pm \sqrt{\left(\frac{95+23.6}{2}\right)^2 + (-45)^2} = \begin{matrix}110.1(\text{MPa})\\ -38.8(\text{MPa})\end{matrix}$$

将已知主应力 0 加入，按代数值排序为

$$\sigma_1 = \sigma_{\max} = 110.1\text{MPa}, \quad \sigma_2 = 0, \quad \sigma_3 = \sigma_{\min} = -38.8\text{MPa}$$

确定主平面方位：
因为

$$\tan 2\alpha_0 = -\frac{2\tau_{xy}}{\sigma_x - \sigma_y} = -\frac{2\times(-45)}{95+23.6} = 0.7589$$

则

$$2\alpha_0 = 37.19° \text{ 或 } 217.19°, \quad \alpha_0 = 18.59° \text{ 或 } 108.59°$$

根据判断，$18.59°$ 为 σ_1 和 x 轴之间夹角。主应力单元如例 8-2 图（b）所示。

（2）图解法计算。已知二个截面上的应力分别为应力圆圆周上的二点，且该二点和圆心所组成的夹角为 $2\alpha = 120°$。具体作圆如下：

①画 σ，τ 坐标系，如例 8-2 图（c）所示；②按比例在坐标系上得点 A（95，-45）和点 B（45，74）；③连 AB，并作 AB 的中垂线 CD；④中垂线 CD 和 σ 轴交点即为应力圆圆心，CA 或 CB 为应力圆半径，画出应力圆；⑤从应力圆上量出 σ_1 和 σ_3 值，并量出 σ_x 和 σ_1 间夹角 $2\alpha_0$ 的值，该值大约为 $38°$，逆时向旋转达 σ_1，即解析法中判定 α_0 夹角。

【评注】①本题中，利用右上侧面的已知应力得到 A 点，利用左上侧面的已知应力得到 B 点，连接 AB，此时因为已知的二个面相互不垂直，故 A、B 二点并非处于应力圆的一条直径上。但 A、B 二点在同一个应力圆上，故 AB 是应力圆上的一条弦。因为应力圆的圆心一定在横轴上，故 AB 的中垂线与横轴的交点 C 即为应力圆的圆心，CA 或 CB 是半径。②用解析法求解，任意两个截面上只需知道 3 个应力值即可求得结果。在本题中左上截面上切应力在解题中就未用到。如用图解法求解，必须知道 4 个应力值。如只知 3 个应力值，将不能求得结果。③解析法中，也可以取水平轴（x）和垂直轴（y）的单元体。包含该点，令 $\alpha = 60°$（右上截面外法线与 x 轴夹角），$\beta = 120°$（左上截面外法线与 x 轴夹角），即已知 σ_α，τ_α，σ_β，τ_β，可以确定 σ_x，σ_y，τ_{xy}。

例 8-3 从钢构件内某点周围取出一微元体如例 8-3 图所示。根据理论计算已经求得 $\sigma = 30\text{MPa}$，$\tau = 15\text{MPa}$。材料的 $E = 200\text{GPa}$，$\mu = 0.3$，$l_{AC} = 50\text{mm}$，试求对角线 AC 的长度改变 Δl_{AC}。

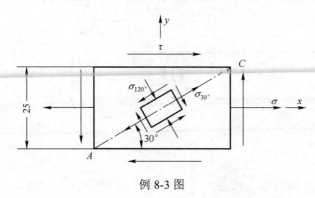

例 8-3 图

解：解法一 欲求 AC 的长度改变，需知 AC 方向的应变 $\varepsilon_{30°}$。为此需确定该方向单元体的应力状态。由题意知 $\sigma_x = \sigma = 30\text{MPa}$，$\sigma_y = 0$，$\tau_{xy} = \tau = -15\text{MPa}$。在 $\alpha = 30°$ 和 $\alpha = 120°$ 截面上，有

$$\sigma_{30°} = \frac{\sigma_x + \sigma_y}{2} + \frac{\sigma_x - \sigma_y}{2}\cos 2\alpha - \tau_{xy}\sin 2\alpha = \left[\frac{30}{2} + \frac{30}{2}\cos 60° - (-15)\sin 60°\right] \approx 35.5(\text{MPa})$$

$$\sigma_{120°} = \frac{\sigma_x + \sigma_y}{2} + \frac{\sigma_x - \sigma_y}{2}\cos 2\alpha - \tau_{xy}\sin 2\alpha = \left[\frac{30}{2} + \frac{30}{2}\cos 240° - (-15)\sin 240°\right] \approx -5.49(\text{MPa})$$

代入广义胡克定律，得 $\alpha = 30°$ 方向的应变为

$$\varepsilon_{30°} = \frac{1}{E}(\sigma_{30°} - \mu\sigma_{120°}) = \frac{1}{200 \times 10^9} \times [35.5 - 0.3 \times (-5.49)] \times 10^6 \approx 0.186 \times 10^{-3}$$

则

$$\Delta l_{AC} = l_{AC}\varepsilon_{30°} = 50 \times 0.186 \times 10^{-3} = 9.30 \times 10^{-3}(\text{mm})$$

解法二 由题知 $\sigma_x = \sigma = 30\text{MPa}$，$\sigma_y = 0$，$\tau_{xy} = \tau = -15\text{MPa}$，代入广义胡克定律，得

$$\varepsilon_x = \frac{\sigma_x}{E} = \frac{30 \times 10^6}{200 \times 10^9} = 1.5 \times 10^{-4}, \quad \varepsilon_y = -\frac{\mu}{E}\sigma = -0.3\varepsilon_x = -4.5 \times 10^{-5}$$

$$\gamma_{xy} = \frac{\tau_{xy}}{G} = \frac{2(1+\mu)}{E}\tau_{xy} = \frac{-15 \times 10^6 \times 2(1+\mu)}{E} = \frac{-15 \times 10^6 \times 2 \times (1+0.3)}{200 \times 10^9} = -19.5 \times 10^{-5}$$

根据平面应变中线应变表达式可得，$\alpha = 30°$ 方向的应变为

$$\varepsilon_{30°} = \frac{1}{2}(\varepsilon_x + \varepsilon_y) + \frac{1}{2}(\varepsilon_x - \varepsilon_y)\cos 2\alpha - \frac{\gamma_{xy}}{2}\sin 2\alpha$$

$$= \frac{1}{2}(1.5 - 4.5) \times 10^{-5} + \frac{1}{2}(1.5 + 4.5) \times 10^{-5}\cos 60° + \frac{19.5}{2} \times 10^{-5}\sin 60°$$

$$= 5.25 \times 10^{-5} + 4.87 \times 10^{-5} + 8.44 \times 10^{-5} = 18.6 \times 10^{-5}$$

对角线 AC 的伸长为

$$\Delta l_{AC} = l_{AC}\varepsilon_{30°} = 50 \times 0.186 \times 10^{-3} = 9.30 \times 10^{-3}(\text{mm})$$

例 8-4 如例 8-4 图所示外径 $D=80\text{mm}$，内径 $d=0.5D$ 的圆筒在 $M_e=15\text{kN}\cdot\text{m}$ 的力偶作用下产生扭转。已知材料弹性模量 $E=200\text{GPa}$，泊松比 $\mu=0.3$，试求：(1) 圆筒表面一点 A 沿 x,y 方向的线应变 ε_x 和 ε_y；(2) 受扭后圆筒壁厚的改变量。

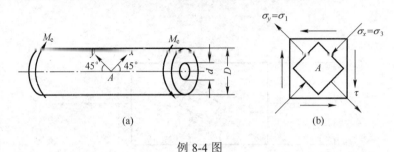

例 8-4 图

解：(1) 确定 A 点的应力状态。受扭圆轴 A 点为纯剪切应力状态，有

$$\tau_{max}=\frac{T}{W_P}=\frac{16\times M_e}{\pi d^3(1-\alpha^4)}=\frac{16\times15\times10^3}{\pi\times80^3\times10^{-9}(1-0.5^4)}=159\times10^6\text{Pa}=159\text{MPa}$$

则

$$\sigma_1=159\text{MPa}，\quad \sigma_2=0，\quad \sigma_3=-159\text{MPa}$$

(2) 代入广义胡克定律，得

$$\varepsilon_x=\frac{1}{E}[\sigma_x-\mu(\sigma_y+\sigma_z)]=-\frac{\tau(1+\mu)}{E}=\frac{-159\times10^6}{200\times10^9}(1+0.3)=-1.0335\times10^{-3}$$

$$\varepsilon_y=\frac{1}{E}[\sigma_y-\mu(\sigma_x+\sigma_z)]=\frac{\tau(1+\mu)}{E}=\frac{159\times10^6}{200\times10^9}(1+0.3)=1.0335\times10^{-3}$$

(3) 圆筒壁厚的改变量为

$$\Delta=\delta\cdot\varepsilon_z=\delta\cdot\frac{1}{E}[\sigma_z-\mu(\sigma_x+\sigma_y)]=\delta\cdot\frac{\tau(1+\mu)}{E}=20\times1.0335\times10^{-3}=0.02067(\text{mm})$$

8.3 考点及考研真题辅导与精析

研究应力状态的目的是为了全面了解构件中一点处不同截面上的应力变化情况、应力与应变的关系、复杂应力状态下构件的强度理论，因此这一部分考题的形式很多。

① 单纯应力分析试题（如截取构件中指定点的单元体，并求单元体上的应力分量，或给定单元体的应力情况，求主应力、主平面或指定斜截面上的应力等）。

② 应力应变分析的试题（如给定构件表面应变，利用广义胡克定律作应力分析，并求出构件受力情况等）。

③ 根据构件危险点的应力状态以及破坏形式选择适当的强度理论进行强度计算或作破坏分析。

本章试题一般比较灵活，求解方法也较多，但大多数试题都不限制求解方法，读者可自选一种方法求解，并用其他方法验证计算结果，以保证解答的正确性。

1. 题 1 图所示单元体的 $\sigma_1=$ _____，$\sigma_2=$ _____，$\sigma_3=$ _____，$\tau_{max}=$ _____。（长安

大学；5分）

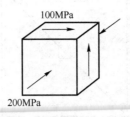

题 1 图

答：图示单元体的 $\sigma_1 = 100\text{MPa}$，$\sigma_2 = -100\text{MPa}$，$\sigma_3 = -200\text{MPa}$，$\tau_{\max} = 150\text{MPa}$。最简单的方法为图解法，纯剪切作二向应力圆，加入 $\sigma_3 = -200\text{MPa}$ 即得，也可用解析法求得，但相对较繁琐。

2. 二向应力状态如题 2 图所示，其最大正应力 $\sigma_{\max} = (\quad)$。（北京科技大学；4分）
(A) σ (B) 2σ (C) 3σ (D) 4σ

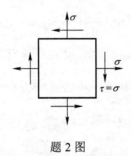

题 2 图

答：最大正应力 $\sigma_{\max} = $ (B)。由图解法作应力圆，知是一个以（σ，0）为圆心，以 $\tau = \sigma$ 为半径的应力圆，则 $\sigma_{\max} = 2\sigma$，也可代入解析式（8-2）得出。

3. 题 3 图示单元体中，B 点位于所在边的 1/3 处，则 A、B、C 三点所在面上的正应力大小为（　）。（西南交通大学；3分）

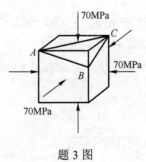

题 3 图

答：A、B、C 三点所在面上的正应力大小为 70MPa。作图示单元体三向应力圆是一个点圆，故单元体内任意截面上的应力皆相等。

4. 题 4 图示边长为 a 的正方形薄板，两侧面受面力分布集度为 q 的均布拉力作用，已知板材料的 E 和 μ，试求对角线的伸长。（西北工业大学；25分）

209

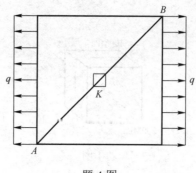

题 4 图

解：这是广义胡克定律应用方面的题目，在薄板对角线 AB 上 K 点取单元体如题 4 图所示，该单元体上应力分布为 $\sigma_x=q$，$\sigma_y=0$，$\tau_{xy}=0$。

(1) 确定 AB 为法线的面上正应力 $\sigma_{45°}$ 和与该面垂直的面上正应力 $\sigma_{135°}$。因为是单向拉伸，则可用 $\sigma_\alpha=\sigma_x\cos^2\alpha$ 得

$$\sigma_{45°}=\sigma_x\cos^2 45°=\frac{q}{2}，\quad \sigma_{135°}=\sigma_x\cos^2 135°=\frac{q}{2}$$

(2) 求 AB 线上的应变。将 $\sigma_{45°}$、$\sigma_{135°}$ 代入广义胡克定律，得

$$\varepsilon_{45°}=\frac{1}{E}[\sigma_{45°}-\mu(\sigma_{135°}+0)]=\frac{(1-\mu)q}{2E}$$

(3) 求 AB 的伸长量。边长为 a，故 $l_{AB}=\dfrac{a}{\cos 45°}=\sqrt{2}a$，则 AB 的伸长量为

$$\Delta l_{AB}=l_{AB}\varepsilon_{45°}=\frac{\sqrt{2}a(1-\mu)q}{2E}$$

注意：①熟悉广义胡克定律的表达式及式中每一个符号的含义，正确确定沿对角线方向的应变；②一般情况下，任意斜截面上的应力应代入任意斜截面 α 上的应力表达式中求出，也可用应力圆确定；③注意尽量少用先求出 ε_x、ε_y、γ_{xy}，再代入平面应变状态解析式中求出 $\varepsilon_{45°}$。

5．某构件危险点的应力状态如题 5 图所示，材料的 $E=200\text{GPa}$，$\mu=0.3$，$\sigma_s=240\text{MPa}$，$\sigma_b=400\text{MPa}$。试求：(1) 主应力；(2) 最大切应力；(3) 最大线应变；(4) 画出应力圆草图；(5) 设 $n=1.6$，校核其强度。（吉林大学；15 分）

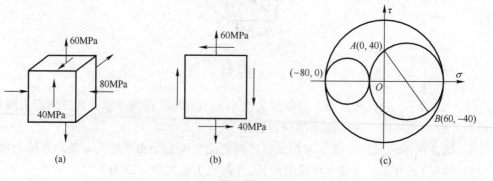

题 5 图

解：（1）求主应力。如题 5 图（b）所示，设 $\sigma_x = 0$，$\sigma_y = 60\text{MPa}$，$\tau_{xy} = 40\text{MPa}$，代入平面应力状态下主应力表达式

$$\begin{matrix}\sigma_{\max}\\\sigma_{\min}\end{matrix} = \frac{\sigma_x + \sigma_y}{2} \pm \sqrt{\left(\frac{\sigma_x - \sigma_y}{2}\right)^2 + \tau_{xy}^2} = 30 \pm \sqrt{30^2 + 40^2} = \begin{matrix}80(\text{MPa})\\-20(\text{MPa})\end{matrix}$$

则

$$\sigma_1 = 80\text{MPa}，\quad \sigma_2 = -20\text{MPa}，\quad \sigma_3 = -80\text{MPa}$$

（2）最大切应力 $\tau_{\max} = \dfrac{\sigma_1 - \sigma_3}{2} = 80\text{MPa}$。

（3）最大线应变为

$$\varepsilon_1 = \frac{1}{E}[\sigma_1 - \mu(\sigma_2 + \sigma_3)] = \frac{[80 - 0.3 \times (-20 - 80)] \times 10^6}{200 \times 10^9} = 0.55 \times 10^{-3}$$

（4）画出应力圆如题 5 图（c）所示。

（5）设 $n=1.6$，校核其强度。如果是塑性材料，则 $[\sigma] = \dfrac{\sigma_s}{n} = \dfrac{240}{1.6} = 150(\text{MPa})$。

用第三强度理论，$\sigma_{r3} = \sigma_1 - \sigma_3 = 160\,\text{MPa} > [\sigma]$，强度不满足。

用第四强度理论，$\sigma_{r4} = \sqrt{\dfrac{1}{2}[(\sigma_1 - \sigma_2)^2 + (\sigma_2 - \sigma_3)^2 + (\sigma_3 - \sigma_1)^2]} = 140\,\text{MPa} < [\sigma]$，强度满足。

6. 题 6 图所示直径 $d = 100\text{mm}$ 的实心圆轴，受轴向拉力 F 和扭转力偶矩 M_e 共同作用。材料弹性模量 $E = 200\text{GPa}$，泊松比 $\mu = 0.3$。现测得圆轴表面 A 点处沿轴向的线应变 $\varepsilon_0 = 500 \times 10^{-6}$，$B$ 点处沿 $45°$ 方向的线应变 $\varepsilon_{45°} = 400 \times 10^{-6}$，试求：（1）拉力 F 和力偶矩 M_e；（2）B 点的主应力。（南京理工大学；20 分）

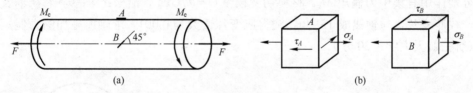

题 6 图

解：（1）画出 A 点和 B 点的单元体。A 点和 B 点均为二向应力状态（如题 6 图（b）），且

$$\sigma_A = \sigma_B = \sigma = \frac{F_N}{A} = \frac{4F}{\pi d^2}，\quad \tau_A = \tau_B = \tau = \frac{T}{W_P} = \frac{16M_e}{\pi d^3}$$

在 A 点，有

$$\varepsilon_0 = \varepsilon_x = \frac{\sigma_A}{E} = \frac{4F}{E\pi d^2} = 500 \times 10^{-6}$$

$$F = \frac{E\pi d^2 \varepsilon_0}{4} = \frac{200 \times 10^9 \times \pi \times 0.1^2 \times 500 \times 10^{-6}}{4} = 785.4 \times 10^3(\text{N}) = 785.4(\text{kN})$$

$$\sigma_B = \sigma_A = \frac{4F}{\pi d^2} = \frac{4 \times 785.4 \times 10^3}{\pi \times 0.1^2} = 100 \times 10^6(\text{Pa}) = 100(\text{MPa})$$

在 B 点，有

$$\sigma_{45°} = \frac{\sigma_x + \sigma_y}{2} + \frac{\sigma_x - \sigma_y}{2}\cos 2\alpha - \tau_{xy}\sin 2\alpha = \frac{\sigma_B}{2} + \frac{\sigma_B}{2}\cos 90° + \tau_B \sin 90° = \frac{\sigma_B}{2} + \tau_B$$

$$\sigma_{135°} = \frac{\sigma_x + \sigma_y}{2} + \frac{\sigma_x - \sigma_y}{2}\cos 2\alpha - \tau_{xy}\sin 2\alpha = \frac{\sigma_B}{2} + \frac{\sigma_B}{2}\cos 270° + \tau_B \sin 270° = \frac{\sigma_B}{2} - \tau_B$$

$$\varepsilon_{45°} = \frac{1}{E}[\sigma_{45°} - \mu\sigma_{135°}] = \frac{1}{E}\left[\left(\frac{\sigma_B}{2} + \tau_B\right) - \mu\left(\frac{\sigma_B}{2} - \tau_B\right)\right] = \frac{1}{E}\left[(1-\mu)\frac{\sigma_B}{2} + (1+\mu)\tau_B\right] = 400 \times 10^{-6}$$

$$\tau_B = \frac{16M_e}{\pi d^3} = \frac{1}{1+\mu}\left[E\varepsilon_{45°} - (1-\mu)\frac{\sigma_B}{2}\right]$$

$$= \frac{1}{1+0.3}\left[200 \times 10^9 \times 400 \times 10^{-6} - (1-0.3)\frac{100 \times 10^6}{2}\right] = 45 \times 10^6 (\text{Pa})$$

所以

$$M_e = \frac{\pi \times 0.1^3}{16} \times 45 \times 10^6 = 8.836 \times 10^3 (\text{N} \cdot \text{m}) = 8.836(\text{kN} \cdot \text{m})$$

（2）B 点的主应力。代入二向应力状态的主应力计算公式

$$\begin{matrix}\sigma_{\max}\\ \sigma_{\min}\end{matrix} = \frac{\sigma_x + \sigma_y}{2} \pm \sqrt{\left(\frac{\sigma_x - \sigma_y}{2}\right)^2 + \tau_{xy}^2} = \frac{\sigma_B}{2} \pm \sqrt{\left(\frac{\sigma_B}{2}\right)^2 + \tau_B^2}$$

所以 B 点的主应力为

$$\sigma_1 = \frac{\sigma_B}{2} + \sqrt{\left(\frac{\sigma_B}{2}\right)^2 + \tau_B^2} = 117.3\text{MPa}, \quad \sigma_2 = 0, \quad \sigma_3 = \frac{\sigma_B}{2} - \sqrt{\left(\frac{\sigma_B}{2}\right)^2 + \tau_B^2} = -17.3\text{MPa}$$

7. 题 7 图所示空心圆轴，外圆半径 $R = 20\text{mm}$，壁厚 $t = 10\text{mm}$，轴长 $l = 0.8\text{m}$，AB 两端分别作用有集中力偶矩 M_e。材料切变模量 $G = 77\text{GPa}$，泊松比 $\mu = 0.3$。在轴表面 C 点贴一枚应变片，与轴线成 $15°$ 角，测得应变片读数为 0.001，求轴所施加的力偶矩 M_e。（南京航空航天大学；20 分）

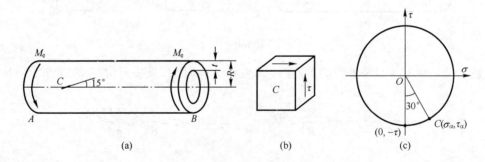

题 7 图

解：圆轴 C 点为纯剪切应力状态，如题 7 图（b）所示。其中

$$\tau = \frac{T}{W_p} = \frac{16M_e}{\pi D^3(1-\alpha^4)}, \quad \alpha = \frac{2R-2t}{2R} = \frac{2 \times 20 - 2 \times 10}{2 \times 20} = 0.5$$

$$\sigma_{15°} = \frac{\sigma_x + \sigma_y}{2} + \frac{\sigma_x - \sigma_y}{2}\cos 2\alpha - \tau_{xy}\sin 2\alpha = \tau\sin 30° = \frac{\tau}{2}$$

$$\sigma_{105°} = \frac{\sigma_x + \sigma_y}{2} + \frac{\sigma_x - \sigma_y}{2}\cos 2\alpha - \tau_{xy}\sin 2\alpha = \tau\sin 210° = -\frac{\tau}{2}$$

代入广义胡克定律，得

$$\varepsilon_{15°} = \frac{1}{E}[\sigma_{15°} - \mu\sigma_{105°}] = \frac{1}{2G(1+\mu)}\left[\frac{\tau}{2} - \mu\left(-\frac{\tau}{2}\right)\right] = \frac{\tau}{4G} = 0.001$$

所以

$$\tau = \frac{T}{W_p} = \frac{16M_e}{\pi D^3(1-\alpha^4)} = 0.004G$$

$$M_e = \frac{\pi D^3(1-\alpha^4)}{16} \times 0.004G = \frac{\pi \times 0.04^3(1-0.5^4)}{16} \times 0.004 \times 77 \times 10^9$$
$$= 3.63 \times 10^3 (\text{N·m}) = 3.63 (\text{kN·m})$$

题中 $\sigma_{15°}$ 和 $\sigma_{105°}$ 也可通过题 7 图（c）的应力圆求得。

8. 题 8 图所示承受气体压力的薄壁圆筒，平均直径为 D，壁厚为 t，材料的弹性模量 E 和泊松比 μ 已知。现测得表面一点 A 沿轴向的应变为 ε_x，求圆筒内气体的压强 p。（湖南大学；15 分）

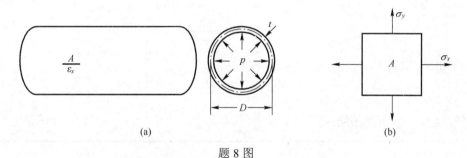

题 8 图

解：筒壁 A 点处的应力状态如题 8 图（b）所示，且

$$\sigma_x = \frac{pD}{4t}, \quad \sigma_y = \frac{pD}{2t}$$

代入广义胡克定律

$$\varepsilon_x = \frac{1}{E}(\sigma_x - \mu\sigma_y) = \frac{1}{E}\left(\frac{pD}{4t} - \mu\frac{pD}{2t}\right) = \frac{1-2\mu}{E}\cdot\frac{pD}{4t}$$

所以，圆筒内气体的压强为

$$p = \frac{4Et\varepsilon_x}{D(1-2\mu)}$$

8.4　课后习题解答

8-1　已知应力状态如题 8-1 图所示（应力单位：MPa），试用解析法求：（1）指定斜截面上的应力；（2）主方向和主应力；（3）用主单元体表示主方向和主应力；（4）该

点的最大切应力。

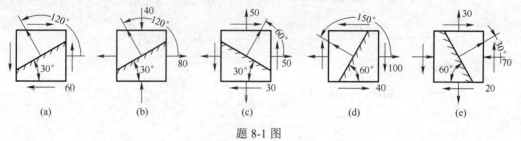

题 8-1 图

解：（1）指定斜截面上的应力为

$$\sigma_\alpha = \frac{\sigma_x + \sigma_y}{2} + \frac{\sigma_x - \sigma_y}{2}\cos 2\alpha - \tau_{xy}\sin 2\alpha$$

$$\tau_\alpha = \frac{\sigma_x - \sigma_y}{2}\sin 2\alpha + \tau_{xy}\cos 2\alpha$$

（2）主应力的大小

$$\begin{matrix}\sigma_{\max}\\ \sigma_{\min}\end{matrix} = \frac{\sigma_x + \sigma_y}{2} \pm \sqrt{\left(\frac{\sigma_x - \sigma_y}{2}\right)^2 + \tau_{xy}^2}$$

（3）主方向

$$\tan 2\alpha_0 = -\frac{2\tau_{xy}}{\sigma_x - \sigma_y}$$

（4）最大切应力

$$\tau_{\max} = \frac{\sigma_1 - \sigma_3}{2}$$

经过运算，各小题的结果列于下表中： （单位：MPa）

图号	已知				（1）		（2）		（3）	（4）
	σ_x	σ_y	τ_{xy}	α	σ_α	τ_α	$\sigma_{\max}$	$\sigma_{\min}$	主单元体	$\tau_{\max}$
a	0	0	−60	120°	−52	30	60	−60	(60, 45°, 60)	60
b	80	−40	0	120°	−10	−52	80	−40	(40, 80)	60
c	50	50	−30	60°	76	15	80	20	(80, 45°, 20)	40

续表

图号	已知				(1)		(2)		(3)	(4)
	σ_x	σ_y	τ_{xy}	α	σ_α	τ_α	σ_{max}	σ_{min}	主单元体	τ_{max}
d	100	0	40	150°	109.6	−23.3	114	−14	14, 19.3°, 114	64
e	−70	30	−20	30°	−27.7	−53.3	33.9	−73.9	33.9, 10.9°, 73.9	53.9

8-2 用图解法完成题 8-1。

解：(1) 选定坐标系，选择合适比例。

(2) 以 x、y 坐标为外法线的两个面上的应力在坐标系中确定两个点。

(3) 连接两点，以连线与 σ 轴的交点为圆心，连线的一半为半径，作应力圆。

(4) 量取应力圆与 σ 轴的交点，确定最大、最小应力。

(5) 选定应力圆上一点（x 或 y 为外法线对应的面），量取与 σ 轴的夹角，取其一半即为主应力的方位。

注意：单元体和应力圆的 3 个对应关系：点面对应，二倍转角，转向一致。

作应力圆分别如题 8-2 图 (a)、(b)、(c)、(d)、(e) 所示。由应力圆即可得到与题 8-1 相同的结果。

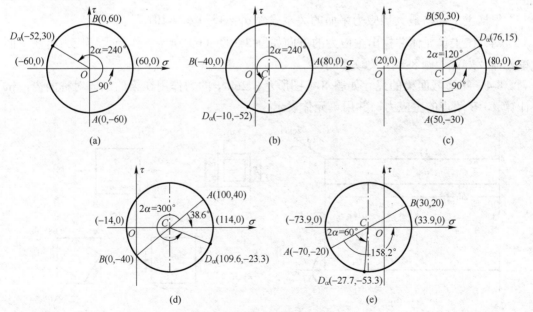

题 8-2 图

8-3 机翼表面上一点的应力状态如题 8-3 图所示，试求：（1）该点的主应力大小及方向；（2）在面内的最大切应力及其方向。

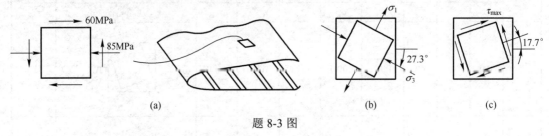

题 8-3 图

解：（1）由题意知

$$\sigma_x = -85\text{MPa}, \quad \sigma_y = 0, \quad \tau_{xy} = -60\text{MPa}$$

（2）确定主应力大小及方向。由主方向公式 $\tan 2\alpha_0 = -\dfrac{2\tau_{xy}}{\sigma_x - \sigma_y}$，得

$$\tan 2\alpha_0 = -\frac{2 \times (-60)}{-85 - 0} = -1.412$$

$$\alpha_{01} = -27.3°, \quad \alpha_{02} = 62.7°$$

将各参数代入主应力公式

$$\begin{matrix}\sigma_{\max} \\ \sigma_{\min}\end{matrix} = \frac{\sigma_x + \sigma_y}{2} \pm \sqrt{\left(\frac{\sigma_x - \sigma_y}{2}\right)^2 + \tau_{xy}^2}$$

或将两个主方向代入任意截面上正应力公式，可得

$$\sigma_1 = \sigma_{\max} = \sigma_{62.7°} = 31\text{MPa}, \quad \sigma_2 = 0, \quad \sigma_3 = \sigma_{\min} = \sigma_{-27.3°} = -116\text{MPa}$$

（3）求面内的最大切应力及其方向。该点面内最大切应力即该点最大切应力，即

$$\tau_{\max} = \frac{\sigma_1 - \sigma_3}{2} = 73.5\text{MPa}$$

根据主平面与最大切应力平面的关系式知 $\alpha_1 = 45° + \alpha_0 = 107.7°$。

（4）作主单元体并标出主应力的方向如题 8-3 图（b）所示；作最大切应力所在平面单元体及方位如题 8-3 图（c）所示。

8-4 箱形截面梁的尺寸如题 8-4 图所示，26kN 的力作用在梁的纵向对称面内，试计算 A，B 两点的主应力，并用单元体表示。

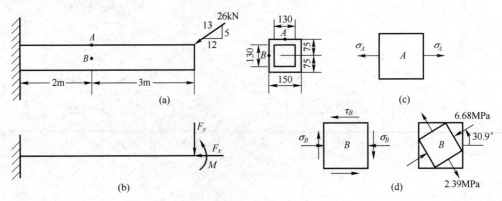

题 8-4 图

216

解：(1) 梁的受力简图如题 8-4 图（b）所示，其中 $F_x = \dfrac{12}{13}F = 24\text{kN}$，$F_y = \dfrac{5}{13}F = 10\text{kN}$，$M = F_x \times 0.075 = 1.8\text{kN}\cdot\text{m}$。所以在 A、B 所在截面的内力分量为

$$F_N = F_x = -24\text{kN}, \quad F_s = F_y = 10\text{kN}, \quad M_z = M - F_y \times 3 = -28.2\text{kN}\cdot\text{m}$$

A、B 所在截面的面积 $A = 150^2 - 130^2 = 5600(\text{mm}^2)$，截面对中性轴的惯性矩 $I = \dfrac{150^4}{12} - \dfrac{130^4}{12} = 18.4 \times 10^6 (\text{mm}^4)$。

(2) A 点的应力状态如题 8-4 图（c）所示，其中

$$\sigma_A = \dfrac{F_N}{A} + \dfrac{M_z}{W_z} = -\dfrac{24 \times 10^3}{5600} + \dfrac{28.2 \times 10^3 \times 75 \times 10^{-3}}{18.4 \times 10^{-6}} = 110.7 \times 10^6 (\text{Pa}) = 110.7 (\text{MPa})$$

故

$$\sigma_1 = \sigma_A = 110.7 \text{MPa}, \quad \sigma_2 = \sigma_3 = 0$$

(3) B 点在弯曲中性轴上，应力状态如题 8-4 图（d）所示，其中

$$\sigma_B = \dfrac{F_N}{A} = -\dfrac{24 \times 10^3}{5600} = -4.29 \times 10^6 \text{Pa} = -4.29 \text{MPa}$$

$$\tau_B = \dfrac{F_s S_z^*}{b I_z} = \dfrac{10 \times 10^3 \times \left[150 \times 10 \times 70 + 2 \times 65 \times 10 \times \dfrac{65}{2}\right] \times 10^{-9}}{18.4 \times 10^{-6} \times 0.02} = 4 \times 10^6 (\text{Pa}) = 4(\text{MPa})$$

代入主应力公式得

$$\begin{matrix} \sigma_{\max} \\ \sigma_{\min} \end{matrix} = \dfrac{\sigma_x + \sigma_y}{2} \pm \sqrt{\left(\dfrac{\sigma_x - \sigma_y}{2}\right)^2 + \tau_{xy}^2} = \dfrac{-4.29}{2} \pm \sqrt{\left(\dfrac{-4.29}{2}\right)^2 + 4^2} = \begin{matrix} 2.39(\text{MPa}) \\ -6.68(\text{MPa}) \end{matrix}$$

故

$$\sigma_1 = \sigma_{\max} = 2.39 \text{MPa}, \quad \sigma_2 = 0, \quad \sigma_3 = \sigma_{\min} = -6.68 \text{MPa}$$

其主方向满足

$$\tan 2\alpha_0 = -\dfrac{2\tau_{xy}}{\sigma_x - \sigma_y} = -\dfrac{2 \times 4}{-4.29 - 0} = 1.865$$

即 $\alpha_0 = 30.9°$ 或 $\alpha_0 = -59.1°$。

8-5 如题 8-5 图所示圆筒形压力容器由钢板沿 $45°$ 倾斜的接缝焊接而成。圆筒的半径为 1.25m，壁厚为 15mm，当内压为 8MPa 时，试计算焊缝的拉开应力和切应力。

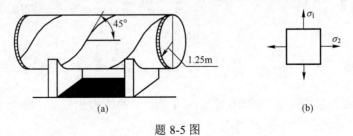

题 8-5 图

解：(1) 压力容器筒壁上一点的应力状态如题 8-5 图（b）所示。其中纵（轴）向应力

$$\sigma_2 = \frac{pD}{4\delta} = \frac{8 \times 1.25 \times 2}{4 \times 0.015} = 166.7 \text{(MPa)}$$

周向应力

$$\sigma_1 = \frac{pD}{2\delta} = \frac{8 \times 1.25 \times 2}{2 \times 0.015} = 333.3 \text{(MPa)}$$

（2）焊缝处的拉开应力即为-45°或135°斜截面上的正应力，代入任意斜截面正应力公式，得

$$\sigma_{-45°} = \frac{166.7 + 333.3}{2} + \frac{166.7 - 333.3}{2} \times \cos(-90°) - 0 = 250 \text{(MPa)}$$

（3）焊缝处的切应力即为-45°或135°斜截面上的切应力，代入任意斜截面切应力公式，得

$$\tau_{-45°} = \frac{166.7 - 333.3}{2} \times \sin(-90°) - 0 = 83.2 \text{(MPa)}$$

8-6 如题8-6图所示圆轴受拉伸和扭转联合作用。已知$F=60$kN，$M_e=300$N·m，圆轴的直径是40mm。（1）用单元体表示圆轴外表面A点的应力状态；（2）求A点的主应力的大小及方向并用单元体表示。

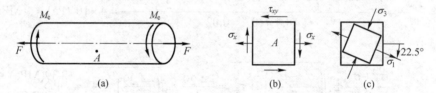

题8-6图

解：（1）单元体表示圆轴外表面A点的应力状态如题8-6图（b）所示。其中

$$\sigma_x = \frac{F_N}{A} = \frac{4F}{\pi d^2} = \frac{4 \times 60 \times 10^3}{\pi \times 40^2 \times 10^{-6}} = 47.7 \times 10^6 \text{(Pa)} = 47.7 \text{(MPa)}$$

$$\tau_{xy} = \frac{T}{W_p} = \frac{16T}{\pi d^3} = \frac{16 \times 300}{\pi \times 40^3 \times 10^{-9}} = 23.9 \times 10^6 \text{(Pa)} = 23.9 \text{(MPa)}$$

（2）A点的主应力的大小及方向用单元体表示如题8-6图（c）所示。其中

$$\genfrac{}{}{0pt}{}{\sigma_{\max}}{\sigma_{\min}} = \frac{\sigma_x + \sigma_y}{2} \pm \sqrt{\left(\frac{\sigma_x - \sigma_y}{2}\right)^2 + \tau_{xy}^2} = \frac{47.7}{2} \pm \sqrt{\left(\frac{47.7}{2}\right)^2 + 23.9^2} = \genfrac{}{}{0pt}{}{57.6\text{(MPa)}}{-9.91\text{(MPa)}} = \genfrac{}{}{0pt}{}{\sigma_1}{\sigma_3}$$

$$\sigma_2 = 0$$

$$\tan 2\alpha_0 = -\frac{2\tau_{xy}}{\sigma_x - \sigma_y} = -\frac{2 \times 23.9}{47.7 - 0} = -1.002，即 \alpha_0 = -22.5° 或 \alpha_0 = 67.5°$$

8-7 平面应力状态下K点处两相互倾斜平面上的应力如题8-7图所示，求K点处主应力大小和主平面的方位，并画出主应力单元体。

解：

解法一 取AK面外法线为x轴，建立单元体，则$\sigma_x = 200$MPa，$\tau_{xy} = -173$MPa。在$\alpha = 120°$的BK面上的应力为

$$\sigma_{120°} = 200\text{MPa}, \quad \tau_{120°} = 173\text{MPa}$$

代入斜截面应力计算公式得

$$\sigma_{120°} = \frac{200+\sigma_y}{2} + \frac{200-\sigma_y}{2}\cos240° + 173\sin240° = 200(\text{MPa})$$

解得 $\sigma_y = 400\text{MPa}$。

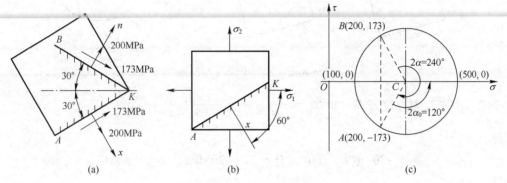

题 8-7 图（应力单位为 MPa）

代入主应力公式，得

$$\begin{matrix}\sigma_{\max}\\ \sigma_{\min}\end{matrix} = \frac{\sigma_x+\sigma_y}{2} \pm \sqrt{\left(\frac{\sigma_x-\sigma_y}{2}\right)^2 + \tau_{xy}^2} = \frac{200+400}{2} \pm \sqrt{\left(\frac{200-400}{2}\right)^2 + 173^2} = \begin{matrix}500(\text{MPa})\\100(\text{MPa})\end{matrix}$$

所以 $\sigma_1 = 500\text{MPa}$，$\sigma_2 = 100\text{MPa}$，$\sigma_3 = 0$。

$$\tan2\alpha_0 = -\frac{2\tau_{xy}}{\sigma_x-\sigma_y} = \frac{2\times173}{200-400} = -1.73, \quad \text{即 } \alpha_0 = -30° \text{ 或 } \alpha_0 = 60°$$

画出主单元体如题 8-7 图（b）所示。

解法二利用图解法　具体做法如下：①选定 σ—τ 坐标系，确定比例。②BK 面对应 B 点（200，173），AK 面对应 A 点（200，-173）（点面对应）。③BK 面外法线至 AK 面外法线夹角为-120°，应力圆上从 BK 点顺时向转至 AK 点应为 240°（二倍转角）；过 A 点作与 σ 轴 60° 夹角，交 σ 轴一点 C。④以 C 为圆心，以 CA 或 CB 为半径作应力圆如题 8-7 图（c）所示。应力圆与 σ 轴交点横坐标分别为 500MPa、100MPa，故 $\sigma_1 = 500\text{MPa}$，$\sigma_2 = 100\text{MPa}$，$\sigma_3 = 0$。⑤从 A 或 B 逆时向或顺时向旋转 120°，为 σ_1 所在主平面，即从 AK 面逆时向旋转 $\alpha_0 = 60°$ 所在平面即为 σ_1 所在主平面。

8-8　A 点处两相互倾斜的截面 AB 和 AC 上的应力如题 8-8 图所示，求 A 点处主应力的大小和主平面的位置，并画出主单元体。

解：（1）可取 AB 面外法线为 x 轴，建立单元体，则 $\sigma_x = 95\text{MPa}$，$\tau_{xy} = 25\sqrt{3}\text{MPa}$。在 $\alpha = 30°$ 的 CA 面上的应力 $\tau_{30°} = 25\sqrt{3}\text{MPa}$。

代入斜截面应力计算公式得

$$25\sqrt{3} = \frac{95-\sigma_y}{2}\sin60° + 25\sqrt{3}\times\cos60°$$

解得 $\sigma_y = 45\text{MPa}$。

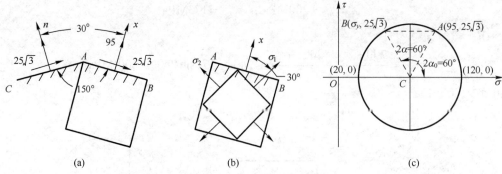

题 8-8 图（应力单位为 MPa）

（2）由主应力方位公式 $\tan 2\alpha_0 = -\dfrac{2\tau_{xy}}{\sigma_x - \sigma_y} = -\dfrac{2\times 25\sqrt{3}}{95-45} = -\sqrt{3}$

解得
$$\alpha_0 = -30° \text{ 或 } \alpha_0 = 60°, \text{ 且 } \sigma_{-30°} = 120\text{MPa}, \quad \sigma_{60°} = 20\text{MPa}$$

则
$$\sigma_1 = 120\text{MPa}, \quad \sigma_2 = 20\text{MPa}, \quad \sigma_3 = 0$$

可作主单元体如题 8-8 图（b）所示。

本题也可采用图解法，对应应力圆如题 8-8 图（c）所示。所以
$$\sigma_1 = 120\text{MPa}, \quad \sigma_2 = 20\text{MPa}, \quad \sigma_3 = 0, \quad \alpha_0 = -30°$$

8-9 如题 8-9 图所示单元体处于平面应变状态，求该面元的主应变及方向。已知 $\varepsilon_x = -350\times 10^{-6}$，$\varepsilon_y = 200\times 10^{-6}$，$\gamma_{xy} = -80\times 10^{-6}$。

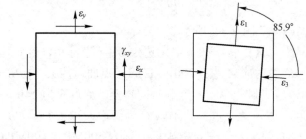

题 8-9 图

解：（1）确定主应变方位：
$$\tan 2\alpha_0 = -\dfrac{\gamma_{xy}}{\varepsilon_x - \varepsilon_y} = -\dfrac{80\times 10^{-6}}{-350\times 10^{-6} - 200\times 10^{-6}} = -0.1455$$

则 $\alpha_0 = -4.14°$ 或 $\alpha_0 = 85.9°$。

（2）计算主应变大小。代入主应变计算公式得
$$\begin{matrix}\varepsilon_{\max}\\ \varepsilon_{\min}\end{matrix} = \dfrac{1}{2}(\varepsilon_x + \varepsilon_y) \pm \sqrt{\left(\dfrac{\varepsilon_x - \varepsilon_y}{2}\right)^2 + \left(\dfrac{\gamma_{xy}}{2}\right)^2}$$

$$= \dfrac{-350\times 10^{-6} + 200\times 10^{-6}}{2} \pm \sqrt{\left(\dfrac{-350\times 10^{-6} - 200\times 10^{-6}}{2}\right)^2 + \left(\dfrac{80\times 10^{-6}}{2}\right)^2} = \begin{matrix}203\times 10^{-6}\\ -353\times 10^{-6}\end{matrix}$$

所以
$$\varepsilon_1 = \varepsilon_{85.9°} = 203 \times 10^{-6}, \quad \varepsilon_2 = 0, \quad \varepsilon_3 = \varepsilon_{-4.14°} = -353 \times 10^{-6}$$

8-10 试用图解法求题 8-9。

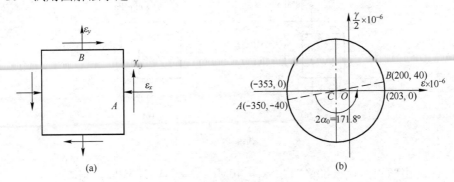

题 8-10 图

解：（1）建立平面 $\varepsilon - \dfrac{\gamma}{2}$ 坐标系，由单元体的 A 方向面和 B 方向面分别确定点 $A\left(-350 \times 10^{-6}, \dfrac{-80 \times 10^{-6}}{2}\right)$ 和 $B\left(200 \times 10^{-6}, \dfrac{80 \times 10^{-6}}{2}\right)$。

（2）连接 AB，交 ε 轴于 C，以 C 为圆心，CA 或 CB 为半径作应变圆。

（3）由应变圆量取 $\varepsilon_1 = 203 \times 10^{-6}$，$\varepsilon_2 = 0$，$\varepsilon_3 = -353 \times 10^{-6}$；且 $\alpha_0 = 85.9°$。

8-11 求题 8-11 图所示平面应力状态的 3 个主应变 $\varepsilon_1, \varepsilon_2, \varepsilon_3$。设材料弹性模 E、泊松比 μ 均为已知。

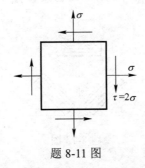

题 8-11 图

解：（1）由题知，$\sigma_x = \sigma_y = \sigma$，$\tau_{xy} = 2\sigma$，代入主应力公式得

$$\begin{matrix}\sigma_{\max} \\ \sigma_{\min}\end{matrix} = \dfrac{\sigma_x + \sigma_y}{2} \pm \sqrt{\left(\dfrac{\sigma_x - \sigma_y}{2}\right)^2 + \tau_{xy}^2} = \dfrac{\sigma + \sigma}{2} \pm \sqrt{\left(\dfrac{\sigma - \sigma}{2}\right)^2 + (2\sigma)^2} = \begin{matrix}3\sigma \\ -\sigma\end{matrix}$$

则 $\sigma_1 = 3\sigma$，$\sigma_2 = 0$，$\sigma_3 = -\sigma$。

（2）将主应力代入广义胡克定律，得

$$\varepsilon_1 = \dfrac{1}{E}[\sigma_1 - \mu(\sigma_2 + \sigma_3)] = \dfrac{(3+\mu)\sigma}{E}$$

$$\varepsilon_2 = \dfrac{1}{E}[\sigma_2 - \mu(\sigma_1 + \sigma_3)] = \dfrac{-2\mu\sigma}{E}$$

$$\varepsilon_3 = \frac{1}{E}[\sigma_3 - \mu(\sigma_2 + \sigma_1)] = -\frac{(1+3\mu)\sigma}{E}$$

8-12 试求题 8-12 图所示各单元体的最大切应力，并判断其作用面方位。

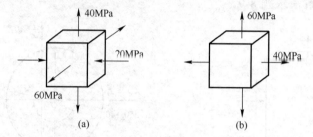

题 8-12 图

解：（a）由题知，$\sigma_1 = 60\text{MPa}$，$\sigma_2 = 40\text{MPa}$，$\sigma_3 = -20\text{MPa}$，则

$$\tau_{\max} = \frac{\sigma_1 - \sigma_3}{2} = \frac{60 + 20}{2} = 40(\text{MPa})$$

所在面与 σ_2 平行，与 σ_1 和 σ_3 所在平面夹角为 45°。

（b）由题知，$\sigma_1 = 60\text{MPa}$，$\sigma_2 = 40\text{MPa}$，$\sigma_3 = 0$，则

$$\tau_{\max} = \frac{\sigma_1 - \sigma_3}{2} = \frac{60 - 0}{2} = 30(\text{MPa})$$

所在面与 σ_2 平行，与 σ_1 和 σ_3 所在平面夹角为 45°。

8-13 用题 8-13 图所示应变花测得构件表面某点沿 1、2、3 方向的应变分别是 $\varepsilon_{0°} = 110\mu\varepsilon$，$\varepsilon_{45°} = 212.5\mu\varepsilon$，$\varepsilon_{-45°} = 240\mu\varepsilon$，试求该点主应变的大小及方位。

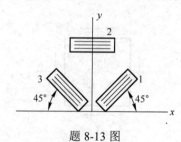

题 8-13 图

解：（1）根据应变分析知，任意方向的应变满足

$$\varepsilon_{0°} = \frac{\varepsilon_x + \varepsilon_y}{2} + \frac{\varepsilon_x - \varepsilon_y}{2}\cos 0° - \frac{\gamma_{xy}}{2}\sin 0° = 212.5 \times 10^{-6}$$

$$\varepsilon_{45°} = \frac{\varepsilon_x + \varepsilon_y}{2} + \frac{\varepsilon_x - \varepsilon_y}{2}\cos 90° - \frac{\gamma_{xy}}{2}\sin 90° = 110 \times 10^{-6}$$

$$\varepsilon_{-45°} = \frac{\varepsilon_x + \varepsilon_y}{2} + \frac{\varepsilon_x - \varepsilon_y}{2}\cos(-90°) - \frac{\gamma_{xy}}{2}\sin(-90°) = 240 \times 10^{-6}$$

由以上 3 式联立求解得 x、y 向各应变分量为

$$\varepsilon_x = 212.5 \times 10^{-6}, \quad \varepsilon_y = 137.5 \times 10^{-6}, \quad \gamma_{xy} = 130 \times 10^{-6}$$

(2) 由主应变方位公式得

$$\tan 2\alpha_0 = -\frac{\gamma_{xy}}{\varepsilon_x - \varepsilon_y} = -\frac{130 \times 10^{-6}}{(212.5 - 137.5) \times 10^{-6}} = -1.733$$

$$\alpha_0 = -30°, \quad \alpha_0 = 60°$$

(3) 确定主应变大小。代入主应变公式

$$\begin{matrix}\varepsilon_{\max}\\\varepsilon_{\min}\end{matrix} = \frac{1}{2}(\varepsilon_x + \varepsilon_y) \pm \sqrt{\left(\frac{\varepsilon_x - \varepsilon_y}{2}\right)^2 + \left(\frac{\gamma_{xy}}{2}\right)^2}$$

$$= \frac{212.5 \times 10^{-6} + 137.5 \times 10^{-6}}{2} \pm \sqrt{\left(\frac{212.5 \times 10^{-6} - 137.5 \times 10^{-6}}{2}\right)^2 + \left(\frac{130 \times 10^{-6}}{2}\right)^2} = \begin{matrix}250 \times 10^{-6}\\100 \times 10^{-6}\end{matrix}$$

所以

$$\varepsilon_1 = \varepsilon_{\max} = 250 \times 10^{-6}, \quad \varepsilon_2 = \varepsilon_{\min} = 100 \times 10^{-6}, \quad \varepsilon_3 = 0$$

也可将 $\alpha_0 = -30°$ 或 $\alpha_0 = 60°$ 代入任意方向的应变计算公式，得

$$\varepsilon_{-30°} = \varepsilon_{\max} = 250 \times 10^{-6}, \quad \varepsilon_{60°} = \varepsilon_{\min} = 100 \times 10^{-6}$$

8-14 如题 8-14 图所示，已知由三轴 45°应变花测得受载构件表面某点沿 3 个方向的应变为 $\varepsilon_{0°}$、$\varepsilon_{45°}$、$\varepsilon_{90°}$，试证该点主应力方向和主应力大小为

$$\tan 2\alpha_0 = \frac{(\varepsilon_{45°} - \varepsilon_{90°}) - (\varepsilon_{0°} - \varepsilon_{45°})}{(\varepsilon_{45°} - \varepsilon_{90°}) + (\varepsilon_0 - \varepsilon_{45°})}$$

$$\begin{matrix}\sigma_1\\\sigma_2\end{matrix} = \frac{E}{1-\mu^2}\left[\frac{(1+\mu)}{2}(\varepsilon_{0°} + \varepsilon_{90°}) \pm \frac{(1-\mu)}{\sqrt{2}}\sqrt{(\varepsilon_{0°} - \varepsilon_{45°})^2 + (\varepsilon_{45°} - \varepsilon_{90°})^2}\right]$$

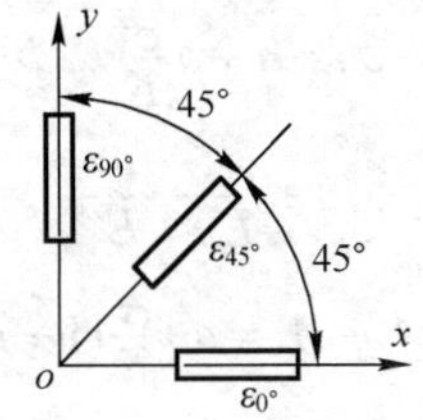

题 8-14 图

解：(1) 确定 ε_x，ε_y 与 $\varepsilon_{0°}$、$\varepsilon_{45°}$、$\varepsilon_{90°}$ 的关系。根据任意方向的应变公式得

$$\varepsilon_{0°} = \varepsilon_x, \quad \varepsilon_{90°} = \varepsilon_y, \quad \varepsilon_{45°} = \frac{\varepsilon_x + \varepsilon_y}{2} + \frac{\varepsilon_x - \varepsilon_y}{2}\cos 90° - \frac{\gamma_{xy}}{2}\sin 90° = \frac{\varepsilon_x + \varepsilon_y - \gamma_{xy}}{2}$$

所以

$$\frac{\gamma_{xy}}{2} = \frac{\varepsilon_x + \varepsilon_y}{2} - \varepsilon_{45°} = \frac{\varepsilon_{0°} + \varepsilon_{90°} - 2\varepsilon_{45°}}{2}$$

(2) 求主应变。将各应变分量代入最大、最小应变公式

$$\begin{matrix}\varepsilon_{\max}\\\varepsilon_{\min}\end{matrix} = \frac{1}{2}(\varepsilon_x + \varepsilon_y) \pm \sqrt{\left(\frac{\varepsilon_x - \varepsilon_y}{2}\right)^2 + \left(\frac{\gamma_{xy}}{2}\right)^2}$$

$$= \frac{\varepsilon_{0°} + \varepsilon_{90°}}{2} \pm \sqrt{\left(\frac{\varepsilon_{0°} - \varepsilon_{90°}}{2}\right)^2 + \left(\frac{\varepsilon_{0°} + \varepsilon_{90°} - 2\varepsilon_{45°}}{2}\right)^2}$$

$$= \frac{\varepsilon_{0°} + \varepsilon_{90°}}{2} \pm \frac{\sqrt{2}}{2}\sqrt{(\varepsilon_{0°} - \varepsilon_{45°})^2 + (\varepsilon_{45°} - \varepsilon_{90°})^2}$$

(3) 确定主应变方向。

$$\tan 2\alpha_0 = -\frac{\gamma_{xy}}{\varepsilon_x - \varepsilon_y} = -\frac{\varepsilon_{0°} + \varepsilon_{90°} - 2\varepsilon_{45°}}{\varepsilon_{0°} - \varepsilon_{90°}} = \frac{(\varepsilon_{45°} - \varepsilon_{90°}) - (\varepsilon_{0°} - \varepsilon_{45°})}{(\varepsilon_{45°} - \varepsilon_{90°}) + (\varepsilon_{0°} - \varepsilon_{45°})}$$

(4) 求主应力大小。由广义胡克定律，得

$$\sigma_1 = \frac{E}{1-\mu^2}[\varepsilon_1 + \mu\varepsilon_2] = \frac{E}{1-\mu^2}[\frac{(1+\mu)}{2}(\varepsilon_{0°} + \varepsilon_{90°}) + \frac{(1-\mu)}{\sqrt{2}}\sqrt{(\varepsilon_{0°} - \varepsilon_{45°})^2 + (\varepsilon_{45°} - \varepsilon_{90°})^2}]$$

$$\sigma_2 = \frac{E}{1-\mu^2}[\varepsilon_2 + \mu\varepsilon_1] = \frac{E}{1-\mu^2}[\frac{(1+\mu)}{2}(\varepsilon_{0°} + \varepsilon_{90°}) - \frac{(1-\mu)}{\sqrt{2}}\sqrt{(\varepsilon_{0°} - \varepsilon_{45°})^2 + (\varepsilon_{45°} - \varepsilon_{90°})^2}]$$

8-15 如题 8-15 图所示一均质等厚矩形板，承受均布正应力 σ 的作用，材料的弹性模量 E 和泊松比 μ 均为已知，试求板的面积改变量 ΔA。

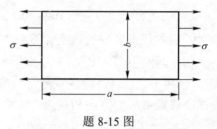

题 8-15 图

解：（1）求外力作用下矩形板变形后的面积。变形前矩形板的面积 $A_0 = ab$。

变形后矩形板的纵向应变为 $\varepsilon = \frac{\sigma}{E}$，横向应变为 $\varepsilon' = -\mu\varepsilon = -\mu\frac{\sigma}{E}$。

变形后矩形板的边长为 $a_1 = a(1+\varepsilon) = a + a\frac{\sigma}{E}$，$b_1 = b(1+\varepsilon') = b - b\mu\frac{\sigma}{E}$。

变形后矩形板的面积 $A_1 = a_1 b_1 \approx ab\left(1 + \frac{\sigma}{E} - \frac{\mu\sigma}{E}\right)$。

（2）矩形板面积的改变量 $\Delta A = A_1 - A_0 = ab\frac{\sigma}{E}(1-\mu)$。

8-16 如题 8-16 图所示，做弯曲实验时，在 No.18 工字钢梁腹板的 A 点贴上 3 片分别与轴线成 0°、45° 和 90° 的电阻片，问当 F 增加 15kN 时，每一电阻片的读数（ε）应改变多少？已知材料的弹性模量 E=210GPa，泊松比 μ=0.28。

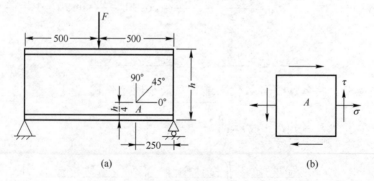

题 8-16 图

解：（1）A 点的应力状态如题 8-16 图（b）所示。查表知，No.18 工字钢的

$I_z = 1660 \times 10^{-8} \text{m}^4$，$I_z / S_z^* = 15.4 \times 10^{-2} \text{m}$，$b = 6.5 \times 10^{-3} \text{m}$，$h = 18 \times 10^{-2} \text{m}$，则

$$\sigma = \frac{My}{I_z} = \frac{15 \times 10^3 \times 250 \times 10^{-3} \times 45 \times 10^{-3}}{2 \times 1660 \times 10^{-8}} = 5.08 \times 10^6 (\text{Pa}) = 5.08(\text{MPa})$$

$$\tau = \frac{F_s S_z^*}{b I_z} = \frac{15 \times 10^3}{2 \times 15.4 \times 10^{-2} \times 6.5 \times 10^{-3}} = 7.49 \times 10^6 (\text{Pa}) = 7.49(\text{MPa})$$

（2）由广义胡克定律，得

$$\varepsilon_x = \frac{1}{E}[\sigma_x - \mu(\sigma_y + \sigma_z)] = \frac{\sigma}{E} = \frac{5.08 \times 10^6}{210 \times 10^9} = 24.2 \times 10^{-6}$$

$$\varepsilon_y = \frac{1}{E}[\sigma_y - \mu(\sigma_x + \sigma_z)] = \frac{-\mu\sigma}{E} = \frac{-0.28 \times 5.08 \times 10^6}{210 \times 10^9} = -6.77 \times 10^{-6}$$

$$\gamma_{xy} = \frac{\tau}{G} = \frac{-7.49 \times 10^6}{\frac{210 \times 10^9}{2(1+0.28)}} = -91.3 \times 10^{-6}$$

（3）根据应变分析的结果可得到

$$\varepsilon_{0°} = \varepsilon_x = 24.2 \times 10^{-6}, \quad \varepsilon_{90°} = \varepsilon_y = -6.77 \times 10^{-6}$$

$$\varepsilon_{45°} = \frac{\varepsilon_x + \varepsilon_y}{2} + \frac{\varepsilon_x - \varepsilon_y}{2}\cos 90° - \frac{\gamma_{xy}}{2}\sin 90° = 54.4 \times 10^{-6}$$

8-17 如题 8-17 图所示薄壁容器承受内压力。现用标距 s=20mm、放大倍数 K=1000 的杠杆变形仪测量轴向及切向变形，变形仪读数为 $n_A = 2$ mm，$n_B = 7$mm。已知弹性模量 E=200GPa，泊松比 μ=0.25，试求圆筒的轴向及切向应力，并求内压 p。

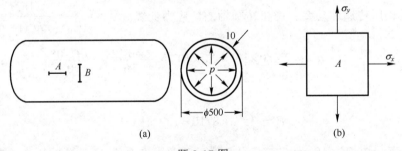

题 8-17 图

解：（1）由测量数据得到 x、y 应变分别为

$$\varepsilon_x = \frac{2}{1000 \times 20} = 100 \times 10^{-6}, \quad \varepsilon_y = \frac{7}{1000 \times 20} = 350 \times 10^{-6}$$

（2）筒壁任一点处的应力状态如题 8-17 图（b）所示，根据广义胡克定律，得

$$\sigma_x = \frac{E}{1-\mu^2}(\varepsilon_x + \mu\varepsilon_y) = \frac{200 \times 10^9}{1-0.25^2} \times (100 \times 10^{-6} + 0.25 \times 350 \times 10^{-6})$$

$$= 40 \times 10^6 (\text{Pa}) = 40(\text{MPa})$$

$$\sigma_y = \frac{E}{1-\mu^2}(\varepsilon_y + \mu\varepsilon_x) = \frac{200 \times 10^9}{1-0.25^2} \times (350 \times 10^{-6} + 0.25 \times 100 \times 10^{-6})$$

$$= 80 \times 10^6 (\text{Pa}) = 80(\text{MPa})$$

应力容器中沿轴向应力为 $\sigma_x = \dfrac{pD}{4\delta}$，解得

$$p = \dfrac{4\sigma_x \delta}{D} = \dfrac{4 \times 40 \times 0.01}{0.5} = 3.2(\text{MPa})$$

如果精确计算

$$p = \dfrac{4\sigma_x \delta}{(D-\delta)} = \dfrac{4 \times 40 \times 0.01}{(0.5-0.01)} = 3.27(\text{MPa})$$

8-18 如题 8-18 图所示，用电阻应变仪测得空心钢轴表面某点处与母线成 45°方向上的线应变 $\varepsilon = 2.0 \times 10^{-4}$，已知该轴转速为 120r/min，试求轴所传递的功率。已知材料的切变模量 G=80GPa。

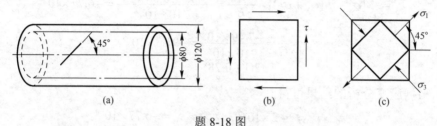

题 8-18 图

解：(1) 受扭钢轴该点的应力状态如题 8-18 图（b）所示，由应力状态分析可知

$$\sigma_1 = \sigma_{45°} = \tau, \quad \sigma_2 = 0, \quad \sigma_3 = \sigma_{-45°} = -\tau$$

由 45°方向的已知应变值可得

$$\varepsilon_{45°} = \dfrac{1}{E}[\sigma_{45°} - \mu\sigma_{-45°}] = \dfrac{1}{E}[\tau + \mu\tau] = \dfrac{1+\mu}{E}\tau = \dfrac{\tau}{2G}, \quad 即\ \tau = 2G\varepsilon_{45°}$$

(2) 求轴所传递的功率。由扭转圆轴的切应力计算公式 $\tau = \dfrac{T}{W_p} = \dfrac{16M_e}{\pi D^3(1-\alpha^4)}$ 得

$$M_e = 2G\varepsilon_{45°} \times \dfrac{\pi D^3}{16}(1-\alpha^4) = 2 \times 80 \times 10^9 \times 2.0 \times 10^{-4} \times \dfrac{\pi \times 0.12^3}{16}\left[1-\left(\dfrac{0.08}{0.12}\right)^4\right] = 8710(\text{N}\cdot\text{m})$$

轴传递的功率为

$$P_k = \dfrac{120}{9549} \times 8710 = 109.5(\text{kW})$$

8-19 有一边长为 10mm 的立方体铝块，在其上方受有 F=5kN 的压力（均匀分布于面上）。已知材料的泊松比 μ=0.33，试在下列情形下求铝块内任一点的主应力：

(1) x,z 方向无约束，如题 8-19 图（a）所示；

(2) 置于刚性块槽内，两侧面与槽壁间无间隙，如题 8-19 图（b）所示；

(3) 置于刚性块方槽内，四侧与槽壁间无间隙，如题 8-19 图（c）所示。

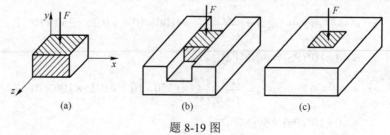

题 8-19 图

解：(1) 铝块上表面受到压力作用，则

$$\sigma_1 = \sigma_2 = 0, \quad \sigma_3 = -\frac{F}{A} = -\frac{5 \times 10^3}{0.01 \times 0.01} = -50 \times 10^6 (\text{Pa}) = -50 (\text{MPa})$$

(2) 铝块上表面受到压力作用，则

$$\sigma_y = -\frac{F}{A} = -50(\text{MPa})$$

铝块在 x 向变形受到限制，z 向自由，故 $\varepsilon_x = \frac{1}{E}[\sigma_x - \mu(0+\sigma_y)] = 0$，

解出 $\sigma_x = \mu\sigma_y = -16.5 \text{MPa}$。

所以

$$\sigma_1 = 0, \quad \sigma_2 = -16.5\text{MPa}, \quad \sigma_3 = -50\text{MPa}$$

(3) 铝块上表面受到压力作用，故 $\sigma_y = -\frac{F}{A} = -50(\text{MPa})$

铝块在 x 向和 z 向变形受到限制，则

$$\varepsilon_x = \frac{1}{E}[\sigma_x - \mu(\sigma_y + \sigma_z)] = 0, \quad \varepsilon_z = \frac{1}{E}[\sigma_z - \mu(\sigma_x + \sigma_y)] = 0$$

解出 $\sigma_x = \sigma_z = -12.4 \text{MPa}$。

所以 $\sigma_1 = \sigma_2 = -12.4\text{MPa}, \quad \sigma_3 = -50\text{MPa}$。

8-20 如题 8-20 图所示单元体，其应力单位为 MPa。应将应变片贴在与 x 轴成什么角度的方向上，才能得到最大读数？在此方向上的线应变为多大。已知弹性模量 $E=210$GPa，泊松比 $\mu=0.25$。

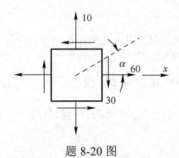

题 8-20 图

解：应将应变片贴在主应变方向上，才能得到最大读数。

(1) 由题知，$\sigma_x = 60\text{MPa}$，$\sigma_y = 10\text{MPa}$，$\tau_{xy} = 30\text{MPa}$，根据广义胡克定律可得

$$\varepsilon_x = \frac{1}{E}[\sigma_x - \mu\sigma_y] = \frac{1}{210 \times 10^9}[60 \times 10^6 - 0.25 \times 10 \times 10^6] = 274 \times 10^{-6}$$

$$\varepsilon_y = \frac{1}{E}[\sigma_{yx} - \mu\sigma_x] = \frac{1}{210 \times 10^9}[10 \times 10^6 - 0.25 \times 60 \times 10^6] = -23.8 \times 10^{-6}$$

$$\gamma_{xy} = \frac{\tau_{xy}}{G} = \frac{2(1+\mu)\tau_{xy}}{E} = \frac{2(1+0.25) \times 30 \times 10^6}{210 \times 10^9} = 357 \times 10^{-6}$$

(2) 应变片应贴在最大主应变方向上，由

$$\tan 2\alpha_0 = -\frac{\gamma_{xy}}{\varepsilon_x - \varepsilon_y} = -\frac{357 \times 10^{-6}}{(274+23.8) \times 10^{-6}} = -1.199$$

227

得 $\alpha_0 = -25°$ 或 $\alpha_0 = 65°$。

代入任意方向线应变的计算公式得 $\varepsilon_{-25°} = 357 \times 10^{-6}$，$\varepsilon_{65°} = -107 \times 10^{-6}$。

由此可见，应变片应贴在与 x 轴成 25°方向上（顺时针方向），该方向上的线应变最大，为 357×10^{-6}。

8-21 如题 8-21 图所示直径为 50mm 的实心铜圆柱，紧密放置在壁厚为 1.0mm 的薄壁钢套筒内，钢的弹性模量 $E_{st} = 200\,\text{GPa}$，铜的弹性模量 $E_{cu} = 100\text{GPa}$，泊松比 $\mu_{cu} = 0.35$。当铜柱承受 $F=200\text{kN}$ 的压力作用时，试求钢套筒内的应力。

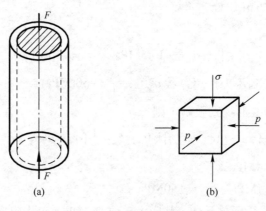

题 8-21 图

解：(1) 设铜圆柱与钢套筒的相互压强为 p，则铜圆柱中任一点的应力状态如题 8-21 图（b）所示。其中

$$\sigma = -\frac{F}{A} = -\frac{4 \times 200 \times 10^3}{\pi \times 0.05^2} = -101.9 \times 10^6 (\text{Pa}) = -101.9(\text{MPa})$$

(2) 求铜圆柱与钢套筒的相互压强 p。根据广义胡克定律，铜圆柱的周向应变为

$$\varepsilon_{cu} = \frac{1}{E_{cu}}[-p - \mu_{cu}(\sigma - p)] = \frac{1}{E_{cu}}[(\mu_{cu} - 1)p - \mu_{cu}\sigma]$$

钢套筒的周向应变

$$\varepsilon_{st} = \frac{\sigma_t}{E_{st}} = \frac{pD}{2\delta E_{st}}$$

由变形协调关系知 $\varepsilon_{cu} = \varepsilon_{st}$，即 $\frac{1}{E_{cu}}[(\mu_{cu} - 1)p - \mu_{cu}\sigma] = \frac{pD}{2\delta E_{st}}$。

代入数值求解得 $p = 2.712\text{kPa}$。

(3) 钢套筒内的应力为

$$\sigma_t = \frac{pD}{2\delta} = \frac{2.712 \times 10^3 \times 0.05}{2 \times 0.001} = 67.8 \times 10^6 \text{Pa} = 67.8(\text{MPa})$$

8-22 如题 8-22 图所示，在薄板表面上画一半径 $R=100\text{mm}$ 的圆。板上作用应力 $\sigma_x = 140\text{MPa}$，$\sigma_y = -40\text{MPa}$，材料的弹性模量 $E=210\text{GPa}$，泊松比 $\mu=0.3$，试计算该圆变形后的面积。

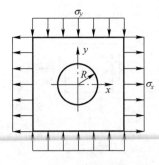

题 8-22 图

解：（1）由题知，$\sigma_x = 140\text{MPa}$，$\sigma_y = -40\text{MPa}$，$\sigma_z = 0$，根据广义胡克定律，有

$$\varepsilon_x = \frac{1}{E}[\sigma_x - \mu(\sigma_y + \sigma_z)] = \frac{1}{210 \times 10^9}[140 \times 10^6 - 0.3 \times (-40 \times 10^6)] = 7.24 \times 10^{-4}$$

$$\varepsilon_y = \frac{1}{E}[\sigma_y - \mu(\sigma_x + \sigma_z)] = \frac{1}{210 \times 10^9}[-40 \times 10^6 - 0.3 \times (140 \times 10^6)] = -3.90 \times 10^{-4}$$

（2）变形后椭圆的长、短半轴为

$$a = R(1+\varepsilon_x), \quad b = R(1+\varepsilon_y)$$

（3）变形后椭圆的面积为

$$\begin{aligned} A_1 &= \pi ab = \pi R^2 (1+\varepsilon_x)(1+\varepsilon_y) \\ &= \pi \times 0.1^2 \times (1+7.24 \times 10^{-4}) \times (1-3.90 \times 10^{-4}) \\ &= 31.43 \times 10^{-3} \text{m}^2 = 31.43 \times 10^3 \text{mm}^2 \end{aligned}$$

8-23 胶合板构件单元体如题 8-23 图所示，各层板之间用胶粘接，接缝方向如图所示。若已知胶层切应力不得超过 1MPa，试分析是否满足这一要求。

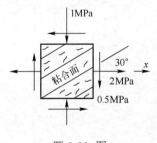

题 8-23 图

解：由题知 $\sigma_x = 2\text{MPa}$，$\sigma_y = -1\text{MPa}$，$\tau_{xy} = 0.5\text{MPa}$，则

$$\tau_{30°} = \frac{\sigma_x - \sigma_y}{2}\sin 2\alpha + \tau_{xy}\cos 2\alpha = \frac{2+1}{2}\sin 60° + 0.5\cos 60° = 1.55(\text{MPa}) > 1\text{MPa}$$

所以不满足剪切强度条件。

8-24 对于题 8-24 图所示的应力状态，若要求其中最大切应力 $\tau_{max} = 160\text{MPa}$，试求 τ_{xy} 的值。

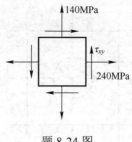

题 8-24 图

解：将 $\sigma_x = 240\text{MPa}$，$\sigma_y = 140\text{MPa}$ 代入最大、最小正应力计算公式为

$$\genfrac{}{}{0pt}{}{\sigma_{\max}}{\sigma_{\min}} = \frac{\sigma_x + \sigma_y}{2} \pm \sqrt{\left(\frac{\sigma_x - \sigma_y}{2}\right)^2 + \tau_{xy}^2} = \frac{240 + 140}{2} \pm \sqrt{\left(\frac{240 - 140}{2}\right)^2 + \tau_{xy}^2} = 190 \pm \sqrt{50^2 + \tau_{xy}^2}$$

虽然 τ_{xy} 未知，但将 $\tau_{xy} \leqslant \tau_{\max} = 160\text{MPa}$ 代入，根式的值小于 190MPa，所以主应力为 $\sigma_1 = \sigma_{\max}$，$\sigma_2 = \sigma_{\min}$，$\sigma_3 = 0$，则

$$\tau_{\max} = \frac{\sigma_1 - \sigma_3}{2} = \frac{190 + \sqrt{50^2 + \tau_{xy}^2}}{2} = 160\text{MPa}，\text{解得 } \tau_{xy} = -120\text{MPa}（根据图中切应力方向，应取负值）$$

第9章 强度理论

9.1 教学目标及章节理论概要

9.1.1 教学目标

（1）熟悉各个强度理论的基本观点、对应的失效准则和强度条件及其应用范围，根据材料选用合适的强度理论。

（2）正确选择强度理论进行强度计算，熟练掌握第三和第四强度理论进行强度计算的方法。

9.1.2 章节理论概要

1. 经典强度理论

（1）建立强度理论的基本思想。

① 确认引起材料失效存在共同的力学原因，提出关于这一共同力学原因的假设。

② 依据标准试样在简单受力情况下破坏（材料弹性失效）试验（拉伸试验），建立材料在复杂应力状态下共同遵循的弹性失效准则和强度理论。

③ 脆性断裂和塑性屈服是材料在一定温度、载荷与应力状态下表现的两种典型失效形式。工程中常用的经典强度理论就是按这两类失效形式分别提出共同力学原因而建立起来的。

（2）4种经典强度理论。

关于脆性断裂的强度理论。

① 最大拉应力理论（第一强度理论）：该理论认为最大拉应力是引起断裂的主要因素，即 $\sigma_{t\max} = \sigma_u$。由该理论建立的强度条件为

$$\sigma_1 \leqslant [\sigma] \tag{9-1}$$

式中：σ_1 为3个主应力中的最大者，且为拉应力。

该理论适用于铸铁等脆性材料在单向或二向拉伸应力状态，如脆性材料的拉伸或扭转破坏。

但该理论没有考虑另外两个主应力的影响，并且对没有拉应力的应力状态（如单向压缩，三向压缩等）无法应用。

② 最大伸长线应变理论（第二强度理论）：该理论认为最大伸长线应变是引起断裂的主要因素，即 $\varepsilon_{tmax}=\varepsilon_u$。由该理论建立的强度条件为

$$\sigma_1 - \mu(\sigma_2+\sigma_3) \leqslant [\sigma] \tag{9-2}$$

该理论适用于铸铁等脆性材料在一拉一压二向应力状态，且压应力较大的情况下。

但对受压试件在压力的垂直方向增加压力，使其成为二向受压时，按此强度理论，其强度将不同于单向受压，但与混凝土、花岗岩等试验结果不符。另外，按此理论铸铁在二向拉伸时会比单向拉伸安全，但试验结果并不能证实。

关于塑性屈服的强度理论。

③ 最大切应力理论（第三强度理论、Tresca 屈服准则）：该理论认为最大切应力是引起屈服的主要因素，即 $\tau_{max}=\tau_u$。根据该理论建立的强度条件为

$$\sigma_1 - \sigma_3 \leqslant [\sigma] \tag{9-3}$$

该理论对低碳钢、铜、软铝等塑性较好材料的屈服试验结果符合较好，并可用于像硬铝等塑性变形小，无颈缩材料的剪切破坏，该理论较为满意地解释了塑性材料的屈服现象。但该理论没有考虑中间主应力的影响，可能产生较大误差。该理论形式简单，相比试验结果偏于安全。

④ 形状改变比能理论（第四强度理论、Mises 屈服准则）：该理论认为形状改变比能是引起屈服的主要因素，即 $u_f=(u_f)_u$。根据该理论建立的强度条件为

$$\sqrt{\frac{1}{2}[(\sigma_1-\sigma_2)^2+(\sigma_2-\sigma_3)^2+(\sigma_3-\sigma_1)^2]} \leqslant [\sigma] \tag{9-4}$$

塑性材料钢、铜、铝等的薄壁圆筒试验资料表明，这一理论比第三强度理论更符合试验结果，因此在工程中得到广泛应用。

注意：对铸铁、石灰、混凝土、玻璃等脆性材料，通常以断裂的形式失效，宜采用第一和第二强度理论，统称第一类强度理论（脆性断裂破坏理论）。碳钢、铜、铝等塑性材料，通常以屈服的形式失效，宜采用第三和第四强度理论，统称第二类强度理论（塑性屈服失效理论）。

同时，不同材料固然可以发生不同形式的失效，但同一材料在不同的应力状态下可能会有不同的失效形式。例如铸铁单向拉伸时，以断裂形式失效；但当以淬火钢球压在铸铁板上时，接触点附近材料将承受三向受压状态，发生屈服失效。

另外，无论脆性或塑性材料，在三向拉应力相近的情况下，都以断裂为失效形式，宜用最大拉应力理论。而在三向压应力相近的情况下，都可能引起塑性变形，宜用第三、第四强度理论。

2. 近代强度理论

（1）莫尔强度理论：莫尔强度理论考虑到材料抗拉和抗压强度不相等的情况，并以

试验资料为基础，经逻辑推理综合得出，根据该理论建立的强度条件为

$$\sigma_1 - \frac{[\sigma_t]}{[\sigma_c]}\sigma_3 \leqslant [\sigma_t] \tag{9-5}$$

式中：$[\sigma_t]$ 为材料的许用拉应力；$[\sigma_c]$ 为材料的许用压应力。

当材料的 $[\sigma_t]=[\sigma_c]$ 时，式（9-5）左边成为 $\sigma_1-\sigma_3$，这就与式（9-3）一致。因此，莫尔强度理论可以看作是第三强度理论的推广。

（2）双切应力强度理论：认为材料发生失效的决定因素是两个较大主切应力之和，当其达到极限值时材料便失效，其强度条件表达式为

$$\begin{cases} \sigma_1 - \frac{1}{2}(\sigma_2+\sigma_3) \leqslant [\sigma] & \left(\sigma_2 \leqslant \frac{1}{2}(\sigma_1+\sigma_3)\right) \\ \frac{1}{2}(\sigma_1+\sigma_2) - \sigma_3 \leqslant [\sigma] & \left(\sigma_2 \geqslant \frac{1}{2}(\sigma_1+\sigma_3)\right) \end{cases} \tag{9-6}$$

3. 强度理论的应用

（1）4 个强度理论的强度条件表达式。通常把 4 个强度理论的强度条件统一为

$$\sigma_{ri} \leqslant [\sigma] \tag{9-7}$$

式中：σ_r 称为相当应力，也有用 σ_{eq}、σ_{xd} 等来表示的。

对于各强度理论，其相当应力表示式如式（9-1）～式（9-6）所示。

（2）特定平面应力状态下第三、第四强度理论的表达式。

在平面应力状态中，如果 $\sigma_x=\sigma, \sigma_y=0, \tau_{xy}=\tau$，则

$$\begin{matrix}\sigma_{max} \\ \sigma_{min}\end{matrix} = \frac{\sigma}{2} \pm \sqrt{\left(\frac{\sigma}{2}\right)^2+\tau^2} = \begin{matrix}\sigma_1 \\ \sigma_3\end{matrix}$$

故第三、第四强度理论的表达式演化为

$$\sigma_{r3}=\sqrt{\sigma^2+4\tau^2} \leqslant [\sigma] \tag{9-8}$$

$$\sigma_{r4}=\sqrt{\sigma^2+3\tau^2} \leqslant [\sigma] \tag{9-9}$$

当上述应力状态取自弯扭组合的圆轴时，由于 $\sigma=\dfrac{M}{W}, \tau=\dfrac{T}{W_p}=\dfrac{T}{2W}$，则第三、第四强度理论的表达式进一步演化为

$$\sigma_{r3}=\frac{1}{W}\sqrt{M^2+T^2} \leqslant [\sigma] \tag{9-10}$$

$$\sigma_{r4}=\frac{1}{W}\sqrt{M^2+0.75T^2} \leqslant [\sigma] \tag{9-11}$$

对于圆轴，如果危险截面存在双弯矩，则 $M^2=M_y^2+M_z^2$。

9.1.3 重点知识思维导图

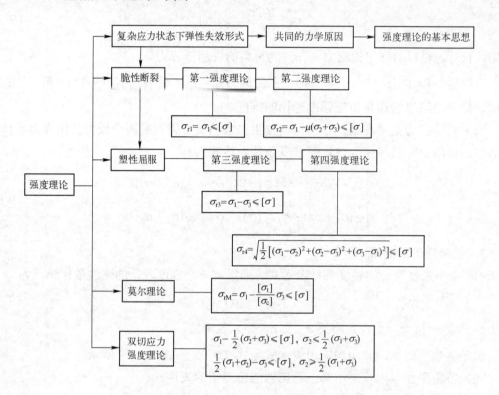

9.2 习题分类及典型例题辅导与精析

9.2.1 习题分类

（1）不同强度理论相当应力的计算。
（2）强度理论的应用。

9.2.2 解题要求

（1）了解各个强度理论的基本观点，相应的强度条件及其应用范围。
（2）能正确应用强度理论进行强度计算，熟练掌握第三和第四强度理论进行强度计算的方法。

9.2.3 典型例题辅导与精析

本章重点是掌握四大经典强度理论的应用，特别是适用于塑性屈服的第三、第四强度理论的应用。但危险截面（最大内力所在面）危险点（同一截面上最大应力的点）应力状态的确定，各种基本变形时应力的分布规律，以及不同应力状态下主应力的确定都是正确计算的基础。

例 9-1 用强度理论分析例 9-1 图所示的铸铁圆轴和低碳钢圆轴的扭转破坏现象。

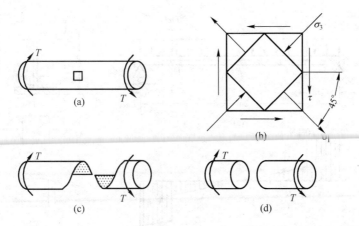

例 9-1 图

解：圆轴扭转时，在圆轴的表层，按例 9-1 图（a）所示方式取出单元体，其应力状态如例 9-1 图（b）所示。由应力分析知，在横截面上有最大的切应力 τ。单元体的 3 个主应力是 $\sigma_1 = \tau$（顺时针 $45°$ 方向），$\sigma_2 = 0$，$\sigma_3 = -\tau$。

铸铁圆轴扭转的破坏形式如例 9-1 图（c）所示，这是由于 $-45°$ 方向存在最大拉应力，当其达到材料的极限值时发生断裂，符合第一强度理论。低碳钢圆轴扭转破坏形式如例 9-1 图（d）所示，这是由于横截面上存在最大切应力，当其达到极限值时发生屈服，经大量塑性变形后沿横截面剪断，符合第三强度理论。

【评注】 第一强度理论不但能很好地解释铸铁扭转破坏现象，铸铁拉伸破坏也证明了它的正确性。总的来说，凡以拉应力为主的脆性材料，第一强度理论比较适用。同样应力状态下，塑性材料就不再适用，宜采用第三、第四或双切应力强度理论。

例 9-2 由 No.25b 工字钢制成的简支梁及其承载如例 9-2 图（a）所示。No.25b 工字钢的 $I_z = 5283.96 \text{cm}^4$，$W_z = 422.72 \text{cm}^3$，$I_z / S_{\max}^* = 21.27 \text{cm}$，材料的许用正应力 $[\sigma] = 160 \text{MPa}$，许用切应力 $[\tau] = 100 \text{MPa}$，试对该梁作全面的强度校核。

解：依题意要求梁的强度全面校核，必须全面考虑所有可能的危险点，包括 $M_{\max}$ 截面 $\sigma_{\max}$ 的点、$F_{s\max}$ 截面 $\tau_{\max}$ 的点，同时复杂应力状态下 M，F_s 的次大面（本题中 C（或 D）面）上的危险点（一般为翼缘与腹板交界点）。

(1) 作梁的剪力图和弯矩图。梁的 F_s、M 图如例 9-2 图（b）所示。

(2) 校核梁的正应力强度。危险点在梁的跨中截面 E 的上、下边缘各点。其应力状态为单向应力状态（例 9-2 图（c））。

$$\sigma_{\max} = \frac{M_{\max}}{W} = \frac{45 \times 10^3}{422.72 \times 10^{-6}} = 106.4 \times 10^6 (\text{Pa}) = 106.4 (\text{MPa}) < [\sigma]$$

(3) 校核梁的切应力强度。危险点在两支座内侧截面的中性轴上，其应力状态为纯剪切应力状态（例 9-2 图（d））。

$$\tau_{\max} = \frac{F_{s\max} S_{\max}^*}{b I_z} = \frac{210 \times 10^3}{0.01 \times 21.27 \times 10^{-2}} = 98.7 \times 10^6 (\text{Pa}) = 98.7 (\text{MPa}) < [\tau]$$

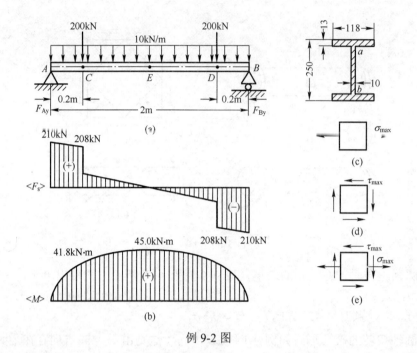

例 9-2 图

（4）校核梁的主应力强度。危险点在截面 C（或 D）的翼缘与腹板交界各点处（a 或 b 点），其应力状态为平面应力状态（b 点应力状态如例 9-2 图（e））。其中：

$$\sigma = \frac{My}{I_z} = \frac{41.8 \times 10^3 \times 112 \times 10^{-3}}{5283.96 \times 10^{-8}} = 88.6 \times 10^6 (Pa) = 88.6 (MPa)$$

$$\tau = \frac{F_s S_z^*}{b I_z} = \frac{208 \times 10^3 \times 118 \times 13 \times (125 - 6.5) \times 10^{-9}}{0.01 \times 5283.96 \times 10^{-8}} = 71.6 \times 10^6 (Pa) = 71.6 (MPa)$$

梁为工字钢制成，故选用第三或第四强度理论，即

$$\sigma_{r3} = \sqrt{88.6^2 + 4 \times 71.6^2} = 168.4 \times 10^6 (Pa) > [\sigma]$$

$$\sigma_{r4} = \sqrt{88.6^2 + 3 \times 71.6^2} = 152.4 (MPa) < [\sigma]$$

【评注】（1）强度校核中，一般只需要考虑几个内力最大的危险截面上危险点处的强度，仅当截面尺寸有突然变化时，在截面变化的交界点处（此题腹板与翼缘的交界处）还需要实行强度校核；（2）用第三强度理论校核，虽然 $\sigma_{r3} > [\sigma]$，但大于许用值约 5%，一般工程上也认为安全；而用第四强度理论校核，$\sigma_{r4} < [\sigma]$，梁强度足够。两者对比，可知最大切应力强度理论偏于安全。

例 9-3 如例 9-3 图所示，一直径 $d = 20mm$ 的圆杆，其中间一段恰好插入直径也为 20mm 的刚性圆孔中，杆受压力 $F = 44kN$ 和扭转外力偶 $M_0 = 47N·m$ 的作用。已知杆材料的弹性模量 $E = 210GPa$，泊松比 $\mu = 0.3$，许用应力 $[\sigma] = 160MPa$。试按第三强度理论校核插入孔内部分和露出孔外部分的强度，设杆与孔壁间为光滑接触，摩擦力可以不计。

解：（1）插入部分应力状态如例 9-3 图（b）所示，其中

$$\sigma_z = \frac{F}{A} = -\frac{44000}{\frac{\pi \times 2^2 \times 10^{-4}}{4}} = -140(MPa), \quad \sigma_x = \sigma_y$$

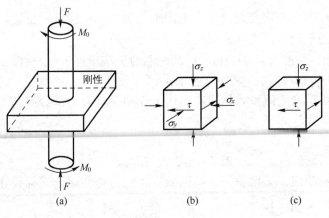

例 9-3 图

由广义胡克定律可知,因为圆杆插在刚体中,则
$$\varepsilon_x = \frac{1}{E}[\sigma_x - \mu(\sigma_y + \sigma_z)] = 0$$

解得
$$\sigma_x = \sigma_y = \frac{\mu}{1-\mu}\sigma_z = \frac{0.3}{1-0.3}(-140) = -60(\text{MPa})$$

扭转引起的切应力 $\tau = \dfrac{T}{W_p} = \dfrac{16M_0}{\pi \times d^3} = \dfrac{16 \times 47}{\pi \times 2^3 \times 10^{-6}} = 30 \times 10^6 (\text{Pa}) = 30(\text{MPa})$

(2)插入部分强度校核。
$$\begin{matrix}\sigma_{\max}\\ \sigma_{\min}\end{matrix} = \frac{\sigma_x + \sigma_y}{2} \pm \sqrt{\left(\frac{\sigma_x - \sigma_y}{2}\right)^2 + \tau_{xy}^2} = \frac{-60-60}{2} \pm \sqrt{\left(\frac{-60+60}{2}\right)^2 + 30^2} = \begin{matrix}-30(\text{MPa})\\ -90(\text{MPa})\end{matrix}$$

故
$$\sigma_1 = -30\text{MPa}, \quad \sigma_2 = -90\text{MPa}, \quad \sigma_3 = -140\text{MPa}$$

代入第三强度理论 $\sigma_{r3} = \sigma_1 - \sigma_3 = -30 + 140 = 110\text{MPa} \leqslant [\sigma]$

则插入部分强度足够。

(3)露出部分强度校核。露出部分应力状态如例 9-3 图(c)所示,其中
$$\sigma_z = \frac{F}{A} = -\frac{44000}{\dfrac{\pi \times 2^2 \times 10^{-4}}{4}} = -140(\text{MPa}), \quad \tau = \frac{T}{W_p} = \frac{16M_0}{\pi \times d^3} = \frac{16 \times 47}{\pi \times 2^3 \times 10^{-6}} = 30(\text{MPa})$$

对于纯剪切部分
$$\begin{matrix}\sigma_{\max}\\ \sigma_{\min}\end{matrix} = \frac{\sigma_x + \sigma_y}{2} \pm \sqrt{\left(\frac{\sigma_x - \sigma_y}{2}\right)^2 + \tau_{xy}^2} = 0 \pm \sqrt{0^2 + 30^2} = \begin{matrix}30(\text{MPa})\\ -30(\text{MPa})\end{matrix}$$

故
$$\sigma_1 = 30\text{MPa}, \quad \sigma_2 = -30\text{MPa}, \quad \sigma_3 = -140\text{MPa}$$

代入第三强度理论 $\sigma_{r3} = \sigma_1 - \sigma_3 = 30 + 140 = 170(\text{MPa}) > [\sigma]$

则露出部分强度不满足。

【评注】强度校核中,主要是判断危险截面和危险点,对于构件应力状态比较复杂时,

特别是在组合变形时,一定要充分考虑不同承载部分的可能危险位置,计算出相当应力后才能确定真正的危险点,再代入强度条件进行分析。

例 9-4 已知锅炉的内径 $D=1\text{m}$,锅炉内部的蒸汽压强 $p=3.6\text{MPa}$,材料的许用应力 $[\sigma]=160\text{MPa}$,试设计锅炉圆筒部分的壁厚 δ。

解:先把锅炉假设为薄壁容器。在内压 p 作用下,圆筒部分筒壁上一点的3个主应力为

$$\sigma_1 = \frac{pD}{2\delta}, \quad \sigma_2 = \frac{pD}{4\delta}, \quad \sigma_3 = 0$$

锅炉通常采用钢材制成,采用第三、第四或双切应力强度理论进行设计是合适的。

(1)按第三强度理论有

$$\sigma_{r3} = \sigma_1 - \sigma_3 = \frac{pD}{2\delta} \leqslant [\sigma]$$

$$\delta \geqslant \frac{pD}{2[\sigma]} = \frac{3.6\times 10^6 \times 1}{2\times 160\times 10^6} = 11.25\times 10^{-3}(\text{m}) = 11.25(\text{mm})$$

(2)按第四强度理论,有

$$\sigma_{r4} = \sqrt{\frac{1}{2}[(\sigma_1-\sigma_2)^2+(\sigma_2-\sigma_3)^2+(\sigma_3-\sigma_1)^2]}$$

$$= \sqrt{\frac{1}{2}\left[\left(\frac{pD}{2\delta}-\frac{pD}{4\delta}\right)^2+\left(\frac{pD}{4\delta}\right)^2+\left(\frac{pD}{2\delta}\right)^2\right]} = \frac{\sqrt{3}pD}{4\delta} \leqslant [\sigma]$$

$$\delta \geqslant \frac{\sqrt{3}pD}{4[\sigma]} = \frac{\sqrt{3}\times 3.6\times 10^6 \times 1}{4\times 160\times 10^6} = 9.74\times 10^{-3}(\text{m}) = 9.74(\text{mm})$$

(3)按双切应力强度理论,因为 $\sigma_2 = \frac{1}{2}(\sigma_1+\sigma_3)$,且 $\sigma_1 = 2\sigma_2$,则

$$\sigma_{ry} = \frac{3}{4}\sigma_1 = \frac{3}{4}\cdot\frac{pD}{2\delta} = \frac{3pD}{8\delta} \leqslant [\sigma]$$

$$\delta \geqslant \frac{3pD}{8[\sigma]} = \frac{3\times 3.6\times 10^6 \times 1}{8\times 160\times 10^6} = 8.44\times 10^{-3}(\text{m}) = 8.44(\text{mm})$$

检验:由上述计算结果可知,均属于薄壁容器,所以假设成立。

【评注】①求出 δ 后,须检查该容器是否属于薄壁,即 $\frac{D}{\delta}$ 是否大于 20,因为解题的前提条件是把锅炉当成薄壁容器。②采用不同的强度理论,其结果一般是不相同的。由于双切应力强度理论与大多数金属材料的试验结果符合得较好,故可选用 $\delta = 8.44\text{mm}$。因此,用双切应力强度理论最省材料。

例 9-5 如例 9-5 图(a)所示,钢制曲拐的横截面直径为 20mm,C 端与钢丝相连,钢丝的横截面面积 $A = 6.5\text{mm}^2$。曲拐和钢丝的材料常数同为 $E = 200\text{GPa}$,$G = 84\text{GPa}$。若钢丝的温度降低 $50℃$,且 $\alpha = 12.5\times 10^{-6}\ ℃^{-1}$,试求曲拐截面 A 的顶点的应力状态。

解:这是一次超静定问题。解除钢丝对曲拐的约束,代以钢丝的轴力 F_N,曲拐、钢丝在 C 点的相互作用力如例 9-5 图(b)、(c)所示。钢丝 CD 因温度降低缩短 Δl_T,以力 F_N 把曲拐的 C 点向下拉,曲拐的反作用力 F_N 使钢丝伸长 Δl_1,故钢丝最终的缩短量 Δl 即曲拐 C 点的下降量 w_C 为

$$w_C = \Delta l = \Delta l_T - \Delta l_1 \tag{1}$$

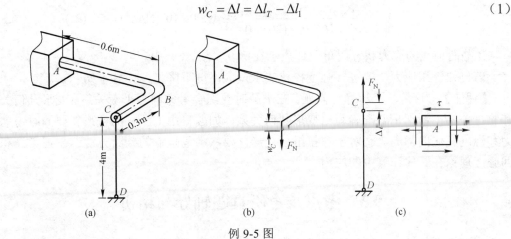

例 9-5 图

此式即变形协调条件。记钢丝长度为 l_1，其物理关系为

$$\Delta l_T = \alpha \Delta T l_1, \quad \Delta l_1 = \frac{F_N l_1}{EA} \tag{2}$$

记曲拐 CB 段长为 l_2，BA 段长为 l。在 F_N 作用下，先将 AB 段刚化，曲拐上 C 点挠度 $w_{C1} = \frac{F_N l_2^3}{3EI}(\downarrow)$；再将 CB 段刚化，则 AB 段在 B 端受到向下的力 F_N 和扭转力偶 $T = F_N l_2$ 作用，由于 BA 段的弯曲变形带动 C 点随之下移，引起的挠度 $w_{C2} = w_B = \frac{F_N l^3}{3EI}(\downarrow)$；$BA$ 段扭转变形使 B 截面逆时针方向转过 $\varphi = \frac{Tl}{GI_p} = \frac{Fl_2 l}{GI_p}$，由 φ 角引起的 C 点挠度 $w_{C3} = \varphi l_2 = \frac{Fll_2^2}{GI_p}(\downarrow)$。于是

$$w_C = w_{C1} + w_{C2} + w_{C3} \tag{3}$$

将式（2）、式（3）及以上分析结果代入式（1），得

$$\alpha \Delta T l_1 - \frac{Fl_1}{EA} = \frac{Fl_2^3}{3EI} + \frac{Fl^3}{3EI} + \frac{Fll_2^2}{GI_p} \tag{4}$$

求解式（4），并将 $I = \frac{\pi}{64}d^4$、$I_p = \frac{\pi}{32}d^4$ 代入，得

$$F_N = \frac{\alpha \Delta T l_1}{\frac{l_1}{EA} + \frac{32}{\pi d^4}\left\{\left[\frac{2}{3E}(l_2^3 + l^3)\right] + \frac{ll_2^2}{G}\right\}}$$

$$= \frac{12.5 \times 10^{-6} \times 50 \times 4}{\frac{4}{200 \times 10^9 \times 6.5 \times 10^{-6}} + \frac{32}{\pi \times 0.020^4}\left\{\left[\frac{2}{3 \times 200 \times 10^9}(0.3^3 + 0.6^3)\right] + \frac{0.6 \times 0.3^2}{84 \times 10^9}\right\}} = 26.2(\text{N})$$

截面 A 的顶点既有弯曲引起的 σ_{max}，又有扭转引起的 τ_{max}，其值分别为

$$\sigma_{max} = \frac{M_{max}}{W_z} = \frac{F_N l}{\pi d^3 / 32} = \frac{32 \times 26.16 \times 0.6}{\pi \times (20 \times 10^{-3})^3} = 20.0 \times 10^6 (\text{N/m}^2) = 20.0(\text{MPa})$$

$$\tau_{\max} = \frac{T}{W_p} = \frac{F_N l_2}{\pi d^3/16} = \frac{16 \times 26.2 \times 0.3}{\pi \times (20 \times 10^{-3})^3} = 5.00 \times 10^6 (\text{N/m}^2) = 5(\text{MPa})$$

A 截面顶点的应力状态用单元体表示在例 9-5 图（c）中。

若已知许用应力，要进行强度校核或求最大温度下降量，读者不妨一试。

【评注】①这是一个超静定问题，在求解时要综合考虑静力平衡关系、变形几何关系和物理关系，特别是要准确写出变形几何关系，如题目中 CD 杆的变形就要同时考虑轴力和温度变化的影响。②对于弯扭组合变形，要熟悉危险点的判断方法，掌握第三和第四强度理论在具体计算中的应用。

9.3　考点及考研真题辅导与精析

本章考点包括：①涉及强度理论的基本概念，相当应力，理论的适用范围等基本概念。②给定应力状态下强度条件的应用。③不同结构在不同载荷作用下，确定危险点的应力状态，进行强度校核。其中以圆轴弯曲、扭转组合变形较多。④冲击载荷、超静定结构的强度校核。

1. 题 1 图所示应力状态中，已知 $\sigma > \tau$，则此时第三强度理论的相当应力 σ_{r3} 的表达式中正确的选项为（　　）。（西南交通大学；3 分）

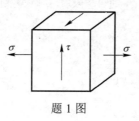

题 1 图

(A) $\sigma + \tau$　　(B) $\sigma - \tau$　　(C) $\sqrt{\sigma^2 + 3\tau^2}$　　(D) $\sqrt{\sigma^2 + 4\tau^2}$

答：正确的选项为（A）。从题 1 图中可以看出，图示应力状态中 $\sigma_1 = \sigma$，$\sigma_2 = \tau$（已知 $\sigma > \tau$），$\sigma_3 = -\tau$。代入第三强度理论 $\sigma_{r3} = \sigma_1 - \sigma_3 = \sigma + \tau$。

2. 一水轮机主轴受拉扭联合作用，如题 2 图所示。在主轴沿轴线方向与轴向夹角 45°方向各贴一应变片。测得轴等速转动时，轴向应变平均值 $\varepsilon_{90°} = 26 \times 10^{-6}$，45°方向应变平均值 $\varepsilon_{45°} = 140 \times 10^{-6}$。已知轴的直径 $D = 300$ mm，材料的 $E = 210$ GPa，$\mu = 0.28$。试求拉力 F 和转矩 T。若许用应力为 $[\sigma] = 120$ MPa，试用第三强度理论校核轴的强度。（西北工业大学；20 分）

解：题 2 涉及拉扭组合变形、广义胡克定律、强度理论方面的内容，首先确定测得应变点的应力状态，应用广义胡克定律确定施加在主轴上的载荷 $T = M_e$ 和 F。

（1）确定应力状态。测应变虽用两个单独应变片，但两点应力状态完全一样，测试时最好用应变花一点测试，该点的应力状态如题 2 图（b）所示。其中 $\sigma = \dfrac{F}{A}$，$\tau = \dfrac{M_e}{W_p}$。

（2）确定所测应变方向的应力。根据平面应力状态任意斜截面上的应力分布公式

$$\sigma_\alpha = \frac{\sigma_x + \sigma_y}{2} + \frac{\sigma_x - \sigma_y}{2}\cos 2\alpha - \tau_{xy}\sin 2\alpha$$

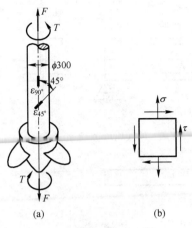

题 2 图

式中：$\sigma_x = 0$；$\sigma_y = \sigma$；$\tau_{xy} = -\tau$。将 $\alpha = 90°$、$\alpha = 45°$ 和 $\alpha = -45°$ 分别代入，得

$$\sigma_{90°} = \sigma , \quad \sigma_{45°} = \frac{\sigma}{2} + \tau , \quad \sigma_{-45°} = \frac{\sigma}{2} - \tau$$

（3）确定外载。由胡克定律知，在 90° 方向 $\varepsilon_{90°} = \frac{\sigma_{90°}}{E} = \frac{\sigma}{E}$，故拉力

$$F = \sigma A = \varepsilon_{90°} \cdot EA = 26 \times 10^{6} \times 210 \times 10^{9} \times \frac{\pi}{4} \times 0.3^2 = 385.94 \times 10^3 (\text{N}) = 385.94 (\text{kN})$$

即 $\sigma = \dfrac{F}{A} = \dfrac{4 \times 386 \times 10^3}{\pi \times 0.3^2} = 5.46 \times 10^6 (\text{Pa}) = 5.46 (\text{MPa})$。

在 45° 方向，由广义胡克定律知

$$\varepsilon_{45°} = \frac{1}{E}[\sigma_{45°} - \mu(\sigma_{-45°} + 0)] = \frac{1}{E}\left[\left(\frac{\sigma}{2} + \tau\right) - \mu\left(\frac{\sigma}{2} - \tau\right)\right] = \frac{1}{E}\left[\frac{\sigma}{2}(1-\mu) + \tau(1+\mu)\right] = 140 \times 10^{-6}$$

$$M_e = W_p \tau = \frac{E\varepsilon_{45°} - \dfrac{\sigma}{2}(1-\mu)}{1+\mu} \cdot \frac{\pi}{16} D^3$$

$$= \frac{210 \times 10^9 \times 140 \times 10^{-6} - \dfrac{5.46 \times 10^6}{2}(1-0.28)}{1+0.28} \times \frac{\pi \times 0.3^3}{16} = 113.6 \times 10^3 (\text{N} \cdot \text{m}) = 113.6 (\text{kN} \cdot \text{m})$$

故 $\tau = \dfrac{M_e}{W_p} = \dfrac{16 \times 113.6 \times 10^3}{\pi \times 0.3^3} = 21.4 \times 10^6 (\text{Pa}) = 21.4 (\text{MPa})$。

（4）强度校核。根据第三强度理论

$$\sigma_{r3} = \sqrt{\sigma^2 + 4\tau^2} = \sqrt{5.46^2 + 4 \times 21.4^2} = 43.1 (\text{MPa}) < [\sigma]$$

可知，强度合适。

3. 在题 3 图所示工字梁中性层上 C 点处，测得与轴线成 45°方向的线应变为 $\varepsilon_{45°}$，工字钢的 $(I_z / S_z^*)_{\max} = k$，腹板厚度为 d，弹性模量为 E，泊松比为 ν，求载荷 F。（长安大学；15 分）

解：（1）做内力图。因为 C 点在中性层上，正应力为零，仅需作出剪力图（题 3 图（b）），C 点剪力为 $F_s = F/3$。

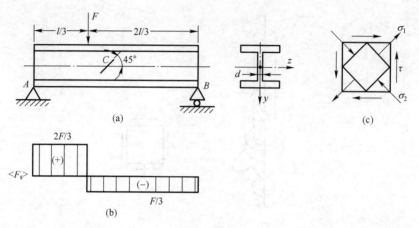

题 3 图

(2) 过 C 点取单元体如题 3 图（c）所示，且 $\tau = \dfrac{F_s S_z^*}{bI_z} = \dfrac{F}{3kd}$。在纯剪切单元体中 $\sigma_1 = \tau$，$\sigma_2 = 0$，$\sigma_3 = -\tau$。

(3) 代入广义胡克定律，得

$$\varepsilon_{45°} = \varepsilon_1 = \frac{1}{E}[\sigma_1 - \mu(\sigma_2 + \sigma_3)] = \frac{1+\mu}{E}\tau = \frac{1+\mu}{E}\frac{F}{3kd}$$

所以

$$F = \frac{3kdE\varepsilon_{45°}}{1+\mu}$$

4. 如题 4 图所示 1/4 圆弧形曲杆，其半径为 R，杆截面是圆形直径为 d（$R \gg d$），材料为各向同性材料。曲杆一端固定，一端作用垂直于所在平面的集中力 F，忽略剪力的影响。要求：(1) 试确定该曲杆的危险截面及危险点；(2) 确定危险截面上危险点的应力状态，并用单元体表示；(3) 画出危险点对应的应力圆；(4) 计算第四强度理论的相当应力。（浙江大学；30 分）

解：(1) 确定曲杆的危险截面及危险点　任一横截面的（题 4 图（b））内力分量为

$$M = FR\sin\varphi ; \quad T = FR(1-\cos\varphi)$$

显然，危险截面为固定端截面 B，其内力分量为

$$M_{\max} = T_{\max} = FR$$

危险点位于危险截面 B 的上、下边缘 a、b 处。

(2) 确定危险截面上危险点的应力状态，并用单元体表示。

在弯扭组合变形条件下，a 点应力为扭转引起的切应力和弯曲引起的拉应力，b 点应力为扭转引起的切应力和弯曲引起的压应力。单元体分别如题 4 图（c）所示。其中

$$\sigma = \frac{M_{\max}}{W} = \frac{32FR}{\pi d^3}, \quad \tau = \frac{T_{\max}}{W_p} = \frac{16FR}{\pi d^3}$$

(3) 画危险点 a、b 的应力圆如题 4 图（d）、（e）所示。

(4) 计算第四强度理论的相当应力。

$$\sigma_{r4} = \frac{1}{W}\sqrt{M^2 + 0.75T^2} = \frac{32}{\pi d^3}\sqrt{(FR)^2 + 0.75(RR)^2} = \frac{32FR}{\pi d^3}\sqrt{1+0.75}$$

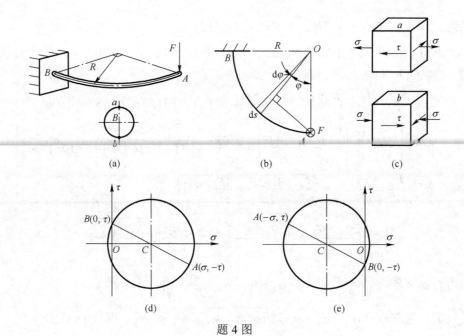

题 4 图

5. 题 5 图所示等截面刚架，受载荷 F 与 F' 作用，且 $F'=2F$，试根据第三强度理论确定 F 的许可值 $[F]$。材料的许用应力为 $[\sigma]$，截面为正方形，边长为 a，且 $a=l/10$。（西北工业大学；25 分）

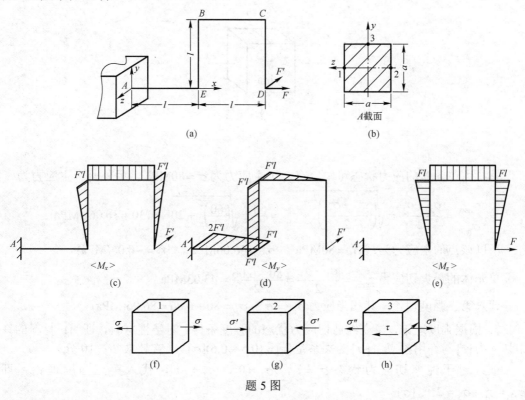

题 5 图

解：作刚架的内力图如题 5 图（c）、（d）、（e）所示，危险截面在固定端 A 处，其内

力分量为 $F_N=F$,$F_s=F'=2F$,$M_y=2F'l=4Fl$。

危险点可能在固定端 A 处的 1、2、3 点（题 5 图（b）），作出 3 个点的应力状态如题 5 图（f）、（g）、（h）所示。其中

1 点：$\sigma=\dfrac{F_N}{A}+\dfrac{M_y}{W}=\dfrac{F}{a^2}+\dfrac{6\times 4Fl}{a^3}=\dfrac{241F}{a^2}\leqslant[\sigma]$，即 $[F]\leqslant 4.15\times 10^{-3}[\sigma]a^2$。

2 点：$|\sigma'|=\left|\dfrac{F_N}{A}-\dfrac{M_y}{W}\right|=\left|\dfrac{F}{a^2}-\dfrac{6\times 4Fl}{a^3}\right|=\dfrac{239F}{a^2}\leqslant[\sigma]$，即 $[F]\leqslant 4.18\times 10^{-3}[\sigma]a^2$。

3 点：$\sigma''=\dfrac{F_N}{A}=\dfrac{F}{a^2}$，$\tau=\dfrac{3F_s}{2A}=\dfrac{3\times 2F}{2a^2}=\dfrac{3F}{a^2}\leqslant[\tau]$，

$$\begin{matrix}\sigma_{\max}\\ \sigma_{\min}\end{matrix}=\dfrac{\sigma_x+\sigma_y}{2}\pm\sqrt{\left(\dfrac{\sigma_x-\sigma_y}{2}\right)^2+\tau_{xy}^2}=\dfrac{\sigma''}{2}\pm\sqrt{\left(\dfrac{\sigma''}{2}\right)^2+\tau^2}$$

故主应力为 $\sigma_1=\dfrac{\sigma''}{2}+\sqrt{\left(\dfrac{\sigma''}{2}\right)^2+\tau^2}$，$\sigma_2=0$，$\sigma_3=\dfrac{\sigma''}{2}-\sqrt{\left(\dfrac{\sigma''}{2}\right)^2+\tau^2}$。

代入第三强度理论 $\sigma_{r3}=\sigma_1-\sigma_3=\sqrt{(\sigma'')^2+4\tau^2}=\dfrac{2F}{a^2}\leqslant[\sigma]$，即 $[F]\leqslant 0.5[\sigma]a^2$。

综上所述，许可载荷为 $[F]\leqslant 4.15\times 10^{-3}[\sigma]a^2$。

6．题 6 图所示空间应力单元体，求该应力状态的 3 个主应力、最大切应力和第三强度理论的相当应力。（大连理工大学；10 分）

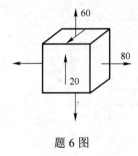

题 6 图

解：由单元体的应力状态可知，有一个主应力为 $\sigma=80\text{MPa}$，另外两个主应力为

$$\begin{matrix}\sigma_{\max}\\ \sigma_{\min}\end{matrix}=\dfrac{\sigma_x+\sigma_y}{2}\pm\sqrt{\left(\dfrac{\sigma_x-\sigma_y}{2}\right)^2+\tau_{xy}^2}=\dfrac{60}{2}\pm\sqrt{\left(\dfrac{60}{2}\right)^2+20^2}=(30\pm 36.06)(\text{MPa})$$

所以该点的主应力为：$\sigma_1=80\text{MPa}$，$\sigma_2=66.06\text{MPa}$，$\sigma_3=-6.06(\text{MPa})$。

单元体的最大切应力 $\tau_{\max}=\dfrac{\sigma_1-\sigma_3}{2}=\dfrac{80+6.06}{2}=43.03\text{MPa}$。

代入第三强度理论，其相当应力 $\sigma_{r3}=\sigma_1-\sigma_3=80+6.06=86.06(\text{MPa})$。

7．根据强度理论，建立纯剪切应力状态的强度条件。对塑性材料，证明：材料的许用切应力 $[\tau]$ 与许用拉应力 $[\sigma]$ 的关系是 $[\tau]=(0.5\sim 0.6)[\sigma]$。（吉林大学；10 分）

证：对于纯剪切应力状态 $\sigma_1=\tau$，$\sigma_2=0$，$\sigma_3=-\tau$，代入第三强度理论，即 $\sigma_{r3}=\sigma_1-\sigma_3=2\tau\leqslant[\sigma]$。

又因为 $\tau\leqslant[\tau]$，故 $[\tau]=0.5[\sigma]$。

代入第四强度理论，即 $\sigma_{r4} = \sqrt{\dfrac{1}{2}[(\sigma_1-\sigma_2)^2+(\sigma_2-\sigma_3)^2+(\sigma_3-\sigma_1)^2]} = \sqrt{3}\tau \leqslant [\sigma]$。

又因为 $\tau \leqslant [\tau]$，故 $[\tau] = \dfrac{1}{\sqrt{3}}[\sigma] \approx 0.6[\sigma]$。

所以 $[\tau] = (0.5 \sim 0.6)[\sigma]$。

注：若按照双切强度理论，$[\tau] = 0.7[\sigma]$。

8 直径为 D 的钢制平面曲拐圆轴受力如题 8 图所示，已知材料的许用应力为 $[\sigma]=160\text{MPa}$，$q=20\text{kN/m}$，$F_1=10\text{kN}$，$F_2=20\text{kN}$，$l=1\text{m}$，试设计 AB 轴的直径 D。（吉林大学；15 分）

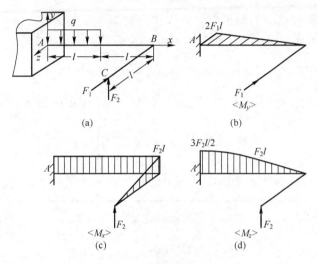

题 8 图

解：(1) 作出曲拐内力图如题 8 图（b）、(c)、(d) 所示，危险截面在固定端 A 处，其内力分量为

$$T = M_x = F_2 l = 20 \times 1 = 20(\text{kN} \cdot \text{m})，\quad M_y = 2F_1 l = 2 \times 10 \times 1 = 20(\text{kN} \cdot \text{m})，$$

$$M_z = \dfrac{3}{2} F_2 l = \dfrac{3}{2} \times 20 \times 1 = 30(\text{kN} \cdot \text{m})$$

故 $M = \sqrt{M_y^2 + M_z^2} = \sqrt{20^2 + 30^2} = 36.06(\text{kN} \cdot \text{m})$。

(2) 若选用第三强度理论，则

$$\sigma_{r3} = \dfrac{1}{W}\sqrt{M^2 + T^2} = \dfrac{32}{\pi d^3}\sqrt{36.06^2 + 20^2} \leqslant [\sigma] = 160 \times 10^6$$

故 $d \geqslant \sqrt[3]{\dfrac{32\sqrt{36.06^2 + 20^2}}{\pi \times 160 \times 10^6}} = 0.138(\text{m}) = 138(\text{mm})$。

若选用第四强度理论，则

$$\sigma_{r4} = \dfrac{1}{W}\sqrt{M^2 + 0.75T^2} = \dfrac{32}{\pi d^3}\sqrt{36.06^2 + 0.75 \times 20^2} \leqslant [\sigma] = 160 \times 10^6$$

故 $d \geqslant \sqrt[3]{\dfrac{32\sqrt{36.06^2 + 0.75 \times 20^2}}{\pi \times 160 \times 10^6}} = 0.137(\text{m}) = 137(\text{mm})$。

9.4 课后习题解答

9-1 试按第一、二、三、四强度理论计算下列平面应力状态单元体的相当应力。材料的泊松比 $\mu=0.25$。单元体上应力数值如下：

（1）$\sigma_x=80\text{MPa},\sigma_y=20\text{MPa},\tau_{xy}=20\text{MPa}$；

（2）$\sigma_x=50\text{MPa},\sigma_y=50\text{MPa},\tau_{xy}=-30\text{MPa}$；

（3）$\sigma_x=100\text{MPa},\sigma_y=0,\tau_{xy}=40\text{MPa}$；

（4）$\sigma_x=-70\text{MPa},\sigma_y=30\text{MPa},\tau_{xy}=-20\text{MPa}$。

解：（1）4种强度理论的相当应力表达式分别为

$$\sigma_{r1}=\sigma_1;\quad \sigma_{r2}=\sigma_1-\mu(\sigma_2+\sigma_3);\quad \sigma_{r3}=\sigma_1-\sigma_3;$$

$$\sigma_{r4}=\sqrt{\frac{1}{2}\left[(\sigma_1-\sigma_2)^2+(\sigma_2-\sigma_3)^2+(\sigma_3-\sigma_1)^2\right]}$$

（2）将4种单元体的应力分量分别代入下式，确定出主应力 σ_1、σ_2 和 σ_3。

$$\begin{matrix}\sigma_{\max}\\ \sigma_{\min}\end{matrix}=\frac{\sigma_x+\sigma_y}{2}\pm\sqrt{\left(\frac{\sigma_x-\sigma_y}{2}\right)^2+\tau_{xy}^2}$$

（3）将计算结果分别代入上述相当应力的表达式，结果如下：

题目	σ_{r1} / MPa	σ_{r2} / MPa	σ_{r3} / MPa	σ_{r4} /MPa
（1）	86.1	82.6	86.1	80.1
（2）	80	75	80	72.1
（3）	114	117.5	128	121.6
（4）	33.9	52.4	107.8	95.5

9-2 平面应力状态如题 9-2 图所示。若材料的拉伸屈服极限是 300MPa，试用最大切应力理论求安全系数。

解：（1）图知二向应力状态的各应力分量分别为

$\sigma_x=-40\text{MPa}$，$\sigma_y=150\text{MPa}$，$\tau_{xy}=-50\text{MPa}$

代入平面应力状态主应力公式得

$$\begin{matrix}\sigma_{\max}\\ \min\end{matrix}=\frac{-40+150}{2}\pm\sqrt{\left(\frac{-40-150}{2}\right)^2+50^2}=\begin{matrix}162.4\\ -52.4\end{matrix}(\text{MPa})$$

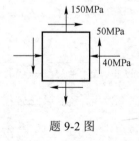

题 9-2 图

所以 $\sigma_1=162.4\text{MPa}$，$\sigma_2=0$，$\sigma_3=-52.4(\text{MPa})$。

（2）代入第三强度理论求出相当应力为 $\sigma_{r3}=\sigma_1-\sigma_3=214.8(\text{MPa})$。

（3）其安全系数为 $n=\dfrac{300}{214.8}=1.4$。

9-3 两端封闭的铸铁薄壁圆筒，其内径 $D=100\text{mm}$，壁厚 $\delta=5\text{mm}$，承受内压 $p=2\text{MPa}$，且在两端受轴向压力 $F=50\text{kN}$ 的作用。材料的许用拉应力 $[\sigma_t]=40\text{MPa}$，泊松比 $\mu=0.3$，试校核其强度。

解：筒壁上任一点的应力状态如题 9-3 图所示。其中内压产生应力

$$\sigma_{x1} = \frac{pD}{4\delta} = \frac{2\times 0.1}{4\times 0.005} = 10(\text{MPa})$$

$$\sigma_y = \frac{pD}{2\delta} = \frac{2\times 0.1}{2\times 0.005} = 20(\text{MPa})$$

轴向压力产生 x 向压应力

$$\sigma_{x2} = -\frac{50\times 10^3}{\pi\times 105\times 5} = -30.3(\text{MPa})$$

可得 $\sigma_x = \sigma_{x1} + \sigma_{x2} = -20.3(\text{MPa})$。

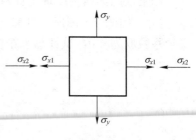

题 9-3 图

所以，3 个主应力分别是 $\sigma_1 = 20\text{MPa}$，$\sigma_2 = 0$，$\sigma_3 = -20.3\text{MPa}$。

因为是铸铁薄壁圆筒，选用第一、第二强度理论校核。

根据第一强度理论：$\sigma_{r1} = \sigma_1 = 20\text{MPa} < [\sigma_t]$，强度足够。

根据第二强度理论：$\sigma_{r2} = \sigma_1 - \mu(\sigma_2 + \sigma_3) = 26.1(\text{MPa}) < [\sigma_t]$，强度足够。

若还已知材料的许用压应力 $[\sigma_c] = 160\text{MPa}$，也可采用莫尔强度理论进行校核：

$$\sigma_{rM} = \sigma_1 - \frac{[\sigma_t]}{[\sigma_c]}\sigma_3 = 20 - \frac{40}{160}(-20.3) = 25.1(\text{MPa}) < [\sigma_t]，强度也足够。$$

9-4 平均直径 $D=60\text{mm}$、壁厚 $\delta=1.5\text{mm}$，两端封闭的薄壁圆筒，用来做内压和扭转的联合试验。要求内压引起的最大正应力值等于扭矩所引起的横截面切应力值的 2 倍。当内压 $p=10\text{MPa}$ 时筒壁出现屈服现象，求此时筒壁横截面上的切应力及筒壁中的最大切应力；若材料的 $[\sigma]=200\text{MPa}$，求所能承受的最大内压和最大扭矩值。

解：(1) 当内压 $p=10\text{MPa}$ 时，筒壁上正应力为

$$\sigma_x = \frac{pD}{4\delta} = \frac{10\times 0.06}{4\times 0.0015} = 100(\text{MPa}),\quad \sigma_y = \frac{pD}{2\delta} = \frac{10\times 0.06}{2\times 0.0015} = 200(\text{MPa}) = \sigma_{\max}$$

从题意知横截面上的切应力 $\tau = 100\text{MPa}$，筒壁上任一点的应力状态如题 9-4 图所示。代入平面应力状态下主应力公式，得

$$\begin{matrix}\sigma_{\max}\\ \sigma_{\min}\end{matrix} = \frac{100+200}{2} \pm \sqrt{\left(\frac{100-200}{2}\right)^2 + 100^2} = \begin{matrix}261.8\\ 38.2\end{matrix}(\text{MPa})$$

故三个主应力为 $\sigma_1 = 261.8\text{MPa}$，$\sigma_2 = 38.2\text{MPa}$，$\sigma_3 = 0$。所以，筒壁中的最大切应力为 $\tau_{\max} = \frac{1}{2}(\sigma_1 - \sigma_3) = 130.9(\text{MPa})$。

(2) 设最大内压为 p_0，筒壁上任一点的应力状态如题 9-4 图所示。其中

$$\sigma_x = \frac{p_0 D}{4\delta},\quad \sigma_y = \frac{p_0 D}{2\delta} = \sigma_{\max},\quad \tau_{xy} = \frac{1}{2}\sigma_{\max} = \frac{p_0 D}{4\delta}$$

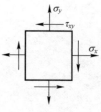

题 9-4 图

代入平面应力状态下最大、最小主应力公式，整理后得该点的 3 个主应力为

$$\sigma_1 = 0.655\frac{p_0 D}{\delta},\quad \sigma_2 = 0.095\frac{p_0 D}{\delta},\quad \sigma_3 = 0$$

由第三强度理论 $\sigma_{r3} = \sigma_1 - \sigma_3 = 0.655\frac{p_0 D}{\delta} \leq [\sigma]$，解得 $p_0 \leq 7.63\text{MPa}$。

由 $\tau = \frac{p_0 d}{4\delta} = \frac{T}{2\pi\left(\frac{D}{2}\right)^2\delta}$，解得 $T = \frac{p_0 d}{4\delta}\times 2\pi\left(\frac{D}{2}\right)^2\delta \leq \frac{7.63\times 60}{4\times 1.5}\times 2\pi\times\left(\frac{61.5}{2}\right)^2\times 1.5 = 680(\text{N}\cdot\text{m})$

如果依照第四强度理论计算的内压 $p_0 \leqslant 8.16\text{MPa}$，$T \leqslant 727\text{N}\cdot\text{m}$

9-5 如题 9-5 图所示圆筒形水箱的壁厚为 4.8mm，材料的拉伸强度极限为 414MPa，安全系数取为 4.0，试计算水箱中水面的最大高度 h。

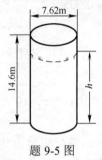

题 9-5 图

解：（1）水对水箱的最大压强（在水箱底部）为
$$p = \rho g h = 1000 \times 9.8 \times h = 9800h \,(\text{N/m}^2)$$
应用压力容器应力计算公式，得
$$\sigma_1 = \frac{pD}{2\delta} = \frac{9800h \times 7.62}{2 \times 4.8 \times 10^{-3}} = 7.78h(\text{MPa}), \quad \sigma_2 = \sigma_3 = 0$$
（若用水箱内径精确计算 $D' = 7.62 - 0.0048 \times 2 = 7.61(\text{m})$，则 $\sigma_1 = 7.77h(\text{MPa})$）

（2）将主应力代入第三或第四强度理论知 $\sigma_1 \leqslant [\sigma]$，得 $7.78h \leqslant \dfrac{414}{4}$，即 $h \leqslant 13.3\text{m}$。

故水箱中水面的最大高度 $h_{\max} = 13.3\text{m}$。

9-6 如题 9-6 图所示外伸梁，设[σ]=160MPa，试选定工字钢型号，并作主应力校核。

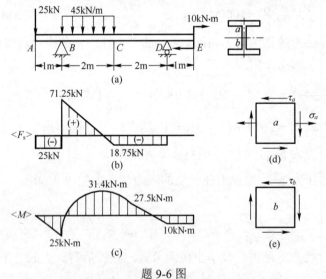

题 9-6 图

解：（1）作内力图。由梁的整体平衡方程求出支反力 $F_{By} = 96.25\text{kN}$，$F_{Dy} = 18.75\text{kN}$。作剪力图、弯矩图分别如题 9-6 图（b）、（c）所示，可知 $M_{\max} = 31.4\text{kN}\cdot\text{m}$。

（2）代入弯曲正应力公式：
$$\sigma_{\max} = \frac{M_{\max}}{W_z} \leqslant [\sigma]$$

解得 $W_z \geqslant \dfrac{31.4 \times 10^3}{160 \times 10^6} = 196.3 \times 10^{-6} \mathrm{m}^3 = 196.3(\mathrm{cm}^3)$

查表选取 20a 工字钢，其 $I_z = 23.7 \times 10^{-6} \mathrm{m}^4$，$W_z = 237 \times 10^{-6} \mathrm{m}^3$，$I_z/S_z^* = 17.2 \times 10^{-2} \mathrm{m}$，$d = 7 \times 10^{-3} \mathrm{m}$，$h = 200 \times 10^{-3} \mathrm{m}$，$b = 100 \times 10^{-3} \mathrm{m}$，$t = 11.4 \times 10^{-3} \mathrm{m}$。

（3）由剪力图和弯矩图可见，B 截面右侧有较大的弯矩和最大的剪力，该截面上 a、b 两点应该进行强度校核。a、b 两点的应力状态如题 9-6 图（d）、（e）所示。其中

$$\sigma_a = \dfrac{My}{I_z} = \dfrac{25 \times 10^3 \times (100-11.4) \times 10^{-3}}{23.7 \times 10^{-6}} = 93.5 \times 10^6 (\mathrm{Pa}) = 93.5(\mathrm{MPa})$$

$$\tau_a = \dfrac{F_s S_z^*}{b I_z} = \dfrac{71.25 \times 10^3 \times 100 \times 11.4 \times 10^{-6} \times \left(100 - \dfrac{11.4}{2}\right) \times 10^{-3}}{7 \times 10^{-3} \times 23.7 \times 10^{-6}} = 46.2 \times 10^6 (\mathrm{Pa}) = 46.2(\mathrm{MPa})$$

$$\tau_b = \dfrac{F_s S_z^*}{b I_z} = \dfrac{71.25 \times 10^3}{17.2 \times 10^{-2} \times 7 \times 10^{-3}} = 59.2 \times 10^6 (\mathrm{Pa}) = 59.2(\mathrm{MPa}) \quad (b\text{ 点在中性轴上，}\sigma_b = 0)$$

根据 a、b 两点的应力状态求得相当应力为

a 点：$\sigma_{r3} = \sqrt{\sigma_a^2 + 4\tau_a^2} = \sqrt{93.5^2 + 4 \times 46.2^2} = 131.4(\mathrm{MPa}) < [\sigma]$。

b 点：$\sigma_{r3} = \sigma_1 - \sigma_3 = 2\tau_b = 118.4(\mathrm{MPa}) < [\sigma]$（$b$ 点在中性轴上，为纯剪切应力状态）。
均满足强度要求。

（4）在最大弯矩所在面上，仅有弯曲正应力存在，其值

$$\sigma_{\max} = \dfrac{M}{W_z} = \dfrac{31.4 \times 10^3}{237 \times 10^{-6}} = 132.5 \times 10^6 (\mathrm{Pa}) = 132.5(\mathrm{MPa}) < [\sigma]，强度满足。$$

9-7 如题 9-7 图所示铸铁薄壁管，管的内径 $d=120\mathrm{mm}$，壁厚 $\delta=5\mathrm{mm}$，承受内压 $p=2\mathrm{MPa}$，且在两端受轴向压力 $F=40\mathrm{kN}$，扭矩 $T=2\mathrm{kN\cdot m}$ 的作用。材料的许用拉应力 $[\sigma_t]=40\mathrm{MPa}$，许用压应力 $[\sigma_c]=160\mathrm{MPa}$，材料的泊松比 $\mu=0.3$。试分别用第二强度理论及莫尔强度理论校核其强度。

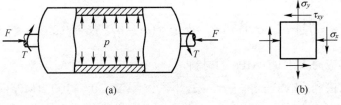

题 9-7 图

解：管壁上任一点的应力状态如题 9-7 图（b）所示。其中

$$\sigma_x = \dfrac{pd}{4\delta} - \dfrac{F}{\pi(d+\delta)\delta} = \dfrac{2 \times 10^6 \times 0.12}{4 \times 0.005} - \dfrac{40 \times 10^3}{\pi(0.12+0.005) \times 0.005} = -8.4 \times 10^6(\mathrm{Pa}) = -8.4(\mathrm{MPa})$$

$$\sigma_y = \dfrac{pd}{2\delta} = \dfrac{2 \times 10^6 \times 0.12}{2 \times 0.005} = 24 \times 10^6(\mathrm{Pa}) = 24(\mathrm{MPa})$$

$$\tau_{xy} = \dfrac{T}{2\pi\left(\dfrac{d+\delta}{2}\right)^2 \delta} = \dfrac{2 \times 10^3}{2\pi\left(\dfrac{0.12+0.005}{2}\right)^2 \times 0.005} = 16.3 \times 10^6(\mathrm{Pa}) = 16.3(\mathrm{MPa})$$

代入平面应力状态下最大、最小主应力公式，得

$$\genfrac{}{}{0pt}{}{\sigma_{\max}}{\sigma_{\min}} = \frac{-8.4+24}{2} \pm \sqrt{\left(\frac{-8.4-24}{2}\right)^2 + 16.3^2} = \genfrac{}{}{0pt}{}{30.8(\text{MPa})}{-15.2(\text{MPa})}$$

所以，该点的 3 个主应力为 $\sigma_1 = 30.8\text{MPa}$，$\sigma_2 = 0$，$\sigma_3 = -15.2\text{MPa}$。

进行校核强度。将各主应力分别代入第二强度理论及莫尔强度理论，即

$$\sigma_{r2} = \sigma_1 - \mu(\sigma_2 + \sigma_3) = 30.8 - 0.3(0 - 15.2) = 35.4(\text{MPa}) < [\sigma_t]$$

$$\sigma_{rM} = \sigma_1 - \frac{[\sigma_t]}{[\sigma_c]}\sigma_3 = 30.8 - \frac{40}{160}(-15.3) = 34.6(\text{MPa}) < [\sigma_t]$$

所以强度足够。

9-8 如题 9-8 图所示扳手危险点处的应力状态，试按第四强度理论为扳手选择合适的材料（确定材料应具备的最小屈服应力）。

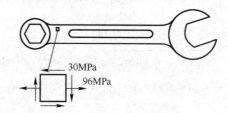

题 9-8 图

解：（1）根据危险点的应力状态代入平面应力状态下的主应力表达式：

$$\genfrac{}{}{0pt}{}{\sigma_{\max}}{\sigma_{\min}} = \frac{1}{2}(\sigma_x + \sigma_y) \pm \sqrt{\left(\frac{\sigma_x - \sigma_y}{2}\right)^2 + \tau_{xy}^2} = \frac{96+0}{2} \pm \sqrt{\left(\frac{96-0}{2}\right)^2 + 30^2} = \genfrac{}{}{0pt}{}{104.6(\text{MPa})}{-8.6(\text{MPa})}$$

故 $\sigma_1 = 104.6\text{MPa}$，$\sigma_2 = 0$，$\sigma_3 = -8.6\text{MPa}$。

（2）按第四强度理论计算相当应力：

$$\sigma_{r4} = \sqrt{\frac{1}{2}[(\sigma_1 - \sigma_2)^2 + (\sigma_2 - \sigma_3)^2 + (\sigma_3 - \sigma_1)^2]} = 109.2\text{MPa} \leqslant [\sigma]$$

应选取屈服应力大于 110MPa 的材料。

此题也可直接利用公式 $\sigma_{r4} = \sqrt{\sigma^2 + 3\tau^2} = \sqrt{96^2 + 3\times 30^2} = 109.2(\text{MPa}) \leqslant [\sigma]$ 解得。

9-9 如题 9-9 图所示直径 36mm 的钢圆柱，承受 F=200kN 的轴向压力和扭矩 T 的作用，材料的屈服极限 $\sigma_s = 250\text{MPa}$，试用最大切应力理论和双切应力强度理论求屈服时的扭矩值。

解：（1）危险点的应力状态如题 9-9 图（b）所示，其中

$$\sigma = \frac{4F}{\pi d^2} = \frac{4\times 200\times 10^3}{\pi \times 0.036^2} = 196.5\times 10^6(\text{Pa}) = 196.5(\text{MPa}), \quad \tau = \frac{T}{W_p} = \frac{16T}{\pi \times 0.036^3}$$

（2）由最大切应力理论 $\sigma_{r3} = \sqrt{\sigma^2 + 4\tau^2} \leqslant [\sigma]$，可求得：

$$T \leqslant 708\text{N}\cdot\text{m}$$

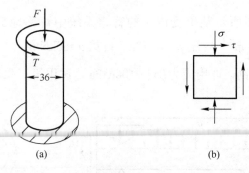

题 9-9 图

（3）由题 9-9 图（b）所示单元体求得 3 个主应力

$$\sigma_1 = \frac{\sigma}{2} + \sqrt{\left(\frac{\sigma}{2}\right)^2 + \tau^2}, \quad \sigma_2 = 0, \quad \sigma_3 = \frac{\sigma}{2} - \sqrt{\left(\frac{\sigma}{2}\right)^2 + \tau^2}$$

根据双切应力强度理论，有

$$\sigma_{ry} = \sigma_1 - \frac{1}{2}(\sigma_2 + \sigma_3) = \frac{\sigma}{4} + \frac{3}{2}\sqrt{\left(\frac{\sigma}{2}\right)^2 + \tau^2} \leqslant [\sigma]$$

可求得 $\tau \leqslant 91\text{MPa}$，代入 $\tau = \dfrac{T}{W_p}$ 得 $T \leqslant 834\text{N}\cdot\text{m}$。

9-10　如题 9-10 图所示混凝土短圆柱的直径是 50mm，极限应力 $\sigma_b = 28\text{MPa}$，试用第一强度理论检查图示受载状态下是否失效。

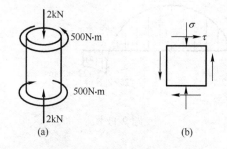

题 9-10 图

解：（1）危险点的应力状态如题 9-10 图（b）所示，其中

$$\sigma = \frac{4F}{\pi d^2} = \frac{4 \times 2 \times 10^3}{\pi \times 0.05^2} = 1.02 \times 10^6 (\text{Pa}) = 1.02(\text{MPa})$$

$$\tau = \frac{T}{W_p} = \frac{16 \times 500}{\pi \times 0.05^3} = 20.4 \times 10^6 (\text{Pa}) = 20.4(\text{MPa})$$

（2）应用最大拉应力强度理论，求最大正应力得

$$\sigma_1 = \frac{\sigma}{2} + \sqrt{\left(\frac{\sigma}{2}\right)^2 + \tau^2} = \frac{1.02}{2} + \sqrt{\left(\frac{1.02}{2}\right)^2 + 20.4^2} = 20.9(\text{MPa}) < 28\text{MPa}$$

故材料不会失效。

9-11 如题 9-11 图所示从承受内压的管道系统中对称地截出一段。若已知剪力 $F_s = \dfrac{1}{20}ql$，弯矩 $M_0 = \dfrac{1}{50}ql^2$，内压 $p = 4\text{MPa}$，自重 $q = 60\text{kN/m}$，管道的平均直径 $D = 1\text{m}$，壁厚 $\delta = 30\text{mm}$。材料为钢，许用应力 $[\sigma] = 100\text{MPa}$，试用第三强度理论对管道进行强度校核。

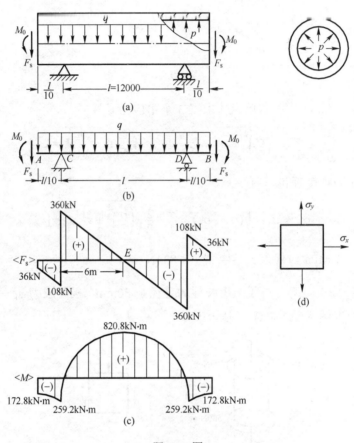

题 9-11 图

解：由题知 $F_s = \dfrac{1}{20}ql = 36\text{kN}$，$M_0 = \dfrac{1}{50}ql^2 = 172.8\text{kN}\cdot\text{m}$。根据管道的受力图（题 9-11 图（b）），列平衡方程可求出支反力 $F_{Cy} = 468\text{kN}$，$F_{Dy} = 468\text{kN}$。作剪力、弯矩图如题 9-11 图（c）所示，可知 E 截面为危险截面，$M_{\max} = 820.8\text{kN}\cdot\text{m}$。

在 E 截面底部有最大弯曲拉应力，即

$$\sigma_x = \sigma_{t\max} = \frac{M_{\max}}{W} = \frac{32 \times 820.8 \times 10^3}{\pi \times 1^4 \times \left[1 - \left(\dfrac{0.94}{1}\right)^4\right]} = 38.1 \times 10^6 (\text{Pa}) = 38.1(\text{MPa})$$

在内压作用下，管道周向拉应力 $\sigma_y = \dfrac{pD}{2\delta} = \dfrac{4 \times 10^6 \times 1}{2 \times 0.03} = 66.7 \times 10^6 (\text{Pa}) = 66.7(\text{MPa})$

故危险点的应力状态如题 9-11 图（d）所示，其主应力为

$$\sigma_1 = \sigma_y = 66.7\text{MPa}, \quad \sigma_2 = \sigma_x = 38.1\text{MPa}, \quad \sigma_3 = 0$$

代入第三强度理论得
$$\sigma_{r3} = \sigma_1 - \sigma_3 = 66.7(\text{MPa}) \leqslant [\sigma]$$
故强度满足。

9-12 如题 9-12 图所示一长度 $l=3\text{m}$、内径 $d=1\text{m}$、壁厚 $\delta=10\text{mm}$、两端封闭的圆柱形薄壁压力容器。容器材料的弹性模量 $E=200\text{GPa}$，泊松比 $\mu=0.3$。当承受内压 $p=1.5\text{MPa}$ 时，试求：（1）容器内径、长度及容积的改变。（2）容器壁内的最大切应力及其作用面。

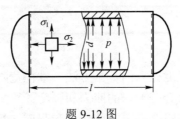

题 9-12 图

解：（1）由容器表面的应力状态分析可知
$$\sigma_1 = \frac{pd}{2\delta} = \frac{1.5 \times 10^6 \times 1}{2 \times 0.01} = 75 \times 10^6 (\text{Pa}) = 75(\text{MPa})$$
$$\sigma_2 = \frac{pd}{4\delta} = \frac{1.5 \times 10^6 \times 1}{4 \times 0.01} = 37.5 \times 10^6 (\text{Pa}) = 37.5(\text{MPa})$$

（2）容器内径、长度及容积的改变。由广义胡克定律知
$$\varepsilon_1 = \frac{1}{E}[\sigma_1 - \mu\sigma_2] = \frac{(75 - 0.3 \times 37.5) \times 10^6}{200 \times 10^9} = 0.319 \times 10^{-3}$$
$$\varepsilon_2 = \frac{1}{E}[\sigma_2 - \mu\sigma_1] = \frac{(37.5 - 0.3 \times 75) \times 10^6}{200 \times 10^9} = 0.075 \times 10^{-3}$$

故内径的改变为 $\Delta d = d\varepsilon_1 = 0.319 \times 10^{-3} \times 1000 = 0.319(\text{mm})$。
长度的改变为 $\Delta l = l\varepsilon_2 = 0.075 \times 10^{-3} \times 3000 = 0.225(\text{mm})$。
容积的改变为
$$\Delta V = \frac{\pi(d+\Delta d)^2}{4}(l+\Delta l) - \frac{\pi d^2 l}{4} = \frac{\pi}{4}[(1+0.319 \times 10^{-3})^2(3+0.225 \times 10^{-3}) - 1^2 \times 3]$$
$$= 1680.3 \times 10^{-6}(\text{m}^3) = 1680.3(\text{cm}^3)$$

（3）容器壁内的最大切应力及其作用面。
最大切应力：
$$\tau_{\max} = \frac{\sigma_1 - \sigma_3}{2} = \frac{75 - 0}{2} = 37.5(\text{MPa})$$

其作用面与 σ_2 方向平行，与 σ_1、σ_3 所在平面成 45°。

第 10 章　组合变形时的强度计算

10.1　教学目标及章节理论概要

10.1.1　教学目标

（1）熟悉组合变形杆件强度计算的基本方法，掌握危险截面和危险点的判定方法。
（2）掌握斜弯曲和拉弯组合变形杆的应力和强度计算。
（3）熟练掌握圆轴在弯扭组合变形时的应力和强度计算，熟悉其他组合变形的求解思路。
（4）理解截面核心的概念和求解方法。

10.1.2　章节理论概要

1. 组合变形的基本分析方法

（1）组合变形及其解题思路。
① 组合变形：构件在载荷作用下，同时发生两种或两种以上的基本变形。
② 叠加原理：在小变形、线弹性条件限制下，构件上各种载荷的作用彼此独立、互不影响，因此采用叠加法计算组合变形时构件的内力、应力和变形（位移）。
（2）组合变形强度计算的步骤：
① 将载荷分解为几种符合基本变形的静力等效力系。
② 分别作出各种基本变形的内力图，确定构件危险截面位置。
③ 计算各种基本变形对应的应力分量并进行叠加，确定危险点的位置和对应应力状态。
④ 根据危险点的应力状态及材料性质，选择适合的强度理论进行强度计算并校核。
如需计算组合变形时杆件的变形和刚度校核，方法与强度分析类似。

2. 斜弯曲和拉弯组合变形

（1）斜弯曲是两个垂直方向平面弯曲的组合。在杆件危险截面同时存在两个弯矩，危险点是单向应力状态，其强度条件为

$$\sigma_{max} = \frac{M_y z_{max}}{I_y} + \frac{M_z y_{max}}{I_z} \leqslant [\sigma] \quad (10\text{-}1)$$

注意：对于圆或正多边形等截面，$I_y = I_z$，杆件只有平面弯曲。
（2）拉伸（压缩）与弯曲的组合

$$\sigma_{max} = \frac{F_N}{A} + \frac{M}{W} \leqslant [\sigma] \quad (10\text{-}2a)$$

具体分析危险点应力的正负，进行代数叠加。当许用拉、压应力不同时，应分别计

算 σ_{tmax}, σ_{cmax}。同时注意 M_y 与 W_y，M_z 与 W_z 对应。

（3）偏心拉伸（压缩）。其横截面上任一点的正应力为

$$\sigma = \frac{F}{A}\left(1 + \frac{y_F y}{i_z^2} + \frac{z_F z}{i_y^2}\right) \tag{10-2b}$$

式中：y，z 为横截面上任一点的坐标。

通常的作法是将偏心载荷 F 向截面形心等效平移，得轴力 $F_N = F$，$M_y = Fz_F$，$M_z = Fy_F$，分别计算 $\sigma' = \dfrac{F_N}{A}$，$\sigma'' = \dfrac{M_y}{W_y}$，$\sigma''' = \dfrac{M_z}{W_z}$，画出各自对应的应力分布图，进行代数叠加更为直观。

3. 组合变形的普遍情形

（1）弯曲与扭转的组合。圆轴发生弯曲与扭转组合变形时，第三、第四强度理论的表达式为

$$\begin{aligned}\sigma_{r3} &= \frac{1}{W}\sqrt{M^2 + T^2} \leqslant [\sigma] \\ \sigma_{r4} &= \frac{1}{W}\sqrt{M^2 + 0.75T^2} \leqslant [\sigma]\end{aligned} \tag{10-3}$$

式中：M，T 分别为弯扭组合变形圆轴上危险截面上的弯矩和扭矩。如果弯矩和扭矩的最大值不在同一个横截面，还需对可能的危险截面进行比较后，确定真正的危险截面。

当同一截面上存在 M_y、M_z 时，M 应是 M_y 和 M_z 的合成，同时注意危险截面的确定。

（2）拉（压）与扭转的组合。当平面应力状态中 $\sigma_x = \sigma, \sigma_y = 0, \tau_{xy} = \tau$ 时，第三、第四强度理论的表达式为式（9-8）和式（9-9）。将正应力公式 $\sigma = \dfrac{F_N}{A}$，切应力公式 $\tau = \dfrac{T}{W_p}$ 代入，得拉（压）与扭转组合变形时，第三、第四强度理论的表达式为

$$\begin{aligned}\sigma_{r3} &= \sqrt{\left(\frac{F_N}{A}\right)^2 + \left(\frac{T}{W}\right)^2} \leqslant [\sigma] \\ \sigma_{r4} &= \sqrt{\left(\frac{F_N}{A}\right)^2 + 0.75\left(\frac{T}{W}\right)^2} \leqslant [\sigma]\end{aligned} \tag{10-4a}$$

式中：$W = W_y = W_z = \dfrac{1}{2}W_p = \dfrac{\pi D^3}{32}(1 - \alpha^4)$。

（3）拉（压）与弯曲、扭转的组合。当平面应力状态中 $\sigma_x = \sigma, \sigma_y = 0, \tau_{xy} = \tau$ 时，第三、第四强度理论的表达式为式（9-8）和式（9-9）。但在拉伸与弯曲正应力叠加后，$\sigma = \dfrac{F_N}{A} + \dfrac{M}{W}$，故拉（压）、弯曲、扭转组合变形时，第三、第四强度理论的表达式为

$$\begin{aligned}\sigma_{r3} &= \sqrt{\left(\frac{F_N}{A} + \frac{M}{W}\right)^2 + \left(\frac{T}{W}\right)^2} \leqslant [\sigma] \\ \sigma_{r4} &= \sqrt{\left(\frac{F_N}{A} + \frac{M}{W}\right)^2 + 0.75\left(\frac{T}{W}\right)^2} \leqslant [\sigma]\end{aligned} \tag{10-4b}$$

式中：$W = W_y = W_z = \dfrac{1}{2}W_p = \dfrac{\pi D^3}{32}(1 - \alpha^4)$。

4. 截面核心

截面核心：对每一个横截面，都存在一个封闭区域，当压力作用于这一封闭区域时，杆件横截面上只有压应力。称此封闭区域为截面核心。

偏心压缩时截面上的中性轴方程为

$$\frac{y_F y_0}{i_z^2} + \frac{z_F z_0}{i_y^2} = -1 \tag{10-5}$$

式中：y_F, z_F 为压力 F 的作用点坐标，y_0, z_0 为中性轴上各点的坐标，i_y, i_z 为截面对 y、z 轴的惯性半径。

中性轴在 y、z 轴上的截距 a_y、a_z 分别为

$$a_y = -\frac{i_z^2}{y_F}, \quad a_z = -\frac{i_y^2}{z_F} \tag{10-6}$$

10.1.3 重点知识思维导图

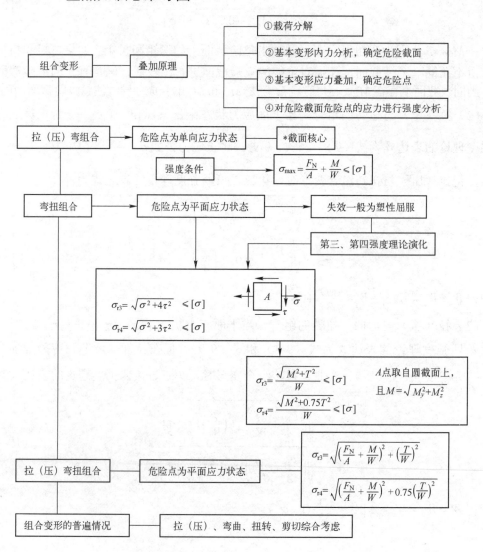

10.2 习题分类及典型例题辅导与精析

10.2.1 习题分类

（1）斜弯曲组合变形的计算。
（2）拉（压）弯曲组合变形的计算（包括偏心拉（压））。
（3）弯扭组合变形的计算。
（4）其他形式组合变形的计算。

10.2.2 解题要求

（1）了解组合变形杆件强度计算的基本方法，掌握危险截面和危险点的判定方法。
（2）能够准确判断复杂受力时的危险截面，并将复杂变形形式分解为基本变形的组合。
（3）掌握斜弯曲和拉弯组合变形杆的应力和强度计算。
（4）熟练掌握圆轴在弯扭组合变形时的应力和强度计算。
（5）能够分析任意组合变形时的应力，并根据材料失效形式和危险点的应力状态选用合适的强度理论表达式进行计算。

10.2.3 典型例题辅导与精析

本章是综合性、总结性较强的一章，着重解决组合变形构件的强度计算问题。难点是叠加原理应用，关键步骤是"分"与"合"的准确应用，即如何将复杂受力分解为各种基本变形对应的受力情况，如何合成各种基本变形下的内力、应力，准确判断危险截面、危险点。

例 10-1 AB 梁几何尺寸及受力情况如例 10-1 图（a）所示，试求梁承受的最大应力。

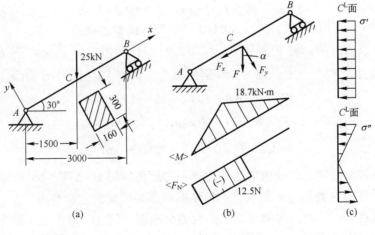

例 10-1 图

解：由题目可知，是一个与水平面成30°简支梁，受垂直载荷作用，该载荷可分解为平行于 x, y 轴的分量，分别对应压缩和弯曲变形。

（1）将外力分解为 F_x、F_y

$$F_x = F\sin\alpha = 25\times\sin 30° = 12.5(\text{kN}), \quad F_y = F\cos\alpha = 21.6(\text{kN})$$

（2）作内力图如例 10-1 图（b）所示，梁 AC 段发生压弯组合变形。危险面 C 处内力分量

$$F_N = -F_x = -12.5\text{kN}, \quad M_{\max} = \frac{1}{4}F_y l = 18.7(\text{kN}\cdot\text{m})$$

（3）计算 C 截面基本变形时压缩和弯曲对应的应力分量

$$\sigma' = \frac{F_N}{A} = \frac{-12.5\times10^3}{30\times16\times10^{-4}} = -0.26\times10^6\text{Pa} = -0.26(\text{MPa})$$

$$\sigma'' = \frac{M}{W} = \frac{6M_{\max}}{bh^2} = \frac{18.7\times10^3\times6}{16\times30^2\times10^{-6}} = 7.79\times10^6\text{Pa} = 7.79(\text{MPa})$$

应力分布图如例 10-1 图（c）所示，可知最大压应力发生在 C^L 截面上边缘，其值为

$$\sigma_{c\max} = \sigma' - \sigma'' = -0.26 - 7.79 = -8.05(\text{MPa})$$

最大拉应力发生在 C^L 截面下边缘点，其值为

$$\sigma_{t\max} = \sigma' + \sigma'' = -0.26 + 7.79 = 7.53(\text{MPa})$$

但该最大拉压力非梁上最大拉压力，在 C^R 截面仅有弯矩而没有轴力，故

$$\sigma_{t\max} = \sigma'' = 7.79\text{MPa}$$

【评注】①在外力的作用点 C 处，左截面上有最大弯矩和轴力，因而是危险截面，截面上边缘有最大压应力；C 右侧截面只有弯矩，无轴力，下边缘有最大拉应力，若材料的拉压性能不同，右侧亦为危险截面；②一般为防止混淆，作出危险截面应力分布图（如例 10-1 图（c）），可以非常直观地进行应力分量的叠加，进而确定最大应力。

例 10-2 T 形截面铸铁悬臂梁，在自由端 B 的 D 点处沿斜方向作用力 F。已知 $F = 20\text{kN}$，$\theta = 15°$，$l = 1.2\text{m}$，截面尺寸如例 10-2 图（a）所示。已知材料的许用拉应力 $[\sigma_t] = 20\text{MPa}$，许用压应力 $[\sigma_c] = 80\text{MPa}$，试校核此梁的强度。

解：（1）外力分析。将 F 力分解成纵向力 F_x 和横向力 F_y，再将 F_x 向 B 截面形心简化，得到一个力 F_x 和一个力偶 M_e，AB 梁的受力图如例 10-2 图（b）所示。其中

$$F_x = F\cos\theta = 20\times\cos 15° = 19.3(\text{kN})$$

$$F_y = F\sin\theta = 20\times\sin 15° = 5.18(\text{kN})$$

$$M_e = F_x\times 0.048 = 0.926(\text{kN}\cdot\text{m})$$

（2）危险截面的确定。绘出梁的轴力图和弯矩图如例 10-2 图（b）所示，截面 A 处负弯矩最大，截面 B 处正弯矩最大，A 和 B 截面都是可能的危险截面。

（3）危险点分析。画出危险截面上的应力分布图，例 10-2 图（c）表示由轴向压力在截面 A 和 B 上引起的压应力，例 10-2 图（d）表示由弯矩 M_A 在截面 A 上引起的弯曲正应力，例 10-2 图（e）表示由弯矩 M_B 在截面 B 上所引起的弯曲正应力。可见，截面 A

上的 D 点和截面 B 上的 E 点有最大拉应力；截面 A 上的 E 点和截面 B 上的 D 点有最大压应力。这些点都是可能的危险点。但经分析看出，截面 A 的弯矩 M_A 大于截面 B 的弯矩 M_B，且 A 截面受压侧最大距离 CE 大于 B 截面受压侧最大距离 CD，故 A 截面的 E 点具有最大压应力。而最大弯曲拉应力是在 A 截面的 D 点，还是 B 截面的 E 点，还需由计算确定。因此，以上3点都是可能的危险点。

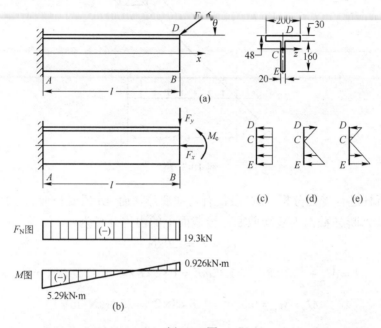

例 10-2 图

（4）强度校核。由截面尺寸可计算出截面面积 $A=9.2\times10^3\,\text{mm}^2$，截面对中心轴 z 的惯性矩 $I_z=26.1\times10^6\,\text{mm}^4$。

A 截面 E 点的最大压应力的绝对值为

$$|\sigma_c'|=\frac{F_N}{A}+\frac{M_A\times CE}{I_z}=\frac{19.3\times10^3}{9.2\times10^{-3}}+\frac{5.29\times10^3\times142\times10^{-3}}{26.1\times10^{-6}}=30.9\times10^6(\text{Pa})=30.9(\text{MPa})<[\sigma_c]$$

A 截面上 D 点的拉应力为

$$\sigma_t'=\frac{M_A\times CD}{I_z}-\frac{F_N}{A}=\frac{5.29\times10^3\times48\times10^{-3}}{26.1\times10^{-6}}-\frac{19.3\times10^3}{9.2\times10^{-3}}=7.63\times10^6(\text{Pa})=7.63(\text{MPa})<[\sigma_t]$$

B 截面上 E 点的拉应力为

$$\sigma_t''=\frac{M_B\times CE}{I_z}-\frac{F_N}{A}=\frac{0.926\times10^3\times142\times10^{-3}}{26.1\times10^{-6}}-\frac{19.3\times10^3}{9.2\times10^3}=2.94\times10^6(\text{Pa})=2.94(\text{MPa})<[\sigma_t]$$

因此，梁的强度是足够的。

【评注】对于抗拉和抗压许用应力不同的材料，危险截面不但与弯矩的绝对值有关，还与弯矩的正负有关；危险点的位置不但与应力的绝对数值有关，还与应力的正负有关。在校核梁的强度时，必须分别判断可能出现最大拉应力及最大压应力的位置，进行全面的校核计算。

例 10-3 在 xy 平面内放置的直角折杆 ABC，受力如例 10-3 图所示。已知 $F=120$kN，$q=8$kN/m，$a=2$m；在 yz 平面内有 $M_x=qa^2$，杆直径 $d=150$mm，$[\sigma]=140$MPa。试按第四强度理论校核强度。

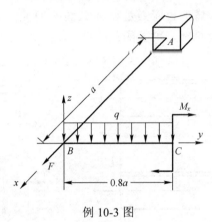

例 10-3 图

解： 对折杆进行受力分析，BC 段仅有弯曲变形，而 AB 段受拉伸、弯曲和扭转的组合变形，由此判断 A 截面为危险截面，该截面上的内力分量为

$$F_N = F = 120\text{kN}$$

$$T = M_x + \frac{1}{2}q(0.8a)^2 = 1.32qa^2 = 1.32 \times 8 \times 2^2 = 42.24(\text{kN}\cdot\text{m})$$

$$M = M_y = 0.8qa^2 = 0.8 \times 8 \times 2^2 = 25.6(\text{kN}\cdot\text{m})$$

由应力分布知，危险点在 A 截面最上边缘点，该点的应力分量为

$$\sigma = \frac{F_N}{A} + \frac{M}{W} = \frac{120 \times 10^3 \times 4}{\pi(0.15)^2} + \frac{25.6 \times 10^3 \times 32}{\pi(0.15)^3} = 84.1 \times 10^6 (\text{Pa}) = 84.1(\text{MPa})$$

$$\tau = \frac{T}{W_p} = \frac{42.24 \times 10^3 \times 16}{\pi \times 0.15^3} = 63.7 \times 10^6 (\text{Pa}) = 63.7(\text{MPa})$$

按第四强度理论校核强度，即

$$\sigma_{r4} = \sqrt{\sigma^2 + 3\tau^2} = \sqrt{84.1^2 + 3 \times 63.7^2} = 138.7(\text{MPa}) < [\sigma] = 140(\text{MPa})$$

故折杆强度足够。

【评注】 ①本题为悬臂折杆受拉、弯、扭组合变形，内力分析知危险截面在固定端 A，故直接求出 A 端面的内力。由于危险截面上除了弯矩和扭矩外，还存在轴向力，尽管为圆截面杆，但第四强度理论的表达式只能用 $\sigma_{r4} = \sqrt{\sigma^2 + 3\tau^2} \leqslant [\sigma]$。②对拉、弯、扭组合变形的圆截面杆，可在求出各内力分量后，不用求出 σ 和 τ，直接套用式（10-4）。

10.3 考点及考研真题辅导与精析

本章的考点除基本概念外，主要涉及：①拉伸（压缩）与弯曲的组合，偏心拉伸问题；②斜弯曲的应力和变形；③弯曲与扭转的组合，如传动轴中的皮带轮轴与齿轮轴的计算问题；④弯曲、扭转与拉伸（压缩）的组合；⑤超静定结构、温度应力或装配应力、动载荷的复合形成的弯曲和扭转的组合。

①②中为正应力的叠加；③④⑤中涉及强度理论的应用。

1. 如题 1 图所示，工字形截面梁左端为活动铰支座，右端为固定铰支座，在梁的纵向对称面内受到斜向右下的集中力 F 作用。下列 4 个选项中关于选取横截面 m-m 上正应力可能的分布正确的选项为（　　）。（西南交通大学；3 分）

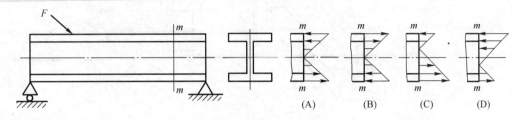

题 1 图

答：正确的选项为（D）。图示梁发生压弯组合变形，弯矩产生的正应力下边受拉，上边受压，如（A）选项中所示；叠加压力产生的均匀压应力后，则拉应力减小，压应力增大。

2. 如题 2 图所示，横截面形状由正方形和等边三角形组成（两者的形心重合）的空心立柱，在 A 点受竖直向下的平行于轴线的压力作用时，该立柱的变形为（　　）。（西南交通大学；3 分）

（A）斜弯曲和轴向压缩　　　　（B）平面弯曲和轴向压缩
（C）斜弯曲　　　　　　　　　（D）平面弯曲

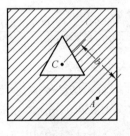

题 2 图

答：正确的选项为（B）。将力向截面形心简化，得到一个力和一个弯矩。对于正多边形，过形心的任意轴均为形心主惯性轴，沿任意轴的弯矩都引起平面弯曲。

3. 试求题 3 图所示杆内的最大正应力（力 F 与杆轴线平行）。已知 F，a。（长安大学；15 分）

解：（1）确定截面形心和形心主惯性矩。

$$y_C = \frac{4a \times 2a \times a + 4a \times a \times 4a}{4a \times 2a + 4a \times a} = 2a$$

$$I_z = \frac{4a \times (2a)^3}{12} + a^2 \times 4a \times 2a + \frac{a \times (4a)^3}{12} + (2a)^2 \times 4a \times a = 32a^4$$

$$I_y = \frac{2a \times (4a)^3}{12} + \frac{4a \times a^3}{12} = 11a^4$$

$$A = 4a \times 2a + 4a \times a = 12a^2$$

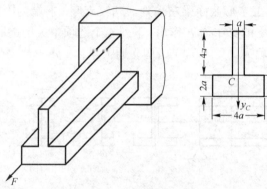

题 3 图

（2）确定内力。各横截面上的危险点均在外力作用的棱边上。

$$F_N = F, \quad M_z = M_y = 2aF$$

（3）求最大正应力。轴力 F_N 作用下，整个截面正应力均匀分布；在弯矩 M_y 作用下，截面 $z = -2a$ 的左侧边缘拉应力最大；在弯矩 M_z 作用下，截面底边上拉应力最大，故

$$\sigma_{\text{tmax}} = \frac{F_N}{A} + \frac{M_z \times 2a}{I_z} + \frac{M_y \times 2a}{I_y} = \frac{F}{12a^2} + \frac{2aF \times 2a}{32a^4} + \frac{2aF \times 2a}{11a^4} = \frac{151F}{264a^2} = 0.572\frac{F}{a^2}$$

同理，在顶端右侧角点弯矩 M_y 和 M_z 引起的压应力最大，即

$$\sigma_{\text{cmax}} = -\frac{F_N}{A} + \frac{M_z \times 4a}{I_z} + \frac{M_y \times a}{2I_y} = -\frac{F}{12a^2} + \frac{2aF \times 4a}{32a^4} + \frac{2aF \times a}{2 \times 11a^4} = \frac{34F}{132a^2}$$

因为 $\sigma_{\text{tmax}} > \sigma_{\text{cmax}}$，故杆内最大正应力为拉应力。

4．水平放置的圆截面直角折杆 ABC 受力如题 4 图所示，杆的横截面面积 $A = 80 \times 10^{-4} \text{m}^2$，抗弯截面模量 $W = 100 \times 10^{-6} \text{m}^3$，抗扭截面模量 $W_p = 200 \times 10^{-6} \text{m}^3$，AB 长 $l_1 = 3\text{m}$，BC 长 $l_2 = 0.5\text{m}$，许用应力 $[\sigma] = 150\text{MPa}$，试用第四强度理论校核此杆强度。（南京航空航天大学；20 分）

解：（1）折杆 BC 段发生弯曲变形，AB 段发生拉弯扭组合变形，作出折杆的内力图，可知危险截面在距固定端 1m 处，各内力分量为

$$F_N = F_1 = 20 \times 10^3 \text{N}$$

$$T = F_2 l_2 = 8 \times 10^3 \times 0.5 = 4 \times 10^3 (\text{N} \cdot \text{m})$$

$$M_z = F_2 l_1 - \frac{1}{2}ql_1^2 = 8 \times 10^3 \times 2 - \frac{1}{2} \times 4 \times 10^3 \times 2^2 = 8 \times 10^3 (\text{N} \cdot \text{m})$$

$$M_y = F_1 l_2 = 20 \times 10^3 \times 0.5 = 10 \times 10^3 (\text{N} \cdot \text{m})$$

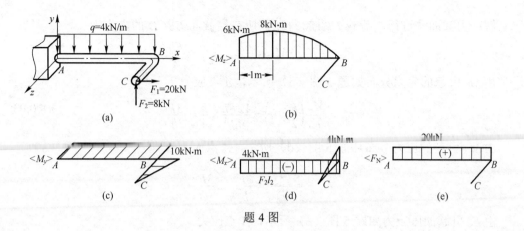

题 4 图

故

$$M = \sqrt{M_y^2 + M_z^2} = \sqrt{(10 \times 10^3)^2 + (8 \times 10^3)^2} = 12.8 \times 10^3 (\text{N} \cdot \text{m})$$

（2）代入拉弯扭组合变形下的第四强度理论表达式，得

$$\sigma_{\text{r4}} = \sqrt{\sigma^2 + 3\tau^2} = \sqrt{\left(\frac{F_N}{A} + \frac{M}{W}\right)^2 + 3 \times \left(\frac{T}{W_p}\right)^2} = \sqrt{\left(\frac{20 \times 10^3}{80 \times 10^{-4}} + \frac{12.8 \times 10^3}{100 \times 10^{-6}}\right)^2 + 3 \times \left(\frac{4 \times 10^3}{200 \times 10^{-6}}\right)^2}$$

$$= 135.1 \times 10^6 (\text{Pa}) = 135.1 (\text{MPa}) < [\sigma]$$

所以强度满足。

5．如题 5 图所示，已知矩形截面铝合金杆 A 点处的纵向线应变 $\varepsilon_x = 5 \times 10^{-4}$，$E = 70\text{GPa}$，$h = 18\text{cm}$，$b = 12\text{cm}$，$a = \dfrac{h}{4}$，试求荷载 F。（吉林大学；10 分）

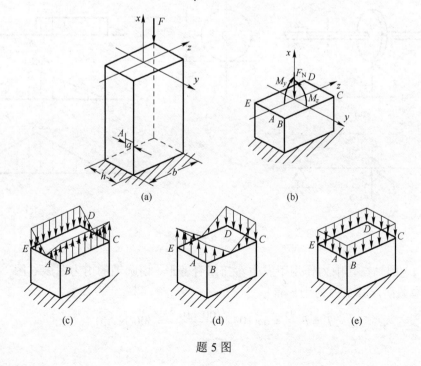

题 5 图

解：由截面法可得，荷载 F 引起的 A 点所在横截面 $EBCD$ 的内力为

$$F_N = -F, \quad M_y = \frac{Fb}{2}, \quad M_z = \frac{Fh}{2}$$

由 M_z 引起的应力分布如题 5 图（c）所示，A 点应力

$$\sigma_{A1} = \frac{M_z}{I_z}\left(\frac{h}{2} - a\right) = \frac{12Fh}{2bh^3} \times \frac{h}{4} = \frac{3F}{2hb}$$

由 M_y 引起的应力分布如题 5 图（d）所示，A 点应力

$$\sigma_{A2} = \frac{M_y}{W_y} = \frac{6Fb}{2b^2h} = \frac{3F}{bh}$$

由 F_N 引起的压应力如题 5 图（e）所示，A 点应力

$$\sigma_{A3} = \frac{F_N}{A} = -\frac{F}{bh}$$

故 A 点的总应力

$$\sigma_A = \sigma_{A1} + \sigma_{A2} + \sigma_{A3} = \frac{3F}{2bh} + \frac{3F}{bh} - \frac{F}{bh} = \frac{7F}{2bh} = \frac{7F}{24 \times 18} \times 10^4$$

题知 $\sigma_A = E\varepsilon_x = 70 \times 10^9 \times 5 \times 10^{-4} = 35 \times 10^6 (\text{Pa})$，所以

$$F = \frac{24 \times 18}{7} \times 10^{-4} \times 35 \times 10^6 = 216 \times 10^3 (\text{N}) = 216 (\text{kN})$$

6．题 6 图所示圆盘直径 $D=100\text{mm}$，承受周向切削力 $F_1=6\text{kN}$ 和径向切削力 $F_2=4\text{kN}$ 作用。材料的许用应力为 $[\sigma]=80\text{MPa}$，不考虑弯曲切应力的影响，试用第三强度理论设计圆轴的直径。（湖南大学；20 分）

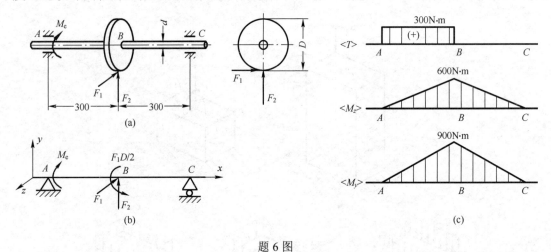

题 6 图

解：（1）圆轴在切削力作用下发生弯扭组合变形，由圆轴的内力图题 6 图（c）可见，B 处为危险截面，其上内力为

$$T = F_1 \frac{D}{2} = 6 \times 10^3 \times \frac{100 \times 10^{-3}}{2} = 300 (\text{N} \cdot \text{m})$$

$$M_{z\max} = \frac{1}{4}F_2 \cdot l = \frac{1}{4} \times 4 \times 10^3 \times 600 \times 10^{-3} = 600(\text{N} \cdot \text{m})$$

$$M_{y\max} = \frac{1}{4}F_1 \cdot l = \frac{1}{4} \times 6 \times 10^3 \times 600 \times 10^{-3} = 900(\text{N} \cdot \text{m})$$

对圆轴 $M = \sqrt{M_{y\max}^2 + M_{z\max}^2} = \sqrt{900^2 + 600^2} = 1081.7(\text{N} \cdot \text{m})$

（2）代入第三强度理论 $\sigma_{r3} = \frac{1}{W}\sqrt{M^2 + T^2} = \frac{32\sqrt{M^2+T^2}}{\pi d^3} \leqslant [\sigma]$，得

$$d \geqslant \sqrt[3]{\frac{32\sqrt{M^2+T^2}}{\pi[\sigma]}} = \sqrt[3]{\frac{32\sqrt{1081.7^2 + 300^2}}{\pi \times 80 \times 10^6}} = 52.3 \times 10^{-3}(\text{m}) = 52.3(\text{mm})$$

7. 钢制圆轴受力如题 7 图所示，已知 $E = 200\text{GPa}$，$\mu = 0.25$，$F_1 = \pi\text{kN}$，$F_2 = 60\pi\text{kN}$，$M_e = 4\pi\text{kN} \cdot \text{m}$，$l = 0.5\text{m}$，$d = 10\text{cm}$，$\sigma_s = 360\text{MPa}$，$\sigma_b = 600\text{MPa}$，安全系数 $n = 3$。
（1）试用单元体表示出危险点的应力状态；（2）试求危险点的主应力和最大线应变；（3）对该轴进行强度校核。（吉林大学；15 分）

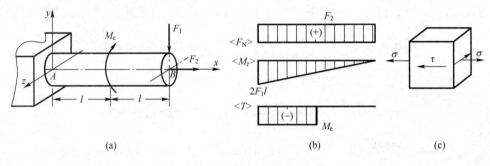

题 7 图

解：（1）作圆轴的内力图如题 7 图（b）所示。
（2）A 截面为危险截面，危险点在 A 截面上表面处，其应力状态如题 7 图（c）所示。其中

$$\sigma = \frac{M_z}{W_z} + \frac{F_N}{A} = \frac{32 \times 2F_1 l}{\pi d^3} + \frac{4F_2}{\pi d^2} = \frac{32 \times 2\pi \times 10^3 \times 0.5}{\pi \times 10^3 \times 10^{-6}} + \frac{4 \times 60\pi \times 10^3}{\pi \times 10^2 \times 10^{-4}} = 56 \times 10^6(\text{Pa}) = 56(\text{MPa})$$

$$\tau = \frac{T}{W_p} = \frac{M_e}{W_p} = \frac{16 \times 4\pi \times 10^3}{\pi \times 10^3 \times 10^{-6}} = 64 \times 10^6(\text{Pa}) = 64(\text{MPa})$$

（3）危险点的主应力和最大线应变为

$$\begin{matrix}\sigma_{\max} \\ \sigma_{\min}\end{matrix} = \frac{\sigma_x + \sigma_y}{2} \pm \sqrt{\left(\frac{\sigma_x - \sigma_y}{2}\right)^2 + \tau_{xy}^2} = \frac{\sigma}{2} \pm \sqrt{\left(\frac{\sigma}{2}\right)^2 + \tau^2} = 28 \pm \sqrt{28^2 + 64^2} = \begin{matrix}98(\text{MPa}) \\ -42(\text{MPa})\end{matrix}$$

所以主应力为 $\sigma_1 = 98\text{MPa}$，$\sigma_2 = 0$，$\sigma_3 = -42\text{MPa}$。

最大线应变为 $\varepsilon_{\max} = \frac{1}{E}[\sigma_1 - \mu(\sigma_2 + \sigma_3)] = \frac{[98 - 0.25 \times (0 - 42)] \times 10^6}{200 \times 10^9} = 542.5 \times 10^{-6}$。

（4）强度校核。

$$\sigma_{r3} = \sigma_1 - \sigma_3 = 140(\text{MPa}) > [\sigma] = \frac{\sigma_s}{n} = 120(\text{MPa})$$

故轴的强度不够。

8．题 8 图所示圆轴两端承受两对力偶作用，$M_1 = 300\text{N}\cdot\text{m}$ 位于水平面 xoz 面内，$M_2 = 200\text{N}\cdot\text{m}$ 平行于 yoz 面。已知轴的弹性模量 $E = 200\text{GPa}$，泊松比 $\mu = 0.25$，直径 $d = 50\text{mm}$。圆轴表面上的 A 点位于 xoz 面内，求：①A 点处横截面上的正应力 σ_0；②A 点处横截面上的切应力 τ_0；③A 点处与圆轴母线平行的 $0°$ 方向的线应变 ε_0；④A 点处与圆轴母线成 $45°$ 方向的线应变 $\varepsilon_{45°}$。(南京理工大学；25 分)

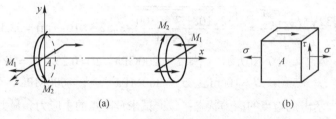

题 8 图

解：（1）A 点处横截面上的正应力 σ_0。由弯曲正应力公式得

$$\sigma_0 = \sigma = \frac{M_1}{W_y} = \frac{32 \times 300}{\pi \times 5^3 \times 10^{-6}} = 24.4 \times 10^6 (\text{Pa}) = 24.4(\text{MPa})$$

（2）A 点处横截面上的剪应力 τ_0。由扭转切应力公式得

$$\tau_0 = \tau = \frac{M_2}{W_p} = \frac{16 \times 200}{\pi \times 5^3 \times 10^{-6}} = 8.15 \times 10^6 (\text{Pa}) = 8.15(\text{MPa})$$

（3）A 点处与圆轴母线平行的 $0°$ 方向的线应变 ε_0。由广义胡克定律得

$$\varepsilon_0 = \varepsilon_x = \frac{1}{E}[\sigma_x - \mu(\sigma_y + \sigma_z)] = \frac{[24.4 - 0.25 \times (0 + 0)] \times 10^6}{200 \times 10^9} = 122.0 \times 10^{-6}$$

（4）A 点处与圆轴母线成 $45°$ 方向的线应变 $\varepsilon_{45°}$：

$$\sigma_{45°} = \frac{\sigma_x + \sigma_y}{2} + \frac{\sigma_x - \sigma_y}{2}\cos 2\alpha - \tau_{xy}\sin 2\alpha = \frac{\sigma}{2} - \tau\sin 90° = 20.35(\text{MPa})$$

$$\sigma_{-45°} = \frac{\sigma_x + \sigma_y}{2} + \frac{\sigma_x - \sigma_y}{2}\cos 2\alpha - \tau_{xy}\sin 2\alpha = \frac{\sigma}{2} + \tau\sin 90° = 4.05(\text{MPa})$$

代入广义胡克定律得

$$\varepsilon_{45°} = \frac{1}{E}[\sigma_{45°} - \mu(\sigma_{-45°} + 0)] = \frac{[20.35 - 0.25 \times (4.05 + 0)] \times 10^6}{200 \times 10^9} = 96.7 \times 10^{-6}$$

9．圆截面刚架 ABC 位于垂直面内(B 处刚结点为直角)，A 端固定，C 端自由，如题 9 图所示。已知材料为钢，$[\sigma] = 160\text{MPa}$，圆截面直径 $d = 60\text{mm}$，$a = 0.2\text{m}$。在 C 端作用一垂直 ABC 平面的水平载荷 $F_1 = 9\text{kN}$ 外，还作用有平行 AB 段圆杆轴线的载荷 $F_2 = 9\text{kN}$，试校核此刚架的强度。(北京科技大学；20 分)

解：作出结构的内力图如题 9 图（b）、（c）、（d）所示，不计轴力和剪力的影响，可知危险截面在 A 截面，取 $F_1 = F_2 = F$，则其内力为

$$M_{\max} = \sqrt{M_{y\max}^2 + M_{z\max}^2} = \sqrt{(F_1 a)^2 + (F_2 a)^2} = \sqrt{2}Fa，\quad T_{\max} = F_1 a = Fa$$

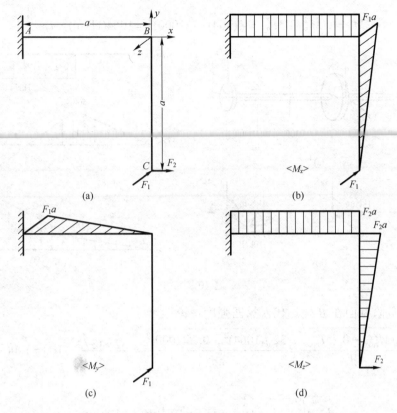

题 9 图

代入第三强度理论：

$$\sigma_{r3} = \frac{\sqrt{M_{\max}^2 + T_{\max}^2}}{W} = \frac{32\sqrt{(\sqrt{2}Fa)^2 + (Fa)^2}}{\pi d^3} = \frac{32\sqrt{3}Fa}{\pi d^3} = \frac{32\sqrt{3} \times 9 \times 10^3 \times 0.2}{\pi \times 0.06^3} = 147.0 \times 10^6 (\text{Pa})$$
$$= 147.0(\text{MPa}) < [\sigma]$$

代入第四强度理论：

$$\sigma_4 = \frac{\sqrt{M_{\max}^2 + 0.75T_{\max}^2}}{W} = \frac{32\sqrt{(\sqrt{2}Fa)^2 + 0.75(Fa)^2}}{\pi d^3} = \frac{32\sqrt{2.75}Fa}{\pi d^3} = \frac{32\sqrt{2.75} \times 9 \times 10^3 \times 0.2}{\pi \times 0.06^3}$$
$$= 140.8 \times 10^6 (\text{Pa}) = 140.8(\text{MPa}) < [\sigma]$$

所以刚架强度足够。

10. 题 10 图所示钢制实心圆轴，其齿轮 C 上作用有铅垂切向力 5kN，径向力 1.82kN；齿轮 D 上作用有水平切向力 10kN，径向力 3.64kN。齿轮 C 的节圆直径 $d_C = 400$mm，齿轮 D 的节圆直径 $d_D = 200$mm。设材料的许用应力$[\sigma]=100$MPa，试按第四强度理论求轴的直径。（西南交通大学；15 分）

解：作出圆轴的受力简图如题 10 图（b）所示，可得圆轴的内力图如题 10 图（c）所示。由内力图可知

$$T_{\max} = 1000 \text{N} \cdot \text{m}, \quad M_C = \sqrt{M_{Cy}^2 + M_{Cz}^2} = \sqrt{(568)^2 + (227)^2} = 612(\text{N} \cdot \text{m})$$

$$M_B = \sqrt{M_{By}^2 + M_{Bz}^2} = \sqrt{(364)^2 + (1000)^2} = 1064(\text{N·m}) > M_C$$

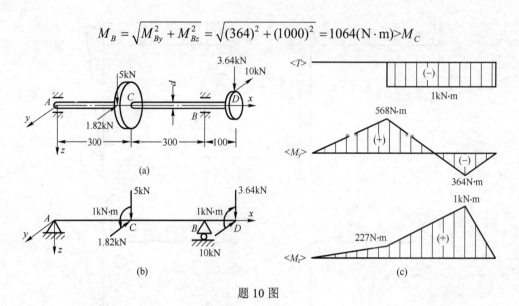

题 10 图

所以，危险截面在 B 处。代入第四强度理论：

$$\sigma_{r4} = \frac{\sqrt{M_{\max}^2 + 0.75T_{\max}^2}}{W} = \frac{32\sqrt{(1064)^2 + 0.75(1000)^2}}{\pi d^3} = \frac{32 \times 1372}{\pi d^3} \leqslant [\sigma] = 100(\text{MPa})$$

故

$$d \geqslant \sqrt[3]{\frac{32 \times 1372}{\pi \times 100 \times 10^6}} = 51.8 \times 10^{-3}(\text{m}) = 51.8(\text{mm})$$

10.4 课后习题解答

10-1 如题 10-1 图所示矩形截面悬臂梁，若 $F=300\text{N}$，$h/b=1.5$，$[\sigma]=10\text{MPa}$，试确定截面尺寸。

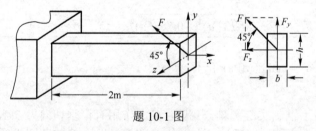

题 10-1 图

解：（1）将集中力 F 沿水平面和铅垂面分解为 $F_z = F\cos 45°$ 和 $F_y = F\sin 45°$，斜弯曲分解为两个平面内的弯曲。危险截面为左边插入端，且 $M_{z\max} = F_y l = Fl\sin 45°$，$M_{y\max} = F_z l = Fl\cos 45°$。

（2）截面中右下角为最大拉应力点，分别代入平面弯曲正应力计算公式并叠加，即

$$\sigma_{\max} = \frac{M_{z\max}}{W_z} + \frac{M_{y\max}}{W_y} = \frac{6F\sin 45° \times 2}{bh^2} + \frac{6F\cos 45° \times 2}{hb^2} \leqslant [\sigma] = 10\text{MPa}$$

代入数值，且 $h/b=1.5$，解得 $b \geqslant 65.6 \text{mm}$，$h \geqslant 98.5 \text{mm}$。

10-2 如题 10-2 图所示矩形截面简支梁，已知 $F=15\text{kN}$，$E=10\text{GPa}$，试求：①梁的最大正应力；②梁中点的总挠度。

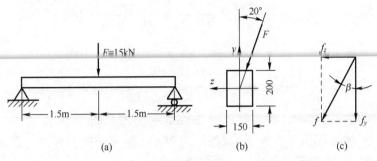

题 10-2 图

解：（1）梁的最大正应力。基本思路同题 10-1，危险截面在简支梁中点处。最大弯矩为

$$M_{z\max} = \frac{F_y l}{4} = \frac{3F l \cos 20°}{4}, \quad M_{y\max} = \frac{F_z l}{4} = \frac{3F \sin 20°}{4}$$

最大拉应力在中面左下角点处，其值为

$$\sigma_{\max} = \frac{M_{z\max}}{W_z} + \frac{M_{y\max}}{W_y} = \frac{\dfrac{F\cos 20° \times 3}{4}}{\dfrac{150 \times 200^2 \times 10^{-9}}{6}} + \frac{\dfrac{F\sin 20° \times 3}{4}}{\dfrac{200 \times 150^2 \times 10^{-9}}{6}} = 15.7 \times 10^6 (\text{Pa}) = 15.7(\text{MPa})$$

（2）设矩形截面的水平中性轴为 z 轴，铅垂中性轴为 y 轴，可以求得

$$f_y = \frac{F_y l^3}{48EI_z} = \frac{15\cos 20° \times 3^3}{48 \times 10 \times 10^9 \times \dfrac{0.15 \times 0.2^3}{12}} = 7.93 \times 10^{-3}(\text{m}) = 7.93(\text{mm})$$

$$f_z = \frac{F_z l^3}{48EI_y} = \frac{15\sin 20° \times 3^3}{48 \times 10 \times 10^9 \times \dfrac{0.2 \times 0.15^3}{12}} = 5.13 \times 10^{-3}(\text{m}) = 5.13(\text{mm})$$

合成得中点的总挠度 $f = \sqrt{f_y^2 + f_z^2} = 9.44(\text{mm})$。

其方位角 $\beta = \arctan\dfrac{f_z}{f_y} = \arctan(0.647) = 32.9°$，具体如题 10-2 图（c）所示。

10-3 如题 10-3 图所示拉板，$F=12\text{kN}$，$[\sigma]=100\text{MPa}$，试求半圆形切口允许的深度 r（不计应力集中的影响）。

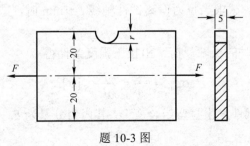

题 10-3 图

解：当有切口时，板的轴线将下移距离 $\Delta = \dfrac{r}{2}$，此时板发生拉弯组合变形，其弯矩 $M = F\dfrac{r}{2}$。故最大拉应力为

$$\sigma_{\max} = \dfrac{F_N}{A} + \dfrac{M}{W} = \dfrac{F}{h(b-r)} + \dfrac{M}{h(b-r)^2/6} \leqslant [\sigma]$$

即

$$\dfrac{12 \times 10^3}{(40-r) \times 5 \times 10^{-6}} + \dfrac{6 \times 12 \times 10^3 \times \dfrac{r}{2}}{5 \times (40-r)^2 \times 10^{-9}} \leqslant 100 \times 10^6$$

整理得 $r^2 - 128r + 640 = 0$。解之得 $r = 5.2\text{mm}$，$r = 122.8\text{mm}$（舍去）。

10-4 如题 10-4 图所示，长 2m、直径为 30mm 的圆棒向上握住。已知棒的自重为 5kg/m，试求棒的握紧端无轴向拉应力时的最大角度 θ。

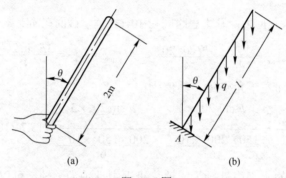

题 10-4 图

解：圆棒的受力简图如题 10-4 图（b）所示，根据题意，危险截面在 A 处，其内力分量为

$$F_N = ql\cos\theta, \quad M = \dfrac{1}{2}ql^2\sin\theta$$

最大拉应力

$$\sigma_{t\max} = -\dfrac{F_N}{A} + \dfrac{M}{W} = -\dfrac{4ql\cos\theta}{\pi d^2} + \dfrac{32 \times \dfrac{ql^2\sin\theta}{2}}{\pi d^3} \leqslant 0$$

解之得 $\theta \leqslant 0.215°$。

故棒的握紧端无轴向拉应力时的最大角度 $\theta = 0.215°$。

10-5 如题 10-5 图所示，直径为 80mm 的圆截面试件，在轴向拉伸时能承受的拉力为 F。试求当拉力偏离试件轴线 $e = 1\text{mm}$ 时，试件能承受的拉力 F_e。

解：（1）轴向拉伸时的极限载荷。由拉压强度条件得

$$\sigma_{\max} = \dfrac{F_N}{A} = \dfrac{4F}{\pi d^2} \leqslant [\sigma]$$

（2）偏心拉伸时，试件发生拉弯组合变形，其内力分量为 $F_N = F_e$，$M = F_e e$。

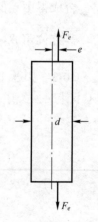

题 10-5 图

故最大拉应力为

$$\sigma_{t\max} = \frac{F_N}{A} + \frac{M}{W} = \frac{4F_e}{\pi d^2} + \frac{32F_e \times e}{\pi d^3} \leqslant [\sigma] = \frac{4F}{\pi d^2}$$

解之得

$$F_e \leqslant \frac{d}{d+8e}F = 0.91F$$

10-6 偏心链节受力如题 10-6 图所示，试确定所需的宽度 b。已知材料的许用应力 $[\sigma]=73$MPa，链节截面的厚度为 40mm。

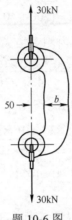

题 10-6 图

解：铰节在一对力 $F=30$kN 作用下发生拉弯组合变形，其内力分量为

$$F_N = 30\text{kN}, \quad M = 30 \times 10^3 \times \left(50 + \frac{b}{2}\right) \times 10^{-3} = 30 \times \left(50 + \frac{b}{2}\right)(\text{N}\cdot\text{m})$$

故最大拉应力为

$$\sigma_{t\max} = \frac{F_N}{A} + \frac{M}{W} = \frac{30 \times 10^3}{b \times 40 \times 10^{-6}} + \frac{30 \times \left(50 + \frac{b}{2}\right)}{\frac{40 \times b^2}{6} \times 10^{-9}} \leqslant [\sigma] = 73 \times 10^6$$

整理得 $0.0973b^2 - 4b - 300 \geqslant 0$。解得 $b \geqslant 80$mm。

10-7 如题 10-7 图所示材料为灰口铸铁的压力机框架。许用拉应力 $[\sigma_t]=30$MPa，许用压应力 $[\sigma_c]=80$MPa，试校核框架立柱的强度。

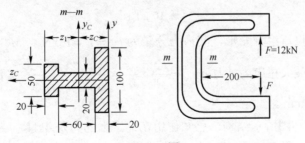

题 10-7 图

解：（1）求形心坐标和形心主惯矩。由截面对称性知 $y_C = 0$。

$$z_C = \frac{\sum A_i z_i}{\sum A_i} = \frac{100 \times 20 \times 10 + 60 \times 20 \times 50 + 20 \times 50 \times 90}{100 \times 20 + 60 \times 20 + 50 \times 20} = 40.5 \text{(mm)}$$

$$I_y = \frac{1}{12} \times 100 \times 20^3 + 100 \times 20 \times (40.5 - 10)^2 + \frac{1}{12} \times 20 \times 60^3 + 20 \times 60 \times (50 - 40.5)^2 +$$
$$\frac{1}{12} \times 50 \times 20^3 + 50 \times 20 \times (90 - 40.5)^2 = 4.88 \times 10^6 \text{(mm}^4) = 4.88 \times 10^{-6} \text{(m}^4)$$

$$A = 100 \times 20 + 60 \times 20 + 50 \times 20 = 4200 \text{(mm}^2) = 4.2 \times 10^{-3} \text{(m}^2)$$

（2）内力分析。在 $m-m$ 截面上，内力为

$$F_N = F = 12\text{kN}, \quad M_y = Fa = (200 + 40.5) \times 10^{-3} F = 240.5 \times 10^{-3} F$$

（3）立柱系拉弯组合，$m-m$ 截面内侧有最大拉应力，外侧有最大压应力，其值为

$$\sigma_{tmax} = \frac{Mz_C}{I_y} + \frac{F_N}{A} = \frac{240.5 \times 10^{-3} \times 12 \times 10^3 \times 40.5 \times 10^{-3}}{4.88 \times 10^{-6}} + \frac{12 \times 10^3}{4.2 \times 10^{-3}}$$
$$= 26.9 \times 10^6 \text{(Pa)} = 26.9 \text{(MPa)} < [\sigma_t]$$

$$\sigma_{cmax} = \frac{Mz_1}{I_y} + \frac{F_N}{A} = \frac{240.5 \times 10^{-3} \times 12 \times 10^3 \times (100 - 40.5) \times 10^{-3}}{4.88 \times 10^{-6}} + \frac{12 \times 10^3}{4.2 \times 10^{-3}}$$
$$= 32.3 \times 10^6 \text{(Pa)} = 32.3 \text{(MPa)} < [\sigma_c]$$

强度满足。

注意计算弯矩 $M = Fa$ 时，a 为 F 力距截面形心轴的距离。

10-8 题 10-8 图所示为钻床简图，若 $F=15\text{kN}$，材料的许用拉应力 $[\sigma_t] = 35\text{MPa}$，试计算铸铁立柱所需的直径 d。

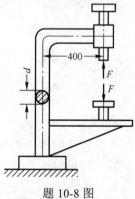

题 10-8 图

解：立柱发生拉弯组合变形，其内力分量为 $F_N = F = 15\text{kN}$，$M_y = Fa = 0.4F$。

在立柱内侧有最大拉应力，且 $\sigma_{max} = \frac{F_N}{A} + \frac{M}{W} = \frac{4F}{\pi d^2} + \frac{32 \times 0.4F}{\pi d^3} \leq [\sigma] = 35 \times 10^6$。

解之得 $d \geq 122\text{mm}$。

10-9 如题 10-9 图所示结构，已知作用在绳索上的力是 4kN，鼓轮的重量是 2kN，试用单元体表示支承梁上 A，B 两点的应力状态。

解：（1）受力分析。作支承梁的受力简图及内力图如题 10-9 图（b）所示，A，B 两点横截面上的轴力、剪力、弯矩分别为

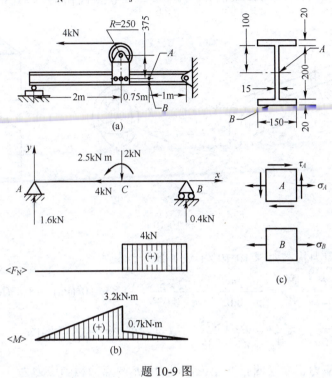

题 10-9 图

（2）计算截面几何性质。

截面面积 $A = 150 \times 20 \times 2 + 200 \times 15 = 9 \times 10^3 (\text{mm}^2) = 9 \times 10^{-3} (\text{m}^2)$

形心主惯性矩 $I = 2\left(\dfrac{150 \times 20^3}{12} + 150 \times 20 \times 110^2\right) + \dfrac{15 \times 200^3}{12} = 82.8 \times 10^{-6} (\text{m}^4)$

（3）计算应力。

A 点在中性轴处，应力状态如题 10-9 图（c）所示。

$$\sigma_A = \frac{F_N}{A} = \frac{4 \times 10^3}{9 \times 10^{-3}} = 0.44 (\text{MPa}),\quad \tau_A = \frac{F_s}{A_{腹板}} = \frac{0.4 \times 10^3}{200 \times 15 \times 10^{-6}} = 0.133 (\text{MPa})$$

B 点在横截面最外边缘处，只有轴力和弯矩对应的正应力，应力状态如题 10-9 图（c）所示。

$$\sigma_B = \frac{F_N}{A} + \frac{M y_{\max}}{I} = \frac{4 \times 10^3}{9 \times 10^{-3}} + \frac{0.4 \times 10^3 \times 120 \times 10^{-3}}{82.8 \times 10^{-6}} = 1.02 (\text{MPa})$$

10-10 如题 10-10 图所示直角曲拐 A 端固定，在 B 截面内施加力 $F=50\text{N}$，$\theta = 60°$，试用第四强度理论求 D、E 两点的相当应力。

解：（1）由截面法可得，D、E 所在截面的内力分量为

$F_N = F\sin\theta = 25\sqrt{3} (\text{N})$，$F_s = F\cos\theta = 25 (\text{N})$，$T = F\cos\theta \times 0.075 = 1.875 (\text{N}\cdot\text{m})$，

$M_y = F\cos\theta \times 0.2 = 5 (\text{N}\cdot\text{m})$，$M_z = F\sin\theta \times 0.075 = 1.875\sqrt{3} (\text{N}\cdot\text{m})$

（2）D 点的应力状态如题 10-10 图（c）所示，其中

$$\sigma_D = \frac{F_N}{A} - \frac{M_z}{W_z} = \frac{4 \times 25\sqrt{3}}{\pi \times 0.03^2} - \frac{32 \times 1.875\sqrt{3}}{\pi \times 0.03^3} = -1.17 \times 10^6 (\text{Pa}) = -1.17 (\text{MPa})$$

$$\tau_D = \frac{T}{W_p} - \frac{4}{3} \times \frac{F_s}{A} = \frac{16 \times 1.875}{\pi \times 0.03^3} - \frac{4}{3} \times \frac{4 \times 25}{\pi \times 0.03^2} = 0.303 \times 10^6 (\text{Pa}) = 0.303 (\text{MPa})$$

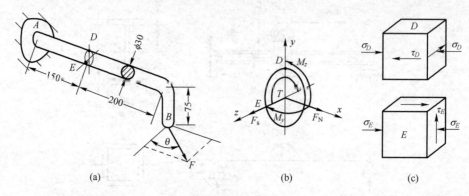

题 10-10 图

（3）E 点的应力状态如题 10-10 图（c）所示，其中

$$\sigma_D = \frac{F_N}{A} - \frac{M_y}{W_y} = \frac{4 \times 25\sqrt{3}}{\pi \times 0.03^2} - \frac{32 \times 5}{\pi \times 0.03^3} = -1.83 \times 10^6 (\text{Pa}) = -1.83 (\text{MPa})$$

$$\tau_D = \frac{T}{W_p} = \frac{16 \times 1.875}{\pi \times 0.03^3} = 0.354 \times 10^6 (\text{Pa}) = 0.354 (\text{MPa})$$

（4）将相关应力代入第四强度理论，得 D、E 两点的相当应力为

$$\sigma_{Dr4} = \sqrt{\sigma_D^2 + 3\tau_D^2} = \sqrt{1.17^2 + 3 \times 0.303^2} = 1.29 \times 10^6 (\text{Pa}) = 1.29 (\text{MPa})$$

$$\sigma_{Er4} = \sqrt{\sigma_E^2 + 3\tau_E^2} = \sqrt{1.83^2 + 3 \times 0.354^2} = 1.93 \times 10^6 (\text{Pa}) = 1.93 (\text{MPa})$$

10-11 如题 10-11 图所示，直径为 D 的圆截面杆，受到与轴线平行的压力 F 的作用。欲使横截面上不出现拉应力，试求压力作用点到圆心 O 的距离 e。

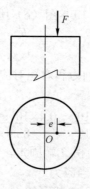

题 10-11 图

解：杆件受到偏心压力作用，属于压弯组合变形。欲使横截面上不出现拉应力，截面上的最大拉应力必须为零，即

$$\sigma_{\max} = \frac{M}{W} - \frac{F_N}{A} = \frac{32Fe}{\pi \times D^3} - \frac{4F}{\pi \times D^2} = 0$$

解得 $e \geqslant \dfrac{D}{8}$。

10-12 如题 10-12 图所示,铁道路标的圆形信号板安装在外径 D=60mm 的空心圆柱上,若信号板上所受的最大风压 p=3kPa,材料的许用应力 $[\sigma]$=60MPa,试按第三强度理论选择空心柱的壁厚。

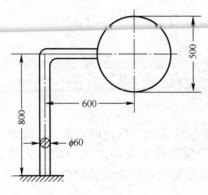

题 10-12 图

解:(1)信号板承受的风压力 $F = pA = 3000 \times \dfrac{\pi \times 0.5^2}{4} = 589(\text{N})$。

(2)危险截面在固定端处,其内力分别为

$$M = 0.8F = 471(\text{N} \cdot \text{m}), \quad T = 0.6F = 353(\text{N} \cdot \text{m})$$

(3)对于圆截面杆件,直接将危险截面的内力代入第三强度理论,即

$$\sigma_{r3} = \dfrac{1}{W}\sqrt{M^2+T^2} = \dfrac{32\sqrt{471^2+353^2}}{\pi D^3(1-\alpha^4)} \leqslant [\sigma] = 60 \times 10^6, \quad \alpha = \dfrac{d}{D} = \dfrac{D-2\delta}{D}$$

解得 $W = 9810 \text{mm}^3$, $d = 51.4 \text{mm}$, $\delta = 4.3 \text{mm}$。

10-13 如题 10-13 图所示,电动机的功率为 9kW,转速为 715r/min,皮带轮直径 D=250mm,主轴外伸部分长度 l=120mm,主轴直径 d=40mm。若许用应力 $[\sigma] = 60\,\text{MPa}$,试用第四强度理论校核轴的强度。

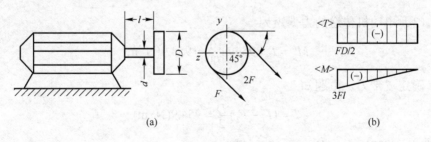

题 10-13 图

解:(1)主轴传递的力偶矩为

$$M_e = 9549 \times \dfrac{9}{715} = 120.2(\text{N} \cdot \text{m})$$

根据平衡条件，由 $2F \times \dfrac{D}{2} - F \times \dfrac{D}{2} = M_e$，解得 $F = 962\text{N}$。

（2）皮带力产生的弯矩为
$$M = 3F \times 120 = 346.3(\text{N} \cdot \text{m})$$

扭矩为
$$T = F \times \dfrac{D}{2} = 120.2(\text{N} \cdot \text{m})$$

（3）代入第四强度理论，得
$$\sigma_{r4} = \dfrac{1}{W}\sqrt{M^2 + 0.75T^2} = \dfrac{32}{\pi d^3}\sqrt{346.3^2 + 0.75 \times 120.2^2} = 57.5 \times 10^6(\text{Pa}) = 57.5(\text{MPa}) < [\sigma]$$

轴的强度条件满足。

10-14　如题 10-14 图所示传动轴，传递的功率为 10kW，转速为 100r/min。A 轮上的皮带是水平的，B 轮上的皮带是铅垂的。若两轮的直径均为 500mm，且 $F_1 > F_2$，$F_2 = 2\text{kN}$，$[\sigma] = 80\text{MPa}$。试用第三强度理论设计轴的直径 d。

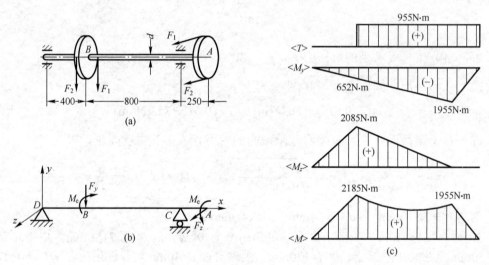

题 10-14 图

解：（1）电动机传递的力偶矩为
$$M_e = T = 9549\dfrac{10}{100} = 954.9(\text{N} \cdot \text{m})$$

（2）确定皮带力。由题知
$$T = (F_1 - F_2)\dfrac{D}{2} = 954.9(\text{N} \cdot \text{m})$$

解出 $F_1 = 5820\text{N}$，且 $F_1 + F_2 = 7820(\text{N})$。

（3）作内力图，将 F_1、F_2 向轴线简化如题 10-14 图（b）所示，分别作 T, M_y, M_z 和合成后的 M 图如题 10-14 图（c）所示。可知危险截面在 B 截面右侧，且
$$T_B = 955\text{N} \cdot \text{m}, \quad M_B = \sqrt{2085^2 + 652^2} = 2185(\text{N} \cdot \text{m})$$

（4）设计轴的直径。应用第三强度理论，在弯扭组合变形中 $\sigma_{r3} = \dfrac{1}{W}\sqrt{M^2+T^2} \leqslant [\sigma]$。故

$$d \geqslant \sqrt[3]{\dfrac{32\sqrt{M^2+T^2}}{\pi[\sigma]}} = \sqrt[3]{\dfrac{32\times\sqrt{2185^2+955^2}}{\pi\times 80\times 10^6}} = 6.72\times 10^{-2}(\text{m}) = 67.2(\text{mm})$$

10-15 如题10-15图所示钢质圆杆，同时受到轴向拉力 F，扭转力偶 T 和弯曲力偶 M 的作用，试用第四强度理论写出其强度条件表达式。该杆的横截面积 A、弯曲截面系数 W 为已知。

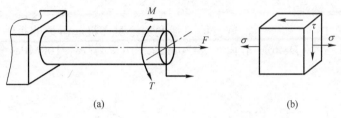

题 10-15 图

解：（1）钢质圆杆发生拉、弯、扭组合变形，任一横截面的内力均相同，即 $F_N = F$、T 和 M。故

$$\sigma = \dfrac{F_N}{A} + \dfrac{M}{W} = \dfrac{F}{A} + \dfrac{M}{W}, \quad \tau = \dfrac{T}{W_p} = \dfrac{T}{2W}$$

（2）危险点的应力状态如题10-15图（b）所示，代入第四强度理论得

$$\sigma_{r4} = \sqrt{\sigma^2+3\tau^2} = \sqrt{\left(\dfrac{F}{A}+\dfrac{M}{W}\right)^2 + 3\times\left(\dfrac{T}{2W}\right)^2} = \sqrt{\left(\dfrac{F}{A}+\dfrac{M}{W}\right)^2 + \dfrac{3}{4}\left(\dfrac{T}{W}\right)^2} \leqslant [\sigma]$$

如果采用第三强度理论，则

$$\sigma_{r3} = \sqrt{\sigma^2+4\tau^2} = \sqrt{\left(\dfrac{F}{A}+\dfrac{M}{W}\right)^2 + 4\times\left(\dfrac{T}{2W}\right)^2} = \sqrt{\left(\dfrac{F}{A}+\dfrac{M}{W}\right)^2 + \left(\dfrac{T}{W}\right)^2} \leqslant [\sigma]$$

10-16 如题10-16图所示小曲率曲杆，轴线半径 $R=300$mm，曲杆的横截面为圆形，直径 $d=30$mm。在杆端 A 处受到铅垂力 $F=1$kN 的作用。已知材料的许用应力 $[\sigma]=170$MPa，试根据第三强度理论校核该曲杆的强度。

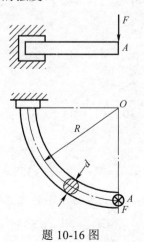

题 10-16 图

277

解：（1）曲杆的危险截面在固定端处，其内力为
$$F_s = F \text{（忽略不计）}, \quad T = FR, \quad M = FR$$

（2）代入第三强度理论圆轴弯扭组合变形下的强度条件，得
$$\sigma_{r3} = \frac{1}{W}\sqrt{M^2+T^2} = \frac{32}{\pi d^3}\sqrt{(FR)^2+(FR)^2} = \frac{32\sqrt{2}FR}{\pi d^3} = \frac{32\sqrt{2}\times 10^3 \times 0.3}{\pi \times 0.03^3}$$
$$= 160\times 10^6 (\text{Pa}) = 160(\text{MPa}) < [\sigma]$$

所以曲杆强度满足。

10-17 如题 10-17 图所示，试按第三强度理论对飞机起落架的折轴进行强度校核。此轴为管状截面，外径 D=80mm，内径 d=70mm，许用应力[σ]=100MPa，集中力 F_1 = 1kN，F_2 = 4kN。

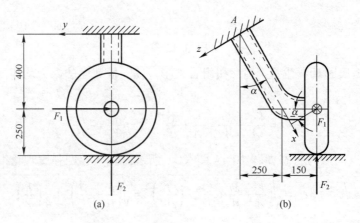

题 10-17 图

解：（1）确定危险截面及内力。由几何关系 $\tan\alpha = \dfrac{250}{400} = 0.625$，得 $\alpha = 32°$。折轴的危险截面在其根部固定端处。

F_2 产生弯矩为
$$M_y = F_2(250+150)\times 10^{-3} = 4\times 10^3 \times 400\times 10^{-3} = 1600(\text{N}\cdot\text{m})$$

由 F_1 产生扭矩
$$T = M_x = 150\times 10^{-3}\times \cos\alpha \times F_1 = 0.15\times \cos 32°\times 1\times 10^3 = 127(\text{N}\cdot\text{m})$$

由 F_1 产生弯矩
$$M_z = \left(\frac{400}{\cos\alpha}\times 10^{-3} + 150\sin\alpha\times 10^{-3}\right)F_1 = 551(\text{N}\cdot\text{m})$$

由 F_2 产生沿 x 轴向压力
$$F_N = F_2\cos\alpha = 4\times 10^3 \times \cos 32° = 3390(\text{N})$$

（2）强度校核。折轴为圆管，发生压弯扭组合变形，危险点的应力为
$$\alpha = \frac{d}{D} = \frac{70}{80} = 0.875$$

278

$$\sigma = \frac{\sqrt{M^2_y + M^2_z}}{W} + \frac{F_N}{A} = \frac{32}{\pi D^3(1-\alpha^4)}\sqrt{M^2_y + M^2_z} + \frac{4F_N}{\pi D^2(1-\alpha^3)}$$

$$= \frac{32}{\pi \times 0.08^3 \times (1-0.875^4)}\sqrt{1600^2 + 551^2} + \frac{4 \times 3390}{\pi \times 0.08^2 \times (1-0.875^2)}$$

$$= 81.4 \times 10^6 + 2.88 \times 10^6 = 84.2 \text{(MPa)}$$

$$\tau = \frac{T}{W_p} = \frac{16T}{\pi D^3(1-\alpha^4)} = \frac{16 \times 127}{\pi \times 0.08^3 \times (1-0.875^4)} = 3.05 \times 10^6 (\text{N/m}^2) = 3.05 \text{(MPa)}$$

代入第三强度理论

$$\sigma_{r3} = \sqrt{\sigma^2 + 4\tau^2} = \sqrt{84.2^2 + 4 \times 3.05^2} = 84.4 \times 10^6 (\text{Pa}) = 84.4 \text{M(Pa)} < [\sigma] = 100 \text{MPa}$$

强度满足。

需要指出：①在材料力学中，力的平移是受严格限制的。虽然本题力 F_1 的平移改变了折轴水平段的受力和变形状况，但在确定危险截面在固定端条件下，当研究给定截面的内力时力的平移是允许的，且给受力和应力分析带来方便。②尽管危险截面是空心圆管，由于其上除了扭矩和弯矩外，还有轴力，故第三强度理论的表达式只能是 $\sigma_{r3} = \sqrt{\sigma^2 + 4\tau^2} \leqslant [\sigma]$。

10-18 如题 10-18 图所示，直径为 d 的圆截面平面直角折杆 ABC（$AB \perp BC$，位于 $x-z$ 平面），与 CD 杆（圆截面，直径为 d_0）铰接于 C 点。集中力 F 作用于直角拐 B 点，试按第三强度理论校核折杆的强度。设平面折杆 ABC 和 CD 杆为同一材料，材料参数和几何尺寸分别为 σ_s=240MPa，σ_p=200MPa，E=200GPa，G=80GPa，d=50mm，d_0=10mm，l=1m，F=200N，强度安全系数 $n=2$。不考虑 CD 杆的稳定问题。

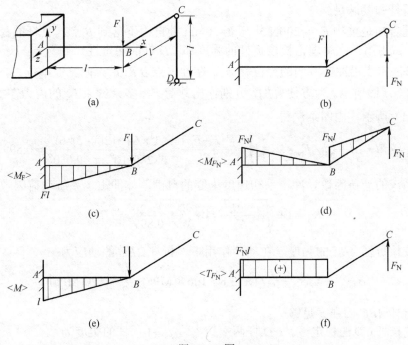

题 10-18 图

解：（1）结构属于一次超静定，取相当系统如题 10-18 图（b）所示，对应变形协调条件为

$$\Delta_{Cy} = \Delta l_{CD} \tag{1}$$

其中

$$\Delta_{Cy} = \frac{Fl^3}{3EI} - \frac{F_N l^3}{3EI} \times 2 - \frac{F_N l^3}{GI_p}, \quad \Delta l_{CD} = \frac{F_N l}{EA}$$

代入式（1），即

$$F_N \left(\frac{l}{EA} + \frac{l^3}{GI_p} + \frac{2l^3}{3EI} \right) = \frac{Fl^3}{3EI} \tag{2}$$

将 E、G、$A = \frac{\pi}{4}d_0^2$、$I = \frac{\pi}{64}d^4$，$I_p = \frac{\pi}{32}d^4$ 及 F、l 代入式（2）解得

$$F_N = 34.6\text{N}$$

（2）由折杆的内力图题 10-18 图（c）、（d）、（f）可知，危险截面在固定端 A 处，各内力分量为

$$T_{\max} = F_N l = 34.6 \times 1 = 34.6(\text{N} \cdot \text{m})$$

$$M_{\max} = (F - F_N)l = (200 - 34.6) \times 1 = 165.4(\text{N} \cdot \text{m})$$

代入弯扭组合变形下的第三强度理论表达式，得

$$\sigma_{r3} = \frac{\sqrt{M_{\max}^2 + T_{\max}^2}}{W} = \frac{32\sqrt{165.4^2 + 34.6^2}}{\pi \times 0.05^3} = 13.8 \times 10^6 (\text{Pa}) = 13.8(\text{MPa}) < \frac{\sigma_s}{2} = 120(\text{MPa})$$

所以折杆强度满足。

若此题告知是重物 $F = 200$N 从高 $h=20$mm 处自由下落到 B 点，且杆的稳定安全系数 $n_{st} = 3$，试用第三强度理论校核折杆的强度和 CD 杆的稳定性，则有

（3）求冲击点沿冲击方向的静位移 Δ_{st}。在冲击点 B 沿 F 方向施以单位力，作内力图如题 10-18（e）图所示。为方便叠加，分别作出载荷 F、多余约束 F_N 的内力图如题 10-18 图（c）、（d）所示。由图乘法得

$$\Delta_{Bst} = \frac{1}{EI}\left(\frac{1}{2}l \times Fl \times \frac{2}{3}l - \frac{1}{2}l \times F_N \times l \times \frac{2}{3}l \right) = \frac{l^3(F - F_N)}{3EI} = \frac{1^3 \times 64 \times (200 - 34.6)}{3 \times 200 \times 10^9 \times \pi \times 0.050^4} = 0.899 \times 10^{-3}(\text{m})$$

（4）系统的动荷因数。冲击系初速度为零的自由落体冲击，系统动荷因数为

$$K_d = 1 + \sqrt{1 + \frac{2h}{\Delta_{Bst}}} = 1 + \sqrt{1 + \frac{2 \times 20}{0.899}} = 7.74$$

（5）校核折杆 ABC 的强度。在动荷作用下，折杆 ABC 的动应力

$$\sigma_{d\max} = K_d \sigma_{r3} = 7.74 \times 13.8 = 106.8(\text{MPa}) < \frac{\sigma_s}{2} = 120(\text{MPa})$$

所以折杆 ABC 的强度足够。

（6）校核杆 CD 的稳定性。CD 杆两端铰支，$\mu = 1$，杆的柔度为

$$\lambda = \frac{\mu l}{i} = \frac{4\mu l}{d} = \frac{4 \times 1 \times 1}{10 \times 10^{-3}} = 400$$

$$\lambda_p = \sqrt{\frac{\pi^2 E}{\sigma_p}} = \sqrt{\frac{\pi^2 \times 200 \times 10^9}{200 \times 10^6}} = 99.3 < \lambda$$

杆 CD 系大柔度杆，应选用欧拉公式计算杆的临界载荷

$$F_{cr} = \frac{\pi^2 EI}{(\mu l)^2} = \frac{\pi^2 \times 200 \times 10^9 \times \pi \times 10^4 \times 10^{-12}}{64 \times (1 \times 1)^2} = 969(\text{N})$$

$$n = \frac{F_{cr}}{K_d F_N} = \frac{969}{7.74 \times 34.6} = 3.62 > n_{st} = 3$$

杆 CD 的稳定性足够。

因此，冲击发生时，折杆 ABC 的强度满足，CD 杆的稳定性足够。

第 11 章 压 杆 稳 定

11.1 教学目标及章节理论概要

11.1.1 教学目标

（1）理解稳定平衡、不稳定平衡和临界载荷的概念。
（2）熟悉两端铰支压杆临界载荷公式的推导过程，掌握 4 种常见约束形式细长杆的临界载荷的计算。
（3）理解压杆柔度、临界应力和临界应力总图的概念，熟练掌握大柔度杆、中柔度杆和小柔度杆 3 类压杆的判别方法及其临界载荷的计算和稳定性校核方法。
（4）了解根据压杆稳定性条件设计杆件截面的稳定系数法。
（5）掌握提高压杆稳定性的主要措施。

11.1.2 章节理论概要

1. 压杆稳定的基本概念

对中心受压直杆在直线平衡状态时，当压力 $F < F_{cr}$ 时，杆件受到干扰后变为弯曲平衡状态，干扰撤除后，压杆仍能恢复原来的直线平衡状态，称压杆为稳定平衡；当压力 $F > F_{cr}$ 时，杆件受到干扰后变为弯曲平衡状态，干扰撤除后，压杆不能恢复原来的直线平衡状态，称压杆丧失稳定（失稳）或屈曲；当压力 $F = F_{cr}$ 时，压杆处于临界平衡状态。压杆保持直线平衡状态所能承受的最大载荷 F_{cr} 称为压杆的临界载荷。

2. 细长压杆的临界载荷

不同支承条件下压杆的长度系数 μ，两端铰支（$\mu = 1$）；两端固定（$\mu = 0.5$）一端固定，一端铰支（$\mu = 0.7$）；一端固定，一端自由（$\mu = 2$）。

大柔度杆临界载荷或临界应力的欧拉公式

$$F_{cr} = \frac{\pi^2 EI}{(\mu l)^2}, \quad \sigma_{cr} = \frac{\pi^2 E}{\lambda^2} \tag{11-1}$$

3. 压杆的分类和稳定性条件

（1）柔度 λ 又称为压杆的长细比，是压杆长度（l）、支承（约束）方式（μ）、截面几何性质（i）对压杆临界载荷的综合影响的反映。λ_p、λ_s 的计算公式为

$$\lambda_\mathrm{p} = \sqrt{\frac{\pi^2 E}{\sigma_\mathrm{p}}}, \quad \lambda_\mathrm{s} = \frac{a - \sigma_\mathrm{s}}{b} \tag{11-2}$$

（2）压杆可以分为 3 类：$\lambda \geqslant \lambda_\mathrm{p}$ 为大柔度杆（又称细长杆），发生弹性失稳，用欧拉公式计算临界载荷（或应力）；$\lambda_\mathrm{s} \leqslant \lambda \leqslant \lambda_\mathrm{p}$ 为中柔度杆，属弹塑性稳定问题，用经验公式计算其临界应力；$\lambda < \lambda_\mathrm{s}$ 为小柔度杆（又称短粗杆），发生强度失效而不是失稳，用强度条件确定临界应力。

根据 λ 所处的范围，对 3 类压杆以不同的临界应力计算方法而给出的 $\sigma_\mathrm{cr} - \lambda$ 曲线，称为压杆的临界应力总图。

（3）压杆的稳定性条件。

安全因数法 F 为压杆的工作载荷，F_cr 为压杆的临界载荷，n 为工作安全因数，n_st 为稳定安全因数，则压杆的稳定性条件为

$$n = \frac{F_\mathrm{cr}}{F} \geqslant n_\mathrm{st} \tag{11-3}$$

也可仿照强度条件，用压杆实际受力（或应力）与稳定许用压力（或应力）进行比较，即

$$F_\max \leqslant [F_\mathrm{st}] = \frac{F_\mathrm{cr}}{n_\mathrm{st}} \quad \text{或} \quad \sigma_\max \leqslant [\sigma_\mathrm{st}] = \frac{\sigma_\mathrm{cr}}{n_\mathrm{st}}$$

4. 稳定系数法校核压杆的稳定性

$$\sigma = \frac{F_\mathrm{N}}{A} \leqslant \varphi[\sigma] \tag{11-4}$$

式中：F_N 为压杆的轴力，$[\sigma]$ 为许用正应力，φ 为稳定因数。

5. 提高压杆稳定性的主要措施

（1）选择合理的截面形状，尽可能增加惯性半径 i。尽量使两形心主惯性轴的惯性半径相等（$i_y = i_z$）；不同约束条件下 $\lambda_y = \lambda_z$ 等。

（2）改变压杆的约束条件，降低长度因数 μ。

（3）增加中间支座，减小压杆长度 l。

（4）合理选择材料。中、小柔度压杆，选用高强钢以提高 σ_s 等。

本章重点为在充分理解压杆稳定概念的基础上，正确区分 3 类压杆并准确应用各自对应的临界应力（载荷）的计算公式，确定压杆的临界载荷并进行稳定计算。最终对整个结构作出安全评估。

11.1.3 重点知识思维导图

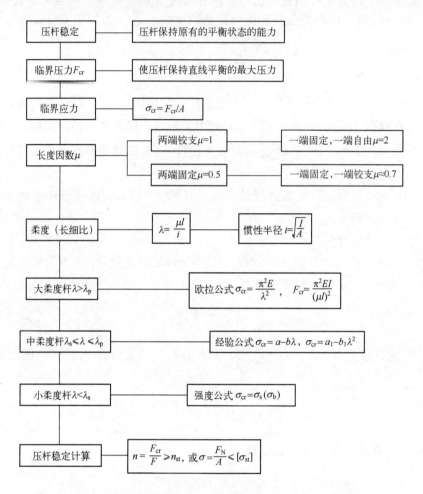

11.2 习题分类及典型例题辅导与精析

11.2.1 习题分类

（1）压杆临界载荷公式的推导。
（2）压杆临界载荷的计算。
（3）杆件体系的稳定性校核或许可载荷的确定。
（4）压杆横截面几何尺寸的设计。

11.2.2 解题要求

（1）明确稳定平衡、不稳定平衡和临界载荷的概念，理解二端铰支压杆临界载荷公式的推导过程。
（2）理解长度因数的力学意义，熟练掌握常见4种约束形式细长杆的临界载荷的计算。

(3) 明确压杆柔度、临界应力和临界应力总图的概念，熟练掌握大柔度杆、中柔度杆和小柔度杆 3 类压杆的判别方法及其临界载荷的计算和稳定性的校核方法。

(4) 了解根据压杆稳定性条件设计杆件截面的稳定（折减）系数法。

(5) 了解提高压杆稳定性的主要措施。

11.2.3 典型例题辅导与精析

例 11-1 例 11-1 图所示结构，AB 杆及 AC 杆均为等截面钢杆，直径 $d=40\text{mm}$，$l_{AB}=600\text{mm}$，$l_{AC}=1200\text{mm}$，材料为 Q235 钢，$E=200\text{GPa}$，$\sigma_s=240\text{MPa}$，$\lambda_p=100$，$\lambda_s=57$，$a=304\text{MPa}$，$b=1.12\text{MPa}$。若两杆的安全系数均取 2，试求结构的最大许可载荷。

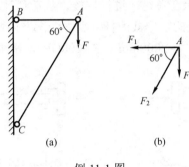

例 11-1 图

解：围绕 A 用截面法取出一分离体，如例 11-1 图（b）所示。采用设正法，由平衡方程得

$$F_1 = \frac{1}{\sqrt{3}}F, \qquad F_2 = -\frac{2}{\sqrt{3}}F$$

所以 AB 杆受拉，为强度问题；AC 杆受压，可能存在稳定问题。因此，结构的最大许可载荷应为由 AB 轴力及 AC 极限载荷分别确定的许可载荷中的小者。

(1) 对 AB 杆，为拉伸强度问题，最大轴力

$$F_1 \leqslant A_1[\sigma] = A_1\frac{\sigma_s}{n_s} = \frac{\pi \times 40^2 \times 10^{-6}}{4} \times \frac{240 \times 10^6}{2} = 150.8 \times 10^3 (\text{N}) = 150.8(\text{kN})$$

设 AB 杆破坏，结构所能承受的最大许可载荷 $[F] = \sqrt{3}F_1 \leqslant \sqrt{3} \times 150.8 = 261(\text{kN})$。

(2) 对 AC 杆，受到压缩作用，存在失稳可能性，故先计算柔度，判断失效形式。圆截面杆的惯性半径

$$i = \frac{d}{4} = \frac{40}{4} = 10(\text{mm})$$

柔度为

$$\lambda = \frac{\mu l_{AC}}{i} = \frac{1 \times 1200}{10} = 120 > \lambda_p$$

故 AC 杆为大柔度杆，发生失稳破坏，应选用欧拉公式计算临界载荷。

$$F_2 \leqslant A_2 \frac{\sigma_{cr}}{n_{st}} = \frac{\pi \times 40^2 \times 10^{-6}}{4} \times \frac{\pi^2 \times 200 \times 10^9}{2 \times 120^2} = 86.1 \times 10^3 (\text{N}) = 86.1 (\text{kN})$$

若AC杆处于失稳的临界状态，结构所能承受的最大许可载荷为

$$[F] = \frac{\sqrt{3}}{2} F_2 \leqslant \frac{\sqrt{3}}{2} \times 86.1 = 74.6 (\text{kN})$$

因此，该结构的最大许可载荷为 74.6kN。

【评注】①若从AC杆的强度考虑 $F_2 \leqslant A_2 [\sigma] = \frac{\pi \times 40^2 \times 10^{-6}}{4} \times \frac{240 \times 10^6}{2} = 150.8 (\text{kN})$ 。若该杆由于强度不足而破坏，则结构所能承受的最大许可载荷 $[F] = \frac{\sqrt{3}}{2} F_2 \leqslant \frac{\sqrt{3}}{2} \times 150.8 = 130.6 (\text{kN})$ 。可见，对于压杆，稳定性问题要比强度问题优先考虑。②当强度问题和稳定性问题同时存在时，应全面综合考虑，进行校核、载荷估计和截面设计。

例 11-2 用Q235钢制成的矩形截面杆，受力情况及两端销钉支撑情况如例11-2图所示，b=40mm，h=75mm，l=2000mm，E=200GPa，试求压杆的临界应力。

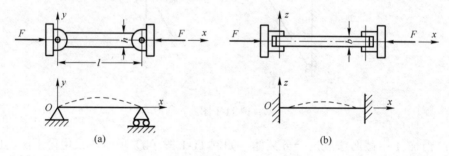

例 11-2 图

解： 由题知结构在 xoy 和 xoz 平面约束不同，几何性质不同，因此要确定临界载荷（应力），必须判断在哪个平面内柔度最大，则其临界载荷最小。

（1）柔度计算。在 xoy 平面内失稳（例11-2图（a）），两端可视为铰支，$\mu = 1$。故

$$i_z = \sqrt{\frac{I_z}{A}} = \sqrt{\frac{bh^3/12}{bh}} = \sqrt{\frac{h^2}{12}} = 21.65 (\text{mm}), \quad \lambda_z = \frac{\mu l}{i_z} = \frac{1 \times 2000}{21.65} = 97$$

在 xoz 平面内失稳（例11-2图（b）），两端可视为固支，$\mu = 0.5$。故

$$i_y = \sqrt{\frac{I_y}{A}} = \sqrt{\frac{b^3 h/12}{bh}} = \sqrt{\frac{b^2}{12}} = 11.55 (\text{mm}), \quad \lambda_y = \frac{\mu l}{i_y} = \frac{0.5 \times 2000}{11.55} = 86.7$$

由于 $\lambda_z > \lambda_y$，故压杆将在 xoy 平面内先达到临界载荷，发生失稳。

（2）计算临界应力。对于Q235钢，由于 $\lambda_s = 60 < \lambda_z < \lambda_p = 100$，压杆属于中柔度杆，选用直线经验公式计算临界应力。查表知 a=304MPa，b=1.12MPa，临界应力为

$$\sigma_{cr} = a - b\lambda_z = 304 - 1.12 \times 97 = 195.0 (\text{MPa})$$

【评注】①机械传动中的各类连杆，与本例中的压杆情形相类似，这类压杆不能片面地从杆端约束来判断以何种方式失稳，也不能片面地从截面的抗弯刚度来判断，而应当根据柔度判断，因为柔度是杆端约束、截面形状尺寸以及杆长等因素的综合体现。②在

设计压杆时,应尽量使杆在各个方向的柔度相等。请读者思考本例中若要两个方向柔度相同,h与b的比值应为多少?

例11-3 如例11-3图(a)所示,梁AB和杆CD材料相同,梁的横截面为矩形,高h=60mm,宽b=20mm,CD杆直径为d=25mm,l=1m,材料的弹性模量$E=200$GPa,$\sigma_p=200$MPa,稳定安全因数$n_{st}=2.5$,一重物W=3kN自高度H处自由下落至梁上B点,试求:

(1)当压杆CD达到许可压力时,允许下落高度H为多大?

(2)此时梁内最大动应力是多少?

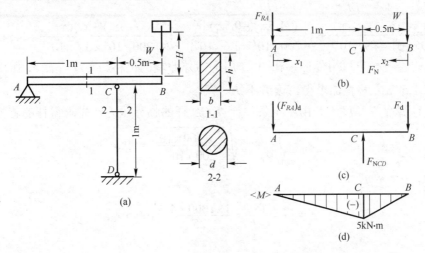

例11-3图

解: 这是一道冲击载荷、压杆稳定、弯曲强度、弯曲变形诸多问题于一题的综合性试题。自由落体冲击动载荷中关键是计算冲击点沿冲击方向的静位移,从而确定动荷因数,其余则等同于静载荷问题。

(1)计算冲击点B的竖向静位移。

AB梁:

$$I = \frac{bh^3}{12} = \frac{20 \times 60^3 \times 10^{-12}}{12} = 3.6 \times 10^{-7} (\text{m}^4)$$

CD杆:

$$A = \frac{\pi d^2}{4} = \frac{\pi}{4}(25 \times 10^{-3})^2 = 4.9 \times 10^{-4} (\text{m}^2)$$

对AB梁受静载荷W时作平衡分析(例11-3图(b)),由$\sum M_A = 0$,得CD杆的轴力为

$$F_N = 1.5W = 4.5 (\text{kN})$$

由$\sum M_C = 0$,得$F_{RA} = 0.5W = 1.5\text{kN}(\downarrow)$。

列梁的弯矩方程。

AC段:

$$M_1(x_1) = -F_{RA}x_1 = -1.5x_1$$

BC 段：
$$M_2(x_2) = -Wx_2 = -3x_2$$

由单位载荷法求 B 处的静位移，令 $W=1$，得单位力作用时结构的内力
$$\overline{F_N} = 1.5, \quad \overline{M_1} = -0.5x_1, \quad \overline{M_2} = -x_2$$

B 点处静位移为
$$\Delta_{st} = \frac{F_N\overline{F_N}l}{EA} + \int_0^1 \frac{M_1\overline{M_1}\mathrm{d}x_1}{EI} + \int_0^{0.5} \frac{M_2\overline{M_2}\mathrm{d}x_2}{EI}$$
$$= \frac{4.5\times10^3 \times 1.5 \times 1}{200\times10^9 \times 4.9\times10^{-4}} + \int_0^1 \frac{(-1.5x_1)(-0.5x_1)\mathrm{d}x_1}{200\times10^9 \times 3.6\times10^{-7}} + \int_0^{0.5} \frac{(-3x_2)(-x_2)\mathrm{d}x_2}{200\times10^9 \times 3.6\times10^{-7}} = 5.3\times10^{-3}(\mathrm{m})$$

B 点的静位移也可用外伸梁在 W 作用下的外伸端的位移与 CD 杆在 F_N 作用下 C 点下降量的 1.5 倍之和叠加求得，读者不妨一试。

（2）计算允许高度 H。由稳定条件计算 CD 杆的临界压力，先求得杆的临界柔度
$$\lambda_p = \sqrt{\frac{\pi^2 E}{\sigma_p}} = \sqrt{\frac{\pi^2 \times 200\times10^9}{200\times10^6}} = 99.3$$

CD 杆的柔度为
$$\lambda = \frac{\mu l}{i} = \frac{1\times l}{\frac{d}{4}} = \frac{1\times 1000 \times 4}{25} = 160 > \lambda_p$$

故 CD 杆为细长压杆，可由欧拉公式计算临界压力为
$$F_{cr} = \frac{\pi^2 E}{\lambda^2}A = \frac{\pi^2 \times 200\times10^9}{160^2} \times (4.9\times10^{-4}) = 37.8\times10^3(\mathrm{N}) = 37.8(\mathrm{kN})$$

CD 杆的许可压力为
$$F_{NCD} = \frac{F_{cr}}{n} = \frac{37.8}{2.5} = 15(\mathrm{kN})$$

由 $\sum M_A = 0$，求 B 点许可载荷为
$$F_d = \frac{F_{NCD}}{1.5} = 10(\mathrm{kN})$$

又
$$F_d = K_d W = W\left[1 + \sqrt{1 + \frac{2H}{\Delta_{st}}}\right]$$

可解出 $H=11.8\mathrm{mm}$。

（3）计算梁内最大动应力。根据动载荷情况下的受力情况（例 11-3 图（c））作 AB 梁的弯矩图（例 11-3 图（d）），图中看出梁中最大动弯矩为
$$|M|_{max} = 5\mathrm{kN}\cdot\mathrm{m}$$

代入最大正应力公式，得

$$\sigma_{\text{dmax}} = \frac{|M|_{\max} \frac{h}{2}}{I} = \frac{5 \times 10^3 \times 30 \times 10^{-3}}{3.6 \times 10^{-7}} = 4.16 \times 10^6 (\text{Pa}) = 4.16 (\text{MPa})$$

【评注】该题是一个动载荷、稳定性和弯曲变形的综合题目。对动载荷问题，首先可按静载荷分析，求出冲击点处的静位移，确定动荷系数。而讨论 CD 压杆的稳定性时，必须先计算杆的柔度，判断该杆属于哪一类压杆，选择正确的临界压力计算公式，该题计算工作量较大，在运算时要仔细，尤其是静位移的计算。

11.3 考点及考研真题辅导与精析

本章考点一般包括：①基本概念的掌握，主要是临界力的含义，影响临界力的因素等；②判断压杆的类型、计算压杆的临界载荷；③强度、刚度、压杆稳定、动载荷、超静定等的综合计算；④极少涉及压杆临界载荷欧拉公式的推导和稳定因数法中折减系数的计算。

1. 有关受轴向压缩的等直杆失稳的临界压力，下列说法正确的是（　　）。（浙江大学；5 分）

（A）临界压力总是跟杆件长度成反比

（B）临界压力总是跟杆件长度平方成正比

（C）临界压力总是跟杆件长度平方成反比

（D）以上说法都不对

答：（C）。由式（11-1）$F_{\text{cr}} = \dfrac{\pi^2 EI}{(\mu l)^2}$，结果一目了然。

2. 若压杆在 x，y 两个形心主轴方向上的约束情况不同，且 $\mu_y > \mu_z$，该压杆的最合理截面应满足的条件是（　　）。（西南交通大学；3 分）

（A）$I_y = I_z$　　（B）$I_y < I_z$　　（C）$i_y = i_z$　　（D）$\lambda_y = \lambda_z$

答：正确的选项为（D）。压杆的最合理截面应满足条件是两个形心主惯性平面的临界应力相等。由临界应力总图可知，就是要求 $\lambda_y = \lambda_z$。对同一根杆，当 $\mu_y > \mu_z$ 时，则 $I_y > I_z$。

3. 在题 3 图所示铰接杆系 ABC 中，AB 和 BC 皆为细长杆，且截面相同，材料一样。若因在 ABC 平面内失稳而破坏，并规定 $0 < \theta < \dfrac{\pi}{2}$，试确定 F 为最大值时的 θ 角。（西北工业大学；15 分）

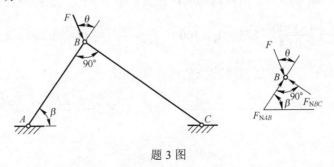

题 3 图

解：欲使 F 为最大值，则两根杆同时失稳（达到各自的临界载荷）。

（1）求出各杆轴力。由截面法，取节点 B 附近杆件作受力分析，得
$$F_{NAB} = F\cos\theta, \quad F_{NBC} = F\sin\theta$$

（2）设 $\overline{AC} = l$。因杆的两端均为铰支，$\mu = 1$。题知两杆皆为细长压杆，故用欧拉公式计算临界压力
$$F_{NAB} = (F_{cr})_{AB} = \frac{\pi^2 EI}{(\mu l_{AB})^2} = \frac{\pi^2 EI}{(l\cos\beta)^2} = F\cos\theta$$

$$F_{NBC} = (F_{cr})_{BC} = \frac{\pi^2 EI}{(\mu l_{BC})^2} = \frac{\pi^2 EI}{(l\sin\beta)^2} = F\sin\theta$$

所以 $\tan\theta = \cot^2\beta$，即 $\theta = \arctan(\cot^2\beta)$。

4. 题 4 图所示平面结构，AB 为刚性横梁，杆 1 和杆 2 均由 Q235 钢制成的细长杆，$E = 200\text{GPa}$，截面为圆形 $d_1 = 30\text{mm}$，$d_2 = 26\text{mm}$，$l = 1300\text{mm}$，试求此结构的临界载荷 F_{cr}。（长安大学；20 分）

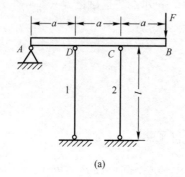
(a)

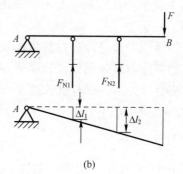
(b)

题 4 图

解：（1）结构为一次超静定，由静力平衡方程 $\sum M_A = 0$ 得 $F_{N1} + 2F_{N2} = 3F$。设杆 1 和杆 2 均受压，变形协调关系：$2\Delta l_1 = \Delta l_2$，其中物理关系 $\Delta l_1 = \frac{F_{N1}l}{EA_1}$，$\Delta l_2 = \frac{F_{N2}l}{EA_2}$ 代入变形协调关系，且 $A_1 = \frac{\pi d_1^2}{4}$，$A_2 = \frac{\pi d_2^2}{4}$，整理得 $F_{N2} = 1.5F_{N1}$。

所以，可得两杆轴力 $F_{N1} = 0.75F$，$F_{N2} = 1.125F$。

（2）求两杆的临界压力。两杆均为两端铰支，故 $\mu = 1$，柔度系数为
$$\lambda_1 = \frac{\mu l}{i_1} = \frac{1 \times 1300}{30/4} = 173 > \lambda_p = 100, \quad \lambda_2 = \frac{\mu l}{i_2} = \frac{1 \times 1300}{26/4} = 200 > \lambda_p = 100$$

所以两杆均为细长杆，临界压力用欧拉公式计算，即
$$F_{N1} \leq F_{cr1} = \frac{\pi^2 EI_1}{l^2} = \frac{\pi^3 Ed_1^4}{64l^2}, \quad F_{N2} \leq F_{cr2} = \frac{\pi^2 EI_2}{l^2} = \frac{\pi^3 Ed_2^4}{64l^2}$$

假设杆 1 先失稳，则

$$F_{\text{cr}}^{(1)} = \frac{4}{3} F_{\text{N}1} \leqslant \frac{4}{3} \frac{\pi^3 E d_1^4}{64 l^2} = \frac{4 \times \pi^3 \times 200 \times 10^9 \times 0.03^4}{3 \times 64 \times 1.3^2} = 61.92 \times 10^3 (\text{N}) = 61.92(\text{kN})$$

假设杆 2 先失稳，则

$$F_{\text{cr}}^{(2)} = \frac{1}{1.125} F_{\text{N}2} \leqslant \frac{1}{1.125} \frac{\pi^3 E d_1^4}{64 l^2} = \frac{4 \times \pi^3 \times 200 \times 10^9 \times 0.026^4}{1.125 \times 64 \times 1.3^2} = 23.3 \times 10^3 (\text{N}) = 23.3(\text{kN})$$

所以，此结构的临界载荷 $F_{\text{cr}} = 23.3$kN。

5. 题 5 图所示结构，梁 AC 的截面为矩形，h=180mm，b=100mm，圆杆 CD 的直径 d=20mm。两杆的弹性模量 E=200GPa，比例极限 σ_p=200MPa，屈服极限 σ_s=235MPa，强度安全系数 n=2.0，稳定安全系数 n_st=3.0，直线公式系数 a=461MPa、b=2.568MPa。梁在截面 B 处受铅直力 F 作用，求其许用值。（浙江大学；30 分）

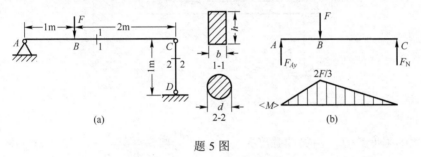

题 5 图

解：（1）梁的强度计算。由题 5 图（b）可知，梁的最大弯矩 $M_{\max} = \dfrac{2F}{3}$。代入梁的强度条件 $\sigma_{\max} = \dfrac{M_{\max}}{W_z} = \dfrac{2F/3}{bh^2/6} = \dfrac{4F}{bh^2} \leqslant [\sigma] = \dfrac{\sigma_\text{s}}{n}$，得

$$[F_1] \leqslant \frac{bh^2 \sigma_\text{s}}{4n} = \frac{0.1 \times 0.18^2 \times 235 \times 10^6}{4 \times 2} = 95.2 \times 10^3 (\text{N}) = 95.2(\text{kN})$$

（2）压杆的稳定性计算。由题 5 图（b）可知，CD 杆的轴力 $F_\text{N} = \dfrac{F}{3}$。CD 杆两端铰支，故 $\mu=1$，柔度系数为

$$\lambda = \frac{\mu l}{i} = \frac{\mu l}{d/4} = \frac{1 \times 1000 \times 4}{20} = 200$$

而

$$\lambda_\text{p} = \sqrt{\frac{\pi^2 E}{\sigma_\text{p}}} = \sqrt{\frac{\pi^2 \times 200 \times 10^9}{200 \times 10^6}} = 99.3 < \lambda$$

压杆为细长杆，临界压力用欧拉公式计算，即

$$[F_2] = 3F_\text{N} \leqslant 3\frac{F_{\text{cr}}}{n_\text{st}} = \frac{\pi^2 EI}{(\mu l)^2} = \frac{\pi^2 \times 200 \times 10^9 \times \pi \times 0.02^4}{64 \times (1 \times 1)^2} = 15.5 \times 10^3 (\text{N}) = 15.5(\text{kN})$$

所以结构的许可载荷 [F]=15.5kN。

6. 如题 6 图所示，BH 梁和 CK 杆横截面均为矩形截面（h=60mm，b=40mm），l=4m，

材料均为 Q235 钢，$E=200\mathrm{GPa}$，$\sigma_\mathrm{p}=200\mathrm{MPa}$，$\sigma_\mathrm{s}=240\mathrm{MPa}$，$[\sigma]=120\mathrm{MPa}$，$n_\mathrm{st}=3$。经验公式 $\sigma_\mathrm{cr}=(304-1.12\lambda)(\mathrm{MPa})$。①当载荷在 BH 梁上无冲击地移动时，求许可载荷 $[F]$；②为提高结构的承载能力，可采取哪些改进措施。(定性讨论) (吉林大学；20 分)

解：(1) 确定危险位置。当 F 移动到梁左端 B 时，梁的最大弯矩 $M_{1\max}=\dfrac{Fl}{4}$；当 F 移动到梁右端 H 时，梁的最大弯矩 $M_{2\max}=\dfrac{Fl}{2}$；当 F 移动到梁 CD 段中点时，梁的最大弯矩 $M_{3\max}=\dfrac{Fl}{4}$。由此可知梁中的最大弯矩 $M_{\max}=\dfrac{Fl}{2}$。当 F 移动到 B 截面时，CK 杆的轴力最大 $F_{N\max}=\dfrac{5}{4}F$。

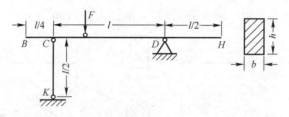

题 6 图

(2) 梁的强度计算。由梁的强度条件 $\sigma_{\max}=\dfrac{M_{\max}}{W_z}=\dfrac{Fl/2}{bh^2/6}=\dfrac{3Fl}{bh^2}\leqslant [\sigma]$，得

$$[F_1]\leqslant \dfrac{bh^2[\sigma]}{3l}=\dfrac{0.04\times 0.06^2\times 120\times 10^6}{3\times 4}=1.44\times 10^3(\mathrm{N})=1.44(\mathrm{kN})$$

(3) 压杆的稳定性计算。CK 杆两端铰支，故 $\mu=1$，柔度系数为

$$\lambda=\dfrac{\mu l_{CK}}{i_{\min}}=\dfrac{\mu l/2}{\sqrt{b^2/12}}=\dfrac{1\times 2000\times \sqrt{12}}{40}=173>\lambda_\mathrm{p}=100$$

压杆为细长杆，临界压力用欧拉公式计算，即

$$[F_2]\leqslant \dfrac{4}{5}\times \dfrac{F_\mathrm{cr}}{n_\mathrm{st}}=\dfrac{4}{5}\times \dfrac{\pi^2 EI_{\min}}{(\mu l)^2 n_\mathrm{st}}=\dfrac{4}{5}\times \dfrac{\pi^2\times 200\times 10^9\times 0.06\times 0.04^3}{12\times (1\times 2)^2\times 3}=42.1\times 10^3(\mathrm{N})=42.1(\mathrm{kN})$$

所以结构的许可载荷 $[F]=1.44\mathrm{kN}$。

(4) 由计算结果可见，许可载荷由梁的强度决定，所以可以通过降低梁内的最大弯矩来提高结构的承载能力。例如，可以改变支座位置，将 D 支座右移，使得 DH 长度接近 $l/4$，此时梁内的最大弯矩将降低到 $M'_{2\max}=\dfrac{5Fl}{16}$。同时，$CD$ 杆的压力也会略微减小。

7. 题 7 图所示简易起重装置为平面结构，杆 AB 和 BC 在点 B 铰接，在点 B 用钢索起吊一重量为 W 的重物。杆 BC 为直径 $d=60\mathrm{mm}$ 的圆截面杆，杆长 $l=2\mathrm{m}$，材料为 Q235 钢，弹性模量 $E=206\mathrm{GPa}$，$\sigma_\mathrm{p}=200\mathrm{MPa}$，$\sigma_\mathrm{s}=235\mathrm{MPa}$，直线经验公式系数 $a=304\mathrm{MPa}$，$b=1.12\mathrm{MPa}$，稳定安全系数 $n_\mathrm{st}=3$，试根据结构在图示平面内的稳定性确定重物的最大重量。(南京航空航天大学；20 分)

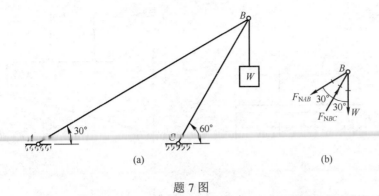

题 7 图

解：(1) 计算 BC 杆的轴力，取题 7 图（b）研究对象，列静力平衡方程：

$$\sum F_x = 0, \quad F_{NBC}\cos 60° = F_{NAB}\cos 30°$$

$$\sum F_y = 0, \quad F_{NBC}\sin 60° = F_{NAB}\sin 30° + W$$

解得 $F_{NBC} = \sqrt{3}W$，$F_{NAB} = W$。

(2) 计算压杆 BC 的临界载荷。杆 BC 两端铰支，故 $\mu = 1$，柔度系数为

$$\lambda = \frac{\mu l}{i} = \frac{\mu l}{d/4} = \frac{1 \times 2000 \times 4}{60} = 133.3$$

而

$$\lambda_p = \sqrt{\frac{\pi^2 E}{\sigma_p}} = \sqrt{\frac{\pi^2 \times 206 \times 10^9}{200 \times 10^6}} = 100.8 < \lambda, \quad \lambda_s = \frac{a - \sigma_s}{b} = \frac{304 - 235}{1.12} = 61.6$$

所以压杆为大柔度杆，临界压力用欧拉公式计算，即

$$F_{cr} = \frac{\pi^2 EI}{(\mu l)^2} = \frac{\pi^2 \times 206 \times 10^9 \times \pi \times 0.06^4}{64 \times (1 \times 2)^2} = 323.4 \times 10^3 (\text{N}) = 323.4(\text{kN})$$

故

$$F_{NBC} \leq \frac{F_{cr}}{n_{st}} = \frac{323.4}{3} = 107.8(\text{kN})$$

(3) 确定重物的最大重量。由 $F_{NBC} = \sqrt{3}W$，得

$$W_{max} = \frac{F_{NBC}}{\sqrt{3}} = \frac{107.8}{\sqrt{3}} = 62.2(\text{kN})$$

8. 如题 8 图所示，已知 AB 杆为刚性杆，杆 1 及杆 2 直径为 d，材料的弹性模量为 E，比例极限为 σ_p，屈服极限为 σ_s。结构的其他尺寸如图中的标注，求：

(1) 若两根杆件都为短杆且都保持线弹性变形，求结构能承受的最大载荷 $[F_1]$；

(2) 若两根杆都为细长杆，且两杆件都失稳才认为结构丧失承载能力，求结构能承受的最大载荷 $[F_2]$；

(3) 若两根杆件都为短杆，材料为理想弹塑性材料，且两杆件都屈服才认为结构丧失承载能力，求结构能承受的最大载荷值 $[F_3]$。（南京理工大学；20 分）

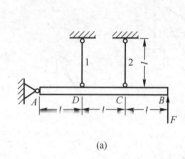
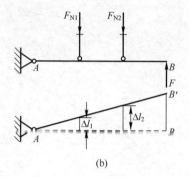

题 8 图

解：结构为一次超静定，由静力平衡方程 $\sum M_A = 0$ 得 $F_{N1} + 2F_{N2} = 3F$。设杆 1 和杆 2 均受压，变形协调关系 $2\Delta l_1 = \Delta l_2$，其中物理关系

$$\Delta l_1 = \frac{F_{N1}l}{EA_1}, \quad \Delta l_2 = \frac{F_{N2}l}{EA_2}$$

代入变形协调关系，且 $A_1 = A_2 = \dfrac{\pi d^2}{4}$，整理得 $F_{N2} = 2F_{N1}$。

所以，可得两杆轴力 $F_{N1} = 0.6F$，$F_{N2} = 1.2F$。

（1）在线弹性范围 $\sigma_{max} = \sigma_p$，$F_{N2} = \sigma_p A = \dfrac{\pi}{4}d^2\sigma_p$，故 $[F_1] = \dfrac{5}{6}F_{N2} = \dfrac{5\pi}{24}d^2\sigma_p$。

（2）两杆件都发生失稳，即轴力小者也已失稳，由细长杆的欧拉公式得

$$F_{cr} = \frac{\pi^2 EI}{(\mu l)^2} = \frac{\pi^3 E d^4}{64 l^2} \Rightarrow [F_2] = \frac{5}{3}F_{cr} = \frac{5\pi^3 E d_2^4}{192 l^2}$$

（3）若为理想弹塑性材料，且两杆均屈服，即轴力小者应力也达到 σ_s，则

$$[F_3] = \frac{5}{3}F_{N1} = \frac{5}{3} \times \frac{\pi}{4}d^2\sigma_s = \frac{5\pi}{12}d^2\sigma_s$$

9. 题 9 图所示结构，横梁 AC 为 T 形截面铸铁梁，截面如图所示，z 为形心轴，惯性矩 $I_z = 800\text{cm}^4$，$y_1 = 50\text{mm}$，$y_2 = 90\text{mm}$。材料许用拉应力 $[\sigma_t] = 40\text{MPa}$，许用压应力 $[\sigma_c] = 60\text{MPa}$。杆 BD 用 Q235 钢制成，直径 $d = 24\text{mm}$，弹性模量 $E = 200\text{GPa}$，$\lambda_p = 100$，$\lambda_s = 61.4$，直线经验公式系数 $a = 304\text{MPa}$，$b = 1.12\text{MPa}$，稳定安全系数 $n_{st} = 2.5$，$F_1 = 10\text{kN}$，$F_2 = 4\text{kN}$，试校核结构是否安全。（湖南大学；15 分）

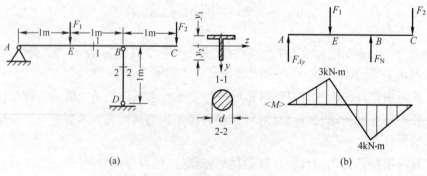

题 9 图

解：(1) 校核 AC 梁的强度。由题 9 图（b）静力平衡方程 $\sum M_A = 0$，得

$$F_N = \frac{F_1 + 3F_2}{2} = \frac{10 + 3 \times 4}{2} = 11\text{kN}$$

作梁的弯矩图可知，危险截面为 E、B 截面，且

$$M_E = 3\text{kN} \cdot \text{m}, \quad M_B = 4\text{kN} \cdot \text{m}$$

代入梁的强度条件，得

$$\sigma_{Bt\max} = \frac{M_B y_1}{I_z} = \frac{4 \times 10^3 \times 0.05}{800 \times 10^{-8}} = 25 \times 10^6 (\text{Pa}) = 25(\text{MPa}) < [\sigma_t]$$

$$\sigma_{Bc\max} = \frac{M_B y_2}{I_z} = \frac{4 \times 10^3 \times 0.09}{800 \times 10^{-8}} = 45 \times 10^6 (\text{Pa}) = 45(\text{MPa}) < [\sigma_c]$$

$$\sigma_{Et\max} = \frac{M_E y_2}{I_z} = \frac{3 \times 10^3 \times 0.09}{800 \times 10^{-8}} = 33.75 \times 10^6 (\text{Pa}) = 33.75(\text{MPa}) < [\sigma_t]$$

$$\sigma_{Ec\max} = \frac{M_E y_1}{I_z} < \sigma_{Bc\max}$$

故 AC 梁的强度足够。

(2) 校核 BD 杆的稳定性 CD 杆两端铰支，故 $\mu = 1$，柔度系数为

$$\lambda = \frac{\mu l}{i} = \frac{\mu l}{d/4} = \frac{1 \times 1000 \times 4}{24} = 166.7 > \lambda_p$$

压杆为细长杆，临界压力用欧拉公式计算，即

$$F_{cr} = \frac{\pi^2 EI}{(\mu l)^2} = \frac{\pi^2 \times 200 \times 10^9 \times \pi \times 0.024^4}{64 \times (1 \times 1)^2} = 32.1 \times 10^3 (\text{N}) = 32.1(\text{kN})$$

$$n = \frac{F_{cr}}{F_N} = \frac{32.1}{11} = 2.92 > n_{st} = 2.5，故 BD 杆稳定性足够。$$

10. 题 10 图所示结构，分布载荷 $q = 20\text{kN/m}$，梁的截面为矩形，$b = 90\text{mm}$，$h = 130\text{mm}$，柱的截面为圆形，直径 $d = 80\text{mm}$。梁和柱的材料均为 A3 钢，$E = 200\text{GPa}$，$\sigma_p = 200\text{MPa}$，$[\sigma] = 160\text{MPa}$，规定稳定安全系数 $n_{st} = 3$，试校核结构的安全性。（西北工业大学；25 分）

解：(1) 结构属于一次超静定 设 BC 杆轴力为 F_N，取题 10 图（b）所示相当系统，则变形协调条件为 $y_B = \Delta l_{BC}$。

为了求出 AB 梁作用均布荷载 q 时，B 处挠度，采用题 10 图（c）进行等效。由图乘法得

$$y_B = \frac{1}{EI}\left[\frac{1}{3} \times 8q \times 4 \times \frac{3}{4} \times 4 + \frac{1}{2} \times 4q \times 4 \times \frac{2}{3} \times 4 + \frac{q}{2} \times 4 \times \frac{1}{2} \times 4 - \frac{1}{2} \times 4F_N \times 4 \times \frac{2}{3} \times 4\right]$$

$$= \frac{172q - 64F_N}{3EI}$$

$$\Delta l_{BC} = \frac{F_N l}{EA}$$

代入变形协调条件 $y_B = \Delta l_{BC}$，解得 $F_N = 53.75\text{kN}$。

295

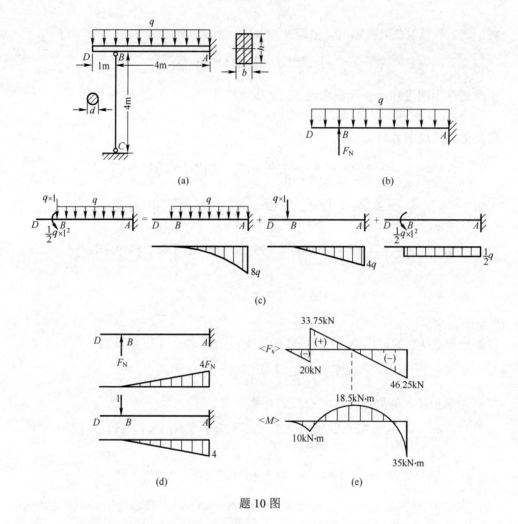

题 10 图

注意：计算 B 处挠度时，采用题 10 图（c）进行等效，是因为直接作 DA 梁均布载荷下的弯矩图后，由于 B 截面非二次曲线顶点，将不能直接用图乘法计算。

（2）校核 BC 杆的稳定性。BC 杆两端铰支，故 $\mu=1$，柔度系数为

$$\lambda = \frac{\mu l}{i} = \frac{\mu l}{d/4} = \frac{1 \times 4000}{80/4} = 200$$

而

$$\lambda_p = \sqrt{\frac{\pi^2 E}{\sigma_p}} = \sqrt{\frac{\pi^2 \times 200 \times 10^9}{200 \times 10^6}} = 99.3 < \lambda$$

压杆为细长杆，临界压力用欧拉公式计算，即

$$F_{cr} = \frac{\pi^2 EI}{(\mu l)^2} = \frac{\pi^2 \times 200 \times 10^9 \times \pi \times 0.08^4}{64 \times (1 \times 4)^2} = 248.1 \times 10^3 (\text{N}) = 248.1(\text{kN})$$

$$n = \frac{F_{cr}}{F_N} = \frac{248.1}{53.75} = 4.61 > n_{st} = 3$$

故 BC 杆稳定。

（3）校核梁 DA 的强度。作出梁的内力图如题10图（e）所示，可知固定端 A 弯矩最大，即 $M_{\max}=35\text{kN}\cdot\text{m}$。故

$$\sigma_{\max}=\frac{M_{\max}}{W_z}==\frac{35\times10^3\times6}{0.09\times0.13^2}=138.1\times10^6(\text{Pa})=138.1(\text{MPa})<[\sigma]$$

梁强度足够。所以整个结构安全。

11.4 课后习题解答

11-1 两端为球铰的压杆的横截面为题 11-1 图所示不同形状时，压杆会在哪个平面内失稳（失稳时，横截面绕哪个轴转动）？

解：题知压杆两端为球铰支，故各杆的长度系数均为 $\mu=1$。

因为题 11-1 图（a）、（b）、（g）、（h）中过形心的任意轴均为形心主惯性轴，则 $I_y=I_z=I_{y'}=I_{z'}$。故这 4 种杆可在任意平面失稳。即失稳时，横截面可绕任意形心主惯性轴转动。

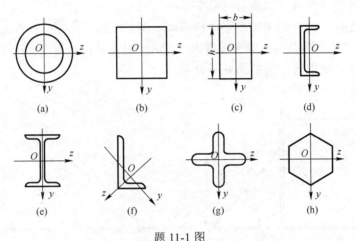

题 11-1 图

（c）图中 $b<h$，则 $I_y<I_z$；（d）、（e）、（f）$I_y<I_z$（坐标如图中所示），故（c）（d）（e）（f）失稳时，横截面绕 y 轴转动，即在 xoz 面内先失稳。

11-2 如题 11-2 图所示大柔度杆，各杆的材料和截面均相同，试问哪一根杆能承受的压力最大，哪一根杆最小？

解：由题知各杆均为大柔度杆，欧拉公式 $F_{\text{cr}}=\dfrac{\pi^2EI}{(\mu l)^2}$ 均适用。在材料和截面均相同的条件下，可知临界载荷主要由计算长度 μl 决定。由题 11-2 图示各杆的支承、长度确定其计算长度数分别为

(a) $\mu l=1\times4=4$ (b) $\mu l=0.7\times6=4.2$

(c) $\mu l=0.5\times8=4$ (d) $\mu l=2\times2=4$

(e) $\mu l=1\times7=7$ (f) $\mu l=0.7\times4.5=3.15$

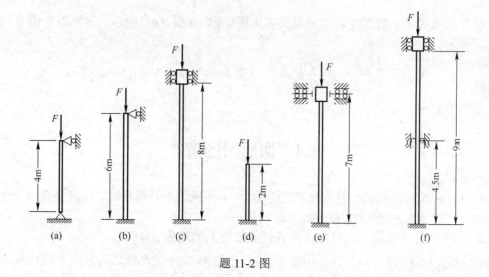

题 11-2 图

可见（f）杆计算长度最小，故其临界载荷最大，可承受压力最大；（e）杆计算长度最大，故其临界载荷最小，可承受的压力也最小。

11-3 如题 11-3 图所示由铅垂刚性杆和两根钢丝绳组成，刚性杆的上端受铅垂压力 F，钢丝绳的横截面面积为 A，弹性模量为 E，钢丝绳的初拉力为零。设结构不能在垂直于图面方向运动。试求该结构的临界压力 F。

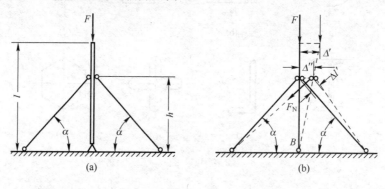

题 11-3 图

解：这是一个结构稳定问题，当结构处于稳定时，拉绳将不受力。现假定杆发生小的位移，左侧的拉绳受到拉力 F_N 作用。

由静力平衡条件 $\sum M_B = 0$，知 $F\Delta' = F_N h\cos\alpha$。由几何关系知 $\Delta' = \dfrac{l\Delta''}{h}$，$\Delta'' = \dfrac{\Delta l''}{\cos\alpha}$，$\Delta l' = \dfrac{F_N h}{EA\sin\alpha}$。

联立以上 4 式解得 $\dfrac{FlF_N}{EA\sin\alpha\cos\alpha} = F_N h\cos\alpha$。从而解得该结构的临界载荷为 $F = \dfrac{hEA\sin\alpha\cos^2\alpha}{l}$。

11-4 如题 11-4 图所示压杆，材料为 Q235 钢，材料弹性模量 $E = 200\text{GPa}$，比例极

限 $\sigma_p = 200\,\text{MPa}$，屈服极限 $\sigma_s = 235\,\text{MPa}$，材料的相关参数 $a=304\text{MPa}$，$b=1.12\text{MPa}$，横截面有 4 种形式，但其面积均为 5000mm^2，试在图示 4 种情形下分别计算压杆的临界载荷，并进行比较。

解：（1）求出各杆的柔度系数。在两端固定支承条件下，其长度系数 $\mu = 0.5$。

题 11-4 图（a）截面为矩形，截面最小惯性矩 $I = \dfrac{hb^3}{12}$，其中 $h = 2b$，截面面积 $A = bh = 2b^2$。故

截面最小惯性矩半径 $i_a = \sqrt{\dfrac{I_{\min}}{A}} = \sqrt{\dfrac{2b \times b^3}{12 \times 2b^2}} = \sqrt{\dfrac{b^2}{12}} = \sqrt{\dfrac{5000}{12 \times 2}} = 14.4(\text{mm})$。压杆的柔度为 $\lambda_a = \dfrac{\mu l}{i} = \dfrac{0.5 \times 3000}{14.4} = 103.9$。

同理可以求出：

题 11-4 图（b），$i_b = 20.4\text{mm}$，$\lambda_b = 73.5$。

题 11-4 图（c），$i_c = 19.9\text{mm}$，$\lambda_c = 75.4$。

题 11-4 图（d），$i_d = 34.1\text{mm}$，$\lambda_d = 43.9$。

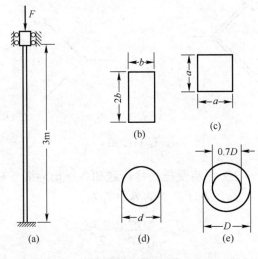

题 11-4 图

代入相关参数计算，得

$$\lambda_p = \sqrt{\dfrac{\pi^2 E}{\sigma_p}} = \sqrt{\dfrac{\pi^2 \times 200 \times 10^9}{200 \times 10^6}} = 99.3，\quad \lambda_s = \dfrac{a - \sigma_s}{b} = \dfrac{304 - 235}{1.12} = 61.6$$

因此可以判定，题 11-4 图（a）为细长杆，适用欧拉公式计算临界载荷；（b）、（c）为中柔度杆，适用直线经验公式计算临界载荷；（d）为短粗杆，属于压缩强度问题。

（2）计算临界载荷。

题 11-4 图（a）杆的临界载荷为

$$F_{cr} = \dfrac{\pi^2 EI}{(\mu l)^2} = \dfrac{\pi^2 \times 200 \times 10^9 \times 50^4 \times 10^{-12}}{6 \times (0.5 \times 3)^2} = 959 \times 10^3 (\text{N}) = 959(\text{kN})$$

题 11-4 图（b）杆的临界载荷为
$$F_{cr} = \sigma_{cr} A = (304 - 1.12 \times 73.5) \times 10^6 \times 5000 \times 10^{-6} = 1108 \times 10^3 (\text{N}) = 1108 (\text{kN})$$

题 11-4 图（c）杆的临界载荷为
$$F_{cr} = \sigma_{cr} A = (304 - 1.12 \times 75.4) \times 10^6 \times 5000 \times 10^{-6} = 1097 \times 10^3 (\text{N}) = 1097 (\text{kN})$$

题 11-4 图（d）杆的临界载荷为
$$F_{cr} = \sigma_s A = 235 \times 10^6 \times 5000 \times 10^{-6} = 1175 \times 10^3 (\text{N}) = 1175 (\text{kN})$$

11-5 如题 11-5 图所示正方形桁架，各杆的抗弯刚度 EI 均相同，并均为细长杆，试问当载荷 F 为何值时结构中的个别杆件将失稳？如将载荷 F 的方向改为向内，则使杆件产生失稳现象的载荷又为何值？

解：（1）各杆受力分析。AB、AD、CB、CD 四杆的轴力相同，且 $F_{N1} = \dfrac{F}{2\cos 45°} = 0.707F$。杆 BD 受压力为 $F_{N2} = 2F_{N1}\cos 45° = F$。

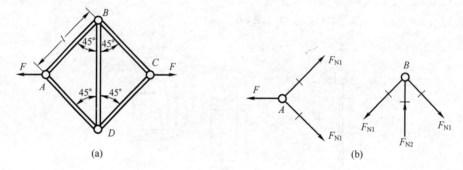

题 11-5 图

（2）当力 F 向外时，BD 杆将受压失稳，题知各杆均为细长杆，故选用欧拉公式计算临界载荷。其中 $l_{BD} = \sqrt{2}l$，$\mu = 1$，则临界载荷为
$$F_{cr} = \frac{\pi^2 EI}{(\mu l)^2} = \frac{\pi^2 EI}{2l^2}$$

（3）当力 F 向内时，AB、BC、CD、DA 杆受压，各杆轴力均为 $F_{N1} = 0.707F$。由题知为细长杆，$\mu = 1$，杆长为 l，故四杆失稳载荷为 $F_{cr1} = \dfrac{\pi^2 EI}{(\mu l)^2} = \dfrac{\pi^2 EI}{l^2}$。

因此整个桁架失稳的临界载荷为 $F_{cr} = \sqrt{2}F_{cr1} = \dfrac{\sqrt{2}\pi^2 EI}{l^2}$。

11-6 简易起重机如图如题 11-6 图所示，其压杆 BD 为 No.20 槽钢，材料为 Q235 钢。最大起重重量 $W=40\text{kN}$。若规定稳定安全因数 $n_{st} = 5$，试校核 BD 杆的稳定性。

解：（1）设 BD 杆的轴向压力为 F_N（题 11-6 图（b）），列出平衡方程 $\sum M_A = 0$，得
$$F_N \sin 30° \times 1.5 = 2W$$

解得 $F_N = \dfrac{4}{1.5}W = \dfrac{4 \times 40}{1.5} = 106.7\text{kN}$。

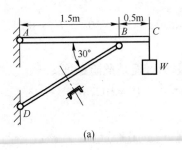
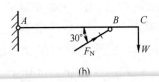

(a)　　　　　　　　　　　　　　(b)

题 11-6 图

（2）对 Q235 钢 $\lambda_p = 100$, $\lambda_s = 60$。查型钢表知，No.20 槽型钢，$i_y = i_{min} = 2.09\text{cm}$，$A = 32.837\text{cm}^2$，且 BD 杆杆长 $l_{BD} = 1.5/\cos 30°$，故压杆 BD 的柔度为

$$\lambda = \frac{\mu l}{i_{min}} = \frac{1 \times 1.5}{2.09 \times 10^{-2} \times \cos 30°} = 82.9$$

因 $\lambda_s < \lambda < \lambda_p$，故压杆 BD 为中柔度杆。

对于 Q235 钢，查常见材料压杆有关系数表知 $a = 304\text{MPa}$，$b = 1.12\text{MPa}$。代入中柔度杆的临界应力公式，得

$$\sigma_{cr} = a - b\lambda = 304 - 1.12 \times 82.9 = 211(\text{MPa})$$

故 BD 杆的临界压力 $F_{cr} = \sigma_{cr} A = 211 \times 10^6 \times 32.837 \times 10^{-4} = 693 \times 10^3 (\text{N}) = 693(\text{kN})$。

（3）压杆安全因数 $n = \dfrac{F_{cr}}{F} = \dfrac{693}{106.7} = 6.5 > n_{st} = 5$。

因此 BD 杆满足稳定性要求。

11-7　题 11-7 图所示结构用 Q235 钢制成，横梁为 No.14 工字钢，许用应力 $[\sigma]=160\text{MPa}$，斜撑杆的外径 $D=45\text{mm}$，内径 $d=36\text{mm}$，稳定安全因数 $n_{st}=3$。且 Q235 钢的比例极限 $\sigma_p = 200\text{MPa}$，屈服极限 $\sigma_s = 235\text{MPa}$，相关参数 $a=304\text{MPa}$，$b=1.12\text{MPa}$，弹性模量 $E=200\text{GPa}$。试确定该结构的许可载荷 F。

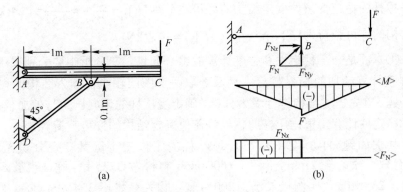

(a)　　　　　　　　　　　　　　(b)

题 11-7 图

解：由题可知，结构中横梁 ABC 是拉弯组合问题，杆 DB 是一个压杆，存在稳定性问题。

（1）确定横梁的许可载荷，假定 BD 杆受力为 F_N，将其分解为 F_{Nx}, F_{Ny}（题 11-7 图

(b)），由静力平衡方程 $\sum M_A = 0$，$2F = F_N \times \cos 45° \times 100 \times 10^{-3} + F_N \times \sin 45° \times 1$，解出 $F_N = 2.57F$。

作出横梁的内力图，可知 B 截面左侧和右侧都可能是危险截面。
查型钢表，得 No.14 号工字钢：$A = 21.516 \text{cm}^2$，$W = 102 \text{cm}^3$。
B 截面左侧，横梁为拉弯组合变形，

$$\sigma'_{\max} = \frac{F_{Nx}}{A} + \frac{M_{\max}}{W} = \frac{1.87F}{21.516 \times 10^{-4}} + \frac{0.813F}{102 \times 10^{-6}} \leqslant [\sigma]$$

解得 $F \leqslant 18.1 \text{kN}$。
B 截面右侧，横梁为弯曲变形，

$$\sigma = \frac{M_{\max}}{W} = \frac{F}{102 \times 10^{-6}} \leqslant [\sigma]$$

解得 $F \leqslant 16.32 \text{kN}$。
所以取 $[F]_1 = 16.32 \text{kN}$。

（2）确定 BD 杆受压临界载荷。
对于空心圆截面杆，$i = \frac{D}{4}\sqrt{1 + \alpha^2}$，其中 $\alpha = \frac{d}{D} = \frac{4}{5}$，$BD$ 杆长 $l = \sqrt{2}\text{m}$，长度因数 $\mu = 1$，柔度 $\lambda = \frac{\mu l}{i} = \frac{4 \times \sqrt{2}}{D\sqrt{(1+\alpha^2)}} = 98$。

而 $\lambda_p = \sqrt{\frac{\pi^2 E}{\sigma_p}} = \sqrt{\frac{\pi^2 \times 200 \times 10^9}{200 \times 10^6}} = 99.3$，$\lambda_s = \frac{a - \sigma_s}{b} = \frac{304 - 235}{1.12} = 61.6$。

因为 $\lambda_s < \lambda < \lambda_p$，应选用直线公式计算斜撑杆的临界载荷。

$$F_{cr} = \sigma_{cr} A = (304 - 1.12 \times 98) \times 10^6 \times \frac{\pi}{4} \times (45^2 - 36^2) \times 10^{-6} = 111 \times 10^3 (\text{N}) = 111(\text{kN})$$

斜撑杆的许可轴力为 $F_N = \frac{F_{cr}}{n_{st}} = \frac{111}{3} = 37(\text{kN})$。

故由斜撑杆的稳定性条件确定结构的许可载荷为 $[F]_2 = \frac{F_N}{2.57} = \frac{37}{2.57} = 14.4(\text{kN})$。
所以结构的许可载荷为 $[F] = \min\{[F]_1, [F]_2\} = 14.4(\text{kN})$。

注意：①本例是一个稳定性和强度计算的综合题目。在分析中要分别采用稳定性计算和弯曲强度计算结构的临界载荷，最后选取两者中的较小值作为结构的许可载荷；②求解这类题，首先需对结构进行受力分析，确定受压杆的轴向压力与外加载荷的关系，然后再进行稳定性计算，根据压杆的临界载荷值确定结构的许可载荷。

11-8 试求如题 11-8 图所示千斤顶丝杠的工作安全因数。已知其最大承重量 $F = 120 \text{kN}$，有效直径 $d_1 = 52 \text{mm}$，长度 $l = 600 \text{mm}$，材料为 Q235 钢，弹性模量 $E = 200 \text{GPa}$，屈服极限 $\sigma_s = 235 \text{MPa}$，比例极限 $\sigma_p = 200 \text{MPa}$，相关参数 $a = 304 \text{MPa}$，$b = 1.12 \text{MPa}$，可以认为丝杠下端为固定，上端为自由。

解：（1）确定压杆类型。Q235 钢对应的极限柔度分别为

$$\lambda_p = \sqrt{\frac{\pi^2 E}{\sigma_p}} = \sqrt{\frac{\pi^2 \times 200 \times 10^9}{200 \times 10^6}} = 99.3，\quad \lambda_s = \frac{a - \sigma_s}{b} = \frac{304 - 235}{1.12} = 61.6$$

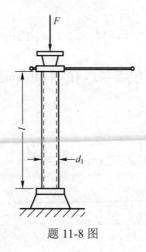

题 11-8 图

丝杠的柔度系数为 $\lambda = \dfrac{\mu l}{i} = \dfrac{2\times 600\times 10^{-3}}{d_1/4} = 92.3$，因为 $\lambda_s < \lambda < \lambda_p$，故丝杠系中柔度杆。

（2）用直线公式计算其临界载荷为

$$F_{cr} = A(a-b\lambda) = \dfrac{\pi}{4}d_1^2(a-b\lambda) = \dfrac{\pi}{4}\times 52^2 \times 10^{-6}\times(304-1.12\times 92.3)\times 10^6 = 426\times 10^3(\text{N}) = 426(\text{kN})$$

（3）丝杠的工作安全因数为

$$n_{st} = \dfrac{F_{cr}}{F} = \dfrac{426}{120} = 3.55$$

11-9 如题 11-9 图所示连杆截面为工字形，材料为 Q235 钢。连杆所受最大轴向压力为 465kN。连杆在 xy 平面内产生弯曲时，两端可看作铰支；而在 xz 平面内产生弯曲时，两端可认为是固定端。材料弹性模量 E=200GPa，屈服极限 $\sigma_s = 235\,\text{MPa}$，比例极限 $\sigma_p = 200\,\text{MPa}$，相关参数 a=304MPa，b=1.12MPa，试确定其工作安全因数。

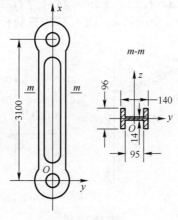

题 11-9 图

解：（1）确定截面图形的几何性质。

截面面积 $A = 140\times 96 - 95\times(96-14) = 5650(\text{mm})^2 = 5650\times 10^{-6}(\text{m})^2$，对 y、z 轴的惯性矩分别为

$$I_y = \frac{(140-95) \times 96^3}{12} + \frac{95 \times 14^3}{12} = 3.34 \times 10^6 (\text{mm})^4 = 3.34 \times 10^{-6} (\text{m})^4$$

$$I_z = \frac{96 \times 140^3}{12} + \frac{(96-14) \times 95^3}{12} = 16.09 \times 10^6 (\text{mm})^4 = 16.09 \times 10^{-6} (\text{m})^4$$

（2）求出连杆的柔度系数。

对 y、z 轴的惯性半径分别为

$$i_y = \sqrt{\frac{I_y}{A}} = \sqrt{\frac{3.34 \times 10^{-6}}{5650 \times 10^{-6}}} = 2.42 \times 10^{-2} (\text{m}), \quad i_z = \sqrt{\frac{I_z}{A}} = \sqrt{\frac{16.09 \times 10^{-6}}{5650 \times 10^{-6}}} = 5.34 \times 10^{-2} (\text{m})$$

Q235 钢对应的极限柔度分别为

$$\lambda_p = \sqrt{\frac{\pi^2 E}{\sigma_p}} = \sqrt{\frac{\pi^2 \times 200 \times 10^9}{200 \times 10^6}} = 99.3, \quad \lambda_s = \frac{a - \sigma_s}{b} = \frac{304 - 235}{1.12} = 61.6$$

而连杆在不同平面内的柔度系数分别为

$$\lambda_y = \frac{\mu l}{i} = \frac{0.5 \times 3.1}{2.42 \times 10^{-2}} = 63.8 \quad \text{（在 } xOz \text{ 平面弯曲绕 } y \text{ 轴转动两端固定，} \mu = 0.5 \text{）}$$

$$\lambda_z = \frac{\mu l}{i} = \frac{1 \times 3.1}{5.34 \times 10^{-2}} = 58.1 \quad \text{（在 } xOy \text{ 平面弯曲绕 } z \text{ 轴转动两端铰支，} \mu = 1 \text{）}$$

（3）计算临界载荷。

因为 $\lambda_y > \lambda_z$，所以连杆将先在 xOz 平面发生失稳，故临界载荷为

$$F_{cr} = A(a - b\lambda) = 5650 \times 10^{-6} \times (304 - 1.12 \times 63.8) \times 10^6 = 1314 \times 10^3 (\text{N}) = 1314 (\text{kN})$$

（4）连杆的工作安全因数为

$$n_{st} = \frac{F_{cr}}{F} = \frac{1314}{465} = 2.83$$

11-10 悬臂回转吊车如题 11-10 图所示，斜杆 AB 由钢管制成，在 B 点铰支。钢管外径 D=100mm，内径 d=86mm，杆长 l=5.5m，材料为 Q235 钢，弹性模量 E=200GPa，起吊重量 W=18kN，规定稳定安全因数 n_{st} = 2.5，试校核斜杆的稳定性。

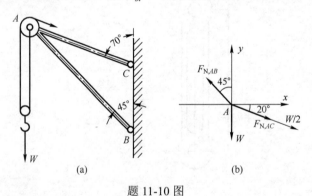

题 11-10 图

解：（1）根据静力平衡关系求出 AB 撑杆所受的压力。设 AB 杆的轴力为 F_{NAB}，AC 杆的轴力为 F_{NAC}，则

$$\sum F_y = 0, \quad F_{NAB} \cos 45° = W + F_{NAC} \cos 70° + \frac{W}{2} \cos 70°$$

$$\sum F_x = 0, \quad F_{NAB}\sin 45° = F_{NAC}\sin 70° + \frac{W}{2}\sin 70°$$

求得

$$F_{NAB} = 40.0\text{kN}, \quad F_{NAC} = 21.1\text{kN}$$

（2）稳定性校核。AB 杆截面的几何性质，其惯性矩、惯性半径、柔度分别为

$$I = \frac{\pi D^4}{64}(1-\alpha^4) = \frac{\pi \times 0.1^4}{64}\left[1-\left(\frac{0.086}{0.100}\right)^4\right] = 0.022\times 10^{-4}(\text{m}^4)$$

$$i = \frac{D}{4}\sqrt{1+\alpha^2} = \frac{0.1}{4}\sqrt{1+\left(\frac{0.086}{0.100}\right)^2} = 32.97\times 10^{-3}(\text{m})$$

$$\lambda = \frac{\mu l}{i} = \frac{1\times 5.5}{32.97\times 10^{-3}} = 166.8 > \lambda_p = 100$$

故选用欧拉公式计算 AB 杆的临界载荷

$$F_{cr} = \frac{\pi^2 EI}{(\mu l)^2} = \frac{\pi^2 \times 200\times 10^9 \times 0.022\times 10^{-4}}{(1\times 5.5)^2} = 144.9\times 10^3(\text{N}) = 144.9(\text{kN})$$

AB 杆的工作安全因数为

$$n = \frac{F_{cr}}{F_{NAB}} = \frac{144.9}{40.0} = 3.62 > n_{st}$$

所以斜杆 AB 稳定。

11-11 如题 11-11 图所示梁及柱的材料为 Q235 钢，材料的比例极限 $\sigma_p = 200\text{MPa}$，屈服极限 $\sigma_s = 235\text{MPa}$，弹性模量 $E=200\text{GPa}$。均布载荷 $q=30\text{kN/m}$，竖杆为 No.14a 槽钢，梁为 No.16 工字钢。确定梁及柱的工作安全因数。

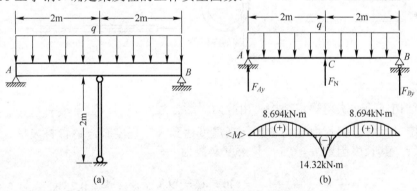

题 11-11 图

解：结构属一次超静定结构。因此应先求解超静定问题，确定 CD 杆的轴力 F_N。

（1）求解超静定。由变形协调条件，即梁中面 C 的位移应与 CD 杆的压缩量相等，故

$$\frac{5ql_{AB}^4}{384EI} - \frac{F_N l_{AB}^3}{48EI} = \frac{F_N l_{CD}}{EA}$$

查表知 No.16 工字钢：$W = 141\text{cm}^3$，$I = 1130\text{cm}^4$，$i = 6.58\text{cm}$。No.14a 槽钢：$A_2 = 18.516\text{cm}^2$，$W_2 = 13.0\text{cm}^3$，$I_2 = 53.2\text{cm}^4$，$i_2 = 1.7\text{cm}$，$I = 53.2\text{cm}^4$，$A = 18.516\text{cm}^2$，$i = 1.7\text{cm}$

代入变形协调条件，解得 $F_N = 74.3\text{kN}$

（2）确定柱的工作安全因数。对 CD 杆，因为两端铰支，压杆的长度因数为 $\mu = 1$，其柔度为

$$\lambda = \frac{\mu l}{i} = \frac{1 \times 2}{1.7 \times 10^{-2}} = 118 > \lambda_p = \sqrt{\frac{\pi^2 E}{\sigma_p}} = \sqrt{\frac{\pi^2 \times 200 \times 10^9}{200 \times 10^6}} = 99.3$$

CD 杆属大柔度杆，采用欧拉公式计算临界载荷

$$F_{cr} = \frac{\pi^2 EI}{(\mu l)^2} = \frac{\pi^2 \times 200 \times 10^9 \times 53.2 \times 10^{-8}}{(1 \times 2)^2} = 262.6 \times 10^3 (\text{N}) = 262.6(\text{kN})$$

故 $\quad n = \dfrac{F_{cr}}{F_N} = \dfrac{262.6}{74.3} = 3.53$

（3）梁 AB 的工作安全因数。梁的最大弯矩为

$$M_{max} = |M_C| = \left|\frac{ql_{AB}^2}{8} - \frac{F_N l_{AB}}{4}\right| = \left|\frac{74.3 \times 4}{4} - \frac{30 \times 4^2}{8}\right| = 14.32(\text{kN}\cdot\text{m})$$

$$\sigma_{max} = \frac{M_{max}}{W} = \frac{14.32 \times 10^3}{141 \times 10^{-6}} = 101.6 \times 10^6 (\text{Pa}) = 101.6(\text{MPa})$$

梁 AB 的工作安全因数 $n = \dfrac{\sigma_s}{\sigma} = \dfrac{235}{101.6} = 2.31$。

11-12 如题 11-12 图所示，材料为 Q235 钢的圆形钢管，其内、外径分别为 60mm 和 80mm，杆长 $l = 7\text{m}$，在温度 $t = 15℃$ 时安装，此时管子不受力。已知钢的线膨胀系数 $\alpha = 12.5 \times 10^{-6}/℃$，材料弹性模量 $E = 200\text{GPa}$。问当温度升高到多少度时，管子将失稳？

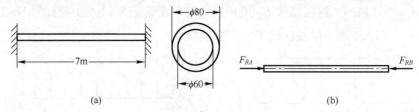

题 11-12 图

解：结构属于一次超静定结构。由静力平衡方程知 $F_{RA} = F_{RB} = F_N$。

当温度升高时，钢管内压力增加；当温度达到一定程度时，钢管将失稳。对于两端固定的钢管，其长度因数 $\mu = 0.5$，其柔度系数为

$$\lambda = \frac{\mu l}{i} = \frac{4 \times 0.57}{D\sqrt{(1+\alpha^2)}} = 140 > \lambda_p = 99.3 \quad (\alpha = \frac{60}{80} = 0.75)$$

钢管属大柔度杆，采用欧拉公式计算临界载荷。

$$F_{cr} = \frac{\pi^2 EI}{(\mu l)^2} = \frac{\pi^2 \times 200 \times 10^9 \times \pi \times 0.08^4 \times (1-0.75^4)}{64 \times (0.5 \times 7)^2} = 221.47 \times 10^3(\text{N}) = 221.47(\text{kN})$$

钢管允许的最大压缩量为

$$\Delta l = \frac{F_{cr} l}{EA} = \frac{\pi^2 l}{\lambda^2} = \frac{\pi^2 \times 7}{140^2} = 3.52 \times 10^{-3}(\text{m})$$

代入变形协调关系 $\Delta l = \Delta l_t = \alpha l \Delta T$，得

$$\Delta T = \frac{\Delta l}{l\alpha} = \frac{3.52 \times 10^{-3}}{7 \times 12.5 \times 10^{-6}} = 40.2 \, (\text{℃})$$

故当温度升高到 $T = 40.2 + 15 = 55.2\,(\text{℃})$ 时，钢管将失稳。

11-13 如题 11-13 图所示为焊接组合柱的截面，柱长 $l=7\text{m}$，材料为 Q235 钢，许用应力 $[\sigma]=160\text{MPa}$，柱的上端可以认为是铰支，下端当截面绕 y 轴转动时可视为铰支，绕 z 轴转动时可视为固定端，已知轴向压力 $F=2600\text{kN}$。(1) 对柱的稳定性进行校核；(2) 与轧制的工字钢截面比较，此宽翼缘工字形截面有何优点？

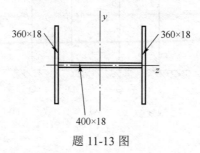

题 11-13 图

解：（1）确定焊接组合柱截面图形的几何性质。

截面面积 $A = 360 \times 18 \times 2 + 400 \times 18 = 20160\,(\text{mm}^2) = 20.16 \times 10^{-3}\,(\text{m}^2)$。

对 y、z 轴的惯性矩分别为

$$I_y = \left[\frac{360 \times 18^3}{12} + \left(\frac{400}{2} + \frac{18}{2}\right)^2 \times 360 \times 18\right] \times 2 + \frac{18 \times 400^3}{12} = 6.62 \times 10^8\,(\text{mm})^4 = 6.62 \times 10^{-4}\,(\text{m})^4$$

$$I_z = \frac{18 \times 360^3}{12} \times 2 + \frac{400 \times 18^3}{12} = 1.402 \times 10^8\,(\text{mm})^4 = 1.402 \times 10^{-4}\,(\text{m})^4$$

（2）柱的临界载荷及稳定性校核。

压杆在 xoy 面失稳时的约束为一端铰支、一端固定，其长度因数 $\mu=0.7$，惯性半径和柔度系数分别为

$$i_z = \sqrt{\frac{I_z}{A}} = \sqrt{\frac{1.402 \times 10^{-4}}{2.016 \times 10^{-2}}} = 8.34 \times 10^{-2}\,(\text{m}), \quad \lambda_z = \frac{\mu l}{i} = \frac{0.7 \times 7}{8.34 \times 10^{-2}} = 58.8$$

压杆在 xoz 面失稳时的约束为两端铰支，其长度因数 $\mu=1$，惯性半径和柔度系数分别为

$$i_y = \sqrt{\frac{I_y}{A}} = \sqrt{\frac{6.62 \times 10^{-4}}{2.016 \times 10^{-2}}} = 18.1 \times 10^{-2}\,(\text{m}), \quad \lambda_y = \frac{\mu l}{i} = \frac{1 \times 7}{18.1 \times 10^{-2}} = 38.7$$

因为 $\lambda_s > \lambda_z > \lambda_y$，所以压杆仅存在强度问题，其最大工作应力为

$$\sigma_{\max} = \frac{F_N}{A} = \frac{2600 \times 10^3}{2.016 \times 10^{-2}} = 129 \times 10^6\,(\text{Pa}) = 129\,(\text{MPa})$$

查 b 类截面中心受压直杆的稳定系数并线性插值得 $\varphi=0.814$，故

$$\varphi[\sigma] = 0.814 \times 160 = 130.2\,(\text{MPa}) > \sigma_{\max}$$

所以柱稳定。

（3）与轧制的工字钢截面比较，焊接组合柱的截面加宽工字形截面翼缘，使得截面对 y、z 轴的惯性矩增大，则惯性半径增加，柔度减小。因此，压杆的稳定性增加。

11-14 两根直径为 d 的圆杆，上、下两端分别与刚性板固结，如题 11-14 图（a）所示。试分析在总压力 F 作用下，压杆可能失稳的几种形式，并求出最小的临界载荷（设满足欧拉公式的使用条件）。

解：题目的求解，是建立在正确分析几种可能的失稳形式的基础上，此类压力机结构，压杆失稳可能有以下 4 种形式：

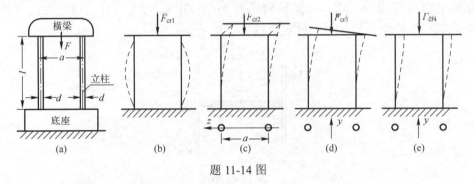

题 11-14 图

（1）每根压杆两端固定，分别失稳，如题 11-14 图（b）所示。对于各杆

$$I_1 = \frac{\pi d^4}{64}, \quad \mu_1 = 0.5$$

$$F_{cr1} = 2\frac{\pi^2 EI_1}{(\mu_1 l)^2} = 2\frac{\pi^2 E\pi d^4}{64(0.5l)^2} = \frac{\pi^3 Ed^4}{8l^2}$$

（2）两杆下端固定、上端自由，以 z 为中性轴弯曲失稳，如题 11-14 图（c）所示，各杆

$$I_z = \frac{\pi d^4}{64}, \quad \mu_2 = 2$$

$$F_{cr2} = 2\frac{\pi^2 EI_z}{(\mu_2 l)^2} = 2\frac{\pi^2 E\pi d^4}{64(2l)^2} = \frac{\pi^3 Ed^4}{128l^2}$$

（3）两杆下端固定，上端自由，以 y 为中性轴弯曲失稳，如题 11-14 图（d）所示，杆系

$$I_y = 2\left[\frac{\pi d^4}{64} + \left(\frac{a}{2}\right)^2 \frac{\pi d^2}{4}\right] = \frac{\pi d^4}{32} + \frac{\pi a^2 d^2}{8}, \quad \mu_3 = 2$$

$$F_{cr3} = \frac{\pi^2 EI_y}{(\mu_3 l)^2} = \frac{\pi^2 E\left(\frac{\pi d^4}{32} + \frac{\pi a^2 d^2}{8}\right)}{(2l)^2} = \frac{\pi^3 E(d^4 + 4a^2 d^2)}{128l^2}$$

（4）两杆下端固定，上端发生平动，但不能转动，如题 11-14 图（e）所示，杆系

$$I = \frac{\pi d^4}{64}, \quad \mu_4 = 1$$

$$F_{cr4} = 2\frac{\pi^2 EI}{(\mu_4 l)^2} = 2\frac{\pi^2 E\pi d^4}{64(1\times l)^2} = \frac{\pi^3 Ed^4}{32l^2}$$

比较以上 4 式可以看出，此结构必然以第二种形式绕 z 轴发生侧向弯曲而失稳，其

最小临界载荷
$$F_{cr} = F_{cr2} = \frac{\pi^3 E d^4}{128 l^2}$$

如果设 $l=3\text{m}$，$a=1\text{m}$，$d=0.1\text{m}$，$E=200\text{GPa}$，则 $F_{cr}=538\text{kN}$。

讨论：(1) 两立柱压力机类结构，失稳可能情况即以上 4 种：横梁水平下降，两柱同时失稳；两柱前后失稳；两柱左右失稳；两柱一端固定，一端发生平动失稳。应对各种情况分析，确定临界载荷，最终取最小者为结构临界载荷。

(2) 惯性矩的计算，前后失稳，以 z 轴为中性轴，两柱形心均在轴线上；左右失稳，以 y 轴为中心轴，两柱形心都不在 y 轴上，故要用移轴公式。

11-15 一简易吊车的摇臂如题 11-15 图所示，最大起重量 $F=20\text{kN}$。已知 AB 杆的外径 $D=5\text{cm}$，内径 $d=4\text{cm}$，材料为 Q235 钢，许用应力 $[\sigma]=150\text{MPa}$，试按稳定系数法校核此压杆是否稳定。

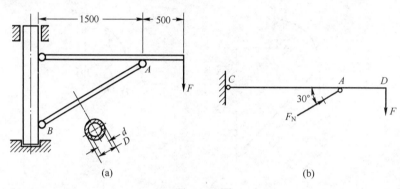

题 11-15 图

解：(1) 查表知 Q235 钢的弹性模量 $E=200\text{GPa}$，$\sigma_p=200\text{MPa}$，$\sigma_s=235\text{MPa}$，$a=304\text{MPa}$，$b=1.12\text{MPa}$。

(2) 求 AB 杆的轴力 F_N（题 11-15 图 (b)）。

由平衡方程 $\sum M_C = 0$，即 $2F = F_N \sin 30° \times 1.5$ 解得 $F_N = \frac{8}{3}F = \frac{160}{3}(\text{kN})$。

(3) 计算 AB 杆的柔度。杆两端铰支其长度因数 $\mu=1$，杆长为
$$l_{AB} = \frac{2}{\sqrt{3}} \times 1500 = \frac{3000}{\sqrt{3}}(\text{mm}) = 1732(\text{mm})$$

内外径比 $\alpha = \frac{d}{D} = 0.8$，惯性半径 $i = \sqrt{\frac{I}{A}} = \frac{D}{4}\sqrt{1+\alpha^2} = 1.6 \times 10^{-2}(\text{m})$，故压杆 AB 柔度为 $\lambda = \frac{\mu l}{i} = \frac{1 \times 1732 \times 10^{-3}}{1.6 \times 10^{-2}} = 108.2$，而临界柔度 $\lambda_p = \sqrt{\frac{\pi^2 E}{\sigma_p}} = \sqrt{\frac{\pi^2 \times 200 \times 10^9}{200 \times 10^6}} = 99.3 < \lambda$，故 AB 杆为大柔度杆。

(4) 稳定系数法校核 AB 压杆是否稳定。

压杆 AB 的工作应力为
$$\sigma_{\max} = \frac{F_N}{A} = \frac{160 \times 10^3}{3 \times \frac{\pi}{4} \times 0.05^2 (1-0.8^2)} = 75.5 \times 10^6 (\text{Pa}) = 75.5(\text{MPa})$$

查柔度系数表，当 $\lambda=108.2$ 时，稳定系数表线性插值得 $\varphi=0.5038$。故
$$\varphi[\sigma]=0.5038\times150=75.57(\text{MPa})>\sigma_{\max}$$
所以压杆 AB 稳定。

注意：压杆的稳定性校核，是计算稳定安全因数 $n=\dfrac{F_{cr}}{F_N}\geqslant n_{st}$。而 F_{cr} 计算要依据杆的支承条件、截面图形几何性质等，最重要的是依据柔度判断杆的类型，决定 σ_{cr} 的计算公式；另外，若题目给出梁的尺寸和许用应力 $[\sigma]$，则还需对梁的强度进行核校。具体解答请读者完成。

11-16 如题 11-16 图所示结构由圆弧形曲杆 AB 和直杆 BC 组成，材料均为 Q235 钢。已知铅垂载荷 $F=20\text{kN}$，弹性模量 $E=200\text{GPa}$，$\lambda_p=100$，$\lambda_s=60$，$a=304\text{ MPa}$，$b=1.12\text{ MPa}$，规定稳定安全因数 $n_{st}=3$，试校核 BC 杆的稳定性。

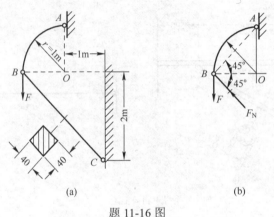

题 11-16 图

解：（1）截面法取分离体如题 11-16 图（b）所示。由平衡方程 $\sum M_A=0$ 得
$$Fr=F_N\frac{r}{\cos45°}$$
故 $F_N=\dfrac{\sqrt{2}}{2}F=14.14(\text{kN})$。

（2）BC 杆两端铰支，故长度因数 $\mu=1$，$l=\dfrac{2}{\cos45°}=2\sqrt{2}\text{m}$，柔度 $\lambda=\dfrac{\mu l}{i}=\dfrac{\mu l}{\sqrt{\dfrac{a^4}{12a^2}}}=\dfrac{2\sqrt{3}\mu l}{a}=\dfrac{2\sqrt{3}\times1\times2\sqrt{2}}{40\times10^{-3}}=245>\lambda_p=100$，故 BC 杆为大柔度杆，适用欧拉公式计算临界载荷。

（3）计算 BC 杆的临界载荷 F_{cr}。
$$F_{cr}=\frac{\pi^2 EI}{(\mu l)^2}=\frac{\pi^2\times200\times10^9\times0.04^4}{12\times(1\times2\sqrt{2})^2}=52.64\times10^3(\text{N})=52.64(\text{kN})$$

故 $n=\dfrac{F_{cr}}{F_N}=\dfrac{52.64}{14.14}=3.72>n_{st}=3$。

BC 杆满足稳定性条件。

第 12 章 动 载 荷

12.1 教学目标及章节理论概要

12.1.1 教学目标

（1）熟练掌握匀加速直线运动和匀速转动构件的动应力计算方法，能够应用动静法求解加速度已知的动应力问题。

（2）理解冲击应力力学分析模型和分析的假设条件。熟练掌握自由落体冲击动荷系数的计算公式推导，并且能够应用公式完成自由落体冲击问题的动应力和动变形计算。

（3）能够使用能量法推导和计算其他形式的冲击应力问题。

（4）掌握工程构件提高抗冲击能力的主要措施。

12.1.2 章节理论概要

1. 匀加速直线运动和匀速转动构件的动应力

（1）动载荷：载荷随时间而变化，其加速度不能被忽略的载荷称为动载荷。对于金属材料，一般认为其应变速率 $\dot{\varepsilon} \geqslant 10^{-2}/s$ 时是动载荷。

（2）匀加速直线运动和匀速转动问题。

匀加速直线运动指具有加速度不变，运动轨迹为直线的加速运动。

匀速转动是加速度大小不变，方向改变，而角加速度为零的转动。

解决此类加速度及其方向已知的问题，通常采用的动静法（达朗伯原理）求解，即计算惯性力并施加于结构上，结构在外力和惯性力的共同作用下处于平衡状态，其余同静载荷问题。

（3）达朗伯原理应用中惯性力的计算，包括匀加速直线运动和匀角速转动。$F = ma$ 显化为

$$q_d = A\rho a \text{ 或 } q_d = A\rho a_n = \frac{1}{2} A\rho D\omega^2 \tag{12-1}$$

式中：A 为构件横截面积；ρ 为材料单位体积的质量；a 为杆件做匀加速直线运动的加速度；向心加速度 $a_n = r\omega^2 = \frac{D}{2}\omega^2$，$D$ 为旋转圆环的直径，ω 为匀角速度。

（4）若杆件为以匀加速度 a 提升的构件，其动荷因数

$$K_d = 1 + \frac{a}{g} \tag{12-2}$$

2. 冲击问题的应力和变形

冲击问题中结构受外力作用时间极短，加速度变化剧烈（$\dot{\varepsilon} = 1 \sim 10/s$）。称这种外

力为冲击载荷。

冲击问题力学模型的基本假设：①结构变形保持线弹性；②被冲击物的质量忽略不计，故仅计算应变能而没有机械能变化；③冲击物视为刚体，仅考虑机械能而忽略冲击其他能量；④忽略冲击过程中热能、声能等能量损耗。其动荷因数为

$$K_d = \frac{F_d}{F_{st}} = \frac{\sigma_d}{\sigma_{st}} = \frac{\Delta_d}{\Delta_{st}} \tag{12-3}$$

求解冲击问题的方法是能量法，即冲击前动能、势能变化之和等于被冲击物的应变能，即

$$T + V = V_s \tag{12-4}$$

（1）竖直冲击时：

① 冲击物 W 冲击时的动能为 T，则动荷因数为

$$K_d = 1 + \sqrt{1 + \frac{2T}{W\Delta_{st}}} \tag{12-5}$$

式中：Δ_{st} 为被冲击物体冲击点沿冲击方向的位移。

② 冲击物从高度 h 处以初速度零自由下落（$T = \frac{W}{2g}v^2 = Wh$），则动荷因数为

$$K_d = 1 + \sqrt{1 + \frac{2h}{\Delta_{st}}} \tag{12-6}$$

③ 冲击物从高度 h 处以初速度 v 自由下落（$H = \frac{v^2}{2g} + h$），则动荷因数为

$$K_d = 1 + \sqrt{1 + \frac{2H}{\Delta_{st}}} \tag{12-7}$$

④ 冲击物以速度 v（接触时）冲击时（$H = \frac{v^2}{2g}$），则动荷因数为

$$K_d = 1 + \sqrt{1 + \frac{v^2}{g\Delta_{st}}} \tag{12-8}$$

⑤ 突加载荷（相当于 $h = 0$ 的自由落体冲击）则 $K_d = 2$。

（2）水平冲击时：

接触时冲击物以速度 v 水平冲击被冲击物，无势能变化，则动荷因数为

$$K_d = \sqrt{\frac{v^2}{g\Delta_{st}}} \tag{12-9}$$

其中，静位移的求法：①刚度为 c 的弹簧，其 $\Delta_{st} = \frac{F}{c}$；②轴向拉（压）杆件，用胡克定律 $\Delta l = \frac{F_N l}{EA}$；③简单梁的静位移直接查表叠加法计算或采用能量法求出；④刚架、曲杆等结构的冲击点静位移可用能量法中任一方法求出。

3. 能量法求解其他形式的冲击问题

对于更为一般的冲击问题，按照能量守恒定律，对冲击系统可写出能量平衡方程

$$T + V + V_{se} = T_d + V_d + V_{sd} \qquad (12\text{-}10)$$

式中：T，V，V_{se} 分别为冲击物与被冲击构件发生冲击前一瞬时的动能、重力势能、弹性应变能；T_d，V_d，V_{sd} 分别为被冲击构件达到最大冲击变形 Δ_d 时的动能、重力势能和弹性应变能。其进一步的简化式即式（12-4）。

从能量平衡方程中求出动位移与静位移之比值即为 $K_d = \Delta_d / \Delta_{st}$。

4．提高构件抗冲击能力的主要措施

提高构件抗冲击能力的措施包括：①在尽量避免增加静应力 σ_{st} 的前提下，增加静位移 Δ_{st}，如增加缓冲物、降低弹性模量等；②改变受冲击构件尺寸以收到降低动应力的效果，如尽量使受冲击构件接近等截面等。

12.1.3　重点知识思维导图

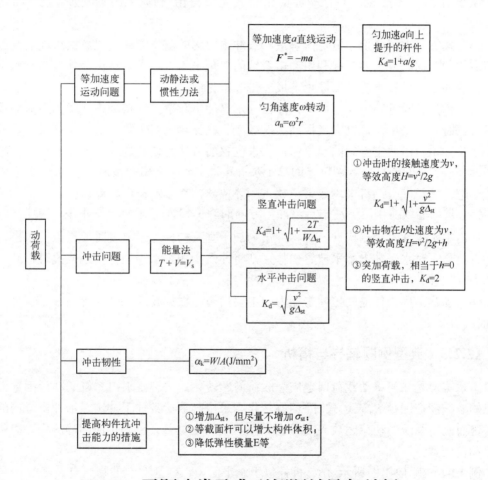

12.2　习题分类及典型例题辅导与精析

12.2.1　习题分类

（1）物体做一般加速度（线加速和角加速）运动的动荷问题。

（2）冲击问题，包括初速度为零的自由落体，初速度非零的自由落体，水平冲击、突加载荷等。

（3）含有冲击问题的复合题目，例如弯曲强度、刚度与冲击；组合变形与冲击（涉及应力状态，强度理论等）；压杆稳定，弯曲强度与冲击及超静定结构的冲击问题等。

12.2.2 解题要求

（1）熟练掌握匀加速直线运动和匀速转动构件的动应力计算方法，能够应用动静法求解加速度已知的动应力、动变形问题。主要是运用运动学的基本知识，根据给定条件确定惯性力（矩）的大小和方向（转向），给出动荷因数。

（2）理解冲击应力力学分析模型和分析的假设条件。熟练掌握自由落体冲击动荷系数的计算公式推导，并且能够应用公式完成自由落体冲击问题的动应力和动变形计算。

（3）熟练掌握用能量守恒定律解决一般冲击问题的基本方法，以解决可能遇到的各种陌生的冲击问题。主要掌握利用冲击系统的能量平衡方程求解自由落体，具有水平速度物体的冲击，旋转飞轮突然停止造成冲击等常见问题。

（4）可熟记常见冲击（自由落体冲击、水平冲击和事先连接冲击）时的动荷因数公式，考试时直接采用，可以大大提高做题效率。在计算动荷因数中的静位移时：①要掌握一定是冲击点沿冲击方向的静位移；②求位移的方法可任意选择，当然熟记一些结果则更方便；③有的题目要求动位移的点不是冲击点，故应求出冲击点的静位移 Δ_{st} 来确定系统的唯一动荷因数，再求出要求位移点的静位移，乘以动荷因数即可。

（5）求出静载荷作用下冲击点沿冲击方向的静位移 Δ_{st}，求解方法不限。但应注意对水平冲击中水平冲击垂直构件，则将冲击物加于垂直构件水平放置时冲击点，求出该点的垂直位移。对水平冲击水平放置构件，则将冲击物加于水平构件垂直放置时，其压缩量即为静位移。

（6）了解工程构件提高抗冲击能力的主要措施，根据题意，寻找提高冲击能力的有效途径。

12.2.3 典型例题辅导与精析

本章难点是如何将动载荷问题向静载荷问题转化，关键是求出系统的动荷因数 K_d。在已知系统动荷因数 K_d 表达式时，问题转化为求出静载荷条件下冲击点沿冲击方向的位移，进而确定系统的动荷因数 K_d。至此，动应力、动位移，仅为相应的静应力、静位移乘以动荷因数。

例 12-1 例 12-1 图所示 ABC 折杆位于水平面内，重量为 F 的物体自高度 H 处自由落下于杆端 C，求杆的冲击动荷因数 K_d。并用第三强度理论求危险截面危险点的相当应力。已知杆的直径为 d，材料的拉压弹性模量与剪切弹性模量分别为 E 和 G。

解：问题为直拐受初速度为零的自由落体冲击问题，静载时危险截面显然为 A，问题的关键是要求出静载荷时冲击面 C 沿冲击方向（垂直）位移，进而确定系统的动荷因数 K_d，至于求危险点的相应应力，仅为相当静应力乘以动荷因数而已。

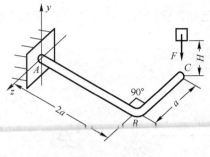

例 12-1 图

初速度为零的自由落体冲击动荷因数的公式为

$$K_d = 1 + \sqrt{1 + \frac{2H}{\Delta_{st}}}$$

式中：Δ_{st} 为冲击点 C 由于 F 的静力作用引起的沿冲击方向的静位移。可以将它分解为 3 部分：按 BC 杆在 B 端固定的悬臂梁所产生的 C 点的挠度 y_C；由于 AB 杆扭转，引起 B 截面转动而产生的 C 点竖向位移 $\theta_B a$；由于悬臂梁 AB 弯曲的挠度 y_B 而引起的 C 点的竖向位移。即

$$\Delta_{st} = y_C + \theta_B a + y_B = \frac{64Fa^3}{3E\pi d^4} + \frac{32Fa \cdot 2a}{G\pi d^4} \times a + \frac{64 \times F(2a)^3}{3E\pi d^4}$$

$$= \frac{64Fa^3}{\pi d^4}\left(\frac{1}{3E} + \frac{1}{G} + \frac{8}{3E}\right) = \frac{64Fa^3}{\pi d^4}\left(\frac{3}{E} + \frac{1}{G}\right)$$

于是

$$K_d = 1 + \sqrt{1 + \frac{2H}{\frac{64Fa^3}{\pi d^4}\left(\frac{3}{E} + \frac{1}{G}\right)}} = 1 + \sqrt{1 + \frac{2\pi EGHd^4}{64Fa^3(3G+E)}}$$

折杆中最大静弯矩为 $M_{max}=2Fa$，最大静扭矩为 $T_{max}=Fa$，危险截面在 A 端面，危险点为 y 轴且 $y=\pm\frac{d}{2}$ 的点，在圆轴受弯扭组合情形下，第三强度理论的相当应力可表征为

$$\sigma_{r3} = \frac{1}{W}\sqrt{M^2 + T^2} = \frac{32K_d}{\pi d^3}\sqrt{(2Fa)^2 + (Fa)^2} = \frac{32\sqrt{5}K_d Fa}{\pi d^3}$$

$$= \left(1 + \sqrt{1 + \frac{2\pi EGHd^4}{64Fa^3(3G+E)}}\right)\frac{32\sqrt{5}Fa}{\pi d^3}$$

【评注】①本题为冲击载荷下弯扭组合例题，要求计算危险点的相当应力。根据分析可知，需要分别求出结构的动荷因数和危险点按第三强度理论的相当应力。根据相应的计算公式可知，问题的关键转变为求解冲击点的静位移。②如果在 B 端加一铰支座，限制 B 端垂直位移，此时 Δ_{st} 是否变化？K_d 增大还是减小？

例 12-2 例 12-2 图所示重物 P 绕梁端 A 转动，当其在垂直位置时，水平速度为 v，

设梁长 l 及其抗弯刚度 EI 已知,求冲击时梁内最大正应力(重物在梁的纵向对称平面内运动)。

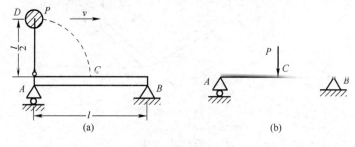

例 12-2 图

解:此种冲击无现成的动荷因数公式可套用,因此应从能量守恒定律出发进行讨论,确定动荷因数。

(1)冲击过程中重物损失的动能为 $T = \dfrac{P}{2g}v^2$。冲击过程中重物减少的势能为 $V = P\left(\dfrac{l}{2} + \Delta_\mathrm{d}\right)$。

设冲击时在 C 处的冲击力为 F_d,位移为 Δ_d,则杆的弯曲应变能为 $V_\mathrm{s} = \dfrac{1}{2}P_\mathrm{d}\Delta_\mathrm{d}$。

代入能量守恒定律 $T + V = V_\mathrm{s}$,得

$$\frac{P}{2g}v^2 + P\left(\frac{l}{2} + \Delta_\mathrm{d}\right) = \frac{1}{2}F_\mathrm{d}\Delta_\mathrm{d} \tag{1}$$

而 $\dfrac{F_\mathrm{d}}{P} = \dfrac{\Delta_\mathrm{d}}{\Delta_\mathrm{st}}$,故 $F_\mathrm{d} = \dfrac{\Delta_\mathrm{d}}{\Delta_\mathrm{st}}P = K_\mathrm{d}P$。

代入式(1)并化简得 $\Delta_\mathrm{d}^2 - 2\Delta_\mathrm{d}\Delta_\mathrm{st} - \left(\dfrac{v^2}{g} + l\right)\Delta_\mathrm{st} = 0$

解得

$$\Delta_\mathrm{d} = \left(1 + \sqrt{1 + \frac{v^2 + gl}{g\Delta_\mathrm{st}}}\right)\Delta_\mathrm{st}$$

故动荷因数为

$$K_\mathrm{d} = 1 + \sqrt{1 + \frac{v^2 + gl}{g\Delta_\mathrm{st}}}$$

简支梁中最大静应力及最大静位移(冲击点位移)分别为

$$\sigma_{\mathrm{st\,max}} = \frac{M_{\max}}{W} = \frac{Pl}{4W}, \qquad \Delta_\mathrm{st} = \frac{Pl^3}{48EI}$$

所以

$$K_\mathrm{d} = 1 + \sqrt{1 + \frac{48EI(v^2 + gl)}{gPl^3}}$$

故冲击时梁内最大正应力为 $\sigma_{\mathrm{d\,max}} = K_\mathrm{d}\sigma_{\mathrm{st\,max}} = K_\mathrm{d}\dfrac{Pl}{4W}$。

【评注】 本题冲击物体在冲击前具有势能和动能,与自由落体冲击有所不同。实际上,由于本题的冲击物也是垂直向下的冲击结构,如果将冲击前的动能转换为势能,

即换算成自由落体的冲击高度，也可以使用自由落体动荷因数计算公式。在高度为 $\frac{l}{2}$ 处速度为 v，则在 $h=\frac{v^2}{2g}+\frac{l}{2}$ 处初速度为零，式（12-6）中代入 h，即得本题的动荷因数。

例 12-3 例 12-3 图（a）所示立杆长度为 l，抗弯刚度为 EI，下端固定，上端右侧由 刚度系数 $k=\frac{2EI}{l^3}$ 的自然状态的弹簧连接，如在杆的中部 B 受一速度为 v 的重物 P 水平冲击，试计算杆件的支反力。

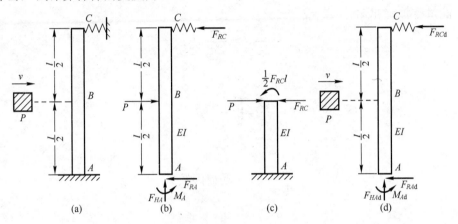

例 12-3 图

解：结构属于一次超静定结构，先将 P 视作在水平方向作用于杆的静载荷，求弹簧支座的静荷支反力及点的静位移；再求动荷因数及立柱的动荷支反力。

（1）求弹簧的静荷支反力 F_{RC}（例 12-3 图（b））。根据变形协调条件，立柱端点的水平位移与弹簧的压缩变形相等，即

$$y_{BP}+\theta_{BP}\frac{l}{2}-y_{BF_{RC}}=\frac{F_{RC}}{k}$$

应用悬臂梁受集中力的转角和挠度公式，得

$$\frac{P\left(\frac{l}{2}\right)^3}{3EI}+\frac{P\left(\frac{l}{2}\right)^2\left(\frac{l}{2}\right)}{2EI}-\frac{F_{RC}l^3}{3EI}=\frac{F_{RC}}{k}$$

将 $k=\frac{2EI}{l^3}$ 代入上式，整理得 $\frac{5l^3}{6EI}F_{RC}=\frac{5Pl^3}{48EI}$。解得 $F_{RC}=P/8$。

立柱固定端的静荷支反力为

$$F_{RA}=P-F_{RC}=\frac{7}{8}P,\quad M_A=P\frac{l}{2}-F_{RC}l=\frac{3}{8}Pl$$

（2）计算 B 点的静位移。根据例 12-3 图（c），由叠加原理可知 B 点的静位移

$$\varDelta_{Bst}=\frac{P\left(\frac{l}{2}\right)^3}{3EI}-\frac{F_{RC}\left(\frac{l}{2}\right)^3}{3EI}-\frac{\left(\frac{1}{2}F_{RC}l\right)\left(\frac{l}{2}\right)^2}{2EI}=\frac{11Pl^3}{384EI}$$

亦可利用例 12-3 图（b），求悬臂梁中面位移，结果相同。
（3）求动荷因数（例 12-3 图（d））。
系统的动能为

$$T = \frac{1}{2}mv^2 = \frac{P}{2g}v^2$$

应变能为

$$V_{sd} = \frac{1}{2}F_d \Delta_d = \frac{P}{2\Delta_{st}}\Delta_d^2$$

由能量守恒定律知

$$\frac{P}{2g}v^2 = \frac{P}{2\Delta_{st}}\Delta_d^2$$

整理得

$$\frac{v^2}{g} = \left(\frac{\Delta_d}{\Delta_{st}}\right)^2 \Delta_{st}$$

而

$$\frac{\Delta_d}{\Delta_{st}} = K_d \text{（动荷因数）}$$

故

$$K_d = \sqrt{\frac{v^2}{g\Delta_{st}}} = \sqrt{\frac{384EIv^2}{11Pl^3g}}$$

当然，如果记住水平冲击物与垂直杆件接触时的速度为 v 时的动荷因数，当题目没有特别要求时，则 K_d 可不必推导，直接写出即可。

（4）立柱受冲击时的动荷反力。

$$F_{RCd} = K_d F_{RC} = \frac{1}{8}K_d P$$

$$F_{RAd} = K_d F_{RA} = \frac{7}{8}K_d P$$

$$M_{Ad} = K_d M_A = \frac{3}{8}K_d Pl$$

由于不计杆自重，故 $F_{HAd} = F_{HA} = 0$。

【评注】①悬臂梁自由端增加了弹性支承，因此需先求解超静定问题，进而确定冲击点沿冲击方向的静位移，再代入动荷因数公式确定 K_d，其余问题类似；②求解超静定问题方法可用变形比较法、力法等。给定点的位移求法也是多样的，但要以准确简捷为原则。

12.3 考点及考研真题辅导与精析

本章考点主要为冲击问题，且一般以复合型题目出现。这类问题包括：①冲击、弯曲强度、弯曲变形组合；②冲击、组合变形（以弯扭组合多见）、应力状态、强度理论等组合；③冲击、压杆稳定、弯曲强度等组合。组合变形、强度理论和压杆稳定经常同动载荷结合，所涉及的概念、公式应熟知。

1. 题 1 图所示悬臂梁受自由落体的冲击，要求 B 处的动荷因数 K_d，则公式中的静位移应是_____处的静位移。（长安大学；5 分）

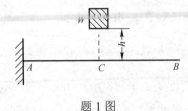

题 1 图

答：对于给定系统，其动荷系数 K_d 唯一确定，在初速度为零的自由落体冲击中，$K_d = 1 + \sqrt{1 + \dfrac{2h}{\Delta_{st}}}$ 中的静位移 Δ_{st} 是指结构中冲击点沿冲击方向的位移，故题中静位移应是 C 截面静位移。要求 B 截面动位移时，则是先求 C 截面静位移，确定动荷因数，再求 B 截面静位移，乘以 K_d 即得。

2. 重量为 Q=300N 的重物自高 h=50mm 处下落冲击于题 2 图所示刚架自由端 C 处，试求刚架内最大正应力与自由端的铅垂位移。已知刚架的抗弯刚度 EI，抗弯截面系数 W，略去轴力影响。（西北工业大学；25 分）

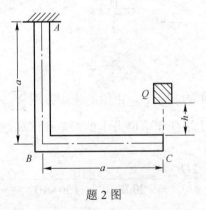

题 2 图

解：(1) 求冲击点静位移。重物直接作用 C 点情况下，弯矩方程 BC：$M(x_1) = -Qx_1$；AB：$M(x_2) = -Qa$。

单位力作用下，弯矩方程 BC：$\overline{M}(x_1) = -x_1$；AB：$\overline{M}(x_2) = -a$。

选用莫尔积分法求 C 点静位移：

$$\Delta_{Cst} = \int_0^a \frac{M(x_1)\overline{M}(x_1)}{EI}dx_1 + \int_0^a \frac{M(x_2)\overline{M}(x_2)}{EI}dx_2 = \int_0^a \frac{-Qx_1 \cdot (-x_1)}{EI}dx_1 + \int_0^a \frac{-Qa \cdot (-a)}{EI}dx_2$$

$$= \frac{4Qa^3}{3EI} = \frac{400a^3}{EI}$$

代入初速度为零的自由落体冲击时动荷系数

$$K_d = 1 + \sqrt{1 + \frac{2h}{\Delta_{st}}} = 1 + \sqrt{1 + \frac{EI}{4a^3}}$$

（2）确定刚架内最大正应力。刚架内最大静弯矩为 $M_{max} = Qa$，故最大动应力为

$$\sigma_{d\,max} = K_d \sigma_{st\,max} = K_d \frac{M_{max}}{W} = \left(1 + \sqrt{1 + \frac{EI}{4a^3}}\right) \frac{300a}{W}$$

（3）刚架自由端的铅垂动位移。自由端就是冲击点，故自由端铅垂位移

$$\Delta_{d,\,max} = K_d \Delta_{st,\,max} = \left(1 + \sqrt{1 + \frac{EI}{4a^3}}\right) \frac{400a^3}{EI}$$

3．题 3 图所示工字梁，惯性矩 $I_z = 1130 \times 10^4 \text{mm}^4$，抗弯截面模量 $W_z = 141 \times 10^3 \text{mm}^3$，中部支承于弹簧上，弹簧的刚度系数 $k = 0.8\text{kN/mm}$。材料的弹性模量 $E = 200\text{GPa}$，许用正应力 $[\sigma] = 160\text{MPa}$。$Q = 5\text{kN}$ 的重物从高度 h 处自由落下，试求许可的下落高度 h。（中南大学；15 分）

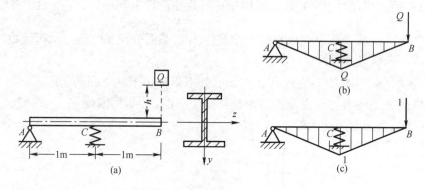

题 3 图

解：（1）求冲击点 B 的静位移 Δ_{st}。由梁的平衡方程 $\sum M_A = 0$，可得 $F_{Cy} = 2Q$。

分别作出 B 点单独作用力 Q 和单位力 1 的弯矩图（如题 3 图（b）、（c）所示），由图乘法可得

$$\Delta_{st1} = \frac{2}{EI}\left(\frac{1}{2} \cdot Q \cdot 1 \times \frac{2}{3}\right) = \frac{2Q}{3EI} = \frac{2 \times 5 \times 10^3}{3 \times 200 \times 10^9 \times 1130 \times 10^{-8}} = 1.47 \times 10^{-3}(\text{m}) = 1.47(\text{mm})$$

C 支座弹簧受力后压缩量 $\Delta_C = \frac{F_{Cy}}{k} = \frac{2Q}{k} = \frac{2 \times 5}{0.8} = 12.5(\text{mm})$。故 B 点的静位移 $\Delta_{st} = \Delta_{st1} + 2\Delta_C = 1.47 + 2 \times 12.5 = 26.47(\text{mm})$。

（2）代入自由落体冲击时的动荷因数公式，得

$$K_d = 1 + \sqrt{1 + \frac{2h}{\Delta_{st}}} = 1 + \sqrt{1 + \frac{2h}{26.47}}$$

（3）梁的强度计算。根据题 3 图（b）所示梁的弯矩图可知 C 截面为危险截面，代入梁的强度条件，得

$$\sigma_{d\,max} = K_d \frac{M_{max}}{W_z} = K_d \frac{Q}{W_z} = K_d \frac{5 \times 10^3}{141 \times 10^{-6}} \leqslant [\sigma] = 160 \times 10^6$$

即
$$K_d = 1 + \sqrt{1 + \frac{2h}{26.47}} \leqslant \frac{160 \times 10^6 \times 141 \times 10^{-6}}{5 \times 10^3} = 4.512$$

所以 $h \leqslant 150 \times 10^{-3}$(m) = 150(mm)。

4. 如题4图所示，已知具有中间铰的组合梁 EI 为常数。重量为 G 的物体从 H 高处自由下落，冲击到 B 截面。①求 A 截面的转角；②画出挠曲线的大致形状。（吉林大学；15分）

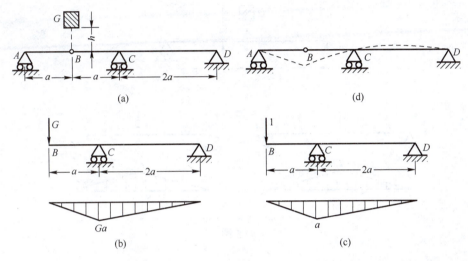

题4图

解：（1）求 A 截面的转角。由题意知，结构相当于外伸梁外伸端 B 受自由落体冲击，问题演化为求 B 点铅垂位移 y_{Bd}，则 $\theta_{Ad} = y_{Bd}/a$。

分别作出 B 点单独作用力 G 和单位力 1 的弯矩图（如题4图（b）、（c）所示），由图乘法可得

$$\Delta_{B,\text{st}} = \frac{1}{EI}\left(\frac{1}{2} \times Ga \times a \times \frac{2}{3} \times a + \frac{1}{2} \times Ga \times 2a \times \frac{2}{3} \times a\right) = \frac{Ga^3}{EI}$$

结构的动荷因数

$$K_d = 1 + \sqrt{1 + \frac{2h}{\Delta_{B,\text{st}}}} = 1 + \sqrt{1 + \frac{2hEI}{Ga^3}}$$

B 截面的动位移为

$$\Delta_{Bd} = K_d \Delta_{B,\text{st}} = \left(1 + \sqrt{1 + \frac{2hEI}{Ga^3}}\right)\frac{Ga^3}{EI}$$

故 A 截面的转角为

$$\theta_{Ad} = \frac{y_{Bd}}{a} = \left(1 + \sqrt{1 + \frac{2hEI}{Ga^3}}\right)\frac{Ga^2}{EI}$$

（2）挠曲线的大致形状如题4图（d）所示。

5. 如题5图所示，重量为 Q 的重物自高度 h 下落冲击于梁的中点 C。设重物 Q

为刚体，AB 梁在冲击过程中只产生线弹性变形，梁的抗弯刚度为 EI，抗弯截面系数为 W。

（1）此问题的动荷因数为 $K_d = 1 + \sqrt{1 + \dfrac{2h}{\Delta_{st}}}$，请用能量法推导出此动荷因数；

（2）设 h 远大于 Δ_{st}，具体计算出 Δ_{st}，并给出 K_d 的近似值表达式；

（3）利用 K_d 的近似值求梁的最大动位移 Δ_d；

（4）利用 K_d 的近似值求梁内最大动应力 σ_d。（南京理工大学；20 分）

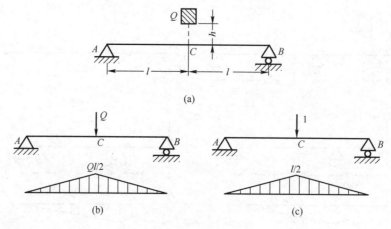

题 5 图

解：（1）见教材 P321 详细推导。

（2）当 $h \gg \Delta_{st}$ 时，$K_d = 1 + \sqrt{1 + \dfrac{2h}{\Delta_{st}}} \approx \sqrt{\dfrac{2h}{\Delta_{st}}}$。

分别作出 C 点单独作用力 Q 和单位力 1 的弯矩图（如题 5 图（b）、（c）所示），由图乘法可得

$$\Delta_{Cst} = \dfrac{1}{EI}\left(\dfrac{1}{2} \times \dfrac{Ql}{2} \times l \times \dfrac{2}{3} \times \dfrac{l}{2}\right) = \dfrac{Ql^3}{6EI}$$

所以 $K_d \approx \sqrt{\dfrac{2h}{\Delta_{st}}} = \sqrt{\dfrac{12EIh}{Ql^3}}$。

（3）梁的最大动位移为

$$\Delta_d = \Delta_{Cd} = K_d \Delta_{Cst} \approx \sqrt{\dfrac{12EIh}{Ql^3}} \times \dfrac{Ql^3}{6EI} = \sqrt{\dfrac{Ql^3 h}{3EI}}$$

（4）梁的最大动应力为

$$\sigma_{dmax} = K_d \dfrac{M_{max}}{W} \approx \sqrt{\dfrac{12EIh}{Ql^3}} \times \dfrac{Ql}{2W} = \sqrt{\dfrac{3QEIh}{lW^2}}$$

6. 题 6 图示结构中，AB 梁为 16 号工字钢梁，其横截面关于水平对称轴的惯性矩为 $I_z = 1130 \times 10^4 \text{mm}^4$，CD 杆为直径 $d = 40\text{mm}$ 的圆截面杆，它在 C、D 处均为球形铰支。$l = 1200\text{mm}$，$F = 5000\text{N}$，$h = 5\text{mm}$。梁和杆的材料均为 Q235 钢，弹性模量 $E = 200\text{GPa}$，

比例极限 $\sigma_p = 200\text{MPa}$。CD 杆的稳定安全系数 $[n_{st}] = 3$，若不计 CD 杆的压缩变形，试校核 CD 杆的稳定性。（西南交通大学；15 分）

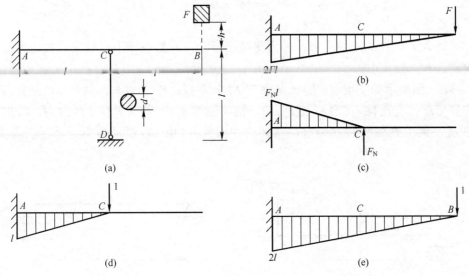

题 6 图

解：（1）求 CD 杆的轴力 F_N。结构为一次超静定，变形协调条件为 $y_C = \Delta l_{CD}$（由题意知 $\Delta l_{CD} = 0$）。由题 6 图（b）、（c）、（d）相乘得

$$y_C = \frac{1}{EI_z}\left[l \times Fl \times \frac{l}{2} + \frac{l}{2} \times Fl \times \frac{2l}{3} - \frac{l}{2} \times F_N l \times \frac{2l}{3}\right] = 0$$

解得

$$F_N = \frac{5F}{2}$$

（2）求冲击点静位移。在 B 点处加竖直方向单位力 1，由图乘法可得

$$\Delta_{Bst} = \frac{1}{EI_z}\left[\frac{1}{2} \times 2l \times 2Fl \times \frac{4l}{3} - \frac{l}{2} \times \frac{5Fl}{2} \times \frac{5l}{3}\right] = \frac{7Fl^3}{12EI_z}$$

$$= \frac{7 \times 5000 \times 1.2^3}{12 \times 200 \times 10^9 \times 1130 \times 10^{-8}} = 2.23 \times 10^{-3}(\text{m}) = 2.23(\text{mm})$$

（3）系统的动荷系数为

$$K_d = 1 + \sqrt{1 + \frac{2h}{\Delta_{st}}} = 1 + \sqrt{1 + \frac{2 \times 5}{2.23}} = 3.34$$

（4）校核 CD 杆的稳定性。CD 杆两端铰支，$\mu = 1$，则 $\lambda = \frac{\mu l}{i} = \frac{1 \times 1200}{40/4} = 120$

$\lambda_p = \sqrt{\frac{\pi^2 E}{\sigma_p}} = \sqrt{\frac{\pi^2 \times 200 \times 10^9}{200 \times 10^6}} = 99.3 < \lambda$，故 CD 杆为大柔度杆，选用欧拉公式计算临界载荷为

$$F_{cr} = \frac{\pi^2 EI_z}{(\mu l)^2} = \frac{\pi^2 \times 200 \times 10^9 \times \frac{\pi}{64} \times 40^4 \times 10^{-12}}{(1 \times 1.2)^2} = 172.3 \times 10^3(\text{N})$$

代入稳定性条件

$$n = \frac{F_{cr}}{K_d F_N} = \frac{172.3 \times 10^3}{3.34 \times 2.5 \times 5 \times 10^3} = 4.13 > [n_{st}] = 3$$

故 CD 杆稳定。

如果计入 CD 杆的压缩变形，轴力将减小，动荷系数也减小，稳定系数将增大，还是安全的。

7. 题 7 图所示简支梁 AB 的抗弯刚度 EI 为常数，在 B 端与刚性杆 BC 固定连接，C 端和杆 CD 铰支连接，CD 杆长为 a/2，抗拉刚度 EA。①试求杆 CD 内力；②把作用力 F 变成在梁上方高度为 H 处自由落体的冲击载荷，求 CD 杆的内力。（西北工业大学；25 分）

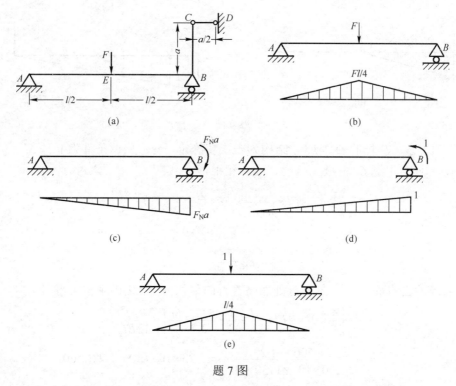

题 7 图

解：（1）求 CD 杆的轴力 F_N。结构为一次超静定，变形协调条件为 $\theta_B \cdot a = \Delta l_{CD}$。由题 7 图（b）、（c）、（d）图乘法并代入变形协调条件得

$$\theta_B = \frac{1}{EI}\left[\frac{l}{2} \times \frac{Fl}{4} \times \frac{1}{2} - \frac{l}{2} \times F_N a \times \frac{2}{3}\right] = \frac{Fl^2}{16EI} - \frac{F_N la}{3EI} = \frac{\Delta l_{CD}}{a} = \frac{F_N}{2EA}$$

解得

$$F_N = \frac{Fl^2/16I}{la/3I + 1/2A} = \frac{3Fl^2 A}{8(2laA + 3I)}$$

（2）求冲击点静位移。在 E 点加竖直方向单位力 1，由图（b）(c) 与（e）相乘得冲击点静位移为

$$\Delta_{Est} = \frac{1}{EI}\left[\frac{1}{2}\times\frac{l}{2}\times\frac{Fl}{4}\times\frac{2}{3}\times\frac{l}{4}\times 2 - \frac{l}{2}\times\frac{l}{4}\times\frac{F_N a}{2}\right] = \frac{Fl^3}{48EI} - \frac{F_N a l^2}{16EI}$$

$$= \frac{Fl^3}{48EI} - \frac{3Fl^4 Aa}{128EI(2laA+3I)}$$

(3) 系统的动荷因数。初速度为零的自由落体冲击的动荷因数为

$$K_d = 1 + \sqrt{1 + \frac{2h}{\Delta_{st}}}$$

代入 Δ_{Est} 即得。

(4) CD 杆的动轴力。

$$F_{Nd} = K_d F_N = K_d \frac{Fl^2/16I}{la/3I + a/2A} = K_d \frac{3Fl^2 A}{8(2laA+3I)}$$

8. 题8图所示悬臂梁 AB，抗弯刚度为 EI，抗弯截面系数为 W，在 B 端有一刚度系数为 C 的弹簧，重物 Q 从高度 h 处自由落下，冲击 B 处，试求结构的动荷系数和梁内的最大动弯曲正应力。（大连理工大学；15分）

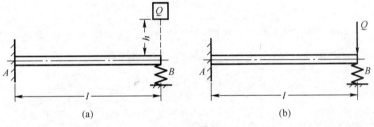

题8图

解：(1) 求弹簧的约束反力 F_{By}。将 Q 作为静载荷施加到 B 处（题8图（b）），结构为一次超静定，变形协调条件为 $y_B = \frac{F_{By}}{C}$。

代入悬臂梁在自由端受集中力作用的变形结果，可知 $y_B = \frac{(Q-F_{By})l^3}{3EI} = \frac{F_{By}}{C}$，所以

$$F_{By} = \frac{l^3 C}{3EI + l^3 C} Q$$

(2) 求冲击点 B 的静位移。

$$\Delta_{st} = \frac{F_{By}}{C} = \frac{l^3}{3EI + l^3 C} Q$$

(3) 系统的动荷因数。初速度为零的自由落体冲击的动荷因数为

$$K_d = 1 + \sqrt{1 + \frac{2h}{\Delta_{st}}} = 1 + \sqrt{1 + \frac{2h(3EI + l^3 C)}{Ql^3}}$$

(4) 梁内的最大动弯曲正应力为

$$\sigma_{dmax} = K_d \frac{M_{max}}{W} = K_d \frac{(Q-F_{By})l}{W} = \left(1 + \sqrt{1 + \frac{2h(3EI+l^3C)}{Ql^3}}\right)\frac{3EIl}{3EI+l^3C}\frac{Q}{W}$$

9. 题 9 图所示摩天轮，主轴为半径 r 的实心圆轴，吊臂长均为 l，截面惯性矩为 I，材料弹性模量为 E。A、B、C、D 各处包厢和游客的总重量均为 P。不计吊臂和主轴的质量，不考虑主轴变形和包厢尺寸，摩天轮初始以角速度 ω_0 匀速转动，到图示位置（AC 水平，BD 竖直）时主轴与支架连接处突然卡死，试求主轴内的最大扭转切应力。（南京航空航天大学；20 分）

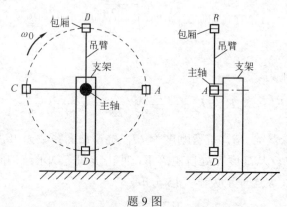

题 9 图

解：（1）计算结构的动荷系数。根据能量原理，当主轴与支架连接处突然卡死时，摩天轮包厢具有的动能 E_k，将全部转化为吊臂储存的应变能。

摩天轮包厢的转动动能 $E_k = 4 \times \frac{1}{2} mv^2 = 2\frac{P}{g}(\omega_0 l)^2$。

吊臂储存的应变能 $V_d = 4 \times \frac{1}{2} P_d \Delta_d = 2P\frac{\Delta_d^2}{\Delta_{st}}$。

由能量原理 $E_k = V_d$，得 $2\frac{P}{g}(\omega_0 l)^2 = 2P\frac{\Delta_d^2}{\Delta_{st}}$。

所以结构的动荷系数 $K_d = \frac{\Delta_d}{\Delta_{st}} = \sqrt{\frac{(\omega_0 l)^2}{g \Delta_{st}}}$（其中 $\Delta_{st} = \frac{Pl^3}{3EI}$）。

（2）轴与支架连接处突然卡死时，主轴承受动扭矩为

$$M_d = 4P_d l = 4K_d Pl = 4Pl\sqrt{\frac{\omega_0^2 l^2 \cdot 3EI}{gPl^3}} = \sqrt{\frac{48EI\omega_0^2 Pl}{g}}$$

故主轴内的最大扭转切应力 $\tau_{\max} = \frac{M_d}{W_p} = \frac{16M_d}{\pi(2r)^3} = \frac{2}{\pi r^3}\sqrt{\frac{48EI\omega_0^2 Pl}{g}}$。

12.4 课后习题解答

12-1 如题 12-1 图所示，荷重 F 固接在摆线的端点，试求当荷重自由摆动时摆线的最大内力。摆线对铅垂线的最大偏斜角等于 α。

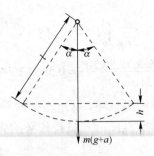

题 12-1 图

解：设摆线长 l，则 $h = l(1-\cos\alpha)$。

荷重的最大速度 $v = \sqrt{2gl(1-\cos\alpha)}$。

荷重的向心加速度 $a = \dfrac{v^2}{l} = 2g(1-\cos\alpha)$。

所以，摆线的最大内力为 $F_N = m(a+g) = F(3-2\cos\alpha)$。

12-2 如题 12-2 图所示，正方形截面钢杆以角速度 ω 绕着垂直于图形平面的 A 轴旋转，试求当杆内正应力达到比例极限 σ_p 时的最大转速 $n_{\max}$，并计算杆的绝对伸长 Δl。已知：$l=750$mm，$\sigma_p=250$MPa，$\gamma=78.5$kN/m³，弹性模量 $E=210$GPa。

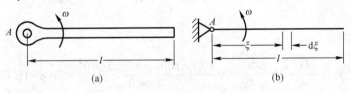

题 12-2 图

解：设杆任一点到原点距离为 ξ，则该点的向心加速度为 $a = \xi\omega^2$。微段 $d\xi$ 的向心力为 $dF_N = adm = a\dfrac{A\gamma}{g}d\xi$。

钢杆 ξ 截面的轴力为 $F_N(\xi) = \int_\xi^l \dfrac{\gamma}{g}A\omega^2 x dx = \dfrac{\gamma}{2g}A\omega^2(l^2-\xi^2)$ $(\xi \leqslant x \leqslant l)$。

当 $\xi = 0$ 时，$F_{N,\max} = \dfrac{A\gamma l^2\omega^2}{2g}$。

根据强度条件 $\sigma_{\max} = \dfrac{F_{N\max}}{A} = \dfrac{\gamma l^2\omega^2}{2g} \leqslant \sigma_p$，则

$$\omega \leqslant \sqrt{\dfrac{2g\sigma_p}{\gamma l^2}} = \sqrt{\dfrac{250\times 10^6 \times 2 \times 9.8}{78.5\times 10^3 \times 0.75^2}} = 333.1(\text{rad/s})$$

所以最大转速为

$$n_{\max} = \dfrac{\omega}{2\pi} \leqslant 53.1(\text{r/s}) = 3180(\text{r/min})$$

根据胡克定律，$d\xi$ 段的伸长 $d(\Delta l) = \dfrac{F_N(\xi)d\xi}{EA} = \dfrac{\gamma\omega^2(l^2-\xi^2)}{2gE}d\xi$。

积分得杆的绝对伸长 Δl 为

$$\Delta l = \int_0^l \frac{F_N(\xi)d\xi}{EA} = \frac{\gamma\omega^2}{2Eg}\int_0^l (l^2-\xi^2)d\xi = \frac{\omega^2 l^3 \gamma}{3gE}$$

$$= \frac{333.1^2 \times 0.75^3 \times 78.5 \times 10^3}{3 \times 9.8 \times 210 \times 10^9} = 0.595 \times 10^{-3}(\text{m}) = 0.595(\text{mm})$$

12-3 如题 12-3 图所示，圆截面钢环，以角速度 ω 绕铅垂轴旋转，已知：D=700mm，n=3000r/min，$[\sigma]$=100MPa，γ=78.5kN/m³，试校核环的强度，并求最大许可切向速度 v。

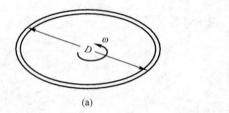
(a)

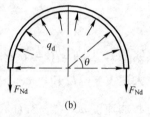
(b)

题 12-3 图

解：（1）校核环的强度。由题知 $\omega = 2\pi n = 2\pi \times \frac{3000}{60} = 100\pi$ rad/s。

单位长度（$ds=1$）产生的向心力 $q_d = adm = \frac{D\omega^2}{2g}\gamma A ds = \frac{D\omega^2}{2g}\gamma A$，其中 A 为钢环截面面积。

代入强度条件

$$\sigma_d = \frac{F_{Nd}}{A} = \frac{q_d \cdot D/2}{A} = \frac{D^2\omega^2\gamma}{4g} = \frac{(0.7\times 100\pi)^2 \times 78.5 \times 10^3}{4 \times 9.8} = 96.8 \times 10^6 (\text{Pa}) \leqslant [\sigma]$$

所以环的强度足够。

（2）最大许可切向速度。由 $\sigma_d = \frac{F_{Nd}}{A} = \frac{D^2\omega^2\gamma}{4g} = \frac{v^2\gamma}{g} \leqslant [\sigma]$，得

$$v = \frac{D}{2}\omega \leqslant \sqrt{\frac{g[\sigma]}{\gamma}} = \sqrt{\frac{9.8 \times 100 \times 10^6}{78.5 \times 10^3}} = 111.7(\text{m/s})$$

12-4 如题 12-4 图所示，轴上装有一钢质圆盘，圆盘上有一圆孔。若圆盘以 ω=40rad/s 的等角速度旋转，试求轴内由于圆孔引起的最大正应力。已知 γ=78.5kN/m³。

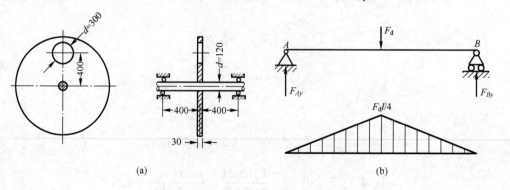

题 12-4 图

解：(1) 本题相当于圆盘旋转时，在圆孔对称位置有一等于圆孔重量的重物绕轴旋转，其质量 $m = \dfrac{\pi d^2 h}{4} \cdot \dfrac{\gamma}{g}$。

向心加速度 $a = r\omega^2 = 0.4 \times 40^2 = 640 (\text{m/s}^2)$。所以转动产生的惯性力为

$$F_d = \dfrac{\pi d^2 h \gamma}{4g} r\omega^2 = \dfrac{\pi \times 0.3^2 \times 0.3 \times 78.5 \times 10^3}{4 \times 9.8} \times 0.4 \times 40^2 = 10871(\text{N}) = 10.871(\text{kN})$$

(2) 该惯性力在轴内引起的最大弯矩 $M_{\max} = \dfrac{F_d l}{4}$，故最大正应力为

$$\sigma_{d\max} = \dfrac{M}{W} = \dfrac{32 F_d l}{4\pi d^3} = \dfrac{32 \times 10871 \times 0.8}{4\pi \times 0.12^3} = 12.8 \times 10^6 (\text{Pa}) = 12.8(\text{MPa})$$

12-5 如题 12-5 图所示，机车车轮以 $n=300\text{r/min}$ 的速度旋转。平行杆 AB 的横截面为矩形，$h=56\text{mm}$，$b=28\text{mm}$，长 $l=2\text{m}$，$r=250\text{mm}$，$\gamma=76\text{kN/m}^3$。试确定平行杆最危险的位置和杆内最大正应力。

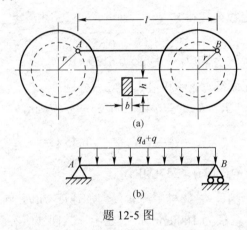

题 12-5 图

解：(1) 当 AB 杆重量与惯性力方向一致时，为该杆最危险的位置，即平行杆 AB 处于最低位置时为最危险位置（题 12-5 图（b））。平行杆单位长度惯性力为

$$q_d = \dfrac{\gamma}{g} A r \omega^2 = \dfrac{\gamma}{g} bhr \left(\dfrac{n\pi}{30}\right)^2 = \dfrac{76 \times 10^3}{9.8} \times 0.056 \times 0.028 \times 0.25 \times \left(\dfrac{300\pi}{30}\right)^2 = 3.0 \times 10^3 (\text{N/m})$$

单位长度重力为

$$q = \gamma A = 76 \times 10^3 \times 0.056 \times 0.028 = 119.2 (\text{N/m})$$

(2) 梁中最大弯矩在中间截面，其值为 $M_{\max} = \dfrac{1}{8}(q_d + q)l^2$。杆 AB 抗弯截面模量 $W = \dfrac{bh^2}{6} = \dfrac{1}{6} \times 0.056^2 \times 0.028 = 1.464 \times 10^{-5} (\text{m}^3)$。故杆内最大正应力为

$$\sigma_{\max} = \dfrac{M_{\max}}{W} = \dfrac{(q_d + q)l^2}{8W} = \dfrac{(3.0 \times 10^3 + 119.2) \times 2^2}{8 \times 1.464 \times 10^{-5}} = 106.5 \times 10^6 (\text{Pa}) = 106.5(\text{MPa})$$

12-6 如题 12-6 图所示，钢梁 AB 的作用是阻止铁路车厢的下滑。铁路车厢的质量为 $m=10\text{t}$，以水平速度 $v=0.5\text{m/s}$ 冲击梁 AB。设冲击点在梁的中点，且梁 AB 以简支梁形式支撑。已知梁 AB 长 $l=2\text{m}$，横截面面积 $200\text{mm} \times 200\text{mm}$，$E_{st}=200\text{GPa}$，$[\sigma]=250\text{MPa}$，求梁 AB 的最大应力和最大变形。

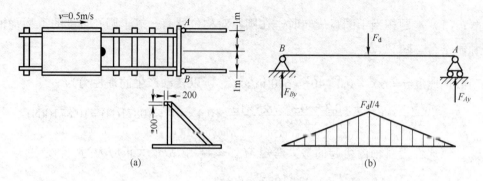

题 12-6 图

解：(1) 当 $F=mg$ 的外力作用在简支梁中面时引起的静位移为

$$\Delta_{st}=\frac{Fl^3}{48EI}=\frac{9.8\times10\times10^3\times2^3\times12}{48\times200\times10^9\times0.2^4}=0.6125\times10^{-3}(m)=0.6125(mm)$$

代入水平冲击时的动荷因数公式得

$$K_d=\sqrt{\frac{v^2}{g\Delta_{st}}}=\sqrt{\frac{0.5^2}{9.8\times0.6125\times10^{-3}}}=6.45$$

(2) 简支梁 AB 中的最大动变形和最大动应力分别为

$$\Delta_d=K_d\Delta_{st}=6.45\times0.6125=3.95(mm)$$

$$\sigma_{d\max}=K_d\sigma_{st\max}=K_d\frac{M_{\max}}{W}=K_d\frac{3Fl}{2a^3}=6.45\times\frac{9.8\times10\times10^3\times2\times3}{2\times0.2^3}$$

$$=237\times10^6(Pa)=237(MPa)$$

12-7 如题 12-7 图所示，卷扬机用绳索以匀加速度 7m/s² 向上起吊重为 30kN 的重物，绳索绕在重为 4kN，直径为 1000mm 的鼓轮上，其回转半径为 450mm，设轴的两端可以视为铰支，$[\sigma]$=100MPa，试按第三强度理论设计轴的直径。

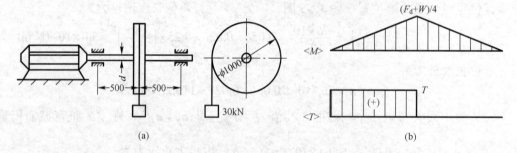

题 12-7 图

解：(1) 题知物重 $F=30$kN，鼓轮重 $W=4$kN。

因为 $a=7$m/s²，则角加速度为 $\varepsilon=\dfrac{2a}{D}=\dfrac{2\times7}{1}=14$(rad/s²)。

绳索中的动内力 $F_d=F\left(1+\dfrac{a}{g}\right)=30\times\left(1+\dfrac{7}{9.8}\right)=51.4$(kN)。

轴中产生的动扭矩为

$$T_d = I\varepsilon = m\rho^2\varepsilon = \frac{4000}{9.8}\times 0.45^2\times\varepsilon = 1157(\text{N}\cdot\text{m}) = 1.157(\text{kN}\cdot\text{m})$$

（2）作轴的弯矩图和扭矩图如题 12-7 图（b）所示。最大动内力为

$$M = \frac{1}{4}(F_d + W) = \frac{1}{4}(51.4 + 4) = 13.85(\text{kN}\cdot\text{m})$$

$$T = T_d + F_d\times\frac{D}{2} = 1.157 + 51.4\times\frac{1}{2} = 26.86(\text{kN}\cdot\text{m})$$

（3）代入第三强度条件 $\sigma_{r3} = \frac{\sqrt{M^2+T^2}}{W} = \frac{32\times\sqrt{13.85^2+26.86^2}\times 10^3}{\pi d^3}\leqslant[\sigma]$，解得 $d\geqslant 145\text{mm}$。

12-8 如题 12-8 图所示，钢杆的下端有一个固定圆盘，圆盘上放置弹簧。弹簧在 1kN 的静载荷作用下缩短 0.625mm。钢杆的直径 $d=40$mm，$l=4$m，$[\sigma]=120$MPa，$E=200$GPa。如果重 15kN 的重物自由下落，试求其许可高度 H？若没有弹簧，则许可高度 H 将等于多大？

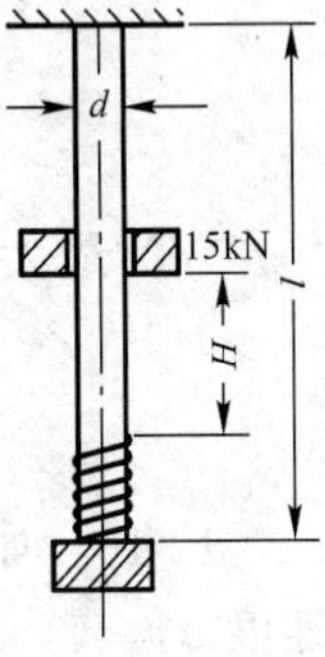

解：（1）杆内静应力和冲击点静位移分别为

$$\sigma_{st} = \frac{F}{A} = \frac{4F}{\pi d^2} = \frac{4\times 15\times 10^3}{\pi\times 0.04^2} = 11.94\times 10^6(\text{Pa}) = 11.94(\text{MPa})$$

$$\Delta_{st} = \frac{Fl}{EA} + CF = \frac{15\times 10^3\times 4\times 4}{200\times 10^9\times\pi\times 0.04^2} + 0.625\times 10^{-3}\times 15 = 9.62\times 10^{-3}(\text{m})$$

题 12-8 图

（2）确定许可高度。代入强度条件 $\sigma_d = K_d\sigma_{st}\leqslant[\sigma]$，得

$$K_d = 1 + \sqrt{1 + \frac{2H}{\Delta_{st}}}\leqslant\frac{[\sigma]}{\sigma_{st}} = \frac{120}{11.94} = 10.05。故 H\leqslant 3.89\times 10^{-3}(\text{m}) = 389(\text{mm})$$

（3）如无弹簧，则静位移为 $\Delta_{st} = \frac{Fl}{EA} = \frac{15\times 10^3\times 4\times 4}{200\times 10^9\times\pi\times 0.04^2} = 2.39\times 10^{-4}(\text{m})$。

同理解得 $H_1\leqslant 9.67\times 10^{-3}\text{m} = 9.67\text{mm}$。

12-9 如题 12-9 图所示，圆轴直径 $d=60$mm，$l=2$m，左端固定，右端有一直径 $D=40$cm 的鼓轮。轮上绕以钢绳，绳的端点 A 悬挂吊盘。绳长 $l_1=10$m，横截面面积 $A=120\text{mm}^2$，$E=200$GPa，轴的切变模量 $G=80$GPa。重量 $F=800$N 的物体自 $h=20$cm 处下落于吊盘上，求轴内最大切应力和绳内最大正应力。

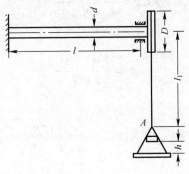

题 12-9 图

解：（1）求静位移。静位移包括钢绳的伸长及圆轴的扭转引起冲击点的位移两部分：

$$\Delta_{st} = \frac{Fl_1}{EA} + \frac{Tl}{GI_p} \times \frac{D}{2} = \frac{Fl_1}{EA} + \frac{32F\frac{D}{2}l}{G\pi d^4} \times \frac{D}{2}$$

$$= \frac{800 \times 10}{200 \times 10^9 \times 1.2 \times 10^{-4}} + \frac{16 \times 800 \times 0.4^2 \times 2}{80 \times 10^9 \times \pi \times 0.06^4 \times 2} = 9.6 \times 10^{-4} (\text{m})$$

（2）确定系统动荷因数为 $K_d = 1 + \sqrt{1 + \frac{2h}{\Delta_{st}}} = 1 + \sqrt{1 + \frac{2 \times 0.2}{9.6 \times 10^{-4}}} = 21.4$。

（3）最大静应力分别为

$$\tau_{stmax} = \frac{T}{W_p} = \frac{F\frac{D}{2}}{\frac{\pi}{16}d^3} = \frac{8 \times 800 \times 0.4}{\pi \times 0.06^3} = 3.77 \times 10^6 (\text{Pa}) = 3.77 (\text{MPa})$$

$$\sigma_{st} = \frac{F}{A} = \frac{800}{1.2 \times 10^{-4}} = 6.67 \times 10^6 (\text{Pa}) = 6.67 (\text{MPa})$$

（4）最大动应力分别为

$$\tau_d = K_d \tau_{stmax} = 21.4 \times 3.77 = 80.7 (\text{MPa})$$

$$\sigma_d = K_d \sigma_{st} = 21.4 \times 6.67 = 142.7 (\text{MPa})$$

12-10　如题 12-10 图所示，一端具有荷重 F 的杆件，在水平平面内绕铅垂轴 A 以角速度 ω 旋转。它突然受阻于 B 点，试求杆内的最大弯矩。

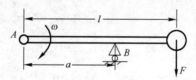

题 12-10 图

解：（1）杆件的转动动能 $T_d = \frac{1}{2}mv^2 = \frac{F}{2g}(\omega l)^2$。

（2）杆件的应变能 $V_s = \frac{1}{2}K_d F \Delta_d = \frac{\Delta_d^2}{2\Delta_{st}}F$。

（3）根据功能原理 $T_d = V_s$，得 $K_d = \frac{\Delta_d}{\Delta_{st}} = \sqrt{\frac{\omega^2 l^2}{g\Delta_{st}}}$。

因为冲击点的静位移

$$\Delta_{st} = \frac{Fl(l-a)^2}{3EI}$$

故杆内最大动弯矩为

$$M_{dmax} = K_d F(l-a) = \sqrt{\frac{3FEI\omega^2 l}{g}}$$

杆内最大动应力为

$$\sigma_{dmax} = \frac{M_{dmax}}{W} = \frac{\omega}{W} \cdot \sqrt{\frac{3FEIl}{g}}$$

12-11 如题 12-11 图所示，两端固定的 No.20a 工字钢梁，有重 $W=1\text{kN}$ 重物自高度 $h=200\text{mm}$ 处下落至梁上，试求梁内最大正应力，已知 $E=210\text{GPa}$。

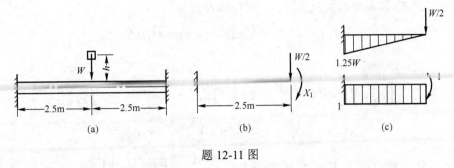

题 12-11 图

解：结构为三次超静定，由于对称性，沿对称轴解除多余约束，剪力为零，并且假设轴力引起的变形不计，建立相当系统如题 12-11 图（b）所示。

分别作出载荷 $W/2$ 和多余约束反力 $X_1=1$ 时的弯矩图如题 12-11 图（c）所示。由图乘法得（变形比较法同样可以）

$$\Delta_F = \frac{1}{EI}\left(\frac{2.5W}{2}\times\frac{2.5}{2}\times 1\right), \quad \delta_{11} = \frac{2.5}{EI}$$

代入力法正则方程 $\delta_{11}X_1+\Delta_F=0$，得 $X_1=\dfrac{-\Delta_F}{\delta_{11}}=-0.625W=-625(\text{N}\cdot\text{m})$。

查表知，No.20a 工字钢的 $W_z=237\times 10^{-6}\text{m}^3$，$I=2370\times 10^{-8}\text{m}^4$，所以

$$\Delta_\text{st} = \frac{Wl^3}{6EI}-\frac{625l^2}{2EI} = \frac{1\times 10^3\times 2.5^3-3\times 625\times 2.5^2}{6\times 210\times 10^9\times 2370\times 10^{-8}} = 0.131\times 10^{-3}(\text{m}) = 0.131(\text{mm})$$

系统的动荷系数 $K_\text{d}=1+\sqrt{1+\dfrac{2h}{\Delta_\text{st}}}=1+\sqrt{1+\dfrac{2\times 200}{0.131}}=56.3$。

在梁的中面和两固定端面处 $|M|_\text{max}=625\text{N}\cdot\text{m}$。

最大应力 $\sigma_\text{d}=K_\text{d}\dfrac{M_\text{max}}{W_z}=56.3\times\dfrac{625}{237\times 10^{-6}}=148.5\times 10^6\text{ (Pa)}=148.5(\text{MPa})$。

12-12 如题 12-12 图所示，重 $W=200\text{N}$ 的重物自高度 $h=15\text{mm}$ 处下落至直径 $D=500\text{mm}$ 的钢圆环上，圆环的横截面为直径 $d=30\text{mm}$ 的圆截面，试求圆环内的最大正应力和直径 AB 的缩短量 Δ。已知 $E=210\text{GPa}$。

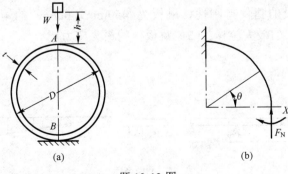

题 12-12 图

解：（1）结构为三次超静定，由于有两个对称轴，沿两个对称轴解除多余约束，建立相当系统如题 12-12 图（b）所示，其中 $F_N = W/2$。

分别写出 F_N 和多余约束反力 $X_1=1$ 的弯矩方程为

$$M_F(\theta) = -\frac{W}{2} \times \frac{D}{2} \times (1-\cos\theta), \quad \overline{M}(\theta) = 1$$

则

$$\Delta_{1F} = \int_0^{\frac{\pi}{2}} \frac{1}{EI} M_F(\theta) \overline{M}(\theta) \frac{D}{2} d\theta = -\int_0^{\frac{\pi}{2}} \frac{WD^2}{8EI}(1-\cos\theta)d\theta = -\frac{WD^2}{8EI}\left(\frac{\pi}{2}-1\right)$$

$$\delta_{11} = \int_0^{\frac{\pi}{2}} \frac{1}{EI} \overline{M}^2(\theta) \frac{D}{2} d\theta = \int_0^{\frac{\pi}{2}} 1^2 \frac{D}{2} d\theta = \frac{\pi D}{4EI}$$

代入力法正则方程 $\delta_{11}X_1 + \Delta_{1F} = 0$，得 $X_1 = \dfrac{-\Delta_{1F}}{\delta_{11}} = \dfrac{WD}{2}\left(\dfrac{1}{2}-\dfrac{1}{\pi}\right)$。

（2）计算静变形。任意截面的弯矩

$$M(\theta) = X_1\overline{M}(\theta) + M_F(\theta) = \frac{WD}{2}\left(\frac{1}{2}-\frac{1}{\pi}\right) - \frac{WD}{4}(1-\cos\theta) = \frac{WD}{2}\left(\frac{1}{2}\cos\theta - \frac{1}{\pi}\right)$$

在 A 面施加单位力时

$$M_0(\theta) = \frac{D}{2}\left(\frac{1}{2}\cos\theta - \frac{1}{\pi}\right)$$

冲击点的静位移

$$\Delta_{st} = 4\int_0^{\frac{\pi}{2}} \frac{1}{EI} M(\theta)M_0(\theta) \frac{D}{2} d\theta = \frac{WD^3}{8EI}\left(\frac{\pi}{4}-\frac{2}{\pi}\right) = \frac{64 \times 200 \times 0.5^3}{8 \times 210 \times 10^9 \times \pi \times 3^4 \times 10^{-8}}$$

$$= 0.0557 \times 10^{-3}(m) = 0.0557(mm)$$

代入自由落体的动荷因数公式得

$$K_d = 1 + \sqrt{1 + \frac{2H}{\Delta_{st}}} = 1 + \sqrt{1 + \frac{2 \times 15}{0.0557}} = 24.2$$

故直径 AB 的缩短量 $\Delta_d = K_d \Delta_{st} = 24.2 \times 0.0557 = 1.348(mm)$

（3）当 $\theta = \dfrac{\pi}{2}$ 时，$|M|_{max} = \dfrac{WD}{2\pi}$，即在 AB 截面 $M_{max} = \dfrac{WD}{2\pi}$，故最大动应力为

$$\sigma_{d\max} = K_d \frac{M_{max}}{W_z} = K_d \frac{32WD}{2\pi^2 d^3} = 24.2 \times \frac{32 \times 200 \times 0.5}{2\pi^2 \times 30^3 \times 10^{-9}} = 145.5 \times 10^6(Pa) = 145.5(MPa)$$

12-13 如题 12-13 图所示，体重 670N 的跳水运动员从 635mm 处下落至跳板的 A 点，假设跳水运动员的腿保持刚性，跳板为 450mm×60mm 的矩形截面，弹性模量 E=12GPa，求（1）A 的最大位移；（2）跳板内的最大应力。

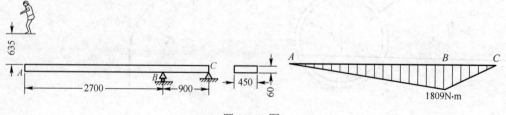

题 12-13 图

解：设 $l = 900\text{mm}$，$a = 2700\text{mm}$，梁截面的图形几何性质为

$$I = \frac{0.45 \times 0.06^3}{12} = 8.1 \times 10^{-6} (\text{m}^4), \quad W = \frac{0.45 \times 0.06^2}{6} = 2.7 \times 10^{-4} (\text{m}^3)$$

A 点的静位移为

$$\Delta_{\text{st}} = \frac{Fa^2}{3EI}(l+a) = \frac{670 \times 2.7^2}{3 \times 12 \times 10^9 \times 8.1 \times 10^{-6}}(2.7+0.9) = 60.3 \times 10^{-3}(\text{m}) = 60.3(\text{mm})$$

系统动荷因数

$$K_{\text{d}} = 1 + \sqrt{1 + \frac{2h}{\Delta_{\text{st}}}} = 1 + \sqrt{1 + \frac{2 \times 635}{60.3}} = 5.70$$

A 点的动位移

$$\Delta_{\text{d}} = K_{\text{d}}\Delta_{\text{st}} = 5.70 \times 60.3 = 343.7(\text{mm})$$

最大动应力

$$\sigma_{\text{d}} = K_{\text{d}} \frac{M_{\max}}{W} = 5.70 \times \frac{1809}{2.7 \times 10^{-4}} = 38.17 \times 10^6 (\text{Pa}) = 38.17(\text{MPa})$$

12-14 如题 12-14 图所示，重量 $W=1000\text{N}$ 的物体从高 $h=100\text{mm}$ 处自由下落冲击梁 AB 的中点 C。已知梁和杆的材料相同，弹性模量 $E=200\text{GPa}$。梁为矩形截面，杆为圆形截面、尺寸如图，且梁的跨度 $l=2\text{m}$，试求梁的冲击点 C 的挠度和梁的最大动应力。

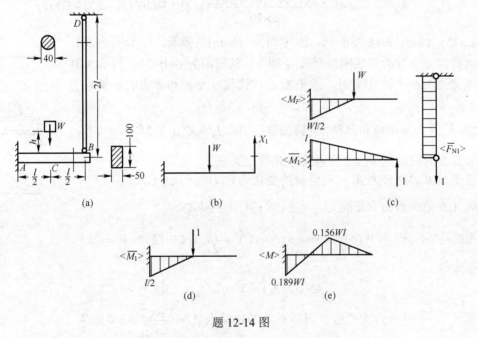

题 12-14 图

解：各部分的截面几何性质分别为

梁：

$$I = \frac{bh^3}{12} = \frac{1}{24} \times 10^{-4}(\text{m}^4), \quad W_z = \frac{bh^2}{6} = \frac{1}{12} \times 10^{-3}(\text{m}^4)$$

杆：

$$A = \frac{\pi d^2}{4} = 12.56 \times 10^{-4} (\text{m}^2)$$

结构为一次超静定，解除 B 点约束，建立题 12-14 图（b）所示相当系统。分别画出载荷 W 和多余约束力 $X_1 = 1$ 单独作用时的内力图如题 12-14 图（c）所示。由图乘法得

$$\Delta_F = \frac{-5Wl^3}{48EI}, \quad \delta_{11} = \frac{l^3}{3EI} + \frac{2l}{EA}$$

代入力法方程 $\delta_{11}X_1 + \Delta_F = 0$，得 $X_1 = \frac{-\Delta_F}{\delta_{11}} = \frac{\frac{5}{48}W}{\frac{1}{3} + \frac{2I}{Al^2}} = 0.31W = 311(\text{N})$

冲击点 C 的静位移为

$$\Delta_{\text{st}} = \frac{Wl^3}{EI}\left[\frac{1}{2} \times \frac{1}{4} \times \frac{1}{3} - 0.311 \times \frac{1}{8} \times \frac{5}{6}\right] = \frac{1000 \times 2^3}{200 \times 10^9 \times \frac{1}{24} \times 10^{-4}} \times 9.27 \times 10^{-3}$$

$$= 0.089 \times 10^{-3} (\text{m}) = 0.089 (\text{mm})$$

系统的动荷因数 $K_d = 1 + \sqrt{1 + \frac{2h}{\Delta_{\text{st}}}} = 1 + \sqrt{1 + \frac{2 \times 100}{0.089}} = 48.4$。

故冲击点 C 的动位移为 $\Delta_d = K_d \Delta_{\text{st}} = 48.4 \times 0.089 = 4.22(\text{mm})$。

冲击点 C 的动应力为

$$\sigma_{\text{dmax}} = K_d \frac{M_{\text{max}}}{W_z} = 48.4 \times \frac{0.189 \times 10^3 \times 2 \times 12}{1 \times 10^{-3}} = 219.5 \times 10^6 (\text{Pa}) = 219.5(\text{MPa})$$

12-15　如题 12-15 图所示，刚度均为 $k(\text{N/m})$ 的弹簧，一端固定，另一端装有相互平行的两块刚性平板 A 和 B，其间距为 $\delta = W/2k$。当重为 W 的物体突然加在平板 A 上时，求平板 B 的位移（平板和弹簧的质量略去不计）。

解：设没有 B 平板和弹簧，当突加载荷时，$\Delta_A = K_d \Delta_{\text{st}} = 2\frac{W}{k} > \delta = \frac{W}{2k}$。

故当 B 存在时突加 W 后 AB 接触形成超静定系统。

设平板 B 的位移为 Δ_B，则势能的变化为 $V = W(\delta + \Delta_B)$。

而 A, B 两弹簧的应变能为 $V_s = \frac{1}{2}k(\delta + \Delta_B)^2 + \frac{1}{2}k\Delta_B^2$。

根据功能原理，即 $W(\delta + \Delta_B) = \frac{1}{2}k(\delta + \Delta_B)^2 + \frac{1}{2}k\Delta_B^2$，由题知，$W = 2k\delta$，代入前式得

$$4\delta(\delta + \Delta_B) = \delta^2 + 2\delta\Delta_B + 2\Delta_B^2$$

即 $\Delta_B = \frac{1 \pm \sqrt{7}}{2}\delta$ 舍去负根，得平板 B 的位移为 $\Delta_B = \frac{1 + \sqrt{7}}{2}\delta = 0.91\frac{W}{k}$。

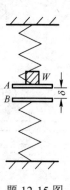

题 12-15 图

12-16　如题 12-16 图所示等截面刚架 $ABCD$，抗弯刚度为 EI。一重物 W 自高度 h 自由下落，冲击刚架的 C 点，试求刚架的最大应力。

解：本题为一次超静定结构的冲击问题。

（1）计算结构冲击点的静位移 Δ_{Cst}。将支座 D 作为多余约束解除，建立题 12-16 图（b）所示相当系统。分别作外力弯矩图 M_F 和 $X_1 = 1$ 的弯矩图 $\overline{M}$，如题 12-16 图（c）、（d）所示。

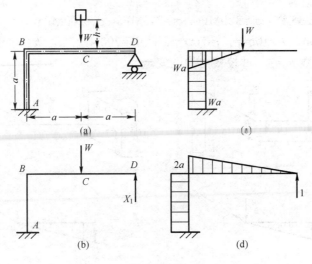

题 12-16 图

根据图乘法计算正则方程系数。

$$\Delta_F = -\frac{1}{EI}\left[Wa \times \frac{a}{2} \times \frac{5a}{3} + Wa \times a \times 2a\right] = -\frac{17Wa^3}{6EI}$$

$$\delta_{11} = \frac{1}{EI}\left[2a \times a \times \frac{4a}{3} + a \times 2a \times 2a\right] = \frac{20a^3}{3EI}$$

代入力法正则方程 $\delta_{11}X_1 + \Delta_F = 0$，解得 $X_1 = \frac{17}{40}W$

（2）计算冲击点静位移。在冲击点加单位力，令题 12-16(c) 中 $W=1$ 即得其弯矩图。将题 12-16 图（c）弯矩图和题 12-16 图（d）弯矩图乘以 X_1 后，由图乘法可得

$$\Delta_{Cst} = \frac{1}{EI}\left[Wa \times \frac{a}{2} \times \frac{2a}{3} + Wa \times a \times a - a \times \frac{a}{2} \times \frac{5a}{3} \times X_1 - 2a \times a \times a \times X_1\right]$$

$$= \frac{1}{EI}\left[\frac{4Wa^3}{3} - \frac{17W}{40} \times \frac{17a^3}{6}\right] = \frac{31Wa^3}{240EI}$$

（3）计算动荷因数。

$$K_d = 1 + \sqrt{1 + \frac{2h}{\Delta_{st}}} = 1 + \sqrt{1 + \frac{480hEI}{31Wa^3}}$$

（4）求最大动应力。最大弯矩在冲击点 C，$M_{max} = X_1 a$，故

$$\sigma_{stmax} = \frac{M_{max}}{W_z} = \frac{17Wa}{40W_z}$$

所以，C 截面最大动应力为

$$\sigma_{dmax} = K_d \sigma_{stmax} = \frac{17Fa}{40W_z}\left(1 + \sqrt{1 + \frac{480hEI}{31Wa^3}}\right)$$

12-17 一圆截面平面折杆 ABC 位于水平平面，AB 与 BC 垂直，折杆的直径为 d。与圆截面杆 CD 铰接于 C 点和固定铰链 D（CD 垂直于水平平面），CD 的直径为 d_0。今有一重为 W 的物体，由高度为 h 处自由下落冲击折杆 B 点，如题 12-17 图所示。已知梁

和杆的材料均为 Q235 钢，σ_b=380MPa，σ_s=240MPa，σ_p=200MPa，E=200GPa，G=80GPa。结构尺寸：d=50mm，d_0=10mm，l=1m。载荷 W=200N，高度 h=20mm，强度安全因数 n_0=2，稳定安全因数 n_{st}=3。试校核结构的安全性。

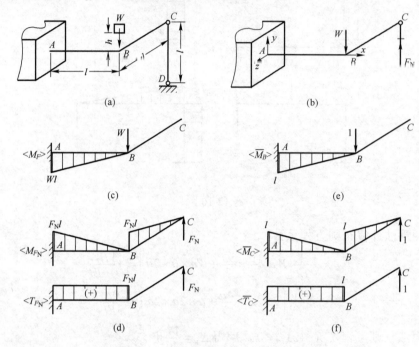

题 12-17 图

解：（1）结构一次超静定，取相当系统如题 12-17 图（b）所示，其变形协调条件为
$$\Delta_{Cy} = \Delta l_{CD}$$
其中
$$\Delta_{Cy} = \frac{Wl^3}{3EI} - \frac{F_N l^3}{3EI} \times 2 - \frac{F_N l^3}{GI_p}, \quad \Delta l_{CD} = \frac{F_N l}{EA}$$
即
$$F_N\left(\frac{l}{EA} + \frac{l^3}{GI_p} + \frac{2l^3}{3EI}\right) = \frac{Wl^3}{3EI}$$

将 E、G、$A = \frac{\pi}{4}d_0^2$，$I = \frac{\pi}{64}d^4$，$I_p = \frac{\pi}{32}d^4$ 及 W、l 代入得 F_N = 34.6N。

（2）求冲击点沿冲击方向的静位移 Δ_{st}。在冲击点 B 沿 W 方向施加单元力 1，作内力图如题 12-17 图（e）所示。为方便叠加，将载荷 W、多余约束力 F_N 的内力图分作题 12-17 图（c）、（d）所示。由图乘法得

$$\Delta_{B,st} = \frac{1}{EI}\left(\frac{1}{2}l \times Wl \times \frac{2}{3}l - \frac{1}{2}l \times F_N \times l \times \frac{2}{3}l\right) = \frac{(W-F_N)l^3}{3EI}$$

$$= \frac{64 \times (200-34.6) \times 1^3}{3 \times 200 \times 10^9 \times \pi \times 50^4 \times 10^{-12}} = 0.899 \times 10^{-3}(\text{m}) = 0.899(\text{mm})$$

（3）系统的动荷因数。冲击系初速度为零的自由落体冲击，系统动荷因数为

$$K_\mathrm{d} = 1 + \sqrt{1 + \frac{2h}{\Delta_\mathrm{st}}} = 1 + \sqrt{1 + \frac{2 \times 20}{0.899}} = 7.74$$

（4）校核杆 CD 的强度。在动载荷作用下，最大压应力

$$\sigma_{\mathrm{d,max}} = K_\mathrm{d} \frac{F_\mathrm{N}}{A} = 7.74 \times \frac{4 \times 34.6}{\pi \times 10^2 \times 10^{-6}} = 3.41 \times 10^6 \mathrm{Pa} = 3.41(\mathrm{MPa}) < \frac{\sigma_\mathrm{s}}{n} = 120(\mathrm{MPa})$$

（5）校核杆 CD 的稳定性。首先计算杆的柔度

$$\lambda = \frac{\mu l}{i} = \frac{1 \times 2l}{d/4} = \frac{1 \times 4}{10 \times 10^{-3}} = 400$$

$$\lambda_\mathrm{p} = \sqrt{\frac{\pi^2 E}{\sigma_\mathrm{p}}} = \sqrt{\frac{\pi^2 \times 200 \times 10^9}{200 \times 10^6}} = 99.3 < \lambda$$

杆 CD 系大柔度杆，应选用欧拉公式计算杆的临界载荷

$$F_\mathrm{cr} = \frac{\pi^2 EI}{(\mu l)^2} = \frac{\pi^2 \times 200 \times 10^9 \times \pi \times 10^4 \times 10^{-12}}{64 \times (1 \times 1)^2} = 969(\mathrm{N})$$

$$n = \frac{F_\mathrm{cr}}{K_\mathrm{d} \cdot F_\mathrm{N}} = \frac{969}{7.74 \times 34.6} = 3.62 > n_\mathrm{st} = 3$$

杆 CD 的稳定性足够。

（6）校核直角拐的强度。在直拐中，$M_\mathrm{max} = (W - F_\mathrm{N})l = 165.4(\mathrm{N \cdot m})$，$T_\mathrm{max} = F_\mathrm{N} \cdot l = 34.6(\mathrm{N \cdot m})$，选用第三强度理论，则危险截面危险点的相当应力为

$$\sigma_{r3} = \frac{K_\mathrm{d}}{W_z}\sqrt{M^2 + T^2} = \frac{32 \times 7.74}{\pi \times 50^3 \times 10^{-9}}\sqrt{165.4^2 + 34.6^2} = 106.6 \times 10^6 \,(\mathrm{Pa}) = 106.6(\mathrm{MPa})$$

$$\sigma_{r3} < [\sigma] = \frac{\sigma_\mathrm{s}}{n} = 120(\mathrm{MPa})$$

因此，在整个结构中，强度和稳定性均满足。

12-18 如题 12-18 图所示结构由梁 AB 和杆 BD、BC 组成，材料均为 Q235 钢，弹性模量 E=200GPa，λ_p=100。重量为 W=8kN 的重物自高度 h=10mm 自由下落冲击梁的中点。已知 a=1m，杆 BC，BD 的横截面均为圆形，直径 d=50mm，梁 AB 为工字钢，惯性矩 I_z=2450cm^4。设杆的稳定安全因数 n_st=2.5，试校核结构的稳定性。

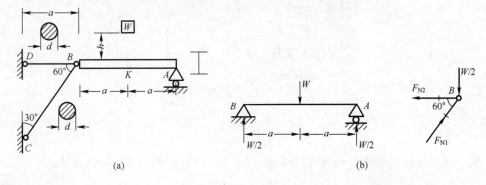

题 12-18 图

解：（1）求冲击点的静位移。由题 12-18 图（b）静力平衡方程可得

$$F_{N1} = \frac{\sqrt{3}}{3}W, \quad F_{N2} = \frac{\sqrt{3}}{6}W$$

B 点的静位移为

$$\Delta_{Bst} = \frac{a}{2EA}(2F_{N1}^2 + F_{N2}^2)\frac{4}{W} = \frac{27Wa}{18EA} = \frac{27 \times 8 \times 10^3 \times 1 \times 4}{18 \times 200 \times 10^9 \times \pi \times 5^2 \times 10^{-4}}$$
$$= 0.0306 \times 10^{-3} (m) = 0.0306(mm)$$

故冲击点 K 的静位移为

$$\Delta_{Kst} = \frac{W(24)^3}{48EI} + \frac{1}{2}\Delta_{Bst} = \frac{8 \times 10^3 \times 8 \times 1^3}{48 \times 200 \times 10^9 \times 2450 \times 10^{-8}} + \frac{1}{2} \times 0.0306 \times 10^{-3}$$
$$= 0.286 \times 10^{-3} (m) = 0.286(mm)$$

（2）系统的动荷因数 $K_d = 1 + \sqrt{1 + \frac{2h}{\Delta_{st}}} = 1 + \sqrt{1 + \frac{2 \times 10}{0.286}} = 8.42$。

（3）稳定性校核。BC 杆的柔度 $\lambda = \frac{\mu l}{i} = \frac{1 \times 2 \times 4}{0.05} = 160 > \lambda_p$。

所以

$$F_{cr} = \frac{\pi^2 EI}{(\mu l)^2} = \frac{\pi^2 \times 200 \times 10^9 \times \pi \times 50^4 \times 10^{-12}}{64 \times (1 \times 2)^2} = 151.4 \times 10^3 (N) = 151.4(kN)$$

故 $n = \frac{F_{cr}}{K_d \cdot F_{N1}} = \frac{151.4\sqrt{3}}{8.42 \times 8} = 3.89 > n_{st} = 2.5$，结构稳定性满足。

12-19 如题 12-19 图所示，1、2 杆的 $E_1=E_2=100$GPa，$A_1=A_2=20$mm^2，$L_1=L_2=1.2$m，$\alpha=30°$，3 杆的 $E_3=200$GPa，$A_3=75$ mm^2，当重为 $W=0.1$kN 的重物自由下落冲击托盘时，求各杆的动应力。

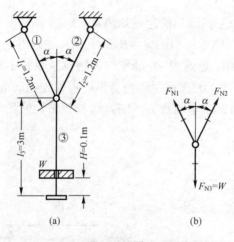

题 12-19 图

解：（1）各杆的轴力。由题 12-19 图（b）知，$F_{N3} = W$，$F_{N1} = F_{N2} = \frac{W}{\sqrt{3}}$。

（2）根据功能原理 $\dfrac{1}{2}W\varDelta_{st} = \sum\limits_{i=1}^{3}\dfrac{F_{Ni}^{2}l_{i}}{2E_{i}A_{i}} = 2\times\dfrac{F_{N1}^{2}l_{1}}{2E_{1}A_{1}} + \dfrac{F_{N3}^{2}l_{3}}{2E_{3}A_{3}}$，故

$$\varDelta_{st} = \dfrac{2}{100}\left(2\times\dfrac{100^{2}\times 1.2}{2\times 3\times 100\times 10^{9}\times 20\times 10^{-6}} + \dfrac{100^{2}\times 3}{2\times 200\times 10^{9}\times 75\times 10^{-6}}\right) = 0.08\times 10^{-3}(\text{m}) = 0.08(\text{mm})$$

（3）系统的动荷因数 $K_{d} = 1 + \sqrt{1+\dfrac{2h}{\varDelta_{st}}} = 1 + \sqrt{1+\dfrac{2\times 100}{0.08}} = 51.0$。

（4）各杆的动应力：

$$\sigma_{d1} = \sigma_{d2} = K_{d}\dfrac{F_{N1}}{A_{1}} = 51.0\times\dfrac{100}{\sqrt{3}\times 20\times 10^{-6}} = 147.2\times 10^{6}(\text{Pa}) = 147.2(\text{MPa})$$

$$\sigma_{d3} = K_{d}\dfrac{F_{N3}}{A_{3}} = 51.0\times\dfrac{100}{75\times 10^{-6}} = 68.0\times 10^{6}(\text{Pa}) = 68.0(\text{MPa})$$

第13章 能量原理在杆件位移分析中的应用

13.1 教学目标及章节理论概要

13.1.1 教学目标

（1）理解外力功和应变能、广义力和广义位移等基本概念，掌握能量法在结构分析中的基本原理。
（2）掌握杆件应变能的计算方法。
（3）掌握卡氏定理求解结构位移的方法。
（4）熟练掌握莫尔积分原理，能够应用单位载荷法或者图乘法计算简单结构的位移。
（5）掌握功的互等定理及其应用。
（6）理解虚功原理。

13.1.2 章节理论概要

1. 能量法的基本原理

（1）功能原理：固体在外力作用下发生变形，引起力的作用点沿力的方向位移，外力在其相应位移上所做的功（外力功 W）在数值上等于外力作用下发生弹性变形时变形体所储存的弹性应变能（V_s）。

$$V_s = W = \frac{1}{2}F\delta \tag{13-1}$$

式中忽略了动能及其他能量的损耗。广义力 F 包括 F_N, M, T, F_s，广义位移 δ 包括 $\Delta l, \theta, \varphi, \lambda$。

（2）虚功原理：在虚位移中，外力所做的虚功等于内力在相应虚变形上所做的虚功。

$$F_1 V_1^* + F_2 V_2^* + \cdots + \int_l q(x)V^*(x)\mathrm{d}x + \cdots + M_{e1}\varphi_1^* + \cdots = \int F_N \mathrm{d}(\Delta l)^* + \int M \mathrm{d}\theta^* + \int F_s \mathrm{d}\lambda^* + \int T \mathrm{d}\varphi^* \tag{13-2}$$

即在虚位移中，外力虚功等于杆件的虚应变能。虚功原理与材料的性能无关，可适用于线弹性、非线弹性材料。

（3）克拉贝依隆原理：线弹性体的应变能等于每一个外力与其相应位移乘积的一半的总和。

$$V_s = W = \sum_{i=1}^{n} \frac{1}{2} F_i \delta_i \tag{13-3}$$

式中：F_i, δ_i 分别为广义力和广义位移。注意应变能的数值与结构加载顺序无关，仅与载荷终值有关；广义位移是结构的终值位移，应变能是不能叠加的。

2. 杆件应变能的普遍表达式

在线弹性范围内，组合变形时整个杆件的应变能为

$$V_\mathrm{s} = \int_l \frac{F_\mathrm{N}^2(x)\mathrm{d}x}{2EA} + \int_l \frac{T^2(x)\mathrm{d}x}{2GI_\mathrm{p}} + \int_l \frac{M_y^2(x)\mathrm{d}x}{2EI_y} + \int_l \frac{M_z^2(x)\mathrm{d}x}{2EI_z} + \int_l k_y \frac{F_{\mathrm{sy}}^2(x)\mathrm{d}x}{2GA} + \int_l k_z \frac{F_{\mathrm{sz}}^2(x)\mathrm{d}x}{2GA} \quad (13\text{-}4)$$

实际通常涉及的仅其中某一、二项，对梁和刚架主要是第三项或第四项弯曲变形能。

3. 卡氏（卡斯蒂利亚诺（Castigliano））定理

对于线弹性结构，若将结构的应变能 V_s 表达为载荷 $F_1, F_2, \cdots, F_i, \cdots, F_n$ 的函数，则应变能对任一载荷 F_i 的偏导数，等于 F_i 作用点沿 F_i 作用方向的位移 δ_i，即

$$\delta_i = \frac{\partial V_\mathrm{s}}{\partial F_i} \quad (13\text{-}5)$$

式中：F_i, δ_i 均为广义力和广义位移。

需要强调指出：

（1）卡氏定理仅可以求力的作用点沿力的作用方向的位移。如果欲求位移的点无外力作用，或虽有外力作用但非所求位移方向对应的力，可在该点附加一个和所求位移相对应的力（附加力法，该力下加角标 af），该附加力同样要参与支反力、内力方程的计算。

（2）公式在应用中，为减少计算工作量，一般不是先积分求应变能，然后求偏导计算结构位移。通常先求导数后积分。积分与求导次序的颠倒，在数学上要求满足两个条件：积分函数与求导无关；积分函数求导后在积分区域连续。对于卡氏定理，微分和积分是对不同变量（对力微分，对 x 积分）进行，上述两个条件是完全满足的。因此，通常使用的卡氏定理表达式为

$$\delta_i = \int_l \frac{F_\mathrm{N}(x)}{EA}\frac{\partial F_\mathrm{N}(x)}{\partial F_i}\mathrm{d}x + \int_l \frac{T(x)}{GI_\mathrm{p}}\frac{\partial T(x)}{\partial F_i}\mathrm{d}x + \int_l \frac{M_y(x)}{EI_y}\frac{\partial M_y(x)}{\partial F_i}\mathrm{d}x + \int_l \frac{M_z(x)}{EI_z}\frac{\partial M_z(x)}{\partial F_i}\mathrm{d}x \quad (13\text{-}6)$$

（3）为了进一步简便计算，在写出各段内力方程后，即对相应载荷求偏导数（有附加力时，仅对附加力求偏导数），求完偏导数后，即可令附加力为零，然后代入式（13-6）积分。

（4）某一结构上作用若干个相同外载（F）或不同外载中含有同一种力（$M = Fl$）。当要求其中一点的位移时，须给该点的载荷加一下标以便求偏导，否则所求位移则是若干个点不同类型位移的总和。

4. 单位载荷法

令单位载荷为虚载荷，其在给定截面上产生的内力分别为 $\overline{F_\mathrm{N}}(x), \overline{F_\mathrm{s}}(x), \overline{M}(x), \overline{T}(x)$ 等，得单位载荷法的基本方程为

$$1 \times \Delta = \int_l \overline{F_\mathrm{N}}(x)\mathrm{d}(\Delta l) + \int_l \overline{F_\mathrm{s}}(x)\mathrm{d}\lambda + \int_l \overline{M}(x)\mathrm{d}\theta + \int_l \overline{T}(x)\mathrm{d}\varphi \quad (13\text{-}7)$$

该方程是极为普遍的，不受任何材料或结构是否线性的限制。

当材料服从胡克定律时，单位载荷法式（13-7）的线弹性表达式为

$$\Delta = \int_l \frac{F_\mathrm{N}(x)\overline{F_\mathrm{N}}(x)\mathrm{d}x}{EA} + \int_l \frac{M(x)\overline{M}(x)\mathrm{d}x}{EI} + \int_l \frac{T(x)\overline{T}(x)\mathrm{d}x}{GI_\mathrm{p}} + \int_l k_\mathrm{s} \frac{F_\mathrm{s}(x)\overline{F_\mathrm{s}}(x)}{GA}\mathrm{d}x \quad (13\text{-}8)$$

式中：$\overline{F_\mathrm{N}}(x), \overline{F_\mathrm{s}}(x), \overline{M}(x), \overline{T}(x)$ 分别为单位力引起的内力分量。

将 $\overline{F_\mathrm{N}}(x) = \dfrac{\partial F_\mathrm{N}(x)}{\partial F_i}$，$\overline{F_\mathrm{s}}(x) = \dfrac{\partial F_\mathrm{s}(x)}{\partial F_i}$，$\overline{M}(x) = \dfrac{\partial M(x)}{\partial F_i}$，$\overline{T}(x) = \dfrac{\partial T(x)}{\partial F_i}$ 替换，则式（13-8）

将成为式（13-6）。

应用式（13-8）时应注意：①单位载荷法中的内力仅指实际外载作用下的内力，而卡氏定理中的内力在有附加力时则应是实际外载荷与附加力共同作用下的内力；②单位载荷应施加在所求位移的点并与所求位移相对应，求相对位移则应施加一对单位力（偶）；③内力分量积分时，不同积分号的坐标原点可不同，同一积分号下载荷、单位载荷引起内力分量的坐标原点必须一致。

5. 图形互乘法

在 $M(x)$ 和 $\overline{M}(x)$ 两个函数中，只要一个是线性的，则积分

$$\int M(x)\overline{M}(x)\mathrm{d}x = \tan\alpha \int xM(x)\mathrm{d}x = \omega \cdot x_C \tan\alpha = \omega\overline{M}_C$$

故

$$\Delta = \int \frac{M(x)\overline{M}(x)\mathrm{d}x}{EI} = \frac{\omega\overline{M}_C}{EI} \tag{13-9}$$

这种对莫尔积分的简化运算称为图形互乘法（图乘法）。当然，积分号下的函数同样可以是剪力 $F_s(x)$、轴力 $F_N(x)$ 和扭矩 $T(x)$。

图形互乘法是计算莫尔积分的图形解析法，更完整地描述为

$$\Delta_i = \sum \frac{\omega_{F_N}\overline{F}_{NC}}{EA} + \sum \frac{\omega_T \overline{T}_C}{GI_p} + \sum \frac{\omega_{M_y}\overline{M}_{yC}}{EI_y} + \sum \frac{\omega_{M_z}\overline{M}_{zC}}{EI_z} \tag{13-10}$$

式中：$\omega_{F_N}, \omega_T, \omega_{M_y}, \omega_{M_z}$ 分别为相应内力分量的内力图面积；$\overline{F}_{NC}, \overline{T}_C, \overline{M}_{yC}, \overline{M}_{zC}$ 分别为内力图形心处对应的单位力产生的内力数值。

应用式（13-10）时应注意：①内力图尽量分为若干简单载荷作用，以方便图形面积及形心确定；②方法的前提条件是等截面直杆，两个函数中有一个为线性的，以此作为分段的依据；③图形互乘是可逆的，即 $\omega\overline{M}_C \Leftrightarrow \overline{\omega}M_C$，有时可以使计算更为简捷；④同一平面内同类内力相乘，"同段、同面、同类"，并注意两类内力的符号。

图形互乘法以直观、简练而广泛应用，因此要熟练、准确地绘出梁、刚架的内力图（主要是弯矩图）；准确掌握常见图形（主要为三角形、二次抛物线）的面积和形心位置的计算公式。

6. 功的互等定理

功的互等定理和位移互等定理仅适用于线弹性结构。

功的互等定理：第一组力 F_1 在第二组力引起的位移 δ_{12}（在 F_1 力作用点处由 F_2 力引起的位移）上所做的功，等于第二组力 F_2 在第一组力引起的位移 δ_{21}（在 F_2 力作用点处由 F_1 力引起的位移）上所做的功，即

$$F_1\delta_{12} = F_2\delta_{21} \tag{13-11}$$

当 $F_1 = F_2$ 时，则 $\delta_{12} = \delta_{21}$，即为位移互等定理。

应当指出：①从应变能概念，当材料满足线弹性、小变形条件下，即可推出定理，未涉及变形的特征，故对刚架、桁架、曲杆、板、壳等定理均适用；②定理中的力和位移都应理解为广义的；③位移是指在结构不可能发生刚性位移的情况下，只是由变形引起的位移。

在掌握功能原理，应变能 V_ε 的计算基础上，重点应熟练掌握单位载荷法（莫尔积分法），

教材着重对当材料为线弹性且叠加原理成立时，该方法可用求结构任一截面处的位移进行了阐述，该方法不受$\overline{M}(x)$、$M(x)$中必有一图形为线性的限制，也不受力的作用点与所作位移对应的载荷的要求，可求任何结构（刚架、曲杆、桁架等）任一截面处的位移，因此要重点掌握，而熟练应用的前提条件是快速、准确地写出各种内力方程并正确积分。

13.1.3 重点知识思维导图

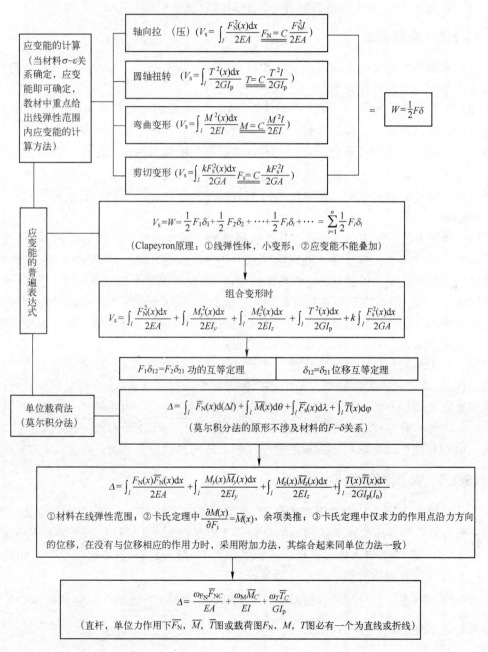

13.2 习题分类及典型例题辅导与精析

13.2.1 习题分类

（1）求结构的应变能，直接用功能原理求结构给定点位移。
（2）求结构给定截面的变形（包括线位移和角位移等）。
（3）求结构中给定两截面的相对位移。
（4）功的互等或位移互等定理的应用。
（5）应力-应变关系非线性问题及一些原理的简单证明。

13.2.2 解题要求

（1）明确外力功和应变能，广义力和广义位移等基本概念，掌握能量法在结构分析中的基本原理。掌握杆件应变能的计算方法。

（2）在掌握功能原理，应变能V_ε的计算基础上，重点应对单位载荷法（莫尔积分法）熟练掌握，教材着重对材料为线弹性且叠加原理成立时，该方法可求结构任一截面处的位移进行了阐述，该方法不受$\overline{M}(x)$、$M(x)$中必有一图形为线性的限制，也不受力的作用点有与所求位移对应的载荷的要求，可求任何结构（刚架、曲杆、桁架等）任一截面处的位移，因此要重点掌握，而熟练应用的前提条件是快速、准确地写出各处内力方程并正确积分。

（3）能量方法求给定点的位移，具体包括直接应用功能原理，莫尔积分（单位载荷）法，图形互乘法，卡氏定理等。同时第 7 章中积分法或叠加法、共轭梁法、初参数法同样能够求出结构给定点的位移。但在具体解题过程中，除非题目对求解方法有限制外（如限定用卡氏定理，但这类题目往往有相同力或隐含相同力等陷阱），一般任选一种较为简单的方法求解，这就要求读者对各种方法的适用范围、特点清楚了解，同时也要考虑自己熟悉程度及偏好。总之，以简捷正确为原则。

（4）善于利用对称性及反对称性，使计算简化。明确控制面，正确确定内力分段描述的"段"，该段内内力的种类，是沿哪个轴，哪个方向（正负），不论用单位载荷法、卡氏定理还是图形互积法都要注意"同段同类"力的互乘，千万不能错位，导致错误。

（5）注意相对位移中谁相对于谁，在两相对面作用与所求位移相对应的单位力或附加力，应用对称性时注意积分应遍及整个结构，故应乘以恰当系数。

13.2.3 典型例题辅导与精析

本章的难点主要是对虚功原理的介绍，"虚"位移，"虚"功，内力所做虚功相互抵消，平衡力系在刚性虚位移上所做功的总和等于零等概念，比较抽象，初学者不易接受。

例 13-1 例 13-1 图所示三根杆，其长度相等，材料相同，但各杆直径均不相同。
（1）在相同轴向载荷作用下，计算各杆的应变能。
（2）例 13-1 图（b）杆端同时作用集中力偶 M_e，例 13-1 图（c）轴向载荷偏心 $\dfrac{d}{2}$ 时，计算两杆的应变能。

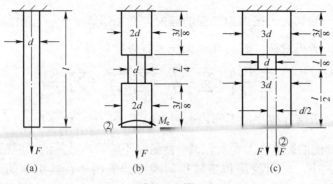

例 13-1 图

解：(1) 三杆均受轴向拉伸，且轴力相同。例 13-1 图 (a) 杆，其应变能为

$$V_{s1} = \frac{F_N^2 l}{2EA} = \frac{2F^2 l}{\pi E d^2}$$

例 13-1 图 (b) 杆，虽轴力相同，但为变截面杆，故应变能为

$$V_{s2} = \sum \frac{F_{Ni}^2 l_i}{2EA_i} = 2 \times \frac{F^2 \frac{3}{8}l}{2E\pi d^2} + \frac{4F^2 \frac{l}{4}}{2E\pi d^2} = \frac{7F^2 l}{8\pi E d^2} = \frac{7}{16} V_{s1}$$

例 13-1 图 (c) 杆，轴力同图 (a) 杆，仍为变截面杆，且直径、长度均与图 (b) 杆不同，故应变能为

$$V_{s3} = \sum \frac{F_{Ni}^2 l_i}{2EA_i} = \frac{F^2}{2E} \left(\frac{\frac{3}{8}l}{\frac{9\pi d^2}{4}} + \frac{\frac{1}{8}l}{\frac{\pi d^2}{4}} + \frac{\frac{l}{2}}{\frac{9\pi d^2}{4}} \right) = \frac{4F^2 l}{9E\pi d^2} = \frac{2}{9} V_{s1}$$

(2) 例 13-1 图 (b) 杆上同时作用扭矩 M_e 时，所增加的应变能为

$$V'_{s2} = \sum \frac{T^2 l_i}{2GI_p} = \frac{M_e^2}{2G} \left[2 \times \frac{\frac{3}{8}l}{\frac{\pi (2d)^4}{32}} + \frac{\frac{l}{4}}{\frac{\pi d^4}{32}} \right] = \frac{19 M_e^2 l}{4G\pi d^4}$$

图 (b) 杆的总应变能 $V_{s2总} = V_{s2} + V'_{s2} = \frac{l}{\pi d^2} \left(\frac{7F^2}{8E} + \frac{19 M_e^2}{4G d^2} \right)$。

例 13-1 图 (c) 杆作用于偏心载荷下，当其向轴线平移时，得轴力 $F_N = F$，弯矩 $M_e = F \frac{d}{2}$。轴力 F 作用下杆的应变能为 V_{s3}，在弯矩作用下，其应变能为

$$V'_{s3} = \sum \frac{M^2 l_i}{2EI_z} = \frac{F^2 d^2}{8E} \left[\frac{\frac{3}{8}l + \frac{l}{2}}{\frac{\pi (3d)^4}{64}} + \frac{\frac{l}{8}}{\frac{\pi d^4}{64}} \right] = \frac{44 F^2 l}{81 \pi E d^2}$$

在偏心载荷 F 作用下，例 13-1 图 (c) 杆的总应变能为

$$V_{s3总} = V_{s3} + V'_{s3} = \frac{4F^2 l}{9\pi E d^2} + \frac{44 F^2 l}{81 \pi E d^2} = \frac{80 F^2 l}{81 \pi E d^2}$$

【评注】①变截面杆的应变能必须分段计算，如等截面杆的内力分段变化（如图 (a)

中在 $\frac{l}{2}$ 处另作用一轴向力，在内力突变的截面，必须进行分段；②对阶梯形状变化的变截面杆，且各段内力为常数，则积分变为对各段应变能求和，即

$$V_s = \sum_{i=1}^{n} \frac{F_{Ni}^2 l_i}{2EA_i} + \sum_{i=1}^{n} \frac{T_i^2 l_i}{2GI_{pi}} + \sum_{i=1}^{n} \frac{M_{yi}^2 l_i}{2EI_{yi}} + \sum_{i=1}^{n} \frac{M_{zi}^2 l_i}{2EI_{zi}}$$

③三杆截面不同，所储存应变能不同，本例（1）中 $V_{s1}:V_{s2}:V_{s3}=1:\frac{7}{16}:\frac{2}{9}$，可以看出杆的抗拉压刚度对应变能的影响；④再次强调，能量是不能简单叠加的，例题中的叠加是因为在例 13-1 图（b）中，轴向拉伸和扭转是两类不同的内力，其引起的变形各自独立的缘故。例 13-1 图（c）中拉伸与弯曲亦独立互不影响，因此可以进行叠加。但如果给例 13-1 图（a）中作用轴力 $F_1 = F$ 后，再施加 F_2，则其总应变能为

$$V_s = \frac{(F_1 + F_2)^2 l}{2EA} = \frac{F_1^2 l}{2FA} + \frac{F_2^2 l}{2EA} + \frac{F_1 F_2 l}{EA}$$

而不能简单叠加。如果用克拉贝依隆原理表述，当作用 F_1 时，杆的伸长为 Δ_1，再作用 F_2 时，杆的伸长为 Δ_2，由于 F_1 已作用于杆上，F_1 应在 Δ_2 上做功，即

$$V_s = \frac{1}{2}F_1\Delta_1 + \frac{1}{2}F_2\Delta_2 + F_1\Delta_2$$

$$= \frac{F_1^2 l}{2EA} + \frac{F_2^2 l}{2EA} + \frac{F_1 F_2 l}{EA}$$

因此，一般来说能量是不能叠加的。

例 13-2 例 13-2 图所示刚架结构，受到集中力 F 和集中力偶 M 的作用，已知 $l=1\text{m}, F=0.5\text{kN}, M=Fl=0.5\text{kN}\cdot\text{m}$，刚架横截面为 $a=4\text{cm}$ 的正方形，弹性模量 $E=200\text{GPa}$，试求结构 B 点的水平位移（不计剪力和轴力的影响）。

解法 1 应用卡氏定理求解。为了应用卡氏定理求解 B 点的水平位移，首先在 B 点施加一个虚设的水平方向力 F_{af}（例 13-2 图（b））。

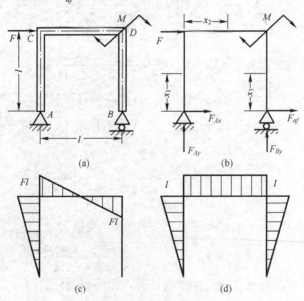

例 13-2 图

（1）计算刚架的支座反力。由平衡关系可得

$$F_{Ax} = -F - F_{af}, \quad F_{Ay} = -2F, \quad F_{By} = 2F + F_{af}$$

（2）写出刚架各个部分的弯矩方程并求弯矩对 F_{af} 的偏导数。

AC 段：

$$M(x_1) = -F_{Ax}x_1 = (F + F_{af})x_1, \quad \frac{\partial M(x_1)}{\partial F_{af}} = x_1 = \overline{M}(x_1)。$$

CD 段：

$$M(x_2) = -F_{Ax}l + F_{Ay}x_2 = (F + F_{af})l - 2Fx_2, \quad \frac{\partial M(x_2)}{\partial F_{af}} = l = \overline{M}(x_2)。$$

DB 段：

$$M(x_3) = F_{af}x_3, \quad \frac{\partial M(x_3)}{\partial F_{af}} = x_3 = \overline{M}(x_3)。$$

（3）代入卡氏定理，计算 B 点的水平位移，并注意积分前令 $F_{af} = 0$，得

$$\Delta_{Bx} = \frac{1}{EI}\left[\int_0^l M(x_1)\frac{\partial M(x_1)}{\partial F_{af}}dx_1 + \int_0^l M(x_2)\frac{\partial M(x_2)}{\partial F_{af}}dx_2 + \int_0^l M(x_3)\frac{\partial M(x_3)}{\partial F_{af}}dx_3\right]$$

$$= \frac{1}{EI}\left[\int_0^l Fx_1^2 dx_1 + \int_0^l [Fl - 2Fx_2]l\, dx_2\right]$$

积分并代入具体数据得

$$\Delta_{Bx} = \frac{Fl^3}{3EI} = \frac{500 \times 1^3}{200 \times 10^9 \times \frac{1}{12} \times 4^4 \times 10^{-8}} = 3.91 \times 10^{-3}(\text{m})$$

根据计算，结构 B 点的水平位移为 3.91mm，方向同所加附加力 F_{af} 方向相同向右。

解法 2 应用图乘法求解。作刚架的外力弯矩图如例 13-2 图（c）所示。

为计算刚架 B 点的水平位移，在 B 点施加水平单位力，作单位力弯矩图 $\overline{M}(x)$ 如例 13-2 图（d）所示。根据图乘法计算公式，则 B 点的水平位移 Δ_{Bx} 为

$$\Delta_{Bx} = \frac{1}{EI}\left[\frac{Fl^2}{2} \times \frac{2l}{3} + l \times l \times 0\right] = \frac{Fl^3}{3EI} = 3.91(\text{mm})$$

【评注】 ①在卡氏定理的应用中，对于刚架，如果计算位移点有对应的外力，可以直接用弯矩对该外力求偏导。如果没有对应的外力，必须施加一个虚设的附加力 F_{af}，在弯矩及其偏导数计算完成以后再令 $F_{af} = 0$。由于卡氏定理的内力计算要求对所有的载荷进行，即包括实际外力和虚设的附加力。因此，卡氏定理的内力计算相对要复杂。而对于图乘法，主要工作是作外力弯矩图和单位力弯矩图，图形互乘法十分直观。例如本题，DC 段载荷弯矩图的反对称与单位力弯矩图的对称，图乘结果为零，一目了然。②应用卡氏定理时，内力计算需要分段写出结构的弯矩方程。为了正确得到弯矩方程，求解前应该先确定对应的坐标轴。坐标系的选取是任意的，以计算方便为原则。

例 13-3 例 13-3 图所示圆弧形小曲率杆，横截面 A 与 B 间存在一夹角为 $\Delta\theta$ 的微小缝隙，试问在横截面 A 与 B 上需加何种外力，才能使该两个截面恰好密合？设弯曲刚度

EI 为常数。

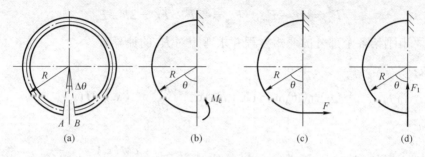

例 13-3 图

解：依题意，首先应判断在 A、B 截面欲产生 $\Delta\theta$ 的相对转角需施加何种力。由于是相对位移，在 A、B 面施加一对力偶 M_e，沿切向的一对力 F，沿径向的一对力 F_1 均有可能。但变形关系除满足 $\theta_{AB}=\Delta\theta$ 外，还应满足 AB 的线位移 $\Delta_{AB}=R\cdot\Delta\theta$。由于问题的对称性，取其一半进行 3 种情况的讨论。结构为曲杆，因而运用莫尔积分法求解。

（1）在 A、B 面施加一对力偶 M_e（如例 13-3 图（b））。

为求相对转角，分别写出在 A、B 面施加一对力偶 M_e 和一对单位力偶时的内力方程

$$M(\theta)=M_e,\quad \overline{M}(\theta)=1$$

积分求相对转角

$$\theta_{AB}=\frac{2}{EI}\int_0^\pi M_e R\,\mathrm{d}\theta=\frac{2M_e R\pi}{EI}$$

根据题意，变形协调条件为

$$\theta_{AB}=\Delta\theta,\quad 求得 M_e=\frac{EI\Delta\theta}{2\pi R}$$

在 A、B 面沿轴向施加一对单位力，内力方程为 $\overline{M}(\theta)=R(1-\cos\theta)$。

由莫尔积分，得

$$\Delta_{AB}=\frac{2}{EI}\int_0^\pi M_e R^2(1-\cos\theta)\mathrm{d}\theta=\frac{2M_e R^2\pi}{EI}=\Delta\theta R$$

故在 A、B 截面应加一对大小为 $M_e=\dfrac{EI\Delta\theta}{2\pi R}$ 的力偶，使得缝隙处恰好密合。

（2）在 A、B 面施加一对切向集中力 F（如例 13-3 图（c））

为求相对转角，分别写出在 A、B 面施加一对集中力 F 和一对单位力偶时的内力方程

$$M(\theta)=FR(1-\cos\theta),\quad \overline{M}(\theta)=1$$

进行莫尔积分，有

$$\theta_{AB}=\frac{2}{EI}\int_0^\pi FR^2(1-\cos\theta)\mathrm{d}\theta=\frac{2FR^2\pi}{EI}=\Delta\theta$$

求得

$$F = \frac{EI\Delta\theta}{2\pi R^2}$$

在 A、B 面沿轴向施加一对单位力,内力方程为 $\overline{M}(\theta) = R(1-\cos\theta)$。

由莫尔积分,得

$$\Delta_{AB} = \frac{2}{EI}\int_0^\pi FR^3(1-\cos\theta)^2 \mathrm{d}\theta = \frac{3\pi FR^3}{EI} \ne \Delta\theta R$$

变形协调条件 $\Delta_{AB} = \theta_{AB} \cdot R$ 不满足,故施加一对水平集中力不能达到题目要求。

(3) 在 A、B 面施加一对径向集中力 F_1(如例 13-3 图 (d))

与(2)解法相同,同理可证,施加一对径向力也不满足题目要求。

【评注】①欲使两面恰好密合,除满足角位移 $\theta_{AB} = \Delta\theta$ 外,还应满足线位移 $\Delta_{AB} = R \cdot \Delta\theta$,且两面上不产生内力;②$\theta_{AB}$ 是 A、B 两截面的相对角位移,故施加外力应成对出现,至于施加力偶,轴向力还是径向力,则需用①中条件确定;③应用中应充分考虑结构及受载的对称性,使得计算进一步简化。

13.3 考点及考研真题辅导与精析

能量法及其在超静定系统中的应用是多学时的必考点,也是一份试卷中出难题的点:①一般求直杆、曲杆、刚架、桁架指定截面的位移或两截面的相对位移,考察基本内容掌握情况。偶有限制方法(通常为卡氏定理),注意相同的多个力中求哪一个力作用点的位移。②动载荷中求冲击点的静位移 Δ_{st},以确定系统的动荷因数。③超静定结构。冲击问题中的超静定结构求解均要用到能量法。④能量法中的基本概念,各方法的适用范围,功的互等定理或位移互等定理。

1. 如题 1 图所示同一根线弹性梁在不同载荷作用下发生小变形,若在两力共同作用下应变能大小为( )。(浙江大学;5 分)

(A) $0.5(F_1\Delta_{11} + F_1\Delta_{21} + F_2\Delta_{22} + F_2\Delta_{12})$

(B) $(F_1\Delta_{11} + F_1\Delta_{21} + F_2\Delta_{22} + F_2\Delta_{12})$

(C) $0.5(F_1\Delta_{11} + F_2\Delta_{22}) + F_1\Delta_{21} + F_2\Delta_{12}$

(D) $0.5(F_1\Delta_{11} + F_2\Delta_{22})$

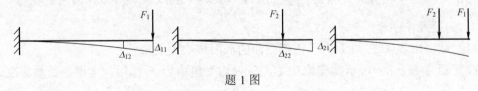

题 1 图

答:在两力共同作用下应变能大小为(A),需要说明的是,一般 δ_{ij} 中,i 指点,j 指力。这里正好相反,i 为力,j 为点,这样选(A)正确。如果先加 F_1,后加 F_2,则 $V_s = \frac{1}{2}F_1\Delta_{11} + \frac{1}{2}F_2\Delta_{22} + F_1\Delta_{21}$;先加 F_2,后加 F_1,则 $V_s = \frac{1}{2}F_2\Delta_{22} + \frac{1}{2}F_1\Delta_{11} + F_2\Delta_{12}$。由功的互等定理可知,两种加载方式下应变能都是(A)。

2. 简支梁的3种受力情况如题2图（a）、（b）、（c）所示，它们的跨中挠度分别为v_1，v_2 和 v，应变能分别为U_1，U_2 和 U，则（　　）。（北京科技大学；4分）

（A）$v = v_1 + v_2$，$U = U_1 + U_2$　　　　　（B）$v \neq v_1 + v_2$，$U \neq U_1 + U_2$

（C）$v = v_1 + v_2$，$U \neq U_1 + U_2$　　　　　（D）$v \neq v_1 + v_2$，$U = U_1 + U_2$

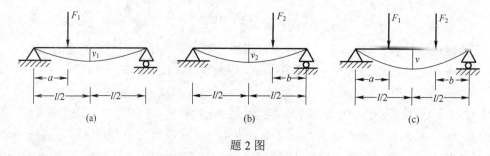

题2图

答：选（C）。在线弹性变形条件下，力的独立作用原理成立，其变形叠加原理成立，故 $v = v_1 + v_2$。而应变能是不能叠加的。

3. 在线弹性范围内，题3图（a）所示悬臂梁在力F作用点的挠度为Δ，题3图（b）所示桁架在铅垂力$2F$作用点的铅垂位移为$\Delta/2$。设梁的应变能为V_{sa}，桁架各杆应变能之和为V_{sb}，两者的大小关系为（　　）。（西南交通大学；3分）

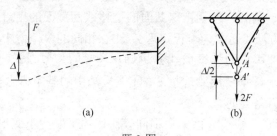

题3图

（A）$V_{sa} = V_{sb}$　　（B）$V_{sa} < V_{sb}$　　（C）$V_{sa} > V_{sb}$　　（D）缺少条件，不能判断

正确的选项为（　　）。

答：选（A）。根据功能原理，外力功等于应变能，各外力功仅与作用力、力的作用点沿力的方向的位移有关。因为$V_{sa} = \frac{1}{2}F\Delta$，$V_{sb} = \frac{1}{2}(2F) \times \frac{\Delta}{2} = \frac{1}{2}F\Delta$，故两者相等。

4. 简答及作图题：

（1）试画出题4图（a）所示槽形截面的截面核心大致形状；

（2）题4图（b）所示简支梁在C、D处均受集中力F作用，全梁还受线集度为q的分布载荷作用，材料为线弹性，已知梁的应变能为V_s，则 $\dfrac{\partial V_s}{\partial F}$ 和 $\dfrac{\partial V_s}{\partial q}$ 的几何意义是什么？

（3）题4图（c）示薄壁帽形截面受铅垂向下的剪力，试画出切应力流的流向，并将切应力的大致分布规律画在截面的外侧边上。（西南交通大学；9分）

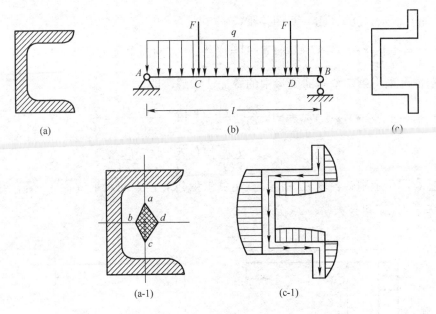

题 4 图

答：（1）槽形截面的截面核心大致形状如题 4 图（a-1）所示。

（2）$\dfrac{\partial V_s}{\partial F}$ 的几何意义为 F 作用点 C、D 的竖直位移之和。

$\dfrac{\partial V_s}{\partial q}$ 的几何意义为梁变形前的轴线 AB 和弯曲变形后的挠曲线所围成图形的面积。

（3）切应力流及大致分布如题 4 图（c-1）所示。

5．题 5 图所示悬臂梁，已知 F、a、$M=Fa$，弯曲刚度为 EI，求截面 C 的挠度和转角。（南京理工大学；25 分）。

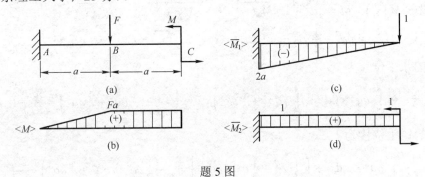

题 5 图

解：（1）作梁在已知载荷下的弯矩图如题 5 图（b）所示。

（2）求截面 C 的挠度。在相同悬臂梁上 C 点施加竖直向下的单位力 1，作出对应的弯矩图如题 5 图（c）所示。(b)、(c) 两图相乘得

$$y_C = -\dfrac{1}{EI}\left(\dfrac{1}{2}\times a\times Fa\times\dfrac{4a}{3}+a\times Fa\times\dfrac{a}{2}\right)=-\dfrac{7Fa^3}{6EI}$$（负号表示与单位力 1 方向相反）

（3）求截面 C 的转角。在相同悬臂梁上 C 点施加单位力偶 1，作出对应的弯矩图如

题5图（d）所示。(b)、(d) 两图相乘得

$$\theta_C = \frac{1}{EI}\left(\frac{1}{2}\times a\times Fa\times 1+a\times Fa\times 1\right)=\frac{3Fa^2}{2EI}\quad（方向与单位力偶1方向相同）$$

本题也可采用第7章弯曲变形中的叠加法求解，即

$$y_C = y_{CF}+y_{CM}=-\left(\frac{Fa^3}{3EI}+\frac{Fa^2\cdot a}{2EI}\right)+\frac{(Fa)(2a)^2}{2EI}=\frac{7Fa^3}{6EI}(\uparrow)$$

$$\theta_C=\theta_{CF}+\theta_{CM}=-\frac{Fa^2}{2EI}+\frac{(Fa)(2a)}{EI}=\frac{3Fa^2}{2EI}(\curvearrowleft)$$

6. 题6图所示刚架各段 EI 相同，试用莫尔积分求 C 点的水平位移 Δ_{Cx}、铅垂位移 Δ_{Cy} 和转角 θ_C。（北京科技大学；25 分）

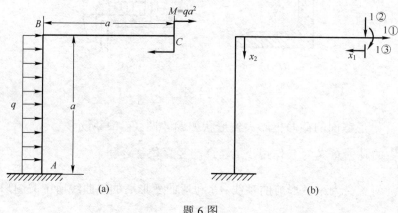

题6图

解：写出已知载荷作用时刚架各段的内力方程，同时分别写出在 C 处：①沿水平方向施加单位力1；②沿铅垂方向施加单位力1；③施加单位力偶1的内力方程。

CB 段：$M(x_1)=M=qa^2$ $\quad \overline{M_1(x_1)}=0$，$\overline{M_2(x_1)}=x_1$，$\overline{M_3(x_1)}=1$

BA 段：$M(x_2)=qa^2+\frac{1}{2}qx_2^2$ $\quad \overline{M_1(x_2)}=x_2$，$\overline{M_2(x_2)}=a$，$\overline{M_3(x_2)}=1$

C 点的水平位移为

$$\Delta_{Cx}=\frac{1}{EI}\left[\int_0^a qa^2\times 0\,\mathrm{d}x_1+\int_0^a\left(qa^2+\frac{1}{2}qx_2^2\right)x_2\,\mathrm{d}x_2\right]=\frac{1}{EI}\left(\frac{1}{2}qa^4+\frac{1}{8}qa^4\right)=\frac{5qa^4}{8EI}(\rightarrow)$$

C 点的铅垂位移为

$$\Delta_{Cy}=\frac{1}{EI}\left[\int_0^a qa^2\times x_1\,\mathrm{d}x_1+\int_0^a\left(qa^2+\frac{1}{2}qx_2^2\right)a\,\mathrm{d}x_2\right]=\frac{1}{EI}\left(\frac{1}{2}qa^4+qa^4+\frac{1}{6}qa^4\right)=\frac{5qa^4}{3EI}(\downarrow)$$

C 点的转角为

$$\theta_C=\frac{1}{EI}\left[\int_0^a qa^2\times 1\times \mathrm{d}x_1+\int_0^a\left(qa^2+\frac{1}{2}qx_2^2\right)\times 1\times \mathrm{d}x_2\right]=\frac{1}{EI}\left(qa^3+qa^3+\frac{1}{6}qa^3\right)=\frac{17qa^3}{6EI}(\curvearrowleft)$$

7. 刚架 $ABCD$ 受力如题7图所示，已知 AB 段和 CD 段长度均为 l，抗弯刚度均为 EI，在 CD 段的 K 点作用有铅垂力 F，BC 段为刚体，试求：使 BC 段不发生转动，F 力应作用在 CD 段的什么位置？（即 x 为多少）以及此时 F 力作用点 K 处的铅垂位移。（西

北工业大学；25分）

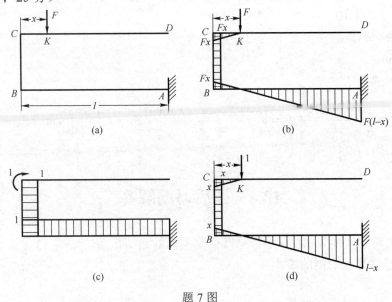

题7图

解：（1）根据题意知，欲使 BC 段不发生转动，即要求 B 截面转角为零或 C 截面转角为零。作 F 引起的弯矩图如题7图（b）所示，在 C（或 B）加单位力偶，单位载荷的弯矩图如题7图（c）所示。题7图（b）、（c）两图相乘，得

$$\theta_C = \theta_B = \frac{Fx \times a \times 1}{\infty} + \frac{\frac{1}{2} \times x \times Fx \times 1}{EI} - \frac{\frac{1}{2}(l-x) \times F(l-x) \times 1}{EI} = 0$$

整理得 $\frac{1}{2}Fx^2 - \frac{1}{2}F(l-x)^2 = 0$。

解得 $x = \frac{l}{2}$。

（2）求 K 点铅垂位移。

在 K 点加单位力弯矩图如题7图（d）所示或令图（b）中 $F=1$，（b）、（d）两图相乘得 F 点铅垂位移：

$$y_K = \frac{1}{EI}\left(\frac{1}{2} \times \frac{l}{2} \times F \times \frac{l}{2} \times \frac{2}{3} \times \frac{l}{2}\right) \times 3 = \frac{Fl^3}{8EI}(\downarrow)$$

8．题8图所示结构由等截面曲杆 BC 与刚性杆 AB 连接组成，在曲杆平面内 A 点作用有集中力 F。曲杆的抗弯刚度为 EI，不计剪力和轴力的影响，求 A 点的水平位移。（湖南大学；15分）

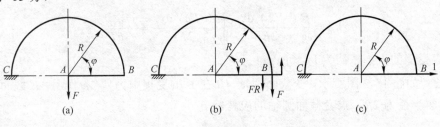

题8图

解：AB 为刚性杆，所以可以将力平移到 B 点，如题 8 图（b）所示。此时曲杆的弯矩方程为 $M(\varphi) = FR(1-\cos\varphi) - FR = -FR\cos\varphi$。

在曲杆的 B 点施加水平单位力，如题 8 图（c）所示。此时，曲杆的弯矩方程为 $\overline{M}(\varphi) = -R\sin\varphi$。

代入莫尔积分，得

$$\Delta_{Bx} = \int_l \frac{M(\varphi)\overline{M}(\varphi)}{EI}ds = \int_0^\pi \frac{-FR\cos\varphi(-R\sin\varphi)}{EI}Rd\varphi = \frac{FR^3}{2EI}\int_0^\pi \sin 2\varphi d\varphi = 0$$

因为 AB 为刚性杆，所以 $\Delta_{Ax} = \Delta_{Bx} = 0$。

13.4 课后习题解答

13-1 抗弯刚度均为 EI 的 4 个悬臂梁受不同的载荷作用，如题 13-1 图所示，试分析下列 4 个悬臂梁应变能的大小。

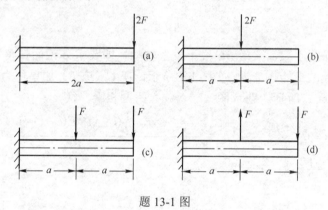

题 13-1 图

解：各梁的应变能分别为

$$V_{sa} = \int_0^{2a} \frac{M^2(x)dx}{2EI} = \int_0^{2a} \frac{(-2Fx)^2 dx}{2EI} = \frac{16F^2a^3}{3EI}$$

$$V_{sb} = \int_0^a \frac{(-2Fx)^2 dx}{2EI} = \frac{2F^2a^3}{3EI}$$

$$V_{sc} = \int_0^a \frac{(-Fx_1)^2 dx_1}{2EI} + \int_0^a \frac{(-2Fx_2+Fa)^2 dx_2}{2EI} = \frac{7F^2a^3}{3EI}$$

$$V_{sd} = \int_0^a \frac{(-Fx_1)^2 dx_1}{2EI} + \int_0^a \frac{(-Fa)^2 dx_2}{2EI} = \frac{2F^2a^3}{3EI}$$

故应变能的大小依次为 $V_{sa} > V_{sc} > V_{sb} = V_{sd}$。

13-2 如题 13-2 图所示，变截面圆轴 AB 在 B 端受集中力偶 M_e 作用，B 截面半径为 R，A 截面半径为 $2R$，求变截面圆轴的应变能。

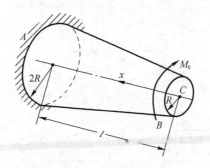

题 13-2 图

解:变截面圆轴的截面极惯性矩 $I_p(x) = \dfrac{\pi}{32}D(x)^4 = \dfrac{\pi(2R)^4}{32}\left(1+\dfrac{x}{l}\right)^4 = \dfrac{\pi R^4}{2}\left(1+\dfrac{x}{l}\right)^4$。

应变能 $V_s = \int_0^l \dfrac{M_e^2}{2GI_p(x)}\mathrm{d}x = \int_0^l \dfrac{M_e^2 l^4}{\pi GR^4(l+x)^4}\mathrm{d}x = \dfrac{7M_e^2 l}{24\pi GR^4}$。

13-3 试求题 13-3 图所示各梁 A 点的挠度和 B 截面的转角。设抗弯刚度 EI 已知。

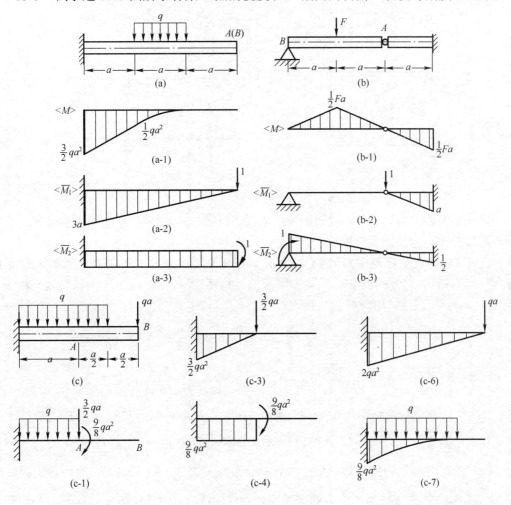

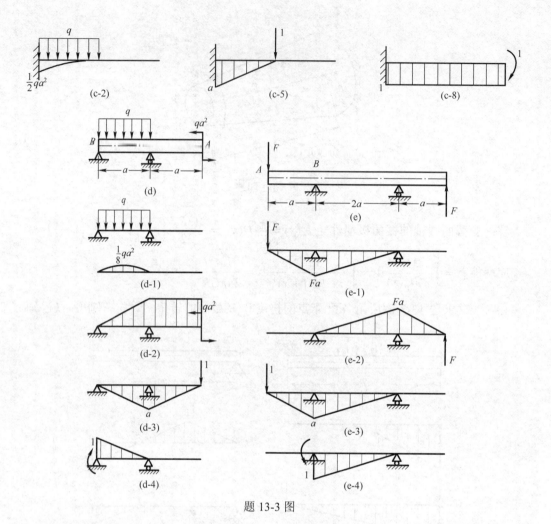

题 13-3 图

解：题中各梁均为直梁，选用图乘法求解。以图（a）为例详细说明求解过程，其他图形请根据作出弯矩图自行图乘。

（a）作梁的载荷弯矩图如图（a-1）所示，在 A 点加单位力 1 和在 B 点加单位力偶 1，分别作其弯矩图，如图（a-2）、（a-3）所示。根据图乘法，图（a-1）与图（a-2）相乘，图（a-1）与图（a-3）相乘得

$$y_A = \frac{1}{EI}\left(\frac{qa^2}{2}\times\frac{a}{3}\times\frac{7}{4}a + \frac{qa^2}{2}\times a \times \frac{5}{2}a + qa^2 \times \frac{a}{2}\times\frac{8}{3}a\right) = \frac{23qa^4}{8EI}(\downarrow)$$

$$\theta_B = \frac{1}{EI}\left(\frac{qa^2}{2}\times\frac{a}{3} + \frac{qa^2}{2}\times a + \frac{qa^2}{2}\times a\right) = \frac{7qa^3}{6EI}(\curvearrowleft)$$

（b）作梁的载荷弯矩图如图（b-1）所示，在 A 点加单位力 1 和在 B 点加单位力偶 1，分别作其弯矩图，如图（b-2）、（b-3）所示。由图乘法得 $y_A = \frac{Fa^3}{6EI}(\downarrow)$，$\theta_B = \frac{Fa^2}{3EI}(\curvearrowleft)$。

（c）载荷需等效为集中力、集中力偶和分布力三部分（图（c-1）），对应弯矩图如图（c-2）～（c-4），在 A 点加单位力的弯矩图如图（c-5）。由图乘法得 $y_A = \frac{19qa^4}{16EI}(\downarrow)$。

直接作梁的弯矩图如图（c-6）、(c-7)，在 B 点加单位力偶 1 的其弯矩图如图（c-8）。由图乘法得 $\theta_B = \dfrac{41qa^3}{16EI}(\frown)$。

（d）载荷弯矩图分解为分布载荷和集中力偶两部分，如图（d-1）、(d-2)，在 A 点加单位力和在 B 点加单位力偶，分别作其弯矩图如图（d-3）、(d-4)，由图乘法得 $y_A = -\dfrac{7qa^4}{8EI}(\uparrow)$，$\theta_B = \dfrac{5qa^3}{24EI}(\frown)$。

（e）分别作出两个集中力单独作用时梁的弯矩图，如图（e-1）、(e-2)，在 A 点加单位力和在 B 点加单位力偶，分别作其弯矩图，如图（e-3）、(e-4)。由图乘法得 $y_A = \dfrac{2Fa^3}{3EI}(\downarrow)$，$\theta_B = \dfrac{Fa^2}{3EI}(\frown)$。

13-4　试求题 13-4 图所示各刚架 A 点的挠度和 B 截面的转角。设抗弯刚度 EI 已知。

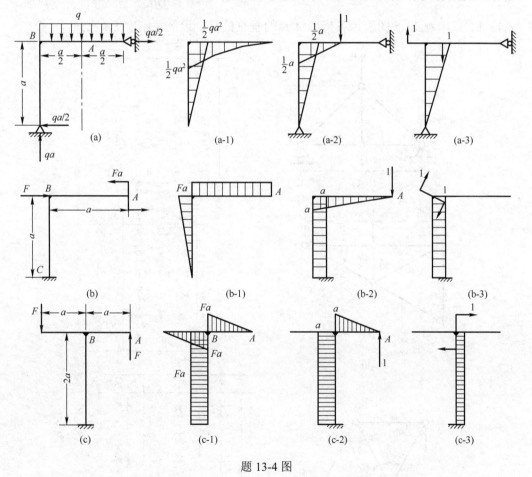

题 13-4 图

解：题中各图刚架均由直杆组成，可以采用图乘法求解。以图（a）为例详细说明求解过程，其他图形请根据作出弯矩图自行图乘。

（a）由静力平衡方程求出刚架的支反力如图（a）所示，作刚架的载荷弯矩图如图（a-1）所示，在 A 点加单位力 1 和在 B 点加单位力偶 1，分别作其弯矩图如图（a-2）、(a-3)

359

所示。图（a-1）分别与图（a-2）、（a-3）相乘。

$$y_A = \frac{1}{EI}\left(\int_0^{\frac{a}{2}} \frac{q}{2}\left(x+\frac{a}{2}\right)^2 x\mathrm{d}x + \frac{qa^2}{2}\times\frac{a}{2}\times\frac{a}{3}\right) = \frac{49qa^4}{384EI}(\downarrow)$$

$$\theta_B = \frac{1}{EI}\left(\frac{qa^2}{2}\times\frac{a}{2}\times\frac{2}{3}\right) = \frac{qa^3}{6EI}(\frown)$$

注意：由于 AB 段载荷弯矩图为不含顶点的抛物线，不能直接用图乘法计算。

（b）作刚架的载荷弯矩图如图（b-1）所示，在 A 点加单位力 1 和在 B 点加单位力偶 1，分别作其弯矩图如图（b-2）、（b-3）所示。由图乘法得 $y_A = \frac{-Fa^3}{EI}(\uparrow)$，$\theta_B = \frac{Fa^2}{2EI}(\curvearrowright)$。

（c）作刚架的载荷弯矩图如图（c-1）所示，在 A 点加单位力 1 和在 B 点加单位力偶 1，分别作其弯矩图如图（c-2）、（c-3）所示。由图乘法得 $y_A = \frac{13Fa^3}{3EI}(\uparrow)$，$\theta_B = -\frac{4Fa^2}{EI}(\frown)$。

13-5 试求题 13-5 图所示各桁架 A 点的垂直位移。设抗拉刚度 EA 已知。

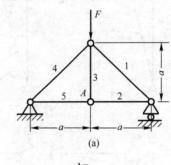

	F_{Ni}	$\overline{F_{Ni}}$	l_i	$F_{Ni}\overline{F_{Ni}}l_i$
1	$\frac{\sqrt{2}}{2}F$	$\frac{\sqrt{2}}{2}$	$\sqrt{2}a$	$\frac{\sqrt{2}}{2}Fa$
2	$\frac{1}{2}F$	$\frac{1}{2}$	a	$\frac{1}{4}Fa$
3	0	1	a	0
4	$\frac{\sqrt{2}}{2}F$	$\frac{\sqrt{2}}{2}$	$\sqrt{2}a$	$\frac{\sqrt{2}}{2}Fa$
5	$\frac{1}{2}F$	$\frac{1}{2}$	a	$\frac{1}{4}Fa$

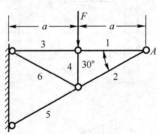

	F_{Ni}	$\overline{F_{Ni}}$	l_i	$F_{Ni}\overline{F_{Ni}}l_i$
1	0	$\sqrt{3}$	a	0
2	0	-2	$\frac{2}{\sqrt{3}}a$	0
3	0	$\sqrt{3}$	a	0
4	F	0	$\frac{2}{\sqrt{3}}a$	0
5	$-F$	-2	$\frac{2}{\sqrt{3}}a$	$\frac{4}{\sqrt{3}}Fa$
6	F	0	$\frac{1}{\sqrt{3}}$	0

	F_{Ni}	$\overline{F_{Ni}}$	l_i	$F_{Ni}\overline{F_{Ni}}l_i$
1	$\frac{1}{\sqrt{3}}F$	$\frac{1}{\sqrt{3}}$	a	$\frac{1}{3}Fa$
2	$\frac{-2}{\sqrt{3}}F$	$\frac{-2}{\sqrt{3}}$	a	$\frac{4}{3}Fa$
3	$\frac{-1}{\sqrt{3}}F$	$\frac{-1}{\sqrt{3}}$	a	$\frac{1}{3}Fa$
4	$\frac{1}{\sqrt{3}}F$	$\frac{1}{\sqrt{3}}$	a	$\frac{1}{3}Fa$
5	$\frac{1}{2\sqrt{3}}F$	$\frac{1}{2\sqrt{3}}$	a	$\frac{1}{12}Fa$

题 13-5 图

解：(a) 计算桁架各根杆在外力作用下的轴力 F_{Ni} 和在 A 点作用竖直向下单位载荷 1 时的轴力 $\overline{F_{Ni}}$，列表见题 13-5 图（a）右边。根据单位载荷法，有

$$y_A = \sum_{i=1}^{5} \frac{F_{Ni}\overline{F_{Ni}}l_i}{E_iA_i} = \frac{2}{EA}\left(\frac{\sqrt{2}Fa}{2}+\frac{Fa}{4}\right) = \frac{(2\sqrt{2}+1)Fa}{2EA}(\downarrow)$$

(b) 计算桁架各根杆在外力作用下的轴 F_{Ni} 和在 A 点作用竖直向下单位载荷 1 时的轴力 $\overline{F_{Ni}}$，列表见题 13-5 图（b）右边。根据单位载荷法，有

$$y_A = \sum_{i=1}^{6} \frac{F_{Ni}\overline{F_{Ni}}l_i}{E_iA_i} = \frac{1}{EA}\left(2F\times\frac{2a}{\sqrt{3}}\right) = \frac{4\sqrt{3}Fa}{3EA}(\downarrow)$$

(c) 计算桁架各根杆在外力作用下的轴力 F_{Ni} 和在 A 点作用竖直向下单位载荷 1 时的轴力 $\overline{F_{Ni}}$，列表见题 13-5 图（c）右边。根据单位载荷法，有

$$y_A = \sum_{i=1}^{5} \frac{F_{Ni}\overline{F_{Ni}}l_i}{E_iA_i} = \frac{1}{EA}\left(\frac{1}{3}Fa\times 3+\frac{4}{3}Fa+\frac{1}{12}Fa\right) = \frac{29Fa}{12EA}(\downarrow)$$

13-6 试求题 13-6 图所示各曲杆 A 点的垂直位移和 B 截面的转角。设抗弯刚度 EI 已知（轴力和剪力引起的变形可忽略不计）。

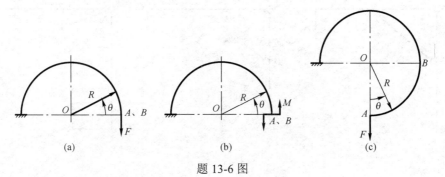

题 13-6 图

解：(a) 载荷弯矩方程 $M(\theta) = FR(1-\cos\theta)$，在曲杆 A 点施加竖直向下单位力 1，其弯矩方程为 $\overline{M(\theta)} = R(1-\cos\theta)$。根据单位载荷法，$A$ 点的垂直位移

$$y_A = \int\frac{M(\theta)\overline{M(\theta)}\mathrm{d}s}{EI} = \frac{FR^2}{EI}\int_0^\pi(1-\cos\theta)^2 R\mathrm{d}\theta = \frac{3\pi FR^3}{2EI}(\downarrow)$$

在 B 点施加顺钟向单位力偶 1，其弯矩方程为 $\overline{M(\theta)} = 1$。根据单位载荷法，B 截面转角为

$$\theta_B = \int\frac{M(\theta)\overline{M(\theta)}\mathrm{d}s}{EI} = \frac{FR^2}{EI}\int_0^\pi(1-\cos\theta)\mathrm{d}\theta = \frac{\pi FR^2}{EI}(\curvearrowright)$$

(b) 载荷弯矩方程 $M(\theta) = -M$，在 A 点施加竖直向下单位力 1，其弯矩方程为 $\overline{M(\theta)} = R(1-\cos\theta)$。根据单位载荷法，$A$ 点的垂直位移

$$y_A = \int\frac{M(\theta)\overline{M(\theta)}\mathrm{d}s}{EI} = -\frac{MR^2}{EI}\int_0^\pi(1-\cos\theta)\mathrm{d}\theta = -\frac{\pi MR^2}{EI}(\uparrow)$$

在 B 点施加逆钟向单位力偶 1，其弯矩方程为 $\overline{M(\theta)} = -1$。根据单位载荷法，$B$ 截面

转角为

$$\theta_B = \int \frac{M(\theta)\overline{M}(\theta)\mathrm{d}s}{EI} = \frac{MR}{EI}\int_0^\pi \mathrm{d}\theta = \frac{\pi MR}{EI}(\frown)$$

（c）载荷弯矩方程 $M = -FR\sin\theta$，在 A 点施加竖直向下单位力 1，其弯矩方程为 $\overline{M}(\theta) = -R\sin\theta$。根据单位载荷法，$A$ 点的垂直位移

$$y_A = \int \frac{M(\theta)\overline{M}(\theta)\mathrm{d}s}{EI} = \frac{FR^2}{EI}\int_0^{\frac{3\pi}{2}} \sin^2\theta R\mathrm{d}\theta = \frac{3\pi FR^3}{4EI}(\downarrow)$$

在 B 点施加逆钟向单位力偶 1，其弯矩方程为 $\overline{M}(\theta) = -1$，$\theta \in \left(\frac{\pi}{2}, \frac{3\pi}{2}\right)$。根据单位载荷法，$B$ 截面转角为

$$\theta_B = \int \frac{M(\theta)\overline{M}(\theta)\mathrm{d}s}{EI} = \frac{FR^2}{EI}\int_{\frac{\pi}{2}}^{\frac{3\pi}{2}} \sin\theta \mathrm{d}\theta = 0$$

13-7　如题 13-7 图所示，结构受外力 F=30kN 的作用，BC 梁为 No.25 工字钢，弹性模量 E_{st}=210GPa，立柱 AB 和支杆 DE 均为圆截面木杆，立柱的直径为 40cm，支杆的直径为 15cm，木材的弹性模量为 E_w=10GPa，试求 C 点的垂直位移。

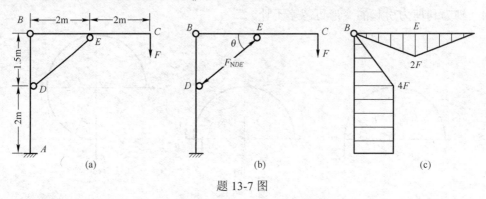

题 13-7 图

解：取 BC 杆作静力平衡分析，由 $\sum M_B = 0$，得支柱 DE 轴力 $F_{NDE} = \frac{10F}{3}$。

作 BC 梁和立柱 AB 的弯矩图如图（c）所示，令图（c）中 $F = 1$，即可得 C 处作用竖直向下单位力的弯矩图（省略未画）。

查表可得，梁 BC 为 No.25 工字钢，$I_1 = 5023\mathrm{cm}^4$。

立柱 AB，$I_2 = \frac{\pi d^4}{64} = 12.566 \times 10^{-4}\mathrm{m}^4$；支杆 DE，$A = \frac{\pi d^2}{4} = 176.7 \times 10^{-4}\mathrm{m}^2$。

根据单位载荷法，得

$$\begin{aligned}
y_A &= \sum_{i=1}^n \frac{M_i \overline{M}_i l_i}{E_i I_i} + \sum_{i=1}^n \frac{F_{Ni} \overline{F}_{Ni} l_i}{E_i A_i} \\
&= \frac{1}{E_{st}I_1}\left(2F \times 2 \times \frac{4}{3}\right) + \frac{1}{E_w I_2}\left(4F \times 2 \times 4 + \frac{1.5}{2} \times 4F \times \frac{8}{3}\right) + \frac{1}{E_w A}\left(\frac{10}{3}F \times \frac{10}{3} \times \sqrt{1.5^2 + 2^2}\right) \\
&= \frac{16 \times 30 \times 10^3}{3 \times 210 \times 10^9 \times 5023 \times 10^{-8}} + \frac{40 \times 30 \times 10^3}{10 \times 10^9 \times 12.566 \times 10^{-4}} + \frac{250 \times 30 \times 10^3}{9 \times 10 \times 10^9 \times 176.7 \times 10^{-4}} \\
&= (15.2 + 95.5 + 4.7) \times 10^{-3}\mathrm{m} = 115.4(\mathrm{mm})
\end{aligned}$$

注意：BC 梁和立柱 AB 主要发生弯曲变形，求解中忽略了它们的轴力和剪力对变形的影响。

13-8 如题 13-8 图所示，F 力能沿着刚架的 AB 段移动。欲使刚架的 B 截面的转角为零，试问 F 力应作用于距离 B 点 a 为何值处？设弹性模量 E 为已知，轴力和剪力引起的变形可忽略不计。

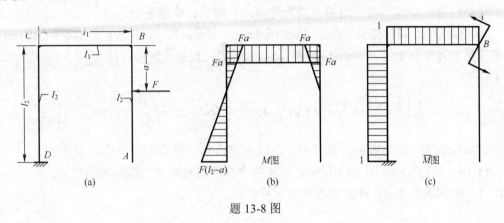

题 13-8 图

解：作刚架的载荷弯矩如题 13-8 图（b）所示，在 B 截面加单位力偶，其弯矩图如题 13-8 图（c）所示。题 13-8（b）、（c）两图相乘，得

$$\theta_B = \frac{-Fal_1}{EI_1} - \frac{-Fa^2}{2EI_2} + \frac{F(l_2-a)^2}{2EI_2}$$

令转角 $\theta_B = 0$，则 $a = \dfrac{l_2^2 I_1}{2(l_1 I_2 + l_2 I_1)}$。

13-9 如题 13-9 图所示，梁的抗弯刚度均为已知，试求悬臂梁 A、B 两点的相对挠度。

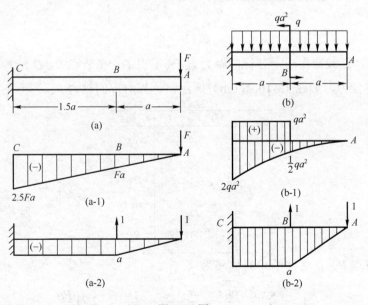

题 13-9 图

363

解：(a) 作梁的载荷弯矩图，如题 13-9 图 (a-1) 所示。在 A、B 两点分别施加方向相反的单位载荷并作弯矩图，如题 13-9 图 (a-2) 所示。根据图乘法，图 (a-1) 与图 (a-2) 相乘，即

$$\Delta y_{AB} = \frac{1}{EI}\left(\frac{1}{2}\times a\times Fa\times \frac{2a}{3}+1.5a\times a\times \frac{Fa+2.5Fa}{2}\right)=\frac{71Fa^3}{24EI}$$

式中括号中第一项为顺乘，而第二项为逆乘，当顺乘时略微复杂。

(b) 作梁的载荷弯矩图，如题 13-9 图 (b-1) 所示。在 A、B 两点分别施加方向相反的单位载荷并作弯矩图，如题 13-9 图 (b-2) 所示。根据图乘法，图 (b-1) 同图 (b-2) 相乘，即

$$\Delta y_{AB}=\frac{1}{EI}\left[\frac{a}{3}\times\frac{qa^2}{2}\times\frac{3a}{4}-a\times qa^2\times a+\frac{1}{3}\times\left(2qa^2\times 2a-\frac{qa^2}{2}\times a\right)\times a\right]=\frac{7qa^4}{24EI}$$

式中，括号中第一项为顺乘；第二项为两段直线，顺、逆乘均可；第三项顺乘。

13-10 如题 13-10 图 (a) 所示，桁架各个杆的材料相同，截面面积相等。在外力 F 的作用下，试求节点 B、D 之间的相对位移。

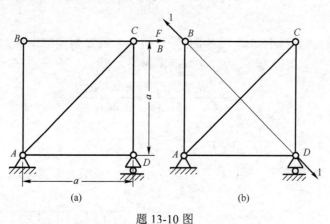

题 13-10 图

解：(1) 计算载荷作用下各杆的轴力 F_{Ni} 列于表中；在节点 B、D 沿其连线方向施加相反的一对单位力，如题 13-10 图 (b) 所示，计算对应的轴力 $\overline{F_{Ni}}$ 列于下表中。

	F_{Ni}	$\overline{F_{Ni}}$	l_i	$F_{Ni}\overline{F_{Ni}}l_i$
AB	0	$\frac{1}{\sqrt{2}}$	a	0
BC	0	$\frac{1}{\sqrt{2}}$	a	0
CA	$\sqrt{2}F$	-1	$\sqrt{2}a$	$-2Fa$
CD	$-F$	$\frac{1}{\sqrt{2}}$	a	$-\frac{1}{\sqrt{2}}Fa$
AD	0	$\frac{1}{\sqrt{2}}$	a	0

所以，节点 B、D 之间的相对位移为

$$\Delta_{BD}=\sum_{i=1}^{5}\frac{F_{Ni}\overline{F_{Ni}}l_i}{E_iA_i}=\frac{Fa}{EA}\left(-2-\frac{1}{\sqrt{2}}\right)=-2.71\frac{Fa}{EA}$$

即在 F 力作用下，B、D 两点靠近。

13-11 如题 13-11 图所示，结构由两完全相同的等边直角刚架所组成，A，C，E 为位于同一水平面的 3 个铰链，现于 C 点作用一铅垂力。已知材料为线弹性，各杆的抗弯刚度均相同，其值 EI 为常数，试求 C 点的垂直位移。轴力和剪力引起的变形忽略不计。

解： 该系统为瞬时可变系统，设系统 C 点变形，垂直位移至 C' 点系统处于稳定平衡状态（题 13-11 图（a））。问题为非线性弹性问题。

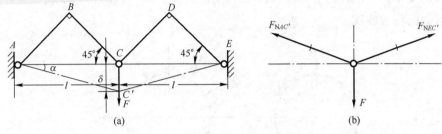

题 13-11 图

稳定平衡状态下，折杆 ABC 在铰链 A 和 C' 的约束反力应为共线力系，并且大小相等方向相反(折杆 CDE 也相同)（题 13-11 图（b））。所以杆 AB，BC，CD，DE 受力相同。任意一点的应变比能为

$$v_s = \int_0^{\varepsilon_1} \sigma d\varepsilon = \int_0^{\varepsilon_1} E\varepsilon d\varepsilon = \frac{1}{2}E\varepsilon_1^2$$

弯曲问题中，$\varepsilon_1 = \dfrac{\sigma_1}{E} = \dfrac{M(s)y}{EI}$，$v_s = \dfrac{E}{2}\left[\dfrac{M(s)y}{EI}\right]^2$。

系统应变能为

$$V_s = 4\int_V v_s dV = 4\int_V \frac{E}{2}\left[\frac{M(s)y}{EI}\right]^2 dV = 4\int_0^{\frac{l}{\sqrt{2}}} \frac{E}{2}\left[\frac{M(s)}{EI}\right]^2 \left(\iint_A y^2 dA\right) ds = 4\int_0^{\frac{l}{\sqrt{2}}} \frac{M^2(s)}{2EI}ds \quad (1)$$

设 C 铰链的约束反力为 F_{NAC}，则弯矩为 $M(s) = \dfrac{\sqrt{2}}{2}F_{NAC} \cdot s$，代入式（1）

所以

$$V_s = 4\int_0^{\frac{l}{\sqrt{2}}} \frac{M^2(s)}{2EI}ds = 4\int_0^{\frac{l}{\sqrt{2}}} \frac{F_{NAC}^2 s^2}{4EI}ds = \frac{\sqrt{2}F_{NAC}^2 l^3}{12EI} \quad (2)$$

考虑 C' 点的平衡，将 $F_{NAC} = \dfrac{F}{2\sin\alpha} \approx \dfrac{Fl}{2\delta}$ 代入式（2）。

所以

$$V_s = \frac{\sqrt{2}l^5}{48EI}\left(\frac{F}{\delta}\right)^2 \quad (3)$$

上式中 F 与 δ 为非线性关系，设 $\Delta l = AC' - AC$，则由能量原理得

$$V_s = 2\left(\frac{1}{2}F_{NAC} \times \Delta l\right) \quad (4)$$

所以

$$\Delta l = \frac{V_s}{F_{NAC}} = \frac{\sqrt{2}l^4}{24EI}\frac{F}{\delta}$$

由几何关系

$$\delta = \sqrt{(l+\Delta l)^2 - l^2} = \sqrt{2l\Delta l + (\Delta l)^2} \approx \sqrt{2l\Delta l} = \sqrt{2l \frac{\sqrt{2}l^4}{24EI} \frac{F}{\delta}}$$

整理得 $\delta = \sqrt[3]{\dfrac{\sqrt{2}Fl^5}{12EI}}$。

13-12 如题 13-12 图所示，直径为 d 的均质圆盘，沿直径两端作用一对大小相等，方向相反的集中力 F，材料的弹性模量 E 和泊松比 μ 已知。设圆盘为单位厚度，试求圆盘变形后的面积改变率 $\dfrac{\Delta A}{A}$。

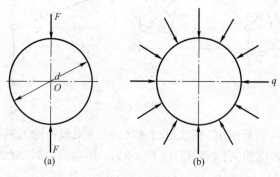

题 13-12 图

解：作与原结构相同的圆盘作为辅助系统，受均匀法向压力 q（为计算方便，设为单位力），如题 13-12 图（b）所示。则由功的互等定理，有

$$q \oint w(s) \mathrm{d}s = F \Delta d$$

式中：$w(s)$ 为原系统的周边法向位移，Δd 为辅助系统的直径改变。所以

$$\Delta A = \oint w(s) \mathrm{d}s = \frac{F \Delta d}{q} = F \Delta d \quad （注意 q 为单位力）$$

对于辅助系统题 13-12 图（b）是均匀应力状态，任意一点的线应变为

$$\varepsilon = \frac{\sigma}{E} - \mu \frac{\sigma}{E} = -\frac{q}{E}(1-\mu) = -\frac{\Delta d}{d}$$

即

$$\Delta d = \frac{d}{E}(1-\mu)$$

因此 $\dfrac{\Delta A}{A} = \dfrac{F \Delta d}{A} = \dfrac{4(1-\mu)}{\pi d E} F$。

13-13 如题 13-13 图所示，刚架各部分的抗弯刚度和抗扭刚度均相等。A 处有一个缺口，并作用一对垂直于刚架平面的水平力，试求缺口两侧的相对位移。

解：选用图乘法，首先作载荷作用下的弯矩图和扭矩图，如题 13-13 图（b）、（c）所示。根据结构的反对称性，只需要考虑结构的一半。并令 $F=1$ 得相应的单位内力图，载荷内力图与相应的单位内力图相乘，得

$$\Delta = \frac{2}{EI}\left(2 \times \frac{Fl}{2} \times \frac{l}{4} \times \frac{l}{3} + Fl \times \frac{l}{2} \times \frac{2l}{3}\right) + \frac{2}{GI_\mathrm{p}}\left(\frac{Fl}{2} \times l \times \frac{l}{2} + Fl \times \frac{l}{2} \times l\right) = \frac{5Fl^3}{6EI} + \frac{3Fl^3}{2GI_\mathrm{p}}$$

位移为缺口沿力的方向错开。

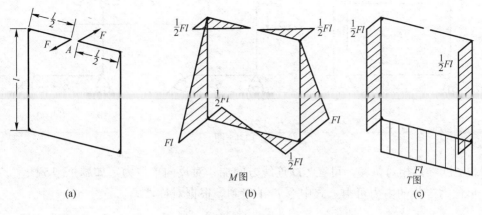

题 13-13 图

13-14 刚架各段的抗弯刚度 EI 相同，受力如题 13-14 图所示，试求 A，E 两点间的相对位移 Δ_{AE}；欲使 A，E 间无相对水平位移，试求确定 F_1 与 F_2 的比值；大致绘出刚架在 A，E 间无相对位移情况下的变形曲线。

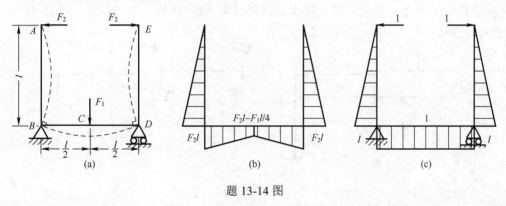

题 13-14 图

解：刚架各段均为直杆，且仅受集中力作用，故选用图乘法更为简便。作刚架弯矩图如题 13-14 图（b）所示。欲求 A，E 间相对位移，在 A，E 点施加一对单位力，作弯矩图如题 13-14 图（c）所示。题 13-14 图（b）、（c）相乘，即

$$\Delta_{AE} = \frac{2}{EI}\left(\frac{l}{2} \times F_2 l \times \frac{2l}{3} + \frac{l}{2} \times F_2 l \times l - \frac{1}{2} \times \frac{l}{2} \times \frac{F_1 l^2}{4}\right) = \frac{l^3}{24EI}(40F_2 - 3F_1)(\text{分开})$$

（1）欲使 A，E 间无相对位移，即令 $\Delta_{AE}=0$，故有 $40F_2 - 3F_1 = 0$，即 $F_1 : F_2 = 40 : 3$。

（2）A，E 间无相对位移时的变形曲线绘于题 13-14 图（a）中。

13-15 试求题 13-15 图所示框架 C，D 两点间的相对位移。

解：由整个结构平衡条件可求得支座反力均为零。所以，DE 和 CBE 杆均为二力杆件，取结点 E 分析可知，两杆中内力均为零。因此，题 13-15 图（a）可简化成题 13-15 图（b），取坐标 x_1 和 x_2 如图所示。由结构及载荷的对称性可知，AD 和 AC 段内力方程相同，且

$$F_{N1}(x_1) = F_{N2}(x_2) = -F\sin 45°, \quad M_1(x_1) = M_2(x_2) = Fx_1 \cos 45°$$

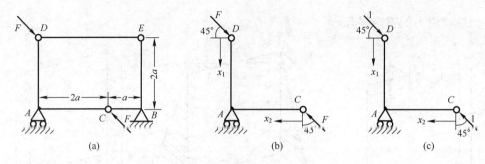

题 13-15 图

求 CD 二点相对位移，可在 CD 连线方向加一对反向单位力，如题 13-15 图（c）所示，单位力产生的内力可由上式中令 $F=1$ 得到。根据对称性

$$\Delta_{CD} = \frac{2}{EA}\int_0^{2a}(-F\sin 45°)(-\sin 45°)\mathrm{d}x_1 + \frac{2}{EI}\int_0^{2a}Fx_1\cos 45°(x_1\cos 45°)\mathrm{d}x_1$$

$$= \frac{2Fa}{EA} + \frac{2}{EI}\times\frac{F}{2}\int_0^{2a}x_1^2\mathrm{d}x_1 = \frac{2Fa}{EA} + \frac{8Fa^3}{3EI}$$

13-16　如题 13-16 图所示结构中，AB 梁一端为活动铰支，另一端搭在弹性刚架上。AB 梁中点受集中力 F 作用，梁及刚架各段的抗弯刚度 EI 均已知且相等，求梁 AB 中点 H 的垂直位移。

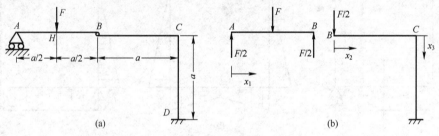

题 13-16 图

解：因为求力的作用点沿力的作用方向位移，选用卡氏定理求位移。

（1）分别写出 AH（或 BH）段，BC，CD 段的弯矩方程。

AH 段：

$$M(x_1) = \frac{F}{2}x_1 \quad (0 \leqslant x_1 \leqslant \frac{a}{2})$$

BC 段：

$$M(x_2) = \frac{-F}{2}x_2 \quad (0 \leqslant x_2 \leqslant a)$$

CD 段：

$$M(x_3) = \frac{-F}{2}a \quad (0 \leqslant x_3 \leqslant a)$$

（2）各段方程分别对集中力 F 求偏微分，即

$$\frac{\partial M(x_1)}{\partial F} = \frac{x_1}{2},\quad \frac{\partial M(x_2)}{\partial F} = -\frac{x_2}{2},\quad \frac{\partial M(x_3)}{\partial F} = -\frac{a}{2}$$

(3)求 H 点的垂直位移

$$\Delta_{Hy} = \frac{1}{EI}\left[\int M(x_i)\frac{\partial M(x_i)}{\partial F}\mathrm{d}x_i\right]$$

$$= \frac{1}{EI}\left(2\int_0^{\frac{a}{2}}\frac{F}{4}x_1^2\mathrm{d}x_1 + \int_0^a\frac{F}{4}x_2^2\mathrm{d}x_2 + \int_0^a\frac{F}{4}a^2\mathrm{d}x_3\right) = \frac{1}{EI}\left(\frac{F}{6}\times\frac{a^3}{8} + \frac{F}{12}a^3 + \frac{F}{4}a^3\right) = \frac{17Fa^3}{48EI}(\downarrow)$$

13-17 题 13-17 图所示直径为 d 的圆形等截面直角拐，承受均布载荷 q。已知 l，$I_p = 2I_z$, $W_p = 2W_z$ 及材料常数 E, G，试求：①危险截面的位置；②画出危险点的应力状态；③写出第三强度理论的相当应力；④C 截面的垂直位移。

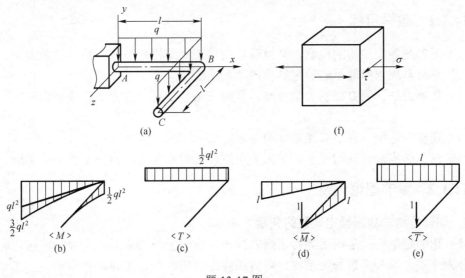

题 13-17 图

解：（1）作直角拐的内力图如题 13-17 图（b）、（c）所示，可以看出危险截面在固定端 A。

（2）危险点在 A 截面顶端点（或下端点），作顶端点应力状态如题 13-17 图（f）所示，其中

$$\sigma = \frac{M}{W} = \frac{\frac{3}{2}ql^2}{\frac{\pi d^3}{32}} = \frac{48ql^2}{\pi d^3}, \qquad \tau = \frac{T}{W_p} = \frac{\frac{1}{2}ql^2}{\frac{\pi d^3}{16}} = \frac{8ql^2}{\pi d^3}$$

（3）第三强度理论计算得相当应力为

$$\sigma_{r3} = \sqrt{\sigma^2 + 4\tau^2} = \frac{16\sqrt{10}ql^2}{\pi d^3}$$

（4）C 截面垂直位移。在 C 截面施加竖直向下的单位力 1，作内力图如题 13-17 图（d）、（e）所示。根据图乘法可得

$$y_C = \frac{1}{EI}\left(\frac{1}{3}l\times\frac{ql^2}{2}\times\frac{3l}{4}\times 2 + \frac{1}{2}l\times ql^2\times\frac{2l}{3}\right) + \frac{1}{GI_p}\left(l\times\frac{ql^2}{2}\times l\right) = \frac{ql^4}{\pi d^4}\left(\frac{112}{3E} + \frac{16}{G}\right)$$

第14章　能量原理在求解超静定结构中的应用

14.1　教学目标及章节理论概要

14.1.1　教学目标
（1）理解超静定结构的概念，掌握确定简单工程结构超静定次数的判断方法。
（2）熟练掌握求解简单超静定结构的变形比较法。
（3）理解力法正则方程的力学意义，掌握应用力法正则方程力学模型求解简单超静定系统。
（4）理解三弯矩方程求解连续梁的基本方法。
（5）熟悉结构对称性的概念，掌握利用结构的对称性简化超静定结构并求解。

14.1.2　章节理论概要

1. 超静定结构和超静定次数的判断方法

（1）超静定结构：是指用静力平衡方程无法确定全部约束力和内力的结构。超静定结构分为3类，即外力超静定结构、内力超静定结构、混合超静定结构。

（2）超静定次数的判定：根据结构约束性质可以确定内、外约束力的总数，内外约束力总数与独立静力平衡方程总数之差，称为该超静定结构的超静定次（度）数。

① 外力超静定：应根据结构受力性质，确定为平面或空间承载结构，根据支座性质确定全部外约束的个数，超过3个约束反力（平面问题）或超过6个约束反力（空间问题）就是超静定结构。全部外约束个数与独立平衡方程个数之差即为外力超静定次数。

② 内力超静定：如果为平面刚架受力结构，单个封闭框架为内力三次超静定；如果为空间刚架受力结构，单个封闭框架为六次超静定。每增加一个封闭框架，超静定次数也相应增加。

如果直杆仅用铰相连接，载荷只作用于铰接点，则称为桁架。桁架中杆件只承受拉压轴向力的作用，它的基本几何不变杆系由三杆组成。桁架如果有 n 个节点，使结构保持几何不变所需最少杆件数为 $m = 2n - 3$。当实际桁架结构杆件数大于 m 时，其差值即为桁架的内力超静定次数。

③ 混合超静定：内力和外力超静定次数之和，即为结构的总超静定次数。

结构的超静定次数由结构及受力状态唯一确定，至于用对称性与反对称性降阶甚至可以当静定结构分析，则是求解的一个简化过程；当中间铰连接 n 个杆件时，可以提供 $n-1$ 个 $M=0$ 的平衡方程。

（3）超静定结构的特点：①刚度比同类静定结构大，即结构位移小；②强度一般条件下比同类结构高；③结构的内力分配与各构件的刚度有关；④温度变化、加工误差、支座沉陷将会使结构出现内力。

2. 变形比较法

求解简单超静定结构最直接的方法为变形比较法，其标准统一的形式是力法正则方程。力法求解超静定问题的步骤如下：

（1）选择静定基（选择的多样性，但必须是静定结构），建立相当系统。

（2）比较超静定结构与相当系统，建立变形协调关系。

（3）列出物理关系，本章主要由能量法求出位移，将变形协调关系转换为关于内力和未知力的补充方程。

（4）解补充方程，求出多余约束力。

3. 力法正则方程

力法正则方程的统一形式为

$$\delta_{ij}X_i + \Delta_{iF} = 0 \tag{14-1}$$

力法正则方程是变形协调条件的具体表达，其系数计算具有规律性，无须作变形图，特别是解高次超静定问题时应用更为方便。式（14-1）中 $X_1, X_2, \cdots, X_i, \cdots$ 为未知约束反力。$\delta_{11}, \delta_{21}, \cdots, \delta_{ij}, \cdots$ 为单位载荷产生的位移，第一脚标 i 表示位移在 X_i 作用点，并且与 X_i 方向一致；第二脚标 j 表示位移是 $X_j=1$ 引起的。$\Delta_{1F}, \Delta_{2F}, \cdots, \Delta_{iF}, \cdots$ 表示外力产生的位移，第一脚标 i 表示位移在 X_i 作用点并与其方向一致，第二脚标 F 表示位移是由实际外载荷 F 力引起的。力法正则方程的系数 δ_{ij} 和 Δ_{iF} 使用单位载荷法或者图乘法求得。

应用中注意：①不同的方程表示不同的多余约束方向的变形条件。对外力超静定，指绝对（线、角）位移为零，而内力超静定，则是相对移动或转动为零；②同一方程中的不同项表示不同多余约束力（载荷）在同一多余约束方向上引起的位移；③单位位移 δ_{ij} 可用能量法求得，但对曲杆，莫尔积分法较为方便，而直杆系则图乘法更为方便；④求单位位移时，单位力分别加在静定基的不同多余约束力方向；⑤变形协调方程不一定总是为零，应视相当系统与超静定系统在该多余约束处的变形确定。

4. 三弯矩方程

三弯矩方程用于求解连续梁问题。对连续梁的每一个中间支座都可列出一个三弯矩方程，所列方程式数目等于连续梁中间支座数目，即该连续梁的超静定次数。

$$M_{n-1}\frac{l_n}{I_n} + 2M_n\left(\frac{l_n}{I_n} + \frac{l_{n+1}}{I_{n+1}}\right) + M_{n+1}\frac{l_{n+1}}{I_{n+1}} = -\frac{6\omega_n a_n}{I_n l_n} - \frac{6\omega_{n+1} b_{n+1}}{I_{n+1} l_{n+1}} \tag{14-2}$$

式中：ω_n, ω_{n+1} 为将连续梁分解为简支梁第 $n, n+1$ 跨简支梁的外力弯矩图面积；a_n, b_{n+1} 为 ω_n, ω_{n+1} 的形心距简支梁 l_n 和 l_{n+1} 跨左端支座和右端支座的距离；I_n, I_{n+1} 为 l_n 和 l_{n+1} 跨梁截面惯性矩，当连续梁为同一截面时，I_n, I_{n+1} 将消去。

三弯矩方程的特点是每一个方程只有 3 个未知约束反力偶，因此对于高次超静定结构，计算时比力法正则方程方便简单。但是，这种方法一般多用于连续梁问题。对于刚架，则将其转化为相当连续梁，用三弯矩方程比常规超静定刚架解法要简单得多。但试题中考连续梁的题目比较鲜见，非建工类专业可以不须专门死记。

5. 对称性条件在求解超静定结构中的应用

在超静定结构的分析中，正确利用结构的对称性，可以使高次超静定问题降阶，简化计算。

结构的对称性，是指结构具有一个或者若干个对称轴。相对于对称轴，结构的材料、几何形状和横截面面积、约束条件等对称，简称结构对称。

（1）结构对称，且外力相对于对称轴也是对称的，则结构的所有物理量关于对称轴是对称的。因此，在以对称轴截开的横截面上，非对称物理量均为0。例如转角必然为0。反对称内力（剪力、扭矩）为0，相应的切应力为0。

（2）结构对称，且外力关于对称轴是反对称的，则其所有的物理量关于对称轴是反对称的。在以对称轴截开的横截面上，所有对称物理量均为0。例如，对称面上的垂直位移和相对扭转角必然为0。对称内力（弯矩、轴力）为0，相应的正应力也为0。

（3）在对称结构中，对于非对称载荷，可以将其分解为对称载荷与反对称载荷的组合，然后分别对两种受力情况进行计算，再将所得结果叠加即可求出原结构的内力。

14.1.3 重点知识思维导图

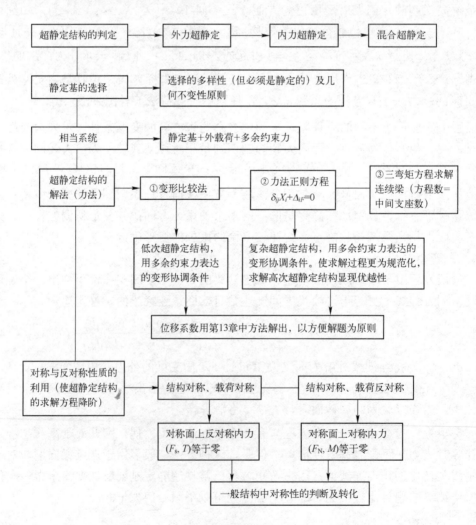

14.2 习题分类及典型例题辅导与精析

14.2.1 习题分类

（1）超静定梁的求解（多余约束力并作弯矩图）。
（2）超静定桁架中各杆的内力。
（3）超静定刚架的内力、内力图，以对称结构承受对称或反对称载荷为主，且平面问题居多，偶有涉及空间问题。
（4）三弯矩方程求解连续梁的内力。

14.2.2 解题要求

（1）明确超静定系统的概念，掌握确定简单工程结构超静定次数的判断方法。熟练掌握求解简单超静定结构的变形比较法。
（2）理解力法正则方程的力学意义，能够应用力法正则方程力学模型求解简单超静定系统。
（3）了解三弯矩方程求解连续梁的基本方法。
（4）掌握结构的对称性概念，能够利用结构的对称性质简化超静定结构并求解。
（5）求解结构某点的位移或两点间的相对位移时，在超静定结构或对应的静定基上施加单位力（或力对）是等效的。一般单位力（力对）都施加在静定基上；在利用对称性时，取其一半或四分之一讨论，而积分则应遍及整个结构，故积分或图乘时应视具体情况乘以相应系数。

14.2.3 典型例题辅导与精析

本章的重点是用力法求解超静定问题。首先是正确判断结构是否属于超静定，并确定超静定的次数是问题的关键；其次要根据结构的特点，选取合理易解的静定基，以保证受力和变形均与原结构相当，使求解过程相对简单是本章的重点。由于工程结构中存在大量的对称结构，因而当其承受对称载荷或反对称载荷或可转化为上述载荷时，使得对称或非对称特性得以利用，从而使超静定问题次数降低，则是本章的另一重点。

例 14-1 如例 14-1 图（a）所示梁 ABC 受集中力 F 作用，已知梁的抗弯刚度 EI 为常数，试求梁的弯曲内力，并作弯矩图（不计剪力和轴力的影响）。

解：（1）方法一。根据结构分析，固定端 A 有 3 个约束反力，活动铰支座 B 有 1 个约束反力，而平面任意力系有 3 个独立静力平衡方程，故梁 ABC 为一次超静定结构。以支座 B 为多余约束求解。

① 设支座 B 为多余约束，则静定基为悬臂梁。以支座反力 X_1 为多余约束反力，将外力 F 和多余约束反力 X_1 施加到静定基，可以得到求解超静定系统的相当系统，如例 14-1 图（b）所示。采用力法正则方程求解，即 $\delta_{11}X_1 + \Delta_F = 0$。

② 分别作外力和多余约束反力 $X_1 = 1$ 产生的弯矩图，如例 14-1 图（c）、（d）所示。

利用图乘法计算力法正则方程的系数，有

$$\Delta_F = \frac{1}{EI}\left[-\frac{1}{2}(2a)^2 \times \frac{7}{3}Fa\right] = -\frac{14Fa^3}{3EI},$$

$$\delta_{11} = \frac{1}{EI}\left[\frac{1}{2}(2a)^2 \times \frac{4}{3}a\right] = \frac{8a^3}{3EI}$$

代入力法正则方程解得

$$X_1 = -\frac{\Delta_F}{\delta_{11}} = \frac{7}{4}F$$

多余约束反力计算后，根据相当系统计算梁的弯曲内力，这一工作和静定结构相同。作梁的弯矩图如例14-1图（e）所示，最大弯矩为Fa，在B截面。

（2）方法二。设固定端A的约束力偶为多余约束，则静定基为外伸梁。以A处的支座反力偶X_1为多余约束反力，将外力F和多余约束反力X_1施加到静定基，可以得到求解超静定系统的相当系统，如例 14-1 图（f）所示。采用力法正则方程求解，即$\delta_{11}X_1 + \Delta_F = 0$。注意，这里虽然力法正则方程的形式同方法一完全一致，但方法一中物理意义是指B截面处y向位移为零，而方法二中物理意义是指A截面的转角为零。

分别作外力和多余约束反力$X_1=1$产生的弯矩图如例14-1图（g）、（h）所示。利用图乘法计算力法正则方程的系数，有

$$\Delta_F = \frac{1}{EI}\left[-Fa^2 \times \frac{1}{3}\right] = -\frac{Fa^2}{3EI}$$

$$\delta_{11} = \frac{1}{EI}\left[a \times \frac{2}{3}\right] = \frac{2a}{3EI}$$

代入力法正则方程解得

$$X_1 = -\frac{\Delta_F}{\delta_{11}} = \frac{1}{2}Fa$$

梁的弯矩图与例14-1图（e）相同。

【评注】①求解超静定结构，首先应该对结构的超静定次数做出正确判断。对于梁可以通过与静定梁的比较得到超静定次数，然后选择结构的多余约束。多余约束的选择不是唯一的，因此求解相当系统也不是唯一的。例如，本题分别选用外伸梁和悬臂梁作为静定基求解，所得结果是相同的。但是选择的静定基必须是静定结构。例如，不能将梁的固

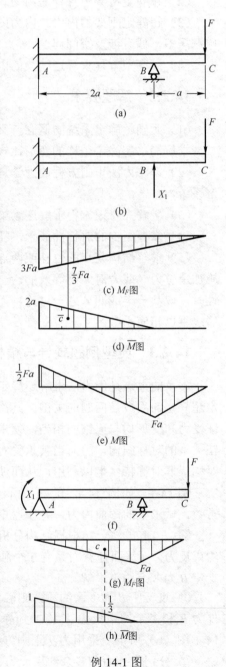

例 14-1 图

定端 A 的垂直位移约束解除。这样的系统是几何可变的，不是静定结构。选择静定基的原则是计算方便。②对于本题这样的简单外力超静定系统，使用变形比较方法（$y_{BF} + y_{BX_1} = 0$）或者力法正则方程求解难度都是相当的。但是对于复杂结构，特别是内力超静定问题，力法正则方程的优点是显而易见的。因为力法正则方程已经归纳了多余约束反力的变形协调关系，具体计算中只要做相关的内力分析。

例 14-2 封闭刚架受两对集中力 F 作用，如例 14-2 图（a）所示，试作结构弯矩图。

解：（1）结构为闭合刚架，因此为三次超静定系统。由于结构有两个对称轴，而且载荷也是对称的，因此结构的内力也是对称的。沿对称轴 CD 将结构切开，如例 14-2 图（b）所示。

根据对称性和平衡条件：$F_s = 0, F_N = \dfrac{F}{2}$，因此对称截面上只有弯矩 M，即多余约束力 X_1 为未知量，故结构简化为一次超静定问题。

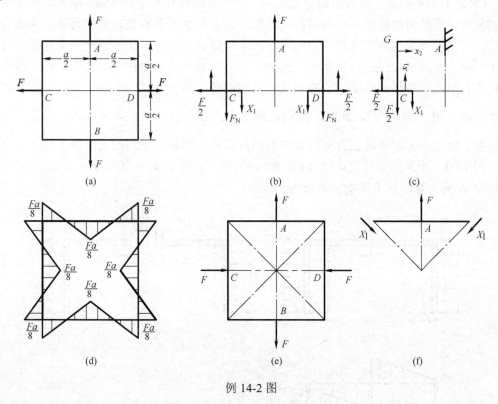

例 14-2 图

（2）根据结构的对称性，选取相当系统计算模型如例 14-2 图（c）所示。写出结构弯矩方程，利用单位载荷法计算力法正则方程的系数。根据图示坐标系，分别写出外力弯矩 $M(x)$ 和 $X_1 = 1$ 的弯矩 $\overline{M}(x)$ 的表达式，即

CG 段：
$$M(x_1) = \frac{F}{2}x_1, \quad \overline{M}(x_1) = 1 \quad (0 \leqslant x_1 \leqslant \frac{a}{2})$$

GA 段：

$$M(x_2) = -\frac{F}{2}x_2 + \frac{Fa}{4}, \quad \overline{M}(x_2) = 1 \quad (0 \leqslant x_2 \leqslant \frac{a}{2})$$

应用单位载荷法计算力法正则方程各项系数为

$$\Delta_F = \frac{1}{EI}\left[\int_0^{\frac{a}{2}} \frac{F}{2}x_1 dx_1 + \int_0^{\frac{a}{2}}\left(-\frac{F}{2}x_2 + \frac{F}{4}a\right)dx_1\right] = \frac{Fa^2}{8EI}$$

$$\delta_{11} = \frac{2}{EI}\int_0^{\frac{a}{2}} dx_2 = \frac{a}{EI}$$

所以

$$X_1 = \frac{-\Delta_F}{\delta_{11}} = -\frac{Fa}{8}$$

由此可以作弯矩图如例 14-2 图（d）所示。

【评注】①本题为三次内力超静定结构。由于结构具有两个对称轴，结构承受载荷也是对称的，因此问题简化为一次超静定问题。②本题也可选取正方形的两条对角线为对称轴，问题同样简化为一次超静定问题，大家可以自己练习。③本题中如果任意一对外力 F 反向，如例 14-2 图（e）所示，则关于正方形对角线的对称轴，结构对称，载荷反对称。利用反对称结构性质，沿对角线将结构截开，如例 14-2 图（f）所示。直接根据平衡关系，得 $X_1 = \frac{\sqrt{2}}{2}F$。此时，结构的所有内力都可以通过平衡关系确定，系统将简化为静定问题。④如果将正方形刚架换为圆形曲杆，同样可以利用其对称性进行简化。

例 14-3 平面刚架受力如例 14-3 图（a）所示，已知集中力偶 $M = qa^2$，刚架的抗弯刚度 EI 为常量，试求刚架的弯曲内力。

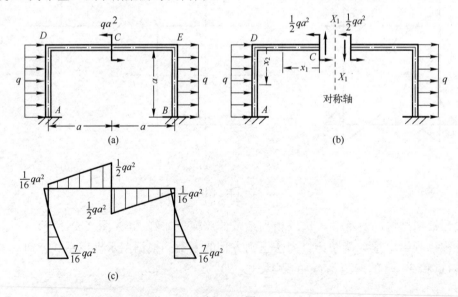

例 14-3 图

解：（1）结构分析。结构是 A、B 两端为插入端的平面刚架，因此为三次外力超静定结构。由于结构具有一个对称轴，为对称结构。而结构作用载荷是反对称的，在对称轴截面的内力必然是反对称的，沿对称轴将结构截开，则在对称截面 C 的对称内力弯矩和轴力为零，只有剪力 X_1 不等于零，相当系统如例 14-3 图（b）所示，结构简化为一次超静定问题。由于对称关系，相当系统取结构的一半，即 ADC 部分讨论。

采用力法正则方程求解，其方程为

$$\delta_{11}X_1 + \Delta_{1F} = 0$$

（2）采用单位载荷法计算正则方程系数，根据相当系统，计算弯矩方程。坐标系如例 14-3 图（b）所示。

计算外力弯矩方程 M，包括均匀分布载荷 q 和集中力偶 $\frac{1}{2}qa^2$。这里注意，为了利用载荷反对称性质，故集中力偶 $M = qa^2$ 每侧作用一半。

令多余约束反力 $X_1 = 1$，计算单位力产生的弯矩方程，分别写出弯矩方程 M 和 $\overline{M}$：

CD 段：

$$M(x_1) = \frac{1}{2}qa^2, \quad \overline{M}(x_1) = x_1 \quad (0 \leqslant x_1 \leqslant a)$$

DA 段：

$$M(x_2) = \frac{1}{2}qa^2 - \frac{1}{2}qx_2^2, \quad \overline{M}_2 = a \quad (0 \leqslant x_2 \leqslant a)$$

应用单位载荷法计算力法正则方程中的系数，有

$$\delta_{11} = \frac{2}{EI}\left[\int_0^a x_1^2 dx_1 + \int_0^a a^2 dx_2\right] = \frac{8a^3}{3EI}$$

$$\Delta_{1F} = \frac{2}{EI}\left[\int_0^a qa^2 x_1 dx_1 + \int_0^a \left(\frac{1}{2}qa^2 - \frac{1}{2}qx_2^2\right)a dx_2\right] = \frac{7qa^4}{6EI}$$

将 δ_{11} 及 Δ_{1F} 的值代入正则方程有

$$\frac{8a^3}{3EI}X_1 + \frac{7qa^4}{6EI} = 0$$

解得

$$X_1 = -\frac{7}{16}qa$$

作刚架弯矩图如例 14-3 图（c）所示。

【评注】①本题为三次外力超静定结构。结构具有一个对称轴，为对称结构，而结构上作用载荷是反对称的。在对称轴上，对称内力弯矩和轴力为零，使得问题简化为一次超静定问题。②对于对称结构，如果有外力或者外力偶作用于对称轴。结构分析时，应该将作用于对称轴的外力和结构一样，分解为相等的两部分，即各 1/2，以便利用载荷对称条件。③计算力法正则方程的系数时，采用单位载荷法或图乘法均可，计算时或遍及整个结构（本例中积分时乘以系数 2）或者遍及整个静定基，但 δ_{ij}, Δ_{iF} 必须统一。

例 14-4 例 14-4 图（a）所示折杆截面为圆形，直径 $d = 20$mm，$a = 0.2$m，$l = 1$m，$F = 650$N，$E = 200$GPa，$G = 80$GPa，试求 F 力作用点的垂直位移。

解：例 14-4 图（a）所示结构为一平面结构，作用有垂直于结构平面的外力，按空

间问题处理应为六次超静定结构。但是对于这种结构，其轴线在变形前也像平面系统一样位于同一平面内，但外力则作用在与此平面垂直的平面内，称其为平面—空间系统。在小变形条件下，这种系统的特征是：在系统中所有杆件的横截面上，凡是作用在系统所在平面的内力均等于零（读者可自行证明）。此刚架为平面—空间系统，所有作用在刚架平面内的内力（轴力、刚架平面内剪力、刚架平面内弯矩）三者均为零，在杆件的横截面上只有在与刚架平面相垂直的平面内的弯矩、扭矩和剪力。将 F 力一分为二，作用在 C 截面相距 δ 的一段内，使刚架成为结构对称，载荷对称的结构，故其对称面上的反对称内力（剪力、扭矩）也应为零。所以，在其对称面上仅存在一个未知内力，作用于铅垂平面的弯矩 X_1，取相当系统如例 14-4 图（b）和图（c）（令 $X_1=1$）所示。

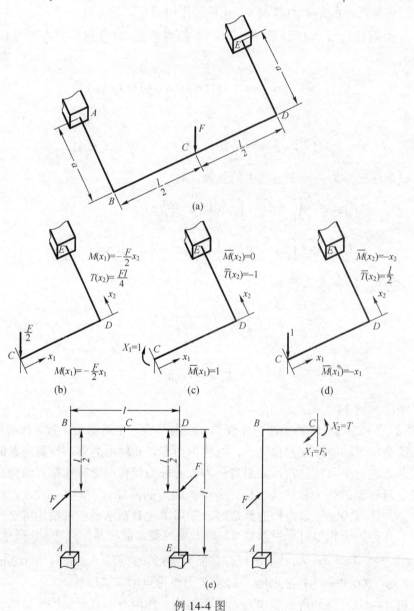

例 14-4 图

由于对称截面处转角为零,故有

$$\delta_{11}X_1 + \Delta_{1F} = 0$$

求各系数如下(此处采用莫尔积分法,图乘法同样简捷):

$$\delta_{11} = \frac{1}{EI}\int_0^{\frac{l}{2}} 1 \times 1 \times dx + \frac{1}{GI_p}\int_0^a (-1) \times (-1) dx = \frac{l}{2EI} + \frac{a}{GI_p}$$

$$\Delta_{1F} = \frac{1}{EI}\int_0^{\frac{l}{2}} -\frac{F}{2}x_1 \times 1 \times dx + \frac{1}{GI_p}\int_0^a \frac{Fl}{4} \times (-1) dx = -\frac{Fl^2}{16EI} - \frac{Fla}{4GI_p}$$

所以

$$X_1 = -\frac{\Delta_F}{\delta_{11}} = \frac{\dfrac{Fl^2}{16EI} + \dfrac{Fla}{4GI_p}}{\dfrac{l}{2EI} + \dfrac{a}{GI_p}} = \frac{Fl(lGI_p + 4aEI)}{8(lGI_p + 2aEI)}$$

式中

$$I_p = \frac{\pi d^4}{32} = \frac{\pi \times 2^4}{32} \times 10^{-8} = \frac{\pi}{2} \times 10^{-8} \text{m}^4 = 2I$$

$$EI = 200 \times 10^9 \times \frac{\pi}{4} \times 10^{-8} = 500\pi (\text{N} \cdot \text{m}^2)$$

$$GI_p = 80 \times 10^9 \times \frac{\pi}{2} \times 10^{-8} = 400\pi (\text{N} \cdot \text{m}^2)$$

代入上式得 $X_1 = 108.3 \text{N} \cdot \text{m}$

然后,求 C 点的垂直位移,一般是在静定基上加单位力,求得在单位力作用点沿其方向的位移,而不是加在原结构上,虽然两者结果一样,但加在静定基上,问题变得相对简单易解。单位力及内力方程如例 14-4 图(d)所示,故

$$\Delta_C = \frac{1}{EI}\left[\int_0^{\frac{l}{2}}\left(-\frac{F}{2}x_1 + 108.3\right) \times (-x_1) dx_1\right]$$

$$+ \int_0^a \left(-\frac{F}{2}x_2\right) \times (-x_2) dx_2 + \frac{1}{GI_p}\int_0^a \left(\frac{Fl}{4} - 108.3\right) \times \frac{l}{2} dx_2$$

$$= 4.86 \times 10^{-3} (\text{m})$$

同样,对于例 14-4 图(e)所示的平面-空间系统,则由结构的对称性和载荷的反对称性,将在刚架垂直平面内作用的扭矩 T、弯矩 M 和剪力 F_s 中的对称内力(弯矩 M)判断为零,故可将该问题简化为对称面上仅有剪力和扭矩的二次静不定问题。当泊松比 $\mu = 0.3$ 时,解得 $X_1 = 0.222F, X_2 = 0.009Fl$,具体计算读者自己完成。

14.3 考点及考研真题辅导与精析

超静定结构是材料力学课程的重点和难点。对于力学、机械、建工、材料等专业多学时来讲,该章也常常是课程考试和考研试题的考点。多学时专业一套试题中的难题大都出自本章的内容:①一般以超静定梁为主,稍深则以超静定刚架命题。②对于试题中

较高次超静定结构，常常会利用对称性使问题简化。由于时间的限制，大部分以一次或可化为一次超静定问题为主。至于如何求解，一般对具体方法不作限制。但这类问题有较大的灵活性，读者应掌握基本原则并在多练中熟悉。③超静定问题和冲击问题组合，超静定问题与压杆稳定问题组合，超静定问题、冲击问题、稳定问题组合。④超静定问题的内力图和强度校核（强度理论的应用）等。

1. 阶梯形钢杆由 1、2 两段组成，其横截面面积分别为 $2A$ 和 A，当温度升高 Δt 时，则 1 段杆横截面上的正应力 σ' 与 2 段杆横截面上的正应力 σ'' 的大小关系为（   ）。（西南交通大学；3 分）

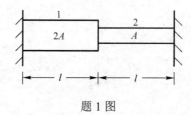

题 1 图

（A）$\sigma' = \sigma''$ （B）$\sigma' = 2\sigma''$ （C）$\sigma' = \sigma''/2$ （D）$\sigma' = \sigma''/3$

答：正确选项为（C），即 $\sigma' = \sigma''/2$。因为温度产生应力，而钢杆受平面共线力系作用 $F_R^L = F_R^R = F_R$，则 $\sigma' = \dfrac{F_R}{2A}$，$\sigma'' = \dfrac{F_R}{A}$，即得答案。

2. 封闭刚架受两对集中力 F 作用，如题 2 图所示，试作结构弯矩图。（西北工业大学；20 分）

解：作结构弯矩图如题 2 图（b）所示。详解见例 14-2。

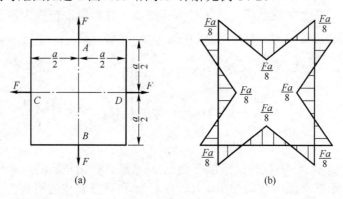

题 2 图

3. 题 3 图所示超静定刚架，各段抗弯强度均为 EI，BC 段受均布载荷 q 的作用，B 截面受图示外力偶作用。求：（1）支座反力；（2）画弯矩图；（3）C 点的水平位移。（浙江大学；30 分）

解：题 3 图（a）所示刚架为一次超静定刚架，取 C 端支座反力 F_{Cy} 为多余约束反力，则相当系统如题 3 图（b）所示。变形协调条件为

$$\Delta_{Cy} = \Delta_{Cq} + \Delta_{CF_{Cy}} = 0$$

选用图乘法解题，作结构已知载荷 (q,M) 和约束反力 F_{Cy} 的内力图，分别如题 3 图 (c)、(d) 所示。

（1）求支座反力。先求刚架约束反力，令 $F_{Cy}=1$，题 3 图（c）、（d）相乘得 Δ_{Cq}，题 3 图（d）自乘得 $\Delta_{CF_{Cy}}$，即

$$EI\Delta_{Cq} = -\frac{1}{3}a \times \frac{1}{2}qa^2 \times \frac{3}{4}a + a \times \frac{1}{2}qa^2 \times a = \frac{3}{8}qa^4$$

$$EI\Delta_{CF_{Cy}} = \frac{1}{2}a \times F_{Cy}a \times \frac{2}{3}a + a \times F_{Cy}a \times a = \frac{4}{3}F_{Cy}a^3$$

即 $\frac{3}{8}qa^4 + \frac{4}{3}F_{Cy}a^3 = 0$，解得 $F_{Cy} = -\frac{9}{32}qa$。

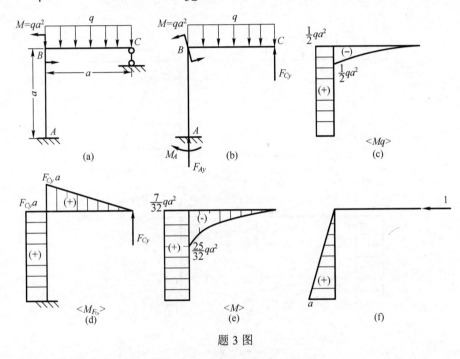

题 3 图

再由题 3 图（b），列平衡方程得，A 端的约束反力为

$$F_{Ax}=0, \quad F_{Ay}=\frac{41}{32}qa, \quad M_A=\frac{7}{32}qa^2$$

（2）作弯矩图如题 3 图（e）所示。

（3）求 C 点的水平位移。在 C 端施加水平单位力，作单位力的弯矩图如题 3 图（f）所示，题 3 图（e）、（f）相乘，得

$$\Delta_{Cx} = a \times \frac{7}{32}qa^2 \times \frac{a}{2EI} = \frac{7qa^4}{64EI}(\leftarrow)$$

4. 如题 4 图所示，已知平面刚架 EI 为常数，试问：若在 C 处下端增加一刚度为 $k=3EI/a^3$（单位：N/m）的弹性支座后，该刚架的承载能力（强度）将提高多少倍？（吉林大学；20 分）

解：刚架承载能力的提高，是指最大正应力的减小，即加入弹性支座后和未加入前刚架中最大正应力的比值。由于是同一个刚架，实际上问题转化为最大弯矩的比值。未

加入弹性支座，作弯矩图如题 4 图（b）所示，$M_{\max,A} = \dfrac{3}{2}qa^2$。

加入弹性支座，转化为 1 次超静定结构，其变形协调方程为

$$\Delta_{Cq} + \Delta_{CF} + \Delta_{CF_{Cy}} = \dfrac{F_{Cy}}{k}$$

根据图乘法（令图（c）中 $F_{Cy}=1$ 即得在 C 处加竖直单位力 1 的弯矩图）：

$$EI\Delta_{Cq} = -\dfrac{1}{3}a \times \dfrac{1}{2}qa^2 \times \dfrac{3}{4}a - a \times \dfrac{1}{2}qa^2 \times a = -\dfrac{5}{8}qa^4$$

$$EI\Delta_{CF} = -\dfrac{1}{2}a \times qa^2 \times a = -\dfrac{1}{2}qa^4$$

$$EI\Delta_{CF_{Cy}} = \dfrac{1}{2}a \times F_{Cy}a \times \dfrac{2}{3}a + a \times F_{Cy}a \times a = \dfrac{4}{3}F_{Cy}a^3$$

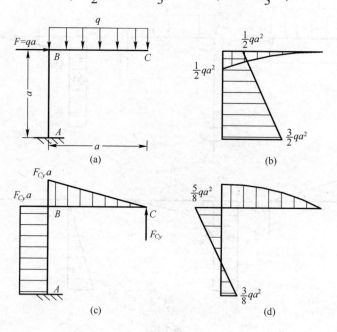

题 4 图

代入变形协调方程，得

$$\dfrac{1}{EI}\left(-\dfrac{5}{8}qa^4 - \dfrac{1}{2}qa^4 + \dfrac{4}{3}F_{Cy}a^3\right) = \dfrac{F_{Cy}}{k}$$

所以 $F_{Cy} = \dfrac{9}{8}qa(\uparrow)$。

加入弹性支座后刚架的弯矩图如题 4 图（d）所示，其中 $M_{\max B} = \dfrac{5}{8}qa^2$，则

$$\dfrac{M_{\max A} - M_{\max B}}{M_{\max B}} = \dfrac{\dfrac{3}{2} - \dfrac{5}{8}}{\dfrac{5}{8}} = 1.4$$

刚架的承载能力将提高 1.4 倍，即为原结构承载能力的 2.4 倍。

5. 题 5 图中的平面刚架，D 端固定，B 端铰支，其结构尺寸及外部载荷如图所示。

已知刚架的各段抗弯刚度为 EI，L 及 F 也为已知量。①此结构是否为超静定结构？②若为超静定结构，请指出其超静定次数 n；③求结构支座 B 的水平和垂直方向的约束力；④求结构支座 D 的约束力。（南京理工大学；25 分）

解：（1）D 端为固定端，B 端为固定铰，共有 5 个约束反力。平面任意力系有 3 个独立平衡方程，故结构为超静定结构。

（2）由（1）中分析可知，该超静定结构的超静定次数为 2。

（3）取结构支座 B 的水平和垂直方向约束力为多余约束力，建立相当系统如题 5 图（b）所示，其力法正则方程为

$$\begin{cases} \delta_{11}X_1 + \delta_{12}X_2 + \Delta_{1F} = 0 \\ \delta_{21}X_1 + \delta_{22}X_2 + \Delta_{2F} = 0 \end{cases}$$

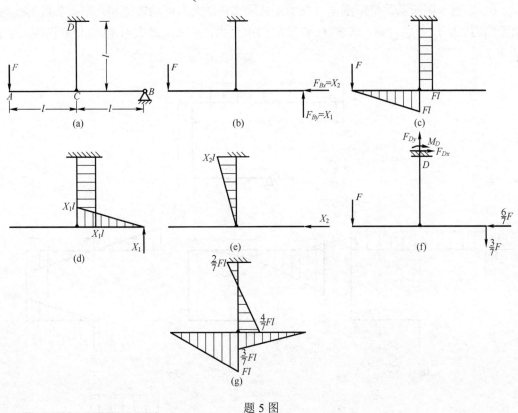

题 5 图

其中

$$EI\delta_{11} = \frac{1}{2}l \cdot l \cdot \frac{2}{3}l + l \cdot l \cdot l = \frac{4}{3}l^3, \quad EI\delta_{22} = \frac{1}{2}l \cdot l \cdot \frac{2}{3}l = \frac{1}{3}l^3$$

$$EI\delta_{12} = -\frac{1}{2}l \cdot l \cdot l = -\frac{1}{2}l^3$$

$$EI\Delta_{1F} = l \cdot Fl \cdot l = Fl^3, \quad EI\Delta_{2F} = -l \cdot Fl \cdot \frac{l}{2} = -\frac{1}{2}Fl^3$$

即

$$\begin{cases} \dfrac{4}{3}l^3 X_1 - \dfrac{1}{2}l^3 X_2 + Fl^3 = 0 \\ -\dfrac{1}{2}l^3 X_1 + \dfrac{1}{3}l^3 X_2 - \dfrac{1}{2}Fl^3 = 0 \end{cases}$$

解得

$$X_1 = -\dfrac{3}{7}F, \quad X_2 = \dfrac{6}{7}F$$

（4）根据整体静力平衡方程，可求得支座 D 的约束力为

$$F_{Dx} = X_2 = \dfrac{6}{7}F(\rightarrow), \quad F_{Dy} = F + \dfrac{3}{7}F = \dfrac{10}{7}F, \quad M_D = Fl - \dfrac{3}{7}Fl - \dfrac{6}{7}Fl = -\dfrac{2}{7}Fl$$

作平面刚架弯矩图如题 5 图（g）所示。

6. 如题 6 图所示，平面刚架 ABC，A 处固支，C 处为可动铰支座。刚架各段的抗弯刚度均为 EI，仅考虑弯矩，试求 A、C 处的约束反力，并求出最大弯矩。（北京科技大学；25 分）

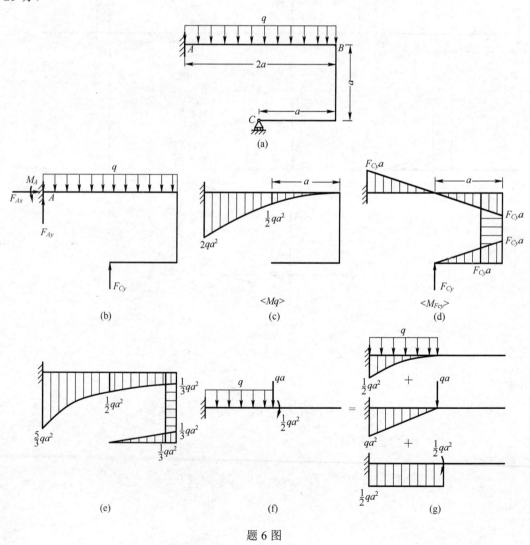

题 6 图

解：平面刚架属一次超静定，取 F_{Cy} 为多余约束，则相当系统如题 6 图（b）所示。分别作已知载荷和未知约束反力的内力图如题 6 图（c）、（d）所示。其变形协调关系为
$$\Delta_{Cq} + \Delta_{CF_{Cy}} = 0$$

在题 6 图（d）中令 $F_{Cy}=1$，利用图形互乘法，得

$$EI\Delta_{Cq} = \frac{1}{2}qa^2 \times \frac{1}{3}a \times \frac{1}{4}a - \frac{1}{3}a \times \frac{1}{2}qa^2 \times \frac{3}{4}a - \frac{1}{2}a \times qa^2 \times \frac{2}{3}a - a \times \frac{1}{2}qa^2 \times \frac{a}{2} = -\frac{2}{3}qa^4$$

$$EI\Delta_{CF_{Cy}} = 3 \times \left(\frac{1}{2}a \times F_{Cy}a \times \frac{2}{3}a\right) + a \times F_{Cy}a \times a = 2F_{Cy}a^3$$

代入变形协调方程得 $F_{Cy} = \frac{1}{3}qa$

代入静力平衡方程得

$$F_{Ax}=0,\ F_{Ay}=2qa-\frac{1}{3}qa=\frac{5}{3}qa(\uparrow),\ M_A=2qa^2-\frac{1}{3}qa^2=\frac{5}{3}qa^2(\frown)$$

作刚架弯矩图如题 6 图（e）所示，其中 $|M_{\max}|=\frac{5}{3}qa^2$。

注意：在用图乘法计算 AB 段对变形的影响时，需要从 AB 段中点分成左右两部分分别图乘，其中 AB 左半段的计算中，q 的弯矩图等效为题 6 图（g）。

7. 题 7 图所示超静定结构，已知 EI=常数，$F=7\text{kN}$，$l=3\text{m}$。用力法求解图示结构，并作弯矩图。（南京航空航天大学；25 分）

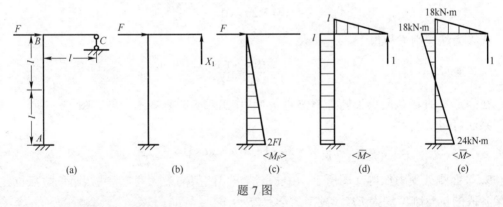

题 7 图

解：平面刚架属一次超静定，解除 C 处多余约束，用 X_1 代替，建立题 7 图（b）所示相当系统，力法正则方程为 $\delta_{11}X_1 + \Delta_{1F}=0$。

分别作出已知载荷 F 和 $X_1=1$ 单独作用下的弯矩图，如题 7 图（c）、（d）所示，则

$$\delta_{11}=\frac{1}{EI}\left(\frac{1}{2}l \times l \times \frac{2}{3}l + l \times 2l \times l\right)=\frac{7l^3}{3EI}$$

$$\Delta_{1F}=-\frac{1}{EI}\left(\frac{1}{2} \times 2Fl \times 2l \times l\right)=-\frac{2Fl^3}{EI}$$

代入力法正则方程得

$$X_1=-\frac{\Delta_{1F}}{\delta_{11}}=\frac{6F}{7}=\frac{6}{7}\times 7=6(\text{kN})$$

由题 7 图（c）、（d），采用叠加法可作出刚架的弯矩图如题 7 图（e）所示。

8．用能量法求题 8 图所示等截面刚架 C 截面的转角。轴力和剪力对变形的影响忽略不计。（中南大学；25 分）

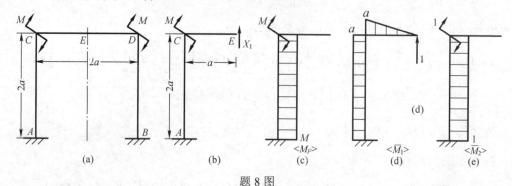

题 8 图

解：平面刚架为三次超静定结构。由于结构左右对称，载荷左右反对称，故选取题 8 图（b）所示刚架的一半建立相当系统，在截开的对称面 E 上只有反对称内力 X_1 存在。结构简化为一次超静定问题，对应的力法正则方程为 $\delta_{11}X_1 + \Delta_{1F} = 0$。

分别作出已知载荷 M 和 $X_1=1$ 单独作用下的弯矩图，如题 8 图（c）、（d）所示，则

$$\delta_{11} = \frac{1}{EI}\left(\frac{1}{2}a \times a \times \frac{2}{3}a + a \times 2a \times a\right) = \frac{7a^3}{3EI}$$

$$\Delta_{1F} = -\frac{1}{EI}(M \times 2a \times a) = -\frac{2Ma^2}{EI}$$

代入力法正则方程得

$$X_1 = -\frac{\Delta_{1F}}{\delta_{11}} = \frac{6M}{7a}$$

在静定基的 C 截面单独施加单位力偶 1，作出对应的弯矩图如题 8 图（e）所示，根据图乘法可得

$$\theta_C = -\frac{1}{EI}(M \times 2a \times 1 - X_1 a \times 2a \times 1) = -\frac{2Ma}{7EI}$$

9．平面刚架受力如题 9 图所示，用能量法求出刚架的最大弯矩，并判断危险点位置。刚架各段的抗弯刚度均为 EI。（湖南大学；25 分）

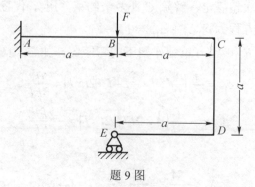

题 9 图

解：参照第 6 题进行求解。

14.4 课后习题解答

14-1 如题 14-1 图所示橡胶圆柱的直径 d=25mm，置于刚性圆筒之中。圆柱上施加压力 F=10kN，橡胶的泊松比为 μ=0.45，试求圆柱和圆筒之间的压强。

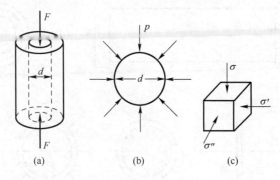

题 14-1 图

解：根据题意知圆筒为刚性，取橡胶柱中单元体如题 14-1 图（c）所示。

其中 y 向压应力 $\sigma = \dfrac{F}{A} = \dfrac{4F}{\pi d^2} = \dfrac{4 \times 10 \times 10^3}{\pi \times 25^2 \times 10^{-6}} = 20.4 \times 10^6 \text{(Pa)} = 20.4 \text{(MPa)}$，橡胶柱和圆筒间的压应力为 p，圆柱均匀受压，其沿 x，z 向压力为 $\sigma' = \sigma'' = -p$。

根据刚性圆筒假设，圆柱径向应变 $\varepsilon' = \dfrac{1}{E}[\sigma' - \mu(-\sigma + \sigma'')] = \dfrac{1}{E}[-p - \mu(-\sigma - p)] = 0$，

则 $p = \dfrac{\mu}{1-\mu}\sigma = \dfrac{0.45}{1-0.45} \times 20.4 = 16.69 \text{(MPa)}$。

14-2 如题 14-2 图所示，直径 d=40mm 的铝质圆柱，放置在一厚度 δ=2mm 的钢质套筒内，两者之间无间隙。圆柱承受压力 F=40kN。若 E_{al}=70GPa，铝的泊松比 μ_{al}=0.35，E_{st}=210GPa，试求圆筒内的环向应力。

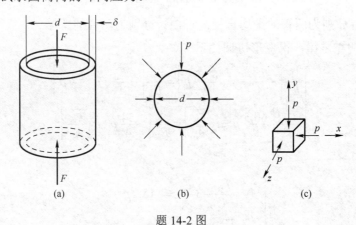

题 14-2 图

解：参照题 14-1 求解，注意变形协调关系为铝柱和钢筒的径向应变相等。

14-3 如题 14-3 图所示，直径 56mm×52mm 的铝管无间隙的套入直径 65mm×56mm

的钢管内，在组合管的两端受外力作用。已知材料弹性模量 E_{st}=210MPa，E_{al}=70MPa，泊松比 μ_{st}=0.25，μ_{al}=0.33。许用应力为 $[\sigma_{st}]$=160MPa，$[\sigma_{al}]$=180MPa，试确定组合管的许用载荷 F。

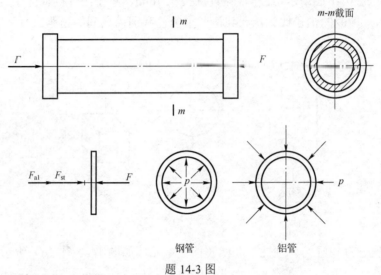

题 14-3 图

解：钢管和铝管的轴向压力分别为 F_{st}、F_{al}，铝管和钢管之间的压力为 p，纵向静力平衡方程为 $F_{st}+F_{al}=F$。所以结构为二次超静定。

变形协调关系为铝管和钢管的轴向和周向应变相等，即 $\varepsilon_{st}=\varepsilon_{al}$，$\varepsilon'_{st}=\varepsilon'_{al}$。

对于钢管和铝管，其轴向、周向、径向应力分别为

$$\sigma_{st}=\frac{-F_{st}}{A_{st}},\quad \sigma'_{st}=\frac{p\bar{d}_{st}}{2t_{st}}=\frac{60.5}{9}p,\quad \sigma''_{st}=0$$

$$\sigma_{al}=\frac{-F_{al}}{A_{al}},\quad \sigma'_{al}=\frac{-p\bar{d}_{al}}{2t_{al}}=\frac{-54}{4}p,\quad \sigma''_{al}=0$$

式中：$\bar{d}_{st}$，$\bar{d}_{al}$ 分别为两管的平均直径；t_{st}，t_{al} 分别为两管的壁厚。

代入广义胡克定律，得变形协调关系

$$\begin{cases} \dfrac{1}{E_{st}}\left[-\dfrac{F_{st}}{A_{st}}-\mu_{st}\dfrac{60.5}{9}p\right]=\dfrac{1}{E_{al}}\left[-\dfrac{F_{al}}{A_{al}}+\mu_{al}\dfrac{54}{4}p\right] \\ \dfrac{1}{E_{st}}\left[\dfrac{60.5}{9}p+\mu_{st}\dfrac{F_{st}}{A_{st}}\right]=\dfrac{1}{E_{al}}\left[-\dfrac{54}{4}p+\mu_{al}\dfrac{F_{al}}{A_{al}}\right] \end{cases}$$

化简得

$$\begin{cases} \dfrac{F_{st}}{A_{st}}-3\dfrac{F_{al}}{A_{al}}=-15.2p \\ 0.25\dfrac{F_{st}}{A_{st}}-3\times 0.33\dfrac{F_{al}}{A_{al}}=-47.2p \end{cases}$$

钢管、铝管的面积分别为

$$A_{st} = \frac{\pi}{4}(65^2 - 56^2) = 855(\text{mm})^2, \quad A_{al} = \frac{\pi}{4}(56^2 - 52^2) = 339(\text{mm})^2$$

代入力法正则方程，解得 F_{st}=0.88F， F_{al}=0.12F。

根据强度条件，可得

$$\sigma_{st} = \frac{F_{st}}{A_{st}} \leq [\sigma_{st}], \quad F_{\max 1} \leq \frac{[\sigma_{st}]A_{st}}{0.88} = 156(\text{kN})$$

$$\sigma_{al} = \frac{F_{al}}{A_{al}} \leq [\sigma_{al}], \quad F_{\max 2} \leq \frac{[\sigma_{al}]A_{al}}{0.12} = 508.5(\text{kN})$$

所以

$$F_{\max} = 156(\text{kN})$$

14-4 试求题 14-4 图所示各梁的支座反力，抗弯刚度 EI 为已知。

解：题中各梁均为直梁，选用图乘法求解。以图（a）为例详细说明求解过程，其他图形请根据作出弯矩图自行图乘。

（a）解除多余约束 B，用 X_1 代替，建立原结构的相当系统。分别作载荷弯矩图和多余约束反力 X_1 为单位载荷的弯矩图如题 14-4 图（a-1）、（a-2）所示。两图相乘得

$$\Delta_q = \frac{-1}{EI}\left(\frac{qa^2}{2} \times \frac{a}{3} \times \frac{3a}{4} + \frac{qa^2}{2} \times a \times \frac{3a}{2} + qa^2 \times \frac{a}{2} \times \frac{5a}{3}\right) = -\frac{41qa^4}{24EI}$$

$$\delta_{11} = \frac{1}{EI}\left(\frac{1}{2} \times 2a \times 2a \times \frac{4a}{3}\right) = \frac{8a^3}{3EI}$$

代入力法正则方程 $\delta_{11}X_1 + \Delta_q = 0$，得 $X_1 = -\frac{\Delta_q}{\delta_{11}} = \frac{41}{64}qa$。

支座反力 $F_{By} = \frac{41}{64}qa(\uparrow)$， $F_{Ay} = \frac{23}{64}qa(\uparrow)$， $M_A = \frac{7}{32}qa^2\,(\frown)$。

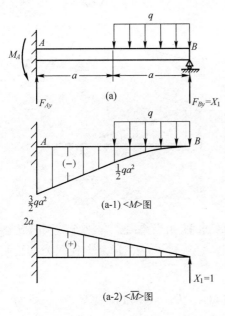
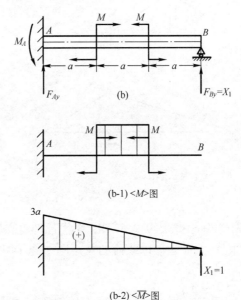

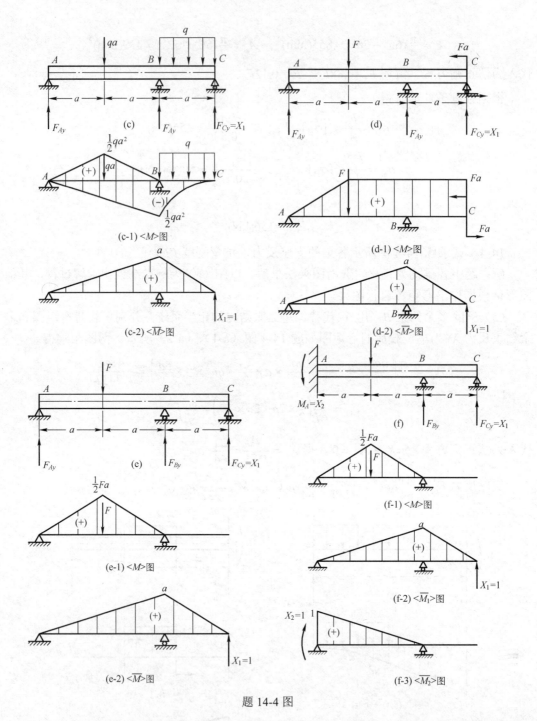

题 14-4 图

（b）解除多余约束 B，用 X_1 代替，建立原结构的相当系统。分别作载荷弯矩图和多余约束反力 X_1 为单位载荷的弯矩图如题 14-4 图（b-1）、（b-2）所示。代入力法正则方程 $\delta_{11}X_1 + \Delta_{1F} = 0$ 解得

$$X_1 = -\frac{\Delta_{1F}}{\delta_{11}} = \frac{-M}{6a}，\text{支座反力为}\ F_{By} = \frac{-M}{6a}(\downarrow)，\quad F_{Ay} = \frac{M}{6a}(\uparrow)，\quad M_A = \frac{M}{2}(\curvearrowleft)$$

（c）解除多余约束 C，用 X_1 代替，建立原结构的相当系统。分别作载荷弯矩图和多

390

余约束反力 X_1 为单位载荷的弯矩图如题 14-4 图（c-1）、（c-2）所示。代入力法正则方程 $\delta_{11}X_1 + \Delta_F = 0$ 解得

$$X_1 = -\frac{\Delta_q}{\delta_{11}} = \frac{5}{24}qa，支座反力为 F_{Ay} = \frac{17}{48}qa(\uparrow)，F_{By} = \frac{23}{16}qa(\uparrow)，F_{Cy} = \frac{5}{24}qa(\uparrow)$$

（d）解除多余约束 C，用 X_1 代替，建立原结构的相当系统。分别作载荷弯矩图和多余约束反力 X_1 为单位载荷的弯矩图如题 14-4 图（d-1）、（d-2）所示。代入力法正则方程 $\delta_{11}X_1 + \Delta_F = 0$ 解得

$$X_1 = -\frac{\Delta_F}{\delta_{11}} = -\frac{17}{12}F，支座反力为 F_{Ay} = \frac{7}{24}F(\uparrow), F_{By} = \frac{17}{8}F(\uparrow), F_{Cy} = -\frac{17}{12}F(\downarrow)$$

（e）解除多余约束 C，用 X_1 代替，建立原结构的相当系统。分别作载荷弯矩图和多余约束反力 X_1 为单位载荷的弯矩图如题 14-4 图（e-1）、（e-2）所示。代入力法正则方程 $\delta_{11}X_1 + \Delta_F = 0$ 解得 $X_1 = -\frac{\Delta_F}{\delta_{11}} = -\frac{1}{4}F$，支座反力为 $F_{Ay} = \frac{3}{8}F(\uparrow)$，$F_{By} = \frac{7}{8}F(\uparrow)$，$F_{Cy} = -\frac{1}{4}F(\downarrow)$。

（f）解除多余约束 C 和 A 端的固定端约束为固定铰链，用 X_1 和 X_2 代替，建立原结构的相当系统。分别作载荷弯矩图和多余约束反力 X_1 和 X_2 为单位载荷的弯矩图如题 14-4 图（f-1）、（f-2）、（f-3）所示。代入力法正则方程 $\begin{cases} X_1\delta_{11} + X_2\delta_{12} + \Delta_{1F} = 0 \\ X_1\delta_{12} + X_2\delta_{22} + \Delta_{2F} = 0 \end{cases}$，解得 $X_1 = -\frac{3}{20}F(\uparrow)$，$X_2 = -\frac{3}{10}Fa(\frown)$，支座反力为 $F_{Ay} = \frac{23}{40}F(\uparrow)$，$F_{By} = \frac{23}{40}F(\uparrow)$，$F_{Cy} = -\frac{3}{20}F(\downarrow)$，$M_A = -\frac{3}{10}Fa(\frown)$。

14-5 试求题 14-5 图所示各刚架的内力图，抗弯刚度 EI 为已知。

解：题中均为直杆组成刚架，选用图乘法求解。以图（a）为例详细说明求解过程，其他图形请根据作出弯矩图自行图乘。

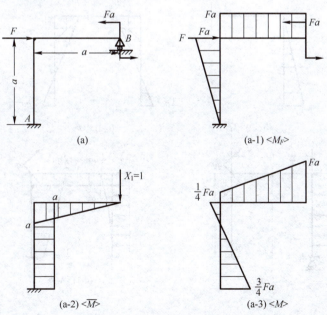

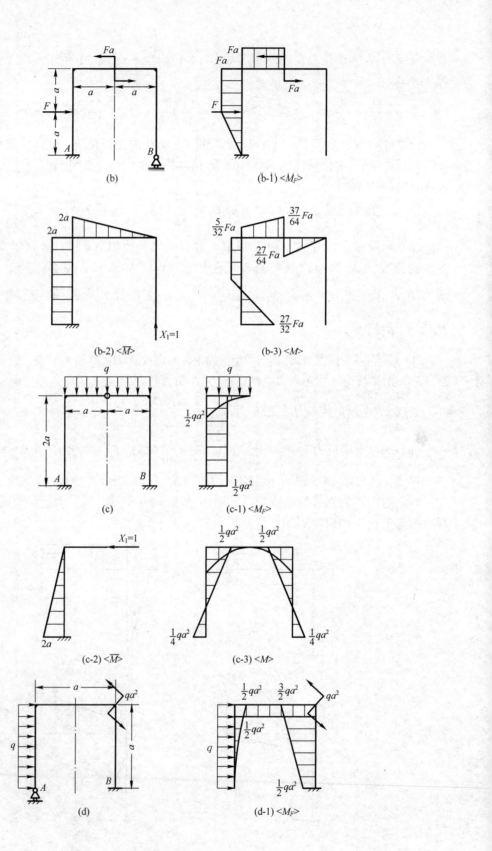

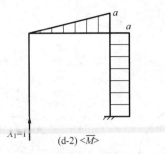
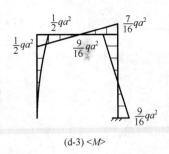

(d-2) $\langle \overline{M} \rangle$ (d-3) $\langle M \rangle$

题 14-5 图

(a) 解除多余约束 B 铰链，用 X_1 代替，建立原结构的相当系统。分别作载荷弯矩图和多余约束反力 X_1 为单位载荷的弯矩图如题 14-5 图（a-1）、（a-2）所示。

根据图乘法，图（a-1）与图（a-2）相乘，得

$$\Delta_F = \frac{1}{EI}\left(-Fa \times a \times \frac{a}{2} - \frac{Fa}{2} \times a \times a\right) = \frac{-Fa^3}{EI}$$

图（a-2）自乘，得 $\delta_{11} = \frac{1}{EI}\left(\frac{a^2}{2} \times \frac{2a}{3} + a \times a \times a\right) = \frac{4a^3}{3EI}$。

代入力法正则方程 $\delta_{11}X_1 + \Delta_F = 0$，得 $X_1 = -\frac{\Delta_F}{\delta_{11}} = \frac{3}{4}F$。

作刚架弯矩图如题 14-5 图（a-3）所示。

(b) 结构为一次超静定，解除 B 处多余约束，建立相当系统。分别作载荷弯矩图和多余约束反力 X_1 为单位载荷的弯矩图如题 14-5 图（b-1）、（b-2）所示。代入力法正则方程 $\delta_{11}X_1 + \Delta_F = 0$，解得 $X_1 = -\frac{\Delta_F}{\delta_{11}} = \frac{27}{64}F$。作刚架弯矩图如题 14-5 图（b-3）所示。

(c) 结构为二次超静定，沿对称轴解除多余约束铰链，建立相当系统，由于对称性，竖直方向约束力为零。分别作载荷弯矩图和多余约束反力 X_1 为单位载荷的弯矩图如题 14-5 图（c-1）、（c-2）所示。代入力法正则方程 $\delta_{11}X_1 + \Delta_F = 0$，解得 $X_1 = -\frac{\Delta_F}{\delta_{11}} = \frac{3}{8}qa(\leftarrow)$。作刚架弯矩图如题 14-5 图（c-3）所示。

(d) 结构为一次超静定，解除多余约束 A 铰链，建立相当系统。分别作出载荷弯矩图和多余约束反力 X_1 为单位载荷的弯矩图如题 14-5 图（d-1）、（d-2）所示。代入力法正则方程 $\delta_{11}X_1 + \Delta_F = 0$，解得 $X_1 = \frac{15qa}{16}$。作刚架弯矩图如题 14-5 图（d-3）所示。

14-6 试求题 14-6 图所示各曲杆的内力图，抗弯刚度 EI 为已知。

解：因为结构为曲杆，故选用单位载荷法解题。

(a) 将多余约束 B 固定铰链取为活动铰链，建立相当系统如题 14-6 图（a-1）所示。写出载荷弯矩方程 $M(\theta) = \frac{FR}{2}(1-\cos\theta)$。

多余约束反力 X_1 为单位载荷的弯矩方程 $\overline{M}(\theta) = R\sin\theta$。代入莫尔积分，即

$$\Delta_F = \frac{1}{EI}\int_0^\pi M(\theta)\overline{M}(\theta)\mathrm{d}s = \frac{1}{EI}\int_0^\pi \frac{FR^3}{2}(1-\cos\theta)\sin\theta\,\mathrm{d}\theta = \frac{FR^3}{EI}$$

$$\delta_{11} = \frac{1}{EI}\int_0^\pi \overline{M}^2(\theta)\mathrm{d}s = \frac{R^3}{EI}\int_0^\pi \sin^2\theta\,\mathrm{d}\theta = \frac{\pi R^3}{2EI}$$

代入力法正则方程 $\delta_{11}X_1 + \Delta_F = 0$ 解得： $X_1 = -\dfrac{\Delta_F}{\delta_{11}} = \dfrac{-2}{\pi}F$

作结构弯矩图如题 14-6 图（a-2）所示。

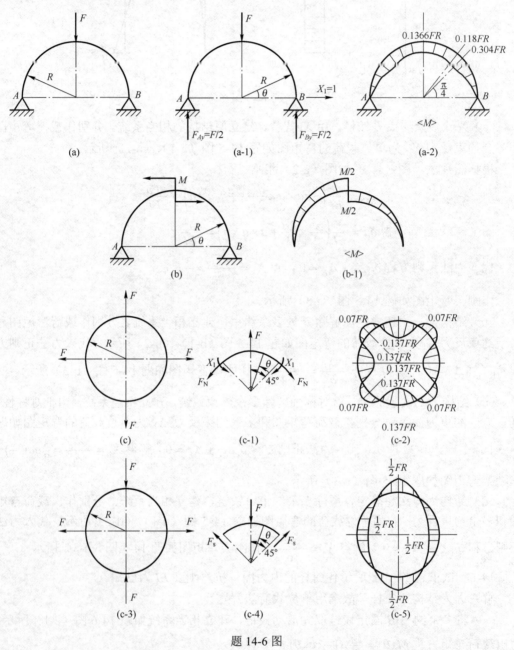

题 14-6 图

（b）结构对称，载荷反对称，因此结构的两个约束铰链的水平方向约束反力为零。因此，其垂直约束反力为

$$F_{Ay} = \dfrac{M}{2R}(\uparrow), \quad F_{By} = \dfrac{M}{2R}(\downarrow)$$

结构简化为静定问题，其弯矩方程为 $M(\theta) = \dfrac{M}{2}(1-\cos\theta)$。

根据弯矩图左右反对称，作结构弯矩图如题 14-6 图（b-1）所示。

（c）结构为三次超静定，但是具有 4 个对称轴，沿 ±45° 将结构截开，建立相当系统如题 14-6 图（c-1）所示。根据对称性知，截面上反对称内力为零，截面上仅有轴力和弯矩。根据静力平衡关系可以确定轴力 $F_N = \dfrac{F}{\sqrt{2}}$，问题简化为一次超静定问题。

参照图（a），由力法正则方程 $\delta_{11}X_1 + \Delta_{1F} = 0$，解得 $X_1 = -0.07FR$。

故 $M(\theta) = \dfrac{FR}{\sqrt{2}}(1-\cos\theta) - 0.07FR$，根据对称性作弯矩图如图（c-2）所示。

如果将纵向一对力反向（图（c-3））。沿 ±45° 将结构截开，建立相当系统如题 14-6 图（c-4）所示。由于截面上只有剪力，结构简化为静定问题，由平衡方程可得 $F_s = \dfrac{F}{\sqrt{2}}$。

故弯矩方程为 $M(\theta) = \dfrac{F}{\sqrt{2}}R\sin\theta$，根据对称性作弯矩图如图（c-5）所示。

14-7 试求题 14-7 图（a）、（b）所示桁架的支座反力和（c）桁架中 CD 杆的轴力。各杆的抗拉压刚度均为 EA。

解：（a）解除多余约束 B 铰链，建立相当系统如题 14-7 图（a-1）所示。分别计算载荷、多余约束 $X_1 = 1$ 时各杆的轴力列于表中。

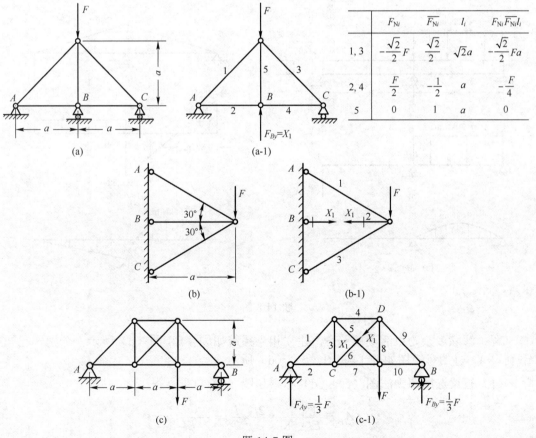

题 14-7 图

故

$$\Delta_{1F} = \frac{\sum F_{Ni}\overline{F_{Ni}}l_i}{EA} = \frac{2}{EA}(-\frac{\sqrt{2}}{2}Fa - \frac{1}{4}Fa)$$

$$\delta_{11} = \frac{\sum \overline{F_{Ni}}^2 l_i}{EA} = \frac{1}{EA}(2\times\frac{\sqrt{2}}{2}a + \frac{2}{4}a + a)$$

代入力法正则方程，解得 $X_1 = \frac{-\Delta_{1F}}{\delta_{11}} = (4\sqrt{2}-5)F$。

支座反力为 $F_{Ay} = F_{Cy} = (3-2\sqrt{2})F = 0.171F$，$F_{By} = (4\sqrt{2}-5)F = 0.657F$。

（b）除多余约束杆 2，建立相当系统如题 14-7 图(b-1)所示。参照图(a)可解得 $X_1 = 0$。所以 $F_{N1} = F(+)$，$F_{N3} = -F(-)$。

支座反力为 $F_{Ax} = -\frac{3}{2}F$，$F_{Cx} = \frac{3}{2}F$，$F_{Ay} = \frac{1}{2}F = F_{Cy}$，$F_{Bx} = F_{By} = 0$。

（c）选 CD 杆为多余杆，解除多余约束杆 6，建立相当系统如题 14-7 图（c-1）所示。参照图（a）可解得 $F_{NCD} = X_1 = \frac{(\sqrt{2}-4)F}{12(2+\sqrt{2})}$。

14-8 试确定题 14-8 图所示木梁的截面尺寸，已知许用应力分别为[σ]=10MPa，[τ]=2MPa。

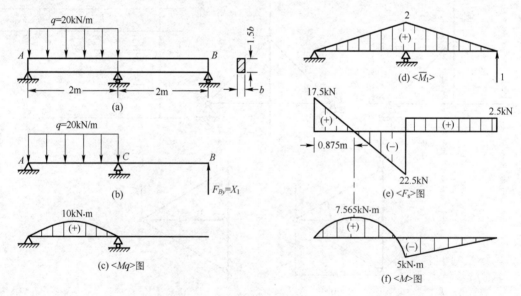

题 14-8 图

解：解除多余约束活动铰链 B，建立相当系统如题 14-8 图（b）所示。分别作已知载荷、$X_1=1$ 的弯矩图如题 14-8 图（c）、(d) 所示。

（1）直梁选用图乘法图（c）、(d) 相乘和图 (d) 自乘，得

$$\Delta_F = \frac{1}{EI}\left(\frac{ql^2}{8}\times\frac{2l}{3}\times\frac{l}{2}\right) = \frac{ql^4}{24EI}$$

$$\delta_{11} = \frac{2}{EI}\left(\frac{1}{2} \times l \times l \times \frac{2}{3}l\right) = \frac{2l^3}{3EI}$$

由力法正则方程：$\delta_{11}X_1 + \Delta_{1F} = 0$，得：$X_1 = \frac{-\Delta_{1F}}{\delta_{11}} = \frac{-ql}{16} = -2.5(\text{kN})$。

（2）作结构弯矩图和剪力图如题 14-8 图（e）、（f）所示。

$$M_{\max} = F_{Ay} \times 0.875 - \frac{1}{2}q \times 0.875^2 = 17.5 \times 0.875 - 10 \times 0.875^2 = 7.656 \text{kN} \cdot \text{m}$$

$$\left|F_s\right|_{\max} = 22.5\text{kN}$$

（3）根据强度条件

$$\sigma_{\max} = \frac{M_{\max}}{W_z} = \frac{6 \times 7.656 \times 10^3}{1.5^2 \times b^3} \leqslant [\sigma]，\text{解得} b \geqslant 127\text{mm}$$

$$\tau_{\max} = \frac{3}{2}\frac{\left|F_s\right|_{\max}}{A} = \frac{3 \times 22.5 \times 10^3}{2 \times 1.5 \times b^2} \leqslant [\tau]，\text{解得} b \geqslant 106\text{mm}$$

所以 b 应大于 127mm。

14-9 如题 14-9 图所示结构，梁 AB 的惯性矩为 I，横截面面积为 A，杆 GH 横截面面积为 A_1，CG 和 DH 为刚性杆，所有材料的弹性模量均为 E，试求拉杆 GH 中的轴力。

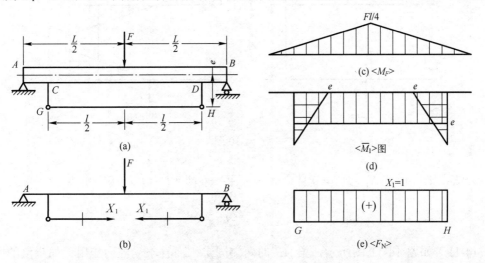

题 14-9 图

解：解除多余约束拉杆 GH，建立相当系统如题 14-9 图（b）所示。分别作已知载荷和 $X_1=1$ 的弯矩图如题 14-9 图（c）、（d）所示。由图乘法得

$$\Delta_F = \frac{-2}{EI}\left[\frac{1}{2} \times \frac{L}{2} \times \frac{FL}{4} - \frac{1}{2}\left(\frac{L}{2} - \frac{l}{2}\right)^2 \times \frac{F}{2}\right] \times e = \frac{Fle}{4EI}\left(L - \frac{l}{2}\right)$$

$$\delta_{11} = \frac{e^2l}{EI} + \frac{l}{EA} + \frac{l}{EA_1}$$

代入力法正则方程 $\delta_{11}X_1 + \Delta_F = 0$，解得 $X_1 = \frac{-\Delta_F}{\delta_{11}} = \frac{e(2L-l)}{8I\left(\dfrac{e^2}{I} + \dfrac{1}{A} + \dfrac{1}{A_1}\right)}F$。

14-10 如题 14-10 图所示刚架受载荷 F 作用,试问当 x 为何值时支座 A 的支座反力最小?设抗弯刚度 EI 为常数。

解:解除多余约束支座 A,建立相当系统如题 14-10 图(b)所示。分别作已知载荷和 $X_1=1$ 的弯矩图如题 14-10 图(c)、(d)所示。由图乘法得

$$\Delta_F = \frac{1}{EI}\left[\frac{F}{6}(2l-x)^3 - \frac{F}{2}x^2(2l-x) - \frac{F}{3}x^3\right] = \frac{F}{3EI}(4l^3 - 6l^2x)$$

$$\delta_{11} = \frac{1}{EI}\left[\frac{1}{2}(3l-x)^2 \times \frac{2}{3}(3l-x) \times 2 + (3l-x)^2 l + \frac{1}{2}x^3\right]$$

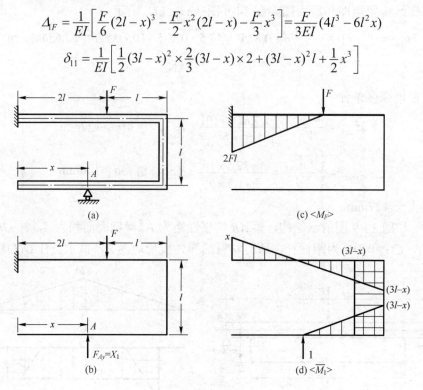

题 14-10 图

代入力法正则方程 $\delta_{11}X_1 + \Delta_F = 0$ 且令 $X_1 = \dfrac{-\Delta_F}{\delta_{11}} = 0$ 即 $4l^3 - 6l^2x = 0$,解得

$$x = \frac{2}{3}l$$

14-11 如题 14-11 图所示,梁 AB 的两端固定,而且不受外力作用。如果梁的固定端 B 向下移动 Δ,试求 A 和 B 处的支座反力。已知梁的抗弯刚度 EI 为常数。

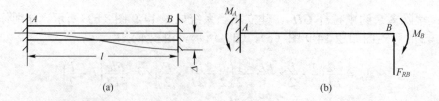

题 14-11 图

解:(1)结构属于三次超静定结构。在小变形条件下,忽略轴力的影响,简化为二次超静定结构。

（2）建立相当系统如题 14-11 图（b）所示。悬臂梁的端点作用集中力 F_{RB} 和集中力偶 M_B，使得端点产生的挠度和转角为

$$y_{BF} = \frac{F_{RB}l^3}{3EI}, \quad y_{BM} = -\frac{M_Bl^2}{2EI}; \quad \theta_{BF} = \frac{F_{RB}l^2}{2EI}, \quad \theta_{BM} = -\frac{M_Bl}{EI}$$

根据题意变形协调条件为

$$y_B = \frac{F_{RB}l^3}{3EI} - \frac{M_Bl^2}{2EI} = -\Delta, \quad \theta_B = \frac{F_{RB}l^2}{2EI} - \frac{M_Bl}{EI} = 0$$

联立求解，得 $M_B = -\dfrac{6EI\Delta}{l^2}(\curvearrowleft)$，$F_{RB} = \dfrac{12EI\Delta}{l^3}(\downarrow)$。

故两端的支座反力分别为

$$M_A = M_B - F_{RB}l = -\frac{6EI\Delta}{l^2}(\curvearrowleft)$$

14-12 如题 14-12 图所示，已知梁的抗弯刚度 EI 为常数，如果梁的固定端 B 旋转了一个角度 θ，试求两端固定的梁在 A 和 B 截面处的弯矩。

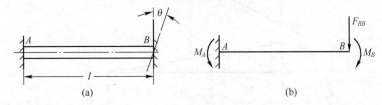

题 14-12 图

解：（1）结构属于三次超静定结构。在小变形条件下，轴力忽略不计，简化为二次超静定结构。

（2）建立相当系统如题 14-12 图（b）所示。悬臂梁的端点作用集中力 F_{RB} 和集中力偶 M_B，使得端点产生的挠度和转角为

$$y_{BF} = -\frac{F_{RB}l^3}{3EI}, \quad y_{BM} = -\frac{M_Bl^2}{2EI}; \quad \theta_{BF} = -\frac{F_{RB}l^2}{2EI}, \quad \theta_{BM} = -\frac{M_Bl}{EI}$$

（3）根据图示变形协调条件，得

$$y_B = \frac{F_{RB}l^3}{3EI} + \frac{M_Bl^2}{2EI} = 0, \quad \theta_B = \frac{F_{RB}l^2}{2EI} + \frac{M_Bl}{EI} = \theta$$

联立求解，得 $F_{RB} = -\dfrac{6EI\theta}{l^2}(\uparrow)$，$M_B = \dfrac{4EI\theta}{l}(\curvearrowleft)$。

故两端固定的梁在 A 和 B 截面处的弯矩为

$$M_A = M_B + F_{RB}l = -\frac{1}{2}M_B = -\frac{2EI\theta}{l}(\curvearrowleft), \quad M_B = \frac{4EI\theta}{l}(\curvearrowleft)$$

14-13 如题 14-13 图所示等截面梁，受载荷 F 作用。若已知梁的跨度为 l，横截面惯性矩为 I，抗弯截面模量为 W，材料的弹性模量为 E，许用应力为 $[\sigma]$。试求：（1）支座反力 F_{By}；（2）危险截面的弯矩 M；（3）确定梁的许可载荷 F；（4）在铅垂方向移动支座 B，使得许可载荷 F 为最大，求支座在铅垂方向位移 Δ 和最大许可载荷。

解：（1）结构为一次超静定。将 B 铰链支承解除，用多余约束反力 X_1 代替。作载荷弯矩图如题 14-13 图（b）所示。多余约束反力 $X_1=1$ 时的弯矩图如题 14-13 图（c）所示。由图乘法得

$$\Delta_{1F} = \frac{-1}{EI}\left(\frac{Fl}{2} \times \frac{l}{4} \times \frac{5l}{6}\right) = -\frac{5Fl^3}{48EI}$$

$$\delta_{11} = \frac{1}{EI}\left(l \times \frac{l}{2} \times \frac{2l}{3}\right) = \frac{l^3}{3EI}$$

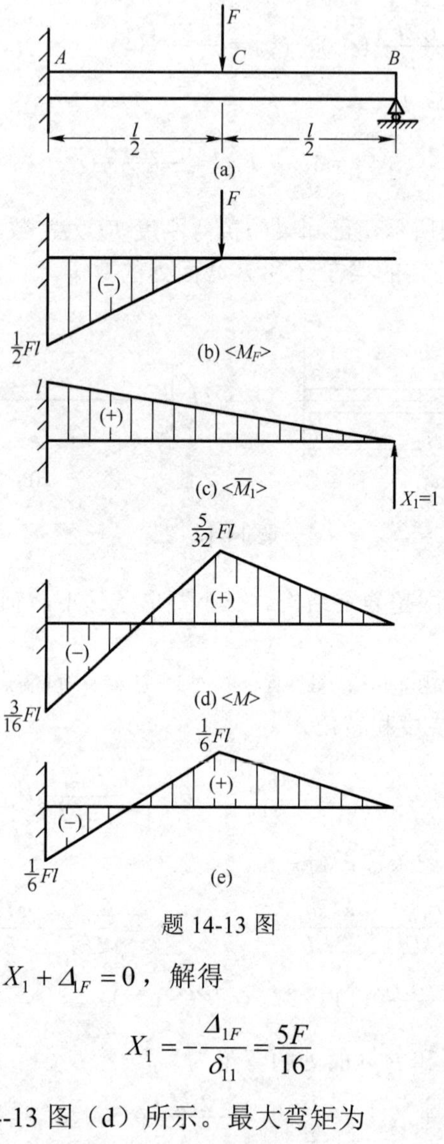

题 14-13 图

代入力法正则方程 $\delta_{11}X_1 + \Delta_{1F} = 0$，解得

$$X_1 = -\frac{\Delta_{1F}}{\delta_{11}} = \frac{5F}{16}$$

（2）作弯矩图如题 14-13 图（d）所示。最大弯矩为

$$M_{\max} = x_1 l - F\frac{l}{2} = -\frac{3}{16}Fl$$

（3）根据强度条件

$$\sigma_{\max} = \frac{M_{\max}}{W} \leqslant [\sigma]$$

可得
$$F \leqslant \frac{16W}{3l}[\sigma]$$

（4）当弯矩图正负弯矩数值相等时，结构的承载能力最大，即
$$F_{By}\frac{l}{2} = \frac{Fl}{2} - F_{By}l$$

所以 $F_{By} = \frac{F}{3}$。

作此时的弯矩图如题14-13图（e）所示。最大弯矩为 $M_{\max} = \frac{1}{6}Fl$。

令图（c）中 $X_1 = \frac{F}{3}$，由图乘法可得，支座在铅垂方向位移
$$\Delta = \frac{1}{EI}\left(-\frac{1}{2} \times \frac{l}{2} \times \frac{Fl}{2} \times \frac{5}{6}l + \frac{1}{2} \times l \times \frac{Fl}{3} \times \frac{2l}{3}\right) = \frac{Fl^3}{144EI}$$

代入强度条件 $\sigma_{\max} = \dfrac{M_{\max}}{W} = \dfrac{F_{\max}l}{6W} \leqslant [\sigma]$，可得 $F_{\max} \leqslant \dfrac{6W}{l}[\sigma]$。

14-14 如题14-14图所示，梁 AB，CD 的长度均为 l，设抗弯刚度 EI 相同并且已知。两梁水平放置，垂直相交。CD 为简支梁，AB 为悬臂梁，A 端固定，B 端自由。加载前两梁在中点无应力接触。不计梁的自重，试求在 F 力的作用下 B 端的垂直位移。

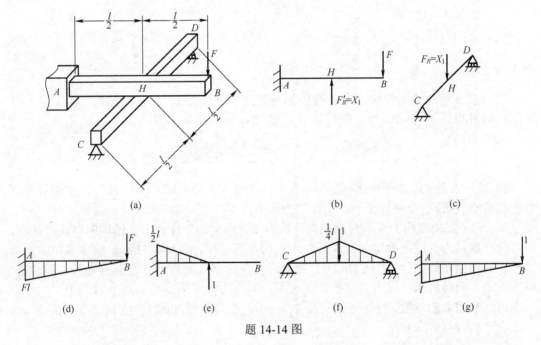

题14-14图

解：悬臂梁 AB 若无简支梁 CD 支撑，则是一个静定梁，由于存在梁 CD，梁 AB 多了一个约束（弹性支撑），系统为一次超静定问题，需要先求解超静定问题，才能求 B 截面的铅垂位移。

（1）求解一次超静定问题。

方法一：对于这样比较简单的问题，利用变形比较法相对简单。此题变形协调条件为

$y_{HAB} = y_{HCD}$，利用梁变形的结果，由叠加法可得图（b）、(c) 中梁中点 H 的挠度分别为

$$y_{HAB} = y_{HF} + y_{HF_R} = \frac{F\left(\frac{l}{2}\right)^3}{3EI} + \frac{\left(F\frac{l}{2}\right)\left(\frac{l}{2}\right)^2}{2EI} - \frac{F_R'\left(\frac{l}{2}\right)^3}{3EI} = \frac{5Fl^3}{48EI} - \frac{F_R l^3}{24EI}$$

$$y_{HCD} = \frac{F_R l^3}{48EI}$$

代入变形协调方程得

$$y_{HAB} = \frac{5Fl^3}{48EI} - \frac{F_R l^3}{24EI} = y_{HCD} = \frac{F_R l^3}{48EI}$$

解得 $F_R = \frac{5}{3}F$。

方法二：采用力法正则方程 $\delta_{11}X_1 + \Delta_{1F} = \delta_{11}'X_1$

式中：$\delta_{11}, \delta_{11}'$ 分别为在单位力作用下 AB 和 CD 梁在 X_1 作用点沿 X_1 方向的位移。

求各系数如下：

$$EI\delta_{11} = \frac{1}{2} \times \frac{l}{2} \times \frac{l}{2} \times \frac{2}{3} \times \frac{l}{2} = \frac{l^3}{24}$$

$$EI\Delta_{1F} = -\frac{1}{2} \times \frac{l}{2} \times \frac{l}{2} \times \frac{5}{6}Fl = -\frac{5Fl^3}{48}$$

$$EI\delta_{11}' = \frac{1}{2} \times \frac{l}{2} \times \frac{l}{4} \times \frac{2}{3} \times \frac{l}{4} \times 2 = \frac{l^3}{48}$$

代入正则方程，即 $\frac{l^3}{24}X_1 - \frac{5Fl^3}{48} = -\frac{l^3}{48}X_1$（要冠以负号，因为 δ_{11}' 是以向上为正），解得 $X_1 = \frac{5}{3}F$。

（2）求 B 端的铅垂位移。在 B 端施加竖直向下单位力 1，内力图如题 14-14 图（g）所示，同时将图 14-14 图（e）中弯矩放大 X_1 倍，利用图乘法得

$$\delta_B = \frac{\frac{1}{2} \times l \times Fl \times \frac{2}{3}l - \frac{1}{2} \times \frac{l}{2} \times X_1 \times \frac{5}{6}l}{EI} = \frac{23Fl^3}{144EI} \quad (\downarrow)$$

14-15 求题 14-15 图所示刚架 A，B 两点之间水平方向的相对位移。设刚架各个部分的抗弯刚度 EI 已知并且相同，不计轴力和剪力对变形的影响。

解：（1）如果结构为平面封闭刚架，则为三次内力超静定，由于结构中存在铰接点，故降阶一次，为二次超静定问题。另外，结构上下对称、载荷也对称，故 A 截面的转角为零。取相当系统如题 14-15 图（b）所示。根据对称性知其对称面 B 截面反对称内力-剪力为零，问题再次降阶为一次超静定问题。写出力法正则方程 $\delta_{11}X_1 + \Delta_{1F} = 0$。

用图乘法求各系数，故作外载荷及 $X_1 = 1$ 引起的弯矩图如题 14-15 图（c）、(d) 所示。

图（d）自乘，图（c）、(d) 相乘，得

$$EI\delta_{11} = \frac{1}{2} \times 2a \times 2a \times \frac{2}{3} \times 2a + 2a \times a \times 2a = \frac{20}{3}a^3$$

$$EI\Delta_{1F} = -\frac{a}{2} \times Fa \times \frac{5a}{3} - a \times Fa \times 2a = -\frac{17}{6}Fa^3$$

故约束轴力为 $X_1 = -\frac{\Delta_{1F}}{\delta_{11}} = \frac{17}{40}F$。

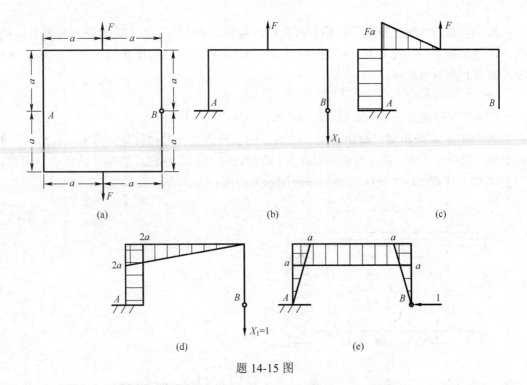

题 14-15 图

（2）为求 A，B 间的水平位移，在静定基 B 截面上加水平单位力，单位力弯矩图如题 14-15 图（e）所示。题 14-15 图（e）同题 14-15 图（c）、（d）（令图（d）中 $X_1=\dfrac{17}{40}F$）分别相乘。得

$$\Delta_{AB}=\dfrac{1}{EI}\left[-\dfrac{1}{2}\times a\times Fa\times a-a\times Fa\times\dfrac{a}{2}+\dfrac{1}{2}\times 2a\times\dfrac{17}{40}F\times 2a\times a+a\times\dfrac{17}{40}F\times 2a\times\dfrac{a}{2}\right]=\dfrac{11Fa^3}{40EI}$$

注意：①此结构的对称性仅为上下对称而左右不对称，故不可像圆环对径拉（压）或矩形刚架沿对称轴拉（压）那样取其 1/4 讨论；②若题 14－15 图（a）中 A 截面加入中间铰，问题将简化为静定问题；若题 14－15 图（b）中上半部分抗弯刚度为 $2EI$，下半部分为 EI，A 截面加入中间铰，且一对 F 力作用在 A,B 铰接处，求 AB 间的相对位移。读者不妨一试。

14-16 试作题 14-16 图所示刚架的弯矩图，并求铰链 A 处相邻两截面的相对转角。设刚架各个部分的抗弯刚度 EI 已知并且相同，不计轴力和剪力对变形的影响。

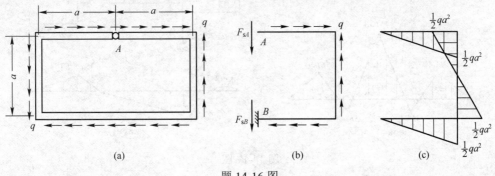

题 14-16 图

解：刚架为二次超静定，结构具有铅垂对称轴，载荷为反对称。沿该对称轴将结构截开，则该截面上仅有剪力，如题 14-16 图（b）所示。而结构现在又有水平反对称轴，因此截面上的剪力相等。

根据平衡关系得 $F_{sA} = qa/2$。

作刚架弯矩图如题 14-16 图（c）所示。

计算铰链 A 处相邻两截面的相对转角。由于载荷为反对称载荷，弯矩图反对称。A 截面加一对单位力偶，其内力图必然对称，故铰链 A 处相邻两截面的相对转角必然为零。

14-17 作题 14-17 图所示梁的弯矩图和剪力图。设抗弯刚度 EI 已知。

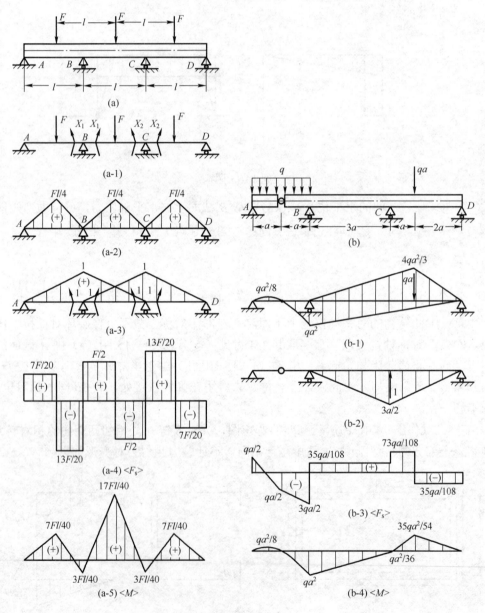

题 14-17 图

解：（a）结构为二次超静定。但是由于结构对称，载荷对称，将梁的截面 B，C 由固定连接改为铰链连接，约束反力 $X_1=X_2$ 作为多余约束。作载荷弯矩图如题 14-17 图（a-2）所示。多余约束反力 $X_1=X_2=1$ 的弯矩图如题 14-17 图（a-3）所示。

$$\Delta_{1F} = \Delta_{2F} = \frac{2}{EI}\left(\frac{Fl}{4} \times \frac{l}{2} \times \frac{1}{2}\right) = \frac{Fl^2}{8EI}$$

$$\delta_{11} = \delta_{22} = \frac{2}{EI}\left(\frac{l}{2} \times \frac{2}{3}\right) = \frac{2l}{3EI}$$

$$\delta_{12} = \frac{1}{EI}\left(\frac{l}{2} \times \frac{1}{3}\right) = \frac{l}{6EI}$$

代入力法正则方程 $\frac{2}{3}X_1 + \frac{1}{6}X_1 + \frac{Fl}{8} = 0$，解得 $X_1 = -\frac{3Fl}{20}$。

分段求支座反力并叠加，得

$$F_{Ay} = F_{Dy} = \frac{7}{20}F,\ F_{By} = F_{Cy} = \frac{23}{20}F,\ M_{\max} = \frac{17}{40}Fl$$

作剪力图和弯矩图如题 14-17 图（a-4）、（a-5）所示。

（b）结构为一次超静定。将梁的 C 铰链解除，约束反力 X_1 作为多余约束。作载荷弯矩图和多余约束反力 $X_1=1$ 的弯矩图如题 14-17 图（b-1）、（b-2）所示。根据图乘法，确定力法正则方程中各参数。图（b-1）、（b-2）互乘，图（b-2）自乘，得

$$\Delta_{1F} = \frac{1}{EI}\left(-qa^2 \times \frac{3a}{2} \times a - \frac{4qa^2}{3} \times \frac{2a}{3} \times a - qa^2 \times \frac{5a}{4} \times a - \frac{qa^2}{3} \times \frac{a}{2} \times \frac{7a}{6} + \frac{3a}{2} \times 3a \times \frac{qa^2}{2}\right) = -\frac{19qa^4}{12EI}$$

$$\delta_{11} = \frac{2}{EI}\left(\frac{3a}{2} \times \frac{3a}{2} \times a\right) = \frac{9a^3}{2EI}$$

代入力法正则方程，解得 $X_1 = \frac{-\Delta_F}{\delta_{11}} = \frac{19qa}{54}$。

再对梁列静力平衡方程，得

$$F_{Ay} = \frac{1}{2}qa,\ F_{By} = \frac{197}{108}qa,\ F_{Cy} = \frac{19}{54}qa,\ F_{Dy} = \frac{35}{108}qa$$

作剪力图和弯矩图如题 14-17 图（b-3）、（b-4）所示。

14-18 如题 14-18 图所示，半径为 $R=0.3$m 的圆环，沿环直径装一直杆 AB。AB 杆加工短了 $\Delta = 3 \times 10^{-4}$m，试求安装后 AB 杆的装配内力。已知 AB 杆的抗拉压刚度 $EA = 3 \times 10^5$kN，圆环的抗弯刚度 $EI = 2 \times 10^3$kN·m^2。

解：问题是一个装配应力问题，核心是当 BB' 连接后产生装配应力。设 AB 杆装配后其轴力为 F_N，问题则变换为在一对 F_N 力作用下，圆环 A，B 间的相对位移为 $\Delta - \frac{F_N \times 2R}{EA}$，而圆环受一对径向力作用，其相对位移的求解是非常熟悉的问题。

（1）内力分析，写出正则方程：取题 14-18 图（c）所示相当系统，根据结构的对称性知，在对称面上反对称内力（剪力）为零，只有对称内力 F_N 和 M_0。同时结构又上下对称，故 CD 截面的轴力为 $\frac{F_N}{2}$。由于对称截面 $B(A)$ 和 $C(D)$ 的转角均为零，将 B 截面取为固定端，如题 14-18 图（d）所示。令 C、D 截面的多余约束力 $M_0 = X_1$，则变

形协调条件为 $\delta_{11}X_1 + \Delta_{1F} = 0$。

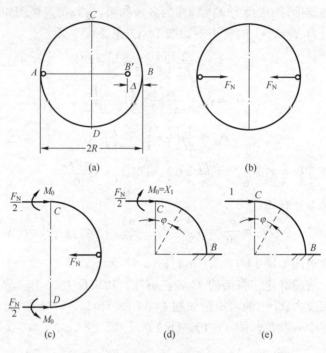

题 14-18 图

（2）求解正则方程　在题 14-18 图（d）中，在 $\dfrac{F_N}{2}$ 作用下 $M(\varphi) = -\dfrac{F_N R}{2}(1-\cos\varphi)$。

令 $M_0 = X_1 = 1$，则 $\overline{M} = -1$，故

$$\Delta_{1F} = \int_0^{\frac{\pi}{2}} \frac{M(\varphi)\overline{M}(\varphi)}{EI} R\,\mathrm{d}\varphi = \frac{F_N R^2}{2EI}\int_0^{\frac{\pi}{2}}(1-\cos\varphi)\mathrm{d}\varphi = \frac{F_N R^2}{2EI}\left(\frac{\pi}{2}-1\right)$$

$$\delta_{11} = \int_0^{\frac{\pi}{2}} \frac{\overline{M}\,\overline{M}\,R}{EI}\mathrm{d}\varphi = \frac{R}{EI}\int_0^{\frac{\pi}{2}}\mathrm{d}\varphi = \frac{\pi R}{2EI}$$

解得 $X_1 = -\dfrac{\Delta_{1F}}{\delta_{11}} = -F_N R\left(\dfrac{1}{2}-\dfrac{1}{\pi}\right)$，即与假设方向相反。$\dfrac{1}{4}$ 圆环上任一截面的弯矩为

$$M(\varphi) = -\frac{F_N R}{2}(1-\cos\varphi) + F_N R\left(\frac{1}{2}-\frac{1}{\pi}\right) = F_N R\left(\frac{\cos\varphi}{2}-\frac{1}{\pi}\right)$$

（3）求 A，B 间的相对位移：在 A，B 两点作用单位力，在单位力作用下 $\dfrac{1}{4}$ 圆环的弯矩为 $\overline{M}(\varphi) = R\left(\dfrac{\cos\varphi}{2}-\dfrac{1}{\pi}\right)$。用莫尔积分求 A，B 间的相对位移 δ，积分遍及整个圆环，则

$$\delta_{A/B} = 4\int_0^{\frac{\pi}{2}} \frac{M(\varphi)\overline{M}(\varphi)}{EI} R\,\mathrm{d}\varphi = \frac{4F_N R^3}{EI}\int_0^{\frac{\pi}{2}}\left(\frac{\cos\varphi}{2}-\frac{1}{\pi}\right)^2\mathrm{d}\varphi = \frac{F_N R^3}{EI}\left(\frac{\pi}{4}-\frac{2}{\pi}\right) = 0.149\frac{F_N R^3}{EI}$$

当然，求 A，B 间相对位移也可在题 14-18 图（e）所示静定基上施加单位力 1，这时

$$M(\varphi) = F_N R\left(\frac{\cos\varphi}{2} - \frac{1}{\pi}\right), \overline{M}(\varphi) = -R(1-\cos\varphi)$$

$$\delta_{A/B} = 2\int_0^{\frac{\pi}{2}} \frac{M(\varphi)\overline{M}(\varphi)R}{EI}\mathrm{d}\varphi = -\frac{2F_N R^3}{EI}\int_0^{\frac{\pi}{2}}\left(\frac{\cos\varphi}{2} - \frac{1}{\pi}\right)(1-\cos\varphi)\mathrm{d}\varphi = \frac{F_N R^3}{EI}\left(\frac{\pi}{4} - \frac{2}{\pi}\right)$$

$$= 0.149\frac{F_N R^3}{EI}$$

（4）求 AB 杆中的内力：根据变形协调条件 $\delta_{A/B} + \dfrac{F_N \times 2R}{EA} = \Delta$，代入有关数据，有

$$0.149\frac{F_N \times 0.3^3}{2\times 10^3 \times 10^3} + \frac{0.6F_N}{3\times 10^5 \times 10^3} = 3\times 10^{-4}(\mathrm{m})$$

解得

$$F_N = 74.8\times 10^3(\mathrm{N}) = 74.8(\mathrm{kN})$$

14-19 如题 14-19 图所示等截面刚架，横截面为圆形，材料的弹性模量为 E，泊松比为 $\mu=0.3$，试作刚架的弯矩图和扭矩图。

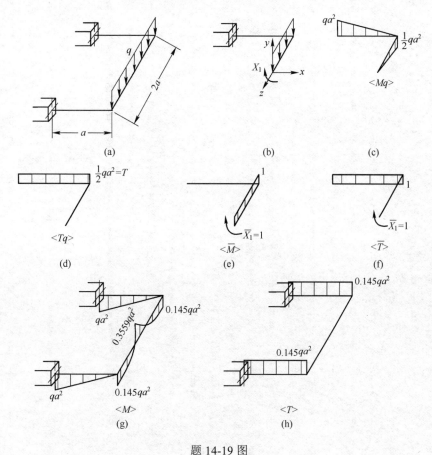

题 14-19 图

解：结构属平面-空间系统，刚架所在平面内力 F_{sx}, F_{Nz}, M_y 为零。由对称性知反对称内力 F_{sy}, M_z 为零，取 $M_x = X_1$，相当系统如题 14-19 图（b）所示。作 M_q、T_q 图如题 14-19

图（c）、(d) 所示，单位力内力图 $\overline{M}$, $\overline{T}$ 如题 14-19 图（e）、(f) 所示。由对称性知中面变形对称转角为零，故

$$\delta_{11}X_1 + \Delta_q = 0$$

而

$$\delta_{11} = \frac{1}{EI}(1 \times a \times 1) + \frac{1}{GI_p}(1 \times a \times 1) = \frac{a}{EI} + \frac{a}{EI_p}$$

$$\Delta_{1q} = \frac{1}{EI}\left(-\frac{1}{3}a \times \frac{1}{2}qa^2 \times 1\right) + \frac{1}{GI_p}\left(-1 \times a \times \frac{1}{2}qa^2\right) = \frac{-qa^3}{6EI} - \frac{qa^3}{2GI_p}$$

代入正则方程，得 $X_1 = -\dfrac{\Delta_q}{\delta_{11}} = 0.355qa^2$。

作弯矩图和扭矩图如题 14-19 图（g）、(h) 所示。

第15章 疲 劳 强 度

15.1 教学目标及章节理论概要

15.1.1 教学目标

（1）理解疲劳破坏的机理和特点，掌握交变应力及应力幅度、平均应力和循环特征的概念和计算方法。

（2）熟悉材料疲劳极限的概念，了解其测试原理和方法。

（3）熟悉影响构件疲劳极限的主要因素以及提高构件疲劳强度的主要措施。掌握对称循环下构件的疲劳强度计算。

（4）理解持久极限曲线的概念，能够完成不对称循环下构件的疲劳强度计算。

（5）了解对称循环交变应力作用下弯扭组合变形构件的疲劳强度计算。

15.1.2 章节理论概要

1. 疲劳和交变应力

（1）基本概念：

① 交变应力：随时间作周期性变化的应力。

② 疲劳：构件在交变应力作用下以脆性断裂形式失效的现象，习惯上称为疲劳。

③ 疲劳强度：交变应力作用下构件抵抗疲劳失效的能力。

（2）疲劳失效的特点：

① 构件经一定次数足够大的交变应力作用后发生断裂破坏。

② 构件没有明显宏观塑性变形预兆下突然发生脆性断裂。

③ 交变应力的最大值低于材料的强度极限，甚至小于屈服极限情况下低应力断裂破坏。

④ 疲劳断口上显示疲劳裂纹源、裂纹扩展区和瞬时断裂区。三区域表明构件表面微裂纹源在交变应力作用下造成局部应力集中，使微裂纹向宏观裂纹扩展，直至发生脆性断裂。

（3）应力循环及基本特征。

若交变应力从最大值变到最小值的范围是恒定的，则称为恒幅交变应力；若是变化的称为变幅交变应力。材料力学主要讨论恒幅交变应力。

应力随时间变化的规律用 $\sigma = f(t)$ 来描述，应力每重复变化一次为一个应力循环；

完成一个应力循环所需要的时间 T，称为一个周期。随时间累积的应力循环数称为循环次数 N。

（4）交变应力的表征

平均应力

$$\sigma_\mathrm{m} = \frac{\sigma_{\max}+\sigma_{\min}}{2} = \frac{1}{2}(1+r)\sigma_{\max} \tag{15-1}$$

应力幅

$$\sigma_\mathrm{a} = \frac{\sigma_{\max}-\sigma_{\min}}{2} = \frac{1}{2}(1-r)\sigma_{\max} \tag{15-2}$$

循环特征

$$r = \frac{\sigma_{\min}}{\sigma_{\max}} \tag{15-3}$$

① 对称循环：$r=-1$ 时，$\sigma_\mathrm{m}=0$，$\sigma_\mathrm{a}=\sigma_{\max}=-\sigma_{\min}$。其他应力循环称为不对称循环。

② 脉动循环：$r=0$，$\sigma_\mathrm{a}=\sigma_\mathrm{m}=\sigma_{\max}/2$ 或 $r=-\infty$，$-\sigma_\mathrm{a}=\sigma_\mathrm{m}=\sigma_{\min}/2$。

③ 静应力：相当于 $r=1$，$\sigma_\mathrm{a}=0$，$\sigma_{\max}=\sigma_{\min}=\sigma_\mathrm{m}$。

2. 材料的疲劳极限

（1）S-N 曲线：应力 S（σ 或 τ）与相应应力循环数或疲劳寿命 N 的关系曲线，称为 S-N 曲线。大多数钢材与灰口铸铁的 S-N 曲线均存在水平渐近线，说明只要最大应力不超过一定限度，材料即可经历"无限"次应力循环而不发生疲劳破坏。

（2）持久极限：标准试件（直径 $d=7\sim10$mm，无应力集中，表面磨光）在空气介质中经历无限多次应力循环而不发生疲劳破坏时，应力循环中绝对值最大的应力，称为材料的持久（疲劳）极限，以 $\sigma_r(\tau_r)$ 表示，即循环特征为 r 的持久极限。

对称循环时的持久极限以 $\sigma_{-1}(\tau_{-1})$ 表示，它是衡量材料疲劳性能的主要特征。在不同的加载形式（拉压、弯曲、扭转等）下，$\sigma_{-1}(\tau_{-1})$ 值各不相同。

3. 影响构件疲劳极限的主要因素

（1）影响构件持久极限的主要因素。

① 构件外形引起应力集中的影响：有效应力集中因数为

$$K_\sigma = \frac{\sigma_{-1}}{(\sigma_{-1})_k} \tag{15-4}$$

式中：σ_{-1}，$(\sigma_{-1})_k$ 分别为无应力集中光滑小试样、有应力集中因素且尺寸与光滑小试样相同试样的持久极限；$K_\sigma > 1$。

② 构件尺寸影响：尺寸影响因数为

$$\varepsilon_\sigma = \frac{(\sigma_{-1})_\mathrm{d}}{\sigma_{-1}} \tag{15-5}$$

式中：$(\sigma_{-1})_\mathrm{d}$，σ_{-1} 分别为大、小试样的持久极限。

③ 构件表面质量的影响：表面质量因数为

$$\beta = \frac{(\sigma_{-1})_\beta}{\sigma_{-1}} \tag{15-6}$$

式中：σ_{-1}，$(\sigma_{-1})_\beta$ 分别为表面磨光试样、其他加工情况时构件的持久极限。

因此，构件的持久极限 σ_{-1}^0 为

$$\sigma_{-1}^0 = \frac{\varepsilon_\sigma \beta}{K_\sigma} \sigma_{-1} \tag{15-7}$$

当构件中承受交变切应力时，仅将 σ 改为 τ 即可。

（2）提高构件疲劳强度的措施：疲劳破坏是由裂纹扩展引起的，裂纹的形成主要在构件应力集中部位及构件表面。因此，提高构件疲劳强度应从减缓应力集中，减小表面粗糙度和增强表层强度等方面入手。

4. 对称循环构件的疲劳强度计算

$$\sigma_{\max} \leqslant [\sigma_{-1}] = \frac{\sigma_{-1}^0}{n} = \frac{\varepsilon_\sigma \beta}{K_\sigma} \frac{\sigma_{-1}}{n} \tag{15-8}$$

式中：$\sigma_{\max}$ 为构件危险点的最大工作应力；n 为规定的安全因数；$[\sigma_{-1}]$ 为构件在对称循环下的许用应力。

或者用杆件的工作安全因数 n_σ 表示，即

$$n_\sigma = \frac{\sigma_{-1}^0}{\sigma_{\max}} = \frac{\varepsilon_\sigma \beta}{K_\sigma} \frac{\sigma_{-1}}{\sigma_{\max}} \geqslant n \tag{15-9}$$

5. 非对称循环下构件的疲劳强度计算

非对称循环由简化曲线可得构件的工作安全因数为

$$n_\sigma = \frac{\sigma_{-1}}{\frac{K_\sigma}{\varepsilon_\sigma \beta} \sigma_a + \psi_\sigma \sigma_m} \geqslant n \tag{15-10}$$

式中：ψ_σ 为材料对应力循环不对称性的敏感因数，$\psi_\sigma = \tan\gamma = \frac{2\sigma_{-1} - \sigma_0}{\sigma_0}$，反映了在不对称循环下 σ_r 随 r 的变化程度。

对于塑性材料，还要满足强度要求，相应的强度条件为

$$n_\sigma = \frac{\sigma_s}{\sigma_{\max}} = \frac{\sigma_s}{\sigma_m + \sigma_a} \geqslant n_s \tag{15-11}$$

式中：n_s 为对塑性材料规定的安全因数。

6. 弯扭组合变形时构件的疲劳强度计算

弯扭组合交变应力下，构件的强度条件为

$$n_{\sigma\tau} = \frac{n_\sigma n_\tau}{\sqrt{n_\sigma^2 + n_\tau^2}} \geqslant n \tag{15-12}$$

式中：$n_{\sigma\tau}$ 为弯扭组合交变应力下，构件的工作安全因数；n_σ 根据式（15-9）或式（15-10）计算，n_τ 只需将式（15-9）或式（15-10）中 σ 改为 τ 即可。

15.1.3 重点知识思维导图

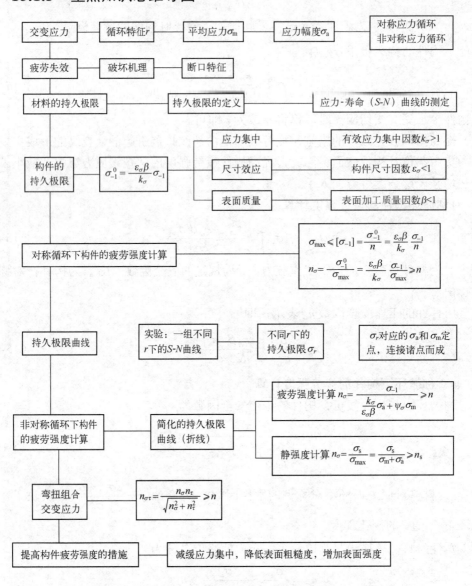

15.2 习题分类及典型例题辅导与精析

15.2.1 习题分类

（1）根据构件的受力情况，求横截面上一点的应力循环。
（2）给定应力循环，求循环特征、平均应力和应力幅及疲劳问题的基本概念。
（3）给出某种持久极限曲线的简化折线，要求推出工作安全因数的表达式。
（4）给定轴的几何尺寸、材料性能参数和受载情况，校核疲劳强度。包括对称和非对称循环应力下的疲劳强度计算、弯扭组合循环应力下的疲劳强度计算。

15.2.2 解题要求

（1）了解疲劳破坏的机理和特征，掌握交变应力及应力幅度、平均应力和循环特征的概念和计算方法。明确材料疲劳极限的概念，了解其测试原理和方法。

（2）了解影响构件疲劳极限的主要因素以及提高构件疲劳强度的主要措施。掌握对称循环下构件的疲劳强度计算，并根据相关几何尺寸，材料性质等准确确定相关因数。

（3）建立持久极限曲线的概念，能够完成非对称循环下构件的疲劳强度计算。

（4）能够完成（非）对称循环交变应力作用下弯扭组合变形构件的疲劳强度计算。

15.2.3 典型例题辅导与精析

本章的难点在于非对称循环下构件的疲劳强度条件的推导。首先要明确材料持久极限曲线的物理意义，然后要弄清材料与构件持久极限曲线的联系与区别，最后利用持久极限曲线的简化折线推导出构件工作安全因数的表达式。

例 15-1 例 15-1 图（a）所示双向作动筒，时而 A 腔充压，压强 $p_A=10\text{MPa}$，时而 B 腔充压，压强 $p_B=2\text{MPa}$，已知筒体的内径 $D=100\text{mm}$，活塞杆的直径 $d=30\text{mm}$，试确定活塞杆横截面的平均应力、应力幅与应力比。

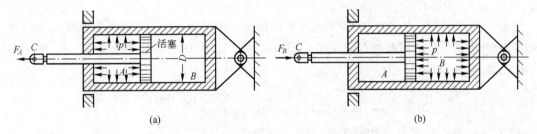

例 15-1 图

解：（1）例 15-1 图（a）图中，当 A 腔充压时，作用在活塞左表面的压力，由活塞杆端部 C 的轴向拉力 F_A 平衡；当 B 腔充压时（例 15-1 图（b）），作用在活塞右表面的压力，则由杆端轴向压力 F_B 相平衡。因此，活塞杆时而轴向受拉，时而轴向受压，即承受拉压交变应力。

（2）应力计算。活塞杆横截面上的最大正应力为

$$\sigma_{\max} = \frac{F_A}{A} = \frac{p_A \pi (D^2-d^2)}{4} \cdot \frac{4}{\pi d^2} = \frac{p_A(D^2-d^2)}{d^2}$$

$$= \frac{10\times 10^6 (0.1^2-0.03^2)}{0.03^2} = 101.1\times 10^6 (\text{Pa}) = 101.1(\text{MPa})$$

最小正应力为

$$\sigma_{\min} = -\frac{F_B}{A} = -\frac{p_B \pi D^2}{4} \cdot \frac{4}{\pi d^2} = -\frac{p_B D^2}{d^2} = -\frac{2\times 10^6 \times 0.1^2}{0.03^2}$$

$$= -22.2\times 10^6 (\text{Pa}) = -22.2(\text{MPa})$$

（3）应力循环参数。平均应力为

$$\sigma_\mathrm{m} = \frac{\sigma_\mathrm{max} + \sigma_\mathrm{min}}{2} = \frac{101.1\times 10^6 - 22.2\times 10^6}{2} = 39.5\times 10^6 (\mathrm{Pa}) = 39.5(\mathrm{MPa})$$

应力幅为

$$\sigma_\mathrm{a} = \frac{\sigma_\mathrm{max} - \sigma_\mathrm{min}}{2} = \frac{101.1\times 10^6 + 22.2\times 10^6}{2} = 61.65\times 10^6 (\mathrm{Pa}) = 61.65(\mathrm{MPa})$$

应力比为

$$r = \frac{\sigma_\mathrm{min}}{\sigma_\mathrm{max}} = \frac{-22.2}{101.1} = -0.22$$

【评注】①交变应力基本参数的确定，决定了循环的形式及危险程度。一般应分析构件的受力，确定最大应力，最小应力，从而确定应力幅、平均应力、应力比等。②工程中常根据实际应用，确定应力比，同时给定应力循环时最大应力和最小应力与材料强度极限的关系来测定材料的持久极限。

例 15-2 例 15-2 图所示悬臂梁上，装有重量为 $W=2.4\mathrm{kN}$ 的电动机，因电动机转子的不平衡，使梁产生振幅为 $a=2\mathrm{mm}$ 的强迫振动。梁为 No.16 工字钢，长为 $l=2\mathrm{m}$，$E=200\mathrm{GPa}$，试分析危险截面上危险点 K 和 K' 处的应力交变情况，计算其 σ_max，σ_min，σ_a，σ_m 和 r，并作出应力时间曲线。

解：题中已知振幅，在 W 一定条件下，可叠加求得最大与最小位移，从而确定给定点的应力状态，应力幅及循环特征等。设 AB_0 为梁在 W 作用下的平衡位置（例 15-2 图 (b)），此时 B 点的挠度为

$$w_0 = \frac{Wl^3}{3EI_z} = \frac{2.4\times 10^3 \times 2^3}{3\times 200\times 10^9 \times 1130\times 10^{-8}} = 2.83\times 10^{-3}(\mathrm{m}) = 2.83(\mathrm{mm})$$

所以 B 点的最小挠度 w_min 和最大挠度 w_max 分别为

$$w_\mathrm{min} = w_1 = w_0 - a = 2.83 - 2 = 0.83(\mathrm{mm})$$
$$w_\mathrm{max} = w_2 = w_0 + a = 2.83 + 2 = 4.83(\mathrm{mm})$$

在梁的振动过程中，危险点 K 承受交变拉应力，而点 K' 承受交变压应力。

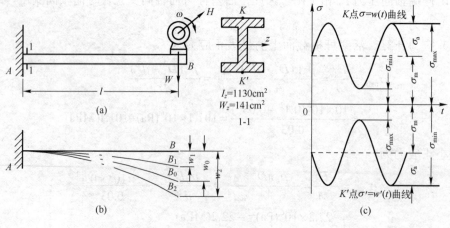

例 15-2 图

以 σ_0 表示梁处于平衡位置 AB_0 时危险点的应力数值，则 σ_0 为

$$\sigma_0 = \frac{M_{\max}}{W_z} = \frac{2.4 \times 10^3 \times 2}{141 \times 10^{-6}} = 34.0 \times 10^6 (\text{Pa}) = 34.0 (\text{MPa})$$

在小变形和应力小于比例极限条件下，应力与变形之间成线性关系，因而在振动过程中，危险点处最大应力和最小应力的数值为

$$\sigma_{\max} = \sigma_0 \frac{w_2}{w_0} = 34.0 \times \frac{4.83}{2.83} = 58.1 (\text{MPa}), \quad \sigma_{\min} = \sigma_0 \frac{w_1}{w_0} = 34.0 \times \frac{0.83}{2.83} = 9.97 (\text{MPa})$$

故

$$\sigma_a = \frac{\sigma_{\max} - \sigma_{\min}}{2} = \frac{58.1 - 9.97}{2} = 24.1 (\text{MPa})$$

$$\sigma_m = \frac{\sigma_{\max} + \sigma_{\min}}{2} = \frac{58.1 + 9.97}{2} = 34.0 (\text{MPa})$$

$$r = \frac{\sigma_{\min}}{\sigma_{\max}} = \frac{9.97}{58.1} = 0.17$$

表示 K' 点交变应力情况的应力值为

$$\sigma'_{\max} = -9.97 \text{ MPa}, \qquad \sigma'_{\min} = -58.1 \text{ MPa}$$

$$\sigma'_a = \frac{\sigma_{\max} - \sigma_{\min}}{2} = \frac{-9.97 - (-58.1)}{2} = 24.1 (\text{MPa})$$

$$\sigma'_m = \frac{\sigma_{\max} + \sigma_{\min}}{2} = \frac{-9.97 - 58.1}{2} = -34.0 (\text{MPa})$$

$$r = \frac{\sigma_{\min}}{\sigma_{\max}} = \frac{-58.1}{-9.97} = 5.83$$

应力时间曲线如例 15-2 图（c）所示。

【评注】①在交变应力中最大应力、最小应力等都是指同一截面上同一点处随时间变化过程的应力值。最大应力、最小应力的含义在各种不同的条件下是不同的。在强度计算时，横截面上因应力分布不均匀性所引起的危险点的应力也称为最大应力，在一点应力状态分析中 3 个主应力中代数值最大和最小的应力也称最大应力和最小应力。在分析构件的应力情况时，要针对不同的情况加以区别。②在表示交变应力情况的各个量中，只有两个是基本的，例如：可以用 $\sigma_{\max}$ 和 $\sigma_{\min}$ 表示 σ_a，σ_m 和 r，也可用 σ_a 和 σ_m 表示 $\sigma_{\max}$，$\sigma_{\min}$ 和 r。③确定交变应力下一点的应力变化情况的步骤是：分析每一个循环中载荷、构件变形及此点位置的变化情况；计算出每一循环中表示此点应力变化情况的各个量中的基本应力值；画出应力时间曲线；计算表示应力变化情况的其他特征值。

例 15-3 例 15-3 图所示轮轴的直径 $d=40$mm，轴的载荷图、扭矩图和弯矩图分别如例 15-3 图（b）、（c）、（d）所示。图中：$T_{\max}=260$N·m，$M_{\max}=160$N·m。轴在工作中无反转，但启动频繁。轴材料为 45 调质钢，其 $\sigma_b=800$MPa，$\sigma_{-1}=350$MPa，$\tau_{-1}=210$MPa，$\psi_\tau=0.05$。轴在 C 处开有端铣加工的键槽。轴经过磨削加工，规定其疲劳安全因数 $n=2$，试按疲劳强度条件对该轴进行校核。

解：由题意得，该轴属弯扭组合作用下构件的疲劳强度计算问题，但构件的工作安全因数如何计算，可有不同的考虑。

第一，因为在工作过程中 M_{max} 和 T_{max} 均不变。由于弯曲正应力按对称循环考虑，故扭转切应力也应按对称循环考虑。即 n_σ 和 n_τ 均应按对称循环时构件的安全因数公式计算。

第二，因为弯曲正应力实际上按对称循环规律交变，而扭转切应力不交变，故 n_σ 应按对称循环交变时的安全因数公式计算，而 n_τ 应按静载下的安全因数考虑。

第二，n_σ 按对称循环考虑，因为启动频繁，故 n_τ 按脉动循环交变应力时的安全因数公式计算。

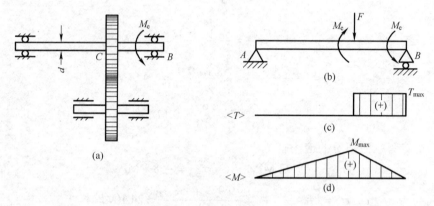

例 15-3 图

在上述 3 种考虑中，弯曲正应力均以对称循环的公式计算，是正确的。因为虽然弯矩 M_{max} 不变化，但 M_{max} 引起的弯曲正应力是对称循环交变应力。问题在于如何分析扭转切应力的变化规律。

对于第二种考虑，虽然轴无反转，但考虑到启动频繁，扭转切应力实际上经常处于 0 到 τ_{max} 之间交变。如按静载处理，显然是不安全的。

第三种考虑比较符合实际情况。虽然弯曲正应力与扭转剪应力每次应力循环的时间并不相同（循环频率不同），但从长期的疲劳强度来考虑，这样的处理是比较合理的。

下面按第三种考虑对该轴进行疲劳强度校核。

根据以上分析可知，该轴属弯扭组合交变应力作用，其疲劳强度条件为式（15-12），有

$$n_{\sigma\tau} = \frac{n_\sigma n_\tau}{\sqrt{n_\sigma^2 + n_\tau^2}} \geq n$$

式中：工作安全因数 n_σ 应按对称循环交变应力情况的式（15-9）计算，即

$$n_\sigma = \frac{\varepsilon_\sigma \beta}{K_\sigma} \frac{\sigma_{-1}}{\sigma_{max}}$$

n_τ 应按非对称循环（脉动循环）交变应力情况的式（15-10），并将 σ 换为 τ 计算，即

$$n_\tau = \frac{\tau_{-1}}{\dfrac{K_\tau}{\varepsilon_\tau \beta}\tau_a + \psi_\tau \tau_m}$$

（1）计算危险点应力 σ_{max}，τ_a 和 τ_m。

$$\sigma_{max} = \frac{M_{max}}{W_z} = \frac{32 \times 160}{\pi \times 40^3 \times 10^{-9}} = 25.5 \times 10^6 (Pa) = 25.5 (MPa)$$

$$\tau_{max} = \frac{T_{max}}{W_t} = \frac{16 \times 260}{\pi \times 40^3 \times 10^{-9}} = 20.7 \times 10^6 (Pa) = 20.7 (MPa)$$

扭转切应力按脉动循环考虑，$r=0$，故

$$\tau_a = \tau_m = \frac{\tau_{max}}{2} = 10.3 (MPa)$$

（2）确定影响因数 K_σ，K_τ，ε_σ，ε_τ，β 以及 ψ_τ。

对端铣加工键槽，当 $\sigma_b = 800$ MPa 时，查教材[2]中图 3-12（a），（b）得有效应力集中因数 $K_\sigma = 2.01$，$K_\tau = 1.88$。查教材[2]中图 3-14 得尺寸因数，当 $d > 30 \sim 40$ mm 时，对碳钢 $\varepsilon_\sigma = 0.88$，各种钢材，$\varepsilon_\tau = 0.81$。查教材中图 3-15 得对经过磨削加工表面的质量因数 $\beta = 1$；材料对非对称循环的敏感因数 $\psi_\tau = 0.05$。

（3）校核疲劳强度

由式（15-9）可知

$$n_\sigma = \frac{0.88 \times 1 \times 350}{2.01 \times 25.5} = 6.01$$

由式（15-10）可知

$$n_\tau = \frac{210}{\frac{1.88}{0.81 \times 1} \times 10.3 + 0.05 \times 10.3} = 8.44$$

由式（15-12）可知

$$n_{\sigma\tau} = \frac{6.01 \times 8.44}{\sqrt{6.01^2 + 8.44^2}} = 4.9 > n$$

故齿轮轴满足疲劳强度要求。

【评注】 对于承受复杂载荷的构件，在进行疲劳强度计算时，首先判断循环特征，正确确定计算公式；其次判断危险截面位置，计算危险点处的应力值；再次确定影响因数，当没有对应的参数时，可用插值法确定；最后，进行疲劳强度计算。

15.3 考点及考研真题辅导与精析

构件的持久极限问题，不论对称循环、非对称循环和组合交变应力强度计算，都要涉及一系列因数而查表。因此，具体构件的疲劳强度计算在一般考试中不常见，但为考察读者对基本内容掌握情况，会出一些基本概念的题目。这些概念包括：交变应力、（材料、构件）持久（疲劳）极限、循环特征、平均应力、应力幅、S-N 曲线的获取、持久极限曲线及其简化折线的来由、给出持久极限曲线及 σ_a 和 σ_m 来判断是否引起疲劳等。

1. 提高构件疲劳强度主要方法是（　　）。（浙江大学；5 分）

A. 尽量选用高强度材料；合理确定安全因数

B．适当增大截面尺寸，提高静强度；降低理论应力集中因数
C．适当减小截面尺寸；采取减振措施；降低有效应力集中因数
D．减缓应力集中；降低表面粗糙度；增加表层强度

答：根据提高构件疲劳强度的具体措施，选 D。

2．（1）何谓材料的持久极限？影响构件的持久极限的主要因素有哪些？写出脉动循环下，构件持久极限与材料持久极限的关系式。（2）题2图所示 EBD 为构件的持久极限简化折线。P 为此构件的工作应力点。试求：P 点的 σ_m；该构件的安全系数；循环特征。（吉林大学；10分）

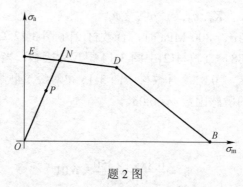

题 2 图

答：（1）持久极限是指标准试件在空气介质中经历无限多次应力循环而不发生疲劳破坏时，应力循环中绝对值最大的应力，称为材料的持久（疲劳）极限，以 $\sigma_r(\tau_r)$ 表示，即循环特征为 r 的持久极限。

影响构件的持久极限的主要因素为：构件外形引起应力集中的影响（有效应力集中因数 $K_\sigma(K_\tau)$）；构件表面质量的影响（表面质量因数 β）；构件尺寸影响（尺寸影响因数 $\varepsilon_\sigma(\varepsilon_\tau)$）。

变动于零到某一最大值之间的交变应力循环，称为脉动循环。对于脉动循环，$r=0$，$\sigma_a = \sigma_m = \frac{1}{2}\sigma_{\max}$。脉动循环下，构件持久极限与材料持久极限的关系式为 $\sigma_0^0 = \frac{\varepsilon_\sigma \beta}{K_\sigma}\sigma_0$。

（2）P 点的 σ_m。

该构件的安全系数

$$n_\sigma = \frac{\sigma_{-1}}{\dfrac{K_\sigma}{\varepsilon_\sigma \beta}\sigma_a + \psi_\sigma \sigma_m}$$

循环特征

$$r = \frac{\sigma_{\min}}{\sigma_{\max}} = \frac{\sigma_m - \sigma_a}{\sigma_m + \sigma_a}$$

3．三轮汽车转向架圆轴有一圆孔（题3图（a）），受弯曲交变应力作用，经常发生疲劳断裂，后将盲孔改为通孔（图（b）），提高了疲劳强度。其原因是（　　）。（西南交通大学；3分）

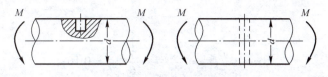

题 3 图

（A）降低了应力集中系数

（B）提高了应力集中系数

（C）降低了尺寸系数

（D）提高了尺寸系数

答：正确的选项为（A）。

4．在循环应力作用下，构件产生可见裂纹或完全断裂的现象，称为_____。（西北工业大学；3 分）

答：根据疲劳的概念可知，答案为疲劳破坏或疲劳。

15.4　课后习题解答

15-1　试计算题 15-1 图所示各交变应力的循环特征。

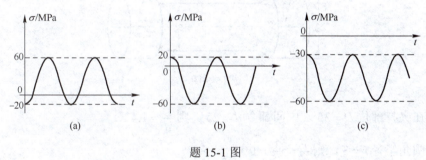

题 15-1 图

解：根据交变应力循环特征的定义 $r = \dfrac{\sigma_{\min}}{\sigma_{\max}}$ 可得

$$r_a = \frac{\sigma_{\min}}{\sigma_{\max}} = \frac{-20}{60} = -\frac{1}{3}\ ;\quad r_b = \frac{-60}{20} = -3\ ;\quad r_c = \frac{-60}{-30} = 2$$

15-2　如题 15-2 图所示，1、2 两杆截面相等，AD 为刚体，重物 $W = 50\text{kN}$，在 BC 间做往复运动，试求 1、2 两杆的循环特征。

解：设杆 1 和杆 2 受力分别为 F_{N1}、F_{N2}，当重物 W 运动到距 A 点 x 时（题 15-2 图（b）），设 $AD = l$，由平衡方程 $F_{N2} \cdot l - W \cdot x = 0$，得 $F_{N2} = \dfrac{Wx}{l}$。故 $F_{N1} = W - F_{N2} = W - \dfrac{Wx}{l}$。

当 x 取最大值时，F_{N2} 最大，反之 F_{N2} 最小。所以：

$x_{\max} = 12\text{m}$ 时，$F_{N2\max} = \dfrac{12W}{14} = \dfrac{6}{7}W$，$F_{N1\min} = \dfrac{2W}{14} = \dfrac{1}{7}W$。

$x_{\min} = 2\text{m}$ 时，$F_{N2\min} = \dfrac{2W}{14} = \dfrac{1}{7}W$，$F_{N1\max} = \dfrac{12W}{14} = \dfrac{6}{7}W$。

故对于 1，2 杆

$$r_1 = r_2 = \frac{\sigma_{\min}}{\sigma_{\max}} = \frac{F_{N\min}}{F_{N\max}} = \frac{\frac{1}{7}}{\frac{6}{7}} = \frac{1}{6} = 0.167$$

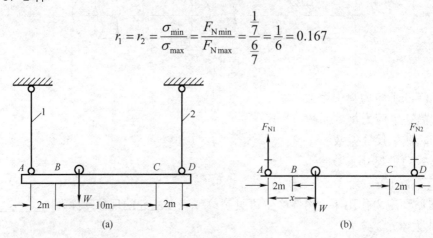

题 15-2 图

15-3 如题 15-3 图所示，图示疲劳试件由钢制成，强度极限 $\sigma=600\text{MPa}$，实验时承受对称循环弯曲载荷作用，试确定夹持部位的有效应力集中因数。

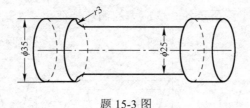

题 15-3 图

解：在夹持部位 $D=35$，中间部分 $d=25$，则 $\frac{D}{d}=1.4$。

过渡圆角半径 $r=3$，则 $\frac{r}{d}=\frac{3}{25}=0.12$。

因为 $1.2<\frac{D}{d}\leqslant 2$，查教材表 3-10（c）$\frac{r}{d}=0.12$ 处对应 $\sigma=600\text{MPa}$ 的曲线得 $K_\sigma=1.44$。

15-4 如题 15-4 图所示，精车加工旋转碳钢轴上作用弯矩 $M=1\text{kN}$，已知材料的强度极限 $\sigma_b=600\text{ MPa}$，$\sigma_{-1}=250\text{ MPa}$，试求轴的工作安全因数。

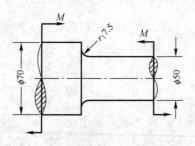

题 15-4 图

解：对称循环下构件的工作安全因数 $n_\sigma = \dfrac{\varepsilon_\sigma \beta \sigma_{-1}}{K_\sigma \sigma_{\max}}$。

由题 15-4 图知 $\dfrac{r}{d} = \dfrac{7.5}{50} = 0.15$，$\dfrac{D}{d} = \dfrac{70}{50} = 1.4$，查教材图 3-10（c）知 $K_\sigma = 1.37$。

对于精车加工，查教材图 3-15 得 $\beta = 0.93$。

由于没有 $\sigma_b = 600\text{MPa}$ 对应应力水平的 ε_σ，需要由 $\sigma_b = 1200\text{MPa}$ 和 $\sigma_b = 500\text{MPa}$ 用内插法求得，即

$$\varepsilon_\sigma = 0.71 + \dfrac{0.1}{1200 - 500} \times (1200 - 600) = 0.71 + 0.085 = 0.795$$

构件最大工作应力

$$\sigma_{\max} = \dfrac{M}{W} = \dfrac{M}{\dfrac{\pi}{32}d^3} = \dfrac{32 \times 1 \times 10^3}{\pi \times 5^3 \times 10^{-9}} = 81.5 \times 10^6 (\text{Pa}) = 81.5(\text{MPa})$$

故轴的工作安全因数

$$n_\sigma = \dfrac{0.795 \times 0.93 \times 250}{1.37 \times 81.5} = 1.66$$

15-5　如题 15-5 图所示，碳钢车轴的载荷 $F=40\text{kN}$，外伸部分为磨削加工，材料的强度极限 $\sigma_b = 600\text{ MPa}$，$\sigma_{-1} = 250\text{ MPa}$。若规定安全系数为 $n=2$，试问此轴是否安全？

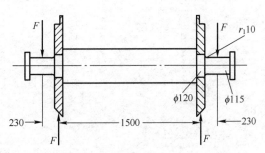

题 15-5 图

解：由 $\dfrac{r}{d} = \dfrac{10}{115} = 0.087$，$\dfrac{D}{d} = \dfrac{120}{115} = 1.04$，查教材图 3-10（a）得 $K_\sigma = 1.38$ 由于没有 $\sigma_b = 600\text{MPa}$ 对应应力水平的 ε_σ，需要由 $\sigma_b = 1200\text{MPa}$ 和 $\sigma_b = 500\text{MPa}$ 用内插法求得，即

$$\varepsilon_\sigma = 0.6 + \dfrac{0.68 - 0.6}{1200 - 500}(1200 - 600) = 0.6 + 0.068 = 0.668$$

轴肩截面弯矩为

$$M = F \times 230 \times 10^{-3} = 40 \times 10^3 \times 230 \times 10^{-3} = 9.2 \times 10^3 (\text{N} \cdot \text{m}) = 9.2 (\text{kN} \cdot \text{m})$$

$$W = \dfrac{\pi d^3}{32} = \dfrac{\pi}{32} \times 115^3 \times 10^{-9} = 149.3 \times 10^{-6} (\text{m}^3)$$

$$\sigma_{\max} = \dfrac{M}{W} = \dfrac{9.2 \times 10^3}{149.3 \times 10^{-6}} = 61.6 \times 10^6 (\text{Pa}) = 61.6 (\text{MPa})$$

$$\beta = 1$$

$$n_\sigma = \frac{\varepsilon_\sigma \beta \sigma_{-1}}{K_\sigma \sigma_{\max}} = \frac{0.668 \times 1 \times 250 \times 10^6}{1.38 \times 61.6 \times 10^6} = 1.97 < n_\sigma = 2$$

因此，此轴不安全。

15-6 如题 15-6 图所示，卷扬机阶梯轴的某段安装一滚珠轴承。因滚珠轴承内座圈上圆角半径很小，如装配时不用定距环，则轴上的圆角半径为 $r=1$mm，如增加一定距环，则轴上的圆角半径可增加为 $r=5$mm。已知材料为 A5 钢，强度极限 $\sigma_b=520$MPa，疲劳极限 $\sigma_{-1}=220$MPa，表面质量因数 $\beta=1$，规定安全因数 $n=1.7$。试比较轴在（a）、（b）两种情况下的对称循环许可弯矩 $[M]$。

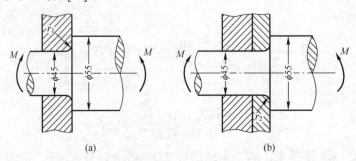

题 15-6 图

解：对于题 15-6 图（a），$\dfrac{r}{d} = \dfrac{1}{45} = 0.022$，$\dfrac{D}{d} = \dfrac{55}{45} = 1.22$。

查教材图 3-10（c）得 $K_\sigma = 2.33$；由题意知 $\beta=1$；由教材图 3-14 得 $\varepsilon_\sigma = 0.83$。

对于题 15-6 图（b），$\dfrac{r}{d} = \dfrac{5}{45} = 0.11$，$\dfrac{D}{d} = 1.22$，由教材图 3-10（c）得 $K_\sigma = 1.485$；由教材图 3-14 得 $\varepsilon_\sigma = 0.83$。

轴中最大弯曲应力 $\sigma_{\max} = \dfrac{M}{W} = \dfrac{32M}{\pi d^3}$。

由弯曲交变应力的强度条件 $n_\sigma = \dfrac{\sigma_{-1}\varepsilon_\sigma\beta}{K_\sigma \sigma_{\max}} \geq n$ 得 $\sigma_{\max} \leq \dfrac{\sigma_{-1}\varepsilon_\sigma\beta}{K_\sigma n}$。

所以对于题 15-6 图（a）、（b）分别有

$$[M]_a \leq \frac{\sigma_{-1}\varepsilon_\sigma\beta}{K_\sigma n}\cdot\frac{\pi d^3}{32} = \frac{220\times 10^6 \times 0.83 \times \pi \times 45^3 \times 10^{-9}}{32\times 1.7 \times 2.33} = 413(\text{N·m})$$

$$[M]_b \leq \frac{\sigma_{-1}\varepsilon_\sigma\beta}{K_\sigma n}\cdot\frac{\pi d^3}{32} = \frac{220\times 10^6 \times 0.83 \times \pi \times 45^3 \times 10^{-9}}{32\times 1.7 \times 1.485} = 656(\text{N·m})$$

15-7 如题 15-7 图所示阶梯圆轴，承受变动扭矩作用。已知轴的工作安全因数为 2，最大扭矩和最小扭矩之比为 4，轴的材料为碳钢，强度极限为 $\sigma_b=700$MPa，剪切屈服极限 $\tau_s=240$MPa，疲劳极限 $\tau_{-1}=180$MPa，表面质量因数 $\beta=0.8$，试求最大及最小扭矩的许可值。

解：（1）确定相关系数 由题知 $\dfrac{r}{d} = \dfrac{3}{60} = 0.05$，$\dfrac{D}{d} = \dfrac{70}{60} = 1.167$，由教材图 3-11（b）查得 $K_\tau = 1.38$；由教材图 3-14 查得 $\varepsilon_\tau = 0.74$；由题知 $\beta = 0.8$，查教材表 3-2 得 $\psi_\tau = 0$。

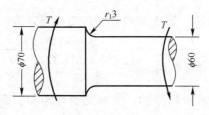

题 15-7 图

（2）确定 $T_{\max}$ 和 $T_{\min}$　由题知 $T_{\max}/T_{\min}=4$，所以应力幅

$$\tau_a=\frac{1}{2}(\tau_{\max}-\tau_{\min})=\frac{1}{2}\left(\tau_{\max}-\frac{1}{4}\tau_{\max}\right)=0.375\frac{T_{\max}}{W_p}$$

平均应力

$$\tau_m=\frac{1}{2}(\tau_{\max}+\tau_{\min})=\frac{1}{2}\left(\tau_{\max}+\frac{1}{4}\tau_{\max}\right)=0.625\frac{T_{\max}}{W_p}$$

循环特征 $r=\dfrac{\tau_{\min}}{\tau_{\max}}=0.25$，非对称循环下构件的工作安全因数为

$$n_\tau=\frac{\tau_{-1}}{\dfrac{K_\tau}{\varepsilon_\tau\beta}\tau_a+\psi_\tau\tau_m}=\frac{180\times10^6}{\left(\dfrac{1.38\times0.375}{0.74\times0.8}+0\right)\times\dfrac{T_{\max}}{W_p}}\leqslant 2$$

将 $W_p=\dfrac{\pi d^3}{16}=\dfrac{\pi\times6^3\times10^{-6}}{16}$ 代入上式，解得 $T_{\max}=4.36\text{kN}\cdot\text{m}$。故 $T_{\min}=\dfrac{1}{4}T_{\max}=1.09\text{kN}\cdot\text{m}$。

15-8　试求飞机发动机的圆柱形气阀弹簧的工作安全因数。已知弹簧的平均直径 $D=43.8\text{mm}$，弹簧丝的直径 $d=4.2\text{mm}$，当气阀全部开放时弹簧所受的力 $F_{\max}=270\text{N}$，气阀关闭时 $F_{\max}=171\text{N}$。材料的强度极限分别为 $\sigma_b=1700\text{MPa}$，$\tau_s=900\text{MPa}$，疲劳极限 $\tau_{-1}=500\text{MPa}$，取敏感因数 $\psi_\tau=0.1$，表面质量因数 $\beta=1$。

解：（1）确定相关系数。弹簧在交变载荷作用下，簧杆内扭转引起交变切应力。因为 $C_1=\dfrac{D}{d}=\dfrac{43.8}{4.2}=10.4>10$，故选用弹簧最大切应力计算的简化式为 $\tau_{\max}=\dfrac{8FD}{\pi d^3}$。对于弹簧，取 $K_\tau=1$，$\varepsilon_\tau=1$，题知 $\beta=1$，$\psi_\tau=0.1$。

（2）计算应力。将 $F_{\max}$ 和 $F_{\min}$ 代入应力计算公式，得

$$\tau_{\max}=\frac{8F_{\max}D}{\pi d^3}=\frac{8\times270\times43.8\times10^{-3}}{\pi\times(4.2\times10^{-3})^3}=406.5\times10^3(\text{Pa})=406.5(\text{MPa})$$

$$\tau_{\min}=\frac{8F_{\min}D}{\pi d^3}=\frac{8\times171\times43.8\times10^{-3}}{\pi\times(4.2\times10^{-3})^3}=257.4\times10^3(\text{Pa})=257.4(\text{MPa})$$

应力幅

$$\tau_a=\frac{1}{2}(\tau_{\max}-\tau_{\min})=74.55(\text{MPa})$$

平均应力

$$\tau_m=\frac{1}{2}(\tau_{\max}+\tau_{\min})=332(\text{MPa})$$

循环特征 $r=\tau_{\min}/\tau_{\max}=0.633$。

（3）弹簧的工作安全系数。对于非对称切应力循环，有

$$n_\tau = \frac{\tau_{-1}}{\dfrac{K_\tau \tau_a}{\varepsilon_\tau \beta} + \psi_\tau \sigma_m} = \frac{500 \times 10^6}{(74.55 + 0.1 \times 322) \times 10^6} = 4.64$$

15-9 如题 15-9 图所示阶梯圆轴，受到交变弯矩和交变扭矩的联合作用。弯矩从 200 N·m 变化到 -200 N·m，扭矩从 500 N·m 变化到 250 N·m，两者相位相同。轴的材料为碳钢，强度极限分别为 σ_b=500MPa，τ_b=350MPa，屈服极限分别为 τ_s=180MPa，σ_s=300MPa，疲劳极限分别为 τ_{-1}=120MPa，σ_{-1}=220MPa。杆表面经磨削加工，D=50mm，d=40mm，r=2mm，n=1.8，n_s=1.5，试校核杆的疲劳强度。

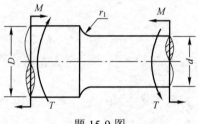

题 15-9 图

解：在弯扭联合作用下，构件的强度条件为

$$n_{\sigma\tau} = \frac{n_\sigma n_\tau}{\sqrt{n_\sigma^2 + n_\tau^2}} \geqslant n$$

（1）确定相关系数。题知 $\dfrac{r}{d} = \dfrac{2}{40} = 0.05$，$\dfrac{D}{d} = \dfrac{50}{40} = 1.25$，由教材图 3-10（c）和图 3-11（c）查得有效应力集中系数 K_σ=1.85，K_τ=1.48；由教材图 3-14 查得尺寸因数 ε_σ=0.88，ε_τ=0.8；由教材图 3-15 得磨削加工表面质量因数 β=1；查教材表 3-2 得不对称性的敏感因数 ψ_σ=0，ψ_τ=0。

（2）计算应力。对于弯曲为对称循环，$r = -1$。

$$\sigma_{max} = \frac{M}{W} = \frac{32 \times 200}{\pi \times 40^3 \times 10^{-9}} = 31.83 \times 10^6 (\text{Pa}) = 31.83(\text{MPa})$$

$$\sigma_{min} = -31.83 \text{MPa}$$

应力幅 $\sigma_a = \sigma_{max} = 31.83 \text{MPa}$

平均应力 $\sigma_m = 0$

对于扭转

$$\tau_{max} = \frac{T}{W} = \frac{16T}{\pi d^3} = \frac{16 \times 500}{\pi \times 40^3 \times 10^{-9}} = 39.8 \times 10^6 (\text{Pa}) = 39.8(\text{MPa})$$

$$\tau_{min} = \frac{1}{2}\tau_{max} = 19.9(\text{MPa})$$

剪切应力幅

$$\tau_a = \frac{1}{2}(\tau_{max} - \tau_{min}) = 9.95(\text{MPa})$$

平均应力

$$\tau_m = \frac{1}{2}(\tau_{max} + \tau_{min}) = 29.85 \text{(MPa)}$$

（3）强度校核。弯曲为对称循环，构件的工作正应力安全系数为

$$n_\sigma = \frac{\sigma_{-1}}{\frac{K_\sigma}{\varepsilon_\sigma \beta}\sigma_a} = \frac{220}{\frac{1.85}{0.88 \times 1} \times 31.83} = 3.29$$

$$n_\sigma = \frac{\sigma_s}{\sigma_{max}} = \frac{300}{31.83} = 9.42$$

扭转为非对称切应力循环，构件的工作正应力安全系数为

$$n_\tau = \frac{\tau_{-1}}{\frac{K_\tau}{\varepsilon_\tau \beta}\tau_a + \psi_\tau \tau_m} = \frac{120}{\frac{1.48 \times 9.95}{0.8 \times 1}} = 6.52$$

$$n_\tau = \frac{\tau_s}{\tau_{max}} = \frac{180}{39.8} = 4.5$$

分别取上面 n_σ、n_τ 中最小值计算

$$n_{\sigma\tau} = \frac{n_\sigma n_\tau}{\sqrt{n_\sigma^2 + n_\tau^2}} = \frac{3.29 \times 4.5}{\sqrt{3.29^2 + 4.5^2}} = 2.7 > n$$

该轴安全。

15-10 如题 15-10 图所示，飞机发动机的活塞销经磨削加工，承受左右对称载荷，q 在 $+\frac{52}{5.08} \sim -\frac{11.5}{5.08}$ kN/cm 之间变化，已知材料为合金钢，强度极限 σ_b =1000 MPa，疲劳极限 σ_{-1}=450 MPa，$\psi_\sigma = 0.15$。若可不考虑截面变化，且其尺寸系数与实心轴相同，试求工作安全系数。

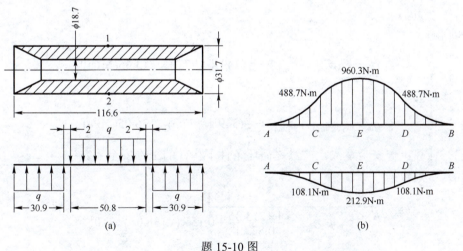

题 15-10 图

解：（1）确定销内应力。作 q_{max} 和 q_{min} 下活塞销弯矩图如题 15-10 图（b）所示，故销内承受 q_{max} 时的最大应力为

$$\sigma_{max1} = \frac{M_{max}}{W} = \frac{32 \times 960.3}{\pi \times 31.7^3 \times \left[1 - \left(\frac{18.7}{31.7}\right)^4\right] \times 10^{-9}} = 349.4 \times 10^6 \text{(Pa)} = 349.4 \text{(MPa)}$$

同理，销内承受 q_{min} 时的最大应力为

$$\sigma_{max2} = \frac{M_{min}}{W} = \frac{32 \times 212.9}{\pi \times 31.7^3 \times \left[1 - \left(\frac{18.7}{31.7}\right)^4\right] \times 10^{-9}} = 77.3 \times 10^6 (\text{Pa}) = 77.3(\text{MPa})$$

对销轴中面最上 1 点，$\sigma_{min} = -349.4\text{MPa}$，$\sigma_{max} = 77.3\text{MPa}$，循环特征 $r = \frac{\sigma_{min}}{\sigma_{max}} = -4.52$。

对销轴中面最下 2 点，$\sigma_{max} = 349.4\text{MPa}$，$\sigma_{min} = -77.3\text{MPa}$，循环特征 $r = \frac{\sigma_{min}}{\sigma_{max}} = -0.221$。

（2）确定相关参数。活塞销为光杆，无尺寸变化，故取有效应力集中系数 $K_\sigma = 1$；其经过磨削加工，表面质量因数 $\beta = 1$；由教材图 3-14 查得 $\sigma_b = 500\text{MPa}$ 和 $\sigma_b = 1200\text{MPa}$ 下的 ε_σ 分别为 0.88 和 0.79，采用线性插值得 $\varepsilon_\sigma = 0.79 + \frac{1200 - 1000}{1200 - 500} \times (0.88 - 0.79) = 0.82$；题知 $\psi_\sigma = 0.15$。

对于 1 点：
应力幅

$$\sigma_a = \frac{1}{2}(\sigma_{max} - \sigma_{min}) = \frac{1}{2}(77.3 + 349.4) = 213.35(\text{MPa})$$

平均应力

$$\sigma_m = \frac{1}{2}(\sigma_{max} + \sigma_{min}) = \frac{1}{2}(77.3 - 349.4) = -136.05(\text{MPa})$$

对于 2 点：
应力幅

$$\sigma_a = \frac{1}{2}(\sigma_{max} - \sigma_{min}) = \frac{1}{2}(349.4 + 77.3) = 213.35(\text{MPa})$$

平均应力

$$\sigma_m = \frac{1}{2}(\sigma_{max} + \sigma_{min}) = \frac{1}{2}(349.4 - 77.3) = 136.05(\text{MPa})$$

（3）计算工作安全系数。非对称循环条件下构件的工作安全系数：
代入 1 点数据

$$n_\sigma = \frac{\sigma_{-1}}{\frac{K_\sigma \sigma_a}{\varepsilon_\sigma \beta} + \psi_\tau \sigma_m} = \frac{450 \times 10^6}{\left[\frac{1 \times 213.35}{0.82 \times 1} + 0.15 \times (-136.05)\right] \times 10^6} = 1.88$$

代入 2 点数据

$$n_\sigma = \frac{\sigma_{-1}}{\frac{K_\sigma \sigma_a}{\varepsilon_\sigma \beta} + \psi_\tau \sigma_m} = \frac{450 \times 10^6}{\left[\frac{1 \times 213.35}{0.82 \times 1} + 0.15 \times 136.05\right] \times 10^6} = 1.60$$

15-11 构件由某合金钢制成，已知疲劳极限 $\sigma_{-1} = 450$ MPa，$\sigma_0 = 782.6$ MPa，强度

极限 $\sigma_b =1000$MPa，屈服极限 $\sigma_s=600$MPa，要求：①画出疲劳极限的简化折线；②该构件危险点的 $\sigma_{\max}=380.4$MPa，$\sigma_{\min}=-219.6$MPa，试在曲线所在坐标平面内标出危险点与相应疲劳极限临界点的坐标位置；③若主要影响系数 $\varepsilon_\sigma \beta / K_\sigma = 0.88$，试给出工作安全系数，并说明构件可能会以何种形式（疲劳或屈服）失效。

解：（1）作材料疲劳极限的简化折线　分别用（0，σ_{-1}）、（σ_b，0）、（$\frac{\sigma_b}{2}$，$\frac{\sigma_0}{2}$）定出 A、B、C 三点，连接此三点得到材料疲劳极限的简化折线如题 15-11 图所示。

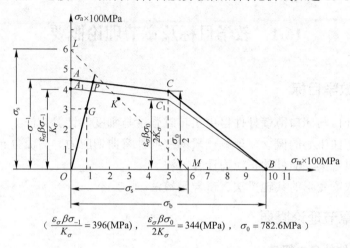

（$\frac{\varepsilon_\sigma \beta \sigma_{-1}}{K_\sigma} = 396$(MPa)，$\frac{\varepsilon_\sigma \beta \sigma_0}{2K_\sigma} = 344$(MPa)，$\sigma_0 = 782.6$MPa）

题 15-11 图

（2）危险点及相应疲劳极限临界点的坐标位置。

危险点的循环特征

$$r = \frac{\sigma_{\min}}{\sigma_{\max}} = \frac{-219.6}{380.4} = -0.577$$

应力幅

$$\sigma_a = \frac{1}{2}(\sigma_{\max} - \sigma_{\min}) = \frac{1}{2}(380.4 + 219.6) = 300\text{(MPa)}$$

平均应力

$$\sigma_m = \frac{1}{2}(\sigma_{\max} + \sigma_{\min}) = \frac{1}{2}(380.4 + 219.6) = 80.4\text{(MPa)}$$

由此可以在坐标系中确定一点 G（80.4，300），即危险点坐标；其极限临界点的坐标为 P（130，430）。

（3）求工作安全系数。由教材表 3-2 知 $\psi_\sigma = 0.1$，所以

$$n_\sigma = \frac{\sigma_{-1}}{\frac{K_\sigma \sigma_a}{\varepsilon_\sigma \beta} + \psi_\tau \sigma_m} = \frac{450 \times 10^6}{\left[\frac{1 \times 300}{0.88 \times 1} + 0.1 \times 80.4\right] \times 10^6} = 1.29$$

从图中可以看出，该危险点射线先与 $A_1 C_1$ 线相交，故构件可能会以疲劳失效。

第 16 章 扭转及弯曲问题的进一步研究

16.1 教学目标及章节理论概要

16.1.1 教学目标

（1）理解开口与闭口薄壁杆件自由扭转时强度与刚度的计算方法。
（2）熟悉弯曲中心的概念，理解一般薄壁杆件弯曲切应力、剪流分布规律。
（3）掌握组合梁、曲杆的正应力计算方法。
（4）理解求梁变形的共轭梁法、奇异函数法。

16.1.2 章节理论概要

1. 薄壁杆件的自由扭转

（1）开口薄壁杆件。

将横截面看作由若干个狭长矩形组成。自由扭转时，杆件变形后，横截面虽然变成了曲面，但在其变形前平面上的投影只做刚性平面转动。因此，整个横截面和组成横截面的各部分，它们的转角都相等。所以，横截面的扭转角为

$$\varphi = \frac{Tl}{GI_\mathrm{n}} \tag{16-1}$$

组成横截面的任一狭长矩形上，长边各点的切应力为

$$\tau_i = \frac{T\delta_i}{I_\mathrm{n}} \tag{16-2}$$

式中：$I_\mathrm{n} = \sum \frac{1}{3} h_i \delta_i^3$，$\delta_i$ 和 h_i 分别为第 i 个狭长矩形的长度和宽度。

（2）闭口薄壁杆件。

对横截面仅有内外两个边界的单孔薄壁管形杆件，切应力沿厚度 δ 均匀分布。沿横截面中线单位长度的剪力为常数，称为剪流，记为 $q = \tau\delta = \dfrac{T}{2\omega}$，方向与截面中线相切。

所以，横截面上任一点处的切应力为

$$\tau = \frac{T}{2\omega\delta} \tag{16-3}$$

横截面的扭转角

$$\varphi = \frac{M_e l}{4G\omega^2} \oint \frac{\mathrm{d}s}{\delta} \tag{16-4}$$

式中：$\omega = \frac{1}{2}\int_s \rho \mathrm{d}s$ 为横截面中线所围成的面积；δ 为横截面一点处的厚度。

2. 开口薄壁杆件的弯曲切应力和弯曲中心

（1）开口薄壁杆件的弯曲切应力。

当外力作用面平行于形心主惯性平面 xy，并使杆件轴线产生在 xy 平面内的平面弯曲时，横截面上距自由边 ξ 处的切应力公式与式（6-6）相同，即

$$\tau = \frac{F_s S_z^*}{\delta I_z} \tag{16-5}$$

（2）弯曲中心。

对任意横截面的杆件，当横向力的作用平面平行于形心主惯性平面，且通过某一特定点时，杆件才只有弯曲变形而没有扭转变形，这一特定点称为弯曲中心或剪切中心，简称为弯心。弯曲中心的位置仅与截面的几何形状和尺寸有关，与所加载荷的大小及方向无关。弯曲中心必在横截面对称轴上。

弯曲中心与截面的形心是两个不同的概念。当截面具有两个对称轴或具有一个反对称中心时，弯曲中心与形心重合。一般情况下，两者不在同一位置。

当横向载荷不通过弯曲中心时，杆件不但发生弯曲变形，还将发生扭转变形，不仅要产生扭转切应力，还将产生因约束扭转而引起的附加正应力和切应力。实体杆件或闭口薄壁杆件的扭转刚度较大，弯曲中心一般和形心很靠近，因此对这种截面可近似用形心代替弯曲中心。但对于开口薄壁杆件其抗扭刚度很小，由于扭转而引起的变形和应力都是很大的，弯曲中心的位置必须考虑。

3. 组合梁和平面曲杆的正应力

由几种不同材料组合成的梁称为组合梁。当几种材料连接得很紧密时，该组合梁的变形与整体梁变形一样。因此，在研究同一材料整体梁的应力和变形时所采用的各项假设，对组合梁也是适用的。组合梁的计算通常采用等效截面法。

杆件轴线为曲线的这类杆件为曲杆。最常见的曲杆有一纵向对称面（横截面有一对称轴），曲杆轴线是纵向对称面中的一条平面曲线，外力作用在纵向对称面内，变形后的轴线仍是纵向对称面内的平面曲线，这就是曲杆的平面弯曲。

4. 共轭梁法和奇异函数法

共轭梁法是计算指定截面挠度或转角时比较方便的方法之一。共轭梁法建立在 $EI\frac{\mathrm{d}^2 y}{\mathrm{d}x^2} = M(x)$ 和 $\frac{\mathrm{d}^2 M}{\mathrm{d}x^2} = q(x)$ 两个微分方程相似的基础上。

用奇异函数表征梁变形的方法称为奇异函数法，或初参数法。该方法不论梁上的载荷如何复杂，均可直接写出梁的挠曲线方程，从而避免了积分法中由于分段过多而需要确定较多积分常数的繁冗。

16.1.3 重点知识思维导图

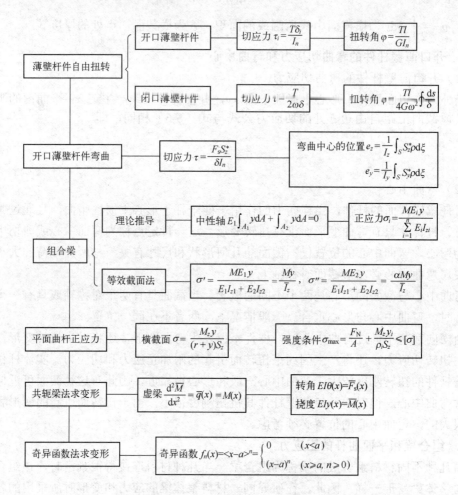

16.2 习题分类及典型例题辅导与精析

16.2.1 习题分类

（1）计算开口和闭口薄壁杆件自由扭转时的应力和变形。
（2）计算开口薄壁杆件的弯曲切应力，确定不同截面形状的弯曲中心。

16.2.2 解题要求

（1）熟悉基本概念，明确各种量的定义。
（2）理解弯曲中心的概念，熟悉一般薄壁杆件弯曲切应力、剪流分布规律。

16.2.3 典型例题辅导与精析

例 16-1 梁的截面如例 16-1 图所示，O 为截面形心，A 为弯曲中心，试写出在图示的载荷作用下,梁发生什么变形。

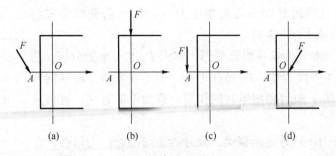

例 16-1 图

解:例 16-1 图(a)斜弯曲,因外力与形心主惯性轴不平行。

例 16-1 图(b)平面弯曲加扭转,因外力未通过弯曲中心。

例 16-1 图(c)平面弯曲,外力通过弯曲中心且与形心主惯性轴平行。

例 16-1 图(d)斜弯曲与扭转,外力既不平行于形心主惯性轴又不通过弯曲中心。

例 16-2 悬臂梁的截面形式如例 16-2 图(a)中各图所示,均在其自由端受到集中力作用,欲使梁只产生平面弯曲,外力应如何作用?画出其位置及方向。

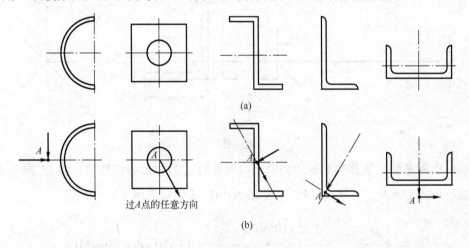

例 16-2 图

解:外力的作用线应通过截面的弯曲中心 A,并平行于梁的形心主惯性轴,此时另一个形心主惯性轴就是中性轴,见例 16-2 图(b)。

16.3 考点及考研真题辅导与精析

弯曲中心是本章中的一个考点,但一般着重于基本概念,其他较少涉及。至于用共轭梁法和奇异函数法求变形,仅给出了各有千秋的不同方法,是求解较复杂问题的一种工具,一般测试很难涉及。

1. 悬臂梁的横截面为槽形（题 1 图中 A 为弯曲中心，C 为截面形心），在自由端承受垂直于梁轴线且通过截面形心的集中力 F，则梁的变形形式为（　　）。（西南交通大学；3 分）

答：梁的变形形式为弯扭组合变形。将力 F 沿 x、y 轴分解，F_x 在对称轴上，产生平面弯曲；F_y 虽在形心，但不在弯心，将其向弯心等效平移，则是 y 向力和扭矩共同作用。最简单的方法，直接从弯曲中心定义确定。

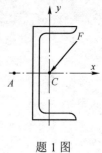

题 1 图

2. 题 2 图示 10 号等边角钢梁，尺寸为 $b×b×d$，C 为形心，在纵向 xy 面内受力矩 $M_z=4\text{kN}\cdot\text{m}$ 的作用，相关参数如题 2 表所列。试求 A、B 两点的弯曲正应力。（西南交通大学；15 分）

题 2 表

尺寸/mm		惯性矩/mm⁴			重心距离/mm
b	d	I_z	I_{z_0}	I_{z_1}	a
100	12	208.9×10⁴	330.95×10⁴	402.34×10⁴	29.1

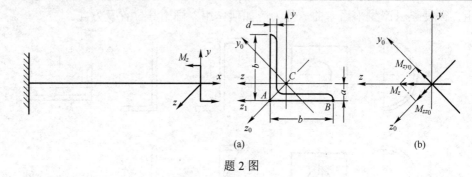

题 2 图

解：由题意知，梁截面为等边角钢，故对称轴 z_0 为主形心惯性轴。将 M_z 沿 y_0 和 z_0 轴分解，得 $M_{zz_0}=M_{zy_0}=M_z\cos 45°=2\sqrt{2}(\text{kN}\cdot\text{m})$。（如题 2 图（b）所示）

$$\sigma_{B1}=\frac{M_{zz_0}y_{0B}}{I_{z_0}}=\frac{2\sqrt{2}\times 10^3\times 0.1\times\frac{\sqrt{2}}{2}}{330.95\times 10^{-8}}=60.4\times 10^6(\text{Pa})=60.4(\text{MPa})$$

$$\sigma_{A1}=\frac{M_{zz_0}y_{0A}}{I_{z_0}}=0$$

由于梁截面为等边角钢，则 $I_z=I_y$，故

$$I_{y_0}=2I_z-I_{z_0}=2\times 208.9\times 10^4-330.95\times 10^4=86.85\times 10^4(\text{mm}^4)$$

代入正应力公式，得

$$\sigma_{B2}=-\frac{M_{zy_0}z_{0B}}{I_{y_0}}=-\frac{2\sqrt{2}\times 10^3\times 20.9\sqrt{2}\times 10^{-3}}{86.85\times 10^{-8}}=-96.3\times 10^6\text{Pa}=-96.3(\text{MPa})$$

$$\sigma_{A2}=\frac{M_{zy_0}z_{0A}}{I_{y_0}}=\frac{2\sqrt{2}\times 10^3\times 29.1\sqrt{2}\times 10^{-3}}{86.85\times 10^{-8}}=134\times 10^6(\text{Pa})=134(\text{MPa})$$

所以 $\sigma_A = \sigma_{A1} + \sigma_{A2} = 134(\text{MPa})$，$\sigma_B = \sigma_{B1} + \sigma_{B2} = -35.9(\text{MPa})$

16.4 课后习题解答

16-1 如题 16-1 图所示，T 形薄壁截面杆的长度 $l=2\text{m}$，在两端受扭转力偶作用，材料的切变模量 $G=80\text{GPa}$，杆的横截面上的扭矩 $T=0.2\text{kN}\cdot\text{m}$。试求此杆在纯扭转时的最大切应力和单位长度转角。

解：开口薄壁杆的自由扭转中，有

$$I_n = \sum_{i=1}^{2}\frac{1}{3}h_i\delta_i^3 = 2\times\frac{1}{3}\times120\times10^3 = 80\times10^3(\text{mm}^4) = 80\times10^{-9}(\text{m}^4)$$

最大切应力

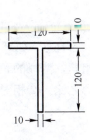

题 16-1 图

$$\tau_{\max} = \frac{T\delta_{\max}}{I_n} = \frac{200\times10\times10^{-3}}{80\times10^{-9}} = 25\times10^6(\text{Pa}) = 25(\text{MPa})$$

单位长度转角

$$\theta = \frac{T}{GI_n} = \frac{200}{80\times10^9\times80\times10^{-9}} = 0.031253(\text{rad/m}) = 1.79(°)/\text{m}$$

注意，当工程中给出型钢时，需对抗扭刚度予以修正，其中工字钢 $\eta=1.20$，即抗扭刚度为 ηGI_n。

16-2 如题 16-2 图所示薄壁梁，E 端视为固定。材料的切变模量 $G=38\text{GPa}$。求 A，B 点的切应力及端面 C 的转角。

解：对闭口薄壁杆件，其横截面上切应力 $\tau = \dfrac{T}{2\omega\delta}$，由题意知，截面中线所围面积为

$$\omega = 35\times57\times10^{-6} = 1995\times10^{-6}\text{m}^2$$

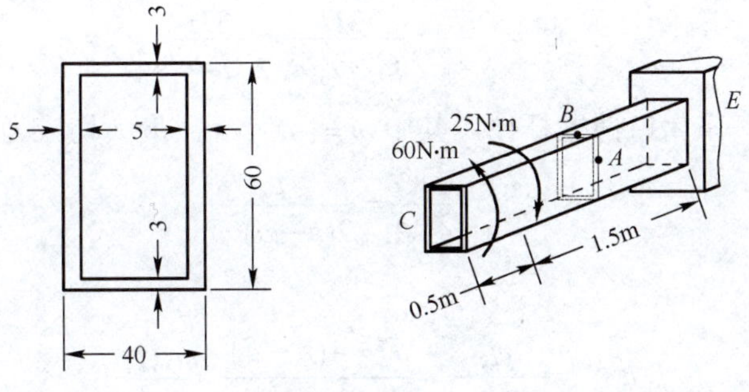

题 16-2 图

在 A、B 点所在截面的扭矩为 $T = 60 - 25 = 35(\text{N}\cdot\text{m})$，故

$$\tau_B = \tau_{\max} = \frac{T}{2\omega\delta_{\min}} = \frac{35}{2\times1995\times10^{-6}\times3\times10^{-3}} = 2.92\times10^6(\text{Pa}) = 2.92(\text{MPa})$$

$$\tau_A = \frac{T}{2\omega\delta} = \frac{35}{2\times1995\times10^{-6}\times5\times10^{-3}} = 1.75\times10^6(\text{Pa}) = 1.75(\text{MPa}) = \frac{3}{5}\tau_B$$

C 截面的转角

$$\varphi = \sum_{i=1}^{2}\frac{T_il_i}{4G\omega^2}\oint\frac{ds}{\delta}$$

$$= \frac{60\times0.5+35\times1.5}{4\times38\times10^9\times1995^2\times10^{-12}}\left[\frac{(40-5)\times2}{3}+\frac{(60-3)\times2}{5}\right]$$

$$= 6.29\times10^{-3}\,(\text{rad}) = 0.36°$$

16-3 如题 16-3 图所示，薄壁杆有两种不同的截面，其壁厚及管壁中线的周长 s 均相同，两杆的长度和材料也一样，它们在两端承受一对力偶作用，求：①两者最大切应力之比；②相对扭转角之比。

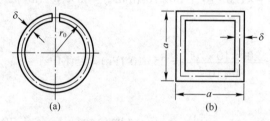

题 16-3 图

解：题 16-3 图（a）系开口薄壁杆件，

$$I_n = \frac{1}{3}h\delta^3 = \frac{1}{3}2\pi r_0\delta^3, \quad W_n = \frac{1}{3}2\pi r_0\delta^2$$

最大切应力

$$\tau_{\max}^{(1)} = \frac{T\delta_{\max}}{I_n} = \frac{T\delta}{\frac{2}{3}\pi r_0\delta^3} = \frac{3T}{2\pi r_0\delta^2}$$

相对扭转角

$$\varphi^{(1)} = \frac{Tl}{GI_n} = \frac{3Tl}{G2\pi r_0\delta^3} = \frac{3Tl}{Gs\delta^3}$$

题 16-3 图（b）系闭口薄壁杆件，其中 $\omega = (a-\delta)^2$，最大切应力

$$\tau_{\max}^{(2)} = \frac{T}{2\omega\delta} = \frac{T}{2(a-\delta)^2\delta}$$

相对扭转角

$$\varphi^{(2)} = \frac{Tls}{4G\omega^2\delta} = \frac{Tl\times4(a-\delta)}{4G(a-\delta)^4\delta} = \frac{64Tl}{Gs^3\delta}$$

故两者最大切应力之比

$$\frac{\tau_{\max}^{(1)}}{\tau_{\max}^{(2)}} = \frac{3T}{2\pi r_0\delta^2}\times\frac{2(a-\delta)^2\delta}{T} = \frac{3}{s\delta^2}\times2\left(\frac{s}{4}\right)^2\delta = \frac{3s}{8\delta}$$

相对转角之比

$$\frac{\varphi^{(1)}}{\varphi^{(2)}} = \frac{3Tl}{Gs\delta^3} \times \frac{Gs^3\delta}{64Tl} = \frac{3s^2}{64\delta^2}$$

若题 16-3 图（a）为闭口薄壁杆件，则最大切应力、相对扭转角分别为

$$\tau'^{(1)}_{max} = \frac{T}{2\omega\delta} = \frac{T}{2\pi r_0^2\delta}, \quad \varphi'^{(1)} = \frac{Tls}{4G(\pi r_0^2)^2\delta} = \frac{Tls}{Gs^2 r_0^2\delta}$$

两者最大切应力之比

$$\frac{\tau'^{(1)}_{max}}{\tau^{(2)}_{max}} = \frac{T}{sr_0\delta} \times \frac{2\left(\frac{s}{4}\right)^2\delta}{T} = \frac{s}{8r_0} = \frac{s}{8\frac{s}{2\pi}} = \frac{\pi}{4}$$

相对扭转角之比

$$\frac{\varphi'^{(1)}}{\varphi^{(2)}} = \frac{Tls}{Gs^2 r_0^2\delta} \times \frac{Gs^3\delta}{64Tl} = \left(\frac{\pi}{4}\right)^2$$

16-4 确定题 16-4 图所示形状截面的弯曲中心距离 e。各截面具有相同的厚度 δ。

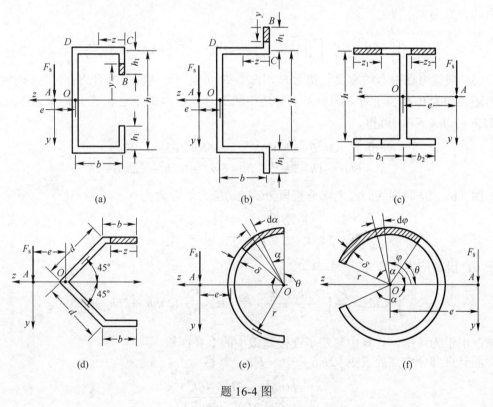

题 16-4 图

解：为节省篇幅，仅以图（a）为例说明具体做法，其他图形直接给出结果。

图（a）。切应力公式为 $\tau = \dfrac{F_s S_z^*}{I_z \delta}$。

（1）在竖直 BC 段：

阴影部分对 z 轴的静矩

$$S_z^t = \delta\left[y - \left(\frac{h}{2} - h_1\right)\right] \cdot \frac{y + \left(\frac{h}{2} - h_1\right)}{2} = \frac{\delta}{2}\left[y^2 - \left(\frac{h}{2} - h_1\right)^2\right]$$

图形对 z 轴的惯性矩

$$I_z = \frac{\delta h^3}{12} \times 2 + \left[\frac{b\delta^3}{12} + b\delta\left(\frac{h}{2}\right)^2\right] \times 2 - \frac{\delta}{12}(h - 2h_1)^3$$

忽略 δ 高次项得

$$I_z = \frac{\delta}{12}\left[2h^3 + 6bh^2 - (h - 2h_1)^3\right]$$

设竖直段上部分 BC 段的切应力合力为 F_1，则

$$F_1 = \int_{\frac{h}{2}-h_1}^{\frac{h}{2}} \tau\delta\mathrm{d}y = \frac{F_s\delta}{2I_z}\int_{\frac{h}{2}-h_1}^{\frac{h}{2}}\left[y^2 - \left(\frac{h}{2} - h_1\right)^2\right]\mathrm{d}y = \frac{F_s\delta}{2I_z}\left[\frac{h^3}{24} + \frac{1}{3}\left(\frac{h}{2} - h_1\right)^3 - h_1\left(\frac{h}{2} - h_1\right)^2\right]$$

（2）在水平段 z 截面处 $S_z^* = \left(\frac{h}{2} - \frac{h_1}{2}\right)h_1\delta + z\delta\frac{h}{2} = \frac{\delta}{2}\left[(h - h_1)h_1 + zh\right]$。设水平段上切应力的合力为 F_2，则

$$F_2 = \int_0^b \tau\delta\mathrm{d}z = \frac{F_s\delta}{2I_z}\int_0^b[(hh_1 - h_1^2) + zh]\mathrm{d}z = \frac{F_s\delta}{2I_z}\left(hh_1b - h_1^2b + \frac{b^2}{2}h\right)$$

（3）根据弯曲中心的定义，切力 F_1、F_2、F_3（竖边上切应力的合力）对弯曲中心 A 的力矩之和为 0。相当于各切力分量对竖边中线上对称点 O 的矩之和等于 F_s 对该点的矩。即 $2F_1b + F_2h = F_se$。解得

$$e = \frac{b(6h_1h^2 + 3h^2b - 8h_1^3)}{2h^3 + 6bh^2 - (h - 2h_1)^3} = \frac{b(6h_1h^2 + 3h^2b - 8h_1^3)}{h^3 + 6bh^2 + 6h_1h^2 - 12h_1^2h + 8h_1^3}$$

图（b）。仿照图（a），上部分竖段 BC 段切应力的合力为

$$F_1 = \int_0^{h_1} \tau\delta\mathrm{d}y = \int_0^{h_1} \frac{F_sy\delta\left(\frac{h}{2} + h_1 - \frac{\delta}{2}\right)}{I_z}\mathrm{d}y = \frac{F_s\delta}{12I_z}(3hh_1^2 + 4h_1^3)$$

水平 CD 段切应力的合力 F_2 为

$$F_2 = \int_0^b \tau\delta\mathrm{d}z = \frac{F_s}{I_z}\int_0^b\left(\frac{hh_1}{2} + \frac{h_1^2}{2} + \frac{hz}{2}\right)\mathrm{d}z = \frac{F_s\delta}{4I_z}(2bhh_1 + 2bh_1^2 + hb^2)$$

注意：由于为薄壁，计算中忽略了连接处微小的重叠面积。

对中间竖直部分中点处求矩 $-2F_1b + F_2h = F_se$。解得

$$e = \frac{b(6h^2h_1 + 3h^2b - 8h_1^3)}{(h + 2h_1)^3 + 6bh^2}$$

图（c）。仿照图（a），上部分水平段左半段切应力的合力为

$$F_1 = \int_0^{b_1} \tau\delta\mathrm{d}z = \frac{\frac{h}{2}F_s\delta}{I_z}\int_0^{b_1} z_1\mathrm{d}z_1 = \frac{F_sh\delta b_1^2}{4I_z}$$

上部分水平段左半段切应力的合力为

$$F_2 = \int_0^{b_2} \tau \delta \mathrm{d}z = \frac{\frac{h}{2}F_s\delta}{I_z}\int_0^{b_2} z_2 \mathrm{d}z_2 = \frac{F_s h \delta b_2^2}{4I_z}$$

对腹板中点处求矩 $(F_1 - F_2)h = F_s e$。解得

$$e = \frac{3(b_1^2 - b_2^2)}{6b_1 + 6b_2 + h}$$

图（d）。仿照图（a），上部分水平段切应力的合力为

$$F_1 = \frac{F_s \delta^2 d}{I_z \delta \sqrt{2}} \int_0^b z \mathrm{d}z = \frac{F_s db^2 \delta}{2\sqrt{2} I_z}$$

倾斜 45°部分合力过对称轴，如对尖点处求矩，则不必求出。
对图形中线与对称轴交点求矩 $2F_1 d\sin 45° = F_s e$。解得

$$e = \frac{3b^2}{2(d+3b)}$$

图（e）。在 θ 截面处与半径垂直的切应力为 $\tau = \frac{F_s S^*}{I_z \delta}$。其中

$$I_z = \int_A y^2 \mathrm{d}A = \int_0^\pi (r\cos\alpha)^2 \delta r \mathrm{d}\theta = \frac{\pi r^3 \delta}{2}$$

θ 截面处阴影截面对 z 轴的静矩为 $S^* = \int_{A^*} y \mathrm{d}A = \int_0^\theta (r\cos\alpha)\delta r \mathrm{d}\alpha = r^2 \delta \sin\theta$

代入切应力公式，得

$$\tau = \frac{F_s r^2 \delta \sin\theta}{\frac{\pi r^3 \delta}{2} \delta} = \frac{2F_s}{\pi r \delta}\sin\theta$$

这些分布切应力对任一点，例如点 O 的矩，一定等于合力 F_s 对该点的矩，在面积 $\delta r \mathrm{d}\theta$ 上有 τ 作用，其距 O 点的距离为 r，则有

$$\int_0^\pi \frac{2F_s}{\pi r \delta}\sin\theta \cdot \delta r \mathrm{d}\theta \cdot r = F_s(e+r)$$

解得 $e = \frac{4r}{\pi} - r$。

图（f）。仿照图（e），得 θ 截面处切应力为

$$\tau(\theta) = \frac{F_s}{I_z} r^2 (\cos\theta - \cos\alpha)$$

对圆心 O 取矩，则有

$$F_s e = \int_A r\tau \mathrm{d}A = 2\int_0^\alpha \frac{F_s}{I_z} r^3 (\cos\theta - \cos\alpha) r\delta \mathrm{d}\theta = \frac{2F_s r^4 \delta}{I_z}(\sin\alpha - \alpha\cos\alpha)$$

解得

$$e = \frac{4r}{2\alpha - \sin 2\alpha}(\sin\alpha - \alpha\cos\alpha)$$

当 $\alpha = \dfrac{\pi}{2}$ 时，得到半圆形开口薄壁截面的弯曲中心，即图（e），$e = \dfrac{4r}{\pi}$（弯曲中心距圆心）；当 $\alpha = \pi$ 时，得到圆形开口薄壁截面的弯曲中心，$e = 2r$。

16-5 力 F 作用在题 16-5 图所示梁的腹板上。已知截面具有相同的厚度 δ，求当 e =250mm 时梁仅向下弯曲而不发生翘曲时右边翼缘的高度 h。

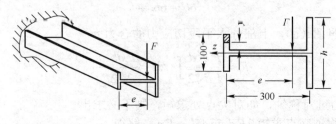

题 16-5 图

解：设左翼缘高度 h_1 =100mm，腹板宽度 b =300mm。以 z 轴为对称轴，则图形对 z 轴的惯性矩为

$$I_z = \frac{\delta h_1^3}{12} + \frac{b\delta^3}{12} + \frac{\delta h^3}{12}$$

忽略 δ 的高次项得 $I_z = \dfrac{\delta}{12}(h_1^3 + h^3)$，这里略去了腹板的影响，并假设所有载荷由两侧翼缘承受。

在距对称轴为 y 处，其外面积对 z 轴的静矩为 $S_z^* = \dfrac{\delta}{2}\left(\dfrac{h_1^2}{4} - y^2\right)$。

故该点的切应力为 $\tau = \dfrac{F_s S_z^*}{I_z \delta} = \dfrac{F_s}{2I_z}\left(\dfrac{h_1^2}{4} - y^2\right)$。

左翼缘上的合力为 $F_1 = 2\displaystyle\int_0^{\frac{h_1}{2}} \tau\delta \mathrm{d}y = \dfrac{F_s \delta}{I_z}\left(\dfrac{h_1^3}{8} - \dfrac{h_1^3}{24}\right) = \dfrac{F_s \delta h_1^3}{12 I_z}$。

同理，得右翼缘上的合力为 $F_2 = \dfrac{F_s \delta h^3}{12 I_z}$。

对弯曲中心求距，得 $F_1 e = F_2(b-e)$。

解得 $h = \left(\dfrac{h_1^3 e}{b-e}\right)^{\frac{1}{3}} = \left(\dfrac{100^3 \times 250}{50}\right)^{\frac{1}{3}} = 171.0(\mathrm{mm})$。

16-6 试用共轭梁法求题 16-6 图所示各梁自由端的挠度和转角。梁的 EI 为已知。

解：见题 16-6 图（a）。实梁弯矩图如图（a-1）所示，虚梁及虚载荷如图（a-2）所示，根据平衡条件，求虚梁中 B 端支座反力：

由 $\sum F_y = 0$，得 $\overline{F}_{sB} = \dfrac{9}{8}Fl^2$；由 $\sum M_B = 0$ 得 $\overline{M}_B = \dfrac{29}{48}Fl^3$。

根据内力符号规定，图（a-2）中 $\overline{F}_{sB}$、$\overline{M}_B$ 均为负，故自由端 B 的转角和挠度分别为

$$\theta_B = \frac{\overline{F}_{sB}}{EI} = -\frac{9Fl^2}{8EI}, \quad y_B = \frac{\overline{M}_B}{EI} = -\frac{29Fl^3}{48EI}$$

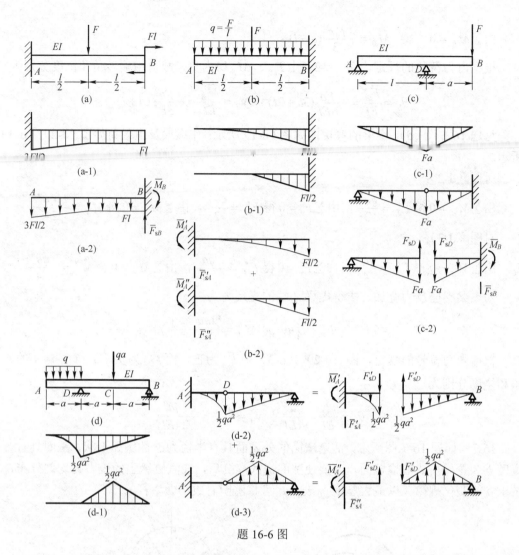

题 16-6 图

见题 16-6 图（b）。作实梁的弯矩图如图（b-1）所示，作虚梁及虚载荷如图（b-2）所示。求出虚梁的支座反力：

由 $\sum F_y = 0$，得 $\overline{F}_{sA} = \frac{1}{3}l \times \frac{1}{2}Fl + \frac{1}{2}\frac{l}{2} \times \frac{Fl}{2} = \frac{7}{24}Fl^2$。

由 $\sum M_A = 0$，得 $\overline{M}_A = \frac{1}{6}Fl^2 \times \frac{3}{4}l + \frac{Fl^2}{8} \times \frac{5}{6}l = \frac{11}{48}Fl^3$。

根据内力符号规定，图（b-2）中 $\overline{F}_{sA}$ 为正，而 $\overline{M}_A$ 为负。故自由端 A 的转角和挠度分别为

$$\theta_A = \frac{\overline{F}_{sA}}{EI} = \frac{7Fl^2}{24EI}; \qquad y_A = \frac{\overline{M}_A}{EI} = -\frac{11Fl^3}{48EI}$$

见题 16-6 图（c）。作实梁的弯矩图如图（c-1）所示；作虚梁及虚载荷如图（c-2）所示；求出虚梁的支座反力：

由 $\sum M_A = 0$，得 $F_{sD} = \frac{Fal}{3}$；由 $\sum F_y = 0$，得 $\overline{F}_{sB} = -\frac{Fa}{6}(3a + 2l)$。

由 $\sum M_B = 0$ 得 $\overline{M}_B = -\dfrac{Fa^2}{3}(a+l)$。

根据内力符号的规定，图（c-2）中 $\overline{F}_{sB}$、$\overline{M}_B$ 均为负，故自由端转角和挠度分别为

$$\theta_B = \dfrac{\overline{F}_{sB}}{EI} = -\dfrac{Fa}{6EI}(3a+2l),\quad y_B = \dfrac{\overline{M}_B}{EI} = -\dfrac{Fa^2}{3EI}(a+l)$$

见题 16-6 图（d）。实梁的弯矩图如图（d-1）所示；作虚梁及虚载荷如图（d-2）、（d-3）所示。

对图（d-2）：

由 $\sum M_B = 0$ 得 $F'_{sD} = \dfrac{qa^3}{3}$，由 $\sum F_y = 0$ 得 $\overline{F}'_{sA} = \dfrac{qa^3}{2}$，由 $\sum M_A = 0$ 得 $\overline{M}'_A = \dfrac{11qa^4}{24}$

对图（d-3）：

由 $\sum M_B = 0$ 得 $F''_{sD} = \dfrac{qa^3}{4}$，由 $\sum F_y = 0$ 得 $\overline{F}''_{sA} = -\dfrac{qa^3}{4}$，由 $\sum M_A = 0$ 得 $\overline{M}''_A = -\dfrac{qa^4}{4}$

两虚梁支座反力叠加，求得虚梁 A 端的支反力为

$$\overline{F}_{sA} = \dfrac{1}{2}qa^3 - \dfrac{1}{4}qa^3 = \dfrac{1}{4}qa^3,\quad \overline{M}_A = \dfrac{11qa^4}{24} - \dfrac{1}{4}qa^4 = \dfrac{5qa^4}{24}$$

根据内力符号的规定，图（d-2）、（d-3）中 $\overline{F}_{sA}$ 为正，而 $\overline{M}_A$ 为负。故自由端 A 的转角和挠度分别为

$$\theta_A = \dfrac{\overline{F}_{sA}}{EI} = \dfrac{qa^3}{4EI},\quad y_A = \dfrac{\overline{M}_A}{EI} = -\dfrac{5qa^4}{24EI}$$

16-7 如题 16-7 图所示，活塞涨圈的外表面具有半径为 R 的圆弧形状，涨圈具有等宽度 b 和变厚度 δ 的横截面。若要使涨圈嵌入汽缸后，在汽缸壁上的压力为均匀分布，试求 δ 的变化规律（以最大厚度 δ_0 表示，可将涨圈看成小曲率杆）。

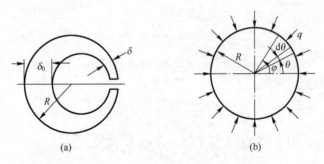

题 16-7 图

解：任一截面 φ 处的弯矩为

$$M = \int_0^\varphi qbR\mathrm{d}\theta \cdot R\sin(\varphi-\theta) = qbR^2\int_0^\varphi \sin(\varphi-\theta)\mathrm{d}\theta = qbR^2(1-\cos\varphi) = 2qbR^2\sin^2\dfrac{\varphi}{2}$$

两相邻截面间转角为 $\Delta(\mathrm{d}\varphi) = \dfrac{M\mathrm{d}s}{EI}$。

由于涨圈壁厚 δ 相对较小，可认为涨圈变形后半径尺寸为涨圈轴线半径，涨圈未变形前半径为 $R+t$，于是

$$\Delta(\mathrm{d}\varphi) = \frac{\mathrm{d}s}{R} - \frac{\mathrm{d}s}{R+t} \approx \frac{t\mathrm{d}s}{R^2}, \quad 即 \quad \frac{M\mathrm{d}s}{EI} = \frac{12M\mathrm{d}s}{Eb\delta^3} = \frac{t\mathrm{d}s}{R^2}$$

整理得

$$Eb\delta^3 t = 12R^2 \times 2qbR^2 \sin^2 \frac{\varphi}{2}$$

故

$$\delta^3 = \frac{24}{Et} R^4 q \sin^2 \frac{\varphi}{2}$$

当 $\varphi = \pi$ 时，$\delta = \delta_0$，代入得 $\delta_0^3 = \frac{24}{Et} R^4 q$。所以 $\delta^3 = \delta_0^3 \sin^2 \frac{\varphi}{2}$。

在任意截面 φ 处厚度 $\delta = \delta_0 \left(\sin^2 \frac{\varphi}{2} \right)^{\frac{1}{3}} = \delta_0 \left(\sin \frac{\varphi}{2} \right)^{\frac{2}{3}}$。

16-8 如题 16-8 图所示，开口圆环在外周承受着均匀压力 p=4MPa，试求环内最大正应力。已知：R_1=40mm，R_2=10mm，b=5mm。

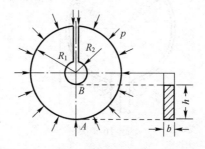

题 16-8 图

解：危险截面在 AB 截面上，该面上内力为

$$F_N = pb \times 2R_1 = 4 \times 5 \times 2 \times 40 = 1600(\mathrm{N})$$

曲杆轴线曲率半径为

$$R = \frac{R_1 + R_2}{2} = \frac{40 + 10}{2} = 25(\mathrm{mm})$$

压力 p 在 AB 截面上形成的弯矩为

$$M = pb \times 2R_1 \times \frac{R_1 + R_2}{2} = 4 \times 5 \times 2 \times 40 \times \frac{40 + 10}{2} = 40000(\mathrm{N \cdot mm}) = 40(\mathrm{N \cdot m})$$

截面 AB 的高度为

$$h = R_1 - R_2 = 40 - 10 = 30(\mathrm{mm})$$

因为 $\frac{R}{h} = \frac{25}{30} = \frac{5}{6} < 5$，此曲杆属大曲率杆，该杆中性层曲率半径为

$$r = \frac{A}{\int_A \frac{\mathrm{d}\rho}{\rho}} = \frac{h}{\int_{R_2}^{R_1} \frac{\mathrm{d}\rho}{\rho}} = \frac{h}{\ln\left(R_1/R_2\right)} = \frac{30}{\ln 4} = 21.64(\mathrm{mm})$$

A 点有最大拉应力

$$\sigma_{t\max} = \frac{My}{(r+y)s} - \frac{F_N}{A} = \frac{M(R_1-r)}{R_1 bh(R-r)} - \frac{F_N}{bh} = \frac{40\times(40-21.64)\times10^{-3}}{40\times5\times30\times(25-21.64)\times10^{-12}}$$

$$-\frac{1600}{5\times30\times10^{-6}} = (36.4-10.7)\times10^6 = 25.7\times10^6(\text{Pa}) = 25.7(\text{MPa})$$

B 点有最大压应力

$$\sigma_{c\max} = \frac{My}{(r+y)s} + \frac{F_N}{A} = \frac{M(r-R_2)}{R_2 bh(R-r)} + \frac{F_N}{bh} = \frac{40\times(21.64-10)\times10^{-3}}{10\times5\times30\times(25-21.64)\times10^{-12}}$$

$$+\frac{1600}{5\times30\times10^{-6}} = (92.4+10.67)\times10^6 = 103.1\times10^6(\text{Pa}) = 103.1(\text{MPa})$$

16-9 如题 16-9 图所示，圆形弹簧对中间平板产生 3N 的夹紧力，求在弹簧 A 截面处产生的最大弯曲应力。

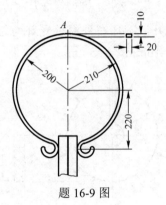

题 16-9 图

解：在 A 截面处，截面形心的曲率半径为 $R=210+5=215\text{mm}$，则 $\frac{R}{h}=\frac{205}{10}=20.5>5$，属小曲率杆，可用直杆弯曲应力公式计算最大弯曲应力。

对 A 截面形心的弯矩

$$M = (220+205)\times10^{-3}\times3 = 1.275(\text{N·m})$$

A 截面的最大弯曲拉应力（在曲杆内侧）

$$\sigma_{t\max} = \frac{M}{W} = \frac{6M}{bh^2} = \frac{1.275\times6}{20\times10^2\times10^{-9}} = 3.825\times10^6(\text{Pa}) = 3.825(\text{MPa})$$

当需计算最大正应力时，则应以拉弯组合计算，则

$$\sigma'_{t\max} = \sigma_{t\max} + \frac{F_N}{A} = 3.825 + \frac{3}{20\times10\times10^{-6}} = 3.84(\text{MPa})$$

16-10 如题 16-10 图所示，直径 100mm 的圆钢被弯成 S 形。两端作用 125N·m 的弯矩，求圆钢中的最大拉应力和最大压应力。

解：轴线的曲率半径 $R=400+50=450\text{mm}$，$h=d=100\text{mm}$，故 $\frac{R}{h}=4.5<5$，属大曲率曲杆。在 φ 处的曲率半径 $\rho = R+\frac{d}{2}\sin\varphi$，$d\rho = \frac{d}{2}\cos\varphi d\varphi$，曲率半径 ρ 处的截面宽度为 $b_\rho = d\cos\varphi$，故

$$\int_A \frac{dA}{\rho} = \int_A \frac{b_\rho d\rho}{\rho} = \int_{-\frac{\pi}{2}}^{\frac{\pi}{2}} \frac{\frac{1}{2}d^2\cos^2\varphi d\varphi}{R+\frac{d}{2}\sin\varphi} = \pi(2R-\sqrt{4R^2-d^2})$$

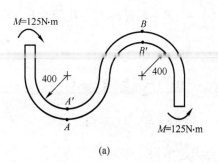
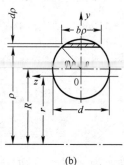

题 16-10 图

中性层的曲率半径

$$r = \frac{A}{\int_A \frac{dA}{\rho}} = \frac{d^2}{4(2R-\sqrt{4R^2-d^2})} = \frac{100^2}{4(2\times 450 - \sqrt{4\times 450^2 - 100^2})} = 448.61(\text{mm})$$

圆钢中的可能最大拉应力在 A 点，最大压应力在 B 点，两点的曲率半径相同，距中性层距离相等，故

$$\sigma_{At\max} = \sigma_{Bc\max} = \frac{My}{(r+y)S_z} = \frac{125\times(500-448.61)\times 10^{-3}}{500\times\frac{\pi}{4}\times 100^2 \times(450-448.61)\times 10^{-12}}$$

$$= 1.169\times 10^6 (\text{Pa}) = 1.169 (\text{MPa})$$

而在 A' 和 B' 点

$$\sigma_{A'c\max} = \sigma_{B't\max} = \frac{My}{(r+y)S_z} = \frac{125\times(448.61-400)\times 10^{-3}}{400\times\frac{\pi}{4}\times 100^2\times(450-448.61)\times 10^{-12}}$$

$$= 1.39\times 10^6 (\text{Pa}) = 1.39(\text{MPa})$$

从结果可以看出，靠近曲杆曲率中心一侧应力增加较快。故圆钢中最大拉应力和最大压应力分别在 B' 点和 A' 点，其值为 1.39MPa。

16-11 试用奇异函数法求题 16-11 图所示各梁的挠曲线方程。

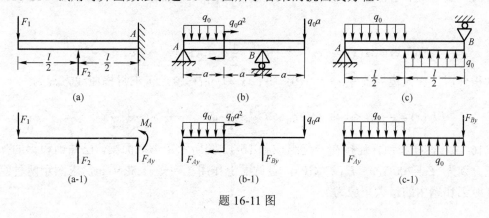

题 16-11 图

解：(a) 由静力平衡方程可以求得 A 端支座反力为 $F_{Ay} = F_1 - F_2$，$M_A = \left(\dfrac{F_2}{2} - F_1\right)l$

由挠曲线近似微分方程知（方括弧中两项为支反力引起的弯矩）

$$EIy''(x) = M(x) = -F_1\langle x-0\rangle^1 + F_2\left\langle x-\dfrac{l}{2}\right\rangle^1 + \left[(F_1-F_2)\langle x-l\rangle^1 - l\left(\dfrac{F_2}{2}-F_1\right)\langle x-l\rangle^0\right]$$

两次积分，得

$$EIy'(x) = EI\theta(x) = -\dfrac{F_1}{2}\langle x-0\rangle^2 + \dfrac{F_2}{2}\left\langle x-\dfrac{l}{2}\right\rangle^2 + C_1$$

$$EIy(x) = -\dfrac{F_1}{6}\langle x-0\rangle^3 + \dfrac{F_2}{6}\left\langle x-\dfrac{l}{2}\right\rangle^3 + C_1 x + C_2$$

代入边界条件，当 $x = l$ 时，$\theta(l) = 0$，$y(l) = 0$　解得

$$C_1 = \dfrac{F_1}{2}l^2 - \dfrac{F_2}{8}l^2 \qquad C_2 = -\dfrac{1}{3}F_1 l^3 + \dfrac{5}{18}F_2 l^3$$

故挠曲线方程为

$$EIy(x) = -\dfrac{F_1}{6}\langle x\rangle^3 + \dfrac{F_2}{6}\left\langle x-\dfrac{l}{2}\right\rangle^3 + \left(\dfrac{F_1}{2}l^2 - \dfrac{F_2}{8}l^2\right)x - \dfrac{1}{3}F_1 l^3 + \dfrac{5}{48}F_2 l^3$$

(b) 由静力平衡方程求得支座反力 $F_{Ay} = \dfrac{1}{4}q_0 a$，$F_{By} = \dfrac{9}{4}q_0 a$。仿照 (a)，列出挠曲线近似微分方程

$$EIy''(x) = M(x) = -\dfrac{1}{4}q_0 a \langle x-0\rangle^1 - \dfrac{q_0}{2}\langle x-0\rangle^2 + q_0 a^2 \langle x-a\rangle^0$$
$$+ \dfrac{q_0}{2}\langle x-a\rangle^2 + \dfrac{9}{4}q_0 a\langle x-2a\rangle^1$$

两次积分后，代入边界条件：$x=0, y(0)=0$，$x=2a, y(2a)=0$。
可求得挠曲线方程为

$$EIy(x) = -\dfrac{1}{24}q_0 a\langle x\rangle^3 - \dfrac{q_0}{24}\langle x\rangle^4 + \dfrac{q_0 a^2}{2}\langle x-a\rangle^2 + \dfrac{q_0}{24}\langle x-a\rangle^4$$
$$+ \dfrac{9}{24}q_0 a\langle x-2a\rangle^3 + \dfrac{11}{48}q_0 a^3 x$$

(c) 根据平衡条件求得支座反力 $F_{Ay} = F_{By} = \dfrac{1}{4}q_0 l$。仿照 (a)，列出挠曲线近似微分方程

$$EIy''(x) = M(x) = \dfrac{1}{4}q_0 l\langle x-0\rangle^1 - \dfrac{1}{2}q_0 \langle x-0\rangle^2 + \dfrac{1}{2}q_0 \left\langle x-\dfrac{l}{2}\right\rangle^2$$

两次积分后，代入边界条件 $x=0, y(0)=0$；$x=l, y(l)=0$。可求得挠曲线方程为

$$EIy(x) = \dfrac{1}{24}q_0 l\langle x\rangle^3 - \dfrac{1}{24}q_0\langle x\rangle^4 + \dfrac{1}{24}q_0\left\langle x-\dfrac{l}{2}\right\rangle^4 - \dfrac{q_0 l^3}{384}x$$

16-12 钢杆和铝杆连接在一起组成题 16-12 图所示矩形截面梁。已知钢和铝的弹性模量分别为 $E_{st}=200\text{GPa}$，$E_{al}=70\text{GPa}$，且截面上作用正弯矩 1.5kN·m，求图示两种组合形式时铝和钢中的最大正应力。

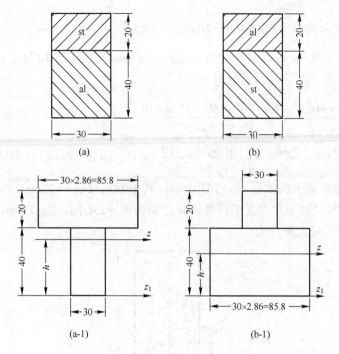

题 16-12 图

（a）解：选用等效截面法计算，令 $\alpha = \dfrac{E_{st}}{E_{al}} = \dfrac{200}{70} = 2.86$。等效截面如题 16-12 图（a-1）所示。以 z_1 为参考轴得中性轴位置为

$$h = \frac{20 \times 85.8 \times 50 + 30 \times 40 \times 20}{85.8 \times 20 + 30 \times 40} = 37.7 \text{(mm)}$$

等效截面对中心轴的惯性矩为

$$I_z = \frac{1}{12} \times 30 \times 40^3 + 30 \times 40 \times (37.7 - 20)^2 + \frac{1}{12} \times 85.8 \times 20^3$$
$$+ 85.8 \times 20 \times (50 - 37.7)^2 = 8.53 \times 10^5 \text{(mm}^4\text{)} = 85.3 \times 10^{-6} \text{(m}^4\text{)}$$

故铜和铝中最大压、拉正应力分别为

$$\sigma_{st\,max} = \frac{\alpha M y_{max}}{I_z} = \frac{2.86 \times 1.5 \times 10^6 \times (60 - 37.7) \times 10^{-3}}{85.3 \times 10^{-6}} = 112.2 \times 10^6 \text{(Pa)} = 112.2 \text{(MPa)}$$

$$\sigma_{al\,max} = \frac{M y_{min}}{I_z} = \frac{1.5 \times 10^6 \times 37.7 \times 10^{-3}}{85.3 \times 10^{-6}} = 66.3 \times 10^6 \text{(Pa)} = 66.3 \text{(MPa)}$$

（b）解：选用等效截面法计算，令 $\alpha = \dfrac{E_{st}}{E_{al}} = \dfrac{200}{70} = 2.86$。等效截面如题 16-12 图（b-1）所示。以 z_1 为参考轴得中性轴位置为

$$h = \frac{20 \times 30 \times (40 + 10) + 40 \times 85.8 \times 20}{20 \times 30 + 85.8 \times 40} = 24.5 \text{(mm)}$$

等效截面对中心轴的惯性矩为

$$I_z = \frac{1}{12} \times 30 \times 20^3 + 30 \times 20 \times (50-24.5)^2 + \frac{1}{12} \times 85.8 \times 40^3$$
$$+ 85.8 \times 40 \times (24.5-20)^2 = 9.37 \times 10^5 (\text{mm}^4) = 93.7 \times 10^{-6} (\text{m}^4)$$

故铜和铝中最大压、拉正应力分别为

$$\sigma_{al\max} = \frac{My_{\min}}{\bar{I}} = \frac{1.5 \times 10^6 \times (60-24.5) \times 10^{-3}}{93.7 \times 10^{-6}} = 56.8 \times 10^6 (\text{Pa}) = 56.8 (\text{MPa})$$

$$\sigma_{st\max} = \frac{\alpha My_{\max}}{\bar{I}} = \frac{2.86 \times 1.5 \times 10^6 \times 24.5 \times 10^{-3}}{93.7 \times 10^{-6}} = 112.2 \times 10^6 (\text{Pa}) = 112.2 (\text{MPa})$$

16-13 加筋混凝土梁如题 16-13 图所示，其中钢筋直径 d=22mm，截面作用正弯矩 M=55kN·m。已知混凝土和钢筋的弹性模量分别为 E_{ct}=25GPa，E_{st}=200GPa，求钢筋中的应力和混凝土中的最大压应力。

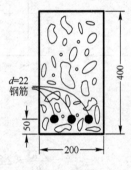

题 16-13 图

解：从图中知 $b = 200\text{mm}$，$d = 400 - 50 = 350(\text{mm})$。

钢筋的横截面面积 $A_{st} = 3 \times \frac{\pi d^2}{4} = 3 \times \frac{\pi \times 22^2}{4} = 1140(\text{mm}^2)$。

令 $\alpha = \frac{E_{st}}{E_{ct}} = \frac{200}{25} = 8$，$\beta = \frac{A_{st}}{bd} = \frac{1140}{200 \times 350} = 0.0163$，则

$$K = \sqrt{2\alpha\beta + (\alpha\beta)^2} - \alpha\beta = \sqrt{2 \times 8 \times 0.0163 + (8 \times 0.0163)^2} - 8 \times 0.0163 = 0.397$$

等效截面对中心轴的惯性矩为

$$I_z = \frac{1}{3}b(Kd)^3 + \alpha A_{st}(1-K)^2 d^2$$
$$= \frac{1}{3} \times 200 \times (0.397 \times 350)^3 + 8 \times 1140 \times (1-0.397)^2 \times 350^2$$
$$= 5.85 \times 10^8 (\text{mm}^4) = 585 \times 10^{-6} (\text{m}^4)$$

故混凝土中最大压应力和钢筋中最大拉应力分别为

$$\sigma_{c\max} = \frac{MKd}{I_z} = \frac{55 \times 10^6 \times 0.397 \times 350 \times 10^{-3}}{585 \times 10^{-6}} = 13.1 \times 10^6 (\text{Pa}) = 13.1 (\text{MPa})$$

$$\sigma_{st\max} = \frac{\alpha M(1-K)d}{I_z} = \frac{8 \times 55 \times 10^6 \times (1-0.397) \times 350 \times 10^{-3}}{585 \times 10^{-6}} = 158.7 \times 10^6 (\text{Pa}) = 158.7 (\text{MPa})$$

附录 A 平面图形的几何性质

A.1 教学目标及章节理论概要

A.1.1 教学目标

（1）熟悉图形形心、截面一次矩（静矩）、截面二次矩（惯性矩、惯性积）、截面二次极矩（极惯性矩）和惯性半径的概念，掌握相应的计算方法。

（2）熟练掌握矩形和圆形的截面一次矩和二次矩的计算方法。

（3）掌握运用平行移轴公式计算 I、T、U 形等组合图形的形心和二次矩。

（4）理解形心主轴和形心主惯性矩的概念，掌握运用转轴公式和对称性条件确定形心主轴方法和计算形心主惯性矩的方法。

A.1.2 章节理论概要

1. 平面图形的几何量

（1）静矩。平面图形（图 A.1）对 y 轴和 z 轴的静矩分别为

$$S_y = \int_A z \mathrm{d}A \\ S_z = \int_A y \mathrm{d}A \tag{A-1}$$

静矩也称为图形对某坐标轴的一次矩，其量纲为长度的三次方。

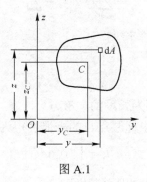

图 A.1

平面图形的静矩是对某一坐标轴而言的，同一图形对不同的坐标轴，其静矩不同。静矩的数值可以为正值、负值或零。

（2）形心。在图 A.1 所示的 yOz 坐标系中，平面图形的形心坐标为

$$y_C = \frac{\int_A y\mathrm{d}A}{A} = \frac{S_z}{A}, \quad z_C = \frac{\int_A z\mathrm{d}A}{A} = \frac{S_y}{A} \tag{A-2}$$

当一个平面图形是由几个简单图形（如矩形、圆形等）组成时，该图形各组成部分对某一坐标轴静矩的代数和，等于整个图形对同一坐标轴的静矩，即

$$S_z = \sum_{i=1}^{n} A_i y_{Ci}, \quad S_y = \sum_{i=1}^{n} A_i z_{Ci} \tag{A-3}$$

式中：A_i 和 y_{Ci}, z_{Ci} 分别表示某一组成部分的面积及其形心坐标；n 表示图形由 n 个部分组成。

组合图形的形心坐标为

$$y_C = \frac{S_z}{A} = \frac{\sum_{i=1}^{n} A_i y_{Ci}}{\sum_{i=1}^{n} A_i}, \quad z_C = \frac{S_y}{A} = \frac{\sum_{i=1}^{n} A_i z_{Ci}}{\sum_{i=1}^{n} A_i} \tag{A-4}$$

若平面图形对某一坐标轴的静矩为零，则该轴必然通过图形的形心；反之，若某一坐标轴通过形心，则图形对该轴的静矩为零。

若 y、z 轴均为图形的对称轴，其交点即为图形形心 $C(y_C = 0, z_C = 0)$；若某一坐标轴为对称轴（y 或 z），则图形形心必在该轴上（$z_C = 0$ 或 $y_C = 0$）。

（3）图形二次矩。

① 惯性矩。平面图形对 y 轴和 z 轴的惯性矩分别为

$$I_y = \int_A z^2 \mathrm{d}A, \quad I_z = \int_A y^2 \mathrm{d}A \tag{A-5}$$

惯性矩又称为图形的二次矩，其量纲为长度的四次方；惯性矩的数值恒为正，其值随不同的坐标轴变化。

组合图形对任一坐标轴的惯性矩等于各部分对同一轴惯性矩之和，即

$$I_y = \sum_{i=1}^{n} I_{y_i} \quad I_z = \sum_{i=1}^{n} I_{z_i}$$

图形对 y 轴和对 z 轴的惯性半径为

$$i_y = \sqrt{\frac{I_y}{A}}, \quad i_z = \sqrt{\frac{I_z}{A}} \tag{A-6}$$

惯性半径也称回转半径，其量纲为长度的一次方。

② 极惯性矩。平面图形对坐标原点 O 的极惯性矩为

$$I_p = \int_A \rho^2 \mathrm{d}A \tag{A-7}$$

式中：ρ 为微面积 $\mathrm{d}A$ 到坐标原点的距离（图 A.1）。

极惯性矩 I_p 和惯性矩 I_y, I_z 之间有以下关系：

$$I_p = I_y + I_z \tag{A-8}$$

③ 惯性积。平面图形对 y, z 轴的惯性积为

$$I_{yz} = \int_A yz \mathrm{d}A \tag{A-9}$$

惯性积的量纲为长度的四次方,数值可正,可负,也可能等于零。当坐标系的两个坐标轴中有一个为图形的对称轴时,则图形对该坐标系的惯性积为零。

2. 常见图形的惯性矩和极惯性矩

(1) 矩形:

$$I_y = \frac{bh^3}{12}, \qquad I_z = \frac{hb^3}{12} \tag{A-10}$$

(2) 圆(环)形截面(实心圆时,$\alpha = 0$):

$$I_y = I_z = \frac{1}{2}I_p = \frac{\pi D^4}{64}(1 - \alpha^4) \tag{A-11}$$

(3) 边长为 a 的正方形:

$$I_y = I_z = I_{y'} = I_{z'} = \frac{a^4}{12} \tag{A-12}$$

式中带撇表示对过形心的任意坐标轴。

3. 平行移轴公式

同一平面图形对于平行的两对坐标轴的惯性矩或惯性积并不相同,平面图形(图A.2)如对 $y_1 O_1 z_1$ 坐标系的惯性矩、惯性积、极惯性矩及静矩均为已知,则该图形对平行于 $y_1 O_1 z_1$ 坐标系的新坐标系 yOz 的惯性矩、惯性积、极惯性矩有如下关系:

$$\begin{cases} I_y = I_{y1} + 2aS_{y1} + a^2 A \\ I_z = I_{z1} + 2bS_{z1} + b^2 A \\ I_{yz} = I_{y1z1} + aS_{z1} + bS_{y1} + abA \\ I_p = I_{p1} + 2aS_{y1} + 2bS_{z1} + (a^2 + b^2)A \end{cases} \tag{A-13}$$

当 $y_1 O_1 z_1$ 的坐标原点 O_1 和平面图形的形心 C 重合,则重新定义新坐标系为 $y_C C z_C$,$S_{y1} = S_{yC} = 0, S_{z1} = S_{zC} = 0$,故式(A-13)可简化为

$$\begin{cases} I_y = I_{yC} + a^2 A \\ I_z = I_{zC} + b^2 A \\ I_{yz} = I_{y_C z_C} + abA \\ I_p = I_{pC} + (a^2 + b^2)A \end{cases} \tag{A-14}$$

应当注意,式(A-14)中 a, b 是图形形心在 yOz 坐标系中的坐标,它们是有正负的。同时,由式(A-14)可以看出,在所有相互平行的坐标轴中,平面图形对过形心的坐标轴的惯性矩、极惯性矩均为最小。

4. 转轴公式

平面图形对图 A.3 所示的两对坐标轴的惯性矩,惯性积的转轴公式为

$$\begin{cases} I_{y1} = \dfrac{I_y + I_z}{2} + \dfrac{I_y - I_z}{2}\cos 2\alpha - I_{yz}\sin 2\alpha \\ I_{z1} = \dfrac{I_y + I_z}{2} - \dfrac{I_y - I_z}{2}\cos 2\alpha + I_{yz}\sin 2\alpha \\ I_{y1z1} = \dfrac{I_y - I_z}{2}\sin 2\alpha + I_{yz}\cos 2\alpha \end{cases} \quad (A\text{-}15)$$

应当指出：式（A-15）中 α 角从原坐标轴 y 量起，以逆时针转向为正，顺时针转向为负。对于同一坐标原点的任意两个坐标系 yOz 和 $y_1O_1z_1$，$I_p = I_y + I_z = I_{y1} + I_{z1}$ 是不变量，与转轴时的角度无关。

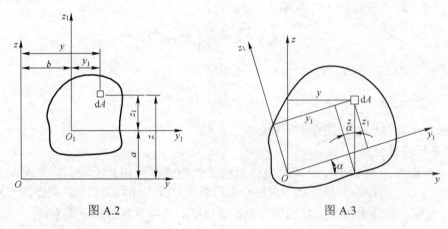

图 A.2　　　　　　　　　　图 A.3

平面图形对一对坐标轴的惯性积等于零时，这对坐标轴称为平面图形的主惯性轴。图形对主惯性轴的惯性矩称为主惯性矩。如主惯性轴的原点在形心，称为形心主惯性轴。图形对形心主惯性轴的惯性矩称为形心主惯性矩。

主惯性轴的方位

$$\tan 2\alpha_0 = -\dfrac{2I_{yz}}{I_y - I_z} \quad (A\text{-}16)$$

式中：I_y，I_z 和 I_{yz} 分别为图形对过该点的一对坐标轴 y，z 的惯性矩和惯性积；α_0 为主惯性轴 y_0，z_0 与 y，z 轴所夹的角度。

图形的两个主惯性矩是平面图形对过该点所有坐标轴的惯性矩中的最大值和最小值。其值为

$$I_{\max} = \dfrac{I_y + I_z}{2} + \sqrt{\left(\dfrac{I_y - I_z}{2}\right)^2 + I_{yz}^2}, \quad I_{\min} = \dfrac{I_y + I_z}{2} - \sqrt{\left(\dfrac{I_y - I_z}{2}\right)^2 + I_{yz}^2} \quad (A\text{-}17)$$

注意，由式（A-16）求出的主惯性轴方位为相差 $\dfrac{\pi}{2}$ 的两个角度，公式本身不能判别哪一个角度对应 $I_{\max}$ 或 $I_{\min}$。可将 α_0，$\alpha_0 \pm \dfrac{\pi}{2}$ 代入式（A-15）比较确定，或用惯性矩莫尔圆来判断。

A.1.3 重点知识思维导图

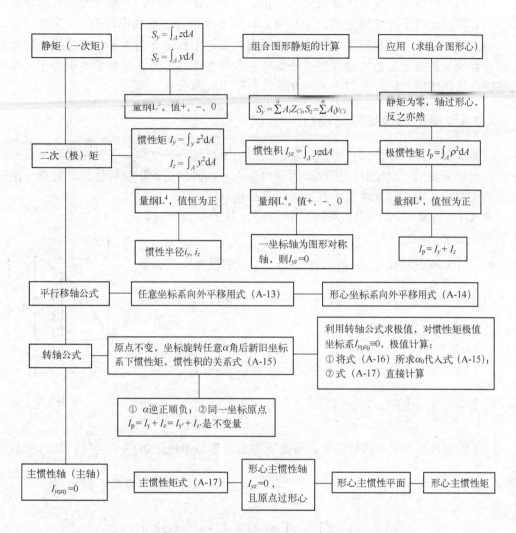

A.2 习题分类及典型例题辅导与精析

A.2.1 习题分类

（1）求平面图形的静矩，确定平面图形的形心。
（2）计算平面图形的二次矩（惯性矩、惯性积），平行移轴公式的应用。
（3）确定形心主惯性轴，计算形心主惯性矩。

A.2.2 解题要求

（1）明确图形形心、截面一次矩（静矩）、截面二次矩（惯性矩、惯性积）、截面二次极矩（极惯性矩）和惯性半径的概念，掌握相应的计算方法。能用定义式直接对简单图形积分求解。

（2）熟练掌握矩形和圆形截面一次矩和二次矩的计算方法，并熟练型钢表的查用。

（3）掌握运用平行移轴公式计算 I、T、U 等常见组合图形的惯性矩。

（4）建立形心主轴和形心主惯性矩的概念，知道对称轴必为主轴，掌握运用转轴公式和对称性条件确定形心主轴方法和计算形心主惯性矩的方法。了解惯性积为零与惯性矩取极值条件的同一性，并会用 $I_{yz}=0$ 条件判断主轴的位置。

A.2.3 典型例题辅导与精析

正确应用平行移轴公式，明确是从截面形心坐标轴向外平移，还是由形心外向形心平移；积分求图形二次矩时，所取微面元对形心坐标轴的二次矩移轴后得其对整个图形坐标的二次矩，积分时常常略去高次项。具体例 A-1。

例 A-1 计算例 A-1 图所示平面图形对 y,z 轴的惯性矩 I_y，I_z 和惯性积 I_{yz}。

解：（1）取微面元 $dA=zdy$，求图形对 y 轴的惯性矩。微面元对自身形心惯性矩为 $dI_y=\dfrac{z^3dy}{12}$，从自身形心轴向 y 轴平移，$a=\dfrac{z}{2}$，故微面元对 y 轴惯性矩为

$$dI_y = \frac{z^3dy}{12} + \left(\frac{z}{2}\right)^2 zdy$$

故 $I_y = \dfrac{1}{12}\displaystyle\int_0^a z^3dy + \dfrac{1}{4}\displaystyle\int_0^a z^3dy = \dfrac{1}{3}\displaystyle\int_0^a \left(\dfrac{h^2 y}{a}\right)^{\frac{3}{2}} dy = \dfrac{2}{15}ah^3$。

（2）确定图形对 z 轴的惯性矩。微面元对自身形心惯性矩 $dI_z=\dfrac{z(dy)^3}{12}$，从自身形心轴向 z 轴平移，对 z 轴的惯性矩 $dI_z=\dfrac{z(dy)^3}{12}+y^2dA \approx y^2dA$（略去高阶小量），故

$$I_z = \int_0^a y^2 \left(\frac{h^2}{a}y\right)^{\frac{1}{2}} dy = \left(\frac{h^2}{a}\right)^{\frac{1}{2}} \frac{2}{7} a^{7/2} = \frac{2}{7}a^3 h$$

（3）图形对 y,z 轴的惯性积 I_{yz}。微面元对 y,z 轴的惯性积 $dI_{yz}=0+y\times\dfrac{z}{2}\times dA = \dfrac{1}{2}yz\times z\times dy$，式中 0 表示微面元对其自身形心坐标轴之惯性积为零，故

$$I_{yz} = \frac{1}{2}\int_0^a \frac{h^2}{a}y^2 dy = \frac{h^2}{2a}\times\frac{1}{3}a^3 = \frac{a^2h^2}{6}$$

【评注】 平面图形惯性矩、惯性积的求解，可依据定义，代入 $dA=dydz$ 对其进行二次积分求得，但当选择图示之微面元时，对 z 轴的惯性矩，由于微面元之边长即为 dy，可不计对自身形心轴的惯性矩，但当求对 y 轴的惯性矩时，应先求出微面元对平行于 y 轴的形心坐标惯性矩，并进行平行移轴，再积分之。同样，对坐标轴 z 的惯性矩同样要考虑移轴问题。当微面元选取为 $dA=(a-y)dz$ 时，I_y 不需计算微面元对自身形心轴的惯性矩，而 I_z 则要考虑。

例 A-2 已知例 A-2 图所示矩形对 y_1 轴的惯性矩 $I_{y1} = 2.67 \times 10^{-4} \mathrm{m}^4$，试求图形对过上半部形心轴 y_2 的惯性矩 I_{y2}。

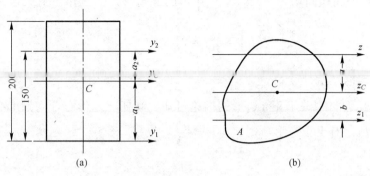

例 A-2 图

解：作与 y_1, y_2 轴平行的形心轴 y_C，由几何关系得 $a_1 = 100\mathrm{mm}, a_2 = 50\mathrm{mm}$。由惯性矩平行移轴公式得

$$I_{y1} = I_{yC} + a_1^2 A, \quad I_{y2} = I_{yC} + a_2^2 A$$

解出

$$I_{y2} = I_{yC} + a_2^2 A = (I_{y1} - a_1^2 A) + a_2^2 A = I_{y1} - (a_1^2 - a_2^2)A$$
$$= 2.67 \times 10^{-4} - (0.1^2 - 0.05^2) \times (0.2 \times 0.1) = 1.17 \times 10^{-4} (\mathrm{m}^4)$$

【评注】①要注意平行移轴公式应用的条件，即两个平行轴中，有一个轴应通过平面图形的形心，否则不能直接应用式（A-14），应当注意式（A-14）是从形心坐标轴向形心外平移。此例中 y_1, y_2 皆不通过图形的形心，故需再作一形心轴 y_C，然后求解。②用式（A-13）可直接计算出 I_{y2}，即 $I_{y2} = I_{y1} + 2aS_{y1} + a^2 A$，但需知道图形对 y_1 轴的静矩 S_{y1}，且 $a = a_1 + a_2$。③类似的题目如例 A-2 图（b），已知截面的形心为 C，面积为 A，对 z 轴的惯性矩为 I_z，写出截面对 z_1 轴的惯性矩。读者可以自己练习。

例 A-3 如例 A-3 图所示的阴影截面，是由一个正方形挖去另一个正方形组成的，试求阴影截面关于 y 轴的惯性矩。

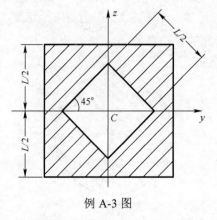

例 A-3 图

解：由图形的对称轴可知，图形关于 y 或 z 轴的惯性矩即为形心主惯性矩。

方法一：设大、小正方形分别为 1、2，则 $I_y = I_{y1} - I_{y2}$，其中 $I_{y1} = \dfrac{L^4}{12} = I_{z1}$，对小正方形，可看作 4 个底和高均为 $\dfrac{L}{2}\cos 45° = \dfrac{\sqrt{2}}{4}L$ 的三角形，而三角形对底边轴的惯性矩为 $I = \dfrac{bh^3}{12}$，即 $I_{y2} = 4I = 4 \times \dfrac{1}{12}\left(\dfrac{\sqrt{2}}{4}L\right)^4 = \dfrac{L^4}{192} = I_{z2}$。

故 $I_y = I_z = \dfrac{L^4}{12} - \dfrac{L^4}{192} = \dfrac{5}{64}L^4$。

方法二：由教材中关于正 n 边形的推论可知，其任一过形心轴均为形心主惯性轴且 $I_y = I_z = I_{y'} = I_{z'}$，对于正方形，则 $I_y = I_z = \dfrac{a^4}{12}$，故

$$I_y = I_z = \dfrac{L^4}{12} - \dfrac{\left(\dfrac{L}{2}\right)^4}{12} = \dfrac{5}{64}L^4$$

【评注】对正 n 边形，由于惯性矩莫尔圆缩成一点，因此，不论形心坐标系旋转任意 α 角，$I_{y_{Ca}} = I_{z_{Ca}}$，$I_{y_{Ca}z_{Ca}} \equiv 0$。故正 n 边形的任意形心坐标轴，都是形心主惯性轴，凡是平面图形对其两个形心主轴的惯性矩相等时，则图形的任一形心轴都是形心主惯性轴。应熟练应用此结论。

A.3 考点及考研真题辅导与精析

平面图形的几何性质作为辅助计算，在强度、刚度和稳定性分析中是必不可少的一个内容。在每套试题中都会有图形几何性质方面的计算题。有时是单独计算图形几何性质的试题，有时是在其他题中（如弯曲强度）有涉及图形几何性质的计算内容。无论试题采用哪一种形式，都要求读者熟练掌握简单图形（矩形、圆形等）和由简单图形组成的组合图形（如 I、T、U 形等）的几何性质的计算，尤其是图形形心位置的确定以及静矩、形心主惯性矩的计算。具体为：

（1）单纯计算平面图形的惯性矩（积）等，以考查平行移轴公式为主。

（2）弯曲应力中确定平面图形形心主惯性轴位置、形心主惯性矩；确定距离中性轴最远线（点）的坐标；弯曲切应力计算中计算某点切应力则应计算该点外面积对中性轴的静矩 S_z^*。

1. 题 1 图所示阴影部分的形心在 C 点，则 a 值为（　　）。（长安大学；5 分）

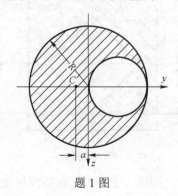

题 1 图

解：题 1 图所示截面，y 轴为对称轴，故 $z_C=0$，该组合图形的形心坐标为

$$a=y_C=\frac{\sum A_i y_{Ci}}{\sum A_i}=\frac{\pi R^2\times 0-\dfrac{\pi R^2}{4}\times\dfrac{R}{2}}{\pi R^2-\dfrac{\pi R^2}{4}}=-\frac{R}{6}$$

2．已知题 2 图中大圆的直径为 d，小圆的直径为大圆直径的 1/2，z 轴过两圆的直径。试求图示空白区域部分的形心主惯性矩（结果用分数表示，保留 π）。（西南交通大学，12 分）

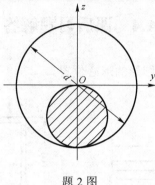

题 2 图

解：（1）z 轴为对称轴，故 $y_C=0$。故图形对 z 轴的惯性矩为

$$I_z=\frac{\pi d^4}{64}-\frac{\pi\left(\dfrac{d}{2}\right)^4}{64}=\frac{15\pi d^4}{1024}$$

（2）空白部分的形心坐标为

$$z_C=\frac{\sum A_i z_{Ci}}{\sum A_i}=\frac{0-\dfrac{\pi}{4}\times\left(\dfrac{d}{2}\right)^2\times\left(-\dfrac{d}{4}\right)}{\dfrac{\pi d^2}{4}-\dfrac{\pi}{4}\times\left(\dfrac{d}{2}\right)^2}=\frac{d}{12}$$

则

$$I_y=\left[\frac{\pi d^4}{64}+\frac{\pi d^2}{4}\times\left(\frac{d}{12}\right)^2\right]-\left[\frac{\pi\left(\dfrac{d}{2}\right)^4}{64}+\frac{\pi\left(\dfrac{d}{2}\right)^2}{4}\times\left(\frac{d}{4}+\frac{d}{12}\right)^2\right]=\frac{29\pi d^4}{3072}$$

3．若截面图形有对称轴，则该图形对其对称轴的（　　）。（北京科技大学；4 分）
（A）静矩和惯性矩均不为零　　（B）静矩和惯性矩均为零
（C）静矩不为零，惯性矩为零　　（D）静矩为零，惯性矩不为零
答：选（D）。

4．关于以下命题：
（1）体应变 $\theta=0$ 的充要条件是 3 个互相垂直平面上的正应力之和为 0；
（2）最大正应力作用截面上的切应力为 0；
（3）最大切应力作用截面上的正应力为 0；

（4）若应力为 0，则应变为 0；

（5）梁在弹性范围内发生平面弯曲时，其中性轴一定是截面的形心主惯性轴；

（6）两相交面上的切应力互等。

以上命题中正确的命题有（　　）。（西南交通大学；3 分）

（A）2　　　（B）3　　　（C）4　　　（D）5

答：正确的选项为（A）。但（4）中若应力为 0，是指该单元体上所有应力分量为零，则应变为 0；若指某一面上应力为 0，则应变不一定为 0。

A.4　课后习题解答

A-1　试求题 A-1 图所示各图形的形心位置。

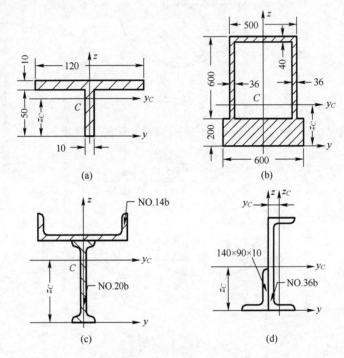

题 A-1 图

解：由图（a）知图形关于 z 轴对称，故 $y_C = 0$。

而 $z_C = \dfrac{\Sigma A_i z_{Ci}}{\Sigma A_i} = \dfrac{120 \times 10 \times 55 + 50 \times 10 \times 25}{120 \times 10 + 50 \times 10} = 46.2 \text{(mm)}$

由图（b）知图形关于 z 轴对称，故 $y_C = 0$。

以图形下底边为 y 轴，则

$z_C = \dfrac{\Sigma A_i z_{Ci}}{\Sigma A_i} = \dfrac{200 \times 600 \times 100 + 2(560 \times 36 \times 480) + 500 \times 40 \times 780}{200 \times 600 + 560 \times 36 \times 2 + 500 \times 40} = 260.4 \text{(mm)}$

由图（c）查表得：No.14b 槽钢 $A = 21.316 \text{cm}^2, z_0 = 1.67 \text{cm}$；　No.20b 工字钢

$A = 39.578\text{cm}^2, h = 200\text{cm}$。

图形关于 z 轴对称，故 $y_C = 0$。

以工字钢下底边为 y 轴，则

$$z_C = \frac{\Sigma A_i z_{Ci}}{\Sigma A_i} = \frac{3957.8 \times 100 + 2131.6 \times 216.7}{3957.8 + 2131.6} = 140.9(\text{mm})$$

由图（d）解：查表得：No.36b 槽钢：$A = 68.11\text{cm}^2, z_0 = 2.37\text{cm}, h = 360\text{mm}$。不等边角钢：$A = 22.261\text{cm}^2, x_0 = 2.12\text{cm}, y_0 = 4.58\text{cm}$。

取槽钢、角钢的下底边为 y 轴，两者的结合边为 z 轴，则

$$y_C = \frac{\Sigma A_i y_{Ci}}{\Sigma A_i} = \frac{6811 \times 23.7 + 2226.1 \times (-21.2)}{6811 + 2226.1} = 12.64(\text{mm})$$

$$z_C = \frac{\Sigma A_i z_{Ci}}{\Sigma A_i} = \frac{6811 \times 180 + 2226.1 \times 45.8}{6811 + 2226.1} = 146.9(\text{mm})$$

A-2 如题 A-2 图所示，在边长为 a 的正方形内截取一等腰三角形 AEB，使 E 点为剩余面积的形心，试求 E 点位置。

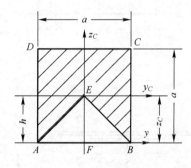

题 A-2 图

解：依题意，E 为剩余面积的形心，取 $E(y_C, z_C)$。正方形内所截三角形为等腰三角形，故剩余图形左右对称，取对称轴为 z_C 轴，则 $y_C = 0$。

取下底边作 y 轴，设 $EF = h$，即

$$z_C = \frac{\Sigma A_i z_{Ci}}{\Sigma A_i} = h = \frac{a^2 \times \frac{a}{2} - \frac{1}{2} a \times h \times \frac{1}{3} h}{a^2 - \frac{1}{2} ah}$$

所以

$$h = \frac{6a \pm \sqrt{36a^2 - 4 \times 2 \times 3a^2}}{2 \times 2} = \frac{6a \pm \sqrt{12}a}{4} = \begin{matrix} 2.366a \\ 0.634a \end{matrix}$$

显然 $z_C = h = 0.634a$。

A-3 试求题 A-3 图中各图形对形心轴 y 的惯性矩。

解：为节省篇幅，仅以图（a）为例说明具体做法，其他图形直接给出结果。

（a）以下底边为 y' 轴，对称轴为 z 轴，故 $y_C = 0$。

$$z_C = \frac{\Sigma A_i z_{Ci}}{\Sigma A_i} = \frac{1000 \times 100 \times 650 + 600 \times 400 \times 300}{1000 \times 100 + 600 \times 400} = 402.9 \text{(mm)}$$

$$I_y = \Sigma(I_{y_{Ci}} + A_i a_i^2) = \frac{1000 \times 100^3}{12} + (650 - 402.9) \times 1000 \times 100$$

$$+ \frac{400 \times 600^3}{12} + (300 - 402.9)^2 \times 400 \times 600$$

$$= 1.593 \times 10^{10} \text{mm}^4 = 1.593 \times 10^{-2} \text{(m}^4\text{)}$$

（b）以下底边为 y' 轴，对称轴为 z 轴，故 $y_C = 0$，$z_C = 141.7$mm，$I_y = 8.19 \times 10^{-4} \text{m}^4$。

（c）以下底边为 y' 轴，对称轴为 z 轴，故 $y_C = 0$，$z_C = 239.4$mm，$I_y = 3.57 \times 10^{-4} \text{m}^4$。

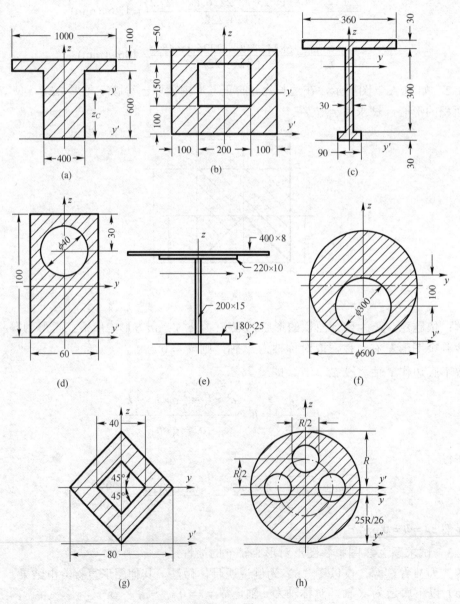

题 A-3 图

（d）以下底边为 y' 轴，对称轴为 z 轴，故 $y_C=0$，$z_C=44.7$mm，$I_y=424\times10^{-8}$m^4。

（e）以下底边为 y' 轴，对称轴为 z 轴，故 $y_C=0$，$z_C=132$mm，$I_y=1.324\times10^{-4}$m^4。

（f）以对称轴为 z 轴，以外圆最低点处垂直于对称轴为 y' 轴，故 $y_C=0$，$z_C=333$mm，$I_y=50.2\times10^{-4}$m^4。

（g）内外图形均为正方形，两坐标轴均为对称轴过形心，故 $y_C=z_C=0$，$I_y=I_z=80\times10^{-8}$m^4。

（h）以外圆最低点平行于 y' 轴建立 y'' 轴，图形关于 z 轴对称，故 $y_C=0$，$z_C=\dfrac{25R}{26}$，图形对形心轴 y 和 z 的惯性矩为 $I_y=0.723R^4$，$I_z=0.678R^4$。

A-4 如题 A-4 图所示，某平面图形的面积 $A=10$cm^2，其形心主惯性矩 $I_y=410$cm^4，$I_z=320$cm^4，试在形心主惯轴 y 上求这样的点，使所有通过该点的轴都为该图形的主惯性轴。

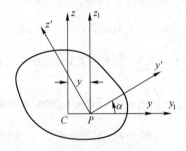

题 A-4 图

解：由题意知 y、z 轴为形心主惯性轴，则图形对 y、z 轴的惯性积 $I_{yz}\equiv0$。求 y 轴上一点 P，使得过 P 点且坐标轴任意旋转 α 角时，$I_{y'z'}\equiv0$。

根据平行移轴公式，其中 $a=0$、$b=y$，则对 y_1、z_1 轴，有

$$I_{z_1}=I_z+y^2A,\quad I_{y_1}=I_y+0^2\times A,\quad I_{y_1z_1}=I_{yz}-y\times0\times A=I_{yz}$$

即 P 点在形心主惯轴 y 上时，惯性积恒等于零。

过 P 点，y_1、z_1 坐标轴任意旋转 α 角为 y'、z' 轴，欲使其为图形主惯性轴，则 $I_{y'z'}\equiv0$，代入转轴公式，即

$$I_{y'z'}=\frac{I_{y_1}-I_{z_1}}{2}\sin2\alpha+I_{y_1z_1}\cos2\alpha=0$$

式中：$I_{y_1z_1}=0$；α 角为任意角，故 $\sin2\alpha\neq0$。

则 $I_{y_1}-I_{z_1}$ 必为零，即 $I_y-y^2A-I_z=410-y^2A-320=0$

解得 $y=\pm3$cm$=\pm30$mm。

即将 z 轴沿 y 轴左、右移动 30mm 的点，使得所有通过该点的轴都为该图形的主惯性轴。

A-5 试证明题 A-5 图所示各截面的所有形心轴均为形心主惯性轴，且截面对这些

轴的形心主惯性矩均相同。

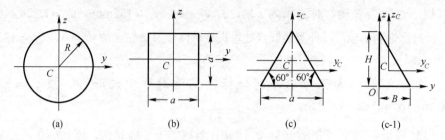

题 A-5 图

解：（a）对圆形图形，对其形心坐标轴 y、z，其形心惯性矩 $I_y = I_z = \frac{\pi}{64}D^4 = \frac{\pi}{4}R^4$，且由其对称性知惯性积 $I_{yz} = 0$。

当坐标逆时向（或顺时向）旋转任一角度 α 时，则

$$I_{y_1} = \frac{1}{2}(I_y + I_z) + \frac{1}{2}(I_y - I_z)\cos 2\alpha - I_{yz}\sin 2\alpha = \frac{I_y + I_z}{2} + 0 = I_y$$

$$= I_z = I_{z_1} = \frac{1}{2}(I_y + I_z) - \frac{1}{2}(I_y - I_z)\cos 2\alpha + I_{yz}\sin 2\alpha$$

$$I_{y_1 z_1} = \frac{I_y - I_z}{2}\sin 2\alpha + I_{yz}\cos 2\alpha \equiv 0$$

即任意旋转一个角度 α 时，所得坐标轴均为形心主惯轴，且 $I_y \equiv I_z \equiv \frac{\pi}{4}R^4$。

（b）对正方形，由于 $I_y = I_z = \frac{a^4}{12}$，且 $I_{yz} \equiv 0$，证法同上。

（c）对图（c-1）所示直角三角形，依惯性矩定义，积分得

$$I_y = \frac{BH^3}{12}, \quad I_z = \frac{HB^3}{12}$$

移轴得对形心轴 y_C、z_C 的惯性矩

$$I_{y_C} = \frac{BH^3}{12} - \left(\frac{H}{3}\right)^2 \frac{BH}{2} = \frac{BH^3}{36}, \quad I_{z_C} = \frac{B^3 H}{12} - \left(\frac{B}{3}\right)^2 \frac{BH}{2} = \frac{HB^3}{36}$$

视等边三角形为两个直角三角形，则

$$I_{y_C} = 2 \times \frac{\left(\frac{a}{2}\right) h^3}{36} = \frac{a\left(a \cdot \frac{\sqrt{3}}{2}\right)^3}{36} = \frac{\sqrt{3}a^4}{96}, \quad I_{z_C} = 2 \times \frac{h\left(\frac{a}{2}\right)^3}{12} = \frac{\sqrt{3}a^4}{96}$$

图形关于 z 轴对称，$I_{y_C z_C} \equiv 0$，故任意旋转坐标 α 角，则

$$I_{y_1} = I_{z_1} = \frac{\sqrt{3}a^4}{96} = I_{y_C} = I_{z_C}, \quad I_{y_1 z_1} \equiv 0$$

A-6 求题 A-6 图中各图形对形心轴 y，z 的惯性矩 I_y，I_z。

解：为节省篇幅，仅以图（a）为例说明具体做法，其他图形直接给出结果。

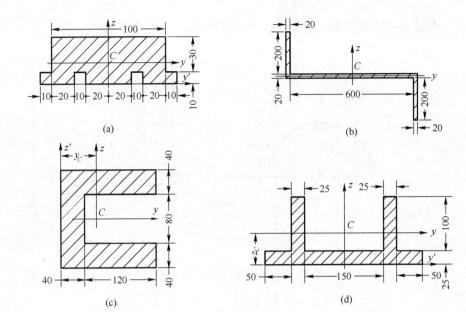

题 A-6 图

（a）取下底边为 y' 轴，由于图形关于 z 轴对称，故 $y_C = 0$。而

$$z_C = \frac{120 \times 40 \times 20 - 2 \times (10 \times 10 \times 5) - 2 \times (30 \times 10 \times 25)}{120 \times 40 - 10 \times 10 \times 2 - 30 \times 10 \times 2} = 20(\text{mm})$$

或左右两个 10mm×10mm 的正方形填入中间空处，即得 $z_C = 20$mm。

图形对 y、z 轴的惯性矩分别为

$$I_y = \frac{120 \times 40^3}{12} - 2 \times \left[\frac{10 \times 30^3}{12} + 10 \times 30 \times (25-20)^2 \right]$$

$$\quad - 2 \times \left[\frac{10 \times 10^3}{12} + 10 \times 10 \times (5-20)^2 \right]$$

$$= 6.4 \times 10^5 - 0.6 \times 10^5 - 0.466 \times 10^5 = 5.33 \times 10^5 (\text{mm}^4)$$

或

$$I_y = \frac{100 \times 40^3}{12} = 5.33 \times 10^5 (\text{mm}^4)$$

$$I_{z_C} = \frac{40 \times 120^3}{12} - 2 \times \left(\frac{30 \times 10^3}{12} + 30 \times 10 \times 55^2 \right) - 2 \times \left(\frac{10 \times 10^3}{12} + 10 \times 10 \times 25^2 \right)$$

$$= 57.6 \times 10^5 - 18.2 \times 10^5 - 1.267 \times 10^5 = 38.13 \times 10^5 (\text{mm}^4)$$

（b）y、z 轴即为形心坐标轴，故 $y_C = z_C = 0$。图形对 y、z 轴的惯性矩分别为：$I_y = 1.24 \times 10^8 \text{mm}^4$，$I_z = 12.06 \times 10^8 \text{mm}^4$。

（c）图形关于 y 轴对称，故 $z_C = 0$。以左边为 z' 轴，则 $y_C = 68$mm，图形对形心轴 y、z 的惯性矩分别为 $I_y = 49.5 \times 10^6 \text{mm}^4$，$I_z = 36.9 \times 10^6 \text{mm}^4$。

（d）图形关于 z 轴对称，故 $y_C = 0$。以下底边为 y' 轴，则 $z_C = 37.5$mm，图形对形心轴 y、z 的惯性矩分别为 $I_y = 16.28 \times 10^6 \text{mm}^4$，$I_z = 94.8 \times 10^6 \text{mm}^4$。

A-7 求题 A-7 图所示图形对 y_1, z_1 轴的惯性矩 I_{y_1}，I_{z_1} 和惯性积 I_{y1z1}。

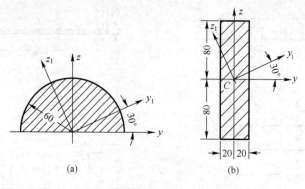

题 A-7 图

解：（a）半径为 60mm 的半圆对 y、z 轴的惯性矩为
$$I_y = I_z = \frac{1}{2}\left(\frac{\pi}{4}R^4\right)$$
z 轴为对称轴，故 $I_{yz} = 0$。

根据转轴公式及 $I_y = I_z$，知图形对 y_1，z_1 轴的惯性矩相等，且
$$I_{y_1} = \frac{I_y + I_z}{2} + \frac{I_y - I_z}{2}\cos 2\alpha - I_{yz}\sin 2\alpha$$
$$= I_y = \frac{\pi}{8}R^4 = \frac{\pi}{8} \times 60^4 = 50.9 \times 10^6 (\text{mm}^4) = I_{z_1}$$
$$I_{y_1z_1} = \frac{I_y - I_z}{2}\sin 2\alpha + I_{yz}\cos 2\alpha = 0$$

（b）图形对 y，z 轴的惯性矩分别为
$$I_y = \frac{40 \times 160^3}{12} = 13.65 \times 10^6 (\text{mm}^4)$$
$$I_z = \frac{160 \times 40^3}{12} = 0.853 \times 10^6 (\text{mm}^4)$$
$$I_{yz} = 0$$

根据转轴公式，图形对 y_1，z_1 轴的惯性矩分别为
$$I_{y_1} = \frac{I_y + I_z}{2} + \frac{I_y - I_z}{2}\cos 60° - I_{yz}\sin 60°$$
$$= 7.25 \times 10^6 + 3.2 \times 10^6 = 10.45 \times 10^6 (\text{mm}^4)$$
$$I_{z_1} = \frac{I_y + I_z}{2} - \frac{I_y - I_z}{2}\cos 60° + I_{yz}\sin 60°$$
$$= 7.25 \times 10^6 - 3.2 \times 10^6 = 4.05 \times 10^6 (\text{mm}^4)$$
$$I_{y_1z_1} = \frac{I_y - I_z}{2}\sin 2\alpha + I_{yz}\cos 2\alpha = \frac{(13.65 - 0.853) \times 10^6}{2} \times \frac{\sqrt{3}}{2}$$
$$= 5.54 \times 10^6 (\text{mm}^4)$$

A-8 确定题 A-8 图所示角形截面的形心主惯性轴，并求出形心主惯性矩。

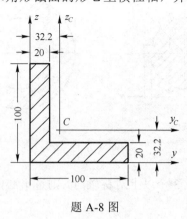

题 A-8 图

解：（1）确定截面图形形心。取下底边和左边为 y、z 轴，根据图形对称性知

$$y_C = z_C = \frac{100 \times 20 \times 10 + (100-20) \times 20 \times 60}{(100+80) \times 20} = 32.2 \text{(mm)}$$

（2）求图形对 y、z 轴的惯性矩分别为：

$$I_y = \frac{100 \times 20^3}{12} + 20 \times 100 \times 10^2 + \frac{20 \times 80^3}{12} + 20 \times 80 \times 60^2$$
$$= 2.667 \times 10^5 + 66.13 \times 10^5 = 68.8 \times 10^5 \text{(mm}^4\text{)}$$

$$I_z = \frac{20 \times 100^3}{12} + 20 \times 100 \times 50^2 + \frac{80 \times 20^3}{12} + 80 \times 20 \times 10^2$$
$$= 2.133 \times 10^5 + 66.67 \times 10^5 = 68.8 \times 10^5 \text{(mm}^4\text{)}$$

$$I_{yz} = 0 + 100 \times 20 \times 10 \times 50 + 0 + 80 \times 20 \times 10 \times 60 = 19.6 \times 10^5 \text{(mm}^4\text{)}$$

（3）根据移轴公式，求得图形对平行于 y、z 轴的形心坐标轴 y_C、z_C 的惯性矩分别为：

$$I_{y_C} = I_y - a^2 A = 68.8 \times 10^5 - (100+80) \times 20 \times 32.2^2 = 31.5 \text{(mm}^4\text{)}$$

$$I_{z_C} = I_z - b^2 A = I_{y_C} = 31.5 \times 10^6 \text{(mm}^4\text{)}$$

$$I_{y_C z_C} = I_{yz} - abA = 19.6 \times 10^5 - 32.2^2 \times 180 \times 20 = -17.73 \times 10^5 \text{(mm}^4\text{)}$$

$$\tan 2\alpha_0 = \frac{-2 I_{y_C z_C}}{I_{y_C} - I_{z_C}} = \infty, \quad \text{即 } 2\alpha_0 = 90°, \quad \text{故 } \alpha_0 = 45°。$$

（4）对形心轴的形心主惯性矩分别为

$$\begin{matrix} I_{y_C'} \\ I_{z_C'} \end{matrix} = \frac{I_{y_C} + I_{z_C}}{2} \pm \sqrt{\left(\frac{I_{y_C} - I_{z_C}}{2}\right)^2 + I_{y_C z_C}^2} = 31.5 \times 10^5 \pm 17.73 \times 10^5 = \begin{matrix} 49.23 \\ 13.77 \end{matrix} \times 10^5 \text{(mm}^4\text{)}$$

A-9 花键轴截面及带有花键孔的轴截面如题 A-9 图所示，试证通过形心的任一坐标轴都是形心主惯性轴，且形心主惯性矩等于常量，并问任意正多角形是否也有相同的性质？

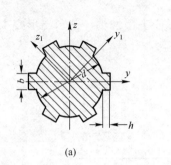 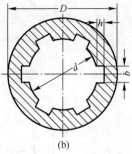

题 A-9 图

解：当某一图形有 3 个或 3 个以上对称轴时，则过形心的任一轴均为形心主惯性轴。
由转轴公式可知

$$I_{y_1 z_1} = \frac{1}{2}(I_y - I_z)\sin 2\alpha + I_{yz}\cos 2\alpha$$

设 y 轴为对称轴，则 $I_{yz} = 0$，由于图形有 3 个对称轴，因此 2 个对称轴间夹角 $\alpha \neq \frac{\pi}{2}$，所以 $\sin 2\alpha \neq 0$。而如 y_1 轴为另一对称轴，则转轴公式成为

$$0 = \frac{1}{2}(I_y - I_z)\sin 2\alpha + 0$$

而 $\sin 2\alpha \neq 0$，所以必然 $I_y = I_z$。故无论 α 为任意角，惯性积 $I_{y_1 z_1}$ 必为零。

因此通过形心的任一坐标轴都是形心主惯性轴，且形心主惯性矩等于常量。

对于任意正多角形，由于对称轴的存在，其惯性积恒等于零（$I_{yz} = 0$）；惯性矩恒等（$I_y = I_z$），且不随坐标的旋转而变化，因此也有相同的性质。

参 考 文 献

[1] 苟文选. 材料力学（Ⅰ）[M]. 4版. 北京：科学出版社，2023.

[2] 苟文选. 材料力学（Ⅱ）[M]. 4版. 北京：科学出版社，2023.

[3] 刘鸿文. 材料力学[M]. 6版. 北京：高等教育出版社，2017.

[4] 单辉祖. 材料力学[M]. 4版. 北京：高等教育出版社，2016.

[5] 俞茂宏. 双切理论及其应用[M]. 北京：科学出版社，1998.

[6] NASH W A. 全美经典学习指导系列——材料力学[M]. 赵志岗，译. 北京：科学出版社，2002.

[7] BEER F P，et al. Mechanics of Materials[M]. New York: McGraw-Hill Inc. , 1992.

[8] HIBBELER R C. Mechanics of Materials[M]. New York: Macmillan Publishing Company, 1991.

[9] MOTT R L，Applied Strength of Materials[M]. Englewood Cliffs: Prentice-Hall, 1990.

[10] TIMOSHENKO S，GERE J. Mechanics of Materials[M]. London: Van Nostrand Reinhold Company, 1972.